河南省环境保护“十二五”规划及实施研究

袁彩凤　王凯丽　肖军仓　主编

中国环境出版集团·北京

图书在版编目（CIP）数据

河南省环境保护“十二五”规划及实施研究/袁彩凤，王凯丽，肖军仓主编. —北京：中国环境出版集团，2020.12
ISBN 978-7-5111-4566-6

Ⅰ. ①河… Ⅱ. ①袁…②王…③肖… Ⅲ. ①环境保护规划—研究—河南—2011—2015 Ⅳ. ①X321.261

中国版本图书馆 CIP 数据核字（2020）第 259562 号

出 版 人 武德凯
责任编辑 曹 玮
文字编辑 史雯雅
责任校对 任 丽
封面设计 彭 杉

出版发行 中国环境出版集团
（100062 北京市东城区广渠门内大街 16 号）
网　　址：http://www.cesp.com.cn
电子邮箱：bjgl@cesp.com.cn
联系电话：010-67112765（编辑管理部）
010-67113412（第二分社）
发行热线：010-67125803，010-67113405（传真）
印　　刷 北京建宏印刷有限公司
经　　销 各地新华书店
版　　次 2020 年 12 月第 1 版
印　　次 2020 年 12 月第 1 次印刷
开　　本 787×1092 1/16
印　　张 34
字　　数 640 千字
定　　价 136.00 元

本书编委会

主　编　袁彩凤　王凯丽　肖军仓

委　员　张晓果　张清敏　李祥华　张　志

王　婧　时翔明　乔宇静　王梦园

张成帅　刘志娟　刘晓菊　刘绿怡

前　言

环境保护规划是指为使环境与经济和社会协调发展而对自身活动和环境所做的空间和时间上的合理安排，指导人们进行各项环境保护活动，按既定的目标和措施进行。我国的环境保护规划伴随着环境保护工作的发展而发展，起步于20世纪70年代，经历了从无到有、从简单到复杂、从局部到逐步全面的发展历程。经过近40年的不断探索，环境保护规划从污染治理型规划向环境保护与经济和社会协调发展型规划转变；从编制程序不规范、衔接协调不力向科学化、民主化、规范化转变；从宏观指导的预期性规划向可分解、可操作、可考核的约束性规划转变；从重编制、轻实施、缺评估的规划向注重实施过程的中期评估和终期考核的规划转变。

20世纪90年代，作者有幸参与全国第一个流域污染防治规划《淮河流域水污染防治"九五"计划》，并连续参与河南省"九五""十五""十一五""十二五"4个五年环境保护规划的编制工作，深深感受到环境保护五年规划随着生态文明思想不断深入实践，环保规划理念不断创新，规划范围逐步拓宽，规划目标更加符合实际，规划内容更加全面深入。河南省环境保护规划同全国一样，经历了一个不断探索、不断发展、不断提高、不断创新的实践过程。

2011年12月27日，河南省人民政府批复印发了《河南省环境保护"十二五"规划》(豫政〔2011〕96号)(以下简称《规划》)，批复规格高于"十一五"。《规划》按照国家和河南省的相关要求，首次完整开展了中期评估和终期考核工作，体现出规划不仅重视编制，同时注重实施过程。

《规划》首次采用"自上而下、自下而上"的方式系统编制，统筹总体规划和16个专项规划、18个省辖市以及10个直管县环保规划的编制。首先编制《河南省环境保护“十二五”规划编制思路》，宏观指导所有规划的编制，总体规划以专项规划为基础，省级规划以省辖市的规划为基础。最后形成以《规划》为核心，各专项规划、地方环保规划跟进落实，分层分级、有序衔接的规划体系。《规划》是环境保护领域的宏观性、综合性和指导性规划，体现总体战略和举措，专项规划、省辖市和直管县规划是《规划》的细化和补充，上下相互配合，全面部署落实“十二五”环保任务。

《规划》改变过去以水、气、声、固废等要素为主的框架结构，采用围绕重点工作任务展开的方式布局，共包括环境形势、总体要求、重点任务、重点工程及组织实施等 5 部分内容，提出总量减排、污染防治、农村和生态保护、能力建设、体制机制建设等 5 个方面的战略任务和相应的工程项目。

《规划》不仅与《国家环境保护“十二五”规划》相衔接，而且与《河南省国民经济和社会发展第十二个五年规划纲要》相结合，突出河南特色，更加注重体制机制创新，并首次提出利用土地出让收益金作为环境保护投入，提出建立总量预算管理制度、环境形势分析预警机制等；更加注重环保能力建设、农村环境保护、基础设施建设和风险防范。

为保障《规划》顺利实施，在实施管理过程中，进一步明确了省直相关部门的职责和任务分工，并分别在 2014 年、2016 年采用目标层次法开展了中期评估，对终期考核结果进行量化打分，初步实现规划实施管理的动态追踪。

本书根据规划编制和实施过程，系统整理了《规划》及批复公开的 10 个专项规划、《规划》中期评估和终期考核报告，以期对各位同行在实际工作中有借鉴作用，但环境保护规划涉及面广，加之编者水平的限制，书中难免有不足之处，恳请读者批评指正。

作　者

2018 年 12 月

目　录

第 1 部分　环境保护"十二五"总体规划

第2部分　环境保护“十二五”专项规划

第1部分

环境保护“十二五”总体规划

第1章　河南省环境保护“十二五”规划

豫政〔2011〕96号

《河南省环境保护“十二五”规划》（以下简称《规划》）以党的十七大、十七届三中、四中、五中、六中全会和《国务院关于支持河南省加快建设中原经济区的指导意见》（国发〔2011〕32号）、《国务院关于加强环境保护重点工作的意见》（国发〔2011〕35号）、中共河南省第九次党代会精神为指导，根据《国家环境保护“十二五”规划》（以下简称《国家规划》）和《河南省国民经济和社会发展第十二个五年规划纲要》，结合我省环境保护实际编制，是我省“十二五”期间环境保护的宏观性、综合性和指导性规划。

1.1　环境形势

1.1.1　“十一五”取得的成效

“十一五”时期，省委、省政府高度重视环境保护，把环境保护作为落实科学发展观、转变发展方式、加快中原崛起和河南振兴的重要抓手，通过加大结构调整力度、加强环境基础设施建设、深化环境综合整治、完善环境保护体制机制、严格环境执法监管、推进环境保护能力建设等措施，多策并举，狠抓落实，在全省经济社会快速发展的同时，环境保护取得了明显成效。全社会对环境保护的认识不断深化，环境保护优化发展的作用日益显现，一批影响科学发展和损害群众健康的突出环境问题得到解决，重点流域、区域环境质量进一步改善，农村环境保护工作逐步加强，生态环境恶化趋势有所遏制，核与辐射环境安全得到保障，污染物总量减排目标圆满完成，全省可持续发展能力不断增强。《国家环境保护“十一五”规划》和《河南省环境保护“十一五”规划》确定的总体目标和主要任务较好完成（表1-1）。

表 1-1 《河南省环境保护“十一五”规划》主要指标完成情况

序号	指标名称	2010 年目标	2010 年完成情况
1	城市集中饮用水水源地水质达标率	≥98%	100%
2	地表水省控河流劣Ⅴ类水质的比例①	≤25%	26.5%
	地表水省控河流好于Ⅲ类水质的比例①	≥60%	49.4%
3	主要河流地表水责任目标断面水质达标率	≥90%	化学需氧量达标率为 93.9%；氨氮达标率为 94.2%
4	省辖市城区环境空气质量好于二级的天数平均值	≥292 d	295 d
5	辐射环境水平	保持在天然本底涨落水平	保持在天然本底涨落水平
6	全省主要污染物 COD 排放总量②	削减 10.8%	削减 14.02%
	全省主要污染物二氧化硫排放总量	削减 14%	削减 17.59%
7	城市污水处理率	≥80%	77%
	县城污水处理率	≥60%	
8	全省城市生活垃圾无害化处理率	≥70%	82%
9	工业固体废物综合利用率	70%	73.8%
10	全省林木覆盖率	≥26%	28.47%
11	自然保护区总面积占全省国土面积的比例	≥4.5%	4.5%
12	国家级自然保护区达到规范化建设要求的比例	≥25%	—

①按照 10 项因子评价；②工业源和生活源排放总量。

专栏 1-1 河南省环境保护“十一五”规划重点任务完成情况

全省环境质量不断改善。与 2005 年相比，2010 年全省 83 个地表水环境质量断面好于Ⅲ类的断面比例从 44.6%提高到 49.4%，劣Ⅴ类水质断面比例从 39.7%降至 26.5%；化学需氧量和氨氮浓度均值分别下降 41.4%和 61.7%。省辖城市空气质量好于二级标准的天数均超过 292 d，环境空气中二氧化硫平均浓度下降 20.7%。全省城市建成区声环境质量级别为较好。全省辐射环境质量保持在天然本底涨落水平。

总量减排任务顺利完成。2010 年年底，全省工业和生活中化学需氧量和二氧化硫年排放量分别比 2005 年下降 14.02%和 17.59%，圆满完成了国家下达的“十一五”减排目标。重点治理工程。2007 年年底实现了县县建成污水处理厂和垃圾处理场的目标。截至 2010 年年底，全省共建成城市污水处理厂 146 座，建成总规模为 641.55 万 t/d，配套管网长度 4 220.26 km，形成年化学需氧量减排能力 63 万 t；建成垃圾处理场 124 座，处理规模为 3.27 万 t/d，建成垃圾处理场渗滤液处理工程 56 个，874 个建制镇和 1 020 个乡建设了垃圾转运站，初步建立了“户分类、村收集、乡运输、县处理”的农村生活垃圾收集处理体系和农村卫生保洁制度。全省共有 210 台装机容量 4 265 万 kW 燃煤机组建成脱硫设施，形成二氧化硫年减排能力 65.52 万 t。同时，对全省 3 615 家企业实施了限期治理、停产治理和深度治理，对电力、钢铁、化工、造纸等重污染行业的 338 家重点排污企业实施了清洁生产审核。建成医疗废物集中处置设施 17 座，日处理医疗废物规模 129 t；总处理规模 8.3 万 t/a 的河南省危险废物集中处置中心和南阳市危险废物集中处置中心建设稳步推进。落后产能淘汰。依法关闭取缔重污染企业 5 690 家。其中全省共关停小火电机组 978 万 kW；淘汰水泥落后产能 5 833 万 t，提前 3 年实现了国家提出的水泥行业结构调整目标；关闭所有石灰法草类制浆生产线和 3.4 万 t/a 以下的化学制浆生产线，全省造纸企业由 1 360 家减少到 161 家；关闭淘汰耐火材料企业 186 家及制革、化工、印染、酿造企业 101 家。同时，开展河南省粮食生产核心区建设规划环评，大力推进产业集聚区规划环评，开展电力、煤化工行业发展、旅游区发展和城市总体规划的环评；严格建设项目环境管理，发挥环评“调节器”作用，促进经济发展方式转变。

环境综合整治成效明显。持续对全省重点流域、区域和行业突出环境问题进行综合整治。重点整治了污染严重、关系群众切身利益的 9 个重点流域、15 个重点区域、15 个重点行业以及高速公路沿线国道两侧、郑西高铁河南段沿线、风景名胜区周围敏感区、城市集中式饮用水水源地等区域，通过点、线、面相结合的综合污染治理模式，在短期内有效解决了突出环境问题，改善了局部环境质量，优化了区域产业结构和布局，为全省经济社会发展腾出了环境容量。

农村环境保护工作逐步加强。积极落实“以奖代补”和“以奖促治”政策。共对 211 个行政村开展农村环境综合整治，集中解决了一批村庄的污水、垃圾、饮用水水源地保护、畜禽养殖污染等问题。全面开展了生态示范建设工作，截至 2010 年年底，全省已创建 28 个国家级示范区，2 个省级生态县；24 个国家级生态乡镇，135 个省级生态乡镇；7 个国家级生态村，1 029 个省级生态村。全省有 7 个省辖市 636 个乡镇建立了乡镇环保机构或县（市、区）环保监察派驻机构，16 593 个行政村设置了专兼职环保人员。

环保体制机制不断完善。省委、省政府批准组建了河南省环境保护厅，列入省政府组成部门，同时加强了各级环境保护机构建设。成立了由分管副省长牵头、15 个部门组成的河南省环境保护委员会。投资 6.7 亿元，建成了“覆盖全省、功能完备、技术先进、标准一流”的全省环境自动监控系统，环境监控能力实现历史性突破。建立了党委和政府节能减排“一票否决”制和问责制、政府环保目标责任制。出台了《河南省水污染防治条例》《河南省制浆造纸工业水污染物排放标准》等地方法规和标准。实施了全流域水环境生态补偿、排污权交易试点等环境经济政策；创新运用优化发电调度、大机组补偿小机组、发电量交易等措施推进“上大压小”政策，被国家称为“河南模式”并在全国推广。开展了全省环境容量研究、污染源普查、“十一五”环保规划中期、终期评估等基础性工作，实施了淮河流域水体污染控制与治理科技重大专项，环境科技支撑作用逐步加强。通过开展“中原环保世纪行”“环境大接访”等各种活动，公众参与环境保护的机制进一步完善。

1.1.2　“十二五”面临的机遇和挑战

“十二五”时期是中原经济区建设的关键时期，也是环境保护必须紧紧抓住并且可以大有作为的重要战略机遇期。党中央、国务院和省委、省政府明确提出以科学发展为主题和以加快转变经济发展方式为主线，把加快建设资源节约型、环境友好型社会作为重要着力点，要求加大环境保护力度，提高生态文明水平。国务院制定下发的国发〔2011〕32号、国发〔2011〕35号文件，为我省加强环境保护、推进生态文明建设指明了方向，在环境基础设施和环保能力建设、政策机制先行先试等方面将给予大力支持。积极探索不以牺牲农业和粮食、生态和环境为代价的“三化”（工业化、城镇化、农业现代化）协调科学发展的路子，是中原经济区建设的核心任务，表明环境保护工作已经上升到事关全省经济社会发展大局的战略地位，环境保护事业发展拥有了更大的舞台和更加广阔的空间。

当前，我省正处于经济社会发展的转型期、环境问题的高发期、资源环境矛盾的集中期，人口多、底子薄、基础弱、人均水平低、发展不平衡的基本省情没有根本改变，环境保护面临着巨大的压力和严峻的挑战。①污染减排压力进一步加大。我省三次产业结构和布局不尽合理，以能源、原材料工业为主的资源型产业比重较大，结构性污染问题突出，污染防治水平仍然较低，四项主要污染物排放量均居全国前5位；随着工业化、城镇化进程的加快，经济总量、城镇人口和能源消费持续增长，污染物新增排放量刚性增加，污染减排任务十分艰巨。②改善环境质量的压力进一步加大。一方面，环境质量已经成为影响生活质量的重要因素，人民群众对环境质量的期望越来越高；另一方面，我省自然资源禀赋较差，环境容量十分有限，局部已超出环境承载能力，传统的环境污染和生态破坏问题尚未根本解决，新的环境问题不断涌现，改善环境质量的难度持续增加。③防范环境风险的压力进一步加大。我省经济社会处于快速发展和转型阶段，突发性环境事件呈逐年增多趋势，特别是重金属、危险化学品、危险废物、持久性有机污染物、电子垃圾等长期积累的环境风险问题日益凸显。随着核能、生物、信息等新技术的发展，还将带来许多新的环境风险，环境安全形势更加严峻。④农村环境压力进一步加大。农村环境保护基础设施薄弱，种植、养殖业所产生的大量废弃物未能得到及时处置和有效利用。长期使用农药、化肥造成的土壤污染得不到及时修复，对广大农民群众的身体健康和食品安全构成了直接威胁。城市工业污染逐渐向农村地区转移，农村环境呈现工业污染与生活污染交织、点源污染与面源污染共存的状况。⑤环境保护能力亟待进一步提升。我省环境保护能力标准化建设与国家要求差距较大；环境应急管理队伍建设滞后，应急保障和应对能力严重不足；重金属、危险废物、持久性有机污染物、辐射污染等环境监测、监控能力较差；环境保护科研能力和水平较低，专业队伍力量不足，难以支撑日益繁重的环境管理需要。

1.2　总体要求

1.2.1　指导思想

深入贯彻落实科学发展观，围绕科学发展主题和加快转变经济发展方式主线，牢固树立以人为本、环境友好发展理念，坚持在发展中保护、在保护中发展，以改善环境质量为目标，以深化污染减排为重点，以创新体制机制为动力，以加强能力建设为保障，保护生态环境，提高生态文明水平，推动中原经济区实现不以牺牲生态和环境为代价的“三化”协调科学发展。

1.2.2　基本原则

推动转变，科学发展。坚持正确处理经济发展与环境保护的关系，把环境容量和承载力作为经济社会发展的重要条件，以环境保护推动结构调整和发展方式转变，促进经济社会与资源环境协调发展。

民生为本，促进和谐。坚持以人为本、环保为民，把保障和改善民生作为环境保护的出发点和落脚点，着力解决影响群众健康的突出环境问题，维护群众环境权益，促进社会和谐稳定。

重点突破，全面推进。坚持把污染减排作为转变经济发展方式的重要抓手和破解资源环境“瓶颈”制约的突破口，强化污染防治，统筹城乡环境保护，健全监管体系，完善政策机制，全面推进环境保护。

提升能力，加强监管。坚持以环境保护能力标准化建设为基础，全面提升环境保护监管水平。建立比较完善的环境监测和监督体系、环境预警应急体系、总量核查核算体系、科技支撑体系和人才保障体系，为环境保护提供能力支撑。

创新机制，系统管理。坚持改革创新，不断探索环境保护的新体制、新机制、新政策，综合运用法律、经济、技术、行政等手段，多措并举，系统管理，提高环境保护管理水平。

政府主导，全民参与。坚持发挥各级政府的主导作用和公共财政的保障作用，健全部门联动机制，强化企业环境责任，开展全民环境教育，建立完善公众参与机制，形成政府、企业、公众协同保护环境的合力。

1.2.3 规划目标

“十二五”期间，全省主要污染物排放总量持续减少，环境质量不断改善，城乡环境保护统筹推进，重要生态功能区环境质量基本保持稳定，环境监管能力得到系统提升，环境安全得到基本保障，为全面推进中原经济区建设提供环境支撑。

环境保护“十二五”规划主要指标见表 1-2。

表 1-2 河南省环境保护“十二五”规划主要指标

分类	序号	指 标 名 称	2015 年目标值
一、总量减排①	1	化学需氧量排放总量	133.5 万 t（削减 9.9%）
	2	氨氮排放总量	13.61 万 t（削减 12.6%）
	3	二氧化硫排放总量	126.9 万 t（削减 11.9%）
	4	氮氧化物排放量	135.6 万 t（削减 14.7%）
二、环境质量	5	省控断面劣Ⅴ类水质的比例②	≤25%
	6	省控断面好于Ⅲ类水质的比例②	≥45%
	7	省辖市集中式饮用水水源地取水水质常规监测因子水质达标率	≥98%
	8	省辖城市空气质量好于二级标准天数比例	≥80%
	9	环境空气中主要污染物③年均值在二级以上的省辖城市比例	80%
	10	辐射环境水平	保持在天然本底涨落水平内

①化学需氧量、氨氮排放源含工业源、生活源、农业源、集中处理设施等；二氧化硫、氮氧化物排放源含工业源、生活源、机动车、集中处理设施等；②按照“十二五”时期规定的 21 项因子评价；③主要污染物指二氧化硫和二氧化氮。

1.3 总量减排

坚持把总量减排作为调整产业结构、转变经济发展方式的突破口和重要着力点，强力推进主要污染物排放总量控制工作，持续工程减排，强化结构减排，深化监管减排，削减化学需氧量、二氧化硫、氨氮和氮氧化物排放总量，推动绿色发展。

1.3.1 持续工程减排

推进城镇污水处理设施及配套管网建设。重点推进省辖市、县（市）、重点乡镇及产业集聚区污水处理设施建设，完善污水管网。增加城镇污水日处理能力 430 万 t 以上，城镇污水处理率提高至 85%以上；所有产业集聚区配套完善污水管网，实现废水的全收集、全处理。加快现有污水处理厂升级改造，执行《城镇污水处理厂污染物排放标准》（GB 18918—2002）二级排放标准的污水处理厂通过升级改造将排放标准提高至一级 B 以上；新建的城镇污水处理厂以及位于国家重点流域对水环境质量达标影响较突出的污水处理厂达到一级 A 排放标准。大力推进城镇污水处理厂再生水利用和污泥无害化处置处理设施建设及综合利用，到“十二五”末，全省城镇污水再生利用率提高至 20%以上，城市污泥无害化集中处置处理率达到 80%以上，县城污泥无害化集中处置处理率达到 60%以上。

深化重点行业工程减排。重点推进造纸、纺织、化工、制革、农副食品加工、发酵、医药等高耗水行业工艺技术改造、废水深度治理及再生水回用。严格执行火电厂大气污染物排放标准，全面推进电力行业脱硝工程建设，对未采用低氮燃烧技术或低氮燃烧效率低下的现役燃煤机组进行更新改造，单机容量 30 万 kW 以上燃煤机组全部加装脱硝设施，脱硝效率达到 70%以上；取消燃煤机组脱硫设施烟气旁路，进一步提高综合脱硫效率；新建燃煤机组必须配套建设高效脱硫脱硝设施，脱硫效率达到 95%以上，脱硝效率达到 80%以上。推进钢铁行业烧结机、球团设备及焦炉煤气脱硫，石油石化行业催化裂化装置烟气脱硫，有色冶炼行业低浓度二氧化硫治理和制酸尾气深度治理等工程建设。对现有新型干法水泥窑实施低氮燃烧技术改造，熟料生产规模在 4 000 t/d 以上的生产线实施脱硝改造。

实施规模化畜禽养殖污染治理。鼓励建设规模化畜禽养殖场有机肥生产利用工程，继续做好各种实用型沼气工程，积极推进其他方式的畜禽粪便资源化利用。重点推进规模化畜禽养殖场和养殖小区污染治理设施建设，到“十二五”末，60%以上规模化畜禽养殖场和养殖小区配套建成固体废物和废水贮存处理设施，畜禽粪便资源化率达到 95%以上。实施郑州、漯河等市农业面源总量控制试点示范工程。

开展机动车污染减排。按照国家机动车强制报废制度，分期淘汰 2005 年以前注册的尾气排放达不到国Ⅰ标准的运营汽油车和污染物排放达不到国Ⅲ标准的运营柴油车（黄标车）。推行机动车环保标志管理制度，实施机动车简易工况法监测，开展机动车环保定期检验工作，推行机动车检测和维护制度（I/M 制度）。逐步提升车用燃油品质，鼓励使用新型清洁燃料，推广供应符合国Ⅳ标准的车用燃油。全面实施第四阶段机动车排放标准，严格二手车转入条件，控制机动车新增污染物排放量。

专栏 1-2 “十二五”水污染物总量减排重点工程

污水处理厂建设和配套设施完善工程。新建一批城镇、产业集聚区、重点乡镇污水集中处理设施，新增城镇污水处理规模 430 万 t/d 以上；完善 34 家污水处理厂污水管网，新建配套管网 7 880 km；重点对 46 家污水处理厂实施升级改造，现有执行《城镇污水处理厂污染物排放标准》（GB 18918—2002）二级排放标准的污水处理厂将排放标准提高至一级 B 以上；新建的城镇污水处理厂以及位于国家重点流域对水环境质量达标影响较突出的污水处理厂达到一级 A 排放标准；建设 43 项污水处理厂再生水利用工程，新增再生水利用能力约 100 万 t/d；在每个省辖市至少建设一座污泥集中处置处理设施。

重点涉水工业企业深度治理工程。137 家重点涉水企业实施废水深度治理或清洁生产。

造纸行业——所有造纸企业稳定达到行业排放标准要求。

纺织印染业——大力推广高效短流程前处理、少水无水印染先进技术、在线监测与控制、印染废水回收利用技术、印染废水综合治理技术等节能减排主流技术。

化工行业——推广氮肥生产污水零排放技术和氮肥生产超低废水排放技术，重点开发和推广先进的农药“三废”（废水、废气、固体废物）处理技术。

农副食品加工业——鼓励发展年产 10 万 t 以上规模的淀粉制造企业，现有小型企业适度集中，对污染物进行统一治理，淀粉废水可采用以生化为主的处理工艺；提高畜禽屠宰血水回收率，减少粪便排放，降低废水污染物浓度，采用厌氧-好氧等成熟处理工艺。

发酵行业——对高浓度废水采用成熟的厌氧-好氧生化处理工艺；对低浓度废水采用物化-活性污泥法进行处理，提高企业污染治理水平。

医药企业——对发酵类和化学合成类制药生产的废水分类收集处理；对提取类、中药类和混装制剂类制药生产的废水，采用水解酸化-好氧生化工艺处理。

畜禽养殖综合利用和污染治理工程。对全省 60%的规模化畜禽养殖场和养殖小区实施污染治理，建设有机肥生产利用工程、各种实用型沼气工程，鼓励推进其他方式的畜禽粪便资源化利用。

专栏 1-3 “十二五”大气污染物总量减排重点工程

电力行业工程治理。新建和现役燃煤发电机组全部执行《火电厂大气污染物排放标准》（GB 13223—1991），对 201 台机组（总装机容量 3 538.7 万 kW）强化监管，对 74 台机组（总装机容量 2 894.5 万 kW）实施脱硝改造，对 141 台机组进行低氮燃烧改造。

已投运脱硫设施不能稳定达标排放的或实际燃煤硫分超过设计硫分的，实施脱硫设施更新改造；“十一五”期间已安装脱硫设施但脱硫效率达不到设计要求的（如循环流化床锅炉等），“十二五”要达到相应工艺的脱硫效率；取消火电厂脱硫设施烟气旁路。

现役机组未采用低氮燃烧技术或低氮燃烧效率差的全部进行低氮燃烧改造；单机容量 30 万 kW 及以上的现役燃煤机组实行脱硝改造，综合脱硝效率达到 70%以上。

非电行业工程治理。对 24 家钢铁企业烧结机和 3 家焦化、39 家其他工业企业燃煤锅炉实施脱硫治理，对 37 家水泥企业实施脱硝改造。

冶金行业——全面实施烧结机烟气脱硫工程，建设脱硫脱硝一体化示范工程；单台烧结面积 90 m^2 以上的烧结机、年产量 100 万 t 以上的球团设备全部脱硫，综合脱硫效率达到 70%；对已安装脱硫设施但不能稳定达标排放、实际使用原料硫分超过设计硫分的以及部分烟气脱硫的实施脱硫设施改造。

建材行业——所有规模大于 70 万 m^2/a 的煤矸石瓦窑、规模大于 200 万 m^2/a 的煤矸石砖窑且燃料含硫率大于 0.5%的建筑陶瓷窑炉、所有浮法玻璃生产线，脱硫设施综合脱硫效率达到 70%。

水泥企业——新型干法窑推行低氮燃烧技术和开展烟气脱硝示范工程建设，规模大于 4 000 t 熟料/d 的新型干法水泥窑综合脱硝效率达到 70%。

有色金属行业——提高冶炼烟气中硫的回收利用率，对二氧化硫含量大于 3%的烟气采取烟气制酸或其他方式回收烟气中的硫，对低浓度烟气和制酸尾气排放超标的实施脱硫处理。

石化行业——对石油炼制行业催化裂化装置催化剂再生烟气、加热炉和锅炉烟气实施脱硫治理（综合脱硫效率达到 70%以上）；改进尾气硫回收工艺，提高硫黄回收率。

焦化行业——炼焦炉荒煤气脱硫，硫化氢脱硫效率达到 97%以上。

燃煤锅炉——对规模在 35 t/h 以上、二氧化硫排放超标的燃煤锅炉实施烟气脱硫，综合脱硫效率达到70%；循环流化床锅炉脱硫设施安装在线监控设备，提高综合脱硫效率。

机动车减排。淘汰黄标车约200万辆，实施清洁油品替代，推广供应符合国Ⅳ标准的车用燃油。

1.3.2 强化结构减排

加快淘汰落后产能。按照国家、省产业政策和结构调整指导目录，加快淘汰电力、煤炭、建材、钢铁、有色、化工、造纸、发酵等高耗能、高排放行业落后产能，对能耗高、污染重、技术落后的工艺、设备及产品实行强制性淘汰，力争结构减排量占工业源减排量的10%以上。

积极推进规划环境影响评价工作。进一步贯彻落实《规划环境影响评价条例》（国务院令 第559号），开展区域流域开发利用、重要产业行业发展和城市建设等规划环境影响评价，健全规划环境影响评价与项目环境影响评价联动机制。对省政府确定的城市新区发展规划、现代产业体系发展规划、城镇体系建设规划、循环经济试点省建设规划、能源发展规划等综合规划，有关部门依法开展规划环境影响评价，并且作为有关建设项目环境影响评价审批的前置条件。重点城市实施城市环境保护总体规划制度。

严格建设项目环境准入。强化污染减排的倒逼机制，把主要污染物排放总量控制指标作为新建、改建、扩建项目环境影响评价文件审批的前置条件。健全新建、改建、扩建项目与污染减排、淘汰落后产能完成情况相衔接的审批机制。建立健全环境影响评价审批与环境容量挂钩的机制，对不同区域和行业实行差别化的环境准入政策。优先支持高成长性和先导产业发展，积极支持传统优势产业拉长链条、提升层次，坚决控制高耗能、高排放、低水平重复建设项目，推进产业结构调整和发展方式转变。通过“上大压小”“以新带老”、淘汰落后等措施，实施污染物排放“等量置换”“减量置换”。

专栏1-4 “十二五”重点污染行业结构减排

涉水企业结构减排。关闭185家重点排污企业。

造纸行业——淘汰5万t以下禾草类制浆企业及废纸造纸企业，关闭未配套建设黑液碱回收装置或其他未能稳定达标排放工艺技术的草浆造纸生产线；严格控制新建化学制浆项目，改建、扩建木浆项目生产规模不得低于10万t/a，适度发展废纸造纸项目。

纺织印染业——淘汰 74 型染整生产线、使用年限超过 15 年的前处理设备、落后型号的印花机、热熔染色机等设备和生产线，淘汰高能耗、高水耗的落后生产工艺等。

化工行业——淘汰年产量 6 万 t 以下的合成氨落后产能等。

制革行业——淘汰年加工 3 万标张以下的制革生产线；严格限制新建年加工 10 万标张以下的制革项目。

农副食品加工业——淘汰手工、半机械化的落后产能，提高集中屠宰率，淘汰中小型（1 000 头/d 以下）屠宰点。

发酵行业——淘汰落后酒精生产工艺及年产 3 万 t 以下的酒精生产企业，淘汰年产 10 万 t 规模以下的啤酒企业等。

医药制造业——淘汰制药生产企业塔式重蒸馏水器、无净化设施的热风干燥箱、软木塞烫蜡包装药品工艺、“三废”治理不能达到国家标准的原料药生产装置。

涉气企业结构减排。关闭 215 家涉气企业，淘汰电力落后产能 254.3 万 kW。

电力行业——淘汰运行满 20 年、单机容量 10 万 kW 级以下的常规火电机组，服役期满的单机容量 20 万 kW 以下的各类机组，以及供电标准煤耗高出 2010 年我省平均水平 10%或全国平均水平 15%的各类燃煤机组；新建燃煤机组脱硫效率要达到 95%以上，并全部配套建设脱硝设施。

冶金行业——淘汰土烧结、30 m^2 及以下烧结机、化铁炼钢、400 m^3 及以下炼铁高炉（铸铁高炉除外）、公称容量 30 t 及以下炼钢转炉和电炉（机械铸造和生产高合金钢电炉除外）等落后工艺技术装备。

建材行业——淘汰窑径 2.5 m 以下水泥干法中空窑（生产特种水泥的除外）、直径 3 m 以下的水泥磨机（生产特种水泥的除外）等落后水泥产能；淘汰 100 万 m^2/a 以下的中低档建筑陶瓷砖、20 万件/a 以下低档卫生陶瓷生产线；淘汰所有平拉工艺平板玻璃生产线（含格法）、500 t/d 及以下普通浮法玻璃生产线。

有色金属行业——淘汰 160 kA 及以下电解铝预焙槽；密闭鼓风炉、电炉、反射炉炼铜工艺及设备；采用马弗炉、马槽炉等进行焙烧，采用简易冷凝设施进行收尘等落后方式炼锌或生产氧化锌制品以及其他落后工艺设备。

石化行业——淘汰土法炼油以及不符合国家安全、环保、质量、能耗等标准的成品油生产装置。

1.3.3 深化管理减排

实施总量指标预算管理。实施主要污染物总量指标预算管理，科学核算年度总量指标，优化配置环境资源。实行总量核准备案制度，建立动态管理体系，开展总量指标区域间交易，促进总量指标节约使用、高效利用。

大力推行清洁生产。依法对“双超双有”（超标准、超总量，有毒、有害）企业实施强制性清洁生产审核，督促企业清洁生产方案的实施。重有色金属矿（含伴生矿）采选业、重有色金属冶炼业、含铅蓄电池业、皮革及其制品业、化学原料及化学制品制造业等五个重金属污染防治重点行业，每两年完成一轮清洁生产审核；钢铁、水泥、平板玻璃、煤化工、多晶硅、电解铝等产能过剩行业，每三年完成一轮清洁生产审核；《重点企业清洁生产行业分类管理名录》所列行业，每五年开展一轮清洁生产审核。

推动产业集聚发展。深入推进产业集聚区建设，引导项目在产业集聚区集中建设，促进产业集聚集群发展，实现总量指标集约高效利用。强力推进产业集聚区环境保护基础设施建设，加快建设污水集中处理和集中供热供气设施。提高再生水回用率和工业固体废物综合利用率，高效利用和节约资源。大力推进环境友好型示范产业集聚区创建工作，积极培育一批环境资源承载能力强、经济社会与生态环境协调发展的示范基地。

加强环境管理。加强污染防治设施运营监管，完善监管机制，推行企业环境监督员制度，探索企业污染防治设施第三方运营模式，提高重点排污企业治污设施运行管理水平和各项治污工程减排能力。各级环境保护部门加强上下联动，完善执法责任制，提高执法水平和效率，对环境违法问题突出的企业和区域，实施挂牌督办、黑名单、区域限批等措施，切实维护群众的环境权益。完善上市公司环保核查制度，加大对上市公司的环境保护后督察力度。

1.4 污染防治

坚持以人为本、环保为民，重点解决饮用水、空气、固体废物、重金属污染等影响社会经济发展和损害群众健康的突出环境问题，加强核与辐射监管，强化综合治理，防范环境风险，推进重点流域、区域环境质量不断改善。

1.4.1 持续加强水污染防治

优先保护饮用水水源地。完成县城集中式饮用水水源保护区划定工作，依法取缔水源保护区内的违法建设项目和排污口。深入开展饮用水水源保护区内环境综合整治，加强丹江口水库、南湾水库等湖库型饮用水水源地生态保护工作。加强对水源保护区外汇水区有毒有害物质的管控，严格管理和控制一类污染物的产生和排放，确保饮用水水源地来水达标。开展城市集中饮用水水源地水质全指标监测分析，健全饮用水水源地环境评估、环境信息公开等制度，加强饮用水水源地环境风险防范和应急预警。

加大重点流域水污染防治力度。按照流域统筹、水陆结合的原则，强化污染源—入河排污口—控制断面水质目标管理之间的关系。加大丹江口库区和南水北调中线工程调水干渠沿线以及淮河、黄河、海河、长江等重点流域水污染防治力度，逐步落实责任目标考核断面和流域规划水质管理目标，确保实现贾鲁河郑州—周口、惠济河开封—周口等国家优先控制单元目标。建立健全流域污染联防联控机制，深化工业和生活等污染治理，开展面源污染治理和河道环境综合整治。推进贾鲁河、惠济河、黑泥泉河、卫河、徒骇河、马颊河、金堤河、蟒河等重点河流城市河段的环境综合治理，开展排污口截流、河道清淤疏浚、生态净化和生态湿地等工程建设。

表 1-3　水污染防治分区控制重点

流域名称	防治重点	防治目标
淮河流域	“六河五市”（“六河”为贾鲁河、清潩河、黑泥泉河、颍河、惠济河、涡河 6 条影响跨界水质的重污染河道，“五市”为郑州、开封、周口、漯河、许昌市）	着力改善淮河干流及重要支流上游区水质，防治结合，加强重污染跨界河流治理，实现出境水体水质显著改善
海河流域	“两河三市”（“两河”为卫河和马颊河；“三市”为新乡、濮阳和安阳市）	以点带面，防治结合，努力提高海河流域考核断面水质达标率
黄河流域	黄河三门峡、小浪底水库和伊洛河流域	以水质安全保障为核心，改善宏农涧河、伊洛河、沁河、金堤河水质，保障黄河三门峡和小浪底水库、干流水质稳定达标
长江流域	丹江口水库和丹江流域	丹江口水库水质达到Ⅱ类要求，入库河流达到水功能区划目标要求

开展地下水基础环境状况调查评估。在地下水污染问题突出的危险废物堆存场、垃圾填埋场、矿山开采区、石油化工生产及销售区、再生水灌溉区及工业园区等地区，开展地下水基础环境状况调查评估，初步构建信息平台框架，按要求逐步开展地下水污染修复试点工作。

1.4.2　不断深化大气污染防治

推进区域大气污染联防联控。以区域空气质量整体改善为目标，以火电、冶金、建材、煤化工为重点防控行业，以郑州、开封、洛阳、平顶山、安阳、焦作、三门峡和济源市为重点防控区域，建立区域大气污染联防联控机制，推进区域大气污染防治。

深化工业大气污染防治。强力推进工业和能源结构调整，优化布局，依法淘汰落后产能，减少燃煤污染；对火电、冶炼、水泥等大气污染物排放重点行业实施专项整治，全面提升工业企业工艺技术装备和治污水平。

强化城市大气污染防治。以遏制灰霾天气和光化学污染为重点，实施城市清洁空气行动方案。加大城市扬尘污染控制力度，重点对城市建筑工地现场实施标准化管理；控制城区煤烟型污染，逐步淘汰燃煤锅炉；加强餐饮业油烟治理，建设餐饮业油烟治理示范工程。积极开展挥发性有机物污染防治，推进加油站油气污染治理，油库和加油站、油罐车全部安装油气回收系统并确保达标运行。

加强城市噪声管理。按照城市总体规划，编制或修订城市声环境功能区划，加强社会生活、建筑施工和道路交通噪声的监管，妥善解决噪声扰民问题。加强施工噪声排放申报管理，严格中、高考等特殊时期和医院等特殊区域夜间施工建设项目的审批。

表 1-4 大气污染防治重点区域

城市名称	重点区域
郑州	巩义市、登封市、新密市、中心城区
开封	尉氏县、中心城区
洛阳	伊川县、偃师市、新安县、孟津县、中心城区（包括吉利区）
平顶山	石龙区、汝州市、宝丰县、中心城区
安阳	安阳县铜冶镇、水冶镇，林州市陵阳镇、中心城区
焦作	武陟县、沁阳市、修武县、博爱县、中心城区
三门峡	陕县、义马市、渑池县、中心城区
济源市	中心城区

1.4.3 加强核与辐射污染防治

加大放射性污染防治力度。落实辐射安全许可制度，严格核技术项目准入条件，确保放射源和射线装置完全处于有效监管。创新和完善辐射安全监管方式，不断提升辐射防护监管效能。提高放射性废物和废旧放射源安全处置能力，确保当年产生的放射性废物和废旧放射源送贮率达到 100%。积极推进历史遗留的大型放射源向国家废物库送贮和转移。加强伴生放射性矿产开发污染防治工作。

强化电磁辐射污染防治。推行电磁辐射建设项目规划环评，促进高压输变电及移动通信工程建设项目科学有序发展，确保电磁辐射水平在国家规定的限值内。将大型无线电发射装置、电气化铁路等电磁辐射项目全面纳入辐射环境安全监管范围，履行环境保护手续。完善电磁辐射建设项目公众参与、敏感点调查等规定，重点解决电磁辐射建设项目投诉问题。

加强重点辐射污染企业监管。配合环境保护部加强对国家监管的大型辐照装置的监督管理，确保其稳定安全运行；逐步淘汰落后产能，推进老、旧辐照装置升级改造，2012年前完成开封核能辐照厂辐照设备退役工作。加强全省废旧金属熔炼企业辐射监测管理，逐步建设废旧金属熔炼企业辐射监测系统，其他熔炼企业配置辐射监测仪器。严格移动放射源使用审批和备案手续，强化对测井、移动探伤、停产倒闭、用源大户等企业放射源的监督管理。

1.4.4　强化固体废物污染防治

深入推进危险废物污染防治。积极稳妥推进综合性危险废物集中处置设施建设，加强河南省危险废物集中处置中心和南阳市危险废物集中处置中心安全运营监督管理；建立全省危险废物处置网络，控制危险废物填埋量。推进安全处置铬渣等历史堆存和遗留的危险废物，确保新增铬渣当年全部无害化利用处置。组织开展重点地区、重点类别、重点行业和重点环节执法检查及综合整治；制定危险废物产生单位监管重点源清单，加强对危险废物产生单位和经营单位规范化管理的抽查考核，到 2015 年年底，危险废物重点产生单位和经营单位的危险废物规范化管理抽查合格率分别达到 90%和 95%以上。危险废物污染防控重点如表 1-5 所示。

表 1-5　危险废物污染防控重点

重点地区	重点控制类别	重点控制行业
郑州市	无机氰化物废物；废矿物油；废酸；煤焦油等	有色金属冶炼及压延加工业、非金属矿物制品业（耐火材料）、设备制造业
开封市	含铬废物、精（蒸）馏残渣、含锌废物等	皮革、毛皮、羽毛（绒）及其制品业，有色金属冶炼及压延加工业
洛阳市	废矿物油（油泥）；废碱渣；四氯化硅等	石油加工、多晶硅行业
焦作市	医药废物；含汞废物；废酸；电解槽大修渣（无机氰化物废物）；含铬废物等	皮革、毛皮、羽毛（绒）及其制品业，有色金属冶炼及压延加工业，医药制造业
三门峡市	冶炼废渣（无机氰化物废物等）、含铬废物、精（蒸）馏残渣、含汞废物、电解槽大修渣（无机氰化物废物）等	有色金属冶炼及压延加工业、化学原料及化学制品制造业
济源市	含铅废物；含锌废物；含汞废物；含锑废物等	有色金属冶炼及压延加工业，电气机械及器材制造业（电池制造）

完善医疗废物收集运输处置管理体系。继续推进医疗垃圾集中处理设施建设，加强全省已建成医疗废物集中处置单位的经营和监督管理，完善突发事故应急和预防措施，医疗废物集中处置设施负荷率符合国家相关要求。加强医疗废物全过程管理体系建设，在郑州、南阳等城市开展试点，因地制宜地开展农村和偏远地区医疗废物收集处置试点工作。到 2015 年年底，大、中型医疗卫生机构医疗废物全部实现无害化处置，省辖市和县级市医疗废物集中无害化处置率达到 90%以上。逐步建立完善突发疫情情况下的医疗废物应急处置机制。

大力推进废弃电器电子产品无害化处理处置和资源化回收利用。在全省范围内合理布设废弃电器电子产品回收网点，逐步构建多元化的回收网络体系。规范废弃电器电子产品拆解和深度处理企业布局，合理设置规模和处理类型，到 2015 年确保拆解处理处置规模达到 10 万 t/a，力争全省废弃电器电子产品深度处理规模达到 6 万 t/a 以上，逐步实现新旧废弃电器电子产品资源化再生利用。

强化工业固体废物污染防治。加强工业固体废物综合利用，到 2015 年年底，工业固体废物综合利用率达到 75%以上。加强赤泥、尾矿渣、铸造废砂等大宗工业固体废物堆存的污染防治。继续加大对限制进口类可用作原料的进口废物的环境管理，加大预防和打击废物非法进口力度。

提高生活垃圾处理水平。全面加强城乡生活垃圾全过程监管，完善生活垃圾全过程管理体系，提升生活垃圾的减量化、资源化和无害化处理水平。强化生活垃圾处理设施运行管理和对渗滤液、沼气等排放的环境监管，全面完成县级以上垃圾处理场渗滤液处理设施建设任务。整治简易垃圾处理或堆放设施和场所，加快现有生活垃圾处理场扩容升级改造，推进中心城市餐厨垃圾处理设施建设，到 2015 年，生活垃圾处理能力达到 6 万 t/d，省辖市及县（市）生活垃圾无害化处理率达到 80%。

1.4.5 加强重金属污染防治

实施重点区域综合整治。制定并实施重点区域污染综合防治规划。以重点区域为核心，推进污染产业密集、历史遗留问题突出、风险隐患较大的重金属污染区域综合整治，针对区域内主要涉重金属行业制定不同的区域综合整治方案，积极开展环境修复试点工作。对重点区域实施重金属排放总量控制，禁止新建、改建、扩建增加重点重金属污染物排放的项目，到 2015 年，实现重点区域重金属污染物排放量削减 30%以上。鼓励其他区域积极推进重金属约束性总量控制制度。

加大落后产能淘汰力度。以有色金属矿采选业、有色金属冶炼及压延加工业、皮革/

皮毛（绒）及其制品业、电气机械及器材制造业、化学原料及化学制品制造业 5 大行业为重点，加大重点行业淘汰和防控力度。积极推进涉重金属企业落后产能淘汰退出，逐步提高行业准入门槛，做到新增产能与淘汰产能“等量置换”或“减量置换”，实施重点防控行业重金属污染物特别排放限值管理。

实施重点污染源综合防治。加强重金属污染治理设施建设，鼓励企业在达标排放的基础上进行深度处理。加强回收利用和再生利用，鼓励铅蓄电池制造业、有色金属冶炼业、皮革及其制品业、电镀等表面处理（精饰）等行业实施同类整合、园区化集中管理，推动含重金属废弃物的减量化和循环利用。

1.4.6　积极防范环境风险

加强环境应急管理。积极推进环境应急全过程管理，切实加强“事前预防、应急准备、应急响应、事后管理”各阶段的工作。持续开展环境风险源调查和污染隐患排查及整治，建立环境风险源动态管理档案和数据库。建立环境风险源评估制度，强化企业环境风险隐患排查和治理主体责任。逐步建立装置级、厂界级、流域级三级应急防范体系。加强环境应急预案管理，规范预案编制、修订、评估、备案和演练。加强应急值守和信息报送，建立健全内、外部协作联动工作机制，科学、有效处置突发环境事件。建立事后调查和损害评估制度，防范次生环境事件。加大责任追究力度，开展警示教育，增强环境风险意识，提升环境应急管理水平。

加强化学品环境管理。严格执行危险化学品登记，加强环境关注类化学品管理，逐步建立全省危险化学品环境风险防控体系，做好危险化学品突发环境事件应急处理处置工作。认真履行相关国际环境公约和执行国家有关禁令，配合国家加快淘汰和限制使用列入国际环境公约要求的相关物质。加强二噁英、多氯联苯等持久性有机污染物重点排放行业的结构调整和污染防治，到 2015 年，炼钢生产、再生有色金属生产和废弃物焚烧三大重点行业二噁英单位产量（处理量）排放强度削减 10%，废弃物焚烧、铁矿石烧结、电弧炉炼钢和再生有色金属生产四大重点行业二噁英排放达标率大于 85%；完善持久性有机污染物环境管理制度，加大监管力度，控制或消除已识别持久性有机污染物污染环境和健康风险。

专栏 1-5 风险防范重点工程

环境风险源调查和评估项目。开展敏感区域环境风险源调查，建立区域重点行业、重点企业、重点污染物等环境风险源数据库和动态管理档案，构建 GIS（地理信息系统）管理体系。建设区域、流域环境风险管理示范项目。

持久性有机污染物基础情况调查项目。调查和评估杀虫剂类持久性有机污染物历史生产企业厂址及处于环境敏感区的废物堆放场地；调查评估重点区域多氯联苯类封存场地环境和健康风险。启动国际环境公约新增持久性有机污染物环境基础摸底调查，继续完善公约原定持久性有机污染物的环境基础信息，建立河南省持久性有机污染物动态管理数据库和监管信息化平台。

二噁英类污染物减排重点工程。主要包括废弃物焚烧、铁矿石烧结、电弧炉炼钢、再生有色金属生产等重点排放行业的落后产能淘汰、工艺改造、污控设施改造等项目。

敏感区域环境应急物资储备点建设工程。在地表水饮用水水源取水口等环境敏感区域建立环境应急物资储备点。

环境污染损害评估试点项目。开展突发性环境污染事故和一般性环境损害案件的损害鉴定评估试点工作，探索环境污染损害评估方法和工作机制。

1.5 农村与生态环境保护

推进生态省建设，落实主体功能区规划，加强生态保护和修复，努力保障生态安全。以国家农村环境连片综合整治试点为契机，全面落实“以奖促治”“以奖代补”政策，逐步解决农村饮水、生活污水、垃圾、土壤污染等问题，切实改善农村环境质量，保障国家粮食安全。

1.5.1 大力推进农村环境连片综合整治

保障农村饮用水安全。开展农村饮用水水源地调查评估，定期开展农村饮用水水源地环境保护专项执法检查，加强农村分散式供水水源地环境保护，开展农村饮用水水源地保护宣传教育，强化饮用水水源地环境综合整治。有条件的地区积极推进城乡供水一体化。

强化农村生活污染治理。因地制宜开展农村生活污水、垃圾污染治理，加快农村污水和垃圾处理设施建设步伐，提高生活污水、垃圾无害化处理水平。鼓励小城镇和规模较大村庄建设集中式污水处理设施，城市周边村镇的污水纳入城市污水收集管网统一处理，居住分散、经济条件较差村庄采取低成本、分散式方式处理生活污水。加强农村生活垃圾的收集、转运、处置系统建设，对城市和县城周边的村庄，采用“户分类、村收集、乡转运、县处理”的模式，统筹布局无害化处理设施和收运系统，全面推进农村生活垃圾无害化处置。

加强畜禽养殖业污染治理。按照资源化、无害化和减量化的原则，大力推行清洁养殖，合理确定畜禽养殖规模，科学划定畜禽禁养区、限养区和养殖区，改变人畜混居现象，改善农村生活环境。鼓励养殖小区、养殖专业户和散养户统一收集和治理污染物，完善雨污分离污水收集系统，推广干清粪工艺。把废弃物资源化利用和发展清洁能源结合起来，综合利用畜禽养殖粪便。

控制农村面源污染。落实河南粮食生产核心区建设规划确定的环境保护任务，控制面源污染。大力推广测土配方施肥技术，加强政策引导，指导、鼓励农民使用有机肥、生物农药或高效、低毒、低残留农药，推广病虫草害综合防治、生物防治、精准施肥和缓释、控释化肥等技术。到 2015 年年底，全省主要农作物测土配方施肥面积达到 80%以上，施配方肥比例达到 40%以上。积极发展生态农业、循环农业，推进无公害、绿色和有机农产品生产，到 2015 年年底，主要农产品中有机、绿色及无公害产品种植面积比重达到 30%。加强农业、水利、气象等部门的合作和科研开发，切实提高化肥、农药和水资源的利用效率。

专栏 1-6 农村环境综合整治范围和重点

整治范围。以行政村为基本单元，对连片村庄统一综合整治。优先治理乡镇政府所在地，新农村建设区域，交通枢纽和工矿企业周边，风景名胜区，南水北调中线水源地丹江口库区及总干渠两侧等水、大气污染防治重点流域、区域，国家扶贫开发重点县的村庄。逐步在其他区域推进。到 2015 年，至少对 2 000 个村庄实施农村环境综合整治。2011—2015 年分别对 693 个、407 个、400 个、300 个、200 个村庄实施环境连片综合整治。

整治重点。按照国家对农村环境连片综合整治项目主要支持内容，我省整治重点为：

1. 农村饮用水水源地保护。集中式饮用水水源地排污口拆除、截污及隔离设施建设、标志设置等，对分散式饮用水水源地根据取水点位置、供水量、取水方式不同采取相应的污染防治措施，确保饮用水水源卫生合格率达到 100%。

2. 农村生活污水和垃圾处理。将城镇周边村庄纳入城镇污水集中处理系统，建设生活污水收集管网；规模较大的村庄建设集中污水处理设施；居住分散的村庄建设小型人工湿地、无（微）动力处理设施、氧化塘等分散式污水处理设施。采用污水集中处理模式的农村生活污水处理率≥80%，采用污水分散处理模式的农村生活污水处理率≥60%。推行“户分类、村收集、乡转运、县处理”的城乡生活垃圾一体化处理模式，生活垃圾定点存放清运率 100%，生活垃圾无害化处理率≥70%。

3. 畜禽养殖污染治理。对畜禽养殖小区和畜禽散养密集区实施畜禽养殖污染治理、废弃物综合利用，发展循环农业。重点加快固液分离、沼气、生产有机肥和无害化畜禽粪便还田等工程建设，强化畜禽养殖小区及畜禽散养密集区的污染治理，畜禽养殖废弃物综合利用率≥70%。

4. 历史遗留的农村工矿污染治理。对历史遗留的、无责任主体的农村工矿污染进行治理，特别是对工业“三废”排放导致的周边农村地区水源、居住区、农田污染进行治理。

1.5.2 努力保障生态安全

推进生态示范建设。积极推进生态省建设，分区分类指导生态示范建设，到 2015 年，创建国家级生态县（市）1～2 个，省级生态县（市）15 个，省级生态乡镇 500 个，省级生态村 3 000 个。开展省级环境保护模范城市的创建工作，制定《创建河南省环境保护模范城市考核指标》，着力推进郑州、漯河、南阳、新乡、济源等市创建国家环境保护模范城市。

开展重要生态功能区保护和建设。推进桐柏大别山地生态区、伏牛山地生态区、太行生态区、平原生态涵养区建设，构建黄河滩区生态涵养带、南水北调中线生态走廊，形成“四区两带”的区域生态格局。以维护重要生态功能为导向，整合全省生态保护与建设工程，优先实现南水北调中线工程源头和淮河源国家级重要生态功能区的保护与恢复。加强重要生态功能区生态监测和评估，建立重要生态功能区的环境管理机制，引导产业生态转型，鼓励部分生态超载退化严重地区的人口转移。

提升自然保护区建设和监管水平。开展自然保护区基础调查，科学规划发展自然保护区，强化对自然保护区范围和功能区调整的管理，严格对自然保护区核心区和缓冲区开发建设的监管。2012 年年底前完成商城大别山金刚台自然保护区由省级向国家级升格的申报工作；到 2015 年，完成一批自然保护区规范化建设，进一步提升自然保护区管理水平，促进自然保护区建设由数量型向质量型转变。

加强生物多样性保护力度。认真履行《生物多样性公约》和实施《中国生物多样性保护战略与行动计划（2011—2030 年）》，制定《河南省生物多样性保护战略与行动计划》。以生物多样性丰富区、重要生态功能区和主要资源开发区为重点，保护生态系统和珍稀濒危物种，到 2015 年，全省森林覆盖率达到 23.61%，生物多样性下降的趋势得到基本遏制；完成南阳市、信阳市生物物种资源调查与生物多样性评估工作，初步建立符合省情的生物多样性监测、评估和预警体系，防治外来入侵物种，加强生物安全管理。

加强对资源开发的生态环境监管。制定和完善矿山等自然资源开发、旅游资源开发的环境监管制度和技术规范。推动落实生态功能区划，充分发挥生态功能区划对资源开发的引导和约束作用。推进矿山环境治理，促进新老矿山的生态恢复。加强对水电等资源开发以及公路、铁路、输油（气）管道等建设的生态环境监管。强化对旅游开发活动的环境保护，加大旅游区环境污染和生态破坏执法力度，重点加强对生态敏感区域旅游开发项目的环境监管。

专栏 1-7　生态保护重点任务

重要生态功能区保护和建设。依托山体、河流、干渠等生态空间，推进构建“四区两带”区域生态网络，加强重要生态功能区保护和建设。

桐柏大别山地和伏牛山地重要生态功能区。在豫西南连绵起伏的山地丘陵地区推进实施退耕还林、生态移民、天然林保护，加强长江、淮河流域防护林体系建设，推进小流域综合治理。

太行重要生态功能区。推进太行山区绿化，改善植被和生态现状，重点营造水源涵养林、水土保持林和经济林。

平原生态涵养重要生态功能区。推进实施平原沙化治理及防护林工程，减少风沙危害，调节气候，涵养水土。

黄河滩区生态涵养带。加强黄河湿地保护，全面推进实施沿黄滩地生态修复工程，建设沿堤防护林带。

南水北调中线生态走廊。加强植树造林，推进南水北调干渠沿线两侧宽防护林带和高标准农田林网的建设。

生态创建。到 2015 年，实现生态省建设阶段性目标，创建国家级生态县（市）1～2 个，省级生态县（市）15 个，省级生态乡镇 500 个，省级生态村 3 000 个。

自然保护区建设。系统调查全省自然保护区范围、类型、主要保护对象、管理状况等，建立自然保护区基础数据库，绘制河南省自然保护区分布图，构建全省自然保护区 GIS 管理系统。完成一批自然保护区规范化建设。

1.5.3 积极推进土壤环境保护

优先保护耕地土壤环境。以国家粮食生产核心区、蔬菜基地为重点，开展土壤污染状况调查，进行耕地土壤环境安全性评估和等级划分，划定耕地土壤环境保护区，建立耕地土壤环境质量数据库及信息管理系统。加强耕地土壤环境监管，开展定期监测、巡查，严肃查处环境违法行为，妥善处置土壤污染突发事件。

强化土壤污染物来源控制。控制重金属、有毒化学品和持久性有机污染物进入土壤环境，从严控制污水灌溉和污泥农用，严禁利用含重金属、难降解有机物等有毒有害物质的污水灌溉农田。开展污灌区土壤环境定期检测，污水处理厂污泥、河道清淤底泥等未经检测和安全处理，禁止向农田直接施用。对长期或大量施用污泥的耕地土壤开展土壤环境调查评估和跟踪监测。

严格污染土壤风险管控。加强污染耕地安全利用管理，对污染耕地实施分级利用，污染严重不宜作为耕地的，停耕停种。强化污染土壤环境风险管控，对污染土壤使用权变更或开发利用为其他用地的，按照国家有关标准和技术规范开展污染土壤环境调查、风险评估和治理修复，建立污染场地档案和信息管理系统。以新增工业建设用地为重点，建立土壤环境强制调查制度。开展土壤污染治理修复试点。

1.6 能力建设

以环境保护能力标准化建设为抓手，配精省级、配强市级、配齐县级、覆盖乡级，到 2015 年，基本形成完善的环境监测和监督体系、高效的环境预警应急体系、科学的总量核查核算体系、有力的科技支撑体系、完善的人才保障体系，努力实现环境保护监管能力的现代化、标准化、信息化和自动化，切实提升环境监管整体水平。

1.6.1 建立完善的环境监测和监督体系

全面推进环境保护能力标准化建设。重点加强各级环境保护机构标准化建设，省、市、县三级环境监察、监测、监控（信息）机构达到国家标准化建设要求；省、市两级及直管试点县（市）环境应急、核与辐射安全管理、固体废物管理、环境宣传教育机构达到国家标准化建设要求，满足日常环境监管和环境应急工作需要。

完善环境监督执法体系建设。建立区域性环境保护督查机构，建设南水北调中线工程丹江口水库南阳渠首环境保护机构，逐步建立乡镇环境保护机构或环境监察派出机构，配备乡镇和行政村环保员。健全核与辐射安全监管机构，加强电磁辐射环境安全管理、核技术应用、放射性物品运输监管和放射性废物安全处置能力建设。加强固体废物管理机构建设，提升危险废物鉴别、管理和安全处置能力。着力加强移动执法系统和信息平台建设，提高机动执法能力。

加强环境监控网络体系建设。逐步完善污染源自动监控网络，基本实现市控以上重点污染企业在线监控；加强对涉重金属和危险废物污染企业以及放射源的监测监控，推进国际履约受控物质监测监管。加强环境质量监测网络建设，优化环境质量监测点位布局，增加自动监测站；加强省、省辖市水质全分析、环境空气新增因子、重金属、持久性有机污染物及汽车尾气等监测能力；加强应用卫星遥感和地面监测相结合的生态环境监测监控能力建设；完善辐射环境质量监测网，增加省辖市、重点县（市）、重点地区的自动监测点位，加强放射性水平及电磁辐射监测能力建设。全面加强环境信息基础能力、网络和传输能力建设，完善电子政务应用系统和支撑平台，提高环境服务信息化水平。

1.6.2　建立高效的环境预警应急体系

建设环境事故应急指挥及支援保障体系。加快省、市、县三级环境应急机构和指挥系统建设，重点建设应急指挥辅助决策系统和应急信息管理系统，实现全省信息资源共享；加强应急管理、救援和技术支持队伍建设，配备先进的技术和装备设备；配合国家建设郑州区域性应急物资储备基地和支援保障基地，探索应急物资装备公司参与环境应急救援模式，建立环境应急物资装备综合管理调度系统，逐步形成高效的环境应急指挥救援保障体系。

建立环境预警应急监测体系。以开封、洛阳、新乡、驻马店为依托，建设豫东、豫西、豫北、豫南四个区域性环境应急监测中心，形成由省环境监测中心、四个区域监测中心和丹江口水库南阳渠首环境监测中心组成的全省环境预警应急监测网络，建立全省环境风险源数据库，构建区域环境风险监测预警体系，全面提升环境预警预测和应急监测水平。

加强核与辐射污染事故应急能力建设。建设核与辐射应急监测和应急指挥系统，配备应急监测装备，建设应急指挥平台，初步形成省、市、县三级核与辐射事故预警和应急处置能力，全面提升省、市级核与辐射污染事故应急响应能力和应急处置综合能力，防范和化解突发性核与辐射污染风险。

1.6.3 建立科学的总量核查核算体系

建立有效的总量减排核查核算体系。组建省级污染减排核查核算技术中心，建立工业源、农业源、生活源等产排污系数定量观测点，开展重点行业产排污系数模拟研究。

建立科学的环境统计体系。加强环境统计能力建设，建立总量减排环境统计技术支持体系；建设污染减排专网支持平台和数据库，加强数据采集、统计分析和核查体系建设，强化重点监控企业数据传输系统，有效保证环境统计数据质量。

健全总量减排监测体系。建立主要污染物总量减排监测体系，并保障其正常运行。加强机动车污染减排监管能力，建立省、市级机动车环保监管平台，在重点区域和重点城市开展道路交通污染监测，提升移动监测能力建设。推动农业源减排监测体系建设，逐步建立面源污染减排核查体系。

1.6.4 建立有力的科技支撑体系

加强环境科研能力建设。加强环境保护科研机构能力建设，提升环境科研基础装备水平，改善科研条件，提高创新能力，逐步建立污染防治、生态保护、环境规划、政策法规、环境标准、污染损害评估等技术支撑平台。

推进重点实验室和工程研究中心建设。建设国家和省级环境监测重点实验室，推进环境容量研究重点实验室建设，提升环境管理决策技术支撑能力。在饮用水水源地保护、重金属污染防治、畜禽养殖和农村面源污染防治、生态修复等领域，逐步建设实验基地和环境工程研究中心。

1.6.5 建立完善的人才保障体系

加强环境监管人才队伍建设。加大环境保护人才培养力度，强化环境管理和技术人员业务培训，完善持证上岗制度，积极开展技术比赛和应急演练，提高全省环境保护系统人员素质。

推进环境保护专业人才培养引进工程。积极引进环境保护工作急需的专业高科技人才，提高高级职称人员的比例，加强环境科技领军人才培养，开展环境保护系统学术带头人和优秀专家评选活动，努力造就一支数量充足、结构合理、适应环境形势发展需要的高素质、创新型科技人才队伍。

加强环境保护队伍业务培训能力建设。加大环境保护培训资金投入，建设远程教学系统，加强省、省辖市环境教育培训基础能力建设，初步形成覆盖全省的环境教育培训网络。

专栏 1-8 能力建设重点工程

环境保护能力标准化建设。主要包括省、市、县三级环境监察、监测、监控（信息）机构，省、市两级及直管试点县（市）环境应急、核与辐射安全管理、固废管理、环境宣传教育机构的标准化建设等。

环境监测监督体系建设。主要包括新建区域性环境督查机构，南水北调中线工程丹江口水库南阳渠首环境保护机构，乡镇环保机构或环境监察派出机构；污染源自动监控网络和环境质量自动监控系统升级改造；设立生态观测站和野外观测研究站等项目。

预警应急体系建设。主要包括新建国家郑州区域性应急物资储备基地和支援保障基地；以开封、洛阳、新乡、驻马店为依托，建设豫东、豫西、豫北、豫南四个区域性环境应急监测中心，建成南阳陶岔水源地环境监测中心和产业集聚区内国控、省控重点污染源自动监控系统平台等项目。

总量核查核算体系建设。主要包括省级污染减排核查核算技术中心等项目。

科技支撑体系建设。主要包括建设环境监测、环境容量研究等省、部级重点实验室，固体废物治理技术研究、饮用水水源地保护、重金属污染防治、畜禽养殖和农业面源污染等领域的试验基地等项目。

人才保障体系建设。主要包括环境管理、环境监测、监察执法人才工程，急需紧缺专业人才培养引进工程，环境保护人才知识更新工程等项目。

1.7 体制机制

建立健全河南省环境法规体系，不断完善环境经济政策，加强环境科学研究，推进公众参与，综合运用法律、行政、经济、技术手段，创新工作机制，提高环境保护管理水平，努力探索代价小、效益好、排放低、可持续的环境保护新道路。

1.7.1 健全法规体系

建立健全河南省环保法规体系。公布实施《河南省固体废物污染环境防治条例》，起草《河南省减少污染物排放条例》《河南省畜禽养殖污染防治条例》《河南省辐射污染防治条例》等地方性法规草案，制定《河南省环境应急管理办法》，修订《河南省环境污染防治设施监督管理办法》等规章。

逐步完善河南省环境标准体系。制定啤酒、铅冶炼、制药等重点行业河南省污染物排放标准，开展双洎河、海河、沁蟒河等重点流域水污染物排放标准的制定研究工作，制定农村生活污水处理技术规范，逐步建立与污染减排需求、经济社会发展相适应的地方环境标准体系。

1.7.2 创新工作机制

落实环境目标责任制。将环境保护指标纳入各级政府绩效考核体系，考核结果作为领导班子和领导干部综合考核评价的重要内容。落实环境保护问责制和“一票否决”制。对在环境保护中取得显著成绩的单位和个人，按照国家有关规定给予表彰奖励。

完善环境保护综合决策机制。各级政府对辖区环境质量负责，定期研究解决本地区环境保护的重大问题。加强部门协调配合，完善环境保护部门协作工作机制，充分发挥环境保护委员会的职能作用。环境保护部门履行环境统一监管职能，强化行政执法监督，统一制定环境保护规划并监督实施，统一发布环境监测和环境质量信息。

建立环境形势分析预警机制。提高环境监测、监控和环评统计数据的使用效能，定期进行环境质量和环境监管现状分析、建设项目环评统计综合分析，准确把握全省环境形势和产业发展趋势，建立环境监测监控超标数据响应快速反应机制，提高省、市、县三级联动的环境预警响应水平。

1.7.3 完善经济政策

健全环境保护投入机制。各级政府将环境保护列为年度公共财政预算的重点，确保环境保护支出随着财政实力的增强而逐步增加。从土地出让收益中安排适当比例，用于污水、垃圾处理等环境基础设施建设。将重要生态功能区、环境基本公共服务建设作为一般性转移支付的重要因素，加大“以奖促治”“以奖代补”资金支持力度。以政府投资带动全社会的环保投入，逐步完善政府、企业、社会多元化环保投融资机制，环境污染治理投资占当年生产总值的比重不低于全国平均水平。

积极推进排污权交易。建立和完善排污权交易体系和制度，成立省级排污权交易中心和中部地区碳排放交易中心，建立交易综合信息平台。排污权有偿使用资金专项用于环境保护和生态建设。

完善生态补偿机制。按照“谁污染谁负担、谁受益谁补偿”的原则，建立健全生态补偿机制。对丹江口库区及南水北调中线工程干渠沿线、淮河源头等重要生态功能区加大财力补偿和污染防治资金支持力度。

完善排污收费和环境价格政策。完善排污收费政策，按照国家规定的排污收费标准，调整废水、废气排污费征收标准。提高污水处理收费标准，保证污水处理厂的正常运行和处理效果。落实燃煤电厂烟气脱硫、脱硝电价政策，提高污染治理的积极性。

完善绿色金融政策。积极推行绿色信贷，开展重点企业环境行为信用等级评价工作，将企业环境信息纳入银行征信系统，实行差别化的信贷政策。继续实行绿色证券制度，严格上市企业环境保护核查。探索建立环境污染责任保险制度，在石油化工、危险废物处置等环境高风险行业开展环境污染责任保险试点。

1.7.4　增强科技支撑

加强环境科学基础研究。开展环境容量、环境承载力、环境监测等环境科学基础理论研究，实施水专项等一批重大科研项目，建立环境保护领域产学研联动机制，支持开发、应用和推广污染控制、生态保护、风险防范方面的高新技术、关键技术、共性技术。成立河南省环境专家咨询委员会，为全省环境保护事业发展中的战略性、全局性及重大环境问题提供咨询。

大力发展环境保护产业。开发推广环境保护技术装备及产品，着重发展环境保护设施社会化运营、环境咨询、工程技术设计、公共检测等环境服务业，培育一批具有自主品牌、核心技术能力强、市场占有率高的优势企业，发展以脱硫、脱硝、脱氮等减排设备和环境监测设备为主的装备制造业，使环境保护产业成为我省国民经济发展的新兴支柱产业。

1.7.5　鼓励全民参与

鼓励全民参与环境保护工作。健全环境宣传教育体系，构建环境宣传教育大格局。建立全民参与环境保护的社会行动机制，加强面向社会各界的环境宣传教育和培训，进一步增强公民的环境意识和生态文明观念。深化“绿色学校”“绿色社区”“绿色企业”等绿色系列创建活动，加强环境教育基地建设，广泛动员社会各界参与保护环境。加强“12369”环保举报热线管理系统建设，建立重大环境违法案件有奖举报制度。完善环境新闻发布机制，继续深入开展“中原环保世纪行”活动，提高环境舆论引导能力。

加强国际环境合作。认真履行国际环境公约，贯彻落实《消耗臭氧层物质管理条例》（国务院令　第 573 号）和国家实施方案，制定河南省实施方案及战略行动计划，建立工作机制，加大履约投入，全面推动我省国际环境公约履约工作。积极开展与发达国家和地区、国际机构以及周边省份的环境合作与交流，在切实履行相应国际义务的同时，大力引进先进的环境理念、环保技术、管理模式，积极争取资金支持。

1.8 重点工程

根据“十二五”全省环境保护目标和主要任务，确定总量减排、污染防治和风险防范、农村和生态环境保护、能力建设、环境保护科研五大类重点工程，约需资金投入总计 946 亿元，其中建设资金约 710 亿元，运行保障资金约 236 亿元。

1.8.1 总量减排重点工程

主要包括水污染防治工程中的重点工业污染源污水深度治理和清洁生产，城镇污水处理新建扩建、再生水利用、升级改造、污泥处理处置工程，产业集聚区污水集中处理，规模化畜禽养殖场污染综合治理；大气污染防治工程中的电力行业脱硫脱硝、非电力行业脱硫脱硝、清洁生产等项目。

1.8.2 污染防治和风险防范重点工程

主要包括水污染防治工程中的饮用水水源地保护、流域综合整治，大气污染防治工程中的除尘项目，固体废物污染防治工程，重金属污染防治工程，核与辐射等风险防范类项目。

1.8.3 农村和生态环境保护重点工程

主要包括农村环境连片综合整治，生态创建、自然保护区规范化建设、生物多样性保护，土壤污染防治和修复等项目。

1.8.4 能力建设重点工程

主要包括环境监测监督、预警应急、总量核查核算、科技支撑、人才保障五大体系的环境保护能力建设项目。

1.8.5 环境保护科研重点工程

主要包括环境科学基础研究和技术攻关等环境保护重大科研项目。

1.9　组织实施

1.9.1　加强政府领导

各级政府是实施本规划的责任主体，要把规划目标、重点任务和重点工程纳入本地区国民经济和社会发展总体规划，加大工作力度，确保规划全面实施；各环境保护专项规划、地方环境保护规划要以本规划为依据，将本规划确定的重点目标任务等进一步细化落实。

1.9.2　部门协调配合

各有关部门要各司其职，相互配合，共同落实规划任务。发展改革部门要制定有利于环境保护的产业政策、价格政策和投资政策；财政部门要制定有利于环境保护的财税政策；工业和信息化、公安、国土资源、住房城乡建设、交通运输、水利、农业、林业、商务、旅游、安全监管、电监等有关部门要依据各自职责，支持和推进规划全面实施。

1.9.3　加大资金投入

建立环境保护“十二五”规划项目库，加大各级财政投入力度，完善政府、企业、社会多元化的环境保护投融资机制，保障重点项目的建设和运行。强力推进一批能够争取国家支持的重大项目的前期工作，项目建设单位提前编制项目可行性研究报告等文件，加快完备项目前期手续。加强项目有效管理，形成续建、新开工、拟建、储备四种项目类型的梯次项目库结构，真正做到建设一批、开发一批、储备一批，形成梯次推进、良性循环的项目运行格局，确保重大建设项目如期完成，充分发挥环境效益和社会效益。

1.9.4　严格考核评估

对规划实施情况进行评估考核，每年公布一次各地主要污染物排放情况、重点工程进展情况、重点流域区域环境质量变化情况等，在 2013 年年底和 2015 年年底，分别对规划实施情况进行中期评估和终期考核，评估和考核结果向省政府报告、对社会公布，并作为考核各级政府工作绩效的重要内容。

附录 1 《河南省环境保护“十二五”规划》基本思路

“十二五”期间，是实现全面建设小康社会奋斗目标承上启下的关键时期，是深入贯彻落实科学发展观、构建社会主义和谐社会的重要时期，也是需要环境保护规划着力解决重大问题，中原崛起环境支撑力的战略机遇期。科学谋划“十二五”环保规划基本思路，对于指导环境保护“十二五”规划及其专项规划编制和实施，全面推动“十二五”时期乃至 2020 年环境保护工作，促进我省生态省创建，具有十分重要的意义。

一、环境形势

（一）“十一五”以来环境保护取得积极进展

“十一五”以来，我省大力推进环境保护“三个历史性转变”，把加强环境保护工作作为落实科学发展观、构建社会主义和谐社会的具体行动和战略重点，以污染防治为重点，以主要污染物总量减排为主线，积极采取重点流域区域和行业环境综合整治、加快环保基础设施建设和环保重点工程建设、强化工业污染深度治理、严格建设项目环境准入、强化环保监督执法、加强环境监管能力建设等多项措施。在全省经济社会快速发展情况下，2 项主要污染物排放量大幅削减，重点流域、区域环境质量有所改善，生态环境恶化趋势基本得到遏制，城乡及矿山环境逐步改善，核与辐射环境安全得到有效保证，可持续发展能力不断增强，全民环境意识进一步提高，基本完成了《国家环境保护“十一五”规划》和《河南省环境保护“十一五”规划》要求的阶段性规划目标。与 2005 年相比，2009 年全省化学需氧量和二氧化硫排放量分别下降 13.15%和 16.56%；全省脱硫燃煤发电机组装机容量已达 3 734.6 万 kW；城市污水处理率提高到 77.59%；全省河流好于Ⅲ类水质的河段长度比例达到 56.7%，劣Ⅴ类水质河段长度比例降至 29.5%；全省好于Ⅲ类的水质断面比例达到 45.8%，劣Ⅴ类水质断面比例已降至 37.3%；省辖城市环境空气质量好于二级标准的天数超过 292 天的城市达 100%。

“十一五”规划实施过程中积累了一些行之有效的经验措施，需要在“十二五”期间进一步继承和发展。一是积极实施生态补偿政策，解决上下游的污染问题；二是通过总量核查、签订政府目标责任书、重点流域规划评估等措施，严格落实地方政府的环境保护责任，一些地方推行的河长制、断面目标考核补偿等，切实调动了地方政府抓好环境保护工作的积极性；三是大工程带动大治理，污水处理厂和火电脱硫设施建设超过规划预期，全省每个县都已建成污水处理厂和垃圾填埋场，为未来发展奠定了基础。

但是，当前全省的环境形势依然严峻，高耗能、高污染、资源型的经济增长方式带来的结构性污染难以在短期内得到根本解决，经济社会发展与资源环境的矛盾日益突出，特别是随着工业化、城镇化进程的加快，环境压力将进一步加大，污染减排任务非常艰巨。随着经济社会的快速增长，人民生活水平持续较快提升，群众对环境质量的要求越来越高，环境改善的滞后与人民群众对环境要求日益提高之间的矛盾日益突出。同时还存在环境监管能力和队伍建设不足，农村环境保护工作滞后，环境宣传和教育工作比较薄弱等问题。

（二）未来环境形势分析

“十二五”时期我省仍处于重要的战略机遇期，目前我省第二和第三产业比重为85.6%，城市化率达到 37.7%，正处于工业化、城镇化的加快发展阶段。“十二五”时期是我省全面建设小康社会的关键时期，工业化、城镇化和农业现代化进程仍将继续加快推进，经济发展中蕴含着经济转型、技术进步、产业结构调整和消费结构升级的巨大潜能。特别是随着河南省粮食核心区建设、中原城市群“三化”迅速推进、产业集聚区分步实施、重化工行业加快建设等重大项目的相继落实，我省的环境又面临着巨大的压力和威胁。水、大气、固体废物、危险废物、土壤、面源等污染问题，以及生态破坏问题将变得更为复杂和不确定，特别是固体废物和危险废物污染问题将更加突出，工业污染源向农村转移的速度将继续加快。应对突发环境事件的压力将进一步加大，保障群众环境安全、减轻突发环境事件造成的危害和损失面临新的挑战。

二、规划指导思想

以邓小平理论和“三个代表”重要思想为指导，深入贯彻落实科学发展观，紧紧围绕生态文明建设，以削减主要污染物排放总量为主线，以解决危害群众健康和影响可持续发展的突出环境问题为重点，完善环境法制，强化环境监管，依靠科技进步，发展环保产业，加大环保投入，夯实工作基础，强化政府责任，鼓励公众参与，积极改善环境质量，保障环境安全，积极探索固体废物处置和辐射环境安全监管、农村和生态环境保护的新机制，努力实现环境保护历史性转变。

三、规划基本原则

（1）预防为主，防治结合。坚持源头预防，在经济社会发展战略、政策和规划的研究制定过程中充分考虑环境容量；坚持环境优先，以保护环境优化经济社会发展；坚持全过程预防，在生产、流通、分配和消费的各个环节融入环境保护；坚持高效治理，不断提高治污设施建设和运行水平；努力还清旧账，加快解决历史遗留的环境问题，消除环境安全重大隐患。

（2）全面推进，重点突破。在中期评估的基础上有针对性地提出优化完善措施，三大着力点整体布局，持续推进，确保环境保护力度不减。坚持长远谋划，总体设计，对全局性、普遍性的环境问题，要全面部署，全面推进。同时，抓住重点地区、重点行业的突出问题、难点问题，集中力量率先突破。以全省环境问题为主，明确重点地区、重点问题，结合“十二五”阶段特征，选准抓手，务求实效，努力实现重点区域的环境质量改善，保障环境安全，积极推进循环经济发展。

（3）统筹兼顾，民生优先。坚持统筹污染防治和生态保护，统筹城市和农村环境保护，兼顾需要与可能，合理配置公共资源。全面响应科学发展观并在基本思路中具体落实生态文明、环保新道路、历史性转变、“四个统筹”和“两保一高”等战略思想。坚持以人为本，从公众对环境的基本需求出发，在指标选择、技术路线、控制模式、规划主线等方面体现以人为本的新思路，夯实民生，解决与民生相关的突出环境问题，防范环境风险，切实维护人民群众环境权益，促进社会和谐。

（4）分类指导，分级管理。坚持因地制宜，实施区域性、特征性污染控制。坚持开拓创新，鼓励有条件的地方采取更加积极的环保措施，鼓励各地积极探索富有地方特色、适合当地情况的环保模式。逐步理清环境保护事权，实行有区别的环境保护目标，层层落实、严格考核、各负其责。

（5）政府主导，协力推进。积极落实政府责任，加强部门协作，力争做到目标、任务和投入、政策互相匹配。鼓励全社会参与环境保护，促进企业履行环境责任，加强信息公开和舆论监督，形成政府、社会、企业相互合作、共同行动的环境保护格局。

四、规划体系

“十二五”环保规划体系以改善民生为基本出发点，以综合分析为先导，以要素规划为主线，实现环保总体规划与要素规划、国家环境规划与地方环境规划、中长期规划与短期实施计划的统一，以规划编制和实施工作为契机进一步落实环境保护部门职责和职能。河南省环境保护规划体系要考虑与国家环境保护规划的衔接问题，同时也要考虑规划体系本身的协调与衔接问题，以实现河南省环境保护规划体系与经济社会发展规划的相互协调。

河南省“十二五”期间着重编制和实施河南省环境保护“十二五”规划和以下 15 个方面的专项规划：河南省主要污染物排放总量控制实施规划、河南省水污染防治规划（重点流域、饮用水水源地、地下水）、河南省大气污染防治规划（重点污染物、重点行业、重点区域、重点城市、机动车）、河南省土壤污染防治规划、河南省辐射环境保护规划、河南省环境监管及应急能力建设规划、河南省重金属污染综合防治规划、河南省生态保护规划、河南省固体废物污染防治规划、河南省农村环境保护规划、河南省环境保护人才队伍建设规划、河南省环境保护政策法规标准建设规划、河南省监测事业发展规划、河南省国际履约环保规划、河南省持久性有机污染物污染防治规划等。

五、规划目标

（一）整体目标

基于 2020 年全面实现小康社会建设目标时的环保要求，以发展阶段为依据将“十二五”环保规划目标具体化。规划目标指标的选取要充分反映政府的事权，考虑经济、技术和社会因素，保持指标的基本稳定，以环保重点工作为主，将影响全局的跨界和区域性环境问题作为“十二五”环保规划的重要内容，指标要可监测、可核定、可统计、可检查、可评估。（下面的目标指标是根据国家环境保护“十二五”规划基本思路的要求以及河南省环境保护“十一五”规划的执行情况初步制定的，还有待于在相关规划编制的过程中进一步核实）

到 2015 年，主要污染物排放得到基本控制，重点地区和城乡环境质量有所改善，生态环境总体恶化趋势得到基本遏制，确保核与辐射安全，生态省建设规划实施稳步推进，为全面建设小康社会奠定良好的环境基础。

到 2020 年，主要污染物排放得到有效控制，生态环境质量明显改善。

（二）目标指标

1．水

到 2015 年，河南省国控断面劣Ⅴ类水质的比例小于 30%，国控断面好于Ⅲ类的比例大于 50%；河南地表水监控河段长度中Ⅰ～Ⅲ类水质河段占监控河段总长度的 60%，劣

Ⅴ类水质河段占 30%以下；河南省责任目标断面达标率的比例为 90%，省辖城市饮用水水源地取水水质常规指标达标率为 100%。

主要水污染物排放总量持续削减，全省化学需氧量排放总量在 2010 年的基础上进一步削减 5%～10%，氨氮排放总量在 2010 年的基础上进一步削减 5%～10%。

城市（省辖市和县级市）污水处理率不低于 80%，县城污水处理率不低于 60%，中水回用率不低于 20%，投入运行三年内的污水处理厂的实际处理负荷达到设计能力的 80%。

国控重点企业常规工业废水重点监控因子达标排放率达到 95%以上，单位 GDP 用水量为 40 m^3/万元，单位 GDP COD 产生强度为 3.5 kg/万元，单位 GDP 氨氮产生强度为 0.12 kg/万元，工业用水重复利用率达到 90%，重点排污单位排污许可证发放率达到 90%。

2．大气

省辖城市空气质量好于二级标准的天数超过 292 天且环境空气质量在二级以上的省辖城市达到 80%。主要大气污染物排放总量持续削减，全省二氧化硫、氮氧化物排放总量在 2010 年的基础上进一步削减 5%～10%。单位 GDP 二氧化硫产生强度 5kg/万元，单位 GDP 氮氧化物产生强度在 2010 年的基础上进一步削减。

3．固体废物

进一步提高生活垃圾处理能力，城市（省辖市和县级市）生活垃圾无害化处理率达 90%，固体废物综合利用率达 75%，危险废物和医疗废物集中处置设施负荷率达 90%，危险废物贮存量比 2010 年减少 70%，危险废物年产生总量比 2010 年减少 10%，单位工业增加值固体废物产生量降低 40%。

4．生态

保障河南省生态安全的生态系统格局基本形成，自然保护区面积占国土面积的 4.50%，森林覆盖率达到 26%，省级自然保护区规范化建设比例达到 50%，天然湿地保护率达到 65%，矿山生态修复率达到 80%以上，水土流失治理和生态修复面积有所增加，部分区域生态环境质量明显改善，生态省创建迈出实质性步伐，建成 10 个省级生态县，国家级生态县实现零的突破。

5．农村

加大对农村环境保护的资金投入，健全和完善农村环境保护的法规和政策，环境问题突出的村镇基本得到治理，全面启动农村清洁家园、清洁田园、清洁水源建设，农村环境污染加剧的趋势得到初步遏制。典型区域、典型污染类型土壤初步得到修复，单位面积农田化肥施用强度为 550 kg/hm^2，单位面积农田农药施用强度为 0.6 kg/hm^2。无公害、绿色和有机食品基地面积占耕地面积的 30%以上，生态乡镇建设个数达到 500 个，生态村个数达到 3 000 个，秸秆综合利用率达到 60%，畜禽粪便综合利用率达到 90%，农村生活垃圾无害化处理率达 10%。

6．核与辐射

放射性剂量水平控制在天然本底涨落范围内，废弃放射源安全处置比例达到 100%，杜绝辐射事故发生，确保辐射环境安全。

7．能力建设

省、市、县三级环境监察机构 100%达到国家标准化建设要求，县级环境监测站 100%达到国家标准化建设要求，省、市二级环境宣传教育机构 100%达到国家标准化建设要求，辐射监察、监测能力基本达到国家标准化建设要求，满足日常环境监管和环境应急工作需要。

六、重点任务

“十二五”环保规划将在继续完善、优化总量控制的同时，强化环境质量约束性要求，逐步理清环境保护事权，积极贯彻循环经济理念，实施全防全控的新型污染防控体系，以环境功能区划为导向，以规划任务落地为基础，进一步强化规划的分类指导和分区控制，以基础工程、保障工程、人才工程作为环保基础能力建设的重点，提高规划的针对性、可操作性和执行力，推进历史性转变，为 2020 年全面建成小康社会提供环境基础保障。

（一）水环境保护

创新水环境管理思路，统筹考虑重点流域、饮用水水源地、地下水污染防治，按照流域—控制区—控制单元相互对应的控制体系，强化污染源—入河排污口—断面水质相一致的关系，在重点流域进行水环境质量控制。

实行严格的饮用水水源地保护制度，将饮用水水源地环境保护作为优先领域，确保群众饮水安全。加强汇水区污染源有毒有害物质的管控，严格管理与控制一类污染物的产生和排放。加大水源地水质全指标分析工作。完善饮用水水源地环境信息公开制度。重点解决水源地受高藻、高氨氮、高有机污染物和石油类、重金属等特征污染物威胁问题。

全面落实国家《重点流域水污染防治规划》，落实流域治理目标责任制和省界断面水质考核制度，加快完善生态补偿机制，积极推进水专项研究工作的开展实施。多渠道增加投入，加快治理工程建设。编制河南省水污染防治规划，完善水污染防治规划体系，加大河流污染防治力度，继续推进、强化淮河、海河、黄河、长江等重点流域及南水北调中线工程水源地和引水干渠周围的水污染防治工作，促进流域水污染防治工作取得显著成效。

继续推进并不断深化主要水污染物污染减排，实施化学需氧量、氨氮总量控制，提升水污染防治水平。把污泥治理成本纳入污水处理成本，所有污水处理厂污泥必须进行安全处置，污泥含水量超过 60%不得出厂，未实现污泥安全处置的扣减其主要污染物减排量；加快城市污水处理厂及管网建设，加大中水回用力度；加强运营监管，确保污水处理效率。推进农村分散式污水处理。积极推动面源污染防治，建立示范工程，开展面源削减与点源削减的抵扣政策试点工作。提高重点工业企业的氨氮排放标准；增强重点流域城市污水处理厂脱氮除磷功能；开展畜禽养殖场（小区）、畜禽散养密集区污染治理；推广测土施肥的方法，扩大有机农产品种植面积，减少农业生产化肥施用量。把总量控制要求分解落实到污染源，全面推行排污许可证制度。推进区域、流域特征污染物总量控制。

加大深度治理和监管力度。贯彻落实《河南省水污染防治条例》。根据出境断面水质目标要求，对辖区内重污染企业进行深度治理，加强对污水处理厂和重点排污企业的监管，确保污染防治设施正常运行，污染物达标排放。

以基础调查和典型示范为切入点，逐步推进地下水污染防治工作。开展地下水污染状况调查，实施重点场地地下水污染防治，逐步构建地下水污染防治管理体系。到 2015 年，地下水重污染地区污染加重趋势有所缓解，保证地下水集中式饮用水水源地水质达标。

（二）大气环境保护

以改善大气环境质量和保护公众身体健康为切入点，以主要污染物总量控制为手段，以改善城市环境质量为中心，以区域大气污染防治和重点行业污染控制为重点，推进多污染物综合控制。全面加强对二氧化硫、氮氧化物、颗粒物排放的控制，重视挥发性有机物、有毒有害物质控制，兼顾二氧化碳、汞等全球性污染物的协同减排，建立健全相应的多污染物减排法规、政策、技术和监管机制。

以改善城市环境质量为中心，全面加强大气污染防治。一是继续实施全省二氧化硫排放总量控制，从注重重点行业总量削减向全面减排转变。电力行业二氧化硫减排突出抓结构调整与脱硫设施的稳定运行；钢铁、石化、水泥、有色金属等非电力行业二氧化硫减排重点抓脱硫设施建设与结构调整；工业锅炉走结构升级的技术路线，以加强集中供热为抓手，加大小锅炉淘汰力度，对大吨位锅炉因地制宜采取脱硫减排措施。妥善处理处置脱硫石膏。二是全面加强氮氧化物污染防治，实施重点行业与重点区域联合控制，形成以防治火电行业排放为核心的工业氮氧化物防治和以防治机动车排放为核心的城市氮氧化物防治体系。电力行业全面实施低氮燃烧技术，新、扩、改建机组必须配套烟气脱硝设施；重点污染区域现役机组和其他地区 30 万 kW 以上现役机组在采取低氮燃烧的基础上逐步实施脱硝设施改造，同时加强非电工业等低氮燃烧技术推广使用，开展工业锅炉低氮燃烧和水泥、钢铁等行业脱硝示范，全面提升机动车污染控制水平，2011 年全面实施国家第四阶段机动车排放标准，进一步推动车用燃油低硫化进程，2015 年前重点区域全面供应符合国四标准的油品。三是深化颗粒物污染控制，全面加强工业烟尘、粉尘和城市扬尘的污染控制，进一步提高治理设备的除尘效率，火电行业推广采用布袋除尘器、电袋复合除尘器等高效除尘设施，颗粒物严重超标的城市实施更加严格的烟尘、粉尘排放标准。四是积极开展有毒有害大气污染控制，大力推进工业 VOCs 排放控制，加强加油站油气回收，逐步实施大气汞排放控制。

编制大气污染防治规划，明确“十二五”重点防治区域，以区域空气质量整体改善为目标，建立区域空气质量管理机构和协调机制，建立区域大气污染联防联控机制，推进区域大气污染防治。实施城市清洁空气计划，深化产业结构和能源结构调整力度，基于环境敏感区优化工业布局，重度大气污染城市实行建设项目环境影响评价阶段性区域限批，推动局地性污染综合整治。

加强节能、提高能效，充分利用协同效应控制温室气体排放。加强温室气体监测，加强减缓和适应能力建设。提高生态系统碳吸收能力。积极开展气候变化与环境质量、生态系统、人体健康、污染物减排协同控制等方面研究。探索选择重点行业、重点地区进行低碳经济试点研究，积极开展低碳政府机关示范、企业低碳技术创新和低碳社区建设，探索河南省的低碳经济发展之路，力争 2020 年单位 GDP 二氧化碳排放比 2005 年下降 40%～45%。

建立较为完善的环境噪声管理体系，改善城市声环境质量。加强地方噪声法规建设。调整城市的声功能分区，加强社会生活、建筑施工和道路交通噪声的监管，积极开展乡村噪声防治工作，妥善解决噪声扰民问题。加强噪声污染基础研究，促进噪声与振动治理产业发展。

（三）土壤污染防治

加强法规、标准、制度建设，夯实土壤污染防治基础。制定污染场地土壤环境保护监督管理办法，初步构建土壤污染防治的监督管理制度体系。建立土地使用的土壤环境质量评估、污染土壤风险评估与样品备案制度。开展土地环境功能区划，明确土壤分区控制、利用和保护对策。

加强监测、评估，强化土地污染的环境监管。在土壤污染调查的基础上对重要敏感区和浓度高值区进行加密监测、跟踪监测，对土壤污染进行风险评价。加强城市“退二进三”过程中被污染的工业场地的环境监管，禁止未经评估和无害化治理的污染场地进行土地流转和二次开发。

开展试点示范，探索土地污染修复技术体系。建立优先修复土壤清单，初步形成污染土壤修复机制。以铬渣、POPs 等重金属、危险废物污染场地修复为重点，开展污染场地治理和修复试点工作，积极解决历史遗留问题。

（四）固体废物和化学品污染防治

优先推进危险废物污染防治。全面落实危险废物全过程管理有关制度，提升危险废物污染防治水平，降低危险废物环境风险。建立危险废物管理考核制度，危险废物产生单位污染防治达标率达到 90%。以年产生危险废物 50 t 以上和具有急性毒性、反应性、易燃性、腐蚀性等特性的危险废物的产生单位为重点，加强环境监管，从源头杜绝危险废物非法转移。促进危险废物利用和处置行业产业化、专业化和规模化发展，加快淘汰一批落后的利用处置设施，坚决取缔污染严重的废弃铅酸蓄电池非法利用设施，建成达到国内先进水平的危险废物利用处置示范工程，控制危险废物填埋量。加强医疗废物管理，到 2015 年，大中城市医疗废物基本实现无害化处置，农村等偏远地区医疗废物安全风险基本控制。推进铬渣等历史堆存和遗留的危险废物安全处置。进一步规范实验室危险废物等非工业源危险废物的管理。建设危险废物减量化示范工程。

着力突破工业固体废物污染防治薄弱环节。完善和落实有关鼓励工业固体废物利用和处置有关优惠政策，强化工业固体废物综合利用和处置技术的开发，拓展废物综合利用产品的市场。加强磷石膏、赤泥、锰渣、铸造废砂等大宗工业固体废物堆放的污染防治。继续加强限制进口类可用作原料的进口废物的环境监督管理，加大预防和打击废物非法进口的力度。推动实施生产者责任延伸制度，规范并有序发展电子废物处理行业。制定生活污水处理厂污泥利用处理规划，建设利用处置设施，提高污泥利用处置率，加强污泥利用处置的全过程追踪监督管理，依法推进固体废物污染防治信息公开工作。

出台标准和技术规范，强化固体废物综合利用和处理处置。制定和落实固体废物、危险废物利用、处理、处置有关优惠政策。加强综合利用过程监管。积极推进电子废物管理工作，规范引导行业发展，推动电子废物处置项目实施，建立电子废物处置补偿机制的试点。

提高生活垃圾处理水平。全面开征城市生活垃圾处理费，有计划、有步骤地提高生活垃圾处置收费标准。试点开征乡镇和农村生活垃圾处理费，提高城市、乡镇和农村基础设施运行维护费支出或者财政支出最低比例保障，有计划、有步骤地提高生活垃圾处置收费标准。整治简易垃圾处理或堆放设施，落实渗滤液处理要求，严格开展垃圾处理设施污染地下水和土壤的修复工作。建设焚烧飞灰、厨余垃圾处理、渗滤液污染控制示范工程。

构建化学品环境管理战略与基本制度体系。建立和完善化学品环境管理等级制度、重点环境管理化学品转移排放制度、风险评价制度。优先在重点行业、重点区域开展危险化学品生产使用情况调查。加快化学品环境管理基础能力和化学品环境管理信息系统建设。

（五）工业污染防治

严格环境准入，促进技术进步和结构调整。从源头预防、过程控制、末端治理、回收利用的各个环节，围绕重点行业的污染特征、产污强度和排污强度等指标，建立更加严格的环境准入制度，进一步完善重点工业企业防控体系，推动污染源减排从末端向中端和前端延伸，促进发展方式转变。

加强环境管理，实现企业污染排放稳定达标。开展排污大户定期审计和信息公开。建立工业行业污染治理设施建设标准、设计规范和技术管理体系，将环境管理从排污口向环保设备、环保设施延伸，不断提高企业防污治污能力。

加大淘汰力度，降低污染负荷。实施区域重大项目联合审批，加强产业转移环境监管，严格控制产能过剩行业的项目建设。提高重污染落后产能企业信贷风险等级，实施差别电价、差别水价、差别排污费等限制政策，建立重污染企业退出补偿机制。建立企业环境行为评价制度，强化污染减排的倒逼传导机制。

全面推行清洁生产，大力发展循环经济。强化对重点企业的强制性清洁生产审核，将实施清洁生产作为环保验收、环保专项资金申请、污染减排的重要条件。完善上市公司环保核查制度，加大对上市公司的环保后督察和环境信息公开力度。推动工业园区和工业集中区生态化改造和产业结构优化升级。推行绿色制造，发展绿色经济。

（六）环境风险防范

加大防治力度，着力解决重大环境安全隐患。划定重点防控区域，完善定期监测和公告制度，明确重金属污染物特别排放限值。加强重金属污染综合治理，开展重金属污染治理与修复示范工程。对于排放重金属、持久性有机污染物、危险废物和使用危险化学品的工业企业，实行分类管理，充分利用物联网，实行全过程监控。大力推进持久性有机物污染防治，保障二噁英排放得到有效控制。积极推动历史遗留问题的逐步解决。

建立长效机制，严格防范环境风险。把环境风险纳入环境管理，从环境影响评价、环境质量标准制定、过程控制、竣工验收等环节建立制度，实施风险评价。启动环境安全风险防范与应急的研究和调查工作，识别环境风险的高发区域和敏感行业，加强对重大环境风险源的动态监控与风险控制。规范企业环境管理，加大对中小企业的管控力度，建立企业特征污染物监测报告制度。提高环境与健康风险评估能力。

（七）农村环境保护

统筹城乡，加强薄弱环节建设，以“生态乡镇、生态村创建”为主要抓手，推进农村环境整治，提高农村环境质量。全面启动农村清洁家园、清洁田园、清洁水源建设。全面落实“以奖促治，以奖代补”政策，率先针对重点流域、区域和问题突出地区开展集中整治。出台村庄环境综合整治建设标准，环境问题突出的村镇基本得到治理。加强农村饮用水水源地污染防治工作。以加大畜禽养殖污染防治力度为突破口，强化农业环境监管工作。控制农业生产和农民生活过程中的污染物排放，严格控制农村工矿污染，改善农村环境。

（八）生态环境保护

积极推进生态省创建工作，努力打造绿色河南，合理配置和节约利用资源，大力培育区域生态经济和循环经济体系，力求在省域范围构建资源节约型和环境友好型社会发展的大格局，推进整个省域走上生产发展、生活富裕、生态良好的文明发展道路。

坚持预防为主、保护优先的方针，以生物多样性丰富区、重要生态功能区和主要资源开发区为重点，理顺管理体制，加强生态保护监护，强化生物安全、物种资源利用、资源开发的监管，构建生态监测体系和网络，优化生态建设的资源配置，充分发挥生态系统的自我修复能力，切实提高生态保护和建设的质量。

加强重点区域生态保护和建设，构建河南省生态安全体系。自然保护区实施严格保护，强化保护和管理能力建设，推动自然保护区建设从“数量型”向“质量型”、由“面积型”向“功能性”的转变。针对河南省限制开发区域实施“减轻压力”的方针，引导产业生态转型、部分生态超载退化严重地区的人口转移；以维护重要生态功能为导向，整合河南省生态保护与建设工程，优先实现重要生态功能区的保护与恢复。

推进矿山环境治理，促进新老矿山的生态恢复。强化旅游开发活动的环境保护，加大对旅游区环境污染和生态破坏情况的检查力度，重点加强对生态敏感区域旅游开发项目的环境监管。推动地方落实生态功能区划，发挥生态功能区划对资源开发的引导和约束作用。加强对地方生态建设示范区工作的指导，大力推进生态文明试点示范。

（九）核与辐射安全监管

健全和完善核与辐射安全及放射性污染防治的法规和标准体系，建立和健全核与辐射安全及放射性污染防治的监管体系和评价体系；建立核设施安全监管、核安全设备监管、核技术利用监管、放射性物品运输监管、放射性废物安全处置监管、事故预警和应急处置等方面的能力；建立和完善河南省辐射环境监测网，形成与安全监管相适应的辐射环境监测能力。健全和完善与我省核能与核技术发展相适应的核与辐射安全监管组织体系，强化监管机构，充实监管队伍。依法确立各级辐射监管机构的责、权、利，建立明晰的责任机制。制定促进核与辐射安全技术进步的应用研究和技术开发政策，适时淘汰落后技术和设施；逐步培养辐射事故和事件安全处置技术力量，以保护人员、社会和环境安全，保证核能及核技术利用的可持续发展。

综合解决历史遗留问题。开展核基地与核设施放射性现状监测与评价。明确政府在“三废”治理项目中的主导地位。根据国家中长期《核安全与放射性污染防治规划（2006—2020 年）》，全面促进核设施退役、乏燃料后处理、放射性废物运输与处置。出台全面的放射性废物管理政策。

（十）环境监管能力建设

以建立与新时期环境保护任务需求相匹配的环境监管能力体系为方向，以推进环境监管公共服务均等化为要求，以基础、人才、保障三大工程为重点，配精省级、配强市级、配齐县级，系统提升环境监管水平。

大力夯实环境监管基础。进一步推进环境监测、监察机构标准化建设。按照环保任务需求合理配置仪器设备，重点加强环境监测与监察应急能力建设，提升监测预警水平，建设环境监测信息发布平台。开展环境监测执法业务用房建设。优化点位布局，完善空气、水质自动站建设，健全环境监测、监察网络。扩大环境监测指标与范围，加强 $PM_{2.5}$、POPs、温室气体、VOC、臭氧等重要指标的环境监测能力。建立农村环境监管体系，推进省级和重点城市饮用水水质全分析能力建设，加强地下水监测能力，加强土壤环境监测和监管能力建设。

强化环境监管保障。理顺环境监管体制，完善运行机制。保障运行经费、维护经费、更新改造经费。建立健全环境监测治理管理制度体系，建成较为完备的环境监测业务、监测技术、质量管理技术和保障体系。加强数据质量控制，完善环境监测技术体系，提高数据综合分析能力。

七、政策措施

（一）加强评估考核，落实环境目标责任制

在进一步强化污染减排考核的同时，积极稳妥地推进质量考核。要优化控制监测断面（点位）、调整运营机制，加大质量评估、监督、考核力度，加强重点流域水污染防治专项规划考核工作，推进集中式饮用水水源地环境状况评估工作。地方各级人民政府要把环境保护规划目标、任务、措施和重点工程项目纳入本地区经济和社会发展规划。加强评估考核工作，将考核结果作为地方政府领导干部综合评价和企业负责人业绩考核的重要内容，实行“一票否决制”。建立重金属污染等严重危害群众健康的重大环境事件和污染事故的问责制和责任追究制。

（二）建立综合决策机制，优化经济社会发展

实施系统科学的环境管理，提高环境管理效能，形成有利于资源可持续利用、环境友好、生态文明的环境管理体制，充分发挥环境保护参与综合决策的作用。编制河南省环境功能区划，引导产业合理布局和环境合理保护。全面建立规划环境影响评价体系，重要产业发展和城市建设等都要实施规划环境影响评价，并且作为有关建设项目环评审批的前置条件，把环境容量作为区域和产业发展的决策依据，以此确定发展规模、产业结构和布局，从决策源头防止环境污染和生态破坏。以环境保护为基础，重点城市开展城市环境保护总体规划试点工作。

（三）健全法规标准体系，严格执法监督

完善环境法制，强化环境保护责任。制定固体废物污染防治条例、农村环境污染防治条例、辐射污染防治条例、规模化畜禽养殖污染防治办法、排污许可证管理办法等地方法规和规章。继续深入开展环保专项行动，积极开展环保后督察工作。有效运用区域限批、挂牌督办、环保“黑名单”、环保后督察等管理手段，严厉打击环境违法行为，提

高政府、企业和社会的环保责任意识。

严格实施国家污染物排放标准，完善我省地方环境标准体系。建立单位产品或单位工业增加值的污染产生量、排放量的评价制度，促进污染防治由末端控制向全过程控制延伸。提高环境执法的刚性和权威，设立行为处罚方式，探索按日处罚。

（四）完善环境经济政策，建立长效机制

落实国家环境经济政策，建立反映我省资源环境成本的价格机制。制定有利于资源节约和环境保护的经济政策。全面实施水环境生态补偿，完善水环境生态补偿机制；制定自然保护区、重要生态功能保护区、资源开发的生态补偿政策；开展排污权有偿使用和交易，建立排污权交易体系；适度提高排污费收费标准，建立环境污染责任保险制度，健全绿色信贷、绿色财政、绿色证券等环境经济政策。

（五）强化环保科技支撑，发展环保产业

坚持“自主创新、支撑发展、重点跨越、引领未来”的科技发展方针，充分发挥环境科技对环保工作的引领、支撑和保障作用。开展环境科学基础理论研究，建设环境保护决策科技平台。大力开发污染控制、生态保护和风险防范的高新技术、关键技术、共性技术，产学研相结合，加强市场培育，将相关技术成果尽快转化为产品和服务，促进环保产业快速健康发展。加强重金属、POPs 和危险化学品的环境风险及低成本的 NO_x 控制技术研发。加快开展燃煤和有色冶炼行业大气汞防治技术研发，加强工业挥发性有机污染物治理技术研发。发展以脱硫、脱硝等减排设备和环境监测设备为主的装备制造业，鼓励环境设施的社会化建设运营，以环境影响评价、环境技术研发与咨询、环境工程服务、环境风险管理为重点，推行环境监测社会化试点，大力发展环保服务业。

推动高级环境科技人才队伍建设，实施环境科技领军人才培养，努力造就一支数量充足、结构合理、适应环境形势发展需要的高素质创新型科技人才队伍。加强环境监测与执法人才队伍建设，加强全省环保队伍建设特别是重点业务领域和基层、农村等地区环保人才队伍建设。建立和完善选人用人机制、考核评价机制、分配激励机制和人才引进机制。

（六）多渠道筹措资金，增加环保投入

“十二五”期间实现规划目标和建设任务需要大量的资金投入。合理划分环境保护事权、财权，理清各级政府在环保投入中的责任。建立环境保护投资稳定增长机制，强化

政府环保投入的主体地位，以建立和疏通环境保护投资有效渠道为重点，以法律法规的形式予以保障。完善财政转移支付制度，将环境保护作为重要因素予以考虑，将主体功能区、环境基本服务均等化作为重要的因素。提出有利于环境保护的税费政策。创新环境金融产品。改革环保投资统计框架，优化调整环境保护投资口径，提高环保投资决策分析能力。及时公布环境治理工程、环保技术需求等，完善有关政策，引导社会投资环保。

（七）加强环境宣传教育，动员全社会积极参与环境保护

完善环境宣传教育体系，加强面向不同社会群体的环境宣传教育和培训，进一步增强公民的环境意识。积极发展生态文化，提升社会生态文化氛围。加强环境标志认证，倡导绿色消费，逐步建立环境友好型消费体系和生活方式。推进城镇环境质量、重点污染源、重点城市饮用水水质、企业环境信息公开。广泛团结动员社会各界力量，发挥环境非政府组织的积极作用，走环境保护群众路线，建立环保统一战线。

（八）积极履行国际公约，开展国际合作

建立国际环境公约领导与协调机制，加大对履约资金的投入。开展与发达国家、周边国家和发展中国家的环境合作与交流，增加技术引进，减少生产型污染输入。

八、规划编制提纲

1. 当前环境形势
2. 规划指导思想
3. 规划指导原则
4. 规划目标
5. 重点任务及工程
6. 保障措施

九、专题研究

为了保证《河南省环境保护“十二五”规划》编制的科学性和可操作性，需要开展“十二五”规划前期研究工作，根据河南省的实际情况，规划前期研究拟设以下几个专题研究：

（一）河南省环境保护“十二五”规划经济发展与污染物排放总量预测研究

1．结合全面建设小康社会的要求和省委、省政府“十二五”时期的总体战略部署，分析 2015 年、2020 年经济社会发展态势，明确我省面临的环境形势和环境保护总体需求；

2．根据我省的自然资源、产业结构、经济社会发展、污染物形成和构成等情况，依据河南省经济发展“十二五”总体规划思路，预测 2015 年、2020 年污染物排放总量。

（二）河南省污染物总量控制研究

1．根据河南省第一次全国污染源普查等成果，依据环境空间、扩散系数、污染物削减特性、环境质量目标和控制标准、环境功能区划等参数，使用特定预测模型进行科学计算，并同时考虑人口、资源、主体功能区划、产业结构、发展预期及潜能等因素，以及国家的行政指标和政策规定，研究测算全省及省辖市大气和水环境容量指标；

2．在确定环境容量指标基础上，结合河南省社会经济的发展，提出“十二五”主要污染物总量控制指标建议。

（三）河南省环境保护“十二五”规划目标指标研究

1．根据国家环境保护“十二五”规划思路的指标要求，确定河南省环境保护“十二五”规划的总体目标指标；

2．研究提出“十二五”环保总体项目目标，分环境要素提出具体的目标指标体系，分析目标可达性，提出相应的重点指标和解决途径，确定 2015 年和 2020 年环境保护战略性目标。

（四）河南省环境保护“十二五”流域水污染防治对策研究

1．全面总结我省“十一五”水污染防治取得的经验，找出存在的突出问题，提出“十二五”水环境管理思路及技术路线；

2．分流域构建我省“十二五”水污染防治规划目标指标体系，提出指标值的确定方法，提出主要污染物（COD、氨氮）总量控制目标的分配方案，研究氨氮控制途径，进行技术经济可行性分析，确定削减水污染物和改善水环境质量的重点任务和工程项目的设置原则；

3．总结流域生态补偿实践经验和存在的不足，进一步研究完善流域生态补偿机制，开展排污权交易研究，提出我省试点方案和原则；

4．研究制定面源污染治理措施，控制化肥农药使用量和农村生活污染、养殖污染，从而减少面源污染。

（五）河南省环境保护“十二五”大气污染防治对策研究

1．客观分析“十一五”以来大气环境质量变化趋势和变化的重点区域，解析内在原因，预测分析大气环境质量的演变趋势；

2．提出“十二五”乃至 2020 年我省氮氧化物管理的基本思路和重点任务，包括控制目标、控制重点、控制对策，制定出以火电行业排放为核心的工业氮氧化物和以机动车排放为核心的城市氮氧化物防治体系，开展氮氧化物控制研究和温室气体排放控制理论研究；

3．研究制定控制河南省二氧化硫和烟尘排放量的措施，减少二氧化硫和烟尘的排放量；

4．研究制定控制挥发性有机污染物、氨、有毒有害物质排放的实施方案。

（六）河南省环境保护“十二五”固体废物污染防治对策研究

1．分析全省固体废物污染防治现状，识别固体废物处理处置特点及存在的问题，明确“十二五”期间固体废物污染防治的思路、工作任务及目标；

2．建立和完善城市污水处理剩余污泥、工业废弃物、医疗垃圾、电子废物等的管理和监控体系；

3．研究危险废物临时收集、转运等场所的布设原则，并提出危险废物泄漏的应急处理对策建议；

4．结合全省产业布局特点，从循环经济的角度，研究推进固体废物处理及综合利用产业化的对策建议。

（七）河南省环境保护“十二五”生态保护对策研究

1．分析河南省生态保护现状，识别出生态保护存在的问题，明确“十二五”期间生态保护的工作思路、工作任务及目标；

2．研究矿山综合治理实施方案，加快矿山地区生态治理；

3. 结合我省主体功能区规划，研究制定我省国家级重要生态功能保护区的保护措施，加强重点生态功能保护区的保护工作；

4．为河南生态省建设规划的编制做好基础准备。

（八）河南省环境保护“十二五”农村环境保护和土壤污染防治对策研究

1．在识别全省农村环境保护及土壤污染防治主要问题基础上，结合全省农业污染源普查和土壤污染状况调查结果与河南省粮食生产核心区建设要求，明确“十二五”期间农村环境保护及土壤污染防治的思路、工作任务及目标；

2．研究农村面源污染防治、饮用水水源保护、土壤污染防控等的对策建议；

3．提出农村生活污水、生活垃圾污染防控的可行性方案；

4．研究建设集土壤监测网络、土壤质量评价制度、土壤污染管理、土壤应急预案为一体的土壤环境监管体系，提出预防土壤污染的对策措施；

5．确定农村环境综合整治示范项目类型及数量的设置原则。

（九）河南省环境保护“十二五”核与辐射安全监管对策研究

1．分析河南省核与辐射安全监管现状，明确核与辐射存在的问题，提出“十二五”期间核与辐射安全监管的工作思路、工作任务及实现目标；

2．研究建立核与辐射安全监管体系，完善相关对策措施。

（十）河南省环境保护“十二五”环境监管能力研究

1．分别从基础工程、人才工程和保障工程等方面对全省的环境监管能力现状进行分析，识别出管理政策体系存在的主要问题，提出加强环境监管能力、完善环保管理体系的方法和措施；

2．在省、市、县环境监管能力层面上，体现“配精省级、配强市级、配齐县级”，为全面提升我省环境监管能力提供支撑。

（十一）河南省环境保护“十二五”环保法规、标准、政策措施研究

1．分析河南省环境保护法规、标准、政策措施存在的问题；

2．根据河南省环境保护工作发展趋势，结合我省“十二五”规划目标，以技术、经济的可行性为前提，提出建设河南省环境保护法规、标准体系和“十二五”规划制定必要的政策措施。

（十二）河南省环境保护“十二五”环境风险防控体系构建研究

1．开展环境风险识别研究，找出河南省环境风险高发区域和敏感行业，调查危险化

学品及相关工作现状、区域特征、典型案例、存在的问题、发展趋势，并进行压力分析；

2．建立风险评估—风险预警—风险管理全过程防范监控体系；

3．确定“十二五”环境风险防控目标、任务、要求、政策、措施建议、能力建设需求、重大工程设置的原则；

4．研究提出全省核与辐射环境安全保障对策建议；

5．研究提出全省主要饮用水水源地环境安全保障对策建议。

（十三）河南省环境保护“十二五”经济结构优化的途径及对策研究

1．围绕河南省重点行业，结合中原城市群建设和全省产业集聚区建设，针对不同的区域识别制约河南省经济社会发展的环境问题，从环保的角度提出产业布局和结构调整等促进行业可持续发展的途径及对策；

2．在总结“十一五”期间循环经济发展实践的基础上，分析循环经济对环境保护的作用及其地位，研究“十二五”环境保护规划的技术控制措施体系，提出环保系统推进循环经济的途径、工作重点及政策措施建议；

3．总结“十一五”污染减排取得的成效及存在的主要问题，分析“十二五”期间河南省推进污染减排面临的国内外、省内外环境，以及河南省经济发展、资源环境状况及气候变化对污染减排的影响；

4．研究提出河南省“十二五”污染减排的基本思路、预定目标、重大工程设置原则和政策措施建议；

5．从河南省逐步发展低碳经济、应对气候变化问题的战略思路角度，研究提出河南省环境保护“十二五”优化经济结构的途径及对策。

（十四）河南省环境保护“十二五”环保产业发展对策研究

1．调查研究河南省环保产业发展的现状，识别制约河南省环保产业发展的关键因素，解析河南省环保产业发展的规律、趋势和特点，分析预测“十二五”期间河南省环保产业发展面临的新形势，明确河南省环保产业发展的工作总体思路；

2．研究提出“十二五”期间河南省环保产业发展要解决的难点问题、主攻方向、环保产业发展规划、重点领域、政策措施和制度保障的建议；

3．从政府引导与发挥市场机制相结合、科技创新与体制创新相结合，健全和完善财税政策，推进固体废物、废水、废气治理等方面的环保新技术产业化，大力发展循环经济和清洁生产的角度，研究提出促进河南省环保产业发展的对策建议。

附录 2　《河南省环境保护“十二五”规划》编制说明

一、编制背景和过程

（一）编制背景

“十二五”时期是中原经济区建设的关键时期，也是环境保护必须紧紧抓住并且可以大有作为的重要战略机遇期。党中央、国务院和省委、省政府明确提出科学发展主题和加快转变经济发展方式主线，把加快建设资源节约型、环境友好型社会作为重要着力点，要求加大环境保护力度，提高生态文明水平。

为贯彻落实党的十七大、《国务院关于支持河南省加快建设中原经济区的指导意见》《国务院关于加强环境保护重点工作的意见》、中共河南省第九次党代会精神，根据《国家环境保护“十二五”规划》和《河南省国民经济和社会发展第十二个五年规划纲要》，河南省环保护厅组织起草了《河南省环境保护“十二五”规划》（以下简称《规划》）。

（二）编制依据

1.《国务院关于支持河南省加快建设中原经济区的指导意见》
2.《国务院关于加强环境保护重点工作的意见》
3.《国家环境保护“十二五”规划思路》
4.《国家环境保护“十二五”规划》
5.《促进中部地区崛起规划》
6.《中原经济区建设纲要》
7.《河南省国民经济和社会发展第十二个五年规划纲要》

（三）编制过程

按照国家环保“十二五”规划编制要求和省委、省政府关于“十二五”规划编制工作的统一部署，省环保厅于 2009 年 10 月启动《规划》编制工作，成立了领导小组和工作机构，确定了 1 个总体规划加 16 个专项规划的编制任务。《规划》由厅规划财务处具体组织，以省环科院为技术牵头单位，组织郑州大学、河南农业大学等高等院校和科研单位约100位骨干技术人员参与规划编制工作。

《规划》编制工作共历时两年，经历了前期准备、编制规划思路、编制专项规划及专题研究、编制规划文本、规划评审及征求意见5个阶段。2010年6月完成初稿之后，多次经厅长办公会、专题会讨论研究，征求厅内有关处室单位和省辖市环保局意见，不断与专项规划保持对接协调，与《国家环境保护“十二五”规划》《河南省国民经济与社会发展第十二个五年规划纲要》等进行衔接。2011年9月29日，《规划》通过了由环保部、我省高等院校及科研机构、省直有关部门组成的专家委员会的评审。《规划》修改后又正式发文征求各省辖市、省直管试点县（市）政府及省环委会成员单位意见，在广泛汲取各方意见后，于11月9日通过省环保厅厅长办公会审查，11月15日向张大卫副省长和胡五岳副秘书长进行了汇报。此后，根据张大卫副省长和胡五岳副秘书长的指示，进一步与省发改委沟通，形成报批稿。

二、规划的主要内容

《规划》共分为五部分九章，第一部分是环境形势，第二部分是总体要求，第三部分是五大重点任务，第四部分是重点工程，第五部分是组织实施。

（一）环境形势

《规划》总结了“十一五”期间我省环境保护取得的主要成就，分析了“十二五”期间环境保护面临的机遇和挑战。

（二）总体要求

《规划》提出了规划的指导思想、基本原则，确定了规划总体目标，量化细化了10项主要指标。

指导思想：深入贯彻落实科学发展观，围绕科学发展主题和加快转变经济发展方式主线，牢固树立以人为本、环境友好发展理念，坚持在发展中保护、在保护中发展，以改善环境质量为目标，以深化污染减排为重点，以创新体制机制为动力，以加强能力建设为保障，保护生态环境，提高生态文明水平，推动中原经济区实现不以牺牲生态和环境为代价的新型城镇化、新型工业化、新型农业现代化“三化”协调科学发展。

基本原则：推动转变，科学发展；民生为本，促进和谐；重点突破，全面推进；提升能力，加强监管；创新机制，系统管理；政府主导，全民参与。

总体目标：“十二五”期间，全省主要污染物排放总量持续减少，环境质量不断改善，城乡环境保护统筹推进，重要生态功能区环境质量基本保持稳定，环境监管能力得到系统提升，环境安全得到基本保障，为全面推进中原经济区建设提供环境支撑。

（三）重点任务

为实现总体目标，设置了5个方面的重点任务。

一是总量减排。坚持把总量减排作为调整产业结构、转变经济发展方式的突破口和重要着力点，强力推进主要污染物排放总量控制工作，持续工程减排，强化结构减排，深化监管减排，削减化学需氧量、二氧化硫、氨氮和氮氧化物排放总量，推动绿色发展。

二是污染防治。坚持环保惠民，从公众对环境的基本需求出发，着力解决影响科学发展和损害群众健康的突出环境问题，将改善环境质量和风险防范贯穿于污染防治工作中。对饮用水保护、重点流域水污染防治、开展地下水污染调查，推进区域大气污染控制联防联控、深入开展城市和工业大气污染防治，核与辐射，固体废物、重金属、化学品管理、风险防范和应急管理等任务进行了全面部署。

三是农村与生态环境保护。按照中原经济区和生态省建设要求，以国家农村环境连片综合整治试点为契机，以“以奖促治”“以奖代补”政策为主要手段，对农村饮水、生活污水、垃圾、畜禽养殖、土壤污染等突出环境问题和各级生态创建及生态保护工作进行了部署，努力保障粮食和生态安全。

四是能力建设。系统谋划了全省环境监管能力建设，以乡级能报告、县级能执法、市级能应急、省级能预警为总体目标，明确提出环境监察、监测、监控（信息）、应急、宣教、辐射监测监管、固废管理等机构的标准化建设要求，建设比较完善的监测和监督、预警应急、总量核查核算、科技支撑、人才保障五大体系，切实提升环境监管整体能力，为实现环境保护目标提供有效保障。

五是体制机制。注重“软件”建设，把完善体制机制创新作为五大重点任务之一，按照综合运用法律、行政、经济、技术手段的环保工作方式要求，从制度的顶层设计上，提出“十二五”环境法规体系、环保工作机制、环境经济政策、环境科技支撑、公众参与等方面的建设要求，为转变环保工作方式，探索环保新道路奠定基础。

（四）重点工程

为了确保规划目标任务的顺利完成，规划筛选确定了一批重点工程，旨在通过重点工程的实施带动全社会的环保投入。这批重点工程分别是总量减排、污染防治和风险防范、农村和生态环境保护、能力建设、环保科研五大类重点工程，总投资约946亿元，其中建设资金约 710 亿元，运行保障资金约 236 亿元。

（五）组织实施

提出了加强政府领导、部门协调配合、加大资金投入、严格考核评估等 4 个方面的保障实施措施。

三、规划的特点

《规划》在认真贯彻落实国家对新时期环境保护工作的新要求和新任务基础上，结合河南实际，突出河南特色，有以下几个鲜明特点：

（一）规划定位紧扣主题和主线，贯彻三大战略思想

《规划》以党的十七大、省第九次党代会精神为指导，围绕中原经济区建设、生态省建设等战略任务，结合《中原经济区建设纲要（试行）》等相关规划的要求，紧扣科学发展的主题和加快经济发展方式转变的主线，将“落实科学发展观、推动经济发展方式转变、不断提高生态文明建设水平”作为河南省“十二五”环境保护工作的主题，着力体现“以环境保护优化经济增长，环境保护是重大民生问题，探索代价小、效益好、排放低、可持续的环保新道路”等三大重大战略思想。

（二）规划重点任务设置切合河南实际，突出河南特色

《规划》在关于重点任务方面的篇章结构上与国家环保“十二五”规划略有不同。与国家环保“十二五”规划相比，我们更加突出了农村环保和体制机制创新，这主要是基于以下考虑：

1．关于突出农村环保。河南是农业大省，中原经济区的战略定位之一是建设成为国家重要的粮食生产和现代农业基地，同时也是国家农村环境连片综合整治试点省，因此河南农村环保的重要性和艰巨性远远高于全国其他地区，《规划》在重点任务中突出农村环境保护。

2．关于体制机制创新。一方面，《国务院关于支持河南省加快建设中原经济区的指导意见》中明确提出河南要加大“三化”协调发展先行先试力度，允许采取更加灵活的政策措施，在诸多方面先行先试，赋予了我省先行先试的责任和义务；另一方面，当前环保工作凸显的一些体制机制方面的问题已经明显在制约环保工作的深入推进，形势逼迫我们必须加快探索环境保护新道路。近年来，我省进行的一些改革探索，如流域生态

补偿机制等已经在实践中发挥重要作用，近期正在研制的排污总量指标预算管理办法得到了环保部的充分肯定，并要求我们加快先行先试步伐，承诺在多方面给予指导。因此，我们在《规划》中将体制机制列为一项重点任务。

（三）总规与专项规划密切衔接，保障规划的科学性和可操作性

《规划》首次采用总体规划和 16 个专项规划相结合的编制方式，总体规划是环境保护领域的宏观性、综合性和指导性规划，侧重于纲领性内容，各专项规划是总规的细化和补充，侧重于可操作性强的内容。二者相互配合，共同形成《河南省环境保护“十二五”规划》体系，既重点突出、任务明确，又切实可行。

四、关键问题的说明

（一）关于规划指标的设置

《国家环境保护“十二五”规划》中确定了 7 项主要指标，包括 4 项总量减排指标和 3 项环境质量指标。根据我省实际，《规划》设置了 10 项主要指标。其中，4 项总量减排指标与国家设置相同，按照国家下达的减排比例，化学需氧量和氨氮排放总量在 2010 年的基础上削减 9.9%和 12.6%；二氧化硫和氮氧化物排放总量在 2010 年的基础上削减 11.9%和 14.7%。环境质量设置 6 项主要指标，比国家增加 3 项，各项环境质量指标具体解释如下：

省控断面劣Ⅴ类水质的比例≤25%：根据国家“国控断面劣Ⅴ类水质比例≤15%”指标设置。从 2011 年开始，按照 21 项指标进行水质评价，据此评价 2010 年我省省控断面中劣Ⅴ类水质比例为 31.3%，2011 年 1—9 月省控断面中劣Ⅴ类水质比例为 32.9%，因我省处于北方缺水地区，确定地表水省控断面劣Ⅴ类水质的比例≤25%。

省控断面好于Ⅲ类水质的比例≥45%：根据国家“国控断面好于Ⅲ类水质比例≥60%”指标设置。按照 21 项指标评价，2010 年我省省控断面中好于Ⅲ类水质比例为 45.8%，2011 年 1—9 月省控断面好于Ⅲ类水质比例为 38.8%，根据我省实际，确定地表水省控断面好于Ⅲ类水质的比例≥45%。

省辖市集中式饮用水水源地取水水质常规监测因子水质达标率≥98%：我省自行增加的指标，延续“十一五”指标值。

省辖城市空气质量好于二级标准天数比例≥80%：该项指标国家已取消，我省延续“十一五”指标值。

环境空气中主要污染物年均值在二级以上的省辖城市比例≥80%：根据国家“十二五”新提出“环境空气污染物年均值在二级以上的地级城市比例≥80%”指标设置，评价因子包括二氧化硫、二氧化氮和可吸入颗粒物。根据三项因子评价，2010 年我省环境空气中主要污染物年均值在二级以上的省辖城市比例为 38.9%，主要是因为可吸入颗粒物超标；根据二氧化硫、二氧化氮两项因子评价，2010 年我省环境空气中主要污染物年均值在二级以上的省辖城市比例为 83%。根据我省实际情况，结合总量控制主要污染物为二氧化硫、氮氧化物，确定我省“环境空气中主要污染物年均值在二级以上的省辖城市比例≥80%”，主要污染物指二氧化硫、二氧化氮。

辐射环境水平保持在天然本底涨落水平内：我省自行增加的指标，延续“十一五”指标值。

（二）关于重点工程和投资

为保障规划任务落实，带动全社会的环保投入，《规划》确定了十大类重点工程，并设计建立了项目库。重点工程总投资约 946 亿元，包括建设资金约 710 亿元，运行保障资金约 236 亿元。其中，总量减排约 410 亿元、污染防治约 285 亿元、农村环境和生态保护约 140 亿元、能力建设和环保科研约 111 亿元。

据统计，“十一五”期间，环境污染治理投资约为 560 亿元，占全省 GDP 的 0.64%。“十二五”末，预计全省 GDP 约为 149 662 亿元，重点工程投资占 GDP 的 0.63%，与“十一五”的比例基本相同。

“十一五”期间，我省环境污染治理投资占 GDP 比例比全国环境污染治理投资总额占 GDP 的比例低 0.86 个百分点，处于全国整体水平下游，且与全国平均水平的差距较大。根据发达国家的经验，当治理环境污染的投资占 GDP 的比重达到 1.5%时，才可以真正控制污染恶化的趋势。建议“十二五”期间各级政府将环境保护列为年度公共财政预算的重点，将重要生态功能区、环境基本公共服务建设作为一般性转移支付的重要因素，加大“以奖促治”“以奖代补”资金支持力度，安排适当比例的土地出让收益金，用于污水处理、垃圾处理、集中供热、供气等基础设施建设，以政府投资带动全社会的环保投入，逐步完善政府、企业、社会多元化环保投融资机制，使环境污染治理投资占当年 GDP 的比重不低于 1.5%。

第 2 章 《河南省环境保护“十二五”规划》重点工作部门分工方案

河南省人民政府办公厅关于印发河南省环境保护“十二五”规划重点工作部门分工方案的通知

豫政〔2013〕12 号

各省辖市、省直管试点县（市）人民政府，省人民政府有关部门：

《〈河南省环境保护“十二五”规划〉重点工作部门分工方案》（以下简称《分工方案》）已经省政府同意，现印发给你们。

各部门要认真贯彻落实《河南省人民政府关于印发河南省环境保护“十二五”规划的通知》（豫政〔2011〕96 号）精神，把环境保护摆在更加重要的位置，加强领导，明确责任，各司其职，抓出成效。要按照《分工方案》要求，对涉及本部门的工作进一步细化分解，制定具体措施，认真抓好落实。对涉及多个部门的工作，部门之间要密切协作，牵头部门要切实负责，加强协调，及时跟踪进展情况。省环保厅要积极发挥主体作用，认真做好统筹协调工作，会同有关部门开展督促检查，把推进环境保护工作的各项政策措施落到实处。

各省辖市、省直管试点县（市）政府要落实地方责任，加强与有关部门的衔接沟通，抓好工作落实。

河南省人民政府办公厅

2013 年 2 月 20 日

2.1 总量减排

2.1.1 持续工程减排

推进城镇污水处理设施及配套管网建设。重点推进省辖市、县（市）、重点乡镇及产业集聚区污水处理设施建设，完善污水管网。增加城镇污水日处理能力 430 万 t 以上，城镇污水处理率提高至 85%以上；所有产业集聚区配套完善污水管网，实现废水的全收集、全处理。加快现有污水处理厂升级改造，执行二级排放标准的污水处理厂通过升级改造将排放标准提高至一级 B 以上；新建的城镇污水处理厂以及位于国家重点流域对水环境质量达标影响较突出的污水处理厂达到一级 A 排放标准。大力推进城镇污水处理厂再生水利用和污泥无害化处置处理设施建设及综合利用，到“十二五”末，全省城镇污水再生利用率提高至 20%以上，城市污泥无害化集中处置处理率达到 80%以上，县城污泥无害化集中处置处理率达到 60%以上。（省发展改革委、住房城乡建设厅、财政厅、环保厅，列第一位的为牵头部门，其他有关部门或单位按职责分工负责，下同）

深化重点行业工程减排。重点推进造纸、纺织、化工、制革、农副食品加工、发酵、医药等高耗水行业工艺技术改造、废水深度治理及再生水回用。（省环保厅、发展改革委、工业和信息化厅、财政厅）

严格执行火电厂大气污染物排放标准，全面推进电力行业脱硝工程建设，对未采用低氮燃烧技术或低氮燃烧效率低下的现役燃煤机组进行更新改造，单机容量 30 万 kW 以上燃煤机组全部加装脱硝设施，脱硝效率达到 70%以上；取消燃煤机组脱硫设施烟气旁路，进一步提高综合脱硫效率；新建燃煤机组必须配套建设高效脱硫脱硝设施，脱硫效率达到 95%以上，脱硝效率达到 80%以上。推进钢铁行业烧结机、球团设备及焦炉煤气脱硫，石油石化行业催化裂化装置烟气脱硫，有色冶炼行业低浓度二氧化硫治理和制酸尾气深度治理等工程建设。对现有新型干法水泥窑实施低氮燃烧技术改造，熟料生产规模在 4 000 t/d 以上的生产线实施脱硝改造。（省环保厅、发展改革委、工业和信息化厅、河南电监办、省财政厅）

实施规模化畜禽养殖污染治理。鼓励建设规模化畜禽养殖场有机肥生产利用工程，继续建设各种实用型沼气工程，积极推进其他方式的畜禽粪便资源化利用。重点推进规模化畜禽养殖场和养殖小区污染治理设施建设，到“十二五”末，60%以上规模化畜禽养殖场和养殖小区配套建成固体废物和废水贮存处理设施，畜禽粪便资源化率达到 95%以

上。实施郑州、漯河等市农业面源总量控制试点示范工程。（省环保厅、畜牧局、农业厅、发展改革委、财政厅）

开展机动车污染减排。按照国家机动车强制报废制度，分期淘汰 2005 年前注册的尾气排放达不到国Ⅰ标准的运营汽油车和污染物排放达不到国Ⅲ标准的运营柴油车（黄标车）。推行机动车环保标志管理制度，实施机动车简易工况法监测，开展机动车环保定期检验工作，推行机动车检测和维护制度（I/M 制度）。逐步提升车用燃油品质，鼓励使用新型清洁燃料，推广供应符合国Ⅳ标准的车用燃油。全面实施第四阶段机动车排放标准，严格二手车转入条件，控制机动车新增污染物排放量。（省环保厅、公安厅、交通运输厅、商务厅、工业和信息化厅、科技厅、质监局）

2.1.2　强化结构减排

加快淘汰落后产能。按照国家、省产业政策和结构调整指导目录，加快淘汰电力、煤炭、建材、钢铁、有色、化工、造纸、发酵等高耗能、高排放行业落后产能，对能耗高、污染重、技术落后的工艺、设备及产品实行强制性淘汰，力争结构减排量占工业源减排量的 10%以上。（省工业和信息化厅、发展改革委、环保厅、河南电监办、省财政厅）

积极推进规划环境影响评价工作。进一步贯彻落实《规划环境影响评价条例》（国务院令　第 559 号），开展区域流域开发利用、重要产业行业发展和城市建设等规划环境影响评价，健全规划环境影响评价与项目环境影响评价联动机制。对省政府确定的城市新区发展规划、现代产业体系发展规划、城镇体系建设规划、循环经济试点省建设规划、能源发展规划等综合规划，有关部门依法开展规划环境影响评价，并且作为有关建设项目环境影响评价审批的前置条件。重点城市实施城市环境保护总体规划制度。（省环保厅、发展改革委、住房城乡建设厅、国土资源厅）

严格建设项目环境准入。强化污染减排的倒逼机制，把主要污染物排放总量控制指标作为新建、改建、扩建项目环境影响评价审批的前置条件。健全新建、改建、扩建项目与污染减排、淘汰落后产能完成情况相衔接的审批机制。建立健全环境影响评价审批与环境容量挂钩的机制，对不同区域和行业实行差别化的环境准入政策。优先支持高成长性和先导产业发展，积极支持传统优势产业拉长链条、提升层次，坚决控制高耗能、高排放、低水平重复建设项目，推进产业结构调整和发展方式转变。通过“上大压小”“以新带老”、淘汰落后等措施，实施污染物排放“等量置换”“减量置换”。（省环保厅、发展改革委、住房城乡建设厅、国土资源厅、河南电监办、省工商局）

2.1.3 深化管理减排

实行总量指标预算管理。实行主要污染物总量指标预算管理，科学核算年度总量指标，优化配置环境资源。实行总量核准备案制度，建立动态管理体系，开展总量指标区域间交易，促进总量指标节约使用、高效利用。（省环保厅、发展改革委、财政厅、工业和信息化厅、统计局）

大力推行清洁生产。依法对“双超、双有”（超标准、超总量，有毒、有害）企业实施强制性清洁生产审核，督促企业实施清洁生产方案。重有色金属矿（含伴生矿）采选业、重有色金属冶炼业、含铅蓄电池业、皮革及其制品业、化学原料及化学制品制造业等五个重金属污染防治重点行业，每两年完成一轮清洁生产审核；钢铁、水泥、平板玻璃、煤化工、多晶硅、电解铝等产能过剩行业，每三年完成一轮清洁生产审核；《重点企业清洁生产行业分类管理名录》所列行业，每五年开展一轮清洁生产审核。（省环保厅、发展改革委、工业和信息化厅、财政厅、科技厅）

推动产业集聚发展。深入推进产业集聚区建设，引导项目在产业集聚区集中建设，促进产业集聚集群发展，实现总量指标集约高效利用。强力推进产业集聚区环境保护基础设施建设，加快建设污水集中处理和集中供热供气设施。提高再生水回用率和工业固废综合利用率，高效利用和节约资源。大力推进环境友好型示范产业集聚区创建工作，积极培育一批环境资源承载能力强、经济社会与生态环境协调发展的示范基地。（省发展改革委、住房城乡建设厅、环保厅、国土资源厅）

加强环境管理。加强污染防治设施运营监管，完善监管机制，推行企业环境监督员制度，探索企业污染防治设施第三方运营模式，提高重点排污企业治污设施运行管理水平和各项治污工程减排能力。各级环境保护部门加强上下联动，完善执法责任制，提高执法水平和效率，对环境违法问题突出的企业和区域，实施挂牌督办、黑名单、区域限批等措施，切实维护群众的环境权益。完善上市公司环境保护核查制度，加大对上市公司的环境保护后督察力度。（省环保厅等有关部门）

2.2 污染防治

2.2.1 持续加强水污染防治

优先保护饮用水水源地。完成县城集中式饮用水水源保护区划定工作，依法取缔水源保护区内的违法建设项目和排污口。深入开展饮用水水源保护区环境综合整治，加强丹江口水库、南湾水库等湖库型饮用水水源地生态保护工作。加强对水源保护区外汇水区有毒有害物质的管控，严格管理和控制一类污染物的产生和排放，确保饮用水水源地来水达标。开展城市集中式饮用水水源地水质全指标监测分析，健全饮用水水源地环境评估、环境信息公开等制度，加强饮用水水源地环境风险防范和应急预警。（省环保厅、发展改革委、财政厅、住房城乡建设厅、国土资源厅、水利厅、农业厅、林业厅、南水北调办）

加大重点流域水污染防治力度。按照流域统筹、水陆结合的原则，强化污染源—入河排污口—控制断面水质目标管理之间的关系。加大丹江口库区和南水北调中线工程干渠沿线以及淮河、黄河、海河、长江等重点流域水污染防治力度，逐步落实责任目标考核断面和流域规划水质管理措施，确保实现贾鲁河郑州—周口、惠济河开封—周口等国家优先控制单元的目标。建立健全流域污染联防联控机制，深化工业和生活等污染治理，开展面源污染治理和河道环境综合整治。推进贾鲁河、惠济河、黑泥泉河、卫河、徒骇河、马颊河、金堤河、蟒河等重点河流城市河段的环境综合治理，开展排污口截流、河道清淤疏浚、生态净化和生态湿地等工程建设。（省环保厅、发展改革委、财政厅、住房城乡建设厅、水利厅、农业厅、林业厅）

开展地下水基础环境状况调查评估。在地下水污染问题突出的危险废物堆存场、垃圾填埋场、矿山开采区、石油化工生产及销售区、再生水灌溉区及工业园区等，开展地下水基础环境状况调查评估，初步构建信息平台框架，按要求逐步开展地下水污染修复试点工作。（省环保厅、国土资源厅、财政厅）

2.2.2　不断深化大气污染防治

推进区域大气污染联防联控。以区域空气质量整体改善为目标，以火电、冶金、建材、煤化工为重点防控行业，以郑州、开封、洛阳、平顶山、安阳、焦作、三门峡和济源市为重点防控区域，建立区域大气污染联防联控机制，推进区域大气污染防治。（省环保厅、发展改革委、财政厅、气象局）

深化工业大气污染防治。强力推进工业和能源结构调整，优化布局，依法淘汰落后产能，减少燃煤污染；对火电、冶炼、水泥等大气污染物排放重点行业实施专项整治，全面提升工业企业工艺技术装备和治污水平。（省环保厅、发展改革委、财政厅、工业和信息化厅、河南电监办）

强化城市大气污染防治。以遏制灰霾天气和光化学污染为重点，实施城市清洁空气行动方案。加大城市扬尘污染控制力度，重点对城市建筑工地现场实行标准化管理；控制城区煤烟型污染，逐步淘汰燃煤锅炉；加强餐饮业油烟治理，建设餐饮业油烟治理示范工程。积极开展挥发性有机物污染防治，推进加油站油气污染治理，油库和加油站、油罐车全部安装油气回收系统并确保达标运行。（省环保厅、发展改革委、工业和信息化厅、住房城乡建设厅、交通运输厅、公安厅、财政厅、商务厅、科技厅、气象局）

加强城市噪声管理。按照城市总体规划，编制或修订城市声环境功能区划，加强社会生活、建筑施工和道路交通噪声监管，妥善解决噪声扰民问题。加强施工噪声排放申报管理，严格中、高考等特殊时期和医院等特殊区域夜间施工建设项目的审批。（省环保厅、住房城乡建设厅、交通运输厅、公安厅、工业和信息化厅）

2.2.3 加强核与辐射污染防治

加大放射性污染防治力度。落实辐射安全许可制度，严格核技术项目准入，确保放射源和射线装置完全得到有效监管。创新和完善辐射安全监管方式，不断提升辐射防护监管效能。提高放射性废物和废旧放射源安全处置能力，确保当年产生的放射性废物和废旧放射源送贮率达到 100%。积极推进历史遗留的大型放射源向国家废物库送贮和转移。加强伴生放射性矿产开发污染防治工作。（省环保厅、发展改革委、公安厅、财政厅、交通运输厅、卫生厅）

强化电磁辐射污染防治。推行电磁辐射建设项目规划环境影响评价，促进高压输变电及移动通信工程建设项目科学有序发展，确保电磁辐射水平在国家规定的限值内。将大型无线电发射装置、电气化铁路等电磁辐射项目全面纳入辐射环境安全监管范围，履行环境保护手续。完善电磁辐射建设项目公众参与、敏感点调查等制度，重点解决电磁辐射建设项目投诉问题。（省环保厅、发展改革委、工业和信息化厅、财政厅、广电局）

加强重点辐射污染企业监管。配合环境保护部加强对国家监管的大型辐照装置的监督管理，确保其稳定安全运行；逐步淘汰落后产能，推进老、旧辐照装置升级改造，2012 年年底前完成开封核能辐照厂辐照设备退役工作。加强全省废旧金属熔炼企业辐射监测管理，逐步建设废旧金属熔炼企业辐射监测系统，其他熔炼企业配置辐射监测仪器。严格移动放射源使用审批和备案手续，强化对测井、移动探伤、停产倒闭、用源大户等企业放射源的监督管理。（省环保厅、发展改革委、工业和信息化厅、公安厅、财政厅）

2.2.4 强化固体废物污染防治

深入推进危险废物污染防治。积极稳妥推进综合性危险废物集中处置设施建设，加强河南省危险废物集中处置中心和南阳市危险废物集中处置中心安全运营监督管理；建立全省危险废物处置网络，控制危险废物填埋量。推进安全处置铬渣等历史堆存和遗留的危险废物，确保新增铬渣当年全部无害化利用处置。组织开展重点地区、重点类别、重点行业和重点环节执法检查及综合整治；制定危险废物产生单位监管重点源清单，加强对危险废物产生单位和经营单位规范化管理的抽查考核，到 2015 年，危险废物重点产生单位和经营单位的危险废物规范化管理抽查合格率分别达到 90%和 95%以上。（省环保厅、发展改革委、工业和信息化厅）

完善医疗废物收集运输处置管理体系。继续推进医疗垃圾集中处理设施建设，加强全省已建成医疗废物集中处置单位的经营和监督管理，完善突发事故应急和预防措施，医疗废物集中处置设施负荷率符合国家相关要求。加强医疗废物全过程管理体系建设，在郑州、南阳等城市开展试点，因地制宜地开展农村和偏远地区医疗废物收集处置试点工作。到 2015 年，大、中型医疗卫生机构医疗废物全部实现无害化处置，省辖市和县级市医疗废物集中无害化处置率达到 90%以上。逐步建立完善疫情突发情况下的医疗废物应急处置机制。（省环保厅、发展改革委、卫生厅、住房城乡建设厅）

大力推进废弃电器电子产品无害化处理处置和资源化回收利用。在全省范围内合理布设废弃电器电子产品回收网点，逐步构建多元化的回收网络体系。规范废弃电器电子产品拆解和深度处理企业布局，合理设置规模和处理类型，到 2015 年，确保拆解处理处置规模达到 10 万 t/a，力争全省废弃电器电子产品深度处理规模达到 6 万 t/a 以上，逐步实现新旧废弃电器电子产品资源化再生利用。强化工业固体废物污染防治。加强工业固体废物综合利用，到 2015 年，工业固体废物综合利用率达到 75%以上。加强对堆存的赤泥、尾矿渣、铸造废砂等大宗工业固体废物的污染防治。继续加大对限制进口类可用作原料的进口废物的环境管理，加大预防和打击废物非法进口力度。（省环保厅、发展改单委、商务厅、财政厅、工业和信息化厅、住房城乡建设厅、工商局）

提高生活垃圾处理水平。全面加强城乡生活垃圾全过程监管，完善生活垃圾全过程管理体系，提升生活垃圾减量化、资源化和无害化处理水平。强化生活垃圾处理设施运行管理和对渗滤液、沼气等排放的环境监管，全面完成县城以上垃圾处理场渗滤液处理设施建设任务。整治简易垃圾处理或堆放设施和场所，加快现有生活垃圾处理场扩容升级改造，推进中心城市餐厨垃圾处理设施建设，到 2015 年，生活垃圾处理能力达到 6 万 t/d，省辖市和县（市）生活垃圾无害化处理率达到 80%。（省住房城乡建设厅、发展改革委、环保厅、财政厅）

2.2.5 加强重金属污染防治

实施重点区域综合整治。制定并实施重点区域重金属污染综合防治规划。以重点区域为核心，推进污染产业密集、历史遗留问题突出、风险隐患较大的重金属污染区域综合整治，针对区域内主要涉重金属行业制定不同的区域综合整治方案，积极开展环境修复试点工作。对重点区域实施重金属排放总量控制，禁止新建、改建、扩建增加重点重金属污染物排放的项目，到2015年，实现重点区域重金属污染物排放量削减30%以上。鼓励其他区域积极推行重金属约束性总量控制制度。加大落后产能淘汰力度。以有色金属矿采选业、有色金属冶炼及压延加工业、皮革/皮毛（绒）及其制品业、电气机械及器材制造业、化学原料及化学制品制造业等五大行业为重点，加大重点行业淘汰和防控力度。积极推进涉重金属企业落后产能淘汰，逐步提高行业准入门槛，做到新增产能与淘汰产能“等量置换”或“减量置换”，开展重点防控行业重金属污染物特别排放限值管理。（省环保厅、工业和信息化厅、发展改革委、卫生厅、财政厅、国土资源厅、农业厅、科技厅）

实施重点污染源综合防治。加强重金属污染治理设施建设，鼓励企业在达标排放的基础上进行深度处理。加强回收利用和再生利用，鼓励铅蓄电池制造业、有色金属冶炼业、皮革及其制品业、电镀等表面处理（精饰）等行业实施同类整合、园区化集中管理，推动含重金属废弃物减量化和循环利用。（省工业和信息化厅、环保厅、发展改革委、商务厅、卫生厅）

2.2.6 积极防范环境风险

加强环境应急管理。积极推进环境应急全过程管理工作，切实加强“事前预防、应急准备、应急响应、事后管理”各阶段的工作。持续开展环境风险源调查和污染隐患排查及整治，建立环境风险源动态管理档案和数据库。建立环境风险源评估制度，强化企业环境风险隐患排查和治理主体责任。逐步建立装置级、厂界级、流域级三级应急防范体系。加强环境应急预案管理，规范预案编制、修订、评估、备案和演练。加强应急值守和信息报送，建立健全内、外部协作联动工作机制，科学、有效处置突发环境事件。建立事后调查和损害评估制度，防范次生环境事件。加大责任追究力度，开展警示教育，增强环境风险意识，提升环境应急管理水平。（省环保厅、工业和信息化厅、公安厅、监察厅、交通运输厅、质监局、安全监管局、科技厅）

加强化学品环境管理。严格执行危险化学品登记制度，加强环境关注类化学品管理，逐步建立全省危险化学品环境风险防控体系，做好危险化学品突发环境事件应急处置工作。认真履行相关国际环境公约和执行国家有关禁令，配合国家加快淘汰和限制使用列入国际环境公约的相关物质。加强二噁英、多氯联苯等持久性有机污染物重点排放行业的结构调整和污染防治，到2015年，炼钢生产、再生有色金属生产和废弃物焚烧三大重点行业二噁英单位产量（处理量）排放强度削减10%，废弃物焚烧、铁矿石烧结、电弧炉炼钢和再生有色金属生产四大重点行业二噁英排放达标率达到85%以上；完善持久性有机污染物环境管理制度，加大监管力度，控制或消除已识别持久性有机物污染环境和健康风险。（省环保厅、工业和信息化厅、发展改革委、卫生厅、住房城乡建设厅、财政厅、科技厅）

2.3　农村与生态环境保护

2.3.1　大力推进农村环境连片综合整治

保障农村饮用水安全。开展农村饮用水水源地调查评估，定期开展农村饮用水水源地环境保护专项执法检查，加强农村分散式供水水源地环境保护，开展农村饮用水水源地保护宣传教育，强化饮用水水源地环境综合整治。有条件的地方积极推进城乡供水一体化。（省环保厅、发展改革委、住房城乡建设厅、水利厅、农业厅、卫生厅）

强化农村生活污染治理。因地制宜开展农村生活污水、垃圾污染治理，加快农村污水和垃圾处理设施建设步伐，提高生活污水、垃圾无害化处理水平。鼓励小城镇和规模较大村庄建设集中式污水处理设施，城市周边村镇的污水纳入城市污水收集管网统一处理，居住分散、经济条件较差村庄采取低成本、分散式方式处理生活污水。加强农村生活垃圾收集、转运、处置系统建设，对城市和县城周边的村庄，采用“户分类、村收集、乡转运、县处理”的模式，统筹布局无害化处理设施和收运系统，全面推进农村生活垃圾无害化处置。（省住房城乡建设厅、环保厅、发展改革委、财政厅）

加强畜禽养殖业污染治理。按照资源化、无害化和减量化的原则，大力推行清洁养殖，合理确定畜禽养殖规模，科学划定畜禽禁养区、限养区和养殖区，改变人畜混居状况，改善农村生活环境。鼓励养殖小区、养殖专业户和散养户统一收集和治理污染物，完善雨污分离污水收集系统，推广干清粪工艺。把废弃物资源化利用和发展清洁能源相结合，综合利用畜禽养殖粪便。（省农业厅、畜牧局、环保厅、发展改革委、林业厅）

控制农村面源污染。落实河南粮食生产核心区建设规划确定的环境保护任务，控制面源污染。大力推广测土配方施肥技术，加强政策引导，指导、鼓励农民使用有机肥、生物农药或高效、低毒、低残留农药，推广病虫草害综合防治、生物防治、精准施肥和缓释、控释化肥等技术，到 2015 年，全省主要农作物测土配方施肥面积达到 80%以上，施配方肥比例达到 40%以上。积极发展生态农业、循环农业，推进无公害、绿色和有机农产品生产，到 2015 年，主要农产品中有机、绿色及无公害产品种植面积比重达到 30%。加强农业、水利、气象等部门的合作和科研开发，切实提高化肥、农药和水资源的利用效率。（省农业厅、畜牧局、水利厅、气象局、环保厅）

2.3.2 努力保障生态安全

推进生态示范建设。积极推进生态省建设，分区分类指导生态示范建设，到 2015 年，创建国家级生态县（市）1 至 2 个、省级生态县（市）15 个、省级生态乡镇 500 个、省级生态村 3 000 个。开展省级环境保护模范城市创建工作，制定《创建河南省环境保护模范城市考核指标》，着力推动郑州、漯河、南阳、新乡、济源等市创建国家环境保护模范城市。（省环保厅、发展改革委）

开展重要生态功能区保护和建设。推进桐柏大别山地生态区、伏牛山地生态区、太行生态区、平原生态涵养区建设，构建黄河滩区生态涵养带、南水北调中线生态走廊，形成“四区两带”的区域生态格局。以维护重要生态功能为导向，整合全省生态保护与建设工程，优先实现南水北调中线工程源头和淮河源国家级重要生态功能区的保护与恢复。加强重要生态功能区生态监测和评估，建立重要生态功能区环境管理机制，引导产业生态转型，鼓励部分生态退化严重地区人口转移。（省林业厅、发展改革委、环保厅等有关单位）

提升自然保护区建设和监管水平。开展自然保护区基础调查，科学规划发展自然保护区，强化对自然保护区范围和功能区调整的管理，严格对自然保护区核心区和缓冲区开发建设的监管。到 2015 年，完成一批自然保护区规范化建设任务，进一步提升自然保护区管理水平，促进自然保护区建设由数量型向质量型转变。（省环保厅、林业厅、农业厅、水利厅、国土资源厅、财政厅、发展改革委）

加强生物多样性保护力度。认真履行《生物多样性公约》和实施《中国生物多样性保护战略与行动计划》，制定《河南省生物多样性保护战略与行动计划》。以生物多样性丰富区、重要生态功能区和主要资源开发区为重点，保护生态系统和珍稀濒危物种，到 2015 年，全省森林覆盖率达到 23.61%，生物多样性下降的趋势得到基本遏制；完成南阳市、信阳市生物物种资源调查与生物多样性评估工作，初步建立符合省情的生物多样性监测、评估和预警体系，防治外来入侵物种，加强生物安全管理。（省环保厅、林业厅、科技厅、农业厅、质监局）

加强对资源开发的生态环境监管。制定和完善矿山等自然资源开发、旅游资源开发的环境监管制度和技术规范。推动落实生态功能区划，充分发挥生态功能区划对资源开发的引导和约束作用。推进矿山环境治理，促进新老矿山的生态恢复。加强对水电等资源开发以及公路、铁路、输油（气）管道等建设的生态环境监管。强化对旅游开发活动的环境保护，加大旅游区环境污染和生态破坏执法力度，重点加强对生态敏感区域旅游开发项目的环境监管。（省环保厅、发展改革委、国土资源厅、工业和信息化厅、交通运输厅、水利厅、林业厅、农业厅、旅游局）

2.3.3　积极推进土壤环境保护

优先保护耕地土壤环境。以国家粮食生产核心区、蔬菜基地为重点，开展土壤污染状况调查，进行耕地土壤环境安全性评估和等级划分，划定耕地土壤环境保护区，建设耕地土壤环境质量数据库及信息管理系统。加强耕地土壤环境监管，开展定期监测、巡查，严肃查处环境违法行为，妥善处置土壤污染突发事件。（省环保厅、农业厅、国土资源厅、质监局）

强化土壤污染物来源控制。控制重金属、有毒化学品和持久性有机污染物进入土壤环境，从严控制污水灌溉和污泥农用，严禁利用含重金属、难降解有机物等有毒有害物质的污水灌溉农田。开展污灌区土壤环境定期检测，污水处理厂污泥、河道清淤底泥等未经检测和安全处理，禁止向农田直接施用。对长期或大量施用污泥的耕地土壤开展土壤环境调查评估和跟踪监测。（省环保厅、国土资源厅、住房城乡建设厅、工业和信息化厅、农业厅）

严格污染土壤风险管控。加强污染耕地安全利用管理，对污染耕地实行分级利用，污染严重不宜作为耕地的，停耕停种。强化污染土壤环境风险管控，对污染土壤使用权变更或开发利用为其他用地的，按照国家有关标准和技术规范开展污染土壤环境调查、风险评估和治理修复，建立污染场地档案和信息管理系统。以新增工业建设用地为重点，建立土壤环境强制调查制度。开展土壤污染治理修复试点。（省环保厅、国土资源厅、发展改革委、财政厅、农业厅）

2.4 能力建设

2.4.1 建立完善的环境监测和监督体系

全面推进环境保护能力标准化建设。重点加强各级环境保护机构标准化建设，省、市、县三级环境监察、监测、监控（信息）机构达到国家标准化建设要求，省、市两级及省直管试点县（市）环境应急、核与辐射安全管理、固体废物管理、环境宣传教育机构达到国家标准化建设要求，满足日常环境监管和环境应急工作需要。（省环保厅、发展改革委、财政厅、人力资源社会保障厅）

加强环境监督执法体系建设。建立区域性环境保护督查机构，建设南水北调中线工程丹江口水库南阳渠首环境保护机构，逐步建立乡镇环境保护机构或派出机构，配备行政村兼职环保员。健全核与辐射安全监管机构，加强电磁辐射环境安全管理、核技术应用、放射性物品运输监管和放射性废物安全处置能力建设。加强固体废物管理机构建设，提升危险废物鉴别、管理和安全处置能力。着力加强移动执法系统和信息平台建设，提高机动执法能力。（省环保厅、人力资源社会保障厅、发展改革委、财政厅）

加强环境监控网络体系建设。逐步完善污染源自动监控网络，基本实现市控以上重点污染企业在线监控；加强对涉重金属和危险废物污染企业以及放射源的监测监控，推进国际履约受控物质监测监管。加强环境质量监测网络建设，优化环境质量监测点位布局，增加自动监测站；加强省、省辖市水质全分析、环境空气新增因子、重金属、持久性有机污染物及汽车尾气等监测能力；加强应用卫星遥感和地面监测相结合的生态环境监测监控能力建设；完善辐射环境质量监测网，增加省辖市、重点县（市）、重点地区的自动监测点位，加强放射性水平及电磁辐射监测能力建设。全面加强环境信息基础能力、网络和传输能力建设，完善电子政务应用系统和支撑平台，提高环境信息化服务水平。（省环保厅、发展改革委、财政厅）

2.4.2 建立高效的环境预警应急体系

建设环境事故应急指挥及支援保障体系。加快省、市、县三级环境应急机构和指挥系统建设，重点建设应急指挥辅助决策系统和应急信息管理系统，实现全省信息资源共享；加强应急管理、救援和技术支持队伍建设，配备先进的技术和装备设备；配合国家建设郑州区域性应急物资储备基地和支援保障基地，探索应急物资装备公司参与环境应急救援模式，建立环境应急物资装备综合管理调度系统，逐步形成高效的环境应急指挥救援保障体系。（省环保厅、气象局、人力资源社会保障厅、发展改革委、财政厅）

建立环境预警应急监测体系。以开封、洛阳、新乡、驻马店市为依托，建设豫东、豫西、豫北、豫南四个区域性环境应急监测中心，形成由省环境监测中心、四个区域监测中心和丹江口水库南阳渠首环境监测中心组成的全省环境预警应急监测网络，建立全省环境风险源数据库，构建区域环境风险监测预警体系，全面提升环境预警预测和应急监测水平。（省环保厅、人力资源社会保障厅、发展改革委、财政厅）

加强核与辐射污染事故应急能力建设。建设核与辐射应急监测和应急指挥系统，配备应急监测装备，建设应急指挥平台，初步形成省、市、县三级核与辐射事故预警和应急处置能力，全面提升省、市级核与辐射污染事故应急响应能力和应急处置综合能力，防范和化解突发性核与辐射污染风险。（省环保厅、发展改革委、财政厅）

2.4.3 建立科学的总量核查核算体系

建立有效的总量减排核查核算体系。组建省级污染减排核查核算技术中心，建设工业源、农业源、生活源等产排污系数定量观测点，开展重点行业产排污系数模拟研究。（省环保厅、农业厅、人力资源社会保障厅、发展改革委、财政厅）

建立科学的环境统计体系。加强环境统计能力建设，建立总量减排环境统计技术支持体系。建立污染减排专网支持平台和数据库，加强数据采集、统计分析和核查体系建设，强化重点监控企业数据传输系统建设，有效保证环境统计数据质量。（省环保厅、财政厅、统计局）

健全总量减排监测体系。建立主要污染物总量减排监测体系，并保障其正常运行。提升机动车污染减排监管能力，建立省、市级机动车环保监管平台，在重点区域和重点城市开展道路交通污染监测，提升移动监测能力。推动农业源减排监测体系建设，逐步建立面源污染减排核查体系。（省环保厅、人力资源社会保障厅、发展改革委、财政厅）

2.4.4 建立有力的科技支撑体系

加强环境科研能力建设。加强环境保护科研机构能力建设，提升环境科研基础装备水平，改善科研条件，提高创新能力，逐步建立污染防治、生态保护、环境规划、法规政策、环境标准、污染损害评估等技术支撑平台。（省环保厅、科技厅、财政厅）

推进重点实验室和工程研究中心建设。建设国家和省级环境监测重点实验室，推进环境容量研究重点实验室建设，提升环境管理决策技术支撑能力。在饮用水水源地保护、重金属污染防治、畜禽养殖和农村面源污染防治、生态修复等领域逐步建设实验基地和环境工程研究中心。（省环保厅、科技厅、财政厅）

2.4.5 建立完善的人才保障体系

加强环境监管人才队伍建设。加大环境保护人才培养力度，强化环境管理和技术人员业务培训，完善持证上岗制度，积极开展技术比武和应急演练，提高全省环境保护系统人员素质。（省环保厅、人力资源社会保障厅）

推进环境保护专业人才培养引进工程。积极引进环境保护工作急需专业的高科技人才，提高高级职称人员的比例，加强环境科技领军人才培养，开展环境保护系统学术带头人和优秀专家评选活动，努力造就一支数量充足、结构合理、适应环境形势发展需要的高素质、创新型科技人才队伍。（省环保厅、人力资源社会保障厅、教育厅）

加强环境保护队伍业务培训能力建设。加大环境保护培训资金投入，建设远程教学系统，加强省、省辖市环境教育培训基础能力建设，初步形成覆盖全省的环境教育培训网络。（省环保厅、人力资源社会保障厅、财政厅）

2.5 体制机制

2.5.1 健全法规体系

建立健全环保法规体系。公布实施《河南省固体废物污染环境防治条例》《河南省减少污染物排放条例》，起草《河南省畜禽养殖污染防治条例》《河南省辐射污染防治条例》等地方性法规草案，制定《河南省环境应急管理办法》，修订《河南省环境污染防治设施监督管理办法》等规章。逐步完善环境标准体系。制定啤酒、铅冶炼、制药等重点行业河南省污染物排放标准，开展双洎河、海河、沁蟒河等重点流域水污染物排放标准的制定研究工作，制定农村生活污水处理技术规范，逐步建立与污染减排需求、经济社会发展相适应的地方环境标准体系。（省环保厅等有关部门）

2.5.2 创新工作机制

落实环境目标责任制。将环境保护指标纳入各级政府绩效考核体系，考核结果作为领导班子和领导干部综合考核评价的重要内容。落实环境保护问责制和“一票否决”制。对在环境保护中取得显著成绩的单位和个人，按照国家有关规定给予表彰奖励。（省环保

厅、省委组织部、省监察厅、人力资源社会保障厅、发展改革委等有关部门）

完善环保综合决策机制。各级政府对辖区环境质量负责，定期研究解决本地环境保护的重大问题。加强部门协调配合，完善环境保护部门协同工作机制，充分发挥环境保护委员会的职能作用。环境保护部门履行环境统一监管职能，强化行政执法监督，统一制定环境保护规划并监督实施，统一发布环境监测和环境质量信息。（省环保厅等有关部门）

建立环境形势分析预警机制。提高环境监测、监控和环评统计数据的使用效能，定期进行环境质量和环境监管现状分析、建设项目环评统计综合分析，准确把握全省环境形势和产业发展趋势，建立环境监测监控超标数据响应快速反应机制，提高省、市、县三级联动的环境预警响应水平。（省环保厅、发展改革委）

2.5.3　完善经济政策

健全环境保护投入机制。各级政府将环境保护列为年度公共财政预算的重点，确保环境保护支出随着财政实力的增强而逐步增加。从土地出让收益中安排适当比例，用于污水、垃圾处理等环境基础设施建设。将重要生态功能区、环境基本公共服务建设作为一般性转移支付的重要因素，加大“以奖促治”“以奖代补”资金支持力度。以政府投资带动全社会的环境保护投入，逐步完善政府、企业、社会多元化环保投融资机制，环境污染治理投资占当年生产总值的比重不低于全国平均水平。（省财政厅、发展改革委、环保厅）

积极推进排污权交易。建立完善排污权交易体系和制度，成立省级排污权交易中心和地区性碳排放交易中心，建立交易综合信息平台。排污权有偿使用资金专项用于环境保护和生态建设。（省环保厅、财政厅、发展改革委、工业和信息化厅）

完善生态补偿机制。按照“谁污染谁负担、谁受益谁补偿”的原则，建立健全生态补偿机制。对丹江口库区及南水北调中线工程干渠沿线、淮河源头等重要生态功能区加大财力补偿和污染防治资金支持力度。（省财政厅、发展改革委、环保厅、住房城乡建设厅、农业厅、水利厅、林业厅、南水北调办）

完善排污收费和环境价格政策。完善排污收费政策，按照国家规定的排污收费标准，调整废水、废气排污费征收标准。提高污水处理收费标准，保证污水处理厂正常运行和处理效果。落实燃煤电厂烟气脱硫、脱硝电价政策，提高污染治理的积极性。（省发展改革委、工业和信息化厅、环保厅、住房城乡建设厅、财政厅、河南电监办、省水利厅）

完善绿色金融政策。积极推行绿色信贷，开展重点企业环境行为信用等级评价工作，将企业环境信息纳入银行征信系统，实行差别化的信贷政策。继续实行绿色证券制度，严格上市企业环境保护核查。探索建立环境污染责任保险制度，在石油化工、危险废物处置等环境高风险行业开展环境污染责任保险试点。（省环保厅、发展改革委、省政府金融办、人行郑州中心支行、河南银监局、证监局、保监局）

2.5.4 增强科技支撑

加强环境科学基础研究。开展环境容量、环境承载力、环境监测等环境科学基础理论研究，实施水专项等一批重大科研项目，建立环境保护领域产学研联动机制，支持开发、应用和推广污染控制、生态保护、风险防范方面的高新技术、关键技术和共性技术。（省环保厅、科技厅、发展改革委、财政厅）

大力发展环境保护产业。开发推广环境保护技术装备及产品，着重发展环境保护设施社会化运营、环境咨询、工程技术设计、公共检测等环境服务业，培育一批具有自主品牌、核心技术能力强、市场占有率高的优势企业，发展以脱硫、脱硝、脱氮等减排设备和环境监测设备为主的装备制造业，使环境保护产业成为我省国民经济发展的新兴支柱产业。（省发展改革委、环保厅、工业和信息化厅、河南电监办、省商务厅、住房城乡建设厅、科技厅）

2.5.5 鼓励全民参与

鼓励全民参与环境保护工作。健全环境宣传教育体系，构建环境宣传教育大格局。建立全民参与环境保护的社会行动机制，加强面向社会各界的环境宣传教育和培训，进一步增强公民的环境意识和生态文明观念。深入开展“绿色学校”“绿色社区”“绿色企业”等绿色系列创建活动，加强环境教育基地建设，广泛动员社会各界参与保护环境。加强“12369”环保举报热线管理系统建设，建立重大环境违法案件有奖举报制度。完善环境新闻发布机制，继续深入开展“中原环保世纪行”活动，提高环境舆论引导能力。（省环保厅、省委宣传部、省文明办、教育厅、工业和信息化厅、民政厅、团省委、省妇联）

加强国际环境合作。认真履行国际环境公约，贯彻落实《消耗臭氧层物质管理条例》（国务院令　第 573 号）和国家实施方案，制定河南省实施方案及战略行动计划，建立工作机制，加大履约投入，全面推动我省国际环境公约履约工作。积极开展与发达国家和地区、国际机构以及周边省份的环境合作与交流，在切实履行相应国际义务的同时，大力引进先进的环境理念、环保技术、管理模式，积极争取资金支持。（省环保厅、省政府外侨办、省发展改革委、财政厅、商务厅、科技厅、交通运输厅）

第 2 部分

环境保护“十二五”专项规划

第3章　河南省“十二五”主要污染物排放总量控制规划

豫政〔2012〕112号

为确保实现“十二五”污染减排约束性目标，破解资源环境约束，促进经济发展方式转变，推动实现不以牺牲生态和环境为代价的“三化”协调科学发展，按照国家“十二五”主要污染物总量减排工作要求，结合我省实际，制定本规划。

3.1　现状与形势

3.1.1　“十一五”污染减排工作成效

“十一五”期间，全省各级政府、各部门认真贯彻落实省委、省政府节能减排工作部署，把节能减排和环境保护作为落实科学发展观、促进结构调整、转变经济发展方式的重要举措，扎实推进各项工作，污染减排工作取得明显成效。

——圆满实现“十一五”主要污染物总量减排目标。截至2010年年底，我省化学需氧量排放量61.97万t，比2005年（72.08万t）下降14.02%，实现“十一五”削减10.8%的目标；二氧化硫排放量133.87万t，比2005年（162.45万t）下降17.59%，实现“十一五”削减14%的目标。

——支撑了经济社会平稳较快发展。“十一五”期间，通过实施污染减排，有力地保障了我省经济社会发展所需的环境指标要素需求，支撑了国民经济年均增长12.8%，确保了城镇化率由2005年的31%左右增加至39.5%等指标的实现。

——环境质量持续改善。与2005年相比，2010年全省83个地表水环境质量断面化学需氧量、氨氮浓度分别下降41.4%和61.7%，全省城市二氧化硫浓度均值下降20.7%。

——减排能力明显增强。“十一五”时期，我省实现县县建成污水处理厂，城镇污水处理率达到78%；所有燃煤发电机组全部建成脱硫设施，投产运行脱硫机组容量达4 312万 kW。通过实施污染减排，有力地促进了产业结构调整，“十一五”期间，我省依法关闭取缔重污染企业5 397家，其中关停小火电机组约978万kW，关闭取缔水泥立窑生产线510条（产能5 500万t），造纸、制革、化工、印染、酿造企业1 300多家。

3.1.2　面临的形势

现阶段我省经济增长方式仍较为粗放，资源消耗型产业比例偏高，排污总量位居全国前列，环境质量距离国家标准有较大差距，特别是随着工业化、城镇化进程的加快，资源、能源消耗和污染物排放仍将刚性增加，资源环境问题依然是制约我省经济社会可持续发展的主要瓶颈，“十二五”污染减排形势十分严峻。

“十二五”时期是加快中原崛起、河南振兴和全面建设小康社会的关键时期，加强污染减排对深入贯彻落实科学发展观、加快转变经济发展方式、促进中原经济区科学发展具有十分重要的意义。推进污染减排工作不仅是完成约束性指标的硬性任务，更是破解资源环境瓶颈制约，腾出环境容量，保障和支撑中原经济区建设，探索走出不以牺牲农业和粮食、生态和环境为代价的“三化”协调科学发展道路的重要着力点。

虽然我省污染减排形势严峻，但同时也面临难得的历史机遇。全民环保意识不断增强，各级政府、各部门对污染减排的重视程度明显提高，国家节能减排激励约束机制不断完善，污染减排资金投入不断增加，产业结构调整力度不断加大，这都为“十二五”推进污染减排创造了有利条件。“十二五”期间，要进一步提高对污染减排工作重要性的认识，增强危机感和紧迫感，充分认识污染减排的重要性和紧迫性，切实将污染减排作为调整经济结构、转变经济发展方式的重要举措，大力推动各项污染减排措施落实，促进经济社会协调可持续发展。

3.2　指导思想、基本原则和主要目标

3.2.1　指导思想

深入贯彻落实科学发展观，把污染减排作为调整经济结构、转变经济发展方式、推动生态文明建设的重要着力点，作为持续改善环境质量、腾出环境容量、保障中原经济区建设所需主要污染物排放总量指标的重要途径。健全机制、完善政策、落实责任、加

大投入，提升工程减排能力、拓展结构减排空间、挖掘管理减排潜力，强力削减主要污染物排放总量，确保实现“十二五”污染减排目标，促进经济社会又好又快发展。

3.2.2　基本原则

因地制宜，分类指导。根据不同的技术、政策、标准要求，合理测算不同区域、流域、行业的减排潜力，按照不同地方经济发展水平、产业结构现状、环境质量状况、环境承载能力、减排措施潜力等因素，因地制宜制定减排目标任务，实施有针对性的减排措施。

分步实施，突出重点。把握污染减排年度计划与五年总目标的关系，科学制定“十二五”分年度总量控制目标，合理把握工作节奏和步伐，做到减排目标、任务和投入、政策相匹配；优先推进对削减污染排放、改善环境质量成效明显的重点减排工程。

控制增量，优化存量。实施主要污染物排放总量预算管理制度，通过对主要污染物预支增量和总减排量的双重管理和量化考核，有效控制污染物新增量，强力削减污染物排放存量，促进环境容量高效利用和环境资源优化配置，推进产业结构调整和发展方式转变。

腾出容量，保障发展。坚持“在发展中保护、在保护中发展”。强力推进各项污染减排重点工程建设，削减主要污染物排放总量，腾出环境容量，破解资源环境要素约束，保障经济社会发展对环境指标的需求，促进中原经济区建设。

3.2.3　主要目标

按照国家“十二五”主要污染物总量控制要求，将化学需氧量、氨氮、二氧化硫、氮氧化物 4 项指标作为“十二五”主要污染物控制因子。

总体目标：通过持续削减主要污染物排放总量，推动环境质量逐步改善。到 2015 年，全省化学需氧量、氨氮排放总量（含工业、生活、农业）分别控制在 133.5 万 t、13.61 万 t 以内，比 2010 年的 148.24 万 t、15.57 万 t 分别减少 9.9%（其中工业源和生活源排放量减少 10%）、12.6%（其中工业源和生活源排放量减少 12.9%）；二氧化硫、氮氧化物排放总量分别控制在 126.9 万 t、135.6 万 t 以内，比 2010 年的 144.03 万 t、158.97 万 t 分别减少 11.9%、14.7%。

具体目标：到 2015 年，全省火电行业二氧化硫、氮氧化物排放量分别下降 28%和 36%；钢铁行业二氧化硫排放量下降 27%；水泥行业氮氧化物排放量下降 12%；机动车氮氧化物排放量下降 12%；造纸行业化学需氧量、氨氮排放量分别下降 5%；纺织印染行业化学需氧量、氨氮排放量分别下降 2%；通过结构调整工业源分别削减化学需氧量、氨氮、二氧化硫、氮氧化物 2.87 万 t、0.21 万 t、13.2 万 t 和 11.1 万 t；农业源化学需氧量、氨氮排放量分别下降 10%和 13%；城镇污水处理率提高至 85%左右；污水处理厂平均负荷率提高至 85%。

表 3-1 “十二五”主要污染物总量减排目标

指标	单位	2010 年	2015 年	变化幅度/变化率
总 体				
化学需氧量排放量	万 t	148.24	133.5	[−9.9%]
其中工业源和生活源排放量	万 t	61.99	55.79	[−10%]
氨氮排放量	万 t	15.57	13.61	[−12.6%]
其中工业源和生活源排放量	万 t	8.8	7.66	[−12.9%]
二氧化硫排放量	万 t	144.03	126.9	[−11.9%]
氮氧化物排放量	万 t	158.97	135.6	[−14.7%]
工 业				
火电行业二氧化硫排放量	万 t	59	42.48	[−28%]
火电行业氮氧化物排放量	万 t	71.85	45.98	[−36%]
钢铁行业二氧化硫排放量	万 t	13.2	9.64	[−27%]
水泥行业氮氧化物排放量	万 t	10.26	9.03	[−12%]
造纸行业化学需氧量排放量	万 t	4.73	4.49	[−5%]
造纸行业氨氮排放量	万 t	0.15	0.143	[−5%]
纺织印染行业化学需氧量排放量	万 t	0.72	0.705	[−2%]
纺织印染行业氨氮排放量	万 t	0.058	0.057	[−2%]
工业源结构减排化学需氧量削减量	万 t	削减 2.87 万 t		[−15%]
工业源结构减排氨氮削减量	万 t	削减 0.21 万 t		[−15%]
工业源结构减排二氧化硫削减量	万 t	削减 13.2 万 t		[−10%]
工业源结构减排氮氧化物削减量	万 t	削减 11.1 万 t		[−10%]
农 业				
农业化学需氧量排放量	万 t	85.19	76.67	[−10%]
农业氨氮排放量	万 t	6.64	5.78	[−13%]
城 市				
城镇污水处理率	%	78	85	7 个百分点
污水处理厂平均负荷率	%	78	85	7 个百分点
交 通				
机动车氮氧化物排放量	万 t	45.79	40.3	[−12%]

3.3 主要任务

3.3.1 持续推进工程减排

（1）环保基础设施建设

污水处理设施。“十二五”期间，根据城市人口规模和纳污河流水质情况，重点推进省辖市、县（市）、重点乡镇及产业集聚区污水处理设施建设，新增城镇污水日处理能力430 万 t 以上。到“十二五”末，全省城镇污水处理率达到 85%以上，其中设市城市污水处理率不低于 89%，县城污水处理率不低于 80%；所有产业集聚区配套完善污水管网，实现废水的全收集、全处理。

配套管网。着力解决城镇污水管网建设滞后问题，坚持“厂网并举、管网先行”的原则，推广网格化的城市精细管理模式，加强配套管网规划和建设，推进雨污分流系统改造和完善，将城市污水管网覆盖率和污水收集率提高到 90%以上，使现有污水处理设施的平均负荷率提高到 85%以上。

升级改造。着力推进全省城镇污水处理厂升级改造，提高现有污水处理设施脱氮除磷能力，现有执行《城镇污水处理厂污染物排放标准》（GB 18918—2002）二级排放标准的污水处理厂要通过实施改造，将排放标准提高至一级 B 以上；新建城镇污水处理厂和位于国家重点流域、对水环境质量达标影响较突出的污水处理厂达到一级 A 排放标准，以进一步减少污水处理厂污染物排放量，改善河流水体水质。

再生水回用。加大再生水回用工程建设力度，提高再生水回用率。采用分散与集中的方式，建设污水处理厂再生水处理站、加压泵站和管网；在具备条件的机关、学校、住宅小区新建再生水回用系统；加快建设尾水再生利用系统，鼓励回用于工业生产。到2015 年，城镇污水处理厂再生水回用率不低于 20%，缺水、少水地区再生水回用率不低于 30%。

污泥处置。加强污泥处置和综合利用设施建设，因地制宜地采用土地利用、污泥农用、填埋、焚烧、工业窑炉（电厂锅炉、水泥窑等）共处置以及建材综合利用等方式，实现污泥的全部无害化集中处置。省辖市要建设污泥集中处置中心，对市区内的污水处理厂污泥进行处置和综合利用。到“十二五”末，设市城市污泥无害化集中处置处理率达到 80%以上，县城污泥无害化集中处置处理率达到 60%以上。

（2）工业行业工程治理

“十二五”期间，根据区域环境质量目标和行业污染物排放标准要求，重点推进造纸、纺织、化工、淀粉、制革、食品加工、发酵、医药行业的深度治理和清洁生产工作，促进重点涉水行业提高行业技术装备水平和污染治理技术水平，减少污染物排放。

强力推进火电、钢铁、石化、水泥等大气污染物排放重点行业污染治理工作，“十二五”期间全面推进电力行业脱硝，钢铁行业烧结机、球团设备及焦炉煤气脱硫，石油石化行业催化裂化装置烟气脱硫，有色冶炼行业低浓度二氧化硫治理和制酸尾气深度治理等工程建设。重点推进火电机组和新型干法水泥窑脱硝工程建设，对未采用低氮燃烧技术或低氮燃烧效率低下的现役燃煤机组进行更新改造；单机容量 30 万 kW 以上燃煤机组全部加装脱硝设施，脱硝效率必须达到 70%以上；熟料生产规模在 4 000 t/d 以上的新型干法水泥生产线须实施脱硝改造。

强化清洁生产和资源综合利用，着力推进造纸、纺织、化工、制革、发酵、医药等重点行业和重点企业清洁生产审核工作，把清洁生产指标作为环保审批、环保验收、污染减排核算的重要因素，促进重点行业和重点排污企业清洁生产水平提升。加强资源节约和综合利用，鼓励工业企业实施工艺技术改造，提高技术装备水平，大力实施节能降耗和中水利用，降低能源和水资源的消耗强度，通过实行全过程节约管理，提高利用效率，促进生产、流通、消费过程减量化、再利用、资源化，减少污染物排放。

（3）农业源污染治理

农业源污染物主要来自于畜禽养殖业、水产养殖和种植业等，“十二五”期间农业源污染减排以畜禽养殖业为主。

畜禽养殖业。开展畜禽养殖粪污处理及废弃物的资源化利用，积极推进规模化畜禽养殖场有机肥生产利用工程、大中型沼气工程及其他方式的畜禽粪便资源化利用工程建设，促进养殖废弃物肥料化、沼气化利用。鼓励养殖小区、养殖专业户和散养户适度集中，对污染物统一收集和治理。重点推进规模化畜禽养殖场和养殖小区污染治理设施建设，到“十二五”末，60%以上规模化畜禽养殖场和养殖小区配套建成固体废物和废水贮存处理设施，畜禽粪便资源化率达到 95%以上。

水产养殖业。根据水生生态系统的承载能力，逐步减少重点保护水体的围网养殖面积。发展生态养殖，科学投饵。推广池塘循环水养殖技术，构建养殖池塘—湿地系统，实现养殖水循环利用。

种植业。科学合理使用农药、化肥，通过测土配方施肥和改变施肥方式等措施，提高化肥的利用率。通过调整种植结构，防治污染物流失。积极开展农业废弃物资源化利用，推广循环农业生产模式，使污染物在农业系统内得到循环利用，减少污染物排放。

3.3.2　强力推进结构减排

按照国家产业政策和产业结构调整指导目录，制定符合国家规定和我省情况的淘汰落后产能指导目录，从严把握高耗能、高排放行业落后产能淘汰标准，加快淘汰电力、煤炭、建材、钢铁、有色、化工、造纸、发酵等高耗能、高排放行业的落后生产能力、工艺和设备。建立落后产能退出激励机制，对按照国家产业政策和省产业结构调整规划应按期淘汰的企业，安排专项资金，促使企业加快淘汰落后产能。

3.3.3　深入推进管理减排

（1）充分发挥环境准入的调节作用，把污染物排放总量指标作为新建项目环评审批的前置条件，对电力、钢铁、造纸、纺织印染等行业实行排污总量控制，通过实施“上大压小、以新带老”等措施，促进相关行业落后产能淘汰。

（2）以造纸、纺织、化工、制革、发酵、医药行业为重点，制定新的地方行业污染物排放标准。结合重点流域水质目标要求，制定流域污染物排放标准。通过标准的制定和实施，提高新建项目的环境准入门槛，从源头上控制和减少污染物排放。

（3）强化对现有减排工程的监管。通过对各项减排工程的日常督查、监督性监测、在线监控等，及时发现和查处违法超标排放行为，从整体上提高工业企业的达标排放率。对现役火力发电机组取消脱硫设施烟气旁路，进一步提高综合脱硫效率，加强对火电机组脱硝设施的监督管理，确保其脱硝效率达到设计指标，充分发挥减排作用。日处理 2 万 t 以上的城镇污水处理厂应建成中控系统，通过中控系统实时掌握污水处理厂运行工况，保存主要运行参数，提高污水处理厂运行管理水平，保证长期稳定达标排放。

（4）实施机动车污染减排。“十二五”期间，按照国家机动车强制报废制度，逐步淘汰 2005 年以前注册的尾气排放达不到国Ⅰ标准的运营汽油车和污染物排放达不到国Ⅲ标准的运营柴油车（即黄标车）。推行机动车环保标志管理制度，开展机动车环保定期检验工作。全面提升车用燃油品质，鼓励使用新型清洁燃料，逐步推广供应符合国Ⅳ标准的车用燃油。全面实施第四阶段机动车排放标准，严格二手车转入条件，控制机动车新增污染物排放量。

表 3-2 重点工业行业“十二五”减排措施及内容

行业	主要措施
造纸及纸制品业	重点推进产业结构调整和废水深度治理，淘汰5万t以下禾草类制浆企业及废纸造纸企业。严格控制新建化学制浆项目，改建、扩建木浆项目生产规模不得低于15万t/a，废纸造纸项目生产规模不得低于10万t/a，包装用和文化用造纸项目生产规模不得低于10万t/a
纺织印染业	淘汰74型染整生产线、使用年限超过15年的前处理设备、浴比大于1∶10的间歇式染色设备，淘汰落后型号的印花机、热熔染色机、热风布铗拉幅机、定形机，淘汰高能耗、高水耗的落后生产工艺设备。淘汰R531型酸性老式黏胶纺丝机、年产2万t以下黏胶生产线、湿法及DMF溶剂法氨纶生产工艺、DMF溶剂法腈纶生产工艺、涤纶长丝锭轴长900 mm以下的半自动卷绕设备、间歇法聚酯设备等落后化纤产能
农副食品加工业	鼓励发展年产10万t以上规模的淀粉制造企业。现有小型企业要适度集中，对污染物进行统一治理。淘汰手工、半机械化的落后产能，提高集中屠宰率，逐步淘汰小型（年屠宰15万头以下）生猪屠宰场。提高血水回收率，减少粪便排放，降低废水污染物浓度
化学原料及化学品制造业	氮肥行业淘汰年产量6万t以下的落后产能，现有企业加快推广氮肥生产污水零排放技术和超低废水排放技术。现有大型企业、新建项目、敏感地区企业的废水排放量下降到10 m^3/t氨，其他中小型企业废水排放量下降到20 m^3/t氨。农药行业重点开发和推广先进的农药“三废”处理技术
皮革、毛皮、羽毛（绒）及其制品业	淘汰年加工3万标张以下的制革生产线。提高行业准入门槛，严格限制新建年加工10万标张以下的制革项目。合理规划区域布局，促进制革产业梯度转移，鼓励制革企业进入产业定位适当、污水治理条件完备的工业园区
饮料制造业	淘汰落后酒精生产工艺及年产3万t以下的酒精生产企业（废糖蜜制酒精除外）。淘汰年产10万t规模以下的啤酒企业。现有企业要提高废水循环利用率，将再生水回用于设备清洗、水果清洗等生产环节
医药制造业	淘汰制药生产企业塔式重蒸馏水器、无净化设施的热风干燥箱、软木塞烫蜡包装药品工艺、“三废”治理不能达到国家标准的原料药生产装置。现有医药生产企业要采用成熟的污染治理技术，分类收集处理发酵类和化学合成类制药生产废水。鼓励制药企业进入工业园区，集中治污
电力行业	淘汰大电网覆盖范围内、单机容量10万kW及以下的常规燃煤火电机组，单机容量5万kW及以下的常规小火电机组，以发电为主的燃油锅炉及发电机组（5万kW及以下），大电网覆盖范围内、设计寿命期满的单机容量2万kW及以下常规燃煤火电机组。已投运脱硫设施不能稳定达标排放的或实际燃煤硫分超过设计硫分的实施脱硫设施更新改造。已安装脱硫设施但脱硫效率达不到设计要求的，应通过加强管理等措施，达到相应工艺的脱硫效率。新建燃煤机组脱硫效率应达到95%以上。火电厂脱硫设施取消烟气旁路。现役机组未采用低氮燃烧技术或低氮燃烧效率差的全部进行低氮燃烧改造。对单机容量30万kW及以上的现役燃煤机组实施脱硝改造，综合脱硝效率达到70%以上。新建燃煤机组全部配套建设脱硝设施
冶金行业	淘汰土烧结、30 m^2及以下烧结机、化铁炼钢、400 m^3及以下炼铁高炉（铸铁高炉除外）、公称容量30 t及以下炼钢转炉和电炉（机械铸造和生产高合金钢电炉除外）等落后工艺、技术、装备。全面实施烧结机烟气脱硫工程。新建烧结机应配套安装脱硫脱硝设施，建设脱硫脱硝一体化示范工程。单台烧结面积90 m^2以上的烧结机、年产量100万t以上的球团设备全部脱硫，综合脱硫效率达到70%

行　业	主要措施
建材行业	淘汰窑径 2.5 m 以下水泥干法中空窑（生产特种水泥的除外）、直径 3.0 m 以下的水泥磨机（生产特种水泥的除外）等落后水泥产能。淘汰 200 万 m^2/a 以下的中低档建筑陶瓷砖、50 万件/a 以下低档卫生陶瓷生产线。淘汰所有平拉工艺平板玻璃生产线（含格法）、500 t/d 及以下普通浮法玻璃生产线。水泥行业新型干法窑推行低氮燃烧技术和烟气脱硝示范工程建设，规模大于 4 000 t 熟料/d 的新型干法水泥窑为“十二五”改造重点，综合脱硝效率应达到 70%
有色金属行业	淘汰铝、160 kA 及以下电解铝预焙槽，密闭鼓风炉、电炉、反射炉炼铜工艺及设备，资源利用水平、冶炼能耗、环保和劳动安全达不到国家要求的炼锌和氧化锌落后工艺、设备。提高冶炼烟气中硫的回收利用率，对二氧化硫含量大于 3%的烟气应采取烟气制酸或其他方式回收烟气中的硫，对低浓度烟气和制酸尾气排放超标的必须进行脱硫处理
石化行业	对石油炼制行业催化裂化装置催化剂再生烟气和加热炉、锅炉烟气实施脱硫治理，综合脱硫效率达到 70%以上。改进尾气硫回收工艺，提高硫黄回收率
焦化行业	淘汰土法炼焦（含改良焦炉）、兰炭（干馏煤、半焦）、炭化室高度 4.3 m 以下的小机焦（3.2 m 及以上捣鼓焦炉除外）。工程减排方面，炼焦炉荒煤气脱硫，H_2S 脱硫效率达到 97%以上
工业燃煤锅炉	根据区域热电联产和集中供热规划，淘汰小型燃煤锅炉。对规模在 35 t 以上、二氧化硫排放超标的燃煤锅炉实施烟气脱硫，综合脱硫效率达到 70%。循环流化床锅炉脱硫设施应安装在线监控设备，提高综合脱硫效率

表 3-3　“十二五”重点减排措施预计投资及效益

减排项目类型	投资需求/亿元	减排能力/万 t
污水处理厂	190	可减排化学需氧量约 29 万 t，减排氨氮约 4.5 万 t
工业企业工程治理	60	可减排化学需氧量约 4 万 t，减排氨氮约 0.5 万 t，减排二氧化硫约 40 万 t，减排氮氧化物约 32 万 t
农业源畜禽养殖污染治理	200	有效控制农业源污染物新增排放，将农业源化学需氧量、氨氮排放量分别削减 8.5 万 t 和 0.85 万 t
机动车污染治理	20	可减排氮氧化物排放量约 15 万 t
合计	470	

3.4　保障措施

3.4.1　完善组织结构，严格目标考核

各级政府是污染减排工作的责任主体，主要领导是第一责任人。“十二五”期间，污染减排仍将作为约束性指标纳入各地经济社会发展综合评价体系，作为领导干部综合考评重要依据，纳入政府绩效管理范围。省政府组织节能减排领导小组有关成员单位对各地年度及“十二五”主要污染物总量削减指标完成情况、污染减排“三大体系”（考核、统计、监测体系）建设情况、重点减排措施落实情况进行全面考核。对超额完成污染减

排目标任务的地方和企业给予表彰，对未完成任务的地方、企业和行政不作为的部门坚决实行问责制和“一票否决”制，追究主要领导责任。各级政府应分年度编制印发污染减排实施方案，将工程减排、结构减排和管理减排措施以目标责任的形式予以明确，并逐级分解落实到各级政府和重点企业；要健全污染减排工作领导机构，加强对污染减排工作的指导、协调、督导和考核，强力推进各项污染减排工作，确保完成“十二五”主要污染物总量减排的各项目标任务。

3.4.2 明确职责分工，强化部门联动

省政府各有关部门要按照职能分工，认真履行职责。省环保厅负责污染减排的指导协调、督促检查、计划制定以及核查核算工作。省发展改革委负责将主要污染物减排指标纳入国民经济和社会发展规划及区域、产业发展规划，将污染减排重点工程优先列入省重点建设项目计划，负责制定产业结构调整、清洁能源替代、环保基础设施建设等有关污染减排的产业政策和规划；省发展改革委牵头，省环保厅、河南电监办配合，进一步完善和落实电力行业脱硫、脱硝机组的优先上网制度和脱硫脱硝电价扣减制度。省监察厅负责行政效能监察和对污染减排工作完成情况的监督，对不认真履行职责、未能完成污染减排任务的单位及个人进行行政问责。省工业和信息化厅负责淘汰落后产能相关政策措施制定及督促落实。省住房城乡建设厅负责城镇污水处理厂、污水配套管网、中水回用及污泥处理处置设施的建设运营以及垃圾渗滤液的治理工作。省财政厅负责污染减排财政资金保障和专项资金落实。省统计局负责提供污染减排核算所需的有关统计数据。省环保厅、公安厅、质监局负责研究制定二手车转入标准和机动车环保标志管理等有关制度。省商务厅牵头，省交通运输厅、环保厅、财政厅、公安厅、质监局、发展改革委、工业和信息化厅配合，负责落实机动车报废制度，淘汰 2005 年以前注册运营的“黄标车”，提升燃油品质。省农业厅、畜牧局负责畜禽养殖业污染防治工作。省科技厅负责加强科技攻关，推进先进污染减排技术研发与应用工作。其他各部门按照污染减排职责分工，各负其责，共同推进工作。

3.4.3 完善政策制度，建立长效机制

各级政府和有关部门要建立污染减排长效机制，综合采用法律、行政、经济和技术手段，持续推进污染减排工作。实施主要污染物排放总量预算管理制度，分年度明确各地主要污染物控制排放量、总减排量和预支增量指标，并作为约束性指标纳入国民经济和社会发展计划，实行减排措施进度月调度、季通报、定期督导制度，引导各地高效利

用环境资源，有效控制新增污染物排放，从控制增量和削减存量两方面促进污染减排工作。“十二五”期间，加快推进污染减排立法工作，为污染减排提供法律支撑，使污染减排走上法制化、规范化轨道。加快制定完善污染减排的价格、金融和投资政策，依法足额征收排污费，严格执行高耗能企业差别电价政策，完善落实燃煤发电机组脱硫、脱硝电价政策和城镇污水处理收费标准等有关政策规定。推行绿色信贷制度，根据企业环境守法情况划分信用等级，实行差别化的信贷政策，促进企业遵守环保规定。推行绿色证券制度，严格上市企业环保核查。推行环境污染责任保险制度，化解环境污染事故风险，维护受害者合法权益。积极探索开展排污权交易工作，在全省范围内逐步开展排污权交易，建立省级排污权交易平台，实现排污权交易市场化，推动企业减排由强制行为向自觉行为转变，以经济手段削减污染物排放量。

3.4.4　拓展多种渠道，保障减排资金

各级政府要将环保投入列为财政支出的重点，在积极争取国家补助资金和奖励资金的同时，进一步加大主要污染物减排专项资金投入。省级财政每年从省级节能减排专项资金中安排部分资金，采取补助和奖励等方式，支持重点污染减排工程建设；鼓励、引导企业和社会资金采用 BOT（建设—运营—移交）或 BT（建设—移交）模式，投入环保基础设施、污染治理设施建设等减排领域，对设施运营给予补助。同时，坚持“污染者负担、治理者受益”的原则，鼓励企业自筹资金，加大环保设施建设资金投入，建立政府引导、企业为主和社会参与的污染减排投入机制。

3.4.5　强化环境管理，严控排污增量

“十二五”期间，结合区域环境容量、环境质量等因素，严格控制重点区域、流域高耗能、高污染项目建设。对无水环境容量的流域，严格控制废水排放量大的新建项目。对无大气环境容量的区域，严格控制重点排放大气污染物的新建项目。新建项目新增排污指标从各地年度预支增量指标中列支，确保不突破各年度下达的预支增量指标限额。对电力、钢铁、造纸、印染等行业实行排污总量控制，重点行业新建项目排污总量指标必须从行业内部替代解决，以促进重点行业和企业实施深度治理和清洁生产，削减行业污染物排放总量，腾出总量指标。

3.4.6　完善“三大体系”，强化环境监管

污染减排考核、统计、监测体系是推动实现减排目标的重要制度保障，“十二五”期

间要进一步完善污染减排“三大体系”。一是进一步加强环境监测体系建设。全面加强省级环境监测中心、重点加强市级站及省直管试点县（市）站、逐步加强县级站的监测能力建设；完善环境自动监控系统，增加监测因子，扩大监测范围，充分发挥自动监控系统的环境监督作用和减排数据支撑作用。二是加强环境统计能力建设。建立主要污染物总量减排统计数据体系，对污染减排各项数据进行质量控制，为污染减排核查核算提供数据支撑。三是强化环境监管。继续提高环境监管能力，加大环境执法力度，加强污染防治设施运营监管，逐步提高重点排污企业治污设施运行管理水平和各项治污工程减排能力，全面提高企业达标排放率。四是健全减排机构。逐步建立完善省、市、县三级农业源污染减排管理体系和省、市两级机动车监测和管理体系，指导全省开展农业源污染减排和畜禽养殖污染治理工作及机动车环保标志管理、尾气检测等工作。建立健全省级污染减排核查核算机构，负责排污权交易、污染减排核查核算和环境统计数据分析等工作，为污染减排提供有力的技术支撑。

3.4.7 广泛宣传动员，营造减排氛围

继续将污染减排作为环境宣传教育工作重点，制定宣传教育方案并认真组织实施。通过大力宣传节能减排新机制、新措施和新成效，宣传各级政府和相关部门治污减排、重点流域污染治理的政策、措施、经验，表彰先进，鞭策后进，增强各级政府和企业污染减排的责任感和紧迫感，提高广大人民群众的环境意识和自觉参与保护环境的积极性，为深化污染减排提供强大舆论支持和社会基础。

3.5 规划实施

保护环境是我国的基本国策，推进污染减排工作，加快建设资源节约型、环境友好型社会是我国经济社会发展的重大战略任务。各级政府、各部门要切实履行职责，扎实工作，进一步强化目标责任评价考核，加强监督检查，保障规划目标任务完成。各级政府要对本地污染减排工作负总责，切实加强组织领导和统筹协调，做好本地污染减排规划与本规划主要目标、重点任务的协调工作，特别要加强约束性指标的衔接，分解落实各项目标任务，强化政策统筹协调，跟踪分析规划实施情况。省环保厅要会同有关部门加强对本规划实施的指导，加强监督、评估，重视研究新情况、解决新问题、总结新经验，重大问题及时向省政府报告。

第 4 章　河南省流域水污染防治规划（2011—2015 年）

豫政〔2012〕88 号

4.1　流域水污染防治形势

4.1.1　水环境质量状况

（1）流域水环境质量状况

“十一五”期间，全省地表水水质总体为轻污染，污染程度呈明显下降趋势。淮河、海河、黄河流域水质明显改善，长江流域和丹江口库区水质有所改善。

2010 年，全省监控的 42 条河流的 83 个断面中，Ⅰ～Ⅲ类水质断面 38 个，占监控断面总数的 45.8%；Ⅳ类水质断面 13 个，占监控断面总数的 15.7%；Ⅴ类断面 6 个，占监控断面总数的 7.2%；劣Ⅴ类水质断面 26 个，占监控断面总数的 31.3%。丹江口库区及上游水质为优，长江流域水质为良，淮河、黄河流域水质为轻污染，海河流域水质为重污染。

表 4-1　2010 年全省监控的 42 条河流水质状况　　单位：个

水质级别	河流数量	河流水质状况
优	12	淮河流域 8 个：淮河干流、臻头河、竹竿河、北汝河、澧河、白露河、史灌河、沙河 海河流域 1 个：淇河 黄河流域 2 个：伊河、宏农涧河 丹江口水库 1 个：老灌河

水质级别	河流数量	河流水质状况
良好	9	淮河流域4个：浉河、汝河、潢河、黑茨河 黄河流域2个：黄河干流、洛河 长江流域3个：白河、湍河、唐河
轻污染	5	淮河流域4个：泉河、颍河、洪河、大沙河 海河流域1个：安阳河
中污染	5	淮河流域2个：涡河、沱河 海河流域1个：汤河 黄河流域2个：天然文岩渠、沁河
重污染	11	淮河流域6个：清潩河、双洎河、贾鲁河、包河、黑河、惠济河 海河流域3个：马颊河、共产主义渠、卫河 黄河流域2个：金堤河、蟒河

（2）大中型水库水质状况

“十一五”期间，全省监控的23 座大、中型水库的营养化水平总体稳定，个别水库呈上升趋势。孤石滩水库、彰武水库由中营养变为轻度富营养，宿鸭湖水库保持中度富营养状态，其他湖库保持中营养状态。2010年，23 座大、中型水库总体水质较好，营养化水平基本稳定。其中，21 座水库水质在Ⅲ类标准以内，2 座水库水质为Ⅳ类，分别是三门峡水库（因2010年中石油渭南柴油泄漏事件，石油类为Ⅳ类，其余指标优于Ⅱ类）和丹江口水库（总氮为Ⅳ类，其余指标优于Ⅱ类）。

表4-2　2010年全省监控的23 座大中型水库水质状况　　单位：个

水质级别	水库数量	水库水质状况
Ⅰ类	2	故县水库、窄口水库
Ⅱ类	16	尖岗水库、白沙水库、白龟山水库、孤石潭水库、昭平台水库、鸭河口水库、南湾水库、鲶鱼山水库、泼河水库、五岳水库、板桥水库、薄山水库、宋家场水库、彰武水库、陆浑水库、小浪底水库
Ⅲ类	3	石漫滩水库、石山口水库、宿鸭湖水库
Ⅳ类	2	三门峡水库、丹江口水库

（3）饮用水水源地水质状况

“十一五”期间，全省城市饮用水水源地水质基本稳定，18 个省辖市饮用水水源地水质保持优、良好状态。2010 年，郑州、平顶山、鹤壁、濮阳、许昌、驻马店水质级别为优，其余 12 个城市水质级别为良好。

4.1.2　水污染物排放状况

2010 年，全省化学需氧量排放量 148.24 万 t，其中：工业源占 12.96%，城镇生活源占 28.88%，农业面源占 58.16%；氨氮排放量 15.57 万 t，其中：工业源占 9.06%，城镇生活源占 47.46%，农业面源占 43.48%。

2010 年，全省涉水重点调查单位造纸、食品加工、化工三个行业化学需氧量排放量占涉水重点调查单位化学需氧量排放总量的 64.1%，氨氮排放量占涉水重点调查单位氨氮排放总量的 64.0%。

表 4-3　各流域主要污染物排放状况　　单位：万 t/a

流 域	化学需氧量排放量				氨氮排放量			
	工业	生活	农业	合计	工业	生活	农业	合计
淮河流域	9.92	28.98	49.90	88.80	0.73	4.90	3.75	9.38
海河流域	4.87	6.23	14.85	25.95	0.33	1.29	0.99	2.61
黄河流域	2.58	4.09	20.13	26.80	0.21	0.58	1.61	2.40
长江流域	4.13		0.04	4.17	0.61		0.19	0.80
丹江口水库	1.21		1.31	2.52	0.15		0.23	0.38
合计	19.20	42.81	86.23	148.24	1.41	7.39	6.77	15.57

4.1.3　"十一五"水污染防治成效

"十一五"期间，省委、省政府高度重视流域水污染防治，认真贯彻落实让江河湖泊休养生息的战略思想，多次召开会议，安排部署流域水污染防治工作，流域水污染防治取得积极进展。城市集中式饮用水水源地取水水质达标率基本稳定；全省大中型水库营养化水平总体稳定；与 2005 年相比，全省监控的 42 条河流中，Ⅰ～Ⅲ类水质断面增加了 4.8 个百分点，劣Ⅴ类水质断面减少了 12.0 个百分点。

"十一五"期间，我省强力推动结构调整，关闭造纸、制革、化工、印染、酿造等重污染企业 5 397 家，大幅度削减了污染物排放量，为经济发展腾出了环境容量；先后对贾鲁河、惠济河、洪汝河、清潩河、黑河、蟒沁河、卫河、安阳河、金堤河等 18 条重污染河流实施了环境综合整治，使水环境质量有了明显改善；强力推动城镇污水垃圾处理厂（场）建设，在全国率先县县建成污水垃圾处理厂（场），与 2005 年相比，城镇生活污水、垃圾集中处理能力分别提高了 162%和 108%；先后对造纸、化工、医药（化肥）、皮毛皮革、制药、硫酸、电镀、屠宰、味精、发酵、印染、淀粉、发制品、畜禽养殖等 14 个重污染行业的 3 682 家企业进行了限期治理或深度治理，对 357 家重污染企业实施了强制性清洁生产，企业污染防治水平明显提高；加强推进地方环保立法及标准体系建设，积极探索排污权交易、生态补偿、上下游污染联防联控、地表水水质监控预警等环境政策，初步建立了水污染防治长效机制；严厉打击环境违法行为，组织开展了“整治违法排污企业保障群众健康环保专项行动”“饮用水水源地环境整治”“两高一资”企业排查整治等环保专项行动，环境执法力度不断加大，环境监管水平逐步提高。

4.1.4 “十二五”面临的机遇与挑战

“十二五”时期，是我省建设中原经济区、加快中原崛起河南振兴的关键时期。党中央、国务院将建设资源节约型、环境友好型社会作为加快经济发展方式转变的重要着力点，将推进流域水污染防治作为两型社会建设的重要内容，对污染减排和流域水质改善提出了更高要求；省委省政府将积极探索“不以牺牲农业和粮食、生态和环境为代价的新型城镇化、新型工业化、新型农业现代化‘三化’协调科学发展的路子”作为中原经济区建设的核心任务，先后制定出台了《河南省环境保护“十二五”规划》《关于切实加强“十二五”主要污染物总量减排工作的意见》《河南省重金属污染综合防治“十二五”规划》等一系列促进我省水污染防治的措施，为全省水污染防治提供了难得的发展机遇。

虽然我省水污染防治工作取得了阶段性进展，但随着经济社会的快速发展，全省水污染防治将面临更为严峻的挑战。主要表现在：一是经济社会快速发展和水环境容量严重不足的矛盾日益凸显。“十二五”期间，我省经济仍将快速发展，人口总量仍将持续增长，工业化和城镇化仍将快速推进，资源能源消耗仍将快速上升，水资源供需矛盾将更加突出，水环境保护的压力将进一步增加。二是产业布局、产业结构不尽合理。我省造纸、化工、有色金属矿采选及冶炼、印染、皮革、农副产品加工等高耗水、高污染行业布局较为集中，重金属、持久性有机污染物等长期积累的问题开始暴露，防范环境风险的压力进一步增大。三是城乡环境基础设施不完善对河流水质改善的压力不断增加。我省城市环境基础设施尚存在处理标准低、管网不配套、负荷率低、雨污管网不分流等问题，乡镇、农村环境基础设施刚刚起步，随着城镇化率的进一步提高，基础设施不完善对水环境质量的影响进一步增加。

4.2　总体要求

4.2.1　指导思想

以邓小平理论和“三个代表”重要思想为指导，深入贯彻落实科学发展观，坚持以保障发展、保护环境、促进经济发展方式转变为主线，紧紧围绕改善水环境质量、维护人民群众身体健康、保障水环境安全的目标，着力推进产业结构调整，着力完善环境基础设施，着力降低污染物排放强度，着力促进水环境容量高效利用，努力改善水环境质量、提高公众环境满意度，为实现不以牺牲生态和环境为代价的“三化”协调发展打下坚实基础。

4.2.2　基本原则

（1）分区控制，分类指导

建立流域—控制区—控制单元分区管理体系，根据各流域、控制区及控制单元经济社会发展水平和水环境问题，提出不同的防治要求，实施分类指导。

（2）重点突破，全面推进

对于水环境问题突出、环境风险防范能力薄弱的控制单元，加大资金投入力度，加大污染防治力度，促进水环境质量明显改善。对于已达到水环境功能要求、现状水质较好的控制单元，预防为主、优先保护，保持良好水质。

（3）统筹规划，综合防治

坚持水陆并重、点源与非点源并重，统筹协调上下游联防联控，在继续加强化学需氧量和氨氮等常规污染物防控的同时，突出抓好重金属、总磷等各项污染物的防控，持续推进污染负荷削减，有效防范水环境风险，全面改善水环境质量。

（4）政府主导，部门联动

地方各级人民政府是规划实施的责任主体，对本辖区内水环境质量负责，环境保护、发展改革、财政、住房和城乡建设、水利、农业等部门按照职能分工，共同推进流域水污染防治工程建设。

4.2.3 规划目标

（1）总体目标

到2015年，城镇集中式地表水饮用水水源地水质稳定达到功能要求，河流水质明显改善，主要水污染物排放总量和入河总量持续削减。城镇集中式地表水饮用水水源取水水质达标率≥98%；省控断面劣Ⅴ类水质的比例≤25%，优于Ⅲ类水质的比例≥45%。

（2）主要河流水质目标

淮河流域干流水质稳定达到Ⅲ类，主要支流贾鲁河、黑泥泉河、惠济河、洺河、三里河、小蒋河除氨氮外其他污染因子消除劣Ⅴ类，其余支流水质消除劣Ⅴ类；海河流域基本消除城市河段黑臭现象，劣Ⅴ类水质的河段化学需氧量改善到Ⅴ类或者接近Ⅴ类，现状水质优于Ⅲ类的维持稳定；

黄河干流水质稳定达到Ⅲ类，主要支流伊洛河水质达到Ⅳ类，宏农涧河、金堤河消除劣Ⅴ类，蟒沁河除氨氮外其他污染因子消除劣Ⅴ类；

长江流域唐河水质稳定达到Ⅲ类，白河水质稳定达到Ⅳ类；

丹江口水库水质稳定达到Ⅱ类（总氮保持稳定）；直接汇入丹江口水库的各主要支流水质不低于Ⅲ类，入库河流全部达到水功能区目标要求。

（3）总量控制目标

2015年河南省主要水污染物化学需氧量排放总量目标为133.50万t，较2010年削减9.9%；氨氮排放总量目标为13.61万t，较2010年削减12.6%。

表4-4 2015年各流域总量控制目标　　单位：万t

流域名称	化学需氧量排放量			氨氮排放量		
	工业和生活	农业源	合计	工业和生活	农业源	合计
淮河流域	32.20	48.48	80.68	4.45	3.74	8.19
海河流域	10.20	10.49	20.69	1.39	0.77	2.16
黄河流域	9.55	13.55	23.10	1.25	0.86	2.11
长江流域	3.78	3.09	6.87	0.58	0.32	0.90
丹江口库区	1.06	1.10	2.16	0.13	0.12	0.25
合计	56.79	76.71	133.50	7.80	5.81	13.61

4.2.4 规划范围

本规划范围涵盖河南省辖淮河、海河、黄河、长江四个流域和丹江口库区，涉及全省各市、县、区。

4.2.5　规划分区

河南省辖淮河、海河、黄河、长江四个流域和丹江口库区划分为 38 个控制区、74 个控制单元，其中，优先控制单元 35 个，一般控制单元 39 个。流域层面重点统筹水污染防治的宏观布局，明确流域水污染防治重点和方向，协调流域内上下游各行政区的水污染防治工作；控制区层面落实地方政府水污染防治目标、任务、项目和措施；控制单元层面实施每一个控制单元的水污染防治方案。

表 4-5　流域—控制区—控制单元划分一览表

流域	控制区	控制单元
淮河流域（17 个控制区，37 个控制单元）	郑州控制区	双洎河郑州控制单元、贾鲁河郑州控制单元、颍河郑州控制单元
	开封控制区、兰考控制区	惠济河开封兰考控制单元、贾鲁河开封控制单元、小蒋河开封控制单元、涡河开封控制单元、小温河开封控制单元、铁底河开封控制单元
	洛阳控制区	沙河洛阳平顶山汝州控制单元
	平顶山控制区、汝州控制区	沙河洛阳平顶山汝州控制单元、八里河平顶山控制单元、澧河平顶山控制单元
	许昌控制区	清潩河许昌控制单元、颍河许昌控制单元
	漯河控制区	黑河漯河控制单元、三里河漯河控制单元、沙河漯河控制单元、清潩河漯河控制单元、颍河漯河控制单元
	南阳控制区	淮源南阳—信阳控制单元
	商丘控制区、永城控制区	包浍河商丘—永城控制单元、大沙河商丘—鹿邑控制单元、沱河商丘—永城控制单元、惠济河商丘控制单元
	信阳控制区、固始控制区	淮干信阳控制单元、竹竿河信阳控制单元、潢河信阳控制单元、浉河信阳控制单元、史灌河信阳固始控制单元
淮河流域（17 个控制区，37 个控制单元）	周口控制区、鹿邑控制区	惠济河周口鹿邑控制单元、涡河周口鹿邑控制单元、颍河周口控制单元、洺河周口控制单元、泉河周口控制单元、贾鲁河周口控制单元
	驻马店控制区、新蔡控制区	洪河驻马店新蔡控制单元、黑河驻马店控制单元
海河流域（5 个控制区，14 个控制单元）	安阳控制区	卫河安阳控制单元、淇河安阳控制单元、安阳河彰武水库控制单元、卫河滑县控制单元
	鹤壁控制区	淇河鹤壁控制单元、卫河鹤壁王湾控制单元、卫河鹤壁浚县控制单元、汤河鹤壁控制单元
	新乡控制区	卫河新乡控制单元、共产主义渠新乡控制单元
	焦作控制区	大沙河焦作控制单元、共产主义渠焦作控制单元
	濮阳控制区	卫河濮阳控制单元、徒骇—马颊河濮阳控制单元

流域	控制区	控制单元
黄河流域（10个控制区，18个控制单元）	郑州控制区、巩义控制区	伊洛河巩义控制单元、黄河洛阳郑州控制单元
	洛阳控制区	洛河洛阳控制单元、伊河洛阳控制单元、黄河洛阳郑州控制单元
	新乡控制区、长垣控制区	天然文岩渠新乡长垣控制单元、柳青河新乡控制单元、黄庄河长垣控制单元
	焦作控制区	蟒河焦作控制单元、沁河焦作控制单元
	濮阳控制区	金堤河濮阳控制单元
	三门峡控制区	宏农涧河灵宝控制单元、黄河干流三门峡控制单元、洛河三门峡控制单元、涧河三门峡控制单元
	济源控制区	蟒河济源控制单元、济河济源控制单元、沁河济源控制单元
	滑县控制区	柳青河滑县控制单元
长江流域（3个控制区，2个控制单元）	南阳控制区、郑州控制区	唐河驻马店南阳控制单元、白河南阳郑州控制单元
	驻马店控制区	唐河驻马店南阳控制单元
丹江口库区（3个控制区，3个控制单元）	洛阳控制区	老灌河上游控制单元
	三门峡控制区	丹江淇河控制单元、老灌河上游控制单元
	南阳控制区	丹江口水库北支控制单元、丹江淇河控制单元、老灌河上游控制单元

4.2.6 控制策略

加大淮河流域的郑州、开封、平顶山、许昌、漯河、南阳、商丘、信阳、周口、驻马店等10市及鹿邑、永城、兰考、汝州、新蔡、固始等6个县（市）水污染防治力度，着力改善贾鲁河、双洎河、惠济河、涡河、澧河、清潩河、黑泥泉河、八里河、三里河、颍河、洪河、浍河、包河、洺河、汝河等河流水质，重点防范沙河、沱河等河流水环境风险，促进水环境质量持续改善。

加大海河流域的安阳、鹤壁、新乡、焦作、濮阳等5市的水污染防治力度，重点改善卫河、共产主义渠、大沙河、安阳河、汤河等河流水质，重点防范徒骇—马颊河水环境风险，大幅削减污染物入河总量，保障出境断面水质达标。

加大黄河流域的郑州、洛阳、新乡、焦作、濮阳、三门峡、济源等7市及巩义、滑县、长垣3县（市）的水污染防治力度，重点改善伊洛河、天然文岩渠、蟒沁河、金堤河等河流水质，重点防范宏农涧河水环境风险，保障黄河干流水质稳定及黄河中下游饮用水水质安全。

加大长江流域的南阳、驻马店、邓州市的水污染防治力度，重点改善唐河、白河、刁河等河流水质，保障出境断面水质达标。

持续推进丹江口库区及汇水区的洛阳、三门峡、南阳等 3 市的水污染防治力度，重点改善老灌河、丹江等河流水质，逐步恢复入库河流水功能，保障南水北调水源地水质安全。

4.3　主要任务

4.3.1　保障饮用水水源地水质安全

（1）开展饮用水水源保护区划分及优化调整

2012 年年底前，省政府完成县级集中式饮用水水源保护区划定工作；2013 年年底前，各省辖市和省直管试点县（市）政府完成乡镇集中式饮用水水源保护区划定工作，逐步开展农村集中式饮用水水源保护区划分工作。根据城市发展和环境保护需要，各地可适时调整饮用水水源保护区划定方案，按照“谁审批谁负责的原则”，经有审批权的地方政府批准后组织实施。

（2）强化饮用水水源环境监测评估

加强饮用水水源监测评估能力建设，提高监测和管理水平。每月对集中式饮用水水源地水质开展一次常规指标监测，2012 年开始对省辖市以上集中式饮用水水源地每年至少开展一次水质全分析，2013 年开始对县级集中式饮用水水源地每年至少开展一次水质全分析，逐步开展农村集中式饮用水水源地监测工作。省政府每年对各省辖市集中式饮用水水源地基础环境状况进行评估，市（县）政府每年对县、乡镇、农村集中式饮用水水源地基础环境状况进行评估，及时解决评估发现的问题，保障饮用水水源地水质安全。建立城镇集中式饮用水水源达标公示制度，及时公布水源地水质状况，促进公众参与并接受社会监督。

（3）加强饮用水水源环境监管

各级政府要切实加强饮用水水源环境保护，在饮用水水源一级保护区内严禁新建、改建、扩建与供水设施和保护水源无关的建设项目，在饮用水水源二级保护区内严禁新建、改建、扩建排放污染物的建设项目，在饮用水水源准保护区内严禁新建、扩建对水体污染严重的建设项目，在一级和二级水源保护区周边设置界限标志和隔离防护设施，及时取缔各级饮用水水源保护区内违法建设项目和活动，保障水源地水质安全。各级环保部门要加强饮用水水源地环境监管，严肃查处环境违法行为，及时提请地方政府取缔饮用水水源保护区内违法建设项目和活动。

（4）防范饮用水水源环境风险

严格饮用水水源上游和周边地区高污染、高风险企业的环境准入。切实做好水源周边的工业企业和园区、污水处理厂、垃圾填埋场、危险废物处置场、危险物品贮存仓库或场所、公路水路运输等典型风险源的风险防范。逐步完善集中式地表水饮用水水源地自动监控系统建设，开展饮用水水源水质监控预警。县级及以上地方人民政府要制定饮用水水源风险防范应急预案，建立饮用水水源地风险评估机制和饮用水水源地的污染来源预警、水质安全应急处理和水厂应急处理三位一体的饮用水水源地应急保障体系，提高饮用水水源地应急能力。

4.3.2 加强流域水污染治理

（1）提高工业污染防治水平

①加大工业结构调整力度

严格环境准入，建立主要污染物排放总量预算管理体系，把总量预算指标作为环评审批的前置条件，没有总量预算指标的区域暂停审批新增水污染物排放量的建设项目。严格限制在环境敏感区及地表水污染突出的区域建设高耗水、高污染项目。水环境质量达不到规划水质目标的区域，不得建设新增水污染物排放量的项目。

加大制浆造纸、印染、食品酿造、化工、皮革、医药等行业结构调整力度，合理控制行业发展速度和经济规模，推进现有工业企业技术升级改造。加大落后产能淘汰力度，依法关停高污染、高能耗的“低、小、散”企业，逐步淘汰潜在环境风险大、升级改造困难的企业。

②加强产业集聚区环境管理

逐步完善产业集聚区环境管理体系和考核评估体系。开展环境友好型示范产业集聚区创建活动，引导、带动产业集聚区健康协调发展。新引进项目要符合产业集聚区主导产业定位，采用先进技术、工艺、设备、材料等，降低资源消耗量，提高资源能源利用效率。加大集聚区产业结构调整步伐，淘汰不符合主导产业要求及污染严重的项目，不断提升入驻项目工艺水平，促进入驻项目产品结构优化。加强对以化工为主导产业的集聚区项目建设监管，严格审核进入园区的化工企业。到 2013 年，以化工、印染、食品加工、涉重金属等为主导产业的高污染、高风险产业集聚区须建设集聚区集中污水处理设施，集聚区污水逐步退出生活污水处理厂，实现工业废水的单独集中处理。“十二五”期间建设产业集聚区污水处理厂 94 座，新增集中污水处理能力 252.45 万 t/d。

③提高工业污染深度治理水平

按照水质目标要求，对影响水质达标的污染源进一步深度治理。全面开展重污染和涉重金属行业的环保核查，规范核查制度和技术规程，强化后监督和信息公开，支持符合环保法律法规要求的企业发展。深入推进重点行业清洁生产，鼓励污染物排放达到国家或者地方排放标准的企业自愿组织实施清洁生产审核。对超标和超总量排放的企业、直排干支流的化工企业、排放重金属等有毒有害物质的企业，实行强制性清洁生产审核。在主要媒体公布污染物排放超过国家或地方排放标准和排放总量的企业名单，接受公众监督。

（2）提升城镇污水处理水平

①推进城镇污水处理设施建设

继续推进城镇污水处理设施建设，新建的城镇污水处理厂以及位于国家重点流域对水环境质量达标影响较突出的污水处理厂达到《城镇污水处理厂污染物排放标准》（GB 18918—2002）一级 A 排放标准；执行二级排放标准的污水处理厂通过升级改造将排放标准提高至一级 B 以上；污水处理厂提标改造后，仍达不到水质目标的控制单元所在城市，应逐步开展污水处理厂尾水生态治理试点，积极推进人工湿地工程建设，进一步削减污染物入河量；积极推进污水处理厂配套管网建设，因地制宜推进雨污分流和现有合流管网系统改造，提高城镇污水收集能力和处理率；大力推进中水回用工程建设，积极稳妥发展再生水用户，扩大再生水利用范围。到 2015 年，新建污水处理项目 146 个，新增污水处理规模 437.95 万 t/d；新建再生水利用工程 22 个，新增再生水利用规模 175.85 万 t/d；提标改造污水处理工程 54 个，提标改造规模 293.50 万 t/d，县级以上城市污水处理率达到 85%以上，污水再生利用率达到 20%以上。

②加强污泥无害化集中处置

按照“减量化、稳定化、无害化”的原则，选择适当的污泥处理处置方式，加大污泥资源化和综合利用力度，统筹污泥无害化处理处置设施建设。到 2015 年，城市污泥无害化处理处置率达到 80%以上，县城污泥无害化处理处置率达到 60%以上，确保建成的污泥处置设施稳定运行。

③强化城镇污水处理厂监管

进一步完善城镇污水处理系统绩效考核评价指标体系，科学评估污水处理设施运营状况，强化城镇污水处理厂和排入城镇污水收集系统工业企业的监管。城镇污水处理厂必须安装进出水自动监控系统，实现污水处理厂进出水的实时监督与管理。设计处理能力大于 2 万 t/d 的城镇污水处理厂必须安装中控系统，并与环保部门的自动监控系统联网。

收取的城市污水处理费用不能保障污水处理厂运行的市、县人民政府，应安排支持资金，确保污水处理和污泥处置设施正常运行。

（3）加强畜禽、水产养殖污染防治

①科学规划，严格环境准入

各级政府要根据当地环境容量，科学规划，合理布局本地畜禽、水产养殖场点，建立与环境相协调的畜禽、水产养殖格局。严格执行环境影响评价制度，认真落实禁养区、限养区有关要求，严禁在水源保护区和超标严重水体周边等敏感区域内新建畜禽、水产养殖项目，严禁在一级饮用水水源地保护区从事网箱、围栏养殖。

②推进清洁养殖与污染治理

以综合利用优先为原则，通过发展沼气、生产有机肥和无害化粪便还田等措施，实现养殖废弃物的减量化、资源化和无害化。加强畜禽养殖污染治理，大力推广干湿分离、厌氧处理等清洁生产技术，提高畜禽养殖场排泄物治理和资源化利用水平。鼓励废水经处理后回用于场区园林绿化和周边农田灌溉，回用于农田灌溉的水质应达到《农田灌溉水质标准》（GB 5084—2005）。对外排废水直接排入河流水体的畜禽养殖企业，必须建设污染防治设施，排放的污染物必须符合规划断面水质要求。

③严格环境监管

加大畜禽养殖企业环境监管力度，严肃查处环境违法行为，全面清理整顿严重污染水体的畜禽养殖场和水产养殖场所，依法取缔禁养区畜禽养殖企业，确保已建成污染防治设施稳定运行，达标排放。

4.3.3 防范流域水环境风险

（1）加强环境应急能力建设

加强对重点污染源的监督性监测和自动监控，强化污染源自动监控系统的运营管理。加强水环境质量监测，建立重点污染源与规划断面水质联动的环境监控体系，健全流域上下游联防联控机制。加强环境监察、监测、监控、应急能力建设和标准化建设，提高环境监察、监测、应急反应能力；加强监测人员及环境执法人员队伍建设，全面提升省、市、县环境监察监测机构的工作能力和业务水平。

（2）提高风险源环境管理水平

加强涉水企业的环境监管，对环境安全管理基础薄弱的产业集聚区及重点企业实行全过程实时监控，督促企业落实环境风险隐患排查和治理的责任，依法查处环境违法行为。开展沿河化工、制革、印染、涉重金属及类重金属等行业环境风险源调查，筛选潜在的重大风险源，实施分级分类动态管理。建立环境风险源评估制度，逐步推动装置级、厂界级、控制单元级、流域级四级应急防范体系建设，加强响应联动机制，提升风险防范水平。

（3）强化环境应急管理

加强预警应急能力建设，健全应急联动响应机制，强化应急预案管理，规范预案编制、修订、评估、备案和演练等工作，实现预案的及时更新和动态管理，科学妥善处置突发环境事件。开展警示教育，增强环境风险意识，提升环境应急管理水平。

4.4　流域水污染防治方案

根据水污染状况、水质改善需求和水环境风险水平，将 35 个优先控制单元划分为水质改善型、风险防范型和水质维护型 3 种类型，实施分类指导。

4.4.1　水质改善型控制单元治理方案

水质改善型优先控制单元 26 个，主要承担流域总量减排和水质改善的任务，治理重点是：采取综合性治理措施，强化污染物排放总量控制，大幅削减污染物排放量，确保控制单元水质明显改善。

（1）淮河流域

①双洎河郑州控制单元

按照双洎河流域水污染物排放标准要求，对流域内企业进行升级改造。重点对新密市大隗镇造纸企业实施专项整治，进一步调整产业结构，重点建设新郑市第二污水处理厂二期及辛店、牛店、孟庄、来集、大隗等 8 个乡镇污水处理工程，对新密市污水处理厂提标改造，实施新郑市第二污水处理厂中水回用工程；加大向城镇污水收集系统排污企业的环境监管力度，保障污水处理厂稳定运行；加强流域内畜禽养殖企业污染治理；建设双洎河人工湿地工程。

“十二五”期间，新郑黄甫寨断面水质达到Ⅴ类。

②贾鲁河郑州控制单元

加快污水处理厂新建和改扩建步伐，重点推进郑州新区、马头岗二期、南三环、双桥、荥阳市第二和中牟毛庄污水处理设施和配套管网建设；对现有污水处理厂进行提标改造，提高脱氮除磷能力，提升污水处理水平；加大向城镇污水收集系统排污企业的环境监管力度，确保城镇生活污水处理厂稳定运行。建成区域性污泥处置中心，实现辖区内污泥无害化集中处置。

加快产业集聚区集中式污水处理厂建设步伐，新建项目必须入园入区，建设航空港区第一污水处理厂二期工程、马寨和中牟产业园白沙污水处理厂二期工程。到2015年，以印染、食品加工等为主导产业的产业集聚区，全部建成独立的集中式污水处理设施，城镇生活污水处理厂原则上不再继续接纳工业废水。

对贾鲁河源头的三仙庙水库、丁店水库、楚楼水库、河王水库、索河“四库一河”进行综合整治，保障源头水质。建设贾鲁河人工湿地，进一步削减污染物入河量，确保中牟陈桥断面水质达标。

“十二五”期间，中牟陈桥断面水质达到Ⅴ类（其中，氨氮≤3 mg/L）。

③清潩河许昌控制单元

按照清潩河流域水污染物排放标准要求，对流域内企业进行升级改造。强力推进流域内产业结构调整，重点对造纸、档发、皮革等企业进行兼并重组，推动产业升级。强化造纸、制药、皮革、档发等重点行业污染治理，重点推进一林纸业、伊兴皮革污水提标改造及新天地制药污水处理工程建设。

加快污水处理厂新建和改扩建步伐，重点推进许昌县二期、许昌县第二、鄢陵县新区、许昌邓庄一期、河街乡、大周镇、榆林乡等污水处理厂和配套管网建设。对长葛市、许昌县等污水处理厂进行提标改造，提高脱氮除磷能力；建设清潩河人工湿地工程，进一步降低污染物入河量。加大向城镇污水收集系统排污企业的环境监管力度，确保城镇生活污水处理厂稳定运行。建设区域性污泥处置中心，实现辖区内污泥无害化集中处置。

加快产业集聚区集中式污水处理厂建设步伐，新建项目必须入园入区，建设许昌经济技术产业集聚区污水处理厂及配套管网、魏都民营科技园宏源污水处理厂提标改造、鄢陵产业集聚区污水处理厂续建及提标改造等工程。到2015年，以造纸、皮革、档发、屠宰、肉类加工等为主导产业的产业集聚区，全部建成独立的集中式污水处理设施，城镇生活污水处理厂原则上不再继续接纳工业废水。

“十二五”期间，临颍高村桥断面水质达到Ⅴ类。

④黑河漯河控制单元

加快污水处理厂新建和改扩建步伐，重点推进东城区和马沟污水处理厂及配套管网建设。建设沙南污水处理厂提标改造及中水回用工程，提高除磷脱氮能力；建设黑河人工湿地工程，进一步降低污染物入河量。建设区域性污泥处置中心，实现辖区内污泥无害化集中处置。加大向城镇污水收集系统排污企业的环境监管力度，确保城镇生活污水处理厂稳定运行。

加快产业集聚区集中式污水处理厂建设步伐，新建项目必须入园入区，建设漯河市经济技术产业集聚区污水处理厂及配套管网工程。到 2015 年，以造纸、皮革、食品、化工、屠宰、肉类加工等为主导产业的产业集聚区，全部建成独立的集中式污水处理设施，城镇生活污水处理厂原则上不再继续接纳工业废水。

重点开展食品、制浆造纸、皮革、化工行业的废水深度治理，对银鸽造纸、隆源明胶、康达实业、兴茂钛化工等对河流水质影响较大的企业强制实施废水深度治理。加大畜禽养殖企业污染防治力度，推进畜禽粪污的无害化处理。

“十二五”期间，郾城漯邓桥断面水质达到Ⅴ类（其中，氨氮≤3 mg/L）。

⑤惠济河开封兰考控制单元

加快产业集聚区集中式污水处理厂新建和风险防范设施建设步伐。重点推进开封精细化工、开封医药、杞县、兰考县产业集聚区污水处理厂建设。到 2015 年，以化工、制药等为主导产业的产业集聚区，全部建成独立的集中式污水处理设施和应急设施，城镇生活污水处理厂原则上不再继续接纳工业废水。

开展重污染行业深度治理。重点推进中平能化集团、开封制药、杞县宏四发皮革、晋开化工、龙宇化工、新大新材料股份等重点企业的深度治理及中水回用工程。优化产业结构调整，淘汰落后产能；严格控制高污染、高风险项目审批；加大工业企业污染治理力度，重点防范化工、制药、皮革等重污染企业环境风险。

加快污水处理厂新建和改扩建步伐，重点推进开封东区、西区、兰考县二期、开封县、杞县提标改造工程建设，提升除磷脱氮能力，推进朱仙镇、堌阳镇、南彰镇、张君墓镇等重点乡镇污水处理厂建设；建设惠济河人工湿地工程，进一步降低污染物入河量。建设区域性污泥处置中心，实现辖区内污泥无害化集中处置。加大向城镇污水收集系统排污企业的环境监管力度，确保城镇生活污水处理厂稳定运行。到 2015 年，所有现有城镇生活污水处理厂全部达到 GB 18918—2002 一级 A 标准，城镇污水处理厂负荷率达到 85%以上。

开展兰考县黄蔡河环境综合整治工程，改善河道生态环境，促进水质改善。

加大对所有涉水企业、产业集聚区污水处理厂和城镇污水处理厂的环境监管力度，建立上下游联防联控机制，防止出现跨界水污染事件。

“十二五”期间，睢县板桥断面水质达到Ⅴ类（其中，氨氮≤5 mg/L）。

⑥惠济河周口鹿邑控制单元、泉河周口控制单元、洺河周口控制单元、颍河周口控制单元、涡河周口鹿邑控制单元

加快污水处理厂新改扩建步伐，重点推进淮阳、商水、郸城、项城二期、太康第二、

鹿邑新区、秣陵镇、丁集镇等污水处理设施及配套管网建设，对沈丘县、沙南、益民等污水处理设施实施提标改造；在重点河段建设人工湿地工程，进一步降低污染物入河量。加大向城镇污水收集系统排污企业的环境监管力度，确保城镇污水处理厂稳定运行。建设区域性污泥处置中心，实现辖区内污泥无害化集中处置。到2015年，所有现有城镇污水处理厂全部达到GB 18918—2002一级A标准，城镇污水处理厂负荷率达到85%以上。

加快产业集聚区集中式污水处理厂新建和风险防范设施建设步伐，重点推进项城、鹿邑产业集聚区建设。到2015年，以食品加工、皮革、屠宰、制药、化工等为主导产业的产业集聚区，全部建成独立的集中式污水处理设施，城镇生活污水处理厂原则上不再继续接纳工业废水。

优化产业结构调整，淘汰落后产能；严格控制高污染、高风险行业项目审批；对重点排污企业进行深度治理，重点建设顺达皮革、莲花酶、木森皮业、奔马皮业、华丰皮革、蓝泉啤酒、迪冉郸城纸业、天豫薯业、九方化工、辅仁堂、豪凯明胶、宋河酒业、老子酒业等企业废水深度治理及回用工程。加大工业企业污染治理力度，重点防范化工、制药、屠宰、食品加工等企业环境风险。

集中力量解决淮阳、项城和鹿邑境内规模化养殖场畜禽粪便的科学处置和综合利用问题。重点推进老城牧业、新天地农业、豫东养殖、泓河养殖、三和牧业、吉贞牧业、恒鑫牧业、和顺牧业等的畜禽粪便的处理和资源化利用工程建设。

加大对所有涉水企业、产业集聚区污水处理厂和城镇污水处理厂的环境监管力度，建立上下游联防联控机制，防止出现跨界水污染事件。

“十二五”期间，惠济河周口鹿邑控制单元刘寨村后断面水质达到Ⅴ类（其中，氨氮≤5 mg/L），泉河周口控制单元许庄断面水质达到Ⅳ类，洺河周口控制单元郸城杨楼闸断面水质达到Ⅴ类（其中，氨氮≤6 mg/L），颍河周口控制单元七渡口断面水质达到Ⅳ类，涡河周口鹿邑控制单元亳州断面水质达到Ⅳ类。

⑦包浍河商丘永城控制单元和大沙河商丘鹿邑控制单元

加快污水处理厂新改扩建步伐，重点推进永城第四污水处理厂及配套管网建设，实施民权县第一污水处理厂提标改造及永城城市污水再生利用工程建设，提高除磷脱氮能力。建设区域性污泥处置中心，实现辖区内污泥无害化集中处置。加快产业集聚区集中式污水处理厂建设步伐，重点推进梁园产业集聚区污水处理设施及配套管网建设。

加大对所有涉水企业、产业集聚区污水处理厂和城镇污水处理厂的环境监管力度，建立上下游联防联控机制，防止出现跨界水污染事件。

“十二五”期间，包浍河商丘永城控制单元永城马桥和永城黄口断面水质分别达到Ⅴ

类和Ⅳ类，大沙河商丘鹿邑控制单元鹿邑宋河桥断面水质达到Ⅳ类。

⑧洪河驻马店新蔡控制单元

加快污水处理厂新、改扩建步伐，重点推进上蔡二期、西平第二、新蔡、确山、汝南第二、驻马店第二、正阳、平舆等污水处理厂及配套管网建设，实施驻马店市再生水处理工程，提高水资源利用率。建设区域性污泥处置中心，实现辖区内污泥无害化集中处置。

对重点排污企业进行深度治理，重点推进燕京啤酒、银亿制革、鲁洲生物等重点排污企业的废水深度治理工程；推进汝河汝南环城段区域生态治理及综合治理，改善河流水质；建设奥欣牧业、大华畜牧、喜运养殖、华隆养殖等畜禽养殖污染防治工程。加大对所有涉水企业、产业集聚区污水处理厂和城镇污水处理厂的环境监管力度，建立上下游联防联控机制，防止出现跨界水污染事件。

“十二五”期间，洪河驻马店新蔡控制单元新蔡班台断面水质达到Ⅳ类。

（2）海河流域

①卫河新乡控制单元

按照卫河流域水污染物排放标准要求，对流域内企业进行升级改造，大力推进造纸行业产业结构调整，重点推进龙泉集团、恒久远药业等企业废水深度治理工程。

加快污水处理厂新改扩建步伐，重点推进获嘉、大召营、唐庄镇等污水处理厂及其配套管网、新乡市中水回用、卫辉污水处理厂提标改造及中水回用等工程建设，建设新乡卫河人工湿地工程，进一步降低污染物入河量。加大向城镇污水收集系统排污企业的环境监管力度，确保城镇污水处理厂稳定运行。建设区域性污泥处置中心，实现辖区污泥无害化集中处置。到 2015 年，所有现有城镇污水处理厂全部达到 GB 18918—2002 一级 A 标准。

加快产业集聚区集中式污水处理厂建设步伐，新建项目必须入园入区，重点实施新乡小店工业园区污水处理厂二期工程。到 2015 年，以造纸、食品、化工等为主导产业的产业集聚区，全部建成独立的集中式污水处理设施，城镇生活污水处理厂原则上不再继续接纳工业废水。推进新乡市卫河市区段污染综合治理工程建设。

“十二五”期间，卫辉皇甫断面水质达到Ⅴ类（其中，氨氮≤5 mg/L）。

②共产主义渠新乡控制单元

加快污水处理厂新改扩建步伐，对现有污水处理厂进行提标改造，重点建设辉县孟庄、洪洲及重点乡镇污水处理设施，对现有污水处理厂进行提标改造，建设新乡共产主义渠人工湿地工程，进一步降低污染物入河量。加大向城镇污水收集系统排污企业的环境监管力度，确保城镇生活污水处理厂稳定运行。到2015年，所有现有城镇污水处理厂全部达到GB 18918—2002一级A标准。

加快产业集聚区集中式污水处理厂建设步伐，新建项目必须入园入区。按照卫河流域水污染物排放标准要求，对流域内企业进行升级改造。到2015年，以造纸、食品、化工等为主导产业的产业集聚区，全部建成独立的集中式污水处理设施，城镇污水处理厂原则上不再继续接纳工业废水。

加强畜禽养殖污染防治工作，重点实施获嘉县太山乡富民官庄养殖场废弃物综合利用及污染防治示范等项目。

“十二五”期间，卫辉下马营断面水质达到Ⅴ类（其中，氨氮≤5 mg/L）。

③卫河安阳控制单元

按照卫河流域水污染物排放标准要求，对流域内企业进行升级改造。加快污水处理厂新改扩建步伐，重点建设柏庄、洹北、内黄城南污水处理厂及配套管网，安阳首创和内黄污水处理厂中水回用及提标改造工程，推进安阳市、水冶镇污水管网建设项目，提高污水处理能力；建设卫河人工湿地工程，进一步降低污染物入河量。建设区域性污泥处置中心，实现辖区污泥无害化集中处置。

加快产业集聚区集中式污水处理厂建设步伐，重点建设安阳高新、新东产业集聚区污水处理厂及其配套管网工程。到2015年，以造纸、印染、化工等为主导产业的产业集聚区，全部建成独立的集中式污水处理设施，城镇污水处理厂原则上不再继续接纳工业废水。继续深化工业污染防治，重点推动造纸、化工、印染等企业污染防治设施的进一步提标改造，对安阳化学工业集团、安阳市鑫王纸业、永达清真废水进行深度治理。

“十二五”期间，南乐元村集断面水质达到Ⅴ类（其中，氨氮≤4 mg/L）。

④大沙河焦作控制单元

按照卫河流域水污染物排放标准要求，对流域内企业进行升级改造，加快污水处理厂新改扩建步伐，重点推进焦作第二、万方二期、修武二期等污水处理设施及其配套管网建设，对焦作第一、焦作第二、万方一期等污水处理厂进行提标改造，提升除磷脱氮能力。建设区域性污泥处置中心，实现辖区污泥无害化集中处置。到2015年，所有现有城镇污水处理厂全部达到GB 18918—2002一级A标准。

加快产业集聚区集中式污水处理厂建设步伐，重点推进焦作市工业集聚区污水处理厂及其管网建设。到2015年，以造纸、制药、化工、食品加工等为主导产业的产业集聚区，全部建成独立的集中式污水处理设施，城镇污水处理厂原则上不再继续接纳工业废水。

“十二五”期间，修武水文站断面水质达到Ⅴ类（其中，氨氮≤5 mg/L）。

⑤卫河濮阳控制单元

按照卫河流域标准要求，对流域内企业进行升级改造。开展区域内污水处理厂建设及提标改造，提高污水处理率；建设卫河人工湿地工程，进一步降低污染物入河量；加强工业点源监管力度；加大对所有涉水企业的环境监管力度，防止出现跨界水污染事件。

“十二五”期间，大名龙王庙断面水质达到Ⅴ类（其中，氨氮≤4 mg/L）。

⑥汤河鹤壁控制单元

按照卫河流域标准要求，对流域内企业进行升级改造。加快污水处理厂新建和改扩建步伐，重点推进鹤山污水处理设施和配套管网建设及鹤壁市深水山城污水处理厂中水回用工程；对现有污水处理厂进行提标改造，提高脱氮除磷能力，提升污水处理水平；建成区域性污泥处置中心，实现辖区内污泥无害化集中处置。加快产业集聚区集中式污水处理厂建设步伐，建设石林新城、淇北污水处理工程和宝山园区中水回用工程。

推动恿协纸业深度治理工程。加大畜禽养殖企业污染防治力度，推进畜禽粪污的无害化处理，开展洛东生物、康达生态、安鹤牧业、同鑫牧业畜禽养殖治理。

“十二五”期间，鹤壁耿寺断面水质达到Ⅴ类（其中，氨氮≤5 mg/L）。

（3）黄河流域

①洛河洛阳控制单元

加快污水处理厂新改扩建步伐，重点推进洛阳新区、吉利区、宜阳北城区、新安第二、洛宁、偃师第三及顾县镇、翟镇、高龙镇、三乡镇、柳泉镇、铁门镇、石寺镇等重点乡镇污水处理厂及其配套管网建设，加快涧西、瀍东、偃师等污水处理厂提标改造工程建设，提高污水处理能力。

对重点排污企业实施深度治理，建设中信重工中水回用及杜康酒业废水深度治理工程。开展流域水环境综合整治，建设洛阳市中州渠入河口人工湿地工程。

“十二五”期间，伊洛汇合处断面水质达到Ⅳ类（其中，氨氮≤1 mg/L）。

②蟒河济源控制单元、蟒河焦作控制单元、沁河焦作控制单元

按照蟒沁河流域标准的要求，对流域内企业进行升级改造。加快污水处理厂新改扩建步伐，重点推进沁阳第二、沁阳第三、孟州第二、温县等污水处理厂及其配套管网建设，对沁阳第一和济源一期等污水处理厂进行提标改造，建设蟒沁河人工湿地工程，进一步降低污染物入河量。建设区域性污泥处置中心，实现辖区内污泥无害化集中处置。

加快虎岭产业集聚区和玉川产业集聚区污水处理厂建设。严格控制涉重金属、类重金属项目审批；加大孟州桑坡、田寺、南庄三村皮革群整合力度，淘汰原有产污环节的

生产工艺及设施，建设皮革皮毛加工专业园区，推动皮革产业优化升级；重点推进隆丰皮草、豫光金铅、万洋冶炼、华康化工、华兴酒精废水深度处理工程建设。加大工业企业污染治理和风险防范力度，完善监控措施，防范重金属污染。

“十二五”期间，蟒河济源控制单元济源南官庄断面水质达到Ⅴ类（其中，氨氮≤4 mg/L），蟒河焦作控制单元温县汜水滩断面水质达到Ⅴ类（其中，氨氮≤4 mg/L），沁河焦作控制单元武陟渠首断面水质达到Ⅴ类（其中，化学需氧量≤30 mg/L）。

③金堤河濮阳控制单元

加快污水处理厂新改扩建步伐，重点加快濮阳城东、台前、范县新区、范县濮王等污水处理厂及其配套管网工程建设，实施台前污水处理厂中水回用工程，提高污水处理能力。建设区域性污泥处置中心，实现辖区内污泥无害化集中处置。加快产业结构调整步伐，开展重污染行业深度治理，建设通宇纸业节水改造工程和瑞丰粉业废水处理工程，减少废水排放量。重点防范化工、食品等重污染、高风险行业的环境风险，防止出现跨界水污染事件。

加快产业集聚区集中式污水处理厂新改扩建和风险防范设施建设步伐，重点推进台前产业集聚区污水处理工程建设。到2015年，对于现有及规划发展化工、食品等水污染严重项目的产业集聚区，全部建成独立的集中式污水处理设施，城镇污水处理厂原则上不再继续接纳工业废水。

“十二五”期间，金堤河张秋断面水质达到Ⅴ类。

（4）长江流域

①唐河驻马店南阳控制单元

加快污水处理厂及其配套管网建设步伐，重点推进方城二期、桐柏、社旗二期污水处理厂及其配套管网建设；对现有污水处理厂进行提标改造；建设惠济河人工湿地工程，进一步降低污染物入河量。到2015年，所有城镇污水处理厂全部达到GB 18918—2002一级A标准，城镇污水处理厂负荷率达到85%以上。

对重点排污行业实施深度治理，重点推进泉祥明胶、豫南明胶、金顺明胶等企业深度治理工程，对赊店酒业实施清洁生产，降低污染负荷。加强饮用水水源保护力度，重点推进唐河沿岸养殖群综合整治工程。

“十二五”期间，唐河埠口断面水质稳定达到Ⅲ类。

②白河南阳邓州控制单元

加快污水处理厂及其配套管网建设步伐，建设南阳二期、内乡二期、新野二期、南召二期、邓州二期等污水处理厂及其配套管网工程；对现有污水处理厂进行提标改造。

加大向城镇污水收集系统排污企业的环境监管力度，确保城镇生活污水处理厂稳定运行。建设区域性污泥处置中心，实现辖区内污泥无害化集中处置。到 2015 年，所有城镇污水处理厂全部达到 GB 18918—2002 一级 A 标准，城镇污水处理厂负荷率达到 85%以上。

加大工业企业污染治理力度，重点推进吉翔纺织、普康药业、华兴酒精、天冠企业污染治理工程建设，对尖泰牧业、和嘉苑农业进行污染综合治理，推进梅溪河和白河沿岸养殖群综合整治工程，保障群众饮水安全。

“十二五”期间，确保白河翟湾和新甸铺断面水质均稳定达到Ⅳ类。

4.4.2　风险防范型控制单元防治方案

风险防范型优先控制单元 5 个。防治重点是：按照“预防为主、防治结合”的原则，加大污染治理和环境监管力度，大幅削减污染负荷，提高风险防范能力，确保饮用水水源水质安全，严防发生突发水污染事件。

（1）淮河流域

①沙河洛阳平顶山汝州控制单元

严格控制高污染、高风险行业项目审批；加大工业企业污染治理和风险防范力度。加快产业集聚区集中式污水处理厂新建和风险防范设施建设步伐。到 2015 年，以焦化、化工等为主导产业产业集聚区，全部建成独立的集中式污水处理设施，城镇污水处理厂原则上不再继续接纳工业废水。重点防范焦化、化工等重污染企业环境风险，保障下游群众饮水安全。

加快污水处理厂新改扩建步伐，重点推进平顶山第二、平顶山新城区二期、石龙区、宝丰二期、汝阳第二、郏县第二、鲁山二期以及鲁山张良镇、下汤镇、尧山镇污水处理厂建设，推进平顶山二期、汝州污水处理厂提标改造工程。建设区域性污泥处置中心，实现辖区污泥无害化集中处置。

“十二五”期间，沙河舞阳马湾断面水质达到III类（其中，氨氮≤1.5 mg/L），北汝河杨寨中村断面水质达到III类。

②沱河商丘永城控制单元

加快污水处理厂新改扩建步伐，重点推进虞城、夏邑第二等污水处理厂及其配套管网建设，推进夏邑污水处理提标改造工程建设，提高除磷脱氮能力；建设沱河人工湿地工程，进一步降低污染物入河量，修复沱河生态系统。

加大对所有涉水企业、产业集聚区污水处理厂和城镇污水处理厂的环境监管力度，建立上下游联防联控机制，防止出现跨界水污染事件。加强畜禽养殖企业污染治理，推进畜禽粪污的无害化处理工程建设。

“十二五”期间，沱河商丘永城控制单元小王桥断面水质达到Ⅳ类。

（2）海河流域：徒骇—马颊河濮阳控制单元

按照卫河流域标准要求，对流域内企业进行升级改造。加快产业集聚区集中式污水处理厂建设步伐。到2015年，以化工、制药、造纸等为主导产业的产业集聚区，全部建成独立的集中式污水处理设施，城镇污水处理厂原则上不再继续接纳工业废水。加快污水处理厂新改扩建步伐，重点推进濮阳市第二、濮阳县、清丰姚庄等污水处理设施建设，实施濮阳市污水处理厂提标改造工程和清丰县污水处理中水回用工程，提高脱氮除磷能力；建设徒骇—马颊河人工湿地工程，进一步降低污染物入河量。加大向城镇污水收集系统排污企业的环境监管力度，确保城镇污水处理厂稳定运行。

优化产业结构，淘汰落后产能；严格控制高污染、高风险行业项目审批；重点推进濮阳宏业汇龙、中原大化污水处理综合治理工程，实施濮阳市城区水体综合整治工程；加大工业企业污染治理和风险防范力度，重点防范化工、制药企业环境风险。加大对所有涉水企业、产业集聚区污水处理厂和城镇污水处理厂的环境监管力度，建立上下游联防联控机制，防止出现跨界水污染事件。

“十二五”期间，南乐水文站断面水质达到Ⅴ类（其中，氨氮≤4 mg/L），徒骇河毕屯断面水质达到Ⅴ类（其中，氨氮≤5 mg/L）。

（3）黄河流域

①黄河干流三门峡控制单元

优化产业结构调整，淘汰落后产能；严格控制涉重金属、类重金属项目审批；对重点排污企业进行深度治理，重点推进中原黄金冶炼、志成金铅、鼎钰实业等化工、涉重金属项目建设。加快推进三门峡产业集聚区污水处理厂建设。建设区域性污泥处置中心，实现辖区污泥无害化集中处置。加大工业企业污染治理力度，完善监控措施，提高风险防范能力，保障小浪底水库和下游群众饮水安全。

“十二五”期间，小浪底水库断面水质达到III类。

②宏农涧河灵宝控制单元

优化产业结构，淘汰冠亚商贸等落后产能；严格控制涉重金属、类重金属项目审批；对重点排污企业进行深度治理，重点推进金源晨光、新凌铅业、灵宝黄金等工程建设。加快推进灵宝豫灵、城东产业集聚区集中式污水处理厂建设。加大工业企业污染治理和风险防范力度，完善监控措施，所有涉重金属、类重金属企业建立完善的应急预案，严防发生突发性污染事故。

“十二五”期间，灵宝坡头桥断面水质达到Ⅴ类（其中，化学需氧量≤30 mg/L，氨氮≤1.5 mg/L）。

4.4.3　水质维护型控制单元保护方案

水质维护型优先控制单元 4 个。保护重点是：按照“预防为主、保护优先”的原则，加大水污染防治和环境监管力度，保持良好水质。

（1）淮河流域：淮干信阳控制单元

加快污水处理厂新改扩建步伐，重点推进息县二期、淮滨二期等污水处理厂及其配套管网建设。建设区域性污泥处置中心，实现辖区污泥无害化集中处置。加强流域内畜禽养殖企业污染治理。

加大对所有涉水企业、产业集聚区污水处理厂和城镇污水处理厂的环境监管力度，建立上下游联防联控机制，防止出现跨界水污染事件。

“十二五”期间，淮干信阳控制单元淮滨水文站断面水质达到Ⅲ类。

（2）丹江口库区

①丹江口水库北支控制单元

建设西峡县城污水处理厂二期及中水回用工程，提高污水收集率。建设毛堂乡、上集镇、五里桥乡、回车镇、西庙岗乡等乡镇污水处理设施。对中成药制造和造纸行业进行废水深度治理。

“十二五”期间，陶岔断面水质达到Ⅱ类，张营断面水质达到Ⅲ类。

②丹江淇河控制单元

重点建设淇河沿河乡镇建设乡镇污水处理设施；对区域内化工企业开展废水深度处理，重点推进淅川县玉典化冶、淅川县亚欣冶金和西峡宏泰废水深度处理工程。在荆紫关镇和寺湾镇建设淅川生态农业示范区，开展综合整治，减少面源污染。

“十二五”期间，丹江史家湾断面水质达到Ⅲ类。

③老灌河上游控制单元

对现有污水处理厂进行提标改造。到 2015 年，所有城镇污水处理厂全部达到 GB 18918—2002 一级 A 标准，城镇污水处理厂负荷率达到 85%以上。加大结构调整力度，严格流域内涉水项目审批。

“十二五”期间，丁河封湾、响尾河东台子、杨河杨河 3 个断面水质达到Ⅱ类，三道河断面水质达到Ⅲ类。

4.4.4 一般控制单元水污染防治方案

规划共划分为 39 个一般控制单元，其中淮河流域 21 个，海河流域 7 个，黄河流域 11 个。“十二五”期间，一般控制单元重点加强污水处理设施及其配套管网建设，提高污水处理能力；加强工业企业深度治理，削减污染负荷；加强畜禽养殖也污染治理，减少畜禽养殖污染物排放量。到 2015 年，一般控制单元控制河段水质保持稳定。

4.5 规划项目投资及环境效益

为了保障 “十二五”规划目标的实现，本规划共确定污染防治项目 832 个，总投资 340.71 亿元。

4.5.1 规划项目及投资

在 832 个规划项目中，工业污染防治项目 188 个，规划投资 42.76 亿元；城镇污水处理及配套设施项目 327 个，规划投资 256.16 亿元；畜禽养殖污染防治项目 213 个，规划投资 13.83 亿元；重金属污染防治项目 81 个，规划投资 5.29 亿元；区域水环境综合整治项目 23 个，规划投资 22.64 亿元。

表 4-6 各流域规划项目及投资

流域名称	工业污染防治项目		城镇污水处理及配套设施项目		畜禽养殖污染防治项目		重金属污染防治		区域水环境综合整治项目		合计/个	总投资/亿元
	项目/个	投资/亿元	项目/个	投资/亿元	项目/个	投资/亿元	项目/个	投资/亿元	项目/个	投资/亿元		
淮河流域	64	16.42	176	150.54	147	9.30	16	0.95	11	7.83	414	185.04
海河流域	24	6.40	60	46.82	18	1.81	6	0.53	7	9.17	115	64.73
黄河流域	20	6.37	74	44.45	25	1.23	50	3.30	2	0.38	171	55.73
长江流域	22	7.05	11	11.26	23	1.49	8	0.31	2	4.86	66	24.97
丹江口库区	58	6.52	6	3.09	0	0	1	0.20	1	0.40	66	10.21
合计	188	42.76	327	256.16	213	13.83	81	5.29	23	22.64	832	340.68

4.5.2 资金来源

“十二五”期间，中央财政将继续加大“三河三湖”水污染防治考核奖励资金、中央预算内投资以及城镇基础设施建设资金的投入，省财政每年也将拿出一定比例的土地集中收益金用于支持流域规划项目建设。我省要在争取中央投资的基础上，采取地方政府投入、信贷投入和企业自筹相结合的方式，多方筹措资金，确保规划项目投资到位。

4.5.3 规划项目环境效益

项目投运后，化学需氧量和氨氮减排量分别为 56.80 万 t 和 6.01 万 t。规划项目环境效益明显，能够支撑“十二五”污染减排目标及水质目标的实现。

4.6 保障措施

4.6.1 加强组织领导，落实政府责任

各省辖市、省直管试点县（市）人民政府是《规划》实施的主体，要切实加强组织领导，将《规划》确定的目标、任务和项目纳入本地经济社会发展规划，制订分年度实施计划，并分解落实到相关单位和企业。要加大资金筹措力度和对涉水污染源的综合整治力度，加强对水污染防治项目前期准备、实施、竣工验收、项目后评估等的全过程管理，严格执行国家和我省关于工程建设质量管理的各项规定，确保水污染防治项目的工程质量。同时，强化污染源日常监督管理，防范环境风险，确保圆满完成《规划》确定的各项目标任务。

4.6.2 加强协调配合，巩固联防联控

省政府各部门要按照职能分工，认真履行职责，加强协调配合。环保行政主管部门负责组织实施工业污染防治项目，协调有关部门督促规划任务和措施的落实，建立水环境信息共享与公开制度，及时发布信息，方便公众参与环境管理和监督；发展改革委和财政主管部门负责安排规划项目中央投资计划并对中央预算内投资项目进行稽查和督查；住房城乡建设主管部门负责城镇污水处理及再生利用和污泥处置项目的建设监管、污水处理费征收监管、工程质量监管和建成后的运营管理工作；农业厅、畜牧局负责会同省环保厅组织实施规划内畜禽养殖污染防治项目；水行政主管部门负责合理调配水资

源，保障生态用水，在河道综合整治项目中，安排一定比例资金专项用于河道清淤和人工湿地建设；南水北调办负责《丹江口库区及上游水污染防治和水土保持“十二五”规划》的实施。流域上下游各级政府、各部门之间要加强协调，建立上下游联防联控和协作应急处置机制，形成治污合力。

4.6.3 完善环境政策，建立长效机制

研究制定有关总量控制、畜禽养殖等地方性水污染防治法规和管理办法；开展海河流域、蟒沁河流域、双洎河流域和清潩河流域等典型流域，以及啤酒、发酵制药等重污染行业的水污染物排放标准研究及制定工作；完善水环境生态补偿制度，实施流域“阶梯式”生态补偿标准；推进总量预算管理、排污权交易制度建设，不断完善水环境经济政策，保障规划实施。

4.6.4 拓展融资渠道，保障规划实施

建立政府、企业、社会多元化投入机制，拓宽融资渠道，多渠道筹措资金，增加水污染防治投资，落实规划项目建设资金。理清各级政府在水污染防治中的责任，强化政府水污染防治的主体地位。在积极争取中央投资与支持的同时，各级人民政府要拿出一部分土地集中收益金，专项用于支持污水处理厂和污泥处置工程建设；提高新增财力政府预算中的水污染防治投入比重，建立环境保护投资稳定增长机制。各级人民政府要尽快落实污水、污泥处理收费政策，加快污水处理厂配套管网、中水回用及污泥资源化等项目前期工作，将其纳入城市建设投资计划，并对污染处理设施的建设用地、用电、设备折旧等实行政策优惠。重点治理企业要积极筹集治理资金，及时公布环境治理工程、环保技术需求等，完善有关政策，引导社会投资。

4.6.5 严格规划考核，推进规划实施

自 2012 年起，省政府每年将组织对规划实施情况进行年度考核，对考核结果为好的，将优先加大对该地区污染治理和环保能力建设的支持力度；考核不达标的，暂停该地区相关流域新增主要水污染物环评项目的审批，省辖市、省直管试点县（市）政府应在 30 d 内向省政府作出书面报告，提出限期整改措施；对未通过考核且整改不到位或因工作不力造成重大社会影响的，按照有关规定追究该地区相关责任人员的责任。

第 5 章　河南省环境监测“十二五”规划

豫环文〔2012〕126 号

5.1　前言

“十二五”时期，是中原经济区建设的关键时期，也是环境保护蓬勃发展的历史机遇期。随着经济社会的快速发展，环境保护优化经济发展的作用更加突出，更加注重统筹经济发展、社会进步和环境保护的关系，实现在发展中保护、在保护中发展，积极探索不以牺牲生态和环境为代价的“三化”协调科学发展路子，推动中原经济区建设又好又快发展。环境监测必须根据环境管理转型的新要求，全面提升环境监测能力和技术水平，客观评价环境质量状况，准确测定排污单位排污情况，及时响应环境突发事件，保障公众环境权益。要在积极探索环境保护新道路上，持续求进，务实创新，奋发有为，进一步提升环境公共服务能力和水平。

《河南省环境监测“十二五”规划》（以下简称《规划》）依据《国务院关于加强环境保护重点工作的意见》《国务院关于支持河南省加快建设中原经济区的指导意见》《国家环境监测“十二五”规划》和《河南省环境保护“十二五”规划》等编制完成。《规划》从环境保护任务、环境管理和环境公共服务需求出发，以提升环境监测服务能力和水平为目的，明确了河南省“十二五”环境监测工作的发展方向、目标和任务，对引领和推动全省环境监测事业的科学发展将发挥积极作用。

5.2　形势分析

“十一五”期间，我省把环境监测作为环境保护的重要基础工作，加强管理、拓宽业务、提升能力，环境监测取得重要进展。环境监测管理得到加强，全省环境监测实现了政、事分开，理顺了环境监测管理与技术的关系，为环境监测的大发展提供了必要条件；环境监测能力得到强化，全省环境监测监控和辐射环境技术人员和基本监测仪器平均数量比 2005 年分别增长 24.50%和 68.95%，具备监测能力的项目平均提高 5%左右；环境监测的自动化水平显著提升，建成了覆盖全省的河流水质、县级以上空气质量、电离与电磁辐射环境质量和重点污染源等多个自动监测系统；环境应急监测能力不断增强，环境监测预警体系初步建立，在重大污染事件中迅速响应，为政府科学决策、有效快速处置提供了重要技术保障；环境监测科研水平不断提高，深入开展了环境质量现状及变化趋势、污染源排放情况及其影响的评价和分析，基本形成了省级引领、市级逐步跟进的环境监测科研发展态势；环境监测服务意识普遍增强，环境质量信息发布逐步实现规范化、常态化，基本满足了社会公众对环境质量状况的知情权。

“十二五”时期，是我省全面建设小康社会、加快经济发展方式转变的攻坚时期。当前的环境形势是全省环境污染状况总体尚未遏制，环境污染呈现结构型、复合型和压缩型的特点，环境保护形势依然严峻。环境监测要实现环境保护部提出的“说清环境质量现状及其变化趋势、说清污染源状况、说清潜在的环境风险”的要求，任务还十分艰巨。

面对复杂的环境形势与艰巨的任务，全省环境监测还存在一些亟待加强和解决的问题：环境监测一体化管理机制和社会化监测管理尚未形成；环境监测业务能力与环境保护工作的要求存在较大差距，特别在生态、生物、土壤、重金属和辐射等环境领域监测能力更显不足；环境监测标准化建设滞后，业务用房紧张，监测设备落后，运行经费不足；环境监测人员编制少，高、精、尖技术人员匮乏，市、县环境监控机构不健全；实现自动监测的因子少，影响人体健康的臭氧、$PM_{2.5}$、挥发性有机污染物、温室气体等污染因子尚未监测，自动监控数据开发应用明显不足，监测产品应用成效较低；预警分析与应急能力不强，监测科研力量总体薄弱，难以适应环境保护对环境监测提出的全覆盖、多频次、全因子和快速、自动化的要求。针对存在的问题，必须进一步强化环境监测在环境保护中的基础性、战略性、前瞻性地位，加强管理，提高技术水平，推进环境监测事业实现跨越式发展。

5.3 指导思想、基本原则和规划目标

5.3.1 指导思想

深入贯彻落实科学发展观，以科学监测为主题，以提高环境监测质量为主线，以拓

宽环境监测领域为抓手，以增加数据应用能力为根本，不断完善监测管理制度，提升环境监测能力，强化人才队伍建设，引导和发挥社会监测机构作用，优化配置环境监测资源，提高环境监测公共服务水平，落实“三个说清”目标，全面推进环境监测事业持续提升和发展，为中原经济区建设实现不以牺牲生态和环境为代价的“三化”协调科学发展提供坚实的技术支撑。

5.3.2　基本原则

统筹规划：贯彻 “环境监测管理一盘棋、监测队伍上下一条龙、监测技术天地一体化”的战略思想，统筹考虑环境监测体系建设的各个方面和环节，形成整体能力，发挥最佳效能。

重点突破：重点围绕环境监测网络体系、资金保障和机构建设、监测管理机制、技术装备体系、人才队伍体系、监测质量管理体系等内容，配精省级、配强市级、配齐县级，解决影响环境监测科学发展的关键问题。

软硬并重：在加强环境监测技术装备能力建设的同时，更加注重环境监测管理体制机制、新技术开发应用等方面的能力建设，形成软、硬件互为补充、相互促进的良好局面。

创新发展：遵循环境监测事业发展的客观规律，结合实际，勇于探索，创新机制，不断拓展环境监测领域，提高技术支撑能力，保持环境监测体系的先进性和科学性。

5.3.3　规划目标

总体目标：逐步建立与环境总体形势相适应，制度健全，监督管理有序，工作运转通畅的环境监测管理体系；建立与环境保护中心工作相融合、与环境监督管理相配套、与公众环境诉求相衔接的环境监测业务体系；建立符合我省环境特征、满足实际工作需要、覆盖现有业务领域的环境监测技术体系；建立适度超前、性能先进可靠、配置科学合理、效能充分发挥的环境监测装备体系。

具体目标：

逐步完善环境监测管理制度：制定配套的环境监测管理制度，加强监测质量管理，推行企业自行监测制度，规范环境监测行为，统一信息发布，优化社会监测资源配置，完善考核机制，形成环保系统监测机构监测为主、社会监测力量监测为辅的新格局。

逐步提升环境监测信息产品服务水平：在现有环境监测基础上，逐步开展 $PM_{2.5}$、臭氧、一氧化碳等因子监测，拓展农业面源、重金属等监测领域，健全核与辐射安全监测监管体系，不断加强新型的、与人体健康密切相关的、社会关注度高的环境问题的监测，丰富监测信息产品，逐步提升自动监控数据开发应用能力，提高监测信息产品应用价值，逐步改善监测数据与群众感受不一致的状况。

持续提升环境监测基础能力：全面完成省、市、县三级环境监测机构标准化建设，形成“省级强高端、市级现特色、县级重基础”的监测能力格局。推进省、市、县三级环境监控（信息）机构标准化建设。加强应急监测能力建设，形成覆盖全省、分区域响应的应急监测网络，构建功能完备的环境监测网络体系，强力提升环境监测和预测预警能力水平。

加强人才队伍建设。加快培养环境监测监控尖端人才，优化环境监测监控技术人员结构比例，强化人员培训，建立一支业务精通、结构合理的高素质环境监测监控人才队伍。

5.4 主要任务

5.4.1 完善环境监测管理体系

环境监测管理。进一步完善环境监测管理制度，深化环境监测管理。建立上级指导下级、横向相互配合的环境监测协调机制，全方位、多层次引导环境监测力量，为环境管理、环境决策和社会监督提供优质服务和技术支持，促进环境监测科学、协调发展。

环境监测质量管理。不断完善环境监测机构质量管理体系，逐步建立环境监测机构资质管理制度。加强环境监测质量管理，强化监测数据审核，确保数据质量。严格执行环境质量管理和监测人员执业资格制度，各级环境监测单位的环境监测技术人员持证上岗率达到100%。

社会化监测管理。积极引导社会监测机构开展环境监测服务，充分利用社会科技、仪器设备等监测资源，弥补环境监测资源不足的状况。开展社会监测机构质量管理模式评价方法和指标体系研究，探索建立社会监测机构资质管理制度，规范社会监测行为，优化配置环境监测资源。

5.4.2 加强环境质量监测

城市空气质量监测。在现有PM_{10}、二氧化硫、氮氧化物 3 项污染指标监测的基础上，逐步增加$PM_{2.5}$、臭氧和一氧化碳监测。2012 年，郑州、开封开展监测；2013 年，洛阳、平顶山、安阳、焦作、三门峡开展监测；2014 年，其他 11 个省辖市开展监测；2015 年，10 个省直管试点县（市）开展监测。郑州、开封、洛阳、平顶山、安阳、焦作和三门峡 7 个环境保护重点城市开展总悬浮颗粒物、铅、苯并[*a*]芘、氟化物等特殊项目监测、机动车污染监测；至少选择一个有代表性的监测点位开展挥发性有机污染物监测试点，并逐步在全省推广。郑州市开展二氧化碳、甲烷、一氧化二氮等温室气体和沙尘暴监测。济源市开展区域（农村）空气质量监测。

地表水环境质量监测。开展地表水、底泥重金属全因子分析监测。地表水政府环境质量目标考核因子由化学需氧量、氨氮 2 项增加到《地表水环境质量标准》（GB 3838—2002）表 1 中除水温、总氮、粪大肠菌群以外的 21 项；全省流域生态补偿考核监测因子增加总磷项目。

声环境质量监测。监测范围由 18 个省辖市逐步向县（市）扩展，城市区域声环境、道路交通和功能区声环境以人工监测为主，并加强自动监测。在郑州市建设噪声自动监测示范点，开封、洛阳、平顶山、安阳、焦作和三门峡 6 个环境保护重点城市逐步开展噪声自动监测，提高噪声自动化水平。

饮用水水源地监测。饮用水水源地以手工监测为主，自动监测为辅。地表水饮用水水源地每月监测地表水环境质量标准中的基本项目、补充项目及部分特定项目等，地下饮用水水源地每月监测地下水环境质量标准中集中式饮用水水源地监测要求的 23 项。地表水饮用水水源地每年按照地表水环境质量标准进行一次 109 项全分析，地下饮用水水源地每年按照地下水环境质量标准进行一次 39 项全分析。

生态环境监测。积极开展环境卫星遥感监测和地面监测相结合的生态环境质量监测，逐步形成环境监测“天地一体化”格局。加强环境遥感技术在生态环境状况调查、自然保护区、水体水华、秸秆焚烧、沙尘暴、区域环境空气污染监测等方面的应用，做好国家重点生态功能县域生态环境质量考核工作。

农村环境质量监测。开展农村环境质量试点监测和农村环境综合整治连片治理村庄试点监测，做好农村区域环境空气、饮用水水源地、村庄河流（水库）监测，摸清农村环境质量状况和主要污染源，掌握潜在的环境风险，初步形成以县（区）级环境监测为主的农村环境监测模式。

土壤环境质量监测。根据土壤污染状况调查结果所确定的调查点及重要农作物产区、城市及大型污染企业周边等区域的土壤环境质量点位，逐步按土壤环境质量标准项目、土壤理化性质指标和特征污染物开展监测，每年进行 1 次例行监测工作。

环境质量自动监测。根据环境管理需要，及时扩充重点河流、饮用水水源地和环境空气自动监测因子，强化预测预警监测；建设省直管试点县（市）水质、环境空气自动监测站和一批重点产业集聚区空气自动监测站；对供水能力1万t以上的地表水饮用水水源地、市控县界地表水断面全部实行自动监测。提高环境质量自动监测数据在政府环境保护目标考核、流域生态补偿、环境预警等环境管理中的应用效能。

5.4.3 深化重点污染源监测

污染源监测管理。深化重点污染源自动监测数据有效性审核工作，建立污染源排放公告制度。加大对排污单位自行监测的监督力度，定期公布监测结果。探索建立社会监测机构参与污染源监测的工作机制。建立健全重点排污企业和第三方运行服务单位环境监测监控管理制度和规范化建设标准。组织对第三方运行服务单位标准化建设和运维情况定期考核，对运行服务单位实行预警、备选和退出机制。

减排监测体系建设。增加氨氮、氮氧化物监测，为主要污染物总量控制提供技术支撑。逐步开展工业污染源碳排放监测。积极开展环境质量和总量数据的相关性研究。加强主要污染物总量减排监测体系建设与考核，建立科学、完善、统一的减排监测体系，充分发挥减排监测体系的技术支撑作用。

重点污染源监督性监测。加强国控、省控重点污染源监督性监测和监测质量抽查抽测。采用自动监测和实验室监测相结合的方法，实现特征污染指标的全覆盖。组织编制污染源监督性监测报告，建立完整的污染源排放基础信息档案，强化污染源监督监测数据的应用。逐步开展二噁英、持久性有机污染物、危险废物鉴别能力监测，探索特征污染物变化趋势，为保障人体健康提供技术支撑。

重点污染源自动监测。逐步完善重点污染源自动监控系统建设，完成对污水处理厂、省管电厂工况监控系统建设，实现对生产和治污设施运行过程的实时监控。加强重点污染源自动监控系统运行管理，保证自动监控设施的稳定运行。结合污染源自动监控系统运行状况，调整比对监测和有效性审核频次，保证自动监控数据准确可靠。建立科学合理的重点污染源自动监控数据审核机制，提高自动监控数据在污染减排、环境执法、排污收费中的使用效率。

5.4.4 强化重金属污染物监测

加强济源市、灵宝市、栾川县、安阳市龙安区、孟州市、义马市、项城市、尉氏县、洛宁县、新乡县、新乡市凤泉区11个重金属重点防控区域市级站和省环境监测中心重金属监测能力建设。对重金属重点防控区域所在的区（县）环境监测站，按国家要求补充完善采样与前处理、专项实验室分析设备、自动监测仪器等基础设施和配套设备。建立定期监测和公告制度。在现有监测点位基础上，加密设置水质、空气和土壤质量监测点位，对重金属污染源及其周边环境质量开展长期跟踪监测。

郑州、平顶山、鹤壁、濮阳、许昌、漯河、南阳、驻马店、商丘、信阳 10 个省辖市监测站按照要求填平补齐有关仪器设备，逐步开展重金属监测。排放重金属的企业开展厂区周围环境调查和土壤修复工作，确保环境安全。加强国控、省控重点污染源重金属监测，重点做好金属冶炼厂铅和燃煤电厂汞排放监测。

在重点防控区域选取重金属污染源开展重金属特征污染物自动监控试点工作，涉重金属废水企业安装主要重金属污染物在线监控设施，涉重金属废气企业优先安装汞、铅、镉尘（烟）等在线监控系统。在涉及重金属等环境风险较大的行业逐步推行污染源自动监控，实现对特征污染物的实时监控与监督，分析其环境质量变化趋势。

5.4.5　加强核与辐射环境监测

按照《全国辐射环境监测与监察机构建设标准》，进一步提高核与辐射安全监管监测、监察能力，完善辐射环境质量监控网，补充完善放射源在线监控和废旧金属熔炼企业放射性监测，提高辐射监测监督水平，确保辐射环境安全。开展应急监测、应急指挥系统建设，提高辐射风险防范水平。

5.4.6　健全环境预警与应急监测机制

环境预警。建立省、市、县环境预警体系。在重点流域、区域设置环境预警断面和点位，增加挥发性有机化合物、重金属和生物毒性等监测项目，完善环境自动监测预警预报系统，形成省、市、县三级联动响应的环境监测预警预报体系。省级完善环境质量综合数值模拟技术、GIS 空间分析技术，实现水、空气、饮用水水源地环境质量和重点污染源预测、预警。市、县不断更新自动监测预警设施。加强环境预警信息共享和通报，及时发布环境预警信息，建立省、市每季度环境变化趋势分析制度，分析评估潜在的环境风险。

应急监测机制。构建应急监测区域管理格局，建设包括省环境监测中心，以开封（包括郑州、开封、商丘、周口）为中心的豫东、以洛阳（包括洛阳、三门峡、济源）为中心的豫西、以新乡（包括新乡、安阳、焦作、濮阳、鹤壁）为中心的豫北、以驻马店（包括平顶山、许昌、信阳、漯河、驻马店）为中心的豫南等四个区域应急环境监测中心，南水北调南阳市丹江口库区渠首环境监测中心在内的环境应急监测网络。省辖市级完善基础信息库、危险源及污染物排放清单和 GIS 地理信息系统，做好应急监测设备、技术和人员的储备。县级要配备必要的应急监测仪器和设备，形成初步的应急监测能力。制定应急监测预案，定期开展应急监测演练，加强应急监测技术培训，做到响应迅速、方案科学、数据准确、报告可用。逐步形成省、市、县快速联动、区域相互援助的环境应急监测机制。

5.4.7 完善环境监测网络

完善环境监测网络的分类规划和设计，逐步形成环境空气、地表水、地下水、噪声、生态等功能齐全的环境质量监测网络，客观反映环境质量状况。

优化水环境质量监测网络。在现有国控、省控监测点位的基础上，进一步优化调整，完善重点流域、地下水等重点监测点位和自动监测网络。根据政府环境保护责任目标考核和落实生态补偿政策的需要，开展新增项目监测。逐步完善市控县界断面水质自动监控系统。

合理布局环境空气监测网络。按照《环境空气质量标准》（GB 3095—2012）要求，调整和优化城市环境空气质量监测点位，逐步开展 $PM_{2.5}$、臭氧、一氧化碳等新增指标的监测。

完善城市噪声监测网络。结合城市建设的发展，对城市区域环境噪声、城市交通干线噪声和功能区噪声监测点位进行优化调整，科学评价城市声环境质量状况。

建立生态、农村和重金属监测网络。根据重点生态功能区县域生态环境质量考核、重金属污染防治、环境风险评估和农村环境连片整治等工作需要，优化监测点位结构，初步建立生态、农村和重金属监测网络。

5.4.8 全面推进标准化建设

根据国家要求，加快推进环境监测站标准化建设步伐。全面启动全省环境监测站标准化建设达标验收工作：到 2012 年，环境监测站标准化验收达标率不低于 5%；2013 年，环境监测站标准化验收达标率不低于 40%；2014 年，环境监测站标准化验收达标率不低于 90%；2015 年，全省所有环境监测站完成标准化验收任务。

强力推进环境监控（信息）机构标准化建设及达标考核工作：2013 年完成省辖市环境监控（信息）标准化建设考核验收工作；2014 年完成省直管试点县（市）环境监控（信息）标准化建设考核验收工作；2015 年完成县（市）级环境监控（信息）标准化建设考核验收工作。

5.4.9　增强环境监测信息产品应用服务功能

建立健全环境信息发布制度。加强环境监测信息管理和应用，健全环境监测信息报送和信息发布制度，统一信息发布，强化公众监督，形成由基本环境质量报告和污染源报告以及专项监测报告组成的环境监测报告体系，满足公众对环境信息的知情权。定期公布重点流域、区域及省辖市的环境质量状况，定期向地方人民政府通报环境质量状况；不定期公布辖区内国控、省控企业排放情况；在郑州、开封、洛阳、平顶山、安阳、焦作和三门峡等 7 个环境保护重点城市开展水质、空气预测发布制度；其他省辖市开展环境空气质量预报。

加强环境监测信息产品开发利用。加强对环境监测数据库、地理信息系统、遥感遥测等前沿信息技术的利用，开展环境质量和重点污染源自动监控数据的相关性研究，建立水、空气污染扩散预测模型，利用现代化技术手段，进一步提升环境监测信息产品附加值，提高环境信息资源开发利用水平。增强环境监测综合分析能力，注重环境质量分析报告，强化环境质量现状及变化趋势综合分析，为环境管理提供重要技术支撑。

加强环境信息服务基础建设。开展省、市、县三级环境信息化基础软硬件平台更新升级建设，做好系统安全和性能优化工作，确保基础网络、系统平台稳定运行。完善全省环境地理信息系统和环境监控平台综合查询软件功能，实现对各类环保业务数据的综合管理和应用。开展省、市两级环境数据中心建设，整合各类网络信息资源，形成统一管理、分布存储、资源共享的工作机制，实现环保系统环境监测信息资源共享，提高监测数据的利用效率。

5.4.10　深化环境监测科研

积极鼓励环境监测监控技术人员开展新型、前沿性环境问题的监测与分析研究。开展“中原经济区大气灰霾污染特征及防治对策研究”“农村饮水安全和环境因素调查研究”“机动车及典型行业挥发性有机物排放及控制策略研究”“环境优控污染物监测技术体系研究”“重大环境污染事件及后评估导则研究”“水环境质量标准特定监测项目分析测试方法体系研究”“环境质量监测数据准确性评价指标研究”“ICP-MS 在环境介质金属元素分析中的应用方法研究”“环境监测质量管理考核指标体系研究”“农村环境监测体系研究”等课题研究。逐步开展与人体健康密切相关、社会关注度高的持久性有机物、危险废物、危险化学品、细颗粒物等监测研究，做好环境健康综合监测、重金属污染防治等人民群众关心问题的研究。建设“河南省环境监测技术重点实验室”“国家环境保护土壤监测技术重点实验室”“环境监控数字化实验室”。推动科研成果向日常监测能力的转化，逐步提高环境监测对解决重大环境问题的技术支撑能力。

5.4.11 加强人才队伍建设

各级环境监测监控机构以专业对口、品学兼优的大学本科学历人员为主，新进人员必须具备大学本科以上学历，逐步增加硕士研究生以上人员比例。大力开展环境监测监控人才队伍继续教育，强化业务和技术培训。创新人才引进机制，吸引高、尖端人才充实到环境监测监控队伍中。加强环境监测监控科技领军人物培养。完善环境监测人员持证上岗制度，建立社会监测机构人员资质制度，鼓励和引导高等院校、科研机构等社会力量成为环境监测的有益补充。建立一支适应环境新形势、新任务发展需要的高素质环境监测监控人才队伍。调整充实河南省环境监测技术委员会，为我省环境监测管理决策提供有力支撑。

5.5 重点项目

“十二五”期间，确定基础监测能力建设、土壤和重金属污染监测、农村和生态环境监测、辐射环境监测能力建设、应急监测能力建设、监控网络建设、监测监控标准化建设、监测人才队伍建设、监测科学研究等九大类重点项目。

5.5.1 基础监测能力建设

优化水质、环境空气监测点位，新增水质、环境空气自动监测点位及对现有水质、环境空气监测点位增加臭氧、$PM_{2.5}$、一氧化碳监测项目建设；新增产业集聚区环境空气自动站，加强省环境监测中心二噁英类、危险废物鉴别、持久性有机污染物等监测能力建设。郑州市建设噪声自动监测示范点。

5.5.2 土壤和重金属污染监测

省环境监测中心和11个重金属重点防控区域所在市级环境监测站增加土壤和重金属监测仪器设备，满足监测需要。在集中式饮用水水源地等区域开展土壤监测。

5.5.3 农村和生态环境监测

省、市、县监测中心（站）填平补齐农村和生态环境监测所需监测仪器设备。所有县（市）级监测站基本具备农村环境监测能力，省环境监测中心和18个市级监测站基本具备生态环境监测能力项目，在主要农业产区建设一批农业面源和畜禽养殖污染监测站点，逐步开展农业面源监测。

5.5.4 辐射环境监测能力建设

省、市、县三级辐射环境监测能力达到省、市两级站的建设标准和县级站的基本监测能力的要求；提高省、市、县三级核与辐射应急监测能力，增加应对突发放射性污染事故的装备；补充完善辐射环境质量监测网。

5.5.5 应急监测能力建设

以开封、洛阳、新乡、驻马店四市监测站为重点，以区域工业结构为依据，配足配强应急监测设备，建设豫东、豫南、豫西、豫北四个区域环境应急监测中心和南水北调中线工程渠首环境监测中心，其他市级监测站增加应急监测设备，满足基本应急监测能力需要，形成我省环境应急监测网络。

5.5.6 监控网络建设

更新监控平台部分设施，对现有重点污染源加装氨氮、氮氧化物自动监控设施，逐步对污水处理厂和30万kW及以上火电厂加装工况监控设施，完善新增重点源自动监控设施，18个省辖市开展机动车污染监督监测，保障环境监测网络正常运转等项目。

5.5.7 监测监控标准化建设

省、市、县（市）三级环境监测站达到监测站标准化和省、市、县三级环境监控中心达到标准化建设标准。

5.5.8 监测人才队伍建设

组织开展环境监测监控技术人员培训及交流，提升专业技术人员素质。加强国内、国际监测监控人才交流，努力掌握环境监测发展前沿技术。

5.5.9 监测科学研究

建设“河南省环境监测技术重点实验室”和“国家环境保护土壤监测技术重点实验室”，省环境监控中心建成“环境监控数字化实验室”，开展“中原经济区大气灰霾污染特征及防治对策研究”“环境健康综合监测”“重金属污染防治”等人民群众关心问题的研究。

表 5-1 河南省环境监测重点项目汇总表

序号	项目名称		项目内容
1	基础监测能力建设		18 个省辖市空气自动监测点位增加 O_3、$PM_{2.5}$、CO 监测项目，7 个重点环保城市环境空气监测增加 VOCs 监测项目，郑州市增加温室气体监测因子；产业集聚区新增环境空气自动站建设，省监测中心加强二噁英类、危险废物鉴别、持久性有机污染物等监测能力建设；新建省控地表水水质自动站，地表水水质自动站增加监测因子，新建县级市地表水饮用水水源地水质自动站，新建市控县界断面水质自动站
2	土壤、重金属污染监测		省、市环境监测中心（站）土壤监测能力建设，省环境监测中心和重金属重点防控的 11 个区域所在市级环境监测站重金属监测能力建设。在集中式饮用水水源地等区域开展土壤监测
3	农村和生态环境监测	农村监测	108 个县级监测站基本具备农村监测能力。新建一批农村区域监测站点，在主要农业产区建设一批农业面源和畜禽养殖污染监测站点。建设酸雨远郊区监测站点
		生态监测	省、市具备生态环境监测能力
4	辐射环境监测能力建设		增加辐射环境监测仪器和监测用房，补充完善河南省辐射环境质量监测网
5	应急监测能力建设		省环境监测中心和开封、洛阳、新乡、驻马店市、南阳 5 个区域监测中心，主要用于购置应急监测箱及防护设备、水应急监测车、大气应急监测车等应急监测仪器设备
6	监控网络建设		对现有重点污染源加装氨氮、氮氧化物监控设施，对污水处理厂和 30 万 kW 及以上火电厂加装工况监控设施，更新监控平台部分设施
7	监测标准化建设	省环境监测中心	仪器填平补齐，监测用房建设
		市级环境监测站	18 个省辖市及 10 个省直管试点县（市）监测站仪器填平补齐，建设监测用房
		县级环境监测站	102 个县级站仪器填平补齐，建设监测用房
		省环境监控中心基本建设	辅助用房和监控用房建设
		市级环境监控中心基本建设	18 个省辖市级中心辅助用房和监控用房建设
		县（市）环境监控中心基本建设	108 个县级中心辅助用房和监控用房建设
		省、市、县环境监控中心执法装备	购置现场检查车辆、现场手工监测仪器设备
		数字化实验室	建设环境遥感监控系统及其成果转化应用研究
8	环境监测技术人员培训		监测监控人员培训及国内外学术交流
9	环境监测科研		建设“河南省环境监测技术重点实验室”和“国家环境保护土壤监测技术重点实验室”等重点实验室及重点监测科研项目研究
10	监测运行保障项目		保障水质、环境空气自动监测站和监控系统正常运行费用

5.6　保障规划实施

5.6.1　加强领导，健全机制

各级环保部门要根据《规划》确定的目标和任务，切实加强组织领导，紧紧把握环境管理由以污染控制为目标导向，向以环境质量改善为目标导向转变的主线，将环境监测作为改善环境质量重要技术支撑体系，完善监测工作机制，建立健全环境质量管理体制，加快制定环境监测配套性规章和制度，建立健全监测网络、经费保障、质量管理、考核和信息发布等体系，保障环境监测技术支撑能力持续提升。

5.6.2　明确任务，重在落实

各级环保部门要将规划执行情况纳入中心工作，细化和分解任务，切实落实责任，推进规划实施。重在提升环境监测质量，确保环境监测数据真实、准确，为准确判断环境形势提供有利技术保障。对《规划》执行情况实行定期考核和评估，定期公布考核结果，推动《规划》目标和任务的落实。

5.6.3　强化管理，优化资源

各级环保部门要加强环境监测统一监督管理，健全和完善环境监测网络，规范环境监测运行工作机制，强化各级环境监测机构的主导作用。根据环境监测任务，整合社会监测资源，统筹协调有资质的监测单位参与污染源监测，积极培育环境监测市场，加强对社会监测机构参与环境监测的监管力度，规范社会监测机构和企业的监测行为。探索建立社会化环境监测运行机制，推动环境监测事业有序发展。

5.6.4　加大投入，提升能力

各级环保部门要建立监测经费保障渠道和机制，保障环境监测经费并逐年增加，确保我省环境监测工作正常开展。强化对环境监测专项工作资金使用的监督管理，加强资金使用绩效评价和项目后续管理，努力提高环境监测资金的投资效益。强力推进环境监测标准化建设，提升环境监测整体能力，提高环境监测服务效能，促进环境监测事业健康发展。

第6章　河南省“十二五”城镇污水处理及再生利用设施建设规划

豫政办〔2013〕17号

6.1　总则

按照省委、省政府的部署，根据《“十二五”全国城镇污水处理及再生利用设施建设规划》，编制《河南省“十二五”城镇污水处理及再生利用设施建设规划》。

6.1.1　编制依据

（1）《中华人民共和国水污染防治法》。

（2）《中华人民共和国城市规划法》。

（3）《国务院关于落实科学发展观　加强环境保护的决定》（国发〔2005〕39号）。

（4）国家城市污水处理、再生水利用及污泥处置相关标准和规范。

（5）《河南省国民经济和社会发展第十二个五年规划纲要》。

（6）《河南省城镇体系规划（2010—2020年）》。

（7）《河南省建设中原经济区纲要》。

（8）《河南省主体功能区规划》。

6.1.2　规划范围

本规划的范围为我省全部省辖市、县级市、县城及重点镇。

6.1.3　规划年限

本规划的基准年为 2010 年，规划期为 2011—2015 年，同时考虑与 2016—2020 年设施建设相衔接。

6.2　现状与问题

6.2.1　基本情况

我省地跨长江、淮河、黄河、海河四大流域，是淮河的源头和南水北调中线工程的水源地。其中淮河流域面积 8.83 万 km^2，占全省总面积的 52.8%；黄河流域面积 3.62 万 km^2，占全省总面积的 21.7%；海河流域面积 1.53 万 km^2，占全省总面积的 9.2%；长江流域面积 2.72 万 km^2，占全省总面积的 16.3%。境内共有大小河流 1 500 多条，河川年径流量 303.99 亿 m^3。流域面积在 100 km^2 以上的干支流河道共有 448 条，总长 25 453 km。我省所属海河、淮河、黄河流域均属于全国水污染防治的重点流域，所属长江流域属于南水北调中线工程水源保护区，对我省水污染防治要求较高。

6.2.2　现状

省委、省政府高度重视污染防治和节能减排工作，将污水处理设施建设工作纳入了省、市、县三级政府责任目标考核体系。在国家有关部委的大力支持下，截至 2007 年年底，县级以上城市全部建有污水处理厂，成为我国首个实现县县建成污水处理厂的省份。截至 2010 年年底，全省已建成污水处理厂 146 座，总污水处理能力达到 631.55 万 m^3/d，全省年实际污水处理量为 168 340.6 万 m^3，年污水排放量为 215 832.63 万 m^3，污水处理率为 78%，其中城市污水处理率为 82.6%、县城污水处理率为 70%；建成配套污水管网 8 229 km；建成污泥处理厂 7 座，年实际污泥处理量为 39.785 万 t，污泥处理率为 31.5%，全面实现了“十一五”期间建设污水处理厂 125 座、总处理能力达到 506 万 m^3/d 的目标，对淮河、海河、黄河、长江水体质量的改善做出了积极贡献，有效地改善了城镇人居环境。

6.2.3　存在的问题

（1）污水处理能力不足。今后一个时期是我省城镇化加速发展时期，2015 年全省城镇化率将达到48%左右，现有污水处理能力难以满足要求，城市新区、产业集聚区和部分县城需要建设新的污水处理设施。同时，部分污水处理厂达不到《城镇污水处理厂污染物排放标准》（GB 18918—2002）的要求，急需改造。建制镇污水处理厂较少，无法满足乡镇污水处理需要。

（2）污水收集管网建设滞后。相当部分城区的支线管网不完善，影响了污水处理厂的效益。

（3）再生水利用水平较低。再生水利用工作尚处于起步阶段，与我省水资源短缺的状况极不相称。

（4）污泥处置能力和水平不高。污泥处置设施少，处理能力明显不足，现有污泥处理方式不能满足污泥减量化、资源化处置需要。

6.3 指导思想与规划目标

6.3.1 指导思想

深入贯彻落实科学发展观，按照建设资源节约型、环境友好型社会的总体要求，以全省 18 个省辖市、20 个县级市、88 个县城及部分重点镇的污水处理、再生水利用和污泥处置设施建设为重点，综合考虑用水需求与污染物控制要求，统筹规划新建与升级改造、污水处理能力建设与管网配套、再生水利用与污泥处置等设施建设，优先升级改造既有设施，大力加强配套设施建设，合理布局新建设施，努力使全省污水处理、再生水利用、污泥处置的能力和水平与经济社会发展水平相适应，与城镇化水平相适应。

6.3.2 规划原则

（1）加强评估，总结经验。加强对城镇污水处理、再生水利用、污泥处置工程的评估分析，总结以往工程建设经验，增强新建、续建工程的科学性、合理性。

（2）因地制宜，科学规划。结合当地污染物总量控制目标及水环境质量改善要求，充分考虑城镇总体规划和经济社会发展需要，合理确定城镇污水处理、再生水利用及污泥处置设施建设的阶段目标、总体布局和建设时序。

（3）厂网配套，泥水并重。坚持“厂网并重、管网先行”，加强污水管网配套建设，提高污水处理厂运行负荷率，加强污泥处置，避免造成二次污染。

（4）严格标准，控制投资。严格执行国家相关标准，合理控制工程造价。

（5）加强监管，削减总量。切实发挥城镇污水处理、污泥处置设施削减污染物排放量的作用，从而达到改善水环境质量的目的。

6.3.3 规划目标

五年全省新增城镇污水集中处理能力 353.3 万 m^3/d，新增产业集聚区工业污水集中处理能力 342 万 m^3/d，县级以上城市污水处理率达到 85%以上，再生水利用率达到 30%以上，污泥处理能力达到 8 214 t/d，污泥处理率达到 80%，新建的城镇污水处理厂和位于国家重点流域对水环境质量达标影响较突出的污水处理厂达到GB 18918—2002 一级 A 排放标准。

6.4 重点任务

6.4.1 优先建设配套管网

在合理确定城市排水和污水处理规模的前提下，统筹安排中心城区、城市新区、县城新城区及产业集聚区排水管网和污水管网建设，着力解决管网建设滞后的问题，推进雨污分流系统改造和完善工作。“十二五”期间新建配套管网 7 144.7 km（其中产业集聚区污水处理厂配套管网 2 609 km，城镇污水处理厂配套管网 4 535.7 km），进一步提高污水收集率和城镇污水处理厂负荷率。

6.4.2 提升污水处理能力

（1）实施污水处理设施升级改造工程。按照排放标准要求，加快现有污水处理厂升级改造。“十二五”期间对现有低于一级排放标准的 90 座污水处理厂进行升级改造，规模 347.1 万 m^3/d，其中设市城市污水处理厂 29 座、规模 203.5 万 m^3/d，县城污水处理厂 61 座、规模 143.6 万 m^3/d。

（2）全面完成“十一五”期间结转的续建项目建设工作。加快推进“十一五”期间开工的 38 个污水处理在建项目建设，尽快形成 140 万 m^3/d 的处理能力。

（3）新建一批城市污水处理工程。结合城市新区、产业集聚区和县城新城区建设，推进 180 座新建污水处理厂建设，争取形成 601.5 万 m^3/d 的处理能力。其中设市城市新建污水处理厂 29 座、规模 136 万 m^3/d，县城新建污水处理厂 53 座、规模 123.5 万 m^3/d，产业集聚区新建污水处理厂 98 座、规模 342 万 m^3/d。

（4）建设重点镇污水处理设施。“十二五”期间新建重点镇污水处理设施 296 座，新增污水处理能力 93.8 万 m^3/d，建设配套管网 2 440 km。

（5）完善污水处理监测设施。进一步加强监管平台建设，完善污水处理设施运营监管体系。推动新建及在建污水处理厂建设在线监控系统和视频监控系统，并与省环境监控中心联网，实现数据和视频同步采集。

6.4.3 积极推动再生水利用

“十二五”期间全省新建再生水利用设施规模 338.19 万 m^3/d，其中设市城市新建再生水利用设施规模 200 万 m^3/d，县城新建再生水利用设施规模 136.19 万 m^3/d，建制镇新建再生水利用设施规模 2 万 m^3/d。到 2015 年，再生水利用率达到 30%以上，实现再生水利用规模与污水处理能力同步增长。建立健全再生水利用产业政策。结合区域用水构成，加大电厂、市政景观等再生水用户开发力度，制定适合特定用户水质要求的回用技术方案，加强新工艺、新技术开发利用，提高再生水利用水平。

6.4.4 全面推进污泥安全处置

污泥处置以无害化为主要目的，以稳定化、减量化为主要途径。“十二五”期间全省新增湿污泥综合处置能力 7 124 t/d，污泥处置能力达到 8 214 t/d，污泥处理率达到 80%。

6.5 投资估算及资金筹措

6.5.1 投资估算

“十二五”期间全省城镇污水处理、再生水利用及污泥处置设施建设规划投资 325.69 亿元（含“十一五”转接投资 38.35 亿元）。其中，设市城市污水处理厂升级改造投资 16.28 亿元，新建污水处理厂投资 55.33 亿元，已建和在建污水处理厂配套管网建设投资 11.76 亿元，新建污水处理厂配套管网建设投资 9.12 亿元，污泥处置设施建设投资 22.61 亿元，再生水利用设施建设投资 28.58 亿元；县城污水处理厂升级改造投资 11.49 亿元，新建污水处理厂投资 26.69 亿元，已建和在建污水处理厂配套管网建设投资 15.91 亿元，新建污水处理厂配套管网建设投资 13.97 亿元，污泥处置设施建设投资 10.04 亿元，再生水利用设施建设投资 23.81 亿元；重点镇污水处理工程投资 41.53 亿元，再生水利用设施建设投资 0.22 亿元。

6.5.2　资金筹措

本规划根据国家投资方向、规模和重点，结合项目前期工作进展情况和实际需要，区分轻重缓急，以市、县级政府为主分年度实施。

项目建设资金包括污水及污泥处理费、各级政府的预算财力、城市建设维护资金、城市土地出让收益、水资源费、相关基金当地政府留成部分、相关专项转移支付、国内外金融机构贷款、外国政府或国际金融组织优惠贷款和赠款。初步测算，“十二五”期间全省污水处理费约 37 亿元，可利用政府配套资金 100 亿元，银行贷款及各类资助约 100 亿元，尚存在 88.69 亿元的资金缺口。各地要因地制宜，努力创造条件，完善相关政策措施，积极吸引和鼓励社会资本投资污水处理厂。

6.6　保障措施

6.6.1　明确责任主体，加强协调服务

各级政府要将城镇污水处理、再生水利用、污泥处置设施建设任务分解落实到具体项目，实行政府首长负责制，将其纳入政府责任目标及节能减排考核体系，确保按时完成。各相关部门要密切配合，分工负责，统筹做好规划实施工作。发展改革部门要强化项目前期工作，加强项目建设中的稽查监督工作。住房和城乡建设部门要加强对设施建设和运营的监管，确保项目按期建成，充分发挥效益。环保部门要加强对污水处理厂进出水水质的监测，实行动态监测管理，确保达标排放。

6.6.2　规范项目建设，加强运营监管

合理布局城市规划区、城市新区、产业集聚区内的污水处理设施。优先建设重点流域涉及出省控制断面、水源地、南水北调中线工程沿线城镇污水处理设施。建立完善城市排水许可制度，严格执行环境影响评价制度，加强对城市污水处理设施建设和运营的全过程监督。

进一步完善市场监管体系，建立政府组织引导、市场化运作、企业化经营的经营管理体制，将城镇污水处理、再生水利用及污泥处置管理纳入法制化轨道。建立污水处理设施运营绩效评估制度，加大对违规单位的处罚力度。

6.6.3 强化政策引导，引入市场机制

加强分类指导，进一步落实对污水处理设施建设、运营的用地、用电、设备折旧等扶持政策和税收优惠政策。市、县级政府要加大对城镇污水处理、再生水利用、污泥处置设施建设、运营的政策扶持力度，加快污水处理产业化进程。采取适当的激励或约束措施，鼓励和引导工业或其他用户使用再生水。进一步完善污水处理收费制度。落实污水及污泥处理费征收相关规定，切实加强污水及污泥处理费征收工作，提高收缴率，提高污水及污泥处理费的使用效率。

鼓励和引导国内外资本投资城镇污水处理及污泥处置设施建设，推行特许经营制度，进一步促进投资主体与融资渠道多元化。健全市场进入与退出、运行安全、产品与服务质量、价格与收费等管理机制。

6.6.4 完善技术标准，强化科技支撑

完善城镇污水处理及污泥处置技术标准体系，制定符合我省实际的设计规范，建立健全相关评估体系，加强技术指导，选择技术先进、经济适用、环境友好的工艺流程、处理路线。在开展污泥产量、污泥质量、污泥处置及再生利用现状调查与评价工作基础上，加快制定城镇污水处理厂污泥处置技术政策及处置技术的评价体系和方法。

加强对城镇污水处理、再生水利用及污泥处置等领域关键技术的研发和推广应用，推广水泥窑协同处置污泥等符合我省特点的处理工艺，力争在污泥资源化处置技术研发和应用方面取得新突破。

第7章 河南省废弃电器电子产品处理发展规划（2011—2015）

豫环〔2011〕8号

7.1 总则

废弃电器电子产品是指产品的拥有者不再使用且已经丢弃或放弃的电器电子产品[包括构成其产品的所有零（部）件、元（器）件和材料等]，以及在生产、运输、销售过程中产生的不合格产品、报废产品和过期产品。废弃电器电子产品不仅种类繁多，而且成分复杂，含有多种有毒有害物质（如铅、汞、多氯联苯等），如果处理不当将对环境和人体产生巨大的危害。同时，废弃电器电子产品中含有大量可回收的有色金属、黑色金属、塑料、玻璃及一些仍有价值的零部件等，若能得到合理的资源化回收利用，可取得良好的环境和经济效益。

近年来，河南省电器电子产品报废量逐渐增多，已成为固体废物中不可忽视的污染源之一。由于长期以来人们对废弃电器电子产品问题缺乏足够的认识，且废弃电器电子产品的管理起步晚，现有的管理手段、回收模式、处理技术和处理处置设施均无法满足废弃电器电子产品无害化处理和再循环利用的需要。如何做好废弃电器电子产品的回收网络体系建设和无害化处理，规范废弃电器电子产品处理产业发展已迫在眉睫。

为贯彻落实国家2011年全面实施的《废弃电器电子产品回收处理管理条例》（以下简称《条例》），进一步规范废弃电器电子产品处理工作，河南省立足当前、着眼长远，按照《条例》和《关于组织编制废弃电器电子产品处理发展规划（2011—2015）的通知》（环办〔2015〕135号）等相关文件的要求，组织技术力量科学编制《河南省废弃电器电子产品处理发展规划（2011—2015）》。

本规划以《条例》为依据，根据《废弃电器电子产品处理目录（第一批）》和《废弃电器电子产品处理发展规划编制指南》，主要针对废电视机、废电冰箱、废洗衣机、废房间空调机和废微型计算机等5类废弃电器电子产品（适当涉及其他产品），以科学、合理布局废弃电器电子产品处理设施为主要任务，对河南省废弃电器电子产品处理目标、原则、布局、规模等进行统筹规划，摸清底数，明确废弃电器电子产品回收网络体系多元化、处理设施布局合理化、处理企业规范化的目标与管理思路，以确保全省废弃电器电子产品得以无害化处理，促进全省废弃电器电子产品处理产业健康发展。

7.1.1 规划依据

（1）《废弃电器电子产品回收处理管理条例》（国务院令　第551号）

（2）《关于组织编制废弃电器电子产品处理发展规划（2011—2015）的通知》（环办〔2010〕135号）

（3）《关于发布〈废弃电器电子产品处理发展规划编制指南〉的公告》（环境保护部公告　2010年第82号）

（4）《电子信息产品污染控制管理办法》（信息产业部令　第39号）

（5）《电子废物污染环境防治管理办法》（国家环境保护总局令　第40号）

（6）《废弃电器电子产品处理目录（第一批）》和《制订和调整废弃电器电子产品处理目录的若干规定》（国家发展改革委公告　2010年第24号）

（7）《废弃电器电子产品处理资格许可管理办法》（环境保护部令　第13号）

（8）《废弃家用电器与电子产品污染防治技术政策》（环发〔2006〕115号）

（9）《废电子电器产品回收利用通用技术要求标准》（GB/T 23685—2009）

（10）《废弃电器电子产品处理污染控制技术规范》（HJ 527—2010）

（11）《关于发布〈废弃电器电子产品处理企业资格审查和许可指南〉的公告》（环境保护部公告　2010年第90号）

（12）《关于发布〈废弃电器电子产品处理企业建立数据信息管理系统和报送信息指南〉的公告》（环境保护部公告　2010年第84号）

（13）《关于发布〈废弃电器电子产品处理企业补贴审核指南〉的公告》（环境保护部公告　2010年第83号）

（14）《关于印发废弃电器电子产品回收处理量预测情况的函》（环防函〔2011〕12号）

（15）《国家环境保护“十二五”规划》

（16）《河南省环境保护“十二五”规划》

（17）《河南省国民经济与社会发展第十二个五年规划纲要》

（18）《河南省循环经济试点实施方案》

（19）《关于印发〈河南省家电以旧换新实施细则〉的通知》（豫家电换新办〔2010〕1 号）

（20）河南省财政厅等部门《关于印发〈河南省家电以旧换新财政补贴资金管理办法〉的通知》（豫财贸〔2010〕116 号）

（21）《关于印发〈河南省家电以旧换新凭证管理办法〉的通知》（豫商商贸〔2010〕139 号）

7.1.2　规划原则

统筹规划、合理布局。坚持全省一盘棋，积极打破行政区划限制，在全省范围内科学规划、合理布点，构建覆盖全省的经济、高效、安全、环保的废弃电器电子产品回收处置网络。

立足当前、着眼长远。立足当前废弃电器电子产品产生及处理现状，科学测算未来发展需求，建立既满足当前需要、又兼顾未来需要的规模适度的废弃电器电子产品回收处理体系，并分步、分阶段地实施。

因地制宜、集中处理。根据河南省各地区的经济发展水平、人口状况、交通区位条件等因素，因地制宜地采取措施。对照废弃电器电子产品回收处理处置能力及服务半径，加以平衡考虑，结合各地市废弃电器电子产品的回收处理处置需求，以集中处理、规模化经营为原则，合理布局废弃电器电子产品处理设施。

技术先进、安全处置。废弃电器电子产品处理处置设施要采用先进实用、成熟可靠的技术，处置工艺技术起点高，选址要符合有关要求；回收、处理、处置、综合利用全过程要符合环保与卫生标准和技术规范的要求。

政策引导、市场推动。充分利用政策的引导力和市场的推动力，综合运用多种手段，促进废弃电器电子产品处理处置产业健康发展。

7.1.3　规划范围

规划范围为河南省省域，覆盖 18 个省辖市。

7.1.4　规划年限

规划基准年为 2010 年，目标年为 2015 年。

7.2 现状和问题

7.2.1 区域基本情况

（1）区域概况

河南省位于中国中东部、黄河中下游，东接安徽、山东，北界河北、山西，西连陕西，南临湖北。河南总面积 16.7 万 km^2，辖 18 个省辖市，是全国第一人口大省，2009 年年底总人口 9 967 万人，自然增长率 4.99‰。其中，城镇人口 3 758 万人、占总人口的 37.7%；农村人口 6 209 万人、占总人口的 62.3%。

2009 年，河南省国民生产总值达到 19 480.46 亿元，比上年增长 10.7%。全部工业增加值达到 9 900.27 亿元，增长 11.4%，其中规模以上工业增加值增长 14.6%。

（2）电器电子产品的产生、销售情况

“十一五”期间，河南省生产的电器电子产品涉及十余种，主要以彩色电视机、家用电冰箱、家用洗衣机、房间空气调节器、微型计算机等为主（以下简称“四机一脑”）。2009 年，全省“四机一脑”总生产能力达 844.4 万台，其中彩色电视机、家用电冰箱生产能力达 730 万台，实际生产量达 362.7 万台；全省十种主要电器电子产品销售总量达 888.07 万台，其中“四机一脑”、移动电话机销售量为 819.94 万台，占总销售量的 92.33%。

专栏 7-1 河南省电器电子产品的产生、销售基本情况

2009 年全省“四机一脑”总生产能力达 844.4 万台，其中彩色电视机、家用电冰箱生产能力达 730 万台，占总量的 86.45%。实际上，2009 年全省彩色电视机、家用电冰箱生产量达 362.7 万台，比 2005 年下降了 14.9%，年均下降率为 3.9%。

河南省销售的电器电子产品涉及种类繁多，其中彩色电视机、家用电冰箱、家用洗衣机、房间空调器、微型计算机、照相机、微波炉、热水器、普通电话机和移动电话机等十种是全省销售的主要类型。2009 年全省十种主要电器电子产品销售总量达 888.07 万台，其中“四机一脑”、移动电话机销售量为 819.94 万台，占总销售量的 92.33%。

2009 年全省十种主要电器电子产品年底居民保有量总计为 17 824.2 万台，城镇居民保有量 11 269.0 万台，占总量的 63.2%，农村居民保有量 6 555.2 万台，占总保有量的 36.8%。

从产品类型上看，以“四机一脑”和移动电话机为主，其中“四机一脑”保有量 10 302.2 万台，占保有总量的 58%，移动电话保有量为 4 134.6 万台，占保有总量的 23.5%。整体上，各省辖市“四机一脑”保有量地区差异性较大，郑州市、南阳市较多，济源市、漯河市、鹤壁市则相对较少。

7.2.2　前期工作执行情况

尽管河南省废弃电器电子产品回收处理起步较晚，但河南省各级领导高度重视废弃电器电子产品回收处理处置工作，认真执行国家的相关管理政策，积极推进家电“以旧换新”工作，并取得了一定的成绩。

（1）积极推进家电“以旧换新”工作

2010 年，河南省根据国家家电“以旧换新”的相关政策要求，全面启动家电以旧换新工作，通过政府采购网对家电以旧换新销售、回收企业进行招标，已初步建立了以中标销售、中标回收、中标定点拆解利用的以旧换新销售回收网络，同时，加大废弃电器电子产品回收宣传力度，废弃电器电子产品回收工作有了较大起色，在全国新推广的 19 个省（市）家电以旧换新活动中暂居第三位。

（2）加强废弃电器电子产品回收处理监管力度

为控制和减少废弃电器电子产品对环境造成的污染问题，河南省逐步加强废弃电器电子产品的污染防治工作，加强对废弃电器电子产品回收处理企业的监督管理力度，规范废弃电器电子产品回收拆解管理，全省废旧家电以旧换新工作稳步开展。

（3）加大废弃电器电子产品回收宣传力度

通过广播、电视、报纸、互联网等各种媒体，大力宣传家电“以旧换新”政策，加强对其工作流程及补贴标准的宣传，扩大了政策影响力和覆盖面，提高了人民群众对家电“以旧换新”政策的了解，同时意识到废弃电器电子产品的危害。

7.2.3　废弃电器电子产品回收处理现状

（1）废弃电器电子产品产生现状

“十一五”期间，河南省居民家庭的电器电子产品已陆续进入报废期。2009 年全省“四机一脑”报废量约 358.8 万台，重量约为 10.4 万 t，其中：以电视机和洗衣机为主，报废量为 258 万台，占总量 71.91%，微型计算机、电冰箱、房间空调器相对较少。

全省各省辖市“四机一脑”报废量差异性较大，其中郑州市、洛阳市、焦作市、南阳市、许昌市报废量相对较多，上述五个省辖市“四机一脑” 报废量占全省总量的 54%以上，驻马店和济源市相对较少。

“十一五”期间，全省手机、微波炉、电话机、打印机、复印机等大量其他电器电子产品报废量也逐年增多，也不容忽视，这些包含大量有毒有害物质的废弃电器电子产品将带来环境安全隐患。

（2）废弃电器电子产品回收现状

“十一五”期间，河南省废弃电器电子产品回收渠道主要有两种：一是拆解企业回收，二是个体机构回收。2010 年之前，受社会经济和人民生活习惯限制，废弃电器电子产品多数通过旧家电市场流通到农村或贫穷地区继续二次消费使用。

自 2010 年，在国家和河南省一系列家电“以旧换新”政策的支持下，全省共有中标网点 2 591 个、92 家销售及回收企业中标（8 家专业回收企业中标），已初步建立了以中标销售、回收、定点拆解利用的以旧换新销售回收网络。

从 2010 年 7 月家电“以旧换新”实施到 2010 年 12 月，全省“四机一脑”共回收 46.2 万台，回收金额 881.4 万元，其中，以电视机和洗衣机为主，占总量 92.8%。整体上，目前“四机一脑”回收量占总报废量的比例较小，但回收量逐月增加，今后的提升空间较大。

（3）废弃电器电子产品处理现状

河南省自家电“以旧换新”政策实施后，现有郑州弓长昱祥电子产品有限公司（郑州）、中再生洛阳投资开发有限公司（洛阳）、河南恒昌贵金属有限公司（焦作）、河南艾瑞环保科技有限公司（开封）4 家定点拆解企业，这 4 家拆解企业设计年拆解能力合计 18.5 万 t/a，主要采用物理法拆解工艺，主要涉及“四机一脑”的拆解，服务范围覆盖了河南省。

另外，河南省专门针对废弃电器电子产品拆解过程中产生的危险废物的深度处理企业较为缺乏，现有河南安飞电子玻璃有限公司、河南安彩高科有限公司 2 家企业具有处置利用旧阴极射线管玻璃资质，河南恒昌贵金属有限公司具有处理废旧线路板资质（主要采用电解精炼，处理规模 9 153 t/a），深度处理的种类不多。

自 2010 年家电“以旧换新”政策实施到 2010 年 12 月，全省回收的 46.2 万台“四机一脑”中，拆解企业目前接收了 30.93 万台（约 5 973.2 t），已拆解 26.73 万台（约 4 456.5 t），实际接收拆解率为 86.4%。

7.2.4 当前存在的主要问题及原因

（1）废弃电器电子产品产生量大，回收网络体系不完善

随着社会经济的发展，人民生活水平的提高，电器电子产品快速更新换代，家庭电器电子产品更换频率逐渐增加，废弃电器电子产品的产生量也逐年增多。2009 年河南省“四机一脑”报废量约 358.8 万台，自家电“以旧换新”政策实施以来，全省“四机一脑”回收量仅 46.2 万台，回收率较低，未能得到全面有效控制。

目前全省废弃电器电子产品回收网络体系存在回收网点布设不足、网点地区分布不均衡、回收网络体系不完善等问题。仍有一大部分废弃电器电子产品进入了个体商户回收渠道，通过旧家电市场流通到农村或贫穷地区二次消费使用，未能进入回收网络体系经专门的废弃电器电子产品拆解企业进行处理，安全方面存在隐患。需完善废弃电器电子产品回收管理体系建设，另外如何提高回收率、鼓励群众将废弃电器电子产品交售规范的回收体系也是一个亟待解决的问题。

（2）废弃电器电子产品拆解企业建设尚需进一步规范

河南省现有的家电以旧换新的 4 家定点拆解企业以拆解“四机一脑”为主，处理方式以物理拆解工艺为主，缺乏深度处理工艺，存在现有设备建设尚不规范、处理工艺相对落后，且整体上企业技术含量低、员工环境意识不强等问题，导致实际处理能力与原设计处理能力不相匹配、相差较大。为确保国家出台的《废弃电器电子产品回收处理管理条例》落到实处，需加强对回收处理企业的监管力度，规范拆解企业建设，确保废弃电器电子产品得到无害化处理处置。

（3）废弃电器电子产品拆解后产物深度处理企业缺乏，存在环境风险隐患

河南省目前缺乏专门针对废弃电器电子产品拆解过程中产生的危险废物的深度处理企业，尤其是针对如阴极射线管 CRT（荧光粉）、液晶显示器、冰箱压缩机（氟利昂）、线路板、含 PBB 和 PBDE 阻燃剂的电线电缆、机壳等含有害物质的电子产品零部件的处理，缺乏相应的专门拆解企业和回收深度处理处置技术和生产设备，需关注废弃电器电子产品拆解后产物的去向和处理问题，确保废弃电器电子产品拆解过程中产生的危险废物得到安全处理。

（4）废弃电器电子产品综合处理与利用企业规模小，尚未形成产业化

全省尚未形成规模化的废弃电器电子产品综合利用产业，现有废弃电器电子产品处理处置企业实际处理能力有限且处理技术落后，达不到资源回收利用的目的。

（5）废弃电器电子产品管理法制不健全，监督管理难度较大

废弃电器电子产品从回收、拆解、处理处置到再生循环利用，是一个系统工程，监督管理不可缺少，需要省环保、发改委、工信、供销、工商、市政、商务、执法等各部门共同配合，相互协作进行监管。但目前河南省在废弃电器电子产品的环境污染防治方面，缺乏相关的法律法规约束，监管能力建设不完善，导致在废弃电器电子产品的监管上因缺乏相应的执法依据，造成废弃电器电子产品回收处理过程监管难度大，需尽快制定相应的法律法规或条例，加强监管能力建设，建立完善的回收及监管体系。

（6）居民环保意识不强，环保宣传教育力度不够

居民对废弃电器电子产品的危害认识不足、环保意识不强。需加强对废弃电器电子产品危害的教育宣传，让广大居民认识到废弃电器电子产品处理不当将对环境和人体带来的危害，提高居民环保意识。

7.3 废弃电器电子产品发展趋势及需求预测

7.3.1 废弃电器电子产品产生量、回收量发展趋势及预测

“十二五”期间，预计随着城镇化的加快和人民生活水平的提高，河南省废弃电器电子产品的报废量及比率会持续增加。

电器电子产品的使用寿命一般为10～15年，结合河南省人口、人均拥有量、人均报废率，采用基于拥有量的PQR预测模型推算报废量。预计到2015年，河南省电器电子产品报废量约18.20万t，其中“四机一脑”报废量约432.06万台，合计12.48万t。另外，据预测2015年河南省固定电话、移动电话、微波炉、照相机、淋浴热水器等五类电器电子产品报废量将达到365万台，约为0.26万t，其中手机300万台，约为0.03万t，占总数量的82.2%。

同时，考虑到目前全省家电以旧换新活动的深入开展，预计未来一年内全省“四机一脑”回收量将有大幅度的增多，其后尽管家电以旧换新政策将于2011年年底结束，但随着《条例》补贴制度的实施和回收网络体系的逐步完善，全省“四机一脑”回收量将逐渐趋于相对稳定。预计2015年全省“四机一脑”回收量可达到238万台左右（约6.9万t），其他废弃电器电子产品回收量将达到400万台（约3.1万t）。全省各省辖市“四机一脑”报废量和回收量情况见表7-1。

表 7-1　2015 年河南省各省辖市“四机一脑”报废量及回收量预测

省辖市	报废量		回收量	
	数量/万台	重量/万 t	数量/万台	重量/万 t
郑州市	103.19	3.06	56.84	1.69
开封市	13.48	0.39	7.43	0.21
洛阳市	46.07	1.29	25.38	0.71
平顶山市	21.99	0.64	12.11	0.35
安阳市	22.68	0.65	12.49	0.36
鹤壁市	11.48	0.34	6.32	0.19
新乡市	18.06	0.53	9.95	0.29
焦作市	24.03	0.69	13.24	0.38
濮阳市	13.89	0.40	7.65	0.22
许昌市	27.50	0.77	15.15	0.42
漯河市	12.83	0.39	7.07	0.21
三门峡市	18.02	0.55	9.93	0.30
南阳市	33.63	0.95	18.53	0.52
商丘市	16.66	0.44	9.18	0.24
信阳市	14.34	0.40	7.90	0.22
周口市	15.47	0.43	8.52	0.24
驻马店市	12.20	0.37	6.72	0.20
济源市	6.53	0.19	3.60	0.10
合计	432.05	12.48	238.01	6.85

7.3.2　废弃电器电子产品处理能力需求预测

经现场调研了解，现有 4 家家电以旧换新定点拆解企业存在一定问题，实际处理能力与原设计处理规模有较大差距的问题，据估算现有 4 家定点拆解企业实际处理能力不及原设计处理规模的 1/3（实际处理能力在 6 万 t/a 左右）；拆解类型以“四机一脑”为主，主要采用物理拆解工艺，深度处理工艺较为缺乏。考虑到“十二五”期间全省废弃电器电子产品报废量、回收量会逐年增多，且其他电器电子产品（如固定电话、移动电话、微波炉、照相机、淋浴热水器、打印机、复印机、摄像机等）报废量也较大，应予以高度重视，因此，需合理规划废弃电器电子产品处理企业，处理类型除“四机一脑”以外，还应侧重其他废弃电器电子产品；处理方式除物理拆解外，应注重加大深度处理工艺，以最终形成废弃电器电子产品“回收—处理—再利用”的资源化产业链。预计 2015 年全省“四机一脑”处理能力需求将达到 238 万台左右（约 6.9 万 t），其他废弃电器电子产品处理能力需求将达到 400 万台（约 3.1 万 t）。

7.3.3 废弃电器电子产品回收网点建设需求预测

目前河南省 92 家中标的销售及回收企业、2 591 个回收网点，主要集中在郑州、新乡、洛阳、南阳、信阳等地区，而焦作、平顶山、漯河、驻马店、济源等地区分布较少，存在中标回收企业分布不均衡，且平均每 2 万户城镇居民家庭一个回收网点，回收网点较少。按照平均每 1 000～1 500 户应设置一个回收站点的科学布局回收网点的原则，“十二五”期间全省共需要新建 6 230 个网点。

7.4 目标任务

7.4.1 指导思想

以邓小平理论和“三个代表”重要思想为指导，深入贯彻落实科学发展观，坚持以人为本，实施可持续发展战略，建设以电视机、电冰箱、洗衣机、房间空调机、微型计算机等为主的废弃电器电子产品的回收、集中处理处置工程为重点，以促进资源综合利用能力、实现废弃电器电子产品无害化处理为目的，以健全全过程监督管理体制为保障，按照“健全回收网络、完善政策措施、实施集中处理、加强监督管理”的总体要求，统一规划，分步实施，不断完善河南省废弃电器电子产品的回收网络体系、规范处理处置产业发展和加快监管体系建设，基本实现废弃电器电子产品处理产业合理布局和规范化发展。

7.4.2 总体目标

（1）总体目标

至 2015 年，建立河南省多元化的废弃电器电子产品回收网络体系，出台相应的法律法规，废弃电器电子产品基本得到无害化处理处置和资源化回收，规范废弃电器电子产品处理企业管理，废弃电器电子产品处理向产业链和规模化发展。

（2）具体目标

①相应法律法规或条例目标

完善河南省废弃电器电子产品回收处理的法律法规或条例，规划出台相关废弃电器电子产品回收处理税收优惠政策、处理基金征收和补贴标准等。

②废弃电器电子产品回收网络体系建设目标

按照河南省社区建设和居民生活需要，在全省范围内合理新增布设回收网点 6 230 个，建立社区回收网络、区域性废弃电器电子产品再生利用回收中心、交易市场等，构建多元化的回收网络体系，全面提高废弃电器电子产品回收率，解决目前废弃电器电子产品回收不规范、非法商贩和不法收购户乱收乱拆、污染环境等问题。

③废弃电器电子产品拆解企业建设目标

在全省范围内规划废弃电器电子产品拆解企业建设，到 2015 年逐步完成 4 家拆解处理企业建设，确保拆解处理处置规模达到 10 万 t/a，满足河南省废弃电器电子产品的拆解需求。

④废弃电器电子产品深度处理企业建设目标

规划在全省范围内筛选废弃电器电子产品拆解基础条件较好的地区，在确保规范现有深度处理企业建设的基础上，鼓励全省新增废弃电器电子产品深度处理规模 6 万 t/a，基本实现废弃电器电子产品资源化再生利用。

7.4.3　规划任务

（1）稳步推进废弃电器电子产品回收网络体系建设

以家电“以旧换新”为契机，依托生产企业、销售企业、回收企业，构建多元化回收渠道，建立社区回收网络、区域性废弃电器电子产品再生利用回收中心、交易市场等，逐步形成一个多元化的废弃电器电子产品回收网络体系。

①依托再生资源回收体系，完善回收网络

依托各地区再生资源回收体系，完善回收网络。按照布局合理、网络畅通、标识醒目、环境洁净、管理规范、交售便利的要求，积极稳妥地推进社区回收网点建设。对现有的回收网点抓好整改完善，由经营者按照标准化建设的要求限期改造到位；对改造、新建的网点严格标准、一步到位。在居民集中区域、大专院校新建规范的绿色回收站（点）；加强对走街串巷流动回收人员的管理，在较小的居民区和居民分散区，统一设置绿色流动收购车；在市区适当区域范围内设立规范的回收中转站。严格实行站点废旧物资限时存放制度，从根本上解决废旧物资在市区内囤积产生二次污染问题。逐步形成“以社区绿色回收站（点）为基础、以回收分拣中转站（中心）为平台、以集散市场为终端”的再生资源绿色回收利用网络。

完善并规范社区回收网络：各地区按照城区每 1 000～1 500 户居民设置一个回收站点的标准，规划设置回收站点，进一步扩大回收站点覆盖面，回收站点原则上以流动站点为主，固定站点为辅，并逐步引入物流配送的方式，实行定点、定时、定人回收。规划至 2015 年全省新建成社区回收网点 6 230 个。

建设专业化分拣加工中心：发展专业化分拣加工中心逐步代替摊群式集散市场，重点清理整顿市场，撤除非法市场，引导现有再生资源集散市场升级改造为专业化分拣加工中心。规划至 2015 年全省以省辖市为单位，确保每个地市至少建成 1 家专业化分拣加工中心。

②依托销售网络，建立生产者责任延伸制度

充分利用电器电子产品生产企业的销售网络，建立基于生产者责任延伸的废弃电器电子产品回收网络。按照生产者延伸责任制要求，明确销售商和生产商在废弃电器电子产品回收中所应承担的义务，充分利用现有电器销售系统，构建销售-回收网络体系。鼓励电器电子产品生产者自行或者委托销售商、售后服务机构回收本企业生产的废弃电器电子产品，交送处理企业处理。充分利用现有家电下乡、家电以旧换新销售及回收网络，建立多元化的回收方式。

回收企业应具备布局合理、覆盖面广的回收渠道和网点；具有相应的服务能力，具备一定经营规模，有良好的经营管理经验，经商务主管部门再生资源回收备案；回收网点有通过家电以旧换新管理信息系统记录、查验以旧换新有关信息的能力；有符合环保要求的储存场地和足够的运输能力等条件。鼓励电器电子产品销售企业在获得许可的前提下回收废弃电器电子产品。

③依托第三方回收，促进产业化发展

发挥专业回收公司作用，完善基层回收网络，加强对专业回收公司的规划化管理，培育龙头企业。同时依托专业回收网络和专业加工基地，构建以废弃“四机一脑”、废旧移动电话、废旧电池等专业回收网络为重点回收网络体系，并逐步增加废弃电器电子产品的回收种类（如废微波炉、废照相机、废淋浴热水器、废打印机、废复印机等），全面推进全省废弃电器电子产品的回收网络体系建设。

（2）合理规划布局废弃电器电子产品拆解企业建设

①合理规划布局废弃电器电子产品拆解企业

立足“现状拆解产业基础好、经济实力雄厚、产业发展需求高、处理（运输）成本低”的优化布局原则，结合全省电器电子产业发展现状及发展趋势、废弃电器电子产品处理发展趋势需求，综合分析 18 个省辖市的经济发展实力、交通运输条件、辖区内废弃电器电子产品预测产生量及其跨区域流动等情况，并考虑全省现有列入临时名录的废弃电器电子产品拆解企业的分布、实际处理能力，合理规划布局废弃电器电子产品处理企业。

规划选择以郑州市、洛阳市为两个核心（即“两核”），南阳市、鹤壁市为两个重点（即“两重”）布设废弃电器电子产品拆解企业；除此之外，规划原则上在拆解处理企业处理能力能够满足废弃电器电子产品处理需求的前提下，不考虑在其他省辖市布设废弃电器电子产品拆解企业。

②科学规划废弃电器电子产品拆解企业处理规模

根据全省废弃电器电子产品产生情况，规划到 2015 年，全省废弃电器电子产品拆解企业实际处理能力需达到 10 万 t/a，处理类型除含 “四机一脑”外，还应包含废弃移动电话、废弃照相机、废弃打印机、废弃复印机、废弃摄像机等其他废弃电器电子产品种类。

围绕“两核两重”区域，构建全省废弃电器电子产品处理网络，加强区域合作，规范废弃电器电子产品拆解企业处理规模、处理类型，避免废弃电器电子产品拆解企业盲目建设、重复投资。鼓励行业内的重组、兼并，鼓励建立集约化废弃电器电子产品拆解企业，促进废弃电器电子产品拆解行业产业化、规范化发展。河南省废弃电器电子产品拆解企业处理规模规划见表 7-2。

表 7-2　河南省规划废弃电器电子产品拆解企业处理规模一览表

序号	规划区域	拆解布点所在市	布点数量/家	处理类型	服务范围	规划处理规模/（万 t/a）
1	核心区域	郑州市	1	除拆解“四机一脑”外，应涉及废弃手机、废弃打印机、废弃复印机、废弃照相机、废弃摄像机等其他类型	侧重豫中东部区域	≥4.5
2		洛阳市	1	除拆解“四机一脑”外，应涉及废弃手机、废弃打印机、废弃复印机、废弃照相机、废弃摄像机等其他类型	侧重豫西部区域	≥2.5
3	重点区域	南阳市	1	以拆解“四机一脑”为主	侧重豫南部区域	≥2
4		鹤壁市	1	以拆解“四机一脑”为主	侧重豫北部区域	≥1

（3）加快废弃电器电子产品深度处理企业规划建设

①合理规划布局废弃电器电子产品深度处理企业

落实《条例》中对废弃电器电子产品集中处理的制度，在依托河南省现有具有危险废物经营许可的处理机构的基础上，充分考虑现有废弃电器电子产品深度处理企业的分布，以及依托郑州市、南阳市危险废物处置中心的优势条件，鼓励在郑州市、南阳市布设废弃电器电子产品深度处理企业。

②科学规划废弃电器电子产品深度处理企业处理规模

在立足郑州市（河南安飞电子玻璃有限公司）、安阳市（河南安彩高科有限公司）以及焦作市（河南恒昌贵金属有限公司）等深度处理企业稳定运行的基础上，重点鼓励在郑州市、南阳市等地区规划新建废弃电器电子产品深度处理设施。规划到2015年，全省废弃电器电子产品深度处理企业新增处理能力达6万t/a，处理类型覆盖废弃电器电子产品拆解过程产生的废旧阴极射线管（CRT）、含多氯联苯（PSB）的电容器、制冷剂、润滑油、含汞电池、废机油、废旧电路板、电冰箱保温层材料、废弃液晶显示屏以及处理阴极射线管产生的荧光粉等。

鼓励规划新建的废弃电器电子产品深度处理企业兼并现有规模较小、处理类型单一的深度处理企业。支持并鼓励有条件的现有或新建电器电子产品生产企业自身进行废弃电器电子产品回收拆解处理，但需依法取得废弃电器电子产品处理资质。

（4）引导废弃电器电子产品回收处理行业健康发展

①规范回收处理行业，严格行业准入门槛

严格实行废弃电器电子产品处理资质许可制度，相关部门按照《废弃电器电子产品处理资格许可管理办法》和《废弃电器电子产品处理企业资格审查和许可指南》等相关政策要求，制定符合河南省实情的企业准入条件，提高行业准入门槛。废弃电器电子产品回收处理企业总设计处理能力、人员组成、厂区面积、贮存场地、处理场地、处理设备以及污染防治设施必须符合相应的标准要求。禁止采用国家明令淘汰的技术和工艺处理废弃电器电子产品。新建项目必须严格执行环境影响评价及“三同时”制度。废弃电器电子产品应交由具有资质的单位处理。禁止不具备条件的回收企业擅自拆解处理废弃电器电子产品；防止拆解处理企业无故拒收废弃电器电子产品。

废弃电器电子产品回收处理企业凭证经营，并与环保等相关部门签订承诺书，严格按照《废弃电器电子产品处理污染控制技术规范》开展对废弃电器电子产品的回收、运输、贮存、拆解以及处理等，依法经营。对不按照相关标准和规范处理废弃电器电子产品的、不能完全处理的废弃电器电子产品未妥善利用或处置的，限期责令整改，逾期未改正的，由审批该资格的环境保护主管部门收回处理资格证书或宣告原处理资格证书作废。鼓励废弃电器电子产品回收处理企业开展对废弃电器电子产品拆解、处理的科学研究、技术研发，淘汰落后的处理工艺、装置与设备，以及对现有装置、设备进行工艺改造或扩大规模。

②提高回收处理行业的监管能力和水平

加强废弃电器电子产品监管能力建设。依托危险废物管理机构建设，建立废弃电器电子产品数据管理信息系统，建设省、市两级废弃电器电子产品管理网络平台，建立废弃电器电子产品产生、收集、贮存、拆解处理单位档案库，提高废弃电器电子产品信息化管理能力和水平。建立废弃电器电子产品的专业监管队伍，配备相关仪器设备，组织专业培训，提高人员素质和监管水平。

强化废弃电器电子产品的回收处理监管制度。规范废弃电器电子产品处理企业的监督管理，督促拆解处理企业落实废弃电器电子产品的日常环境管理制度和措施，制定突发环境事件的污染措施和应急预案。废弃电器电子产品处理企业必须按照国家规定进行回收处置工作，建立符合其运营模式的信息管理系统，对回收、处置等环节的信息进行采集、录入，形成电子数据记录，便于有关部门进行数据统计和核查、监督。加强对废弃电器电子产品回收处理的环境监管和监督检查力度，加强执法工作，以确保废弃电器电子产品在回收、运输、处理过程的环境安全，防止因破碎等原因导致废弃电器电子产品中有害物质泄漏到环境中。

③规范回收处理行业的发展运行机制

规范并有序发展废弃电器电子产品处理行业，推动废弃电器电子产品处理项目实施。规范废弃电器电子产品的拆解处理行为。废弃电器电子产品拆解企业必须严格按照拆解的环境保护技术规范运行，执行排污申报登记和排污许可证制度。通过立法定期地公布强制淘汰的落后生产工艺、产品及技术路线，促进废弃电器电子产品处理行业的生产技术向高新技术、工艺和路线上转化。

严格参照国家《废弃电器电子产品处理企业补贴审核指南》，对废弃电器电子产品回收处理企业给予相应补贴。废弃电器电子产品处理企业对拆解过程中产生的不能完全处理的废弃电器电子产品的零部件、不能妥善处理的危险废物等，应当交由有相应能力和资质的单位利用或处置，或交由持危险废物经营许可证且具有相应经营范围的企业处置。

④促进回收拆解资源深度处理及再生利用产业链发展

针对废弃电器电子产品等拆解过程中产生的危险废物（本身也属于废旧资源），积极开展深度处理、再制造和再生加工，实现废物资源化和再循环。尽量整合和充分利用现有的再生资源综合利用加工企业，重点支持推动一批废旧电路板、废旧阴极射线管（CRT）、废弃液晶显示屏、废旧电机设备、废旧电线电缆、废旧金属等废旧资源的加工再生利用企业，建立废弃电器电子产品深度处理及再生利用产业链。

⑤加大政策扶持力度，给予财政补贴

研究制订废弃电器电子产品处理税收优惠政策。研究制订《河南省废弃电器电子产品处理税收优惠政策》，对废弃电器电子产品拆解处理企业销售其收购的废弃电器电子产品拆解物，实行免征增值税的政策优惠。严格落实已出台的资源综合利用税收优惠政策，扶持发展废旧再生资源制品、再制造产品。

严格贯彻执行国家废弃电器电子产品处理基金征收和补贴标准，按照国家《废弃电器电子产品处理基金征收使用管理办法》和《废弃电器电子产品处理企业补贴审核指南》等相关规定，制定《河南省废弃电器电子产品处理基金征收和补贴标准》实施细则，根据处理处置企业对废弃电器电子产品的处置量，给予适当的财政补助。

⑥加大废弃电器电子产品拆解零部件开发利用技术的研发

鼓励企业开展废弃电器电子产品拆解零部件再生利用技术和设备的研发。重点以“四机一脑”为主，集中攻克废弃电器电子产品的再生资源分拣、分选、拆解、分离、无害化处置、高附加值利用的技术与装备。

7.5 实施计划

根据“十二五”期间全省废弃电器电子产品处理产业的发展需要，设置主要规划任务，明确各部门工作职责。

7.5.1 制定规划任务分解

制定规划任务分年度计划，明确各部门工作职责，将资金投入纳入分年度财政预算，确保规划的各项政策措施、重点任务落实到位。

（1）到2012年年底，全省废弃电器电子产品回收网络布设完成60%；初步形成较为完善的回收网络体系建设；完善相关的政策措施；重点开展郑州、洛阳、南阳、鹤壁等地市废弃电器电子产品处理企业建设。

（2）到2014年年底，全省废弃电器电子产品回收网络布设完成90%；基本完成全省废弃电器电子产品回收网络体系建设；基本完成各地市废弃电器电子产品处理企业建设；提升拆解处理企业能力，拆解企业技术进一步提升。

（3）到2015年年底，全面完成全省废弃电器电子产品的所有规划任务及措施，废弃电器电子产品基本得到无害化处理处置和资源化回收。

7.5.2　明确各部门规划任务责任

省环境保护主管部门会同资源综合利用、工业信息产业主管部门负责组织拟订废弃电器电子产品回收处理的政策措施并协调实施，负责废弃电器电子产品处理的监督管理工作。省商务主管部门负责废弃电器电子产品回收的管理工作。省财政、工商、质量监督、税务、海关等主管部门在各自职责范围内负责相关管理工作。各省辖市人民政府要把规划目标、任务、措施和重点工程纳入本地区国民经济和社会发展规划及年度规划，并组织实施。

7.6　保障措施

7.6.1　加强组织领导，建立协调机制

加强对全省废弃电器电子产品回收及处理的组织领导，建立工作协调机制，明确全省各相关部门的责任和分工，有效推动规划的实施。环境保护主管部门会同资源综合利用、工业信息产业主管部门在各自职责范围内协同做好废弃电器电子产品处置管理工作。

7.6.2　加大环保投入，保障资金到位

加大环保投入，将全省废弃电器电子产品污染防治工作纳入地方财政预算，确保资金落实到位。同时，政府要加大对废弃电器电子产品处理处置项目的支持力度，可通过给予直接投资或以资金补助、贷款贴息等方式，鼓励和扶持符合废弃电器电子产品处理与利用要求的产业、技术开发和示范项目。积极争取国家对规划内项目的资金补贴和支持。拓宽资金渠道，积极吸纳社会资金，充分发挥市场机制的作用，采取多种方式开展政府与企业合作。

7.6.3　完善政策措施，强化环境监管

制定和完善有利于废弃电器电子产品回收处置的政策措施，充分发挥政策的导向作用。严格落实废弃电器电子产品处理资格许可制度，实施特许经营。制定和完善相关的地方法律和规章，并出台相应的实施细则。研究出台有利于废弃电器电子产品回收和处理的优惠措施和税费政策。探索建立生产者责任延伸制度。建立信息公开制度，及时统

计、分析和发布废弃电器电子产品处理信息，包括废弃量预测、处理能力利用率、处理处置行业盈利变化等信息，加强对市场的引导。

健全监管手段，完善监管措施，强化执法监督，加强对废弃电器电子产品回收及处理企业的监管力度。废弃电器电子产品回收企业及其网点必须建立符合环保要求的储存场地，使用专门的存放场地，地面需做防渗漏处理，有防雨淋的遮盖物；处理企业应当建立废弃电器电子产品处理的日常环境监测制度；废弃电器电子产品的处理、拆解以及含危险物质的零（部）件的处理应当满足国家法律法规、有关标准及技术规范要求。处理企业应按照有关要求，建立废弃电器电子产品的数据信息管理系统，向省辖市级人民政府环境保护主管部门报送废弃电器电子产品处理处置的基本数据和有关情况。对弄虚作假、污染环境、违反法律法规的处理企业，要依法依规予以处罚，并在一定时间内限制其处理经营活动。加强对废弃电器电子产品环境污染突出地区的监督检查，落实地方政府责任。

7.6.4 加强技术支撑，引导产业发展

鼓励大学、科研院所和相关企业加强与国外科研机构建立多层次、多渠道的交流、合作，整合高等院校、科研院所、骨干企业的科技资源，突出自主创新，促进废弃电器电子产品处理处置的科学研究、技术开发、相关技术标准的研究以及新技术、新工艺、新设备的示范、推广和应用。重点鼓励研究、开发各类电器电子产品无害化或低害化生产原料和生产技术；CFCs 制冷剂和发泡剂替代技术推广应用；废弃电器电子产品破碎、分选和无害化处置的成套技术和装备；阴极射线管和液晶显示器等各类拆解物的拆解、再利用和处置的成套技术和装备等，引导废弃电器电子产品的处理产业健康发展。

7.6.5 加大宣传教育，提高环保意识

通过广播、电视、网络等媒体加强废弃电器电子产品回收处理的宣传教育，充分发挥宣传媒体的导向作用，增强全社会对废弃电器电子产品回收和再生利用的环保意识，充分营造社会氛围，树立“人人有责，全社会参与”的观念。与社区建设相结合，动员广大群众积极参与，引导群众自觉交投废弃电器电子产品。对主动承担废弃电器电子产品回收处理责任的生产企业，要予以宣传表彰。

7.6.6　动态调整评估，促进规划实施

河南省环保厅会同发改、工信、商务等省直有关部门对规划的实施情况、重点任务及措施等完成进展情况进行评估，以作为规划调整、管理政策修订和制定的依据。建立规划实施考核机制，加强对规划执行情况的督促和检查，2013 年进行规划中期评估、考核和调整，2015 年进行规划评估与考核。

第 8 章　河南省核与辐射环境保护“十二五”规划

豫政〔2012〕87 号

8.1　前言

核与辐射环境安全事关核能、核技术应用以及电磁辐射项目事业的发展，事关公众利益，事关社会稳定。

省委、省政府历来高度重视核与辐射环境保护工作。“十一五”期间，全省辐射环境保护工作取得了一定成效，实现了“辐射环境质量控制在天然本底涨落范围内”的规划目标，核与辐射环境安全基本得到保障。“十二五”期间，随着经济社会的发展和经济结构的进一步调整，核技术利用将会更加广泛，核电项目也将逐步提上议事日程，此外，随着通信和电力事业的不断发展，大型无线电发射装置、移动通信发射基站以及高压输变电工程等电磁辐射项目亦将不断加快发展速度，核与辐射环境安全将成为公众关注的热点。

本规划在总结核与辐射环境保护“十一五”取得的成绩，分析“十二五”面临的形势的基础上，提出核与辐射环境保护“十二五”规划目标和重点工作，把推进中原经济区建设、积极探索环保新道路等重大战略思想以及第四次全国核与辐射安全监管工作会议精神，落实到核与辐射环境保护工作中，为“十二五”时期核与辐射环境保护和经济社会的协调发展提供保障。

8.2　现状与形势

8.2.1　核与辐射环境保护现状

“十一五”期间，全省在核与辐射安全监管、机构和能力建设、监测网络建设、放射性废物安全管理、辐射安全宣传教育等方面开展了一系列工作，实现了“辐射环境质量控制在天然本底涨落范围内”的目标。

8.2.1.1　核与辐射安全监管工作取得积极进展

辐射安全许可证核发率达到 100%。全面贯彻落实辐射安全许可制度，开展了辐射安全许可证核发和大检查活动，至 2010 年年底，全省符合辐射安全条件的涉源单位和射线装置应用单位全部纳入监管。

无重大、特大辐射安全事故发生。完善辐射安全监管的制度；加大监管执法力度，严厉查处各类辐射安全违法行为；把辐射事故零发生列入政府环保目标进行考核；每年有针对性地开展专项行动，解决辐射环境保护重点、难点问题。“十一五”期间全省辐射安全实现了无重、特大辐射安全事故，一般事故呈明显下降趋势。

8.2.1.2　核与辐射安全监管能力逐步提升

初步形成了省、市、县三级核与辐射安全监管框架。省环保厅成立了辐射环境管理处和辐射环境安全技术中心；各省辖市相继成立了相对独立的核与辐射安全监管机构；少部分县设立了核与辐射安全监管机构。

积极推进核与辐射安全监管机构标准化建设。制定了《河南省省辖市级辐射环境监测、监察能力标准化建设规划》。为省辖市级核与辐射安全监管机构配备监测仪器 159 台（套）和辐射监测用车 3 台，为省辐射环境安全技术中心配置了一定数量的应急设备，初步具备了一定的核与辐射应急处置能力和监管能力，完成了省辐射环境安全技术中心实验楼和省放射性废物库建设。

8.2.1.3　辐射环境质量监测网络稳步推进

设立辐射环境质量监测点。在 18 个省辖市布设了 26 个γ辐射空气吸收剂量率自动监测点和 20 个射频电磁辐射综合场强自动监测点，在全省重点钢铁企业建设了 4 套通道式车辆辐射监测系统，初步建立了以省级监测为龙头，遍布全省的辐射环境质量监测网络。

实现部分重点放射源的在线监控。在全省建成了 17 个重点放射源自动监控系统，对 810 枚放射源进行重点监控。

8.2.1.4 放射性废物安全管理得到加强

废旧放射源得到安全处置。对淘汰落后产能产生的废旧放射源无条件地进行收贮，及时消除了重大辐射安全隐患。顺利完成了 3 284 枚废旧放射源和 2 105 kg 放射性废物向国家西北处置场的转移工作。

8.2.1.5 核与辐射安全教育培训工作力度不断加大

积极组织核与辐射安全监管人员与辐射单位工作人员参加专业培训和辐射安全防护培训，累计培训 11 432 人次。

8.2.2 核与辐射环境保护面临的形势

8.2.2.1 辐射类建设项目进入“快速发展期”

随着经济快速发展，全省核技术利用呈现迅速扩张的态势，应用单位已发展到 3 537 家，其中涉源单位 561 家。在用放射源 6 139 枚，约占全国总量的 6.3%，预计今后每年放射源数量还将以 10%以上的速度增长。现有射线装置 5 467 台，且呈强劲增长势头。我省电视、广播、雷达、通信、发电、输变电等电磁辐射装置点多面广，全省已建有移动通信基站 4 万多座，大型电磁设备 300 余台，高压输变电线路 1 500 余条，变电站 600 余座。世界首条 1 000 kV 高压交流输变电试验示范工程在省内就有 343 km 长。“十二五”期间，信息服务业、3G 产业和电力建设项目仍将快速增长，预计每年新增电磁辐射项目在 20%以上。我省辐射类建设项目已经进入了“快速发展期”。

8.2.2.2 核与辐射监管能力进入“矛盾凸显期”

一是核与辐射技术的迅速发展与监管力量不足的矛盾。我省已经跨入了核与辐射技术应用大省的行列，核与辐射安全监管的任务艰巨而繁重。而与此不相适应的是全省辐射安全监管机构和人员队伍严重不足。目前，我省核与辐射安全监管队伍共 123 人，与《全国辐射环境监测与监察机构建设标准》（环发〔2007〕82 号）规定的无核省份业务人员最低编制标准 220 人尚有很大差距，难以满足监管形势需求。二是核与辐射技术专业性强与监管人员专业素质偏低的矛盾。核与辐射安全监管专业性强，技术要求高。目前，全省核与辐射安全监管人员中，核技术相关专业人员只有 11 人，仅占总人数的 8.9%；技术人员中，高、中级技术职称仅有 21 人。核与辐射安全监管人员专业素质相对偏低的现状，已经成为制约核与辐射环境监管事业发展的重要“瓶颈”。三是辐射监测任务的日益繁重与仪器装备严重短缺的矛盾。我省辐射环境质量监测网络覆盖点位明显不足，特别是市、县级辐射监测仪器严重匮乏，业务用房紧张，而辐射监测任务日益繁重，难以满足正常的监测任务需要。

8.2.2.3 核与辐射安全监管事业进入“发展机遇期”

核与辐射安全是国家安全的重要组成部分，核与辐射安全监管已上升到国家宏观战略层面。在第四次全国核与辐射安全监管工作会议上，环境保护部周生贤部长以探索环保新道路为主线，指出核安全是最大的环保，是环保部最重要的业务类别；提出要将核安全放在世界经济一体化的进程、放在整个国民经济全局、放在整个环保工作来看、来运作；强调指出核安全没有初级阶段。这些新思想为核与辐射安全监管工作指明了方向。在机构队伍建设方面，近期国家核与辐射的监管力量明显加强。这充分体现了党和国家对核与辐射安全监管工作的高度重视。

我省高度重视辐射环境保护工作，近几年从着力解决历史遗留问题，积极推动放射性污染治理，加强放射源安全监督管理，完成城市放射性废物库建设，加快机构和人才队伍培养，增强技术支撑能力，完善全省辐射环境监测网络，提高核与辐射事故应急能力等方面入手，为核与辐射监管事业的发展奠定了较为扎实的工作基础。面对新的形势和任务，挑战与机遇并存，且机遇大于挑战。我们要全面辩证地看待形势，善于抓住机遇，迎接挑战。

8.3 指导思想、原则和目标

8.3.1 指导思想

围绕科学发展主题和加快经济发展方式转变的主线，创新体制、机制，全面推进核与辐射安全监管，着力加强核与辐射安全监管能力建设，确保核与辐射环境安全和公众健康，实现核与辐射安全监管能力与核能、核技术利用、电磁辐射应用的同步发展，为中原经济区建设和社会发展创造良好安全的辐射环境。

8.3.2 基本原则

8.3.2.1 预防为主，防治结合

牢固确立“积极防御、纵深防御”的思想，采取切实可行的手段，加强辐射防护，确保各种防御措施的有效性。注重源头控制，严格项目准入和环评审批。加大处理处置废旧放射源和放射性废物力度。及时查找和消除安全隐患，防止各类辐射事故发生。

8.3.2.2 坚持法治，严格监管

完善法规标准体系，健全行政审批、环境监测、许可制度，规范行政许可和行政执

法行为。牢固确立从严监管的思想，切实把好“制度从严、审评从严、监督从严、执法从严”四个环节，真正把严格监管的要求贯穿全过程，覆盖全方位。

8.3.2.3 政府主导，部门联动

地方各级政府是规划实施的责任主体，对本辖区内辐射环境安全负责。在政府主导的前提下，环境保护、发展改革、公安、财政、交通等部门按照职能分工，加强协调联动，综合推进核与辐射环境的安全监管。

8.3.2.4 公开透明，协调发展

完善公众参与机制，保证公众对核与辐射环境安全相关信息的知情权，接受公众和舆论的监督。加强宣传教育，增强公众对核与辐射安全的了解和信心。坚持辐射安全监管能力与核能、核技术以及电磁辐射应用事业同步发展，实现核能、核技术以及电磁辐射的应用事业与经济社会发展的协调发展。

8.3.3 规划目标

总体目标：提升各类辐射设施安全水平，降低辐射环境安全风险；基本形成污染治理、安全监管和应急保障能力，提高辐射安全监管水平；保持良好的辐射环境质量，确保全省辐射环境安全。

具体目标：

在提高核与辐射安全水平方面，放射性同位素和射线装置应用单位100%落实许可证管理，辐射事故年发生率低于2起/万枚，有效控制重特大辐射事故的发生。

在降低辐射环境安全风险方面，当年产生的放射性废物和废旧放射源送贮率达100%，完成废旧放射源和放射性废物的阶段性安全转移、处置。

在提升核与辐射安全监管能力方面，省级、地市级及省直管县核与辐射安全监管机构标准化建设达到国家要求，县级核与辐射环境安全监管机构能力满足开展工作的基本条件；初步形成省、市、县三级核与辐射应急能力；新增省控网点73个。

在提高核与辐射安全监管水平方面，完成我省核与辐射安全监管急需的法规标准制定，继续加大培训力度，实现全省核与辐射监管人员与一线从业人员应训尽训的目标，广泛开展辐射安全知识的主题宣传活动，提高公众参与的水平。

在辐射环境质量方面，电离辐射环境质量控制在天然本底涨落范围内，电磁辐射环境控制在国家标准之内。

8.4 主要任务

8.4.1 严格核与辐射安全管理

进一步贯彻落实辐射安全许可制度，严格项目准入。开展核技术利用单位综合安全检查，加强日常监管。加大执法力度，严格查处各类辐射安全违法行为，对存在较大安全隐患的核技术利用装置实施强制退役。加强放射性物品的运输管理。完善核技术利用辐射安全管理信息系统，实现放射源的全过程动态管理。

规范电磁辐射环境管理，科学布局相关建设项目，要符合城市总体规划的要求，并与周边土地功能相协调，努力推行电磁辐射建设项目的规划环评，完善电磁辐射建设项目公众参与、敏感点调查等制度，重点解决电磁辐射污染纠纷，不断提升辐射安全监管效能。

积累核电监管经验。做好核电监管人员、监管仪器设备和监管技术经验的储备建设。

提高放射性废物和废旧放射源的安全处置能力，确保当年产生的放射性废物和废旧放射源全部收贮。积极推进历史遗留的大型放射源送贮和转移，完成废放射源和放射性废物的安全转移、处置工作。逐步淘汰落后产能，努力推进老、旧辐照装置升级改造与退役工作，2012 年年底前完成开封核能辐照厂辐照设备退役工作。全面加强废旧金属回收熔炼企业辐射监测管理，逐步建立废旧金属熔炼企业辐射监测系统。加强伴生放射性矿产开发污染防治工作。

8.4.2 强化核与辐射环境质量及污染源监测

完善核与辐射环境质量监测，加强变化趋势分析，掌握环境质量变化规律；开展核与辐射污染源监测，控制辐射污染，确保环境质量。

完善河南省辐射环境质量监测网络布局，在原有监测基础上扩展辐射环境质量监测省控点和监测分析项目。在省辖市、重点县、拟建核电地区和重点核装置所在地区增加γ辐射监测点位；开展主要河流、饮用水、地下水等水体监测；以及空气、陆地、土壤、生物监测和电磁辐射监测。

完善全省辐射环境质量自动监测网络建设。在现有γ辐射空气吸收剂量率自动监测网络的基础上逐步增加气溶胶中人工放射性核素和大气中放射性碘的自动监测。加密全省城市电磁辐射环境质量自动监测站点，在人口密集地区和重要环境敏感目标附近增加有代表性的环境预警监测点位，逐步实现对移动通信、广播电视、工业应用等不同频段的分类监测。开展放射源在线监控系统建设，在已有建设基础上，继续补充和完善放射源在线监控，使放射源处于有效监控之下。

开展全省辐射污染源调查，对全省所有Ⅲ类以上放射源和Ⅱ类以上射线装置开展监测，掌握重点污染源辐射环境变化情况，建立辐射污染源动态管理数据库。加强核技术利用单位辐射环境和个人剂量监测能力建设。

8.4.3 完善核与辐射应急体系

根据形势和任务要求，进一步修订完善核与辐射突发事件应急预案。逐步加强应急指挥系统建设，配备应急监测仪器设备及交通、通讯工具，完善应急指挥平台。加强应急能力建设，省级应急处置能力进一步提高，地市级及省直管县要基本具备三类源以下突发事故处置的能力。建立全省辐射事故应急管理体制，明确各级职责，确定事故分级及相应的应急行动，组织开展应急演练。

8.4.4 加大专业培训和公众宣传力度

加强核与辐射安全监管人员专业培训、辐射工作人员安全防护培训，积极开展和参与国内、国际经验交流。组织编写核与辐射安全宣传资料，加大公众宣传力度，提高公众对核与辐射安全的认知水平，为核与辐射安全监管创造良好的社会环境。

8.4.5 夯实核与辐射安全监管基础

健全和完善核与辐射安全监管组织，强化监管机构，充实监管队伍。按照“强配省级、全配市级、选配县级”的建设方针，配备辐射监测仪器设备、执法取证仪器设备、通讯设备及交通工具等，使省级、地市级及省直管县核与辐射安全监管机构达到国家标准化建设要求。建设核与辐射监管数据库系统，全面提升辐射环境监管水平。与我省核电项目建设同步，加强拟建核电前沿监测站建设和所在地核与辐射机构能力建设。

8.5 重点项目

为实现规划目标，围绕主要任务，“十二五”期间规划拟开展核与辐射安全监管保障项目、核与辐射环境监测保障项目、核与辐射应急保障项目、专业培训和公众宣传保障项目、核与辐射安全监管机构标准化建设等 5 个方面共 20 个项目，投资需求约 5.5 亿元。

需中央财政拨款的规划项目已经列入环境保护部重点项目库。各级政府按照事权划分，由各相关部门按职能分工指导各地区分别在年度计划中予以落实。

8.5.1　核与辐射安全监管保障项目

主要包括法规标准制定，省放射性废物库放射源、放射性废物的转移、处置及辐照装置退役，放射性尾矿库监管，辐射监管数据库建设等监管保障项目。

专栏 8-1　核与辐射安全监管保障项目

1. 制定《河南省辐射污染防治条例》《河南省辐射环境监测、监察机构建设标准》《辐射安全监管人员教育与培训规定》《辐射工作人员安全教育与培训规定》等。

2. 省放射性废物库废放射源、放射性废物的转移、处置，辐照装置退役。

3. 形成对放射性尾矿库辐射环境监管能力，新增氡及氡子体测量设备，氡析出率仪，便携式环境 X、γ剂量率仪，α、β表面污染仪，采样设备等 10 台/套。

4. 辐射监管数据库建设，主要包括放射源监管信息数据库；射线装置监管信息数据库；废放射源、放射性废物监管数据库；辐射环境监测数据库（包括外照射、水、气、土壤、生物等）；电磁辐射环境监测数据库。

8.5.2　核与辐射环境监测保障项目

主要包括补充完善辐射环境省控网、放射源在线监控系统和电磁辐射监控系统，保障辐射环境监测网正常运行。

专栏 8-2　核与辐射安全监管保障项目

1. 补充完善全省辐射环境省控网，新增空气γ自动监测点位 28 个，地表水监测点位 3 个，土壤监测点位 3 个，生物监测点位 3 个，电磁辐射自动监测点位 36 个。

2. 补充完善放射源在线监控系统，为近 500 家尚未实现放射源在线监控的单位安装监控系统，为 18 个省辖市每个市安装监控系统平台 1 台/套。

3. 补充、完善电磁辐射监控系统，给 18 个省辖市和 10 个省直管县各配备 2～3 台（套）选频、全频电磁辐射综合场强自动监测仪器。

4. 保障辐射环境监测网正常运行，支持监测、监控网稳定运行、维护和维修，开展监测仪器设备校验等。

8.5.3 核与辐射应急保障项目

形成省级、地市级核与辐射应急能力，有效处置突发辐射事故、事件。

专栏 8-3 核与辐射应急保障项目
1. 形成省级核与辐射突发事件应急能力，省级站增加应急监测仪器设备、现场防护设备、应急指挥管理及搜源车、放射性物质专用运输车、应急移动实验室等275台套。 2. 形成地市级核与辐射应急能力，18个省辖市和10个省直管县每站增加应急监测仪器设备、现场防护设备、应急指挥管理等仪器设备各20台套，建立郑州应急指挥中心。

8.5.4 专业培训和公众宣传保障项目

开展核与辐射安全培训和公众宣传，提高监管人员和辐射工作人员素质，增强公众对核与辐射安全的了解和信心。

专栏 8-4 专业培训和公众宣传保障项目
1. 提高监管人员素质和辐射工作人员素质，开展辐射环境监测培训、核与辐射应急培训、注册核安全工程师培训、核与辐射安全监管人员培训、辐射工作人员培训、核与辐射安全监管经验交流。 2. 增强公众对核与辐射安全的了解和信心，核与辐射安全知识在广播、电视、报纸等媒体宣传品的开发、制作、宣传，设计、制作、发放核与辐射安全知识印刷品。

8.5.5 核与辐射安全监管机构标准化建设项目

主要包括加强省级、地市级辐射监测机构标准化建设和基础能力建设，解决省级、地市级核与辐射监管机构业务用房需求，达到国家标准化建设目标。加强拟建核电地市辐射环境监测机构能力建设，形成与核电相适应的地市级监测能力。加强拟建核电厂址前沿站监测能力建设和基础能力建设，形成核电厂址周围辐射环境监测能力。加强省放射性废物库配套设施等基础设施建设，完善省放射性废物库基础设施和配套设施。

专栏 8-5　核与辐射安全监管机构标准化建设项目

1. 省辐射环境安全技术中心标准化建设达到省级监测机构监测能力水平，新增各种辐射监测仪器设备 80 台/套，执法监督检查车辆 2 辆。

2. 地市级辐射监测机构标准化建设，18 个省辖市和 10 个省直管试点县每个站监测仪器设备各新增 30 台套，执法监督检查车辆各 1 辆。

3. 拟建核电地市级辐射环境监测机构能力建设，形成与核电相适应的地市级监测能力，在拟建核电的地市级辐射环境监管机构标准化建设基础上再新增仪器设备 10 台套。

4. 拟建核电厂址前沿站监测能力建设，形成核电厂址周围辐射环境监测能力，在拟建核电厂址建设前沿站，新增辐射监测仪器 60 台/套。

5. 解决省级核与辐射监管机构业务用房需求，省级增加监测用房 1 000 m^2，办公用房 500 m^2。

6. 解决地市级核与辐射监管机构业务用房需求，18 个省辖市和 10 个省直管县核与辐射监管机构每个机构增加监测用房 500 m^2，办公用房 150 m^2。

7. 完善放射性废物库基础设施，建设放射性分析实验室等，放射性废物库配套设施改造，新建核物理、放化实验室、办公用房等，共 4 900 m^2。

8. 解决前沿站业务用房需求，在拟建核电厂址建设前沿站，由省环保厅直管，建设辐射监测用房 500 m^2，办公用房 150 m^2。

8.6　保障措施

8.6.1　强化组织领导，落实各级责任

切实加强组织领导，各级政府要将《规划》确定的目标、任务和项目纳入本地经济社会发展规划，制订分年度实施计划，并分解落实到相关部门和单位，确保认识到位、

责任到位、措施到位、投入到位，保证规划的各项工作落到实处。

8.6.2 健全法规标准，形成长效机制

推进《河南省辐射污染防治条例》的研究制定，力争在2013年内颁布实施，加快我省辐射环境监测、监察机构建设标准和辐射安全监管人员、辐射工作人员的教育培训办法等标准办法的制定，不断完善辐射环境的法规标准，保障规划实施。

8.6.3 注重人才培养，加强队伍建设

结合工作需求，制订核与辐射人才保障计划，加大人才培养力度；构建由政府、高校、社会培训机构及用人单位共同参与的人才教育和培训体系，实现专业人才培训集约化、规模化；完善人才激励和考核机制，加大专业技术人才的培养、储备和吸纳力度；加强岗位培训，创造学习交流机会，加快急需专业和关键岗位人才培训。

8.6.4 鼓励公众参与，增强公众信心

构建公开透明的信息交流平台，增加行业透明度；制定辐射环境信息公开制度，提高公众参与程度。大力培育核安全文化，提高全员责任意识。加强核与辐射安全科普知识宣传，建立核与辐射安全教育宣传机制，满足公众对核与辐射安全相关知识的需求，增强公众对核与辐射安全的了解和信心。

8.6.5 拓展融资渠道，实现规划目标

充分发挥政府主导及引导作用，建立有效的经费保障机制，加大对核与辐射污染防治的财政投入，推动规划项目落实。以政府投资为主，建立政府、企业、社会多元化投入机制，拓宽融资渠道，重点保障历史遗留放射性污染防治、核与辐射安全监管能力建设等工作。

8.6.6 严格考核评估，推进规划实施

各级政府及环保部门、相关企事业单位要按照职责分工和规划确定的目标要求，逐级分解任务，制定和完善规划实施的考核体系和激励机制。加强有关部门的协调联动，明确各部门在辐射环境保护中的职责，依据事权、财权、责任相统一的原则，发挥各部门的积极性。成立规划实施领导小组，定期对规划实施情况进行督查，对规划实施效果进行跟踪评估，确保规划的实施。

第 9 章　河南省持久性有机污染物“十二五”污染防治规划

豫政〔2011〕31 号

9.1　前言

持久性有机污染物（Persistent Organic Pollutants，POPs），它是一类具有长期残留性、生物累积性、半挥发性和高毒性，并通过各种环境介质（大气、水、生物等）能够长距离迁移对人类健康和环境具有严重危害的天然的或人工合成的有机污染物。

由于 POPs 的上述特性，联合国环境规划署（UNEP）理事会于 1995 年 5 月第 18/32 号决定中要求着手针对已列入初级清单的 12 种持久性有机污染物开展一个国际评估进程，并请化学品安全问题政府间论坛就相应的国际行动拟定建议。经过多次反复谈判，于 2001 年 3 月 22—23 日在瑞典斯德哥尔摩举行的全权代表会议通过了《关于持久性有机污染物的斯德哥尔摩公约》和《最佳可行性技术（BAT）与最佳环境实践（BEP）指南》，并开放供各方签署。我国政府于 2001 年 5 月 23 日签署了该公约，第十届全国人大常委会于 2004 年 6 月 25 日作出了批准中国加入该公约的决定，公约 2004 年 11 月 11 日对中国正式生效。这是继 1987 年《保护臭氧层的维也纳公约》和 1992 年《气候变化框架公约》之后，第三个具有强制性减排要求的国际公约，该公约旨在减少、消除和预防 POPs 污染，保护人类健康和环境安全，公约附件中规定了首批受控的 12 种 POPs：艾氏剂、氯丹、狄氏剂、异狄氏剂、七氯、六氯苯、灭蚁灵、毒杀芬、滴滴涕、多氯联苯（PCBs）、多氯二苯并对二噁英和多氯二苯并呋喃（二者以下合称二噁英）。2009 年 5 月 9 日在日内瓦召开的《关于持久性有机污染物的斯德哥尔摩公约》第四次缔约方大会（COP4）上，同意将 9 种严重危害人类健康与自然环境的新 POPs（包括α-六氯环己烷、β-六氯环己烷、林丹、六溴联苯醚和七溴联苯醚、四溴联苯醚和五溴联苯醚、六溴联苯、十氯酮、五氯苯、以及 PFOS 类物质）增列入《斯德哥尔摩公约》，至此该公约所列入禁止生产和使用的 POPs 数量增加到 21 种。

根据公约要求并结合国家实际情况，我国政府编制了《中国履行〈斯德哥尔摩公约〉国家实施计划》（以下简称《国家实施计划》），确定了分阶段、分行业和分区域的履约目标、措施和具体行动，并于 2007 年 4 月经国务院批准，成为我国在 POPs 削减和控制方面的纲领性文件。为深入贯彻落实《国家实施计划》，贯彻“推进工业结构优化升级”“建设资源节约型、环境友好型社会”“建立和完善环境保护的长效机制”以及重点解决“严重危害人民群众健康的突出问题”等要求，河南省在落实执行“十一五”环境保护规划的基础上，为保护生态环境和人民身体健康，由郑州大学环境科学研究院编制河南省持久性有机污染物“十二五”污染防治规划。

本规划以 2006 年为基础，以 2008 年为基准，提出了规划目标年 2015 年的控制目标。本规划要建立相应的执行情况考评机制，有效推动和监督规划的落实。

9.2 河南省 POPs 污染控制现状和主要问题

9.2.1 河南省 POPs 污染控制现状

对于首批受控的 12 种 POPs，河南省总体情况为：2006 年二噁英类 POPs 总排放量为 200 069.92 mgTEQ，2008 年二噁英类 POPs 总排放量为 204 122.99 mgTEQ，排放量最大的行业依次为炼钢生产、再生有色金属生产、废弃物焚烧；不存在杀虫剂类 POPs 库存和废弃情况，我省可能存在 9 家在非有限场地封闭体系下以 DDT 为中间产物生产三氯杀螨醇的企业，是否存在库存和污染状况尚不清楚；河南省存在使用或疑似使用含 PCBs 变压器和电容器的企业，共涉及 14 台含 PCBs 的变压器和 450 台含 PCBs 的电容器；不存在首批受控的杀虫剂类 POPs 的原生产场址、企业转产或关闭后清理出来的有毒有害废物堆放地等，河南省典型农业区域存在局部区域有机氯农药超标现象。

对于新增加的 9 种 POPs，河南省总体情况为：未开展过相应的系统调查工作，底数不清；河南省存在中国唯一一家林丹制剂生产企业——河南银田精细化工有限公司，其库存情况和是否存在污染场地等信息尚不清楚。

9.2.1.1　河南省二噁英排放状况

（1）2006 年河南省二噁英排放数据

1）调查对象

按照《全国持久性有机污染物二噁英类 POPs 调查指南》确定调查范围后，2007 年河南省对 17 类二噁英类 POPs 排放源中的 14 类二噁英类 POPs 排放源、664 家企业、1 432 个装置进行了调查，具体如下：

①按地区分布情况

我省共有 18 个省辖市，排放源按照地区分布详见表 9-1（调查软件中将济源包含在焦作市内），从表中可以看出：14 类二噁英排放源主要集中在郑州、安阳、洛阳、新乡、焦作、南阳 6 市，调查企业数为 371 家，占总数的 55.9%，这 6 市的调查装置数为 900 个，占总数的 62.8%。

表 9-1　2006 年二噁英类 POPs 排放源各地市分布基本情况

序号	地市名称	企业数量/家	所占比例/%	装置数量/台	所占比例/%
1	郑州市	76	11.4	293	20.5
2	开封市	29	4.4	51	3.6
3	洛阳市	53	8.0	105	7.3
4	平顶山市	30	4.5	41	2.9
5	安阳市	55	8.3	116	8.1
6	鹤壁市	23	3.5	36	2.5
7	新乡市	61	9.2	99	6.9
8	焦作市	83	12.5	200	14.0
9	濮阳市	24	3.6	35	2.4
10	许昌市	17	2.6	47	3.3
11	漯河市	31	4.7	65	4.5
12	三门峡市	24	3.6	34	2.4
13	南阳市	43	6.5	87	6.1
14	商丘市	24	3.6	33	2.3
15	信阳市	11	1.6	32	2.2
16	周口市	27	4.1	53	3.7
17	驻马店市	38	5.7	69	4.8
18	济源市	15	2.2	36	2.5
合计		664	100	1 432	100

②按行业分布情况

本次调查，我省确定的14类二噁英类POPs排放源详见表9-2，从表中可以看出：14类二噁英排放源主要集中在废弃物焚烧、制浆造纸、水泥生产、遗体火化4个行业，调查企业数为538家，占总数的81.0%，这4个行业的调查装置数为1 176个，占总数的82.1%。

表9-2 2006年二噁英类POPs排放源的行业分布基本情况

序号	排放源类别	企业数量/家	所占比例/%	装置数量/台	所占比例/%
1	废弃物焚烧	162	23.5	171	11.9
2	制浆造纸	135	19.6	517	36.1
3	水泥生产	134	19.4	261	18.2
4	铁矿石烧结	17	2.5	25	1.7
5	炼钢生产	36	5.2	74	5.2
6	焦炭生产	24	3.5	41	2.9
7	铸铁生产	40	6.0	67	4.7
8	镀锌钢生产	7	1.0	7	0.5
9	再生有色金属生产	10	1.4	12	0.8
10	镁生产	8	1.2	18	1.3
11	黄铜和青铜生产	1	0.1	3	0.2
12	氯苯生产	1	0.1	1	0
13	聚氯乙烯生产	7	1.0	8	0.6
14	遗体火化	107	15.5	227	15.9
	合计	689	100	1 432	100

2）调查结果

①按地区分布情况

河南省二噁英类POPs排放量由大到小前5名依次为洛阳、平顶山、安阳、郑州、焦作。具体结果见表9-3。

表9-3 2006年河南省二噁英类POPs排放量

序号	地市名称	排放量/mgTEQ	所占比例/%
1	郑州市	27 964.11	14.0
2	开封市	9 739.02	4.9
3	洛阳市	36 859.95	18.4
4	平顶山市	36 832.53	18.4
5	安阳市	35 507.52	17.8
6	鹤壁市	610.12	0.3

序号	地市名称	排放量/mgTEQ	所占比例/%
7	新乡市	9 661.14	4.8
8	焦作市	14 237.35	7.1
9	濮阳市	886.82	0.4
10	许昌市	2 027.48	1.0
11	漯河市	1 471.41	0.7
12	三门峡市	907.47	0.5
13	南阳市	5 971.53	3.0
14	商丘市	1 309.41	0.7
15	信阳市	3 194.85	1.6
16	周口市	2 542.83	1.3
17	驻马店市	3 490.00	1.7
18	济源市	6 856.40	3.4
	合计	200 069.94	

②按行业分布情况

河南省二噁英类 POPs 排放量较大的排放源按行业依次为炼钢生产、再生有色金属生产、废弃物焚烧，分别为 105 078.197 mgTEQ、37 598.88 mgTEQ 和 111 288.724 4 mgTEQ。这 3 类行业排放源排放量占到河南省 2006 年二噁英类 POPs 总排放量的 76.96%，因此该 3 类行业为 2006 年河南省二噁英重点排放行业，具体调查结果详见表 9-4。

表 9-4 2006 年不同行业二噁英排放量

排放源	装置数量	产量/处理量/万 t	二噁英排放量/mgTEQ
废弃物焚烧	171	120.6	11 288.7
制浆造纸	517	329.8	7 314.9
水泥生产	261	3 499.4	7 878.1
铁矿石烧结	25	1 800.7	9 010.0
炼钢生产	74	1 722.3	105 078.2
焦炭生产	41	827.9	8 589.5
铸铁生产	67	19.9	910.7
镀锌钢生产	7	2.9	3.5
再生有色金属生产	12	3.1	37 598.9
镁生产	18	0.51	429.3
黄铜和青铜生产	3	4.1	406.7
氯苯生产	1	0.001	0.4
聚氯乙烯生产	8	42.0	419.8
遗体火化	227	237 581 具	11 141.3
总计	1 432		200 070.0

（2）2008 年河南省二噁英排放数据

1）调查对象

按照《全国持久性有机污染物二噁英类 POPs 调查指南》确定调查范围后，2009 年河南省对 17 类二噁英类 POPs 排放源中的 13 类二噁英类 POPs 排放源（2006 年调查的氯苯生产只涉及 1 家企业，即尉氏县千喜化工有限公司，该企业于 2007 年上半年就已停产，现已破产倒闭）、687 家企业（含 193 家关停企业）、1 278 个装置（含 368 个关停装置）作为更新调查对象进行调查，具体如下。

①按地区分布情况

我省共有 18 个省辖市，排放源按照地区分布详见表 9-5（调查软件中将济源包含在焦作市内）。从表中可以看出，13 类二噁英排放源主要集中在安阳、焦作、洛阳、新乡、平顶山、南阳、周口 7 市，调查企业数为 280 家，占总数的 56.7%，这 7 市的调查装置数为 558 个，占总数的 61.3%。

表 9-5 2008 年二噁英类 POPs 排放源各地市分布基本情况

序号	地市名称	企业数量/家	所占比例/%	装置数量/台	所占比例/%
1	郑州市	21	4.3	41	4.5
2	开封市	25	5.1	33	3.6
3	洛阳市	47	9.5	92	10.1
4	平顶山市	34	6.9	45	5.0
5	安阳市	48	9.7	104	11.4
6	鹤壁市	13	2.6	14	1.5
7	新乡市	37	7.4	74	8.1
8	焦作市	48	9.7	126	13.9
9	濮阳市	22	4.5	32	3.5
10	许昌市	13	2.6	21	2.3
11	漯河市	16	3.2	49	5.4
12	三门峡市	21	4.3	25	2.8
13	南阳市	34	6.9	66	7.3
14	商丘市	24	4.9	33	3.6
15	信阳市	19	3.8	27	3
16	周口市	32	6.5	51	5.6
17	驻马店市	28	5.7	53	5.8
18	济源市	12	2.4	24	2.6
	合计	494	100	910	100

②按行业分布情况

本次更新调查，河南省共调查 13 类二噁英类 POPs 排放源，具体情况详见表 9-6。从表中可以看出，河南省二噁英类 POPs 企业数量按照排放源类别位于前 6 位的是：废弃物焚烧 120 家（主要为医院自有焚烧装置的医疗废弃物焚烧）、遗体火化 107 家、水泥生产 70 家、制浆造纸 55 家、铸铁生产 45 家、炼钢生产 34 家。这 6 个行业企业数量占到我省总调查数量的 87.2%。

表 9-6　2008 年二噁英类 POPs 排放源的行业分布基本情况

序号	排放源类别	企业数量/家	所占比例/%	装置数量/台	所占比例/%
1	废弃物焚烧	120	23.7	129	14.2
2	制浆造纸	55	10.9	189	20.8
3	水泥生产	70	13.8	102	11.2
4	铁矿石烧结	16	3.2	24	2.6
5	炼钢生产	34	6.7	74	8.1
6	焦炭生产	26	5.1	47	5.2
7	铸铁生产	45	8.9	76	8.3
8	热浸镀锌钢生产	8	1.6	8	0.9
9	再生有色金属生产	14	2.8	20	2.2
10	镁生产	2	0.4	7	0.8
11	黄铜和青铜生产	1	0.2	4	0.4
12	聚氯乙烯生产	8	1.6	9	1
13	遗体火化	107	21.1	221	24.3
合计		506	100	910	100

2）调查结果

①按地区分布情况

本次河南省更新调查结果显示，各省辖市二噁英类 POPs 排放量位于前 5 位的是：安阳 48 654.3 mgTEQ、占总排放量的 23.8%；平顶山 39 008.58 mgTEQ、占总排放量的 19.1%；洛阳 24 583.0 mgTEQ、占总排放量的 12.0%；郑州 21 167.7 mgTEQ、占总排放量的 10.4%；周口 15 745.691 mgTEQ、占总排放量的 7.7%。这五市的排放量达到全省排放总量的 73.1%，详细情况见表 9-7。

表 9-7　2008 年河南省二噁英类 POPs 排放量

序号	地区名称	排放量/mgTEQ	所占比例/%
1	郑州市	21 167.70	10.4
2	开封市	6 821.32	3.3
3	洛阳市	24 583.02	12.1
4	平顶山市	39 008.58	19.1
5	安阳市	48 654.30	23.9
6	鹤壁市	237.00	0.1
7	新乡市	14 876.80	7.3
8	焦作市	5 973.38	2.9
9	濮阳市	877.42	0.4
10	许昌市	2 444.21	1.2
11	漯河市	1 268.04	0.6
12	三门峡市	598.04	0.3
13	南阳市	4 677.67	2.3
14	商丘市	1 278.49	0.6
15	信阳市	2 872.74	1.4
16	周口市	15 745.69	7.7
17	驻马店市	2 767.54	1.4
18	济源市	10 271.06	5.0
合计		204 123.00	100.0

②按行业分布情况

2008 年河南省二噁英类 POPs 排放量位于前三位的行业依次为：炼钢生产 95 009.532 mgTEQ、占总排放量的 46.5%；再生有色金属生产 37 593.86 mgTEQ、占总排放量的 18.4%；废弃物焚烧 30 412.420 1 mgTEQ、占总排放量的 14.9%，这 3 类排放源的排放量占到河南省 2008 年二噁英类 POPs 总排放量的 79.8%，因此该 3 类行业为 2008 年河南省二噁英重点排放行业。本次河南省更新调查结果详见表 9-8。

表 9-8　2008 年不同行业二噁英排放量

序号	排放源类别	排放量/mgTEQ	所占比例/%
1	废弃物焚烧	30 412.42	14.9
2	制浆造纸	2 362.00	1.2
3	水泥生产	3 425.76	1.7
4	铁矿石烧结	8 886.08	4.3

序号	排放源类别	排放量/mgTEQ	所占比例/%
5	炼钢生产	95 009.53	46.5
6	焦炭生产	9 611.00	4.7
7	铸铁生产	1 580.30	0.8
8	热浸镀锌钢	9.58	0.0
9	再生有色金属	37 593.86	18.4
10	镁生产	419.94	0.2
11	黄铜和青铜	431.76	0.2
12	聚氯乙烯	1 563.22	0.8
13	遗体火化	12 817.55	6.3

9.2.1.2　河南省杀虫剂类 POPs 废物存在情况

根据已调查的资料显示：

（1）2010 年 4—5 月，由河南省固废中心组织各地市上报了杀虫剂类 POPs 库存和废弃物的相关情况。结果显示，河南省不存在杀虫剂类 POPs 库存和废弃情况（南阳市上报了所辖西峡县丹水镇有库存农药 550 kg，但不属于杀虫剂类 POPs）；

（2）对于农业流通和卫生防疫领域是否存在少量库存杀虫剂类 POPs，目前还没有得到准确数据，将在“十二五”期间进行调查；

（3）河南省可能存在 9 家在非有限场地封闭体系下以 DDT 为中间产物生产三氯杀螨醇的企业（分别为：郑州富利达农药有限公司、河南省郑州大河农化有限公司、圣丰科技（河南）有限公司、河南省东方人农化有限公司、周口市德贝尔生物化学品工程有限公司、河南省商丘天神农药厂、开封克灵丰药业有限公司、河南省焦作市泰和工贸有限公司、河南省博爱县田丰工贸有限公司），上述企业是否仍然在生产，产品的库存情况如何，所用 DDT 是库存还是购买得到等目前尚不清楚，将在“十二五”期间进行调查工作，并根据情况将调查结果上报给环保部；

（4）对于新增加的 9 种 POPs（包括三种杀虫剂副产物：α-六氯环己烷、β-六氯环己烷、林丹），河南省存在中国唯一一家林丹制剂生产企业——河南银田精细化工有限公司（原名“河南原阳农药厂”），该企业杀虫剂类 POPs 库存情况尚不清楚，将在“十二五”期间进行调查。

9.2.1.3　河南省在用多氯联苯装置情况

河南省省历史上存在使用或疑似使用含 PCBs 变压器的企业（涉及单位：中铝洛阳铜业有限公司板带厂、动力厂、熔铸厂、盘管厂），共有 14 台含 PCBs 的变压器，具体情况见表 9-9。

表 9-9 河南省使用及疑似使用含 PCBs 变压器状况表

生产厂家	含 PCBs 变压器数量/台	投运时间	存放方式、地点和说明
西德	4	1985—1987 年	中铝洛阳铜业有限公司板带厂 3 台，动力厂 1 台
美国	6	1988 年	中铝洛阳铜业有限公司板带厂
西德	2（疑似）	不详	中铝洛阳铜业有限公司熔铸厂
波兰	2（疑似）	1992 年	中铝洛阳铜业有限公司盘管厂

河南省存在使用或疑似使用含 PCBs 电容器的企业（涉及单位：郑州供电公司、洛阳重型矿山机械厂、中铝洛阳铜业有限公司动力厂、板带厂、盘管厂等），共有 450 台含 PCBs 的电容器，具体情况见表 9-10。

表 9-10 河南省使用及疑似使用含 PCBs 电容器状况表

生产厂家	含 PCBs 电容器数量/台	投运时间	存放方式、地点和说明
不详	96	不详	郑州供电公司于 20 世纪 80 年代在 110 kV 花园口变电站和 110 kV 孝义变电站内各有一地埋封存点，但无详细资料。信阳供电公司在潢川县白店乡有报废地埋封存点，具体地点和型号等资料没有查到相关档案
西安电力电容器厂	24	1970 年	（大用户）洛阳重型矿山机械厂 103 高压间内（在用）
西安电力电容器厂	72	1965 年	（大用户）中铝洛阳铜业有限公司动力厂内（在用）
西安电力电容器厂	9	1965 年	（大用户）中铝洛阳铜业有限公司动力厂内（报废）
不详	2	不详	（大用户）中铝洛阳铜业有限公司板带厂内（报废）
进口	208（疑似）	1992 年	（大用户）中铝洛阳铜业有限公司盘管厂油压机地下室内
进口	30（疑似）	1992 年	（大用户）中铝洛阳铜业有限公司地下室 24 个，总库 6 个
桂林电容器厂 2 个	9（疑似）	不详	（大用户）中铝洛阳铜业有限公司板带厂内

河南省将在“十二五”期间对所掌握情况进一步核实，制定下线含 PCBs 电力装置无害化管理与处置方案，给予及时管理和处置。

9.2.1.4 河南省 POPs 污染场地现状

（1）杀虫剂类 POPs 污染场地

根据已调查掌握的河南省材料，可以得出如下结论：

①由于河南省无公约附件中规定首批受控的杀虫剂的生产企业，所以不存在首批受

控的杀虫剂类 POPs 的原生产场址、企业转产或关闭后清理出来的有毒有害废物堆放地、现有生产企业生产过程中的污染场地；

②2006 年河南省环境监测中心站对典型农业区域土壤污染状况进行了调查，根据监测结果可以看出：

在六种典型农业区域土壤中，以六六六和滴滴涕为主的有机氯农药污染仍继续存在，六六六检出率在 50%～84%，滴滴涕检出率在 58%～93%。但污染物浓度已大大低于标准限值，污染水平总体上处于安全状态；

尚有局部区域有机氯农药超标现象，且相当严重。此次监测的濮阳“无公害蔬菜”基地两个监测点位土壤中滴滴涕超标，表明我省农业土壤中有机氯农药残留虽然总体上已下降到安全水平，但局部污染仍然存在；

③对于公约新增加的 POPs，河南省存在林丹生产企业，但目前对林丹污染场地的信息尚不清晰，将在“十二五”期间进行相关调查工作；

④河南省可能存在 9 家在非有限场地封闭体系下以 DDT 为中间产物生产三氯杀螨醇的企业，目前尚不清晰上述企业是否存在杀虫剂类 POPs 污染场地，将在“十二五”期间展开调查。

（2）UP 类（非故意产生）污染场地

河南省缺少 UP 类污染场地的信息，如果有条件，考虑在“十二五”期间进行 UP 类污染场地的调查工作。

9.2.2　河南省 POPs 污染控制工作面临的主要问题

9.2.2.1　POPs 废物和污染场地存在高风险，严重威胁人类健康和生态安全

杀虫剂类 POPs 生产企业大多数生产历史久远，生产工艺落后，对 POPs 废物管理和处置要求滞后，缺乏污染治理设施，生产过程中排放的三废对厂区和周边环境造成严重污染。河南省对杀虫剂类 POPs 废物和污染场地未开展过系统的调查工作，但作为农业大省，不排除部分农民目前仍然在使用库存的杀虫剂类 POPs 的个别现象，同时河南银田精细化工有限公司和在非有限场地封闭体系下以 DDT 为中间产物生产三氯杀螨醇的企业存在着较大环境和健康风险。

河南省历史上存在使用或疑似使用含 PCBs 变压器、电容器的企业，根据所掌握的信息，目前可能仍然存在含 PCBs 电力装置的在线运行情况；同时由于缺乏有效的处置技术，已下线的设备大都采取就地封存，并未完成环境无害化处置，存在较大环境和健康风险。

河南省没有启动对二噁英类 POPs 污染场地的调查和评估工作，但二噁英类 POPs

排放源十分广泛，由于对排放废渣、废水管理不规范，二噁英类废水排放途径、废渣堆放点有被二噁英类污染迹象，存在较大环境和健康风险。

9.2.2.2　在用含 PCBs 装置未得到有效识别和监管，潜在风险大

由于河南省在用含 PCBs 装置涉及行业广，管理薄弱，年代久远等原因，在用含 PCBs 变压器和 PCBs 电容器装置未得到有效识别和监管，且大部分装置处于超服役状态，又未采取任何风险防控措施，具有较大的潜在风险。

9.2.2.3　POPs 污染防治技术瓶颈凸显

河南省缺乏成套的、技术经济有效的二噁英污染控制技术。例如，河南省炼钢行业二噁英减排实践非常匮乏，在全国范围内同样缺少可借鉴的较成熟经验。

河南省缺乏成熟的、符合公约要求的、技术经济可行的 POPs 废物处置设施。由于技术和资金的限制，目前对 POPs 废物的处理处置仅仅局限于封闭贮存、焚烧及简易填埋等方法。水泥窑共处置和旋转窑高温焚烧是河南省可供选择的 POPs 废物处置方式，但水泥窑共处置方式缺少用于处置 POPs 废物的工程实践，而河南省又没有具有危险废物经营许可证的高温焚烧企业。

POPs 污染场地评估、治理与修复技术积累薄弱。科学分析和评估污染场地风险、制定和落实污染场地环境无害化管理和修复方案的技术力量严重不足。此外，河南省还缺乏环境安全、成本合理、技术可行的商业化治理和修复技术应用案例。

9.2.2.4　管理体系尚待加强

主要表现在以下几方面：

（1）法规政策和标准体系尚待进一步完善。对于二噁英类 POPs，目前仅有 5 项涉及无意产生 POPs 的污染控制标准；除了废物焚烧行业外，炼钢生产、再生有色金属生产等二噁英排放行业，尚无二噁英排放控制相关的技术规范；此外，现有环保技术规范中缺少 POPs 废弃物的收集、运输、贮存和处置的技术标准；缺乏有关 POPs 污染场地的鉴别标准、风险评价标准和 POPs 场地修复管理的相关技术导则以及监督管理体系等。

（2）行政监管和监测能力有待进一步提高。大部分环保部门和企业人员对 POPs 仅有初步认知，基础薄弱，管理能力尚需加强；杀虫剂类 POPs 在河南省可能还存在非法使用的问题。河南省目前 POPs 监测硬件条件不足，监测能力严重缺乏，全省环境监测系统没有二噁英类 POPs 的监测能力，对二噁英类 POPs 的污染防治工作产生不利影响，我省尚未开展系统监督性监测，环境质量监测处于基本空白状态，同时河南省还存在 POPs 的监测标准体系有待建立和完善，实验室的规范管理有待加强，技术能力有待提

高等问题。

（3）技术支撑能力有待进一步强化。

9.2.2.5　其他存在的问题

（1）资金不足：解决 POPs 污染不只是某个人、某个国家的事情，并且这些污染物应该主要源于发达国家，而发达国家虽然原则上同意向发展中国家提供资金援助，用于控制和减少持久性有机污染物的研究，而实际工作中力度不大，使得发展中国家难以开展工作，并且发达国家的资金援助往往需要国内资金进行配套。河南省用于 POPs 污染防治方面的资金非常紧张，资金不足使得 POPs 废物和污染场地调查工作无法开展，严重阻碍了后续的 POPs 管理和环境无害化处置工作。

（2）缺乏公众参与意识：目前为止对 POPs 研究主要集中在政府、学术团体和大学院校，缺乏公众共同参与意识，甚至许多人根本不知道 POPs 是什么，河南省还存在个别农民私下使用以前库存下来的有机氯农药现象，这样将为 POPs 污染防治工作带来很大的负面影响。因此，消减 POPs 需要全社会的共同努力，需要形成强大的社会效应，要加大宣传力度，使每一个公民都认识到 POPs 的危害及从个人做起的一些具体做法，远离 POPs 污染的一些基本生活常识。

（3）缺少基础数据、参与人员专业性不强导致部分调查结果不可信等问题。

9.3　规划编制背景、指导思想、基本原则、目标和指标

9.3.1　规划编制背景

日前，中国环境国际公约履约工作面临形势十分越严峻，责任非常重、影响非常大、问题非常突出。随着中国综合实力增强，国际地位提升，国际上要求中国承担更大责任的呼声越来越高，将《斯德哥尔摩公约》履约工作纳入我国环境保护主体工作，并逐步实现“常规化”“常态化”和“主流化”的工作显得越来越迫切。

为了贯彻“推进工业结构优化升级”“建设资源节约型、环境友好型社会”“建立和完善环境保护的长效机制”以及重点解决“严重危害人民群众健康的突出问题”等要求，河南省在落实执行“十一五”环境保护规划的基础上，为保护生态环境和人民身体健康，编制河南省持久性有机污染物“十二五”污染防治规划。

9.3.2 指导思想

（1）以科学发展观重要思想为指导，坚持以人为本；

（2）以解决危害河南省人民群众健康的突出环境问题为出发点；

（3）以削减河南省重点行业和地区二噁英排放、解决高风险 POPs 废物和污染场地问题为重点；

（4）以建立河南省全过程管理机制为保障；

（5）切实履行河南省各级政府的职责，切实加强 POPs 污染防治；

（6）有效减少 POPs 风险，保障河南省人民群众健康和环境安全。

9.3.3 基本原则

基本原则可概括为：全面推进、突出重点、分类管理、风险优先、防治并重、工程保障、落实责任、强化考评。

全面推进，突出重点。全面推进河南省 POPs 污染防治工作，充分考虑我省技术经济可行性和现有管理水平，优先集中解决电弧炉炼钢、再生有色金属生产、废弃物焚烧（生活垃圾、医疗废物、危险废物和其他）、铁矿石烧结等二噁英类 POPs 排放重点行业、高风险 POPs 废物和污染场地环境风险问题，确保实现阶段性履约和污染防治目标。

分类管理，风险优先。对二噁英类 POPs 重点排放源，根据减排技术成熟度和所处区域二噁英类 POPs 排放强度不同，提出不同程度的减排治理要求；对 POPs 废物和污染场地，考虑所造成的环境和健康风险程度不同，着力解决当前危害群众健康的突出环境问题，优先管理和处置高风险 POPs 废物和污染场地。

防治并重，工程保障。河南省即重视现有源的管理和减排工作，通过具体的工程项目来确保减排效果，同时要加强新源的排放控制，从源头采取预防措施。此外，通过消除高风险 POPs 废物和污染场地，从根本上进行 POPs 环境污染和健康风险的污染防治工作。

落实责任，强化考评。落实规划实施的目标责任制和责任追究制，包括河南省人民政府和各地市人民政府、行业和企业的社会责任，建立科学的组织实施和科学考核制度。

9.3.4 规划目标

规划范围为河南省行政辖区，本规划的基准年为 2008 年。

2015 年目标：

基本控制河南省重点行业二噁英类 POPs 排放增长的趋势；淘汰河南省已识别在用 PCBs 电力设备；调查并以环境无害化方式管理、处置已识别的 POPs 废物；调查并消除已识别高风险 POPs 污染场地环境风险；初步建立 POPs 污染防治长效机制。

9.3.5 规划指标

到 2015 年河南省规划指标如下（参照国家规划指标）：

（1）炼钢生产、再生有色金属生产和废弃物焚烧三大重点行业二噁英单位产量（处理量）排放强度削减 10%，指标属性为约束性指标。

（2）废弃物焚烧、铁矿石烧结、电弧炉炼钢和再生有色金属生产四大重点行业二噁英类 POPs 排放达标率大于 85%，指标属性为约束性指标。

（3）已识别的 POPs 废物无害化管理率达到 100%，指标属性为预期性指标。

（4）已识别杀虫剂类 POPs 废物安全处置率大于 85%，指标属性为预期性指标。

（5）已识别在用 PCBs 电力设备下线率达到 100%，指标属性为预期性指标。

（6）已识别高风险杀虫剂类 POPs 污染场地风险管理和治理率大于 85%，指标属性为预期性指标。

9.4 重点领域和主要任务

减少、消除和预防 POPs 污染是一个长期的过程，河南省需采取相应的控制和削减措施，包括关闭、转产部分有意生产 POPs 的生产企业，淘汰落后工艺和产品，推广替代品、替代技术、推动应用低污染物排放技术等；电力、钢铁、有色金属、水泥、化工等行业以及废物和危险品处理等领域需通过技术改造、产品结构调整以削减二噁英排放。

9.4.1 加强二噁英排放源监督管理，实施重点行业二噁英减排治理工程

河南省二噁英重点排放行业包括：炼钢生产、再生有色金属生产、废弃物焚烧。结合国家的规划指标和我省的实际情况，"十二五"期间，拟在废弃物焚烧、铁矿石烧结、电弧炉炼钢、再生有色金属生产四大排放行业进行河南省二噁英削减控制工作。

9.4.1.1 建立并实施二噁英类排放清单动态更新制度

以 2006 年和 2008 年河南省二噁英类 POPs 调查数据为基础，将二噁英类 POPs 排放清单调查纳入河南省排污申报和环境统计，实现二噁英类排放源信息管理常态化。

9.4.1.2 限期治理，督促重点行业二噁英类排放源达标排放

对于符合产业发展政策，但二噁英类排放长期不达标的重点行业设施采取限期治理措施，通过生产工艺和污控设施实施技术改造和提高管理水平，实现达标排放；如果经治理后，二噁英类排放仍长期不达标的企业，采取关停淘汰。

9.4.1.3 以奖促治，开展并逐步推广最佳可行技术和最佳环境实践（BAT/BEP）示范

尚未出台排放标准的重点行业，对于符合产业发展政策，但不符合 BAT/BEP 相关要求的排放源，通过以奖促治等措施，选择技术经济可行的 BAT/BEP 技术，开展技术示范，降低二噁英类排放水平。鼓励排放源集中，区域排放强度高的地区开展二噁英类减排新技术示范工程。为达到示范推广的目标，根据我省实际情况，拟在医疗废物处置领域确定一个示范工程项目。

9.4.1.4 结构调整，淘汰落后产能和设施

对不符合国家和区域产业政策和环境保护要求，生产工艺、污控设施落后，企业规模较小的企业，结合产业结构调整，实施关停和淘汰，从源头削减现有排放源二噁英产生量。

对符合以下条件的企业进行淘汰、关停：

（1）对于日处理能力小于 100 t 的生活垃圾焚烧企业，日处理能力小于 1 t 的危险废物和医疗废物焚烧企业应视情况进行逐步关闭；

（2）结合医疗废物集中处置设施建设规划，逐步关闭医院自行处置医疗废物的焚烧炉；

（3）铁矿石烧结床面积 35 m^2 及以下的烧结机；

（4）30 t 及以下炼钢转炉、电炉；

（5）直接燃煤的反射炉，坩锅炉等落后工艺；

（6）采用马弗炉、马槽炉、横罐、小竖罐（单日单罐产量 8 t 以下）等进行焙烧，采用简易冷凝设施进行收尘等落后方式炼锌的生产工艺。

9.4.1.5 强化环评，预防新源二噁英污染问题

对于新建、改建、扩建项目，一定要严格执行环境影响评价，确保二噁英类排放稳定达标。

9.4.2 加大 POPs 废物管理力度，控制或消除已识别 POPs 废物环境和健康风险

9.4.2.1 核查并安全收集和管理 POPs 废物

贯彻落实危险废物申报登记制度，并建立相关奖励举报机制，核查并安全收运和管

理杀虫剂类 POPs 废物和 PCBs 废物；POPs 废物重点关注历史生产企业、20 世纪 80 年代的农资公司、白蚁防治单位和疟疾病媒控制机构；PCBs 废物关注退役含 PCBs 电力装置的封存地点和规划期下线的含 PCBs 电力装置。

根据二噁英排放清单和相关调查结果，选择主要二噁英废物的可控产生源，初步建立相应的二噁英类废物申报信息系统；基于二噁英类废物申报信息系统，逐步建立二噁英类废物动态清单，并对已识别二噁英类废物实施环境无害化管理。

9.4.2.2　选择适当设施，逐步处置 POPs 废弃物

筛查符合 POPs 废物处置技术要求的处置设施，如高温焚烧，水泥窑共处置设施，按照风险优先的原则，制定 POPs 废物处置方案，逐步处置已识别的杀虫剂类 POPs 废物和 PCBs 废物。

考虑开展含二噁英类废物环境无害化处置技术探索和处置示范。

9.4.3　实施 POPs 污染场地调查评估，控制和治理重点地区高风险污染场地

（1）开展 POPs 污染场地环境调查和风险评估，建立并逐步完善污染场地河南省档案

全面调查和评估杀虫剂类 POPs 历史生产企业厂址及处于环境敏感区的废物堆放地点；调查评估重点区域 PCBs 封存场地环境和健康风险；开展二噁英类污染场地调查和评估示范，提出场地风险管理和治理的技术方案。

建立污染场地河南省档案以实现对场地的动态管理。根据风险水平，明确重点地区高风险 POPs 污染场地环境监管的优先性，尤其是对于高风险场地和土地利用急迫的场地，纳入优先干预和监管的范畴。

（2）开展重点地区 POPs 污染场地的风险管理、治理与修复

针对人口密集区、环境敏感区、开发建设区等重点地区高风险 POPs 污染场地，采取物理、化学和生物方面的工程技术手段对污染场地进行环境修复，建立典型 POPs 污染场地修复示范工程，完成生产领域已查明高风险杀虫剂类 POPs 污染场地的治理与修复，恢复土地利用价值。

9.4.4　采取有效措施控制在线含 PCBs 设备的环境和健康风险

（1）进一步识别在用含 PCBs 电力装置信息

针对 20 世纪 80 年代前建成的具有自备电站的非电力行业企业，包括：钢铁、汽车制造、化工、冶金、有色、煤炭、矿产、纺织、化纤、轻工、医药、石化、石油天然气、水电、交通、铁道、建材、建筑、航空、机械、电子、粮食加工等行业/领域企业，开

展相关宣传和培训活动，对已识别电力装置执行要求限期下线，并将相关信息建立管理档案。

（2）对下线含 PCBs 电力装置进行无害化管理与处置

制定下线含 PCBs 电力装置无害化管理与处置方案，给予及时管理和处置。由于河南省无具有危险废物经营许可证处理 PCBs 的高温焚烧企业（全国共 3 家，分布在上海、天津和沈阳），采用旋转窑高温焚烧设施处置下线含 PCBs 电力装置时，需要通过招标的方式，运输到具有危险废物经营许可证的企业进行废物处置。

9.4.5 完善 POPs 环境管理政策法规体系，加强监管和技术支撑能力建设

9.4.5.1 完善 POPs 环境管理政策法规体系

目前，在法规和政策制度方面，现有规定尚不能完全满足 POPs 废物管理的要求，还存在一些不足，主要表现为：

（1）在污染统计调查方面，现有排污申报登记制度只是对现有工业企业进行申报登记，而对流通领域产生的废物没有明确规定，也没有实行；对历史遗留的责任者不明的废物以及关、停、破产的企业的废物的管理和处置，法律法规上缺乏强有力的责任分担制度，缺乏具体的可操作的管理规定；对 POPs 公约规定的 POPs 废物的不得回收利用等特殊要求，在法律上还没有明确的体现；对于 POPs 库存的跟踪监督管理没有明确的要求等。

（2）在标准方面，现有危险废物标准体系中还没有关于 POPs 物质的比较系统的标准限值和分析方法，只有废物处置设施污染控制标准中有 PCB、二噁英类物质的限制和分析方法；现有环境质量标准中有关 POPs 物质的限值和分析方法存在项目不全的不足；对于由于 POPs 引起的各类污染物载体和各类环境介质，还缺乏环境风险评价标准体系和环境质量评价标准体系，造成对环境的影响和人类健康的危害不清楚等。

针对以上存在的问题，为了完善 POPs 管理政策法规体系，河南省结合实际情况，在“十二五”期间要完善：

①二噁英类排放控制相关政策、标准（执行国家的相关政策、标准）

②POPs 废物相关政策、标准（执行国家的相关政策、标准）

③有关在用含 PCBs 装置下线相关管理规定（参照国家相关管理规定）

④污染场地管理具体政策要求（参照国家具体政策要求）

⑤POPs 监测标准体系（执行国家的监测标准体系）

9.4.5.2　强化 POPs 监管基础能力

在环境监督管理方面，河南省尚存在一些问题，如执法和监督管理薄弱，监督管理能力的建设仍然滞后，监管范围还有一些盲区等。尤其受机构编制和人员不足的限制，导致很多管理内容不能落实，有些方面的监督管理缺失。

针对以上存在的问题，为了加强 POPs 监管基础能力建设，河南省提出：

（1）加强二噁英分析测试能力建设；

（2）提升相关监管机构能力和水平，包括人员和设施的配备，管理意识和技能的宣传和培训，开展培训性质的监督执法行动。

9.4.5.3　开展技术支撑能力建设

（1）监测评估新形势下 POPs 污染状况和特征，探索 POPs 污染防治“十三五”管理模式。

（2）创新二噁英类减排技术和监测技术，POPs 废物处置技术、污染场地风险管理技术和治理技术。

9.5　重点工程投资估算与效益分析

9.5.1　重点工程投资估算

根据规划目标、重点领域，确定河南省持久性有机污染物污染防治“十二五”规划项目 47 个，总投资约 35 025.6 万元，其中包括二噁英类削减控制工程项目 30 个，投资 25 365.6 万元。项目详细信息见附表二至附表四。

9.5.2　投资效益分析

预计二噁英类年减排量为 48 693.17 mgTEQ，每年 POPs 废物安全管理量及处置量 2 万 t。

随着资金的投入和工程项目的实施，减少 POPs 进入环境中的量，减少接触暴露带来的风险，有明显的社会效益和环境效益。

（1）加强基础能力建设和技术储备，有利于监督、监测重点企业、重点环境介质中的 POPs 水平，提高 POPs 的综合防治能力，减少环境风险，保护生态环境和人民健康。大中企业的升级改造、小企业的关停，与国家的“节能减排”政策相一致。企业技术升级，污染物达标排放，有利于提升企业的国际国内竞争力，减少贸易壁垒。

（2）对于新建的医疗废物集中焚烧装置，均采用先进的炉型结构，淘汰单个医院的小焚烧炉，减少医疗废物处置过程中的二噁英排放量。对于新建的垃圾焚烧处理厂，在垃圾分类收集的基础上，炉型结构合理，可以做到垃圾的资源化、减量化和无害化，对尾气收集，保障二噁英等污染物达标排放，不会对环境和人体健康带来负面影响。

9.5.3 预测分析

随着 POPs 的宣传和法规条例的出台，禁用农药严禁流通、使用，土壤中 POPs 的浓度会继续下降。进入环境中的农药类 POPs 会逐渐减少。但由于 POPs 的迁移性，不排除污染范围继续扩大的可能。因此需加大对库存的监管力度，同时识别受污染的场地。对以 DDT 为中间产物生产三氯杀螨醇的企业，严格审查，加大管理和监督，减少对环境中的排放。

在“十二五”期间，将对下线或仍在使用的含 PCBs 电力设备进行调查，对污染场地进行识别，同时进行无害化管理与处置，不会增加 PCBs 的环境风险。

在“十二五”期间开展新增 POPs 调查与监测，掌握河南省的新增 POPs 污染状态。由于全氟辛烷磺酸类物质应用广泛，估计在今后五年，通过消费途径进入环境中的量会增加。具体量未知。

对于二噁英类 POPs，通过对重点行业、重点企业进行技术升级改造，筛选工程项目，淘汰落后产能，能够达到排放强度下降 10%的可行性。

（1）炼钢生产

由于经济发展的需要，“十二五”期间河南省的炼钢量会有所增长，但幅度不大。2008 年河南省炼钢生产排放二噁英类 POPs 95 009.532 mgTEQ，“十二五”期间通过二噁英削减控制重点项目建设后，年削减量为 14 669.1 mgTEQ，预计河南省到 2015 年炼钢生产行业二噁英单位产量排放强度削减 10%～15%。并且随着节能减排和对 POPs 认识的加深，小型炼钢企业要关停，某些企业要进行技术改造和安装净化装置，将进一步减少二噁英类 POPs 的产生量和排放量。因此炼钢行业能够完成二噁英单位产量排放强度削减 10%的目标。

（2）再生有色金属生产

根据国家政策和河南省的实际情况，“十二五”期间再生有色金属行业的产能不会有大的增加，2008 年河南省再生有色金属生产行业排放二噁英类 POPs 37 593.86 mgTEQ，通过关停企业和技术改造，可以削减 19 185.3 mgTEQ，预计河南省到 2015 年再生有色金属生产行业二噁英单位产量排放强度削减 10%～11%，能够完成二噁英单位产量排放强度削减 10%的目标。

（3）废弃物焚烧

“十二五”期间河南省会增加废物焚烧装置，包括医疗废物和生活垃圾焚烧装置，但设备及工艺先进，再加上生活垃圾采用预分捡的处理办法，二噁英类 POPs 达标排放，虽会增加二噁英类 POPs 的排放量，但废物处理量增加的量更大。2008 年河南省废弃物焚烧行业排放二恶类 POPs 30 412.420 1 mgTEQ，通过工程措施以及关停小焚烧炉，可以年削减 13 149.77 mgTEQ，预计河南省到 2015 年废弃物焚烧行业二噁英单位处理量排放强度削减 10%～15%。

9.6 保障措施

当前社会、经济发展和环境保护的形势为解决 POPs 问题提供了机遇。①政府已经明确要努力实现三个转变：一是从重经济增长轻环境保护转变为保护环境与经济增长并重，把加强环境保护作为调整经济结构、转变经济增长方式的重要手段，在保护环境中求发展；二是从环境保护滞后于经济发展转变为环境保护和经济发展同步，做到不欠新账，多还旧账，改变先污染后治理、边治理边破坏的状况；三是从主要用行政办法保护环境转变为综合运用法律、经济、技术和必要的行政办法解决环境问题，自觉遵循经济规律和自然规律，提高环境保护工作水平。②中国的机构和制度建设、科学和技术发展为解决 POPs 问题创造了条件。③中国正在推行清洁生产，提倡发展循环经济，推动资源节约型、环境友好型社会的建设，这都为减少或消除 POPs 提供了有力的保障。

河南省人民政府建立以河南省环保厅牵头，省发改委、财政厅、农业厅、建设厅、卫生厅等部门参与的协调机制，制定相应保障措施，主要包括：

9.6.1 加强统一领导，落实目标责任

落实河南省和各地市级人民政府 POPs 污染防治目标责任制。规划实施的责任主体是地方人民政府，要实现党政一把手亲自抓、负总责，必须按期高质量完成规划任务，建立定期考核制度，公布考核结果；建立问责制度。

9.6.2 POPs 污染防治投资与融资机制建立

河南省应加快建立 POPs 污染防治投资与融资机制，省级规划的实施需要国际和国内、中央和地方、政府与企业等多方位、多渠道投资与融资。河南省应根据自身社会、

经济条件及多方面优势，积极筹资，包括：河南省环保专项资金、企业投资及社会捐助资金等；同时，应安排必要的政策保障和鼓励措施，促进投融资。为此，应分析河南省省级实施方案及 POPs 污染防治的总体资金规模、省级投融资比重及渠道，省级 POPs 污染防治保障政策和鼓励措施等主要因素，建立 POPs 污染防治投资与融资机制，保障河南省省级规划在本地区顺利执行，并推动本地区 POPs 污染防治。

9.6.3 POPs 监测和污染防治能力建设

河南省应加快 POPs 监测和污染防治能力建设，河南省人民政府应主要开展如下几个方面的 POPs 环境监测和污染防治能力建设：二噁英类 POPs、PCBs、滴滴涕、六六六等主要 POPs 污染源排放及其在环境介质中污染含量的分析检测能力、二噁英污染防治能力、PCBs 及其他 POPs 的危险废物及污染场地环境无害化处置能力。

9.6.4 促进 POPs 减排的产业技术升级能力建设

河南省应考虑促进 POPs 减排的产业技术升级能力建设，根据河南省 POPs 污染及社会、经济发展情况，开展河南省二噁英类 POPs 污染源减排控制、杀虫剂类 POPs 及某些新增 POPs 类工业品的淘汰和替代、在用含 PCBs 电力设备环境无害化处置等方面的产业技术升级能力建设，同时考虑利用科研机构的力量促进创新发展。

9.6.5 特定需求的长期能力建设

河南省应加强特定需求的长期能力建设，鉴于我国各地区经济、社会条件存在较大差异，POPs 生产、消费及其排放相关产业状况及特定的长期管理需求必然有所不同。应根据河南省 POPs 基本情况，结合省级社会、经济发展和环境保护有关战略，针对本地区特定需求，开展相应的长期能力建设活动。

9.6.6 提升科技支撑水平（如农药替代品的开发）

目前，大部分 POPs 替代品无论在性能上，还是在价格上都劣于原来的产品。因此，应加大科研投入，提升科技支撑水平，开发出能够适应中国国情的合适替代品，更好地确保履约，并有利于建立我国具有自主知识产权的工业体系，促进相关产业升级，增强行业市场竞争力，做到履行国际公约、保护全球环境与优化经济增长同步推进。

9.6.7 POPs 管理制度体系完善和能力建设

河南省应加强开展 POPs 管理制度体系完善和能力建设，评估执行 POPs 公约政策、法规和行政管理体系的有效性，制订政策规章体系评估与完善计划，并据此开展河南省 POPs 管理人员培训与相关机构职能建设，提高河南省 POPs 管理监督和执法能力。

9.6.8 强化国际合作，借鉴国际经验

利用履行国际公约的机遇，充分利用公约关于资金援助和技术转让的平台，引入国际资金、先进的管理理念和技术，推动完成规划任务，实现规划目标。

9.6.9 加强宣传力度，利用公众力量提高相关部门的重视程度

目前河南省对 POPs 研究主要集中在政府、学术团体和大学院校，缺乏公众共同参与意识，为 POPs 污染防治工作带来不利影响。而削减 POPs 需要全社会的共同努力，因此要加大宣传力度，形成强大的社会效应，充分利用公众的力量进一步提高相关部门的重视程度。

9.6.10 专业队伍培养

由于 POPs 污染防治工作专业性很强，而目前河南省环保部门参与该项工作的人员专业知识水平尚不能满足需要，因此我省力争在“十二五”期间，形成一支在 POPs 污染防治方面专业和知识结构合理，综合素质较高的人才队伍。逐步考虑在省级层面形成 POPs 污染防治工作专门机构，在各省辖市、区县层面培养专门人员，从而使得河南省 POPs 污染防治工作得以顺利开展。

9.7 规划组织实施

科学制定规划实施和考核方案，按时段、按地区分解任务计划，明确考核指标和要求；强化监督检查和跟踪评估工作，并适时进行动态调整。

附 表

附表一 河南省二噁英类 POPs 排放重点监管企业清单

序号	地市	企业名称	排放源类别	排放量/mgTEQ
1	郑州	郑州永通特钢有限公司	炼钢生产	6 760.8
2	郑州	河南朝阳钢铁有限公司	炼钢生产	11 700
3	郑州	郑州荥锦绿色环保能源有限公司	废弃物焚烧	1 686
4	开封	河南豫诚钢铁有限公司	炼钢生产	2 214
5	开封	尉氏县吉中有色金属有限公司	再生有色金属（铜铝铅锌）生产	1 224
6	开封	尉氏县瑞德有色金属有限公司	再生有色金属（铜铝铅锌）生产	1 360
7	开封	尉氏县豫达有色金属有限公司	再生有色金属（铜铝铅锌）生产	1 258
8	洛阳	洛阳永安特钢有限公司	铁矿石烧结/炼钢生产	3 453.75
9	洛阳	中铝洛阳铜业有限公司	再生有色金属（铜铝铅锌）生产/黄铜和青铜生产	15 551.76
10	洛阳	洛阳天久厨具有限公司	再生有色金属（铜铝铅锌）生产	1 400
11	洛阳	中信重工机械股份有限公司	炼钢生产/铸铁生产	833.072 4
12	平顶山	叶县闽星钢铁有限公司	炼钢生产	2 700
13	平顶山	舞阳钢铁有限责任公司	炼钢生产	27 360
14	安阳	安阳钢铁集团有限责任公司	铁矿石烧结/炼钢生产/焦炭生产	24 838.32

序号	地市	企业名称	排放源类别	排放量/mgTEQ
15	安阳	滑县海通纸业有限责任公司	废弃物焚烧	12 000
16	安阳	河南亚新钢铁实业有限公司	铁矿石烧结/炼钢生产	960
17	安阳	河南凤宝钢铁有限责任公司	炼钢生产	1 075.2
18	安阳	濮阳市林州钢铁有限责任公司	铁矿石烧结	1 494
19	焦作	沁阳市宏达钢铁有限公司	炼钢生产	2 556
20	焦作	河南纳士科技股份有限公司	铁矿石烧结/炼钢生产	1 067.4
21	新乡	新乡新亚纸业集团股份有限公司	废弃物焚烧	2 400
22	新乡	河南省龙泉集团实业有限公司	废弃物焚烧	1 800
23	新乡	新乡川崎化机有限责任公司	废弃物焚烧	6 000
24	新乡	新乡市汇丰铜业有限公司	再生有色金属（铜铝铅锌）生产	2 244
25	新乡	新乡市玉源化工有限公司	废弃物焚烧	900
26	许昌	许昌天健热电有限公司	废弃物焚烧	1 680
27	南阳	南阳汉冶钢铁有限公司	炼钢生产	1 600
28	南阳	南阳市鼎鑫钢铁有限公司	炼钢生产	572.4
29	商丘	永城市振兴金属制品有限公司	炼钢生产	828
30	信阳	安钢集团信阳钢铁有限责任公司	铁矿石烧结/炼钢生产/焦炭生产	2 217
31	周口	扶沟县云都铜业有限公司	再生有色金属（铜铝铅锌）生产	12 600
32	济源	河南济源钢铁（集团）有限公司	铁矿石烧结/炼钢生产	4 493.36
33	济源	河南中原特殊钢集团有限责任公司	炼钢生产	2 520
	合计			161 347.06

附表二　河南省二噁英类削减控制工程项目

行政区划	行业	企业名称	企业规模	工程主要内容			工程实施周期	预计年减排量/mgTEQ	工程预算/万元
				淘汰关停项目	工艺改造计划	污控设施改造计划			
郑州市	废弃物焚烧	郑州荥锦绿色环保能源有限公司	4×350 t 循环硫化床垃圾焚烧炉		将原来 1#、2#、3#中温分离锅炉改为高温分离	随锅炉改造计划同时实施，改造后具有：二次燃烧室、快速冷却系统、布袋除尘器、活性炭吸附、催化氧化技术，飞灰用水泥窑共处置	2 年	252.9	8 000
	电弧炼钢	郑州永通特钢有限公司	50 万 t			安装二噁英净化装置	4 年	1 014.1	600
		河南朝阳钢铁有限公司	65 万 t		电弧炉改为转炉		1 年	10 660	企业自筹
	废弃物焚烧	郑州瀚洋天辰危险废物处置有限公司	30 t/d		新建第二条 30 t/d 焚烧生产线，改造第一条生产线，使之规模达到 24 t/d。全部完成后，可实现一用一备的运行模式，实现郑州医废 48 h 内规范处置的标准化运行状态。新建和改造后的生产线将在二燃室的布风、余热锅炉的选型、尾气处理设施、系统自动化控制等进行改进，焚烧效率将得到进一步的提高，排放指标在原有达标排放的基础上将会实现减量化排放	余热锅炉选用膜式壁加省煤器式锅炉，可将 600℃烟气温度在 2 s 中之内降至 200℃；锅炉出口增加旋风除尘器，对烟气进行预处理，减少后续污控设施的烟尘负荷和不利因素；除酸塔选用新型布风器和高速旋转碱液喷雾器，提高除酸效果并达到国家规范要求的氯化氢排放指标；增加活性炭吸附塔，提高系统对二噁英的吸附捕集能力；选用高性能布袋除尘器	2 年	41.47	4 000

行政区划	行业	企业名称	企业规模	工程主要内容			工程实施周期	预计年减排量/mgTEQ	工程预算/万元
				淘汰关停项目	工艺改造计划	污控设施改造计划			
洛阳市	再生有色金属（铜）	中铝洛阳铜业有限公司	5.456 3 万 t	关停			1 年	15 120	
	废弃物焚烧	洛阳市第一人民医院	0.3 t	焚烧炉			1 年		
	废弃物焚烧	河科大二附院	1.5 t	焚烧炉			1 年		
	废弃物焚烧	河科大一附院	0.3 t	焚烧炉			1 年		
	废弃物焚烧	洛阳市正骨医院	0.3 t	焚烧炉			1 年		
	废弃物焚烧	洛阳市中心医院	0.3 t	医疗垃圾焚烧炉			1 年		
	废弃物焚烧	洛阳市第五人民医院	0.1 t	焚烧炉			1 年		
	废弃物焚烧	洛阳市环岭医疗废物集中处理有限公司	8 760 t/a		快速冷却系统		1 年	5.4	60
安阳市	再生有色金属（铜、铝、锌）	安阳岷山有色金属有限责任公司	中一型	烧结机	富氧底吹炉	制酸两转两吸	1 年	406	5 000

行政区划	行业	企业名称	企业规模	工程主要内容			工程实施周期	预计年减排量/mgTEQ	工程预算/万元
				淘汰关停项目	工艺改造计划	污控设施改造计划			
安阳市	再生有色金属（铜、铝、锌）	安阳市豫北金铅有限责任公司	大型二档		1．引进美国 LMT 蓄电池破碎分界处理系统，自动分离含铅物料和塑料等有机物，达到投炉物料无塑料无油的效果； 2．通过改造引风设施，使炉膛内达到负压状态，有效防止烟尘外泄，实现烟尘排放地域国家标准	将原来单一的布袋除尘系统改造为低位旋风沉降、高温 U 型管沉降及布袋除尘三级降温除尘，达到 99.65%的除尘效果	1 年	548.7	2 000
	铁矿石烧结	河南亚新钢铁实业有限公司	中型二档		1. 用高炉槽下焦粉取代煤粉作为烧结生产的燃料； 2. 加强烧结生产的工艺控制确保烧结终点温度，保持废气温度在 120～145℃； 3. 探索合理的高炉入炉料配比，逐步提高球团矿的用量，减少烧结矿的用量	在烧结机头电除尘器改装恒流电源设备，取代传统的高压硅整流设备，从而将除尘电器电场二次电流提高到 350MA 以上，提高粉尘的捕捉能力	1 年	21.6	120
	铁矿石烧结	濮阳市林州钢铁有限责任公司	小型	关停			1 年	1 494	
	电弧炼钢、铁矿石烧结	安阳钢铁集团有限责任公司	744.6 万 t			二噁英减排与脱硫脱硝同步进行		2 388.4	企业自筹
	废弃物焚烧	滑县海通纸业有限责任公司	40 万 t	关停				12 000	

行政区划	行业	企业名称	企业规模	工程主要内容			工程实施周期	预计年减排量/mgTEQ	工程预算/万元
				淘汰关停项目	工艺改造计划	污控设施改造计划			
开封市	再生有色金属（铜、铝、锌）	尉氏县华泰金属有限公司	3 500 t/a	反射炉	封闭式催化软化技术	配备布袋除尘器，鼓励增加活性炭吸附装置	2 年	1.1	300
	再生有色金属（铜、铝、锌）	尉氏县宏升金属材料有限公司	2 000 t/a	反射炉	封闭式催化软化技术	配备布袋除尘器，鼓励增加活性炭吸附装置	2 年	11.6	300
	再生有色金属（铜、铝、锌）	尉氏县豫达有色金属有限公司	3 000 t/a	反射炉	封闭式催化软化技术	配备布袋除尘器，鼓励增加活性炭吸附装置	2 年	1 006.4	300
	再生有色金属（铜、铝、锌）	尉氏县瑞德有色金属有限公司	5 000 t/a	反射炉	封闭式催化软化技术	配备布袋除尘器，鼓励增加活性炭吸附装置	2 年	1 088	300
	再生有色金属（铜、铝、锌）	尉氏县吉中有色金属有限公司	7 000 t/a	反射炉	封闭式催化软化技术	配备布袋除尘器，鼓励增加活性炭吸附装置	2 年	979	300
	再生有色金属（铜、铝、锌）	开封市中意石化材料有限公司	2 000 t/a	反射炉	封闭式催化软化技术	配备布袋除尘器，鼓励增加活性炭吸附装置	2 年	24.5	300
	再生有色金属（铜、铝、锌）	尉氏县联盛有色金属有限公司		反射炉	封闭式催化软化技术	配备布袋除尘器，鼓励增加活性炭吸附装置	2 年		300
南阳市	废弃物焚烧	南阳康卫环保有限公司	日处理医疗废物 8 t		飞灰二噁英治理	高温焚烧	1 年	50	380
	铁矿石烧结	南阳汉冶钢铁有限公司	265 m^2 烧结机		稳定生产工艺，减少停机时间	在静电除尘器前安装活性炭过滤吸附设施	5 年	160	800

行政区划	行业	企业名称	企业规模	工程主要内容			工程实施周期	预计年减排量/mgTEQ	工程预算/万元
				淘汰关停项目	工艺改造计划	污控设施改造计划			
商丘市	电弧炉炼钢	永城市振兴金属制品有限公司	30 万 t/a			布袋式除尘	1 年	820	875.6
新乡市	废弃物焚烧	新乡川崎化机有限责任公司	3 000 t 糠醛生产装置		1. 新增高效内置二次燃烧分离器锅炉（12 t）; 2. 新增有机废渣净化式集中存储装置; 3. 新增潜水式净化器	新上污控装置：袋式除尘器及活性炭吸附装置	5 年	600	630
平顶山市	废弃物焚烧	平顶山市宝德利医疗废物处置中心	小型			冷却塔、除尘设施	5 年		800
总　　计								48 693.17	25 365.6

附表三　POPs 废物无害化管理与处置工程项目

行政区划	废物来源	废物量	主要工程内容及规模	处置单位及其资质	实施年限	投资预算/万元
河南省	含二噁英的焚烧飞灰	2 万 t/a	清运、存储、处置	清运和存储：河南天辰环保科技股份有限公司国家规划内的河南省危险废物集中处置中心 处置：待定（将采用招标的方式，选取具有处置资质的企业进行处置）	到 2015 年	3 560

附表四　河南省持久性有机污染物污染防治“十二五”规划项目及资金估算表

序号	项目分类	项目名称	资金估算/万元
1	二噁英类削减控制工程项目		25 365.6
2	POPs 废物无害化管理与处置工程项目		3560
3	二噁英类调查和技术研究工作	完成二噁英重点排放行业更新调查工作	100
		2011 年，在二噁英重点排放行业完成排放控制及其废物处置的宣传工作	
4	杀虫剂类 POPs 调查核实和削减淘汰工作	完成对可能存在的 9 家在非有限场地封闭体系下以 DDT 为中间产物生产三氯杀螨醇的企业的调查工作	800
		2011 年，完成河南省杀虫剂类 POPs 库存和废弃情况更新调查工作	
		2013 年，完成河南省已识别杀虫剂类 POPs 废物处置和环境无害化处理	
		2015 年基本完成全省范围内杀虫剂类 POPs 废物的环境无害化管理和处置	
5	多氯联苯环境无害化管理和处置	逐步在河南省建立完善的在用 PCBs 装置申报、登记和环境无害化管理体系	1 400
		到 2015 年完成已识别含 PCBs 电容器、变压器等装置和废物的环境无害化管理和处置	
6	POPs 污染物治理示范性工程建设	2013 年前，完成河南省 1 个示范城市含 PCBs 在用设备和废物环境无害化处置	800
		2014 年前，完成医疗废物处置领域二噁英削减控制最佳可行技术和最佳环境实践（BAT/BEP）的应用示范	
7	POPs 监测、监察体系及能力建设等项目	将与 POPs 排放相关的工艺、技术、设备和产品按公约时限要求分别实施鼓励、限制和淘汰	3 000
		加强二噁英类 POPs 排放的环境监测能力建设（包括监测仪器、设备的购买及相关人员监测能力培训等），评估 POPs 对环境和人群健康的影响	
		研究和开发满足履约需要的替代品/替代技术、BAT/BEP、废物处置技术和污染场地修复技术	
		建立国际多边双边、河南省和各地市财政、企业以及民间其他资本相结合的投融资机制，保证河南省削减和控制 POPs 排放的资金需求	
		加强河南省 POPs 相关研究、开发、评估、管理基础设施和能力建设	
		提高公众意识，建立和完善公众参与 POPs 管理的机制	
总　计			35 025.6

附表五　河南省拟关停企业名单

序号	地区名称	排放源类别	单位全称
1	开封市	废弃物焚烧	开封市第六人民医院
2	开封市	废弃物焚烧	河南大学第一附属医院
3	开封市	废弃物焚烧	开封市肿瘤医院
4	开封市	废弃物焚烧	开封市陇海医院
5	开封市	废弃物焚烧	通许县人民医院
6	开封市	废弃物焚烧	尉氏县人民医院
7	开封市	废弃物焚烧	开封县第一人民医院
8	开封市	废弃物焚烧	开封县第二人民医院
9	平顶山市	废弃物焚烧	鲁山县人民医院
10	平顶山市	废弃物焚烧	郏县中医院
11	平顶山市	废弃物焚烧	汝州市第一人民医院
12	安阳市	废弃物焚烧	汤阴县人民医院
13	安阳市	废弃物焚烧	滑县人民医院
14	安阳市	废弃物焚烧	内黄县人民医院
15	安阳市	废弃物焚烧	内黄县中医院
16	安阳市	废弃物焚烧	内黄县第二人民医院
17	安阳市	废弃物焚烧	林州市人民医院
18	鹤壁市	废弃物焚烧	鹤壁煤业（集团）有限责任公司第二职工医院
19	鹤壁市	废弃物焚烧	鹤壁煤业有限责任公司总医院
20	鹤壁市	废弃物焚烧	鹤壁市妇幼保建院
21	鹤壁市	废弃物焚烧	鹤壁市传染病医院
22	鹤壁市	废弃物焚烧	河南省鹤壁市第一人民医院
23	鹤壁市	废弃物焚烧	鹤壁市第二人民医院
24	鹤壁市	废弃物焚烧	浚县人民医院

序号	地区名称	排放源类别	单位全称
25	鹤壁市	废弃物焚烧	浚县中医医院
26	鹤壁市	废弃物焚烧	浚县第二人民医院
27	鹤壁市	废弃物焚烧	淇县人民医院
28	濮阳市	废弃物焚烧	濮阳市人民医院
29	濮阳市	废弃物焚烧	濮阳市中医院
30	濮阳市	废弃物焚烧	濮阳市油田总医院
31	濮阳市	废弃物焚烧	濮阳市第五人民医院
32	濮阳市	废弃物焚烧	清丰县人民医院
33	濮阳市	废弃物焚烧	南乐县人民医院
34	濮阳市	废弃物焚烧	南乐县妇幼保健院
35	濮阳市	废弃物焚烧	范县人民医院
36	濮阳市	废弃物焚烧	范县第三人民医院
37	濮阳市	废弃物焚烧	台前县人民医院
38	濮阳市	废弃物焚烧	濮阳县中医院
39	濮阳市	废弃物焚烧	濮阳县第二人民医院
40	濮阳市	废弃物焚烧	濮阳县人民医院
41	三门峡市	废弃物焚烧	渑池县人民医院
42	三门峡市	废弃物焚烧	卢氏县人民医院
43	三门峡市	废弃物焚烧	灵宝市第一人民医院
44	三门峡市	废弃物焚烧	三门峡市湖滨区环境卫生管理处
45	三门峡市	废弃物焚烧	义马行健商贸有限责任公司
46	商丘市	废弃物焚烧	商丘市第三人民医院
47	商丘市	废弃物焚烧	商丘市中心医院
48	商丘市	废弃物焚烧	商丘市第四人民医院
49	商丘市	废弃物焚烧	商丘市第一人民医院
50	商丘市	废弃物焚烧	民权县人民医院
51	商丘市	废弃物焚烧	睢县人民医院

序号	地区名称	排放源类别	单位全称
52	商丘市	废弃物焚烧	宁陵县人民医院
53	商丘市	废弃物焚烧	柘城县人民医院
54	商丘市	废弃物焚烧	虞城县人民医院
55	商丘市	废弃物焚烧	河南省夏邑县人民医院
56	商丘市	废弃物焚烧	夏邑县中医院
57	商丘市	废弃物焚烧	夏邑县公费医疗医院
58	商丘市	废弃物焚烧	永煤集团总医院
59	商丘市	废弃物焚烧	河南神火集团职工总医院
60	信阳市	废弃物焚烧	信阳市中心医院
61	信阳市	废弃物焚烧	信阳职业技术学院附属医院
62	信阳市	废弃物焚烧	信阳市第四人民医院
63	信阳市	废弃物焚烧	罗山县中医院
64	信阳市	废弃物焚烧	光山县人民医院
65	信阳市	废弃物焚烧	河南省新县人民医院
66	信阳市	废弃物焚烧	固始县人民医院
67	信阳市	废弃物焚烧	潢川县人民医院
68	信阳市	废弃物焚烧	河南省息县人民医院
69	信阳市	废弃物焚烧	息县第二人民医院
70	周口市	废弃物焚烧	周口市中医院
71	周口市	废弃物焚烧	周口市中心医院
72	周口市	废弃物焚烧	周口市人民医院
73	周口市	废弃物焚烧	扶沟县人民医院
74	周口市	废弃物焚烧	河南省国营黄泛区农场中心医院
75	周口市	废弃物焚烧	西华县人民医院
76	周口市	废弃物焚烧	商水县人民医院
77	周口市	废弃物焚烧	河南省沈丘县人民医院
78	周口市	废弃物焚烧	郸城县人民医院

序号	地区名称	排放源类别	单位全称
79	周口市	废弃物焚烧	淮阳县人民医院
80	周口市	废弃物焚烧	淮阳县中医院
81	周口市	废弃物焚烧	太康县人民医院
82	周口市	废弃物焚烧	太康县公疗医院
83	周口市	废弃物焚烧	太康县中医院
84	周口市	废弃物焚烧	鹿邑县人民医院
85	周口市	废弃物焚烧	项城中医院
86	周口市	废弃物焚烧	项城市第一人民医院
87	驻马店市	废弃物焚烧	驻马店市中心人民医院
88	驻马店市	废弃物焚烧	驻马店市第一人民医院
89	驻马店市	废弃物焚烧	西平县人民医院
90	驻马店市	废弃物焚烧	上蔡县人民医院
91	驻马店市	废弃物焚烧	平舆县人民医院
92	驻马店市	废弃物焚烧	正阳县人民医院
93	驻马店市	废弃物焚烧	确山县人民医院
94	驻马店市	废弃物焚烧	泌阳县人民医院
95	驻马店市	废弃物焚烧	汝南县人民医院
96	驻马店市	废弃物焚烧	遂平县仁安医疗有限公司仁安医院
97	驻马店市	废弃物焚烧	遂平县人民医院
98	驻马店市	废弃物焚烧	新蔡县人民医院
99	洛阳市	再生有色金属（铜）	中铝洛阳铜业有限公司

注：由于河南省已建成 17 家医疗废物处置中心，即将验收，本规划拟对表中涉及的医院关停其医疗废物焚烧装置。

第10章　河南省环境保护"十二五"政策法规标准建设规划

豫环文〔2012〕228号

为全面推进全省环境保护政策、法规、标准建设，切实加强环境保护工作，加快推进经济发展方式转变，促进中原经济区又好又快发展，根据《国务院关于支持河南省加快建设中原经济区的指导意见》《国家环境保护"十二五"规划》《"十二五"全国环境保护法规和环境经济政策建设规划》《"十二五"全国环境保护标准建设规划》和《河南省环境保护"十二五"规划》，结合全省实际，制定本规划。

10.1　"十一五"环境保护政策法规标准建设情况

"十一五"期间，我省坚持以科学发展观为指导，紧紧围绕污染减排和改善环境质量中心工作，深入开展环境政策理论研究，积极进行实践探索，全力推进环境保护工作制度化、规范化、标准化，全省环境保护政策、法规、标准建设取得了长足进步。

10.1.1　环境保护法规建设成果突出

"十一五"期间是我省环境保护立法进程最快的时期。省人民代表大会常务委员会审议通过并颁布了《河南省建设项目环境保护条例》《河南省水污染防治条例》《河南省固体废物污染环境防治条例》3部地方性环境保护法规，省人民政府出台了《河南省建设项目环境影响评价文件分级审批规定》《河南省环境监察办法》2部规章，填补了环保领域急需的法规空白，进一步明确了社会环保法律义务，设定了环保违法的法律责任，建立了较为完善的环境监管制度，为环境保护提供了有力的法律支撑。

10.1.2　环境经济政策作用显现

“十一五”期间，我省逐步建立了流域水环境生态补偿制度。先后出台了《河南省沙颍河流域水环境生态补偿暂行办法》《河南省海河流域水环境生态补偿办法（试行）》《河南省水环境生态补偿暂行办法》，形成了覆盖全省 39 条河流、60 个省控断面和 203 个市控断面的生态补偿体系。稳步推进排污权有偿使用和交易工作。在洛阳、焦作、三门峡、平顶山等市开展了排污权有偿使用和交易试点工作，逐步规范了排污权交易主体、条件、程序和规则，实现排污权交易 198 笔，资金额 3 016.48 万元，为全省开展排污权交易工作积累了丰富的实践经验。有序推进了绿色证券、绿色保险和绿色贸易等制度研究。环境经济政策的制定和实施，丰富了环境管理手段，促进了全省环境保护工作的开展。

10.1.3　地方环境保护标准建设成效明显

“十一五”期间，我省先后颁布实施了《河南省造纸工业水污染物排放标准》（DB 41/389—2004）、《河南省合成氨工业水污染物排放标准》（DB 41/538—2008）2 项行业标准，开展了《啤酒工业水污染物排放标准》《铅冶炼工业污染物排放标准》等标准调研工作，强化了环境保护标准的“导向、依据、规范”作用。相关环境保护标准的出台，提升了重点行业污染防治水平，促进了重点行业产业结构优化，对促进污染减排、改善全省环境质量发挥了重要作用。

10.2　“十二五”环境保护政策法规标准建设的必要性和紧迫性

“十二五”时期，是加快转变经济发展方式，推进中原经济区建设的关键时期，是环境保护快速发展的重要战略机遇期。中原经济区建设要走出一条不以牺牲生态和环境为代价的“三化”协调发展路子，做好环境保护和生态建设工作是重要的基础和保障。环境保护政策、法规、标准是提高环境管理水平、推进环境保护、实现污染减排、促进产业结构调整、改善环境质量的基本依据。加强环境保护政策、法规、标准建设，既是环境保护实践的现实需求，又是建设中原经济区的必然要求。

（1）制定地方政策、法规、标准是国家环境保护法制建设的必然要求。国家环境保护政策、法规、标准制定周期长，与环保工作的现实需求存在一定差距。尽快制定适合我省特色的环境政策、法规、标准，创新环境经济政策，填补国家政策、法律的空白，细化、量化国家的原则性规定，健全更为严格和全面的地方环境保护标准，形成适合全省环境保护需要的环境保护政策、法规、标准体系，成为环保法治化的必然选择。

（2）制定地方政策、法规、标准是环境保护实践的客观要求。“十二五”时期是我省环境保护工作的关键时期，既面临着经济快速增长、环境资源需求持续增加的压力，又面临着转变发展方式、调整产业结构的难得发展机遇。结合实际，制定我省地方环境保护政策、法规、标准，规范企业环境行为，促进企业依法减排，引导企业淘汰落后产能，应用新技术、新工艺，优化产业结构，提高环境容量使用效率，破解发展中环境容量资源不足的难题，实现发展方式转变，已经成为中原经济区建设的实践需求。

（3）制定地方政策、法规、标准是污染减排的直接要求。随着中原经济区建设的快速发展，我省面临着新增污染物刚性增加和污染物存量减排任务繁重的双重压力。目前，我省环境约束日益显现，污染减排更加紧迫，突发事件时有发生，环境安全形势十分严峻。污染减排是“硬约束”，通过制定针对性的政策、法规、标准把污染减排指标层层分解到各级人民政府，落实到各个企业，具体到工程减排、结构减排、管理减排过程中，是全社会共同完成污染减排任务的重要手段；也是综合运用法律、经济、技术、行政等手段，实施综合治理，推动重点流域、重点区域、重点行业污染减排，持续改善环境质量的根本途径。

10.3 总体要求

10.3.1 指导思想

以科学发展观为统领，坚持在发展中保护、在保护中发展原则，坚持务实、高效、创新、规范的工作方法，围绕以环境保护优化经济发展的基本要求，加快建立有特色的地方环境保护政策、法规、标准体系，充分发挥环境保护政策、法规、标准在促进主要污染物减排、环境质量改善、产业结构调整中的重要作用，为探索代价小、效益好、排放低、可持续的环保新道路提供法制保障。

10.3.2 规划原则

（1）上下一致，特色突出。政策法规建设坚持以国家环保政策、法律、法规为依据，以细化、量化原则性规定，制定具体的制度、程序和措施为重点。标准建设坚持以国家环保标准为基础，以地方标准为有效补充，切实保持与国家环境标准建设的规划和要求相一致。结合我省环境保护实际，建设富有特色的地方环境保护政策、法规、标准体系。

（2）统筹兼顾，重点推进。统筹考虑环境保护与经济发展、城市环境与农村生态，科学规划政策、法规、标准建设项目。重点推进污染减排、排污权有偿使用和交易、生态补偿、企业环境行为信用评价等方面的政策法规建设；突出加强重点流域、重点行业环境标准制定工作。

（3）积极创新，合理借鉴。结合我省环境特点和管理需求，积极开展政策创新、法制创新、标准创新，努力提升我省地方环境政策、法规、标准研究水平。借鉴国内外环境保护政策、法规、标准制定的先进经验，积极采纳先进的政策法律制度和环境标准，满足环境保护预防为主、源头控制的需要。

（4）服务发展，急用先行。从环境形势与发展需求出发，以促进环境管理战略转型为抓手，以解决突出的环境问题为目标，合理安排“十二五”环境保护政策、法规、标准建设的目标与任务，依据任务需求的紧迫程度，兼顾现实基础，分步实施，急用先行，优先推动环境保护急需的政策、法规、标准的研究制定工作，稳步实现规划目标。

10.3.3　规划目标

（1）“十二五”期间的总体目标：到 2015 年，基本建立起与河南省环境保护事业发展相适应，重点突出、具有特色、系统完整的地方环境保护政策、法规、标准体系，形成科学、规范、高效的政策、法规、标准工作机制，对环境保护的支撑作用明显增强。

（2）政策目标：通过理论研究和试点探索，力争出台一批有利于环境保护的经济政策，形成鼓励节约资源、保护环境、限制污染的政策导向机制，建立不以牺牲生态与环境为代价、促进中原经济区建设协调发展的环境经济政策体系。

（3）法规目标：通过立法调研，总结实践经验，及时将成熟的经济政策和制度上升为地方性法规、规章，建立职责明确、监督到位、查处有力的环境监管体制，建立预警及时、出动迅速、处置得当的环境风险预防和处理机制，基本形成覆盖全面、权义明确、责任严格的地方法规体系。

（4）标准目标：紧紧围绕污染减排中心工作，推进重点流域（区域）环境保护标准、重点行业污染物排放标准和管理规范类标准的制订工作，初步建立以污染物排放标准为主体、环境质量标准和管理规范类环境保护标准相配套的河南省环境保护标准体系，形成行业标准与流域标准并举、排放标准与技术规范并用、标准实施与标准评估并重的环境保护标准工作格局，为全省污染减排和环境质量改善提供有力支撑。

10.4 政策法规建设的主要任务

以建立地方环境保护政策、法规体系为目标，重点加强污染减排、辐射污染防治、环境应急、污染防治设施监督和环境自动监控等方面的立法工作，强化排污权交易、生态补偿、环境价格政策、企业环境行为信用评估、污染损害责任保险等方面的环境经济政策研究和制定工作，推动环境保护工作的制度化、规范化建设，为“十二五”期间各项环境保护工作深入开展提供坚强的政策、法规保障。

10.4.1 完善环境保护法规体系

（1）做好《河南省环境保护条例》的立法准备工作

有针对性地开展环境质量目标管理体系、环境保护责任体系、环境保护技术创新体系、环境经济政策体系、环境执法体系、环境宣传体系调研工作，跟进国家《环境保护法》的修订进度，做好起草修订《河南省环境保护条例》的各项准备工作。

（2）起草并提请审议《河南省减少污染物排放条例》

起草并提请省人大常委会审议《河南省减少污染物排放条例》，努力强化对污染物排放的控制与管理，构建政府主导、部门监督、单位负责、公众参与的减排机制，实现末端治理向全过程控制减排的转变，规范环境保护设施社会化运营程序；建立主要污染物排放总量控制制度，细化主要污染物总量控制指标的分解程序和方法；明确污染物排放监督管理制度，量化行政区域限批和企业限批条件；明确减少污染物排放措施，重点细化大气污染减排措施；明确违规责任追究制度，量化污染减排考核和问责制度，细化违法排污的处罚办法。

（3）起草并提请审议《河南省辐射污染防治条例》

起草并提请省人大常委会审议《河南省辐射污染防治条例》，明确核技术利用、伴生放射性矿开发利用、放射性废物处置以及产生电磁辐射的有关单位的法律权利义务，建立辐射污染防治责任制；明确各级辐射污染防治监督管理机构的职责、分工，核发辐射安全许可证的原则、条件和程序，建立辐射污染防治监管责任制；细化违法处罚办法和违规责任追究制度。

（4）起草并提请审议《河南省环境应急管理办法》

起草并提请省政府审议《河南省环境应急管理办法》，明确环境事件范围和应急处置责任，健全环境应急管理组织，完善应急设施建设和经费保障，规范应急组织业务训练和考核，建立联动机制，明确环境事件处置原则、程序、方法，全面提升环境应急能力。

（5）修订并提请审议《河南省环境污染防治设施监督管理办法》

修订并提请省政府审议《河南省环境污染防治设施监督管理办法》，明确环境监察、监测、监控机构的法律地位，完善违规处罚制度，加大对环境污染防治设施拥有者环境违法行为依法处罚力度，推动在线自动监控体系建设，建立超标排污公示制度，明确经批准后污染防治设施停运、维修期间排污收费制度，完善污染防治设施环境应急管理制度，规范环境保护管理档案。

（6）积极做好立法项目储备工作

广泛开展大气污染防治调查研究，分析污染成因，总结治理经验，探索治理机制，做好制定《河南省大气污染防治条例》的各项基础工作；积极开展环境监测调查研究，总结经验，查找不足，做好制定《河南省环境监测条例》的前期准备工作，深入研究分析我省环境自动监控管理现状，起草《河南省环境自动监控管理办法（草案）》，做好提请省政府常委会审议的准备工作，为建立健全我省地方环保法规体系做好项目储备。

（7）制定其他行政执法规范性文件

制定和完善环境保护依法行政有关文件和制度，明确逐级执法责任和岗位执法责任，规范执法行为，细化行政处罚自由裁量权制度，提高执法质量，科学设定执法过错认定和责任追究条件、程序，防止执法腐败。

10.4.2　创新环境经济政策

（1）起草并提请审议《河南省主要污染物排污权有偿使用和交易管理暂行办法》，全面推进排污权交易

开展主要污染物排污权有偿使用和交易政策研究，探索排污权有偿使用和交易的管理办法和配套制度，总结排污权有偿使用和交易试点取得的经验和存在的问题，研究起草并提请审议《河南省主要污染物排污权有偿使用和交易管理暂行办法》，会同有关部门配套制定《河南省排污权有偿使用和交易管理暂行办法实施细则》《河南省排污权有偿使用费征收和交易资金管理办法》《河南省排污权有偿使用费征收标准》等规范性文件，指导全省开展排污权有偿使用和交易。

（2）制定有关水环境生态补偿办法，完善流域生态补偿机制

在“十一五”全流域生态补偿试点工作的基础上，开展流域阶梯生态环境补偿机制和补偿标准研究，会同省财政、省水利部门下发《河南省水环境生态补偿暂行办法》的补充通知，完善流域生态补偿机制。广泛深入开展流域生态环境补偿调研，分析存在的

问题，总结实践经验，探索生态补偿规律，研究出台《河南省水环境生态补偿办法》，形成符合“使用者付费、保护者补偿”原则，覆盖全流域的科学生态补偿制度。开展大气环境、土壤环境生态补偿研究，探索重污染企业退出、矿产资源开发、自然保护区等领域的生态补偿机制，适时制定相应补偿政策。

（3）修订有关环境价格政策，完善相关收费制度

根据国家有关规定，结合我省实际，修订《河南省环境监测服务收费管理办法》和《河南省环境监测服务收费标准》，规范环境监测收费行为。修订完善《河南省排污费征收使用管理办法》，加大排污费征缴力度。会同有关部门推进城镇污水处理收费政策改革，落实污泥收费政策，确保污水处理厂的正常运行和处理效果。全面推动燃煤电厂烟气脱硫、脱硝电价政策的落实，提高企业污染治理的积极性。

（4）研究制定《河南省企业环境行为信用评价管理办法》，建立企业环保信用评价机制

跟进国家关于企业环境行为信用评价政策，研究制定《河南省企业环境行为信用评价管理办法》，科学评估企业环保设施、环保管理、环境违法行为、环境风险等方面情况，综合确定并公开企业环境行为信用等级。将企业环境行为信用等级有序纳入银行、证券、保险等金融部门的征信系统，并根据国家绿色信贷政策，适时制定出台我省绿色信贷政策。将企业环境行为信用等级纳入政府监管部门信息系统，充分利用市场机制提升企业环境管理能力、政府监管能力、舆论监督能力，强力推进环境保护工作。

（5）研究制定《河南省环境污染责任保险实施意见》，逐步建立环境污染责任保险制度

开展环境风险和污染损害鉴定评估试点工作，按照环保部部署，研究制定《河南省环境污染损害鉴定评估管理办法》，推动环境污染损害评估工作。积极推动环境污染责任保险研究，以石油化工、危险废物处置等高风险行业为重点，研究河南省环境污染责任保险试点工作方案，探索环境污染责任保险规律，制定《河南省环境污染责任保险实施意见》，配套制定相关环境损害赔偿标准，指导保险公司开展险种研发工作。

10.5 标准体系建设的主要任务

以建立河南省环境保护标准体系为目标，以重点流域排放标准、重点流域环境质量标准、重点行业排放标准、管理规范类环境保护标准为着力点，整体推进，重点突破，逐步形成“纵向到底、横向到边”的流域及行业环境保护标准全覆盖。强力提升双洎河、

省辖海河、蟒沁河、清濮河等重点流域以及啤酒、铅冶炼、制药、盐业、碱业等重点行业的污染治理和防控水平，为促进污染减排和发展方式转变、推动“十二五”期间环境保护重点工作提供标准保障。

10.5.1　制定重点流域环境保护标准，推动流域环境质量改善

制定双洎河、省辖海河、蟒沁河、清濮河等流域的水污染物排放标准，设定不同时段不同级别的污染物排放限值，促进排放标准与环境目标相衔接。

（1）制定《双洎河流域水污染物排放标准》

依据双洎河水环境容量，以双洎河流域水环境质量达标为目标，制定《双洎河流域水污染物排放标准》，筛选污染物控制因子，确定污染物排放限值，提出污染控制因子的监测和监控要求，减少沿途城镇生活污水和造纸工业废水对双洎河影响，改善双洎河水环境质量。

（2）制定《河南省辖海河流域水污染物排放标准》

以促进省辖海河流域水质改善，保障省辖海河流域“十二五”主要污染物减排任务完成为目标，控制制约省辖海河流域水环境质量达标的主要因子，制定《河南省辖海河流域水污染物排放标准》，确定主要水污染物的排放限值，提出污染控制因子的监测和监控要求，缓解省辖海河流域水环境容量超载、结构性污染突出问题。

（3）制定《蟒沁河流域水污染物排放标准》

以深挖蟒沁河流域减排潜力，促进产业“优化升级”，保障黄河下游饮用水水源安全为目标，在兼顾环境保护需求和行业治污经济技术可行的条件下，制定《蟒沁河流域水污染物排放标准》，确定水污染物排放浓度限值和单位产品基准排水量，提出污染控制因了的监测和监控要求。促进蟒沁河流域“小、散、弱”企业提档升级，改善蟒沁河水环境质量。

（4）制定《清濮河流域水污染物排放标准》

以促进清濮河水质达标，改善清濮河水生态环境为目标，制定《清濮河流域水污染物排放标准》，确定污染物排放限值，提出污染控制项目的监测和监控要求，改善清濮河流域污染源集中排放对水环境的影响。

（5）其他重点流域（区域）环境保护标准研究及制定

根据环境管理和污染减排工作的需要，以解决重点流域（区域）环境质量问题为突破，针对农村地区、南水北调沿线及其他需要特殊环境保护或环境质量改善的重点区域，制定流域（区域）污染物排放标准和环境质量标准，通过提高环境标准倒逼产业结构调

整，全面改善重点流域（区域）环境质量。

10.5.2 制定重点行业污染物排放标准，深化结构减排工作

（1）制定《啤酒工业水污染物排放标准》

开展《啤酒工业水污染物排放标准》制定工作，明确不同时段不同类型企业水污染物排放浓度标准限值和单位产品排水量限值，明确水污染物监测和监控要求，推动啤酒行业清洁生产技术的开发和推广，提高啤酒企业规模和技术装备水平，促进啤酒行业主要水污染物持续减排。

（2）制定《铅冶炼工业污染物排放标准》

制定《铅冶炼工业污染物排放标准》，明确铅冶炼行业大气和水污染物排放限值，对污染物采样监测要求及各控制指标的分析方法进行统一规定，有效落实国家重金属污染防治工作的有关要求，促进河南省冶炼工业健康发展。

（3）制定制药工业水污染物间接排放标准

制定《发酵类制药工业水污染物间接排放标准》和《化学合成类制药工业水污染物间接排放标准》，以国家标准为依据，结合河南省制药行业污染物排放特点和公共污水处理系统处理能力，选取污染控制因子，确定工业水污染物间接排放最高允许限值，缓解制药工业废水对公共污水处理系统的冲击，为城镇污水处理厂的稳定运行提供保障。

（4）制定《盐业、碱业氯化物排放标准》

以解决河南省2001年发布的《盐业氯化物排放规范》中部分控制指标核算困难，且明显落后于行业发展及环境管理要求等问题为目标，结合河南省制盐和制碱行业生产工艺、技术装备、污染治理和清洁生产水平的发展情况，对《盐业氯化物排放规范》的相关内容进行修订，制定《盐业、碱业氯化物排放标准》，增设纯碱企业氯化物浓度排放限值和单位产品基准排水量，修改盐业氯化物排放浓度和单位产品基准排水量限值，进一步推动行业特征污染物减排，为行业环境监管提供依据。

（5）制定其他典型行业污染物排放标准

围绕河南省“十二五”化学需氧量、氨氮、二氧化硫、氮氧化物四项主要污染物减排工作、产业转型升级及环境管理的需求，紧跟国家污染物排放标准发展趋势，开展其他典型污染行业及地方特有行业地方污染物排放标准的制定工作，逐步实现全省典型污染行业污染物排放标准全覆盖。

10.5.3 制定管理规范类环境保护标准，促进环境管理标准化

（1）制定《河南省农村生活污水处理技术规范》

结合《河南省农村环境连片综合整治实施方案》有关污水处理要求，借鉴发达省市经验，从河南省农村生活污水特征出发，制定《河南省农村生活污水处理技术规范》，明确农村生活污水收集、处理、排放等一般要求，总结并推荐部分农村生活污水处理的技术模式，指导农村生活污水处理设施设计、建设和运行管理，促进河南省农村环境连片综合整治工作的有序推进，缓解农村生活污水排放引起的环境污染问题。

（2）制定《畜禽养殖污染防治技术规范》

制定《畜禽养殖污染防治技术规范》，规定集约化、规模化畜禽养殖场和养殖小区新建、改建、扩建过程中的厂址选择、环境评价、养殖模式与工艺、清洁生产与污染防治、饲料选用等方面的技术要求，提出适合规模化畜禽养殖的废弃物无害化处理与资源化综合利用模式，逐步提高畜禽养殖污染防治技术水平，控制畜禽养殖业污染产生和排放。

10.6 保障措施

10.6.1 加强组织领导，落实工作责任

成立规划领导小组，将规划任务和重点项目逐级分解、明确责任，拟定工作进度、工作标准及奖惩事项，集中人力物力积极推进。主动加强与法制、科技、质监等部门的沟通协调，充分吸取相关部门意见，争取多方支持。按照《河南省环境保护“十二五”规划》和本规划评估考核机制，对规划实施情况进行进度考核、总结考核，确保规划落到实处。

10.6.2 注重能力建设，提高工作质量

加强全省政策、法规、标准队伍的建设，努力培养一批理论素质高、攻坚能力强的人才骨干。通过内部培养教育和外部引进的方式，提升环境保护政策、法规、标准理论水平，增强宏观管理水平。依托环境科研机构、社会科研院所、高等院校等推动研究创新团队的建设，逐步建立外援专业人才队伍。更加突出科研在政策、法规、标准体系建设中的引领作用，加强环境经济政策理论、管理理论、法学理论、标准体系研究，推进后评估工作，努力提高工作的科学性、前瞻性、实效性。

10.6.3 强化宣传贯彻力度，保障公众参与

依托环境宣传教育体系，切实加大环境保护政策、法规、标准的宣传培训和贯彻执行力度，全面提升公民的环境守法意识。畅通公众参与渠道，广泛征集民意，充分保障公民的环境权益，提高环境政策、法规、标准建设的透明度、公信度。

附　表

附表一　河南省“十二五”环境保护法规规章重点项目一览表

序号	名　称	责任单位	实施计划
1	河南省环境保护条例	政策法规处	开展立法调研、前期研究及立法准备工作
2	河南省减少污染物排放条例	政策法规处、污染物排放总量控制处	2012 年开展调研、制定，并提交省人大常委会审议
3	河南省辐射污染防治条例	政策法规处、辐射环境管理处	2011 年开展调研、制定，适时提交省人大常委会审议
4	河南省环境污染防治设施监督管理办法	政策法规处、污染防治处、环境监察总队	开展调研修订工作，适时提请省政府审议颁布
5	河南省环境应急管理办法	政策法规处、环境监察总队	开展调研，适时提请省政府列入立法计划
6	河南省大气污染防治条例	政策法规处、污染防治处	2015 年前开展调研、起草工作
7	河南省环境监测条例	政策法规处、监测处、监测中心、监控中心	2015 年前年开展调研、起草工作
8	河南省环境自动监控管理办法	政策法规处、监测处、监控中心	开展调研，适时提请省政府列入立法计划

附表二　河南省“十二五”环境经济政策重点项目一览表

项目	2011—2013 年	责任单位	2014—2015 年
生态补偿	1．开展河南省流域阶梯式生态环境补偿机制研究； 2．建立生态环境补偿实施效果定量化评估系统。研究制定《河南省水环境生态补偿办法》	政策法规处	完善河南省流域生态环境补偿资金管理机制
	开展湿地、自然保护区和饮用水水源保护区等重要生态功能区生态补偿标准核算研究。起草制定《河南省南水北调沿线环境生态补偿办法》	政策法规处	研究建立湿地、自然保护区和饮用水水源保护区等生态补偿标准体系
排污权交易	起草并提请省政府审议《河南省主要污染物排污权有偿使用和交易管理暂行办法》，配套制定《排污权有偿使用和交易管理暂行办法实施细则》《排污权有偿使用费征收和交易资金管理办法》《排污权有偿使用费征收标准》	政策法规处	完善主要污染物排污权有偿使用和交易的配套政策

项目	2011—2013 年	责任单位	2014—2015 年
环境污染责任保险	开展环境风险和污染损害鉴定评估研究； 开展环境污染责任保险研究； 制定河南省环境污染责任保险试点工作方案； 跟进国家政策，研究制定《河南省环境污染责任保险实施意见》	政策法规处	适时制定环境污染损害鉴定评估和环境污染责任保险的相关政策
企业环境行为信用评价	开展相关行业环保设施、环保管理、环境违法行为、环境风险等方面情况的调研工作； 跟进国家规定，研究制定《河南省企业环境行为信用评价管理办法（草案）》	政策法规处	综合评估企业环境行为信用等级，逐步将企业环境行为信用等级纳入金融部门的征信系统和政府监管部门的信息系统

附表三　河南省“十二五”环境保护标准体系重点项目一览表

序号	类别	名　　称	责任单位	实施计划
1	重点流域、区域污染物排放标准	双洎河流域水污染物排放标准	科技标准处	2011 年开展调研、制定工作，2012 年完成
2		省辖海河流域水污染物排放标准	科技标准处	2012 年开展研究制定工作，2013 年完成
3		蟒沁河流域水污染物排放标准	科技标准处	2012 年开展研究制定工作，2013 年完成
4		清溧河流域水污染物排放标准	科技标准处	2012 年开展调研和研究制定工作，2013 年完成
5		根据减排工作实际，选择重点流域、区域制定污染物排放标准	科技标准处	2013 年开展调研，2014 年开展制定工作，2015 年年底完成
6	重点行业污染物排放标准	啤酒工业水污染物排放标准	科技标准处	2011 年完成
7		铅冶炼工业污染物排放标准	科技标准处	2011 年完成
8		盐业、碱业氯化物排放标准	科技标准处	2012 年完成
9		发酵类制药工业水污染物间接排放标准	科技标准处	2011 年开展调研、制定工作，2012 年完成
10		化学合成类制药工业水污染物间接排放标准	科技标准处	2012 年开展调研、制定工作，2012 年年底完成
11		根据减排工作实际，围绕主要污染物考核指标，选择重点行业制定污染物排放标准	科技标准处	2013 年开展调研，2014 年制定工作，2015 年年底完成
12	管理规范类标准	河南省农村生活污水处理技术规范	科技标准处	2012 年完成
13		畜禽养殖业环境准入规范	科技标准处	2013 年完成
14	重点流域、区域环境质量标准	根据减排工作实际，选择若干重点流域、区域制定环境质量标准	科技标准处	2014 年开展调研，2015 年开展制定工作
15	标准规划	“十三五”环境保护标准建设规划	科技标准处	2014 年开展前期研究工作，2015 年年底完成规划编制工作

第11章　河南省环境监管能力建设“十二五”规划

11.1　前言

环境监管是环境管理的重要组成部分，是实现环境保护目标的重要保障。“十一五”以来，我省积极采取措施加强环境监管能力建设，强化环保监督执法，环境监测预警体系、执法监督体系和管理基础设施建设取得积极成效，环境监管水平得到了提升。

“十二五”时期，是我省全面建设小康社会的关键时期，随着中原经济区建设上升为国家战略，我省工业化、城镇化和农业现代化建设进程将继续加快推进，同时经济社会的快速发展与资源环境的矛盾将日益突出，经济增长的环境约束日益显现，环境安全形势日益严峻，环境监管能力的全面提升更加迫切。因此，全面加强全省环境监管能力建设和提高监管水平是我省新时期环境保护工作的重中之重，提高各级环保部门对各类环境突发事件的预警和应急处置能力成为维护我省环境安全、保持可持续发展的必然选择。

依据《国务院关于加强环境保护重点工作的意见》《中原经济区规划（2012—2020年）》《国家环境保护“十二五”规划》《国家环境监管能力建设“十二五”规划》和《河南省环境保护“十二五”规划》等文件精神，制定《河南省环境监管能力建设“十二五”规划》（以下简称《规划》）。《规划》从完成“十二五”环境保护重点任务需求出发，围绕环境保护“总量控制、质量改善、风险防范”目标要求，以建立完善的环境监测与监督体系、科学的总量核查核算与污染源监控体系、高效的环境预警与应急管理体系、有力的环境科研与技术支撑体系和完善的人才与运行保障机制为重点，着力解决制约环境监管能力提升的瓶颈问题，全面提升我省环境监管能力和水平，为实现“十二五”环境保护目标，推进生态文明建设提供坚强支撑。

11.2 现状、问题与需求

“十一五”期间，我省认真组织实施《国家环境监管能力建设“十一五”规划》，全省累计完成环境监管能力建设投资 14.7 亿元，其中中央投资 4.3 亿元，省级和市、县级分别投入 4.4 亿元和 6 亿元，基本完成了国家环境监管能力建设“十一五”规划提出的主要目标和任务，全省环境执法监督体系得到完善，环境监测预警体系建设得到加强，环境应急监测技术装备体系建设取得积极进展，环境管理基础设施建设逐步推进，环境监管能力得到进一步加强。

11.2.1 建设现状

（1）环境监管体系得到完善

“十一五”期间，全省逐步完善了包括环境质量监测、污染源自动监控、污染源监督性监测、环境突发事件应急监测在内的环境监测监控网络，初步建立以省级辐射环境监测为龙头的辐射环境质量监测和监控网络。省级辐射、环境监测、固体废物、自动监控等环境管理机构相继成立，由省、市、县三级组成的环境监察执法、环境监测体系逐步形成，核与辐射监测监管、固体废物管理、环境监控（信息）、宣传教育等机构建设逐步推进。

专栏 11-1 环境监管体系建设现状

环境质量监测网络。已基本形成省、市、县三级环境质量监测网。至 2010 年年底，全省建成了由 223 座环境空气自动监测站组成的环境空气质量监测网，其中包括 1 个农村空气区域监测站，50 个酸雨监测点和 1 个沙尘暴监测站，7 个国家环保重点城市增加了 CO、臭氧监测因子；全省淮河、黄河、海河及长江流域共布设有国控监测断面 36 个、省控监测断面 83 个，省控监测点湖库 23 个、地表水饮用水水源地 15 个、地下饮用水水源地 34 个、地下水监测 157 个，建设水质自动监测站 134 个，饮用水水源地水质自动监测站 14 个；112 个县（市、区）级站开展了环境空气和地表水例行监测；布设城市功能区噪声点位 75 个，区域环境噪声点位 3 561 个，道路交通噪声点位 963 个。

环境监控网络。建成了包括环境自动监控平台、地表水责任目标断面水质自动监控、饮用水水源地水质自动监控、环境空气质量自动监控、重点区域环境空气质量自动监控、工业企业重点污染源自动监控、城市污水处理厂自动监控、辐射环境质量及放射性污染源自动监控和环境应急监测与指挥等 9 个子系统在内覆盖全省的环境自动监控系统；完成了 643 家国控、省控重点污染源（包括城市污水处理厂）在内 1 108 个自动监控基站的建设，142 座城市污水处理厂与 44 家省管电厂同时建成由 334 套视频监控设施组成的视频监控系统；对国控、省控重点水、气污染源实现了实时监控，全省环境监测监控网络初具规模。

辐射监测网络。全省 18 个省辖市共设置了 26 个辐射空气吸收剂量率自动监测点和 20 个射频电磁辐射综合场强自动监测点，初步建立了以省级监测为龙头的全省的辐射环境质量监测网络。

环境监管机构。至 2010 年，全省已建立 132 个环境监测中心（站），形成了省、市、县（区）三级环境监测网络；建成辐射安全技术中心 19 个，初步形成了省、市两级辐射环境监测网络；建成 1 个省级和 3 个市级环境监控（信息）中心；全省共有监测工作人员 4 387 人，辐射环境技术人员 165 人，环境监控人员 349 人。全省已建立各级环境监察机构 161 个，形成了由省环境监察总队、18 个市级监察支队和 142 个县（市、区）级监察大队组成的环境监察执法体系；全省省本级和 3 个省辖市成立了固体废物管理专管机构，7 个省辖市成立了与辐射监管合署办公的管理机构，固体废物管理体系逐步建立；全省共有 1 个省级和 9 个市级独立的环境宣传教育机构，其余 9 个市级和县级环境宣传教育机构大部分为合署办公体制。

（2）环境监管装备水平得到提升

“十一五”期间，我省环境监察执法机构标准化建设全面推进，环境监察执法装备水平显著提高。全省环境监测站标准化建设得到加强，县级环境监测站的监测能力建设得到重点支持，各级环境监测站仪器装备标准化建设程度有所提高。省级及部分省辖市辐射监测仪器设备配置逐步提升，省放射性废物库改造项目及配套实验室建设完成。省、市环境应急装备和环境科研基础能力逐步加强。

专栏 11-2 环境监管装备配置现状

环境监测。至 2010 年年底，省、市、县三级环境监测站有各类仪器设备 8 486 台（套），日常监测工作需要得到基本保障，全省有 6 个三级站通过了标准化建设达标验收；对省级环境监测中心加强了地表水水质全分析能力建设，在典型区域和农村地区开展温室气体和农村空气监测。

环境监察。“十一五”期间，在国家的大力支持下，全省全面加强环境监察执法机构的标准化建设，至2010年年底，省级、18个省辖市和84个县（市、区）共103个环境监察机构通过了国家相应标准化建设达标验收，全省环境监察机构共配备环境执法车辆630台，执法仪器设备6 353台（套）。

辐射环境监测。省、市两级辐射环境监测机构配备了常规辐射监测、应急监测、辐射防护及监督执法取证仪器设备，在重点区域建设了46个辐射连续自动监测子站，完成了省放射性废物库改造项目及配套实验室建设。

固废管理。至2010年年底，省级固体废物管理机构有各类仪器设备40台（套），业务用车3台，省辖市级机构有各类仪器设备72台（套），业务用车14台。

环境应急。省环境监测中心配备了水、气环境污染事故应急监测车及相关应急监测仪器设备，省辖市监测机构配备了应急监测车及必要的应急监测仪器和防护装备；省辐射安全中心配备了放射源应急搜寻设备，初步具备环境应急能力。

环境监控。完成了各级监控中心管理平台、数据传输、分析、审核与发布网络建设。

环境科研。至2010年年底，全省有省、市两级环境管理机构直属环境科学研究院所18个，其中省级有河南省环境保护科学研究院，省辖市有环境科学研究院所17个，有各类仪器设备219台（套），业务用车49台，环境科研体系逐步加强。

环境宣教。至2010年年底，全省各级环境宣传教育机构有各类仪器设备598台（套），业务用车13台。

（3）环境监管能力建设投入不断加大

“十一五”期间，全省不断加大环境监管能力建设投入力度，重点加强环境监测、监察等能力建设，对提高环境监管效率发挥了重要作用。监测能力建设主要用于标准化建设、环境质量监测网、监督性监测和应急监测等方面。监察能力建设主要用于标准化建设、重点污染源自动监控等方面。

专栏11-3 “十一五”期间监管能力主要投资情况

环境监测能力建设投资。“十一五”期间，全省环境监测站标准化建设及环境质量监测网建设投资共计46 247万元，其中，中央投资21 827万元；各级环境监测站污染源监督性监测能力建设共投资8 244万元，其中，中央投资6 194万元；全省共投资2 909万元用以加强省级及环保重点城市环境监测站应急监测能力建设，其中中央投资944万元。全省下拨环境监测网运行补助费 1 700 万元。

环境监察能力建设投资。全省通过中央专项资金和地方配套资金共投入 22 339 万元，用于环保执法队伍的标准化建设，其中，中央专项资金 9 517 万元，地方配套资金 12 822 万元。重点污染源自动监控能力建设投资 31 559 万元，重点污染源自动监控中心建设投资 10 844 万元。

核与辐射安全监管能力建设投资。核与辐射安全监管能力建设投资共计 1 679 万元，主要用于辐射连续自动监测子站建设和常规辐射监测能力建设。

环境信息与统计能力建设投资。全省环境信息与统计能力建设共投资 1 452 万元，其中，中央投资 487 万元，用于环保业务信息化建设、环境信息传输与基层统计基础能力建设。

环境宣传教育能力建设投资。省级环境宣教能力建设投资 195 万元。其中，中央资金 97.5 万元，我省配套资金 97.5 万元。

11.2.2 主要问题

虽然“十一五”我省环境监管能力建设取得积极进展，但环境基础设施薄弱、环境监管能力建设总体滞后、标准化信息化水平不高、保障条件不足、人才队伍和环境监管能力与职能任务不相适应等问题依然存在，与我省经济社会发展对环境保护的要求仍有较大差距。

（1）环境监管能力建设总体滞后

全省环境监管能力标准化建设水平仍然较低，达到标准化建设要求的环境监察机构不足 65%，环境监测机构标准化建设达标率不足 5%，各级辐射、固体废物、宣教、应急和环境信息机构仍远达不到国家及地方相关标准化建设的要求。

（2）基础能力建设问题突出

基础设施建设和人才队伍建设等方面逐渐成为制约环境监管能力水平提高的瓶颈因素，监管机构业务用房缺口较大、环境监管队伍人员业务水平总体不高、运行保障经费不足，难以满足日益繁重的环境监管任务需要。

（3）环境监管效率有待提高

环境监测、监察、应急、信息、统计、科技、宣教等领域缺乏有效整合与联动，在系统集成、信息共享等方面不能满足协同配合的需要。环境监管网络信息化水平不高，环境监测自动化能力仍然不强，市、县级环境监控（信息）机构和体系尚不完善，监测监控的成果尚未有效应用到环境管理的各个方面，环境统计数据分析应用不足。

（4）核与辐射安全监控体系薄弱

核与辐射安全监管能力建设方面长期以来欠账多、底子薄，辐射环境监测体系建设仍相对滞后，仪器装备严重短缺，难以满足核与辐射安全监管的需求。

（5）环境统计基础能力不足

环境统计能力建设投入不足，环境统计基础能力建设薄弱，技术装备落后等问题突出，对污染减排工作的支撑作用难以满足要求。

（6）环境应急管理体系尚未形成

全省多数省辖市、省直管试点县（市）环境应急管理机构尚未建立，应急装备、应急物资和应急管理人员严重匮乏，环境应急管理及应急技术支撑体系仍未形成；应急监测仪器装备不足，自动监测系统监测因子较少，环境预警及信息发布体系有待完善；辐射事故应急能力薄弱问题突出，缺乏必需的监测仪器设备，尚未建立移动应急监测系统。

（7）环境科研与技术支撑能力滞后

环境科研力量相对薄弱，环境科研与技术支撑能力滞后，环境科研人员缺乏，仪器装备不足，自主研发能力较弱，技术体系不完善，环境监测监控技术研究、环境规划、环境标准、政策法规编制能力相对薄弱，解决新的环境问题和协助政府决策的能力明显不足。

（8）环境监管机构和人才队伍建设亟待加强

随着环保工作深化和领域拓展，各级环境保护部门的管理、技术支持机构和编制难以满足工作需要，乡村一级基本无环境执法机构和人员，现有环保人员的专业技术水平制约了环境监管向专业化、信息化、智能化发展。

11.2.3 建设需求

“十二五”期间是我省全面建设小康社会的关键时期，随着中原经济区建设的加快推进，环境保护面临的形势更加严峻，新时期环境保护工作对环境监管能力提出了更高的要求。

（1）环境质量监管能力急需提升

改善环境质量是环保工作的主要任务，必须进一步加强环境监测、环境监察、辐射环境监测、固废管理等机构能力建设；为提高环境质量监测水平，需要继续推进环境质量监测网络的建设和优化，开展细颗粒物（$PM_{2.5}$）、臭氧（O_3）、一氧化碳（CO）、挥发性有机物（VOCs）等新增指标的监测，形成信息化、自动化的监测网络；需要加强监测数据的质量控制，保障数据准确可靠；需要开展空气、水、土壤、生态环境监测评估，进一步拓展和加强农村环境监测监管能力，为客观评价环境质量提供支撑。

（2）污染源监管与总量核查核算能力急需加强

强化监管是实现总量减排的重要手段。“十二五”期间污染减排的压力进一步加大，必须进一步加强环境监察、监控机构监管能力和环境统计机构核查核算能力，建设全省环境监管移动执法系统，提高污染源监管水平。“十二五”期间新增氮氧化物和氨氮两项减排约束性指标，污染源自动监控、信息化管理、环境统计和分析、环境科研等能力亟需加强；重金属污染、机动车污染、农业源污染等新增减排领域亟须纳入减排监管体系。

（3）环境预警与应急能力亟待加强

加强预警应急能力是防范环境风险和应对突发环境事件的重要前提。随着新型工业化、城镇化和农业现代化进程的加快推进，环境突发事件呈现高发态势，为保障环境安全，必须不断完善环境预警与应急机制，加强风险源调查，建立起有效的环境预警体系，充分发挥物联网、GIS 等技术优势，完善环境预警应急指挥信息平台，提高突发环境事件的应急应对能力。

（4）环境科研和人才队伍建设亟待加强

“十二五”期间，随着经济社会的快速发展，传统的环境污染和生态破坏问题尚未得到根本解决，新的生态和环境问题不断出现，环境风险日益加剧，急需大力加强环境科研与技术支撑能力，加大环境科技研究基础能力建设和环境监管人才队伍建设，为解决新的环境问题提供技术和人才保障。

11.3　指导思想与建设目标

11.3.1　指导思想

以建立与新时期环境保护任务相匹配的环境监管体系为目标，紧紧围绕全省环境保护中心工作，以建立和强化环境监测与监督体系、总量核查核算与污染源监控体系、环境预警与应急管理体系、环境科研与技术支撑体系和完善人才与运行保障机制为重点，努力推进环境保护监管能力的现代化、标准化、信息化和智能化，切实提升环境监管整体水平，为实现“十二五”环境保护目标，建设生态文明提供有力保障。

11.3.2　基本原则

（1）统筹兼顾，突出重点

以“总量减排、质量改善、风险防范”三大任务为导向，统筹长远规划与近期目标，兼顾环境监管能力建设的不同领域，明确重点任务，着力解决制约环境监管能力提升的瓶颈问题。

（2）强化集成，确保绩效

加强环境监测、监控、监察、应急、信息、统计、科研、宣教等领域建设任务的集成，实现资源共享，形成合力，提高监管能力建设质量和效率，全面提升环境监管整体水平和综合能力。

（3）分类指导，均衡发展

根据不同层级环境监管能力建设的差异性，加强分类指导、分级管理，实现均衡发展，推进环境监管基本公共服务均等化建设。

（4）系统配置，协调推进

综合考虑影响环境监管能力提升的制约因素，软硬结合，在加强环境监管硬件能力建设的同时，提升人才队伍建设，提高人员素质和专业水平，强化监管运行保障。

11.3.3　规划目标

到 2015 年，基本建立完善的环境监测与监督体系、科学的总量核查核算与污染源监控体系、高效的环境预警与应急管理体系、有力的环境科研与技术支撑体系、有效的人才运行保障机制。具体目标和指标：

（1）环境监测与监督能力显著提升

到 2015 年，省级和市级（含省直管试点县，下同）环境监测站标准化建设达到国家标准化建设要求，县级环境监测站基本设备配置达标率达到 90%；环境监察省级达到国家标准化建设要求，市、县级环境监察机构装备建设达标率分别达到 100%、90%；环境监控（信息）省、省辖市和省直管试点县（市）机构仪器设备配置达标率分别达到 100%、80%和 70%；辐射环境监测省、市两级机构仪器设备配置达到标准化要求；省级固体废物管理、环境宣教机构达到国家相关标准化建设要求，市级固体废物管理、环境宣教机构仪器设备配置达标率达到 70%，基本满足日常环境监管需要。环境监测网进一步完善，专项环境监测能力得到明显提升。

（2）污染源监控与总量核查核算能力全面提高

强化环境监控系统建设，污染源监管能力、移动执法能力和环境统计能力明显增强，基本建成产排污系数动态更新系统，机动车排污监控平台基本建立，污染源监督性监测能力、农业源监管能力与污染减排科技支撑能力显著增强。

（3）环境预警与应急管理能力系统加强

省级环境应急管理机构达到国家标准化建设二级要求，市级机构二级达标率达到70%以上，建立起较完善的环境预警及应急管理体系，应对突发环境事件能力系统提升，涉重金属、危险废物、危险化学品、放射性物质等有毒有害物质的污染事件防范水平显著提高。

（4）环境科研与技术支撑能力明显增强

省、市两级环境科研机构基础科研能力进一步提高，环境重点实验室、工程技术研究中心、实验基地和研究中心逐步建立，环境科研对环境管理的技术支撑能力全面提升。

（5）人才和运行保障机制进一步完善

加强环境监测、监察、应急、信息、评估、宣教、法规、统计、科研、国际履约与国际合作等领域不同层次的人员培训与队伍建设；强化环境监管保障，理顺环境监管体制，完善运行机制，保障运行、维护、更新改造经费。

表 11-1　河南省环境监管能力建设“十二五”规划主要指标

序号	指标名称	2010 年现状值	2015 年目标值
1	省、市、县三级环境监察机构装备配置标准化建设达标率	监察机构： 省级 100%； 市级 100%； 县级 59.2%	监察机构新标准： 省级 100%； 市级 100%； 县级 90%
2	省、市、县三级环境监测站国家标准化建设达标率（市级仪器设备配置、县级基本设备配置）	监测机构： 省级 0%； 市级 0%； 县级 4.5%	监测机构： 省级 100%； 市级 100%； 县级 90%
3	省、省辖市、省直管试点县（市）环境监控（信息）中心仪器设备配置标准化建设达标率	—	省级 100%； 省辖市 80%； 省直管试点县（市）70%
4	省、市两级辐射环境监测机构仪器设备配置标准化建设达标率	—	省级 100%； 市级 100%
5	省、市两级固废监管机构仪器设备配置相关标准化建设达标率	—	省级 100%； 市级 70%
6	省、市两级环境宣传教育机构标准化建设达标率	—	省级 100%； 市级 70%
7	省、市两级环境应急管理机构标准化建设二级达标率	—	省级 100%； 市级 70%

11.4 主要任务

11.4.1 建立完善的环境监测与监督体系

围绕改善全省环境质量的要求，进一步强化和完善环境监测和监督体系。重点加强环境监测和监督机构能力建设，积极推进省、市、县三级环境监管机构标准化建设，全面提升环境监管和环境质量监测水平；按照填平补齐的原则和环境保护任务需求合理配置仪器装备，加强重点领域、重点区域专项环境监测及评估能力；优化点位布局，完善空气、水质自动站建设，扩大环境监测指标与范围，重点加强 $PM_{2.5}$、POPs、温室气体、VOCs、臭氧等环境监测能力，推进省级和重点城市饮用水水质全分析能力建设，加强土壤、重金属环境监测和监管能力建设，开展生态监测和生态环境质量评估，加强环境质量监督考核体系建设，提升环境质量监督管理水平，确保环境质量"测得准"。

（1）强力推进环境监管机构能力建设

全面推进各级环境监察机构标准化建设。根据国家新修订发布的《全国环境监察标准化建设标准》和《环境监察标准化建设达标验收管理办法》要求，进一步加强各级环境监察执法能力建设，完善和更新各级环境监察机构仪器设备、取证、通信、办公、信息化等执法装备，推进各级环境监察机构业务用房建设，实现各级环境监察机构装备建设全部达到国家标准化建设新要求的目标。

全面推进各级监测站标准化建设。全面推进各级环境监测站标准化建设；完善实验室基础设施，推进环境监测业务用房建设，强化基本和专项监测仪器设备配备，"配精省级、配强市级、加强县级"，全面提升各级环境监测站监测管理水平。

全面推进环境信息机构标准化建设。按照国家相关标准要求，完成省级、稳步推进市级、积极推进县级环境信息机构标准化建设，完善信息化基础设施，进一步提高信息化管理水平。

加强辐射环境监测机构标准化建设。健全和完善核与辐射安全监测监察系统，加强各级辐射环境监测机构建设和基础能力建设，按照"强配省级、全配市级、选配县级"的总体原则，积极推进省、市及省直管试点县（市）辐射环境监测机构标准化建设；补充相关监测仪器和执法取证装备，全面提升辐射安全监管水平，强化核与辐射安全现场监督执法能力，逐步形成责任明确，制度完善，监管有力的三级核与辐射安全监管系统。

加强固体废物管理机构标准化建设。建立健全各级固体废物管理机构，逐步加强省、市及省直管试点县（市）固体废物管理机构基础能力建设，填平补齐仪器及装备，推进省、市两级机构分别达到相应标准化建设要求。

加强环境应急管理机构标准化建设。加快省、市及省直管试点县（市）环境应急机构建设，按照《全国环保部门环境应急能力建设标准》及《全国环保部门环境应急能力标准化建设达标验收暂行办法》要求，加强应急管理、技术支撑和处置救援“三支队伍”建设。充实人员，强化能力，积极推进环境应急“事前预防、应急准备、应急响应、事后管理”全过程管理。

加强环境宣传教育机构标准化建设。建立和完善各级环境宣传教育机构，重点推进市级及省直管试点县（市）以上环境宣传教育机构标准化建设，增强传统媒体和网络新兴媒体宣传教育工作手段，提高舆论监测和引导能力，丰富环境保护公益宣传活动形式，提升环境保护社会公众参与水平。

（2）加强环境质量监测网络建设

健全空气质量监测系统。进一步完善全省县级以上城市环境空气质量自动监测网络建设，建设省级空气质量监测背景点，补充建设环境空气质量监测自动站；按照新修订的《环境空气质量标准》（GB 3095—2012）要求，分期分批开展可吸入颗粒物（PM_{10}）、二氧化硫、二氧化氮等指标以及新增的细颗粒物（$PM_{2.5}$）、臭氧、一氧化碳等指标的空气质量监测能力建设，逐步按照新标准发布城市空气质量；重金属重点防控区开展相关重金属污染物的环境空气质量监测，环保重点城市开展持久性有机物（POPs）、挥发性有机物（VOCs）等项目监测试点，郑州市开展温室气体监测示范。

完善水环境质量监测系统。在现有省控以上监测点位的基础上，进一步优化调整水环境质量监测点布局，完善地表水、地下水、饮用水水源等重点监测点位和自动监测网络，不断提高水环境质量监测的自动化水平；建设南水北调中线工程丹江口水库南阳渠首环境监测中心，保障库区及水源地环境安全；加强省辖市监测站专项监测能力建设，补充增加分析仪器设备，提高水质全分析和生物指标监测能力。

加强辐射环境监控网建设。完善辐射环境质量省控网络建设，增加省辖市、重点县、大型电磁辐射项目所在地区的空气γ自动监测、电磁辐射自动监测和总α、β自动监测点位；推进环境空气、水环境、土壤、生物放射性水平及电磁辐射监测能力建设。

完善核与辐射监管系统。开展放射源在线监控系统建设，在已有建设的基础上，补充和完善放射源在线监控，使全省放射源处于有效监控之下，依靠自动监测站构建全省核与辐射环境实时监控网络；加强电磁辐射环境安全管理、核技术应用、放射性物品运输监管和放射性废物安全处置能力建设。

（3）加强重点领域和区域环境监测能力

开拓生态监测领域。开展生态监测与生态环境质量评估，加强应用卫星遥感和地面监测相结合的生态环境监测监控能力建设，设立生态观测站和野外观测研究站，对自然保护区、重要生态功能区等环境敏感区域及事故易发区实施监控；加强自然保护区管护设施建设，开展生态环境状况调查与生态环境质量监测，逐步提高生态监测和评估能力，提升自然保护区管理水平。

加强重金属监测能力。加强对全省11个重金属重点防控区所在市级站和省环境监测中心重金属监测能力建设，提高重点区域监测能力和水平；对重点防控区所在的区县环境监测站，按相关专项规划要求补充完善专项实验室仪器设备和自动监测仪设备，对重金属污染源及其周边水、气、土壤等开展重金属长期跟踪监测；其他省辖市监测站按照要求填平补齐有关仪器设备，全面开展重金属监测。

构建农村环境监测网络。统筹城乡环境监测网建设，围绕农村典型环境问题，逐步建立农村环境监测体系；启动农村环境质量调查，逐步摸清农村污染源、环境质量状况，掌握潜在的环境风险，初步形成由县级环境监测机构为主，省辖市级环境监测机构为辅的农村环境监测模式。

（4）加强环境监测质量管理能力

全面加强监测数据质控能力建设，建立省级数据质控实验室和数据质控系统，强化环境监测技术监管与数据审核，提升环境质量监督管理水平；完善环境监测人员持证上岗制度，逐步建立环境监测机构资质管理制度。完善环境质量监督考核体系。

11.4.2 建立科学的总量核查核算与污染源监控体系

围绕总量控制要求，着力加强总量核查核算与污染源监控体系建设。以强化环境监察、环境监控（信息）、环境统计机构能力建设为核心，实现污染源监管能力的综合提升；以加强污染源监督性监测网络建设，提高污染源自动监控系统监控能力为重点，强化对污染源的监管力度，提升治污设施稳定运行水平；以加强环境信息统计能力为手段，推动污染减排数据整合共享与信息综合管理水平提升；以加强污染源监管信息公开服务平台建设为支撑，实现污染源监管的公众监督，提升公共服务水平；以建立机动车污染减排、农业源减排、国际公约受控物质污染源监管能力为依托，拓宽污染源监管领域，服务于全省总量减排工作，确保污染源“管得住”。

（1）强化污染源监管能力

着力加强移动执法系统建设。建立移动执法数据平台，配备与信息平台联网的移动执法终端，提升监管手段，提高现场执法效率，推动环保执法规范化、现代化和信息化。

加强专项执法与取证检验能力建设。对重金属、持久性有机污染物等有毒有害物质重点防控区域的环境监察机构配置必要的专项取证设备，加强省、市环境监察机构取证、检验及数据核实等取证检验能力。

（2）完善污染源监控网络

加强环境监控（信息）机构能力建设。推进环境监控（信息）机构建设，重点加强省、省辖市及省直管试点县（市）环境监控（信息）机构基础能力建设；创新环境监管模式，拓展环境监控应用范围，推进物联网在污染减排中的应用；强化信息共享与综合管理能力，提高“十二五” 减排约束性指标的监控管理信息化水平。

逐步完善污染源自动监控网络。完善省、省辖市及省直管试点县（市）污染源监控中心建设，对市控以上重点污染源全部实施自动监控，全面实现省、市、县三级自动监控系统联网。

拓展污染源监管能力。拓展监控项目，开展新增约束性污染物、重金属、温室气体、二噁英等监督性监测能力建设；根据企业类型不同，在现有省控以上重点监控企业加装氨氮或氮氧化物监控设备；对 11 个重金属污染防治重点区域的涉重重点企业安装废水或废气在线监测仪器设备，实施重金属污染源自动监控；拓宽环境监控领域，推进自动监控工况试点，对城市污水处理厂、省管电厂等重点企业建设工况监控系统、超标预警系统。

提高污染源数据审核管理及共享应用能力。建立污染源监管数据中心，加强重点监控企业自动监测系统数据有效性审核能力，将自动监控设施稳定运行情况与污染源总量减排核定挂钩；强化污染源自动监控系统连续监测数据的质量控制、远程控制、远程比对等手段，完善环境监控基站巡检巡查制度，推动污染源自动监控制度化和规范化；建设数据共享平台，加强污染源自动监控数据在总量核算、排污收费申报、环境预警等方面的应用。

（3）加强污染源监管的社会监督

重点加强污染源监管公共服务及监督平台建设，建设“阳光环保”工程，进一步完善环境保护政务公开及自动化办公网络支撑平台，形成省、市环保政务公开及自动化办公体系；完善 12369 环境投诉举报热线系统，在重点区域建立监测公告制度，及时公布污染源超标排放企业名单；强化污染企业环境守法意识，建立企业环境行为信用评价、企业环境监督员、企业年度环境报告制度，规范企业环保档案管理和内部环境管理制度，加强企业环境污染状况自测。

（4）强化环境统计和新增减排领域环境监管能力

加强总量减排核查核算系统建设。组建省级污染减排核查核算技术中心，建立污染减排环境统计信息综合管理平台和数据库，强化重点监控企业数据传输系统，实现与污染源监管数据中心平台的数据共享，强化环境统计数据分析应用；建立环境统计数据现场核查体系，规范环境统计数据联合会审制度，有效保证统计数据质量；建立工业源、农业源、生活源等产排污系数定量观测点，开展重点行业、生活源产排污系数模拟研究。

加强环境统计基础能力建设。加强环境统计基础能力建设，强化总量减排环境统计技术支持能力，重点加强省、市级、县三级环境统计基础能力建设，开展基层及企业环境统计专职人员培训，逐步建立持证上岗制度。

健全总量减排监控网络。完善新增主要污染物总量减排监控网络，并保障其正常运行；强化机动车污染减排监管能力建设，建立省、市机动车环保监管平台，提升移动监测能力建设，在重点区域和城市开展道路交通污染监测；推动农业源减排监控网络建设，加强规模化畜禽养殖污染减排核查能力，提高监测、监察水平，加强农业面源污染管理与控制；加强国际公约受控物质污染源监测监管，提高国际环境公约履约水平。

（5）建立排污权交易制度

建立排污权交易平台及交易中心，建设排污指标申报及申购平台、交易信息公开公布平台、排污指标配额跟踪监管监控平台、政策法规平台、在线数据网络平台，构建污染物排污权有偿使用政策体系，市场交易规则与程序，以实现优化环境资源配置，促进产业结构调整、区域均衡发展，实现污染减排和环境质量改善的目标。

11.4.3 建立高效的环境预警与应急管理体系

立足于环境风险防范要求，系统加强环境预警与应急管理体系建设。以环境风险防范、环境预警、环境应急为重点，加强全省环境风险防控、环境应急指挥、应急监测监控系统建设，加强环境舆情监测，提高突发环境事件的应对能力；开展环境风险源调查和风险评估，加强环境风险源管理，提高涉重金属、危险废物、危险化学品、核与辐射等有毒有害物质污染事件防范水平，开展污染损害评估；全面提高环境风险预警及处置能力，确保应对突发环境事件“响应快”。

（1）加强环境风险整体防范和管理水平

加强环境风险源管理。组织开展环境风险源的调查和评估，建立全省重点行业、重点企业、重点污染物等环境风险源数据库和 GIS 地理信息系统，定期组织开展环境风险隐患排查。

加强核与辐射应急能力。省、市及省直管试点县（市）辐射安全监管机构逐步开展应急监测、应急指挥系统建设，配备应急监测仪器设备及交通、通信工具，建设应急指挥平台，重点加强省辐射环境安全技术中心核与辐射应急响应能力建设，防范和化解突发性核与辐射污染事故隐患。

提高危险废物风险防范能力。建设河南省危险废物情报和登记交换平台，实现全省危险废物数据的采集、审批、处理及决策支持网络化；加强重金属、危险废物（含医疗废物）、污泥、电子废弃物等处理处置的监管能力建设，努力实现危险废物安全处置。加强物联网在危险废物和危险化学品运输领域的研发应用，实现对危险废物和危险化学品运输和转移的实时监控。

开展危险废物基础调查工作。开展全省危险废物基本情况调查，全面掌握危险废物的产生、转移、贮存、利用和处置情况，建立危险废物产生重点源清单，健全危险废物管理信息资料档案。

（2）加强环境预警网络建设

强化环境预警系统建设。强化环境监测和监察执法在环境预警中的作用，完善环境风险源基础信息数据库及 GIS 地理信息系统；以省环境监测、监控机构为技术依托，采用环境质量综合数值模拟技术和 GIS 空间分析技术，研究建立城市、区域和流域以及环境问题易发、多发地区的环境质量评价预测模型和环境安全风险评价预警实验平台，建设突发环境事件预警信息发布系统，实现对区域性、重大污染事故隐患的环境状况预警预测。

建立环境预警应急监测网络。着力加强重点区域、流域环境预警体系建设，建立跨行政区域的预警监测机制，加强环境预警信息共享和通报；以开封、洛阳、新乡、驻马店为依托，建设豫东、豫西、豫北、豫南四个区域性环境应急监测中心，形成以省环境监测中心、四个区域中心、丹江口水库南阳渠首环境监测中心和市级监测站组成的全省环境预警应急监测网络，形成全省环境应急监测联动机制，构建区域环境风险监测预警网络，全面提升环境预警预测和应急监测水平。

加强典型环境问题预警监测能力。重点加强省级和区域中心监测站重金属、二噁英、细颗粒物、温室气体、挥发性有机物、生物毒性、湖泊有机富营养化、饮用水水源地综合毒性监测预警能力，逐步开展持久性有机污染物、危险化学品、放射性物质等预警监测试点，拓宽环境预警监测能力。

建立环境舆情监测网络。重点建设省、市两级联网的环境舆情监测机制，建立相应的实时舆情监测平台，提高舆情监测、收集、研判、引导能力，及时掌握网络舆情动态，建立省市联动、信息共享、重大舆情问题预警、分析及快速有效引导的环境舆情监测监控网络。

（3）加强环境应急响应能力建设

加强突发环境事件应急指挥系统建设。着力加强环境应急指挥平台、应急装备等基础配置能力，系统提升省、市环境应急机构硬件配置水平；建设重点污染源信息数据库、环境应急专家支持平台和环境应急指挥通讯网络系统，全面提升环境应急响应和处置能力。

建设多层级环境应急物资储备网络。推进郑州区域性应急物资储备基地和支援保障基地建设，依托区域性应急救援物资储备基地，建立全省环境应急物资装备信息综合管理调度系统，构建省、市、县三级环境应急物资储备保障网络。

深化环境应急预案管理。根据《突发环境事件应急预案管理暂行办法》，建立健全省、市、县三级突发环境事件应急预案，适时开展突发环境事件应急演练，形成统一领导、分级管理、功能全面、反应灵敏、运转高效的突发环境事件应急管理机制。

（4）强化环境应急技术支撑与环境损害鉴定评估能力建设

加强环境应急技术研究，强化环境应急模拟与控制技术能力建设；推动省级环境风险与污染损害鉴定评估技术机构的建立，加强相关基础能力建设，开展环境污染损害鉴定评估模型与软件模型研究；建立环境污染损害鉴定评估机制，逐步开展环境风险与环境污染事故损害鉴定和损失评估试点工作。

11.4.4 建立有力的环境科研与技术支撑体系

进一步增强环境保护科研机构科研能力，为解决环境问题提供技术支撑；努力建设省级环境重点实验室，加快人才队伍培养，完善科研管理及保障体系，提高科研创新能力和科研成果水平，实现对重大环境问题的研究和有效解决，确保解决环境问题技术“有支撑”。

加强环境科研技术支持能力建设。加强环境保护科研机构能力建设，提升环境科研基础装备水平，改善科研条件，提高创新能力；逐步建立污染防治、生态保护、环境规划、政策法规、环境标准、排污权交易、污染损害评估等技术支撑平台。

推进重点实验室和工程技术研究中心建设。建设环保部土壤环境监测重点实验室和省级环境监测重点实验室；推进环境容量高效利用模拟研究重点实验室建设，提升环境管理决策技术支撑能力；建设功能齐全、技术先进的大气灰霾污染超级监测站和大气灰霾成因及污染防治对策实验室；在农村面源污染控制、饮用水水源地保护、重金属污染治理、生态修复等领域，逐步建设实验基地和环境工程技术研究中心，加强数字信息、监控应急技术及空间分析模拟技术研究，逐步建立相关技术研究中心。

加强政策法规标准体系建设。开展环境保护政策、法规、标准研究和制定，加快建立有特色的地方环境保护政策、法规、标准体系，充分发挥环境保护政策、法规、标准在促进主要污染物减排、环境质量改善、产业结构调整中的重要作用。

11.4.5　建立有效的人才和运行保障机制

针对环境保护任务需求，进一步完善人才和运行保障机制，加强环境监管人才队伍建设，建立环保专业人才培养引进机制，强化环保队伍业务培训，完善环境监管运行保障机制，确保完成环境监管任务“有保障”。

加强环境保护人才队伍建设。大力提升人才队伍素质，支持全省生态环保人才发展规划目标的实现，加大环保人才培养投入力度，强化环境管理和技术人员业务培训，完善持证上岗制度，定期开展环境技能竞赛和应急演练，提高全省环保系统人员素质。

推进环保专业人才培养引进机制建设。积极引进环保工作急需专业的博士或博士后；提高高级职称人员的比例，实施环境科技领军人才培养战略，开展环保系统学术带头人和优秀专家评选活动，努力造就一支数量充足、结构合理、适应环境形势发展需要的高素质、创新型科技人才队伍。

加强环保队伍业务培训能力建设。完善培训机制，加大环保培训经费投入，加强省市环境教育培训基础能力建设，初步形成覆盖全省的环境教育培训网络。

强化环境监管运行保障机制。建立经费保障渠道和机制，理顺环境监管体制，完善运行机制，保障环境监管网络稳定运行和维护、设备更新、业务用房维修改造。

11.5　重点工程与投资估算

围绕重点任务，“十二五”期间，全省环境监管能力建设共规划重点工程项目 53 个，项目总投资 35.4 亿元。

11.5.1　环境监测与监督体系建设项目

环境监测与监督体系建设项目包括省、市、县三级环境监测、环境监察和省、市及省直管试点县（市）环境信息、辐射监测监察、固废管理、环保宣传教育标准化建设，环境空气监测能力建设，饮用水水源地及水环境质量监测网建设，重金属与土壤监测能力建设，生态监测系统建设，丹江口库区南阳渠首环境监测站建设，全省环境监管业务用房建设等 15 个建设项目，总投资 21.07 亿元。

11.5.2 总量核查核算与污染源监控体系建设项目

总量核查核算与污染源监控体系建设项目包括环境监控（信息）机构能力建设、环境移动执法能力建设、污染减排统计能力建设、机动车污染减排监管能力建设、省排污权交易中心建设等 10 个建设项目，总投资 4.05 亿元。

11.5.3 环境预警与应急管理体系建设项目

环境预警与应急管理体系建设项目包括环境应急管理机构标准化建设、环境风险防范和管理能力建设、环境预警监测系统建设及应急指挥保障系统建设、郑州区域性应急物质储备基地及支援保障中心建设、南水北调中线工程水源地环境安全保障中心建设等 15 个项目，总投资 3.19 亿元。

11.5.4 环境科研与技术支撑体系建设项目

环境科技支撑体系建设项目包括环境科研机构基础能力建设、省级重点实验室、工程技术中心及研究中心建设、政策法规、标准、规划技术支持能力建设等 9 个建设项目，总投资 1.59 亿元。

11.5.5 人才及保障机制建设项目

人才保障机制建设项目包括环境监测、监察、应急、信息、评估、宣教、法规、统计等领域不同层次的人员培训、环境监管及科研人才队伍建设、急需紧缺专业人才培养引进等 3 个项目，规划总投资 0.5 亿元。

运行保障项目包括环境监察、环境监测、环境应急、辐射安全、固体废物监管、环境信息、环境统计、环境宣教、环境科研等系统设备运行保障费。总投资 5.0 亿元。

11.6 保障措施

11.6.1 明确部门职责，强化实施

全面贯彻落实《国务院关于加强环境保护重点工作的意见》《国家环境监管能力建设

“十二五”规划》和《河南省环境保护“十二五”规划》，切实加强组织领导，明确发展改革、财政、环境保护等部门的职责分工，强化监管，全面推进规划实施。统筹各专项规划与本规划的衔接、配套，加强项目前期工作，编制具体项目实施方案，建立并完善项目库，提高项目储备能力。

11.6.2　加大资金投入，提高效益

依据事权、财权、责任相统一的原则，发挥各级政府的积极性，明确各级事权划分，将环境监管能力建设和运行费用纳入各级财政预算予以重点保障，确保资金到位，同时积极争取中央环保专项资金支持。在各级财政年度预算资金及科研专项资金中加强对调查评估、执法监管、人员培训、环境科研项目及运行保障等资金支持。充分发挥市场机制，引导社会资金，拓宽投资渠道。加强项目资金监管，实施项目绩效评估，建立考核结果与资金预算安排的联动机制，明确奖惩措施，提高资金使用效益。

11.6.3　加强队伍建设，提升水平

落实《河南省生态环保人才发展中长期规划》，加强环境监管人才队伍建设，实施人才体制机制创新，提升人才发展的基础保障能力，建设一支数量充足、素质优良、结构优化的环境监管队伍。提高科研院校、企业自主研发能力，形成规模化生产能力。积极学习借鉴国外先进经验、技术、理念和管理模式，提高监管能力建设整体水平。

11.6.4　开展规划评估，加强考核

建立健全规划实施定期通报和评估制度，及时掌握规划实施情况，研究分析实施过程中出现的新情况、新问题。加强对环境监管能力建设的监督、考核，对规划任务完成较好的地方和单位给予表彰，对规划执行不力的地方和单位给予处罚。在 2013 年年底和 2015 年年底，分别对规划执行情况进行期中评估和期末考核，并公布实施情况。

附 表

河南省环境监管能力建设“十二五”规划项目表

序号	项目名称	项目类别	项目主要内容
1．环境监测和监督体系			
1	环境监管机构标准化建设填平补齐项目	环境监察机构标准化建设	强化省、市、县三级环境监察机构标准化建设，按照国家中部地区新标准补差，增加环境监察执法车辆及车载设备，配置现场执法装备，取证仪器、通信、办公设备等
2		环境监测站标准化建设	推进省、市、县三级环境监测机构标准化建设，按照中部地区标准化建设要求填平补齐，增加必要的监测及应急监测仪器、设备、车辆，实现各级环境监测站硬件配置达标
3		环境监控（信息）机构标准化建设	依托环境保护业务专网，加强环境信息机构标准化建设，完成省级、稳步推进市级及省直管试点县（市）、积极推进县环境信息机构标准化建设，按照标准化建设要求配置必要的仪器设备
4		环境宣传教育机构标准化建设	加强省、市及省直管试点县（市）环境宣传教育机构标准化建设，建设省环保宣教中心演播厅，省级增加影视编控系统、环境应急现场视频实况采集传输系统、平面设计制作系统，建设环境教育标准化教室。市级宣教机构按照标准化建设要求配备必要的设备装备，达到标准化建设要求。支持有条件的县级宣教机构开展标准化建设
5		核与辐射安全监管机构标准化建设	加强省、市及省直管试点县（市）核与辐射安全监管机构标准化建设，按照国家标准化建设要求，新增各种辐射监测仪器设备、执法监督车辆等
6		固废管理机构标准化建设	加强省、市及省直管试点县（市）固体废物管理机构标准化建设，按照国家标准化建设要求，配套相关监测仪器、取证设备、防护用具，车辆等
7		环境应急管理机构标准化建设	加强省、市及省直管试点县（市）环境应急管理机构标准化建设，按照《全国环保部门环境应急能力建设标准》要求，加强环境应急指挥系统、交通工具、防护装备、调查取证设备、办公设备等的硬件建设
8	环境监管业务用房建设项目	省环境监控中心及市县环境监管业务用房建设	按照《全国环境监测站建设标准》《全国环境监察标准化建设标准》等要求，补充省、市及县（市）监管机构执法业务用房建设

序号	项目名称	项目类别	项目主要内容
9	环境监测网建设项目	环境空气监测系统建设	新增 $PM_{2.5}$、臭氧和一氧化碳 3 种因子监测站点，共新建 103 个（包括郑州市新建 5 个，省直管试点县（市）由省财政补助，其他的由中央财政补助 60%）；省环境监测中心空气移动监测系统建设，新增省重点监控区域和部分产业集聚区环境空气自动监测站
10		地表水环境监测系统建设	强化重点水域、重要饮用水水源地水环境监测能力，新建一批水质自动监测站，重点强化县级饮用水水源地水质监测能力建设，新建 37 个地表水水质自动站，监测项目为 18 项；对原有的 63 个地表水水质自动站监测项目扩项，增加 11 项自动监测项目
11		辐射环境省控网建设	新增和完善空气γ自动监测点位 28 个，地表水监测点位 3 个，土壤监测点位 3 个，生物监测点位 3 个，电磁辐射自动监测点位 36 个
12		电磁辐射监控网络系统建设	18 个省辖市和 10 个省直管试点县配备选频、全频电磁辐射综合场强自动监测仪器
13		南水北调中线工程丹江口库区南阳渠首环境监测站一期工程	生态监测、环境空气及水质自动监测站站房、业务用房、淹没区土壤环境标本馆建设；配备常规监测设备、应急监测设备、生态监测设备、自动监测设备、信息处理系统、交通设施等
14	专项环境监测能力建设项目	土壤、重金属监测能力建设	省站和济源、三门峡、开封、洛阳、安阳、焦作、周口等 7 个市级站及 11 个县级站重金属及土壤监测能力建设，主要用于购置仪器设备及必要的装备
15		环境生态监测能力建设	省、市级环境监测站配备生态遥感监测仪器设备，建设生态监测试点站
2．总量核查核算与污染源监控体系			
1	环境监控能力建设项目	环境监控执法能力建设	省、市及省直管试点县（市）环境监控机构配置现场检查车辆，现场督查检查和执法仪器设备等
2		主要污染物监控系统更新改造及污染源监控数据中心建设	对水污染源、大气污染源自动监控设备中已到服役期监控基站监控设施进行更新改造；建设污染源监控数据中心
3		工况监控系统建设	建设上网电厂和1万t以上城市污水处理厂等重点监控企业建设工况监控系统
4		省自动监控系统应用软件深度开发	升级应用支撑平台，扩容、升级软硬件环境，升级、加强原有网络系统，开展数据中心应用软件、地理信息系统应用软件等深度开发
5		省监控中心卫星监控应用系统建设	增加遥感、遥测设备，地面接收仪器，图片解析设备和应用软件
6	环境移动执法能力建设项目	环境移动执法能力建设	省级、地级市（省直管试点县/市）、有独立执法资格的县（区）环境监察机构建设环境执法数据平台，配置环境移动执法装备

序号	项目名称	项目类别	项目主要内容
7	环境污染减排核查体系基础能力建设项目	河南省污染减排核查核算中心建设	建设河南省污染减排核查核算中心，利用污染源监管数据中心平台建设污染减排环境统计信息综合管理平台和数据库，实现信息、数据共享。增加相关实验仪器装备，开展重点行业、生活源产排污系数模拟研究
8		省、市、县环境统计、核查基础能力建设	设置专门统计技术支撑单位，配备统计专用服务器及办公设备；配备环境统计专用执法检查取证设备及交通工具
9	污染减排管理系统建设项目	省-市农业源核查及机动车环保监管平台和污染减排数据中心建设	建设省及18个省辖市农业源核查和机动车排污监控平台，配置监督设备、检测仪器和数据传输系统。选择典型地区开展农业面源和畜禽养殖污染监测
10		省排污权交易中心建设	建立排污权交易平台及交易中心，建设排污指标申报及申购平台、交易信息公开公布平台、排污指标配额跟踪监管监控平台、政策法规平台、在线数据网络平台
3．环境预警与应急管理体系			
1	环境风险整体防范和管理能力建设项目	环境风险调查与管理能力建设	开展环境风险源的调查和评估，建立环境风险源数据库和GIS地图体系
2		省放射性废物库废放射源、放射性废物的转移、处置及辐照装置退役	废放射源、放射性废物的转移、处置，辐照装置退役。包括制作废源箱、配备辐射应急及防护设备、支付收贮费用等
3		河南省放射性废物库配套设施建设及放射性废物监管	放射性废物库配套设施改造，核物理、放化实验室建设
4		尾矿库监管能力建设	新增尾矿库监管监测设备和采样设备等
5		放射源在线监控系统建设	为近500家尚未安装GPS装置的涉源单位安装放射源GPS装置，18个省辖市建设安装监控系统装置
6		固体废物监控系统建设	建设危险废物信息管理及监控系统，完善现有的危险废物储存库，实现固体废物产生、收集、贮存、转移、处理、处置全过程的计算机辅助管理
7		危险废物鉴别中心建设	建设危险废物鉴别实验室，配套必要的仪器设备，与省环境监测中心综合配置监测能力
8	环境监测预警系统建设项目	区域环境监测预警系统建设	加强省环境监测预警中心建设，建设开封、洛阳、新乡、驻马店市4个环境监测预警分中心和丹江口库区南阳渠首环境监测预警分中心，提高区域监测站的监测预警能力，以相关市环境监测站为依托，加强配置相应的监测仪器、应急监测及防护设备、水应急监测车、大气应急监测车等应急装备
9		环境舆情监测平台建设	与省环境信息网综合配置，增加配备应用服务器和数据库服务器系统、存储系统、系统软件、计算机安全系统等网络系统及自动化舆情分析与监控系统软件；省及各省辖市宣教机构配备终端和必要的硬件、软件
10		南水北调中线工程水源地环境安全保障中心一期工程	丹江口库区环境监察应急能力保障建设包括环境监察及应急执法取样取证设备、应急监测处置设备、信息处置系统、交通设施等装备

序号	项目名称	项目类别	项目主要内容
11	环境应急保障体系建设项目	郑州区域性应急物资储备基地和支援保障基地一期建设	郑州区域性应急物资储备基地和支援保障基地建设：主要包括库房建设和应急处置物资、装备储备两部分组成，同时逐步建立一支区域专业环境应急抢险救援队伍和高水平的专家库。应急处置物资储备主要包括吸附剂、清除剂、絮凝剂等物质；装备储备主要包括快速检测、应急防护、辐射应急及防护设备、现场救援、溢油拦截回收系统、水上快速交通等装备
12		省级环境应急平台综合应用系统建设	建设环境风险源基础信息系统、环境应急基础数据库系统、培训系统、环境应急救援资源调度系统、环境污染事故经济损失评价系统、环境应急处置后期监控评价系统
13		省辐射安全技术中心应急能力建设	省级站增加应急监测仪器设备、现场防护设备、应急指挥管理及搜源车、放射性污染物质专用运输车、应急移动实验室等
14		地市级辐射安全机构应急能力建设	18 个省辖市和 10 个省直管县增加应急监测仪器设备、现场防护设备、应急指挥管理等仪器设备，与省应急指挥平台综合配置建立辐射安全应急指挥中心
15		危险废物污染事故应急能力建设项目	省市两级配备必要的现场快速检测设备、采样设备、测距设备、防护设备。省级应具备毒气体检测、挥发性有机化合物检测和水质快速检测等现场监测及现场应急救援能力；其他各市要具备有毒气体检测、水质快速检测等基本应急处理能力，监测能力建设与省市监测机构综合配置
4．环境科研与技术支撑体系			
1	基础科研能力建设项目	省、市环境科研院所基础科研能力建设	省环境保护科学研究院和 17 个市级环科院所实验室用房建设、科研仪器设备、车辆购置
2	重点实验室及工程中心及研究中心建设项目	环境承载力模拟研究重点实验室建设	按重点实验室建设要求加强实验室硬件及软件建设，建立空间分析系统和水、气等环境要素的环境承载力研究平台
3		环境监测技术重点实验室建设	增加人员、科研用房、监测仪器及车辆等，按重点实验室建设要求增强环境监测技术实验室硬件及软件建设
4		环保部土壤环境监测技术重点实验室建设	监测仪器及车辆等，按重点实验室建设要求加强实验室硬件及软件建设
5		农业源污染控制技术工程中心建设	农业源污染防控技术基础研究与工艺模拟，农业面源污染控制野外实验站和畜禽养殖污水治理工艺试验室建设
6		大气灰霾污染超级监测站和灰霾污染成因及防治对策实验室建设	各类采样、分析、质控、系统集成等监测仪器约 60 台（套），满足对颗粒污染物、气态污染物、大气气溶胶污染及气象和辐射等的监测需要，按重点实验室建设要求加强实验室硬件及软件
7		数字环保实验室建设	购置基础软硬件设施，建立环保数字化研究环境平台，形成在数据仓库技术、云计算技术、物联网技术等方面的研究应用能力，推进相关技术在环保领域的应用，提升全省环境监管能力信息化水平
8		环境监控关键技术研究中心建设	购置仪器分析及信息技术设备，分析研究废水、废气、危险废物、重金属等自动监测分析技术，研究射频识别技术、传感器技术、自动控制技术、信息传输技术、遥感技术、环境卫星技术等，全面开展环境监控方法技术研究

序号	项目名称	项目类别	项目主要内容
9	政策法规、标准、规划技术支持能力建设	政策法规、标准、规划技术研究能力建设	建立政策法规、标准、规划技术支撑平台，开展政策法规、标准、规划研究和制定。加强相关的队伍和机构建设，在河南省环境保护科学研究院成立规划所、标准所、环境政策研究所、清洁生产中心。提高政府决策的技术支撑能力
5．人才与运行保障项目			
1	人才保障建设项目	环境监管及科研人才队伍建设	环境监测、环境监察执法、环境科研、环境监控（信息）、辐射安全、固体废物管理、环境应急人才队伍建设，技术比武、应急演练等
2		急需紧缺专业人才培养引进工程	引进国内高层次人才和急需紧缺专业环保人才
3		环境监测、监管人员业务培训	用于环境监测、环境监察、应急管理、环境监控（信息）、环境科研、辐射安全、固体废物管理5年岗位业务培训
4	运行保障建设项目	运行保障资金筹措	环境监察、环境监测、环境应急、辐射安全、固体废物监管、环境监控（信息）、环境统计、环境宣教、环境科研等运行保障费

第 12 章　河南省生态环境保护人才发展中长期规划（2011—2020 年）

关于转发《河南省生态环境保护人才发展中长期规划（2011—2020 年）》的通知

豫人才〔2012〕14 号

各省辖市、县（市、区）党委和人民政府，省直各单位，省管各企业和高等院校：

经省人才工作领导小组同意，现将省环境保护厅制定的《河南省生态环境保护人才发展中长期规划（2011—2020）》转发给你们，请结合实际认真贯彻执行。

河南省人才工作领导小组

2012 年 5 月 21 日

为贯彻落实《河南省中长期人才发展规划纲要（2010—2020 年）》和环境保护部《生态环境保护人才发展中长期规划（2010—2020 年）》，推进人才强省战略实施，进一步加强生态环境保护人才队伍建设，促进我省生态环境保护事业科学发展，制定本规划。

12.1　序言

生态环境保护事关国计民生，是深入贯彻落实科学发展观、加快经济发展方式转变、实现经济社会可持续发展的内在要求和重要体现。人才是科学发展的第一资源，同时也是生态文明建设和生态环境保护的第一资源。

近年来，省委、省政府高度重视生态环保事业发展，积极推进生态环保人才队伍建设，取得明显成效。人才队伍规模逐步壮大，目前已达 24 万余人，“十一五”期间年均增长约 10%；人才队伍素质逐步提高，具有高级专业技术职务的 5 000 余人，获得国家级奖励 1 000 余人；人才工作制度和机制逐步完善，为全省生态环保工作开展提供了重要保证。

加快推进中原经济区建设，实现不以牺牲农业和粮食、生态和环境为代价的“三化”协调科学发展，对生态环保事业发展和生态环保人才队伍建设提出了更高的标准和要求。当前，我省生态环境状况总体上呈现出“局部有所改善、总体尚未遏制、形势依然严峻、压力继续加大”的局面，经济社会快速发展带来的巨大环境要素需求与环境容量不足的矛盾，已经成为中原经济区建设的制约瓶颈。具体表现在：主要污染物排放存量大，工业化城镇化进程带来的污染物增量刚性增加，污染减排的压力持续增大；水、大气环境容量不足，部分地区严重超载；农村面源和畜禽养殖污染问题日益突出；重金属、机动车尾气、灰霾等新污染问题不断凸显，突发环境事件时有发生。与我省生态环保形势和任务相比，人才队伍建设的一些方面显得不够适应。如：人才总量小，仅占全国环保人才的 3.5%；人才结构不优，环保专业人才较少，高层次专业技术人才缺乏；基层环保人才严重不足，专业素质偏低；人才管理体制机制不尽完善，资金投入不够等。

未来十年，是生态环保事业发展和生态环保人才队伍建设的重要战略机遇期。面对生态环保事业发展的新要求，必须坚决贯彻落实人才强省战略，突出重点、统筹规划、全面推进我省生态环保人才队伍建设。

12.2 总体要求

12.2.1 指导思想

高举中国特色社会主义伟大旗帜，以邓小平理论和“三个代表”重要思想为指导，深入贯彻落实科学发展观，牢固树立科学人才观，紧紧围绕中原经济区建设核心任务，立足生态环保战略需求，坚持在发展中保护、在保护中发展，进一步加大人才发展政策机制创新力度，以党政人才、专业技术人才和产业人才为主体，依托重大人才工程项目，突出高层次创新型人才和急需紧缺专业人才培养开发，统筹推进各类生态环保人才队伍建设，为建设绿色中原、生态中原奠定坚实人才基础。

12.2.2　基本原则

（1）服务发展，人才优先。把推进生态文明建设、优化经济社会发展作为生态环保人才工作的根本出发点，坚持人才资源优先开发、人才结构优先调整、人才投资优先保证、人才制度优先创新，以人才优先发展支持生态环保事业科学发展。

（2）高端引领，协调推进。以高层次专业技术人才、急需紧缺专门人才、跨学科复合型人才为重点，加强对领军人才的培养开发，充分发挥高层次人才的引领带动作用。统筹开发各类生态环保人才资源，实现人才可持续发展。

（3）以用为本，创新机制。坚持把用好用活人才作为生态环保人才工作的根本任务，在使用中实现人才价值。以政策创新带动体制机制创新，激发人才创新创造活力，提高人才使用效能。

12.2.3　发展目标

到 2020 年，建设一支数量充足、素质优良、结构优化、布局合理、作用突出的生态环保人才队伍，使人才发展与生态环保事业发展要求相一致，高层次人才发展与破解生态环保发展难题需要相适应，人才工作体制机制与生态环保人才队伍建设进程相协调，全面提升生态环保人才队伍专业化程度和工作水平，形成我省生态环保人才比较优势。

（1）人才队伍规模不断壮大。生态环保人才队伍总量稳步增加，人才急需紧缺状况得到有效缓解。到 2015 年全省生态环保人才总量达到 38 万人，2020 年达到 63 万人，年均增长 16%。

（2）人才队伍素质大幅度提升。生态环保人员学历得到普遍提高，2015 年具有本科以上学历的达到 15 万人，占总数近 40%，2020 年达到 26 万人，占总数近 42%；具有高级专业技术职务的达到 1.2 万人，年均增长 14%。

（3）人才队伍结构明显优化。生态环保人才队伍的专业分布、区域分布和部门分布趋于合理。县乡基层生态环保人才队伍数量增加的速度高于总体平均水平。土壤、重金属、颗粒物、核与辐射、持久性有机污染物等重点业务领域对人才的需求基本得到满足。

（4）人才发展环境进一步改善。人才发展体制机制创新取得突破性进展，人才投入大幅度增加，形成充满活力、富有效率、更加开放的生态环保人才发展环境。

12.3 主要任务

12.3.1 行政和执法管理人才队伍建设

（1）党政管理人才

发展目标：根据生态环保工作发展需要，稳步增加生态环保党政管理人才数量，造就一支政治素质高、思想作风优、行政能力强、掌握环保业务知识、善于推动科学发展的生态环保党政管理人才队伍。到 2020 年，全省各级环保部门领导班子成员中相关专业本科以上学历比例达到 60%以上；全省生态环保管理人员中本科以上学历比例接近或达到 85%，每人每年脱产学习时间不低于 12 天。

主要举措：按照德才兼备、以德为先的原则，选好配强各级环保部门领导班子。继续实行环保部门领导干部双重管理体制，地方党委任免环保部门领导班子成员时，事先征求上一级环保部门意见。各级环保部门领导班子成员中，学历和专业比例达不到要求且无合适人选的，由上级业务主管部门通过组织部门选派专业干部任职或挂职。加强对市县党政正职、分管副职生态环保专项培训，每 3 年轮训一遍，提高各级党政领导干部绿色发展、科学发展的意识和能力。坚持环保部门新任职领导干部专业知识上岗培训制度。每年有针对性地选派批生态环保党政管理人才到发达国家和地区学习环保先进经验和理念，准确把握环保发展新趋势，增强环保前暗意识。加强生态环保后备干部队伍建设，重点安排后备干部和优秀年轻干部到基层一线或重要岗位经受锻炼。

（2）监察执法人才

发展目标：按照建立完备的生态环境执法监督体系要求，加强监察执法人才队伍建设，构建一支“守法执法严、业务水平高、服务意识强”的生态环境监察执法队伍，推进执法规范化、精细化、效能化、智能化。到 2020 年，全省生态环境监察执法人才中本科以上学历比例接近或达到 80%；培养 600 名业务能力强的复合型监察执法骨干人才。

主要举措：科学合理配置监察执法人才，确定各级各类生态环境监察执法人才队伍数量，优化人才队伍结构。加大人才培养和继续教育力度，重点加强有关法律法规、制度政策、环境标准、执法程序、现场执法等方面培训，提高监察执法人员的业务水平。加强生态环境监察执法人才队伍作风建设，进一步规范执法行为，提高执法效能，增强服务基层、服务群众、服务科学发展的意识，树立公正执法、廉洁执法的良好形象。

12.3.2　专业技术人才队伍建设

（1）科研人才

发展目标：按照建立有力的科技支撑体系要求，加快建设一支高素质创新型科研人才队伍，充分发挥生态环保科研人才对生态环保科技进步和生态环保事业发展的推进作用。到 2015 年，全省生态环保科研人才达到 4 000 人，2020 年达到 6 000 人，年均增长 13%。

主要举措：以环境科技成果的转化应用及推广为重点，建立一批省部级以上生态环保重点实验室、重点工程中心、科研基地、博士后流动站和工作站等，集聚一批污染防治、生态保护和环境风险防范等领城的高端科研人才，加强科技创新，突破关键技术，为解决环境问题提供现代科技支持。重视结养环境规划、法规、政策、标准、环评等宏观决策咨询科研人才，加快引进培养既熟悉生态环保科学和工程技术知识，又熟悉经济运行的复合型人才。加大青年科研人才支持力度，增强科技创新力量。建立生态环保专家决策咨询制度，充分发挥科研人才决策咨询作用。

（2）监测监控人才

发展目标：按照建立先进的生态环境监测监控预警体系要求，加快生态环境监测监控人才队伍建设。到 2015 年，全省生态环境监测监控人才达到 3 万人，2020 年达到 4 万人，年均增长 10%。

主要举措：根据各地环境现状、国土面积和人口数量等不同情况，优化配置生态环境监测监控技术人才。以高层次生态环境监测监控人才为重点，完善专业培训、专家指导、选派挂职、人才引进相结合的监测监控人才培养开发机制，积极开展环境监测监控机构与科研院所、高等院校的技术交流与合作，造就一批国内一流的生态环境监测监控专家和技术骨干，保持我省监测监控工作在全国的领先地位。

12.3.3　产业人才队伍建设

（1）经营管理人才

发展目标：按照加快培育和发展生态环保产业要求，以提高企业现代经营管理水平和核心竞争力为重点，积极推进环保企业经营管理人才队伍建设。到 2015 年，全省环保产业经营管理人才达到 1.5 万人，2020 年达到 2 万人，年均增长 15%。

主要举措：大力培养、选拔、引进在环保产业市场开发、技术更新、装备制造、综合服务等方面具有战略眼光、管理创新能力、社会责任感的高水平经营管理人才，着力推进环保产业发展，培育新的经济增长点。依托国内外知名企业、高等院校和培训机构，加大培训力度，加快环保产业经营管理人才知识更新。加强政策创新，引导人才和资金向循环经济、绿色经济、低碳经济产业集聚，促进节能减排，推动产业结构调整和优化升级。

（2）工程技术人才

发展目标：针对重点生态环境建设和污染防治工程需求，努力造就一支专业配套、结构合理、技术创新能力强的高素质生态环保工程技术人才队伍。到2015年，全省环保工程技术人才达到7.7万人，2020年达到11万人，年均增长15%。

主要举措：实施注册环保工程师、注册环评工程师、注册核安全工程师等执业管理，推进规范化专业化，提高执业水平。以工程设计为主导，加强包括施工、监理、设施运行、技术咨询在内的工程技术人才队伍建设。实施高层次人才培养引进计划，集聚和拥有一批生态环保工程技术领域领军人才和创新人才。引导龙头骨干企业创建国家级和省级生态环保工程技术中心等研发平台，支持企业开展多种形式的在职培训，全面提高工程技术人才科学素养、创新能力和国际化水平。

12.4 政策机制

12.4.1 人才培养开发

建立产学研联合培养生态环保人才机制，造就大批实用型、创新型、复合型人才。优化高等院校、职业院校相关专业和课程设置，健全生态环保学科和课程体系。完善培训和继续教育制度，鼓励和支持生态环保从业人员多渠道、多形式参加培训学习，使人才培训常态化制度化。坚持育引结合，用好“人才编制”，强化实践锻炼，努力实现生态环保人才质和量的突破。

12.4.2 人才评价使用

建立和完善以业绩为核心，由品德、知识、能力等要素构成的生态环保人才评价指标体系。完善干部生态环保工作绩效考评制度，提高考评工作科学性。深化职称制度改革，健全符合生态环保行业特点的专业技术职务评审办法。推进事业单位人员聘用制度改革，试行关键岗位和重大项目负责人公开招聘。在生态环保重点领城、优势领域、关键岗位等，探索建立首席专家、首席研究员、首席技师等高层次、高技能人才选拔使用制度。注重在重大科研、工程项目实施和急难险重工作中识别、发现和使用人才。

12.4.3 人才流动配置

加强政府对生态环保人才发展的战略规划和宏观调控，充分发挥市场配置人才资源的基础性作用，促进生态环保人才合理流动和布局优化。完善人才市场服务体系。积极开展生态环保择业指导。引导各类生态环保人才向重点专业、重点技术领域和重点项目集聚，向基层一线流动。

12.4.4 人才激励保障

建立健全与业绩贡献紧密联系、充分体现生态环保人才价值的激励保障机制。完善收入分配办法，建立向优秀人才、关键岗位和基层人才倾斜的薪酬制度，探索高层次人才和高技能人才年薪制、协议工资制、项目工资制等多种分配形式。建立完善生态环保从业人员艰苦岗位津贴和有害补助制度。健全生态环保人才卫生保健制度，实行定期体检和疗养、休养。建立以政府奖励为导向、用人单位奖励为主体、社会力量资助为补充的多元化生态环保人才奖励制度，设立生态环保优秀人才奖，按照有关规定对优秀生态环保人才进行表彰奖励。

12.5 重点工程

12.5.1 科研领军人才工程

依托国家和省科技创新人才工程等，造就一批学术技术水平领先、业内广泛认可的生态环保科研领军人才。开展全省生态环保系统学术技术带头人和优秀专家评选活动。通过培训考察、重点科研工作实践等形式，着力提高生态环保科研骨干人才的学术水平和创新能力。到 2020 年，培养引进具有国内领先水平的生态环保科研领军人才 30 名左右。

12.5.2 高技能人才工程

完善以企业为主体、职业院校为基础、学校教育与企业培养紧密联系、政府推动和社会支持相结合的生态环保高技能人才培养培训体系，加快培养一批数量充足、结构合理、技艺精湛的高技能人才。定期开展各类职业技能竞赛、技术比武和岗位练兵活动，不断提高技能水平。依托优势企业，建立生态环保高技能人才示范培训基地。到 2015 年，全省生态环保高技能人才达到 2.8 万人，2020 年达到 4 万人，年均增长 15%。

12.5.3 企业环保人才工程

围绕产业结构优化升级，强化企业环保人才队伍建设，实现全省企业环保人才全覆盖。在规模以上企业和重点污染企业设立污染防治机构，配备环保专门人才。设立企业环境监督员，实行资质管理。以提升企业环保人才素质为重点，开展企业新录用环保人员岗前培训，每 5 年对全省企业环保人员轮训一遍。到 2015 年，全省企业环保人才达到 27.2 万人，2020 年达到 38.4 万人，年均增长 14%。

12.5.4 基层人才工程

以县级为重点，建立健全环保机构，保证环保事业发展。在乡（镇）政府设立专兼取生态环境监察员，建立农村环境监督员制度，实现环境监察向基层延伸。到 2020 年，乡（镇）政府专兼职生态环境监察员达到 1 800 余人，农村环境监督员达到 4.7 万余人。制定激励政策，引导鼓励生态环保专业高校毕业生和其他优秀人才到基层干事创业。加强基层环保人才能力建设，提高职业素养。严格持证上岗制度。通过“上挂”“下派”、考察交流等形式，使基层环保人员丰富经历，开阔视野，增长才干。加大基层环保人员培训，每年省级示范培训 8 000 人次，省、市两级每 3 年对县级以下环保人员轮训一遍。

12.5.5 宣教人才工程

环境保护是涉及人人的事业，着眼于提高全民生态环保意识和生态环保科学知识水平，加强生态环保宣教人才队伍建设。依托环保部门、高等院校、科研院所、企业和社会团体等，到 2020 年，建立突出或关联生态环保主题、具有生态环保科普知识宣教功能的省级生态环保教育基地 80 个、市级 100 个、县级 200 个，培养集聚一批生态环保宣传教育、科普创作人才。充分发挥生态环保宣教人才作用，积极开展“六五”世界环境日、世界地球日等系列宣传活动，推进生态环保进学校、进社区、进企业、进机关、进家庭，引导全社会以实际行动关心环境、珍惜环境、保护环境。鼓励和支持生态环保志愿者队伍发展。到 2015 年，全省生态环保宣教人才达到 7 万人，2020 年达到 10 万人，年均增长 11%以上。

12.6　组织实施

12.6.1　加强组织领导

在省人才工作领导小组领导下，省环境保护厅负责本规划组织实施。建立省生态环保人才工作联席会议制度，建立人才工作机构，配强工作力量。各地各单位要把生态环保人才队伍建设摆在突出位置，建立完善生态环保人才工作目标责任体系，确保规划目标任务的落实。

12.6.2　加大资金投入

将支持生态环保人才发展的经费纳入财政预算，建立生态环保人才发展专项资金，保证生态环保人才资源开发、基础能力建设及重点人才工程的实施。积极拓宽生态环保人才投入渠道，加强对人才投入资金使用的监督管理，切实提高人才投资效益。

12.6.3　建立评估机制

加强生态环保人才资源统计工作，完善信息平台和数据库。建立规划实施情况跟踪评估机制，强化对责任单位各项任务落实情况的督促检查。2015 年对规划执行情况进行中期评估，2020 年组织开展终期评估。

第3部分

环境保护规划实施评估

第13章 河南省《国家环境保护“十二五”规划》2011—2012年实施情况调度评估报告

13.1 《国家规划》实施总体情况

13.1.1 《国家规划》对河南的具体要求

13.1.1.1 评估依据

根据环保部要求，规划实施情况评估工作主要依据以下规划（文件）：

（1）《国务院关于印发国家环境保护“十二五”规划的通知》（国发〔2011〕42号）（以下简称《国家规划》）；

（2）《河南省人民政府关于印发河南省环境保护“十二五”规划的通知》（豫政〔2011〕96号）。

13.1.1.2 《国家规划》目标指标

“十二五”时期，《国家规划》总体目标是：主要污染物排放总量显著减少；城乡饮用水水源地环境安全得到有效保障，水质大幅改善；重金属污染得到有效控制，持久性有机污染物、危险化学品、危险废物等污染防治成效明显；城镇环境基础设施建设和运行水平得到提升；生态环境恶化趋势得到扭转；核与辐射安全监管能力明显增强，核与辐射安全水平进一步提高；环境监管体系得到健全。具体考核指标见表13-1。

表13-1 《国家规划》涉及河南的主要指标

序号	指标名称	2015年目标值
1	化学需氧量排放总量	133.5万t （削减9.9%）
2	氨氮排放总量	13.61万t （削减12.6%）
3	二氧化硫排放总量	126.9万t （削减11.9%）

序号	指标名称	2015年目标值
4	氮氧化物排放总量	135.6万t （削减14.7%）
5	地表水国控断面劣Ⅴ类水质的比例/%	＜15
6	七大水系国控断面水质好于Ⅲ类的比例/%	＞60
7	地级以上城市空气质量达到二级标准以上的比例/%	≥80

地表水环境质量考核指标中，国家确定河南省国控断面共有41个，要求2015年断面劣Ⅴ类水质的比例小于15%，七大水系国控断面41个，2015年断面水质好于Ⅲ类的比例大于60%。

环境空气质量考核指标中，国家确定河南共有郑州、开封、洛阳、平顶山、安阳、鹤壁、新乡、焦作、淮阳、许昌、漯河、三门峡、南阳、商丘、信阳、周口、驻马店17个地级市，要求上述城市空气质量达到国家现行的《环境空气质量标准》（GB 3095—1996）二级标准以上的比例为不小于80%。

13.1.1.3 《国家规划》重点任务

在环保重点工作任务方面，注重落实《国家规划》以及省委、省政府对环境保护工作的新要求，突出重点领域，关注民生民意，全力推动环境保护工作再上新台阶。“十二五”期间，重点抓好4项环保工作任务：

（1）深入开展污染减排

把控制污染物排放新增量、削减污染物排放总量、推动绿色经济快速增长、优化区域发展布局作为促进经济发展方式转变的重要举措。主要任务有：加大钢铁、有色、建材、化工、电力、煤炭、造纸、印染、制革等行业落后产能淘汰力度；着力减少新增污染物排放量；大力推行清洁生产和发展循环经济，制定地方行业污染物排放标准；提升城镇污水处理水平；推动规模化畜禽养殖污染防治；持续推进电力行业污染减排；加快其他行业脱硝步伐。

（2）切实解决突出环境问题

坚持以人为本，民生优先，着力解决饮水安全、细颗粒物超标、土壤污染等突出环境问题，提高生态环境质量，维护人体健康。主要任务有：严格保护饮用水水源地，定期开展地级以上城市集中式饮用水水源地水质全分析；深化重点流域水污染防治，淮河流域要突出抓好氨氮控制，重点推进淮河干流及郑州、开封等城市水污染防治，干流水质基本达到Ⅲ类；南水北调中线丹江口水库区及上游要加强水污染防治和水土流失治理，推进农业面源污染治理，实现水质全面达标；开展地下水污染状况调查和评估；加强工业烟粉尘、工地道路扬尘控制，加强挥发性有机污染物和有毒废气控制，实施大气污染联防联控；强化土壤环境监管，开展污染场地、土壤污染治理与修复试点示范；提升自然保护区建设与监管水平，加强生物多样性保护，强化重要生态功能区保护和建设。

（3）加强重点领域环境风险防控

以核与辐射、重金属、危险废物等重点领域的环境风险防范与应急处理为重点，健全防范、预警、应对、处置体系，加强环境监管，着力解决工业化过程中环境安全保障问题。主要任务有：开展环境风险调查与评估，完善环境风险管理措施；加强核与辐射安全监管，强化放射性污染防治；实施重金属污染源综合防治，加快重金属相关企业落后产能淘汰步伐；加大工业固体废物污染防治力度，加强废弃铅酸蓄电池、铬渣、医疗废物等危险废物污染防治；加快城镇生活垃圾处理设施建设，提高生活垃圾处理水平；严格化学品环境监管，加强化学品风险防控。

（4）完善环境保护基本公共服务体系

落实国家主体功能区环境保护战略，加大对优化开发和重点开发地区的环境治理力度，结合环境容量实施严格的污染物排放标准；加强区域大气污染治理合作，严格限制高耗水行业发展；保障农村饮用水安全，加强农村生活污水和垃圾处理，控制种植养殖业污染，开展农村环境综合整治；推进环境质量、污染减排监测与评估考核体系建设，加强环境预警与应急体系建设，基本形成污染源与总量减排监管体系、环境质量监测与评估考核体系、环境预警与应急体系，提高环境监管基本公共服务保障能力。

13.1.2 《国家规划》组织实施情况及总体进展

河南各地、各部门深入贯彻落实科学发展观，狠抓污染减排关键性措施，集中整治突出环境问题，推动城乡环境基础设施建设，加强生态保护和修复，全力落实《国家规划》确定的目标、指标和重点任务，并将环保工作贯穿于促进经济转型、推动绿色发展中。全省环境质量基本保持稳定，减排工作扎实推进，环境监管能力明显增强，自然生态建设和农村环境保护工作取得新的成绩。

13.1.2.1　高度重视规划实施

省委、省政府高度重视环境保护工作，把环境保护作为落实科学发展观、转变发展方式、加强中原经济区建设的重要抓手。两年来，省委、省政府领导对环保工作做出批示多达 500 余次。我省召开了第七次全省环境保护大会，对今后一个时期的环保工作进行了安排部署，郭庚茂省长出席会议并作重要讲话，强调要处理好保护与发展的关系，用足有限的环境容量，促进经济平稳较快增长；用好有限的环境容量，充分发挥环境保护对经济增长的优化作用、对经济转型的倒逼作用，促进发展方式转变；通过用足用好环境容量，支撑更大规模、更高水平、更好质量的发展，努力做到“三保一高”（即保护生态环境，保障科学发展，保护群众环境权益，提高环境质量水平）。省政府出台了《关于加强环境保护促进中原经济区建设的意见》《关于切实加强“十二五”主要污染物总量减排工作的意见》《关于促进全省产业集聚区持续健康快速发展的若干意见》《关于实施河南省重金属综合污染防治“十二五”规划的通知》《河南省流域水污染防治规划（2011—2015）》《河南省核与辐射环境保护“十二五”规划》等一系列文件。省政府常务会议分别听取河南省减少污染物排放条例、第七次全国环境保护大会精神及我省贯彻意见等汇报，多次对污染减排、重金属污染防治情况、重点流域治理等工作开展专题研究，省领导多次到省环保厅现场办公，研究解决环保工作的重大问题，部署推进规划实施工作。各级政府围绕中原经济区建设和经济社会发展大局，坚持以科学发展观为主题，以加快转变经济发展方式为主线，着力破解经济社会发展中的环境约束难题，扎实推进环境保护重点工作。

13.1.2.2 分解落实目标任务

根据《国务院办公厅关于印发国家环境保护“十二五”规划重点工作部门分工方案的通知》（国办函〔2012〕147 号）要求，我省及时印发了《〈河南省环境保护“十二五”规划〉重点工作部门分工方案》（豫政办〔2013〕12 号），对总量减排、污染防治、农村和生态保护、能力建设、体制机制创新等主要工作进行了任务分解，共涉及省发展改革委、工业和信息化厅、财政厅、河南电监办、畜牧局、农业厅、公安厅、交通运输厅、商务厅、科技厅、质监局、住房和城乡建设厅、国土资源厅、工商局、统计局、水利厅、林业厅、南水北调办、气象局、卫生厅、广电局、监察厅、安全监管局、旅游局、人力资源社会保障厅、省政府金融办、人行郑州中心支行、河南银监局、证监局、保监局、省委宣传部、省文明办、教育厅、民政厅、团省委、省妇联、省政府外侨办等部门单位。按照“统一规划、突出重点、分步实施、全面推进”的原则，推进规划实施。

《河南省环境保护“十二五”规划》注重落实国家“十二五”环保规划提出的各项目标、任务和要求，并明确了各市、县政府是规划实施的责任主体，要求把规划目标、重点任务和重点工程纳入当地国民经济和社会发展总体规划，加大工作力度，确保规划全面实施。省政府与各省辖市、省直管试点县（市）签订“十二五”目标责任书和年度目标责任书，明确了各省辖市、省直管试点县（市）的污染减排和年度环保工作任务。切实发挥河南省环境保护委员会的作用，协调 15 个省直单位共同推进环境保护工作。

13.1.2.3 扎实推进重点工作

省委、省政府认真贯彻党中央、国务院决策部署，全面落实节约优先、保护优先、自然恢复为主的方针，以重点工作为抓手，扎实推进规划实施。一是大力推进污染物减排。通过实施工程减排、结构减排、管理减排等多项措施，全省主要污染物排放量持续下降，为经济发展腾出环境容量。开展了“污染减排工程促进年”活动，强力推进 252 个主要污染物减排项目建设，为减排目标的实现奠定了基础。进一步强化农业源减排工作，组织开展了畜禽养殖业污染源总量减排技术研究，出台了畜禽养殖业排泄物治理指导意见，引导和推进畜禽养殖业污染治理。进一步加强机动车环境管理和污染减排工作，推行机动车环保标志管理制度，实施机动车尾气检测，加强外地转入机动车管理，商丘、郑州、洛阳、新蔡等市（县）政府出台了机动车污染防治管理办法。开展全省城填污水处理厂、燃煤电厂污染防治设施运行管理创先争优活动，促使其污染防治设施稳定运行、达标排放。二是优化经济发展。各级环保部门主动参与宏观决策，发挥环评调控作用，推动产业结构调整和优化升级。加强规划环评工作，《河南省石油化工产业发展规划环境影响报告书》编制完成，《济源市 2011—2015 年有色金属行业发展规划环境影响报告书》《郑州市造纸行业“十二五”发展规划》等通过审查，进一步优化了产业布局。严格建设项目环境准入，从严控制“两高一资”、产能过剩和低水平重复建设项目，全省各级环保部门共审批建设项目环境影响评价文件 13 502 个，总投资 9 313 亿元；省厅对 38 个不符合环保要求的项目不予批复或暂缓审批。开展“环评服务项目建设集中推进活动”，协调解决环评中遇到的重大问题。三是改善农村和生态环境状况。以全国农村环境连片综合整治示范省为契机，不断加大农村环境整治力度。2011 年的 322 个项目全部通过验收，2012 年安排项目 225 个，涉及 160 个乡镇，750 个行政村，已全部开工建设。积极开展生态创建，栾川县通过了国家级生态县考核验收，即将建成我省首个国家级生态县，新县通过了国家级生态县技术评估。全省共创建省级生态乡镇 100 个、省级生态村 465 个。四是切实保障环境安全。开展了城镇污水垃圾处理厂（场）、铅酸蓄电池等涉重金属、危险化学品生产企业等专项执法检查，全省共依法查处纠正环境违法行为 4 300 多起，立案处罚 930 起，挂牌督办和列入环保“黑名单”70 家，严厉打击了环境违法行为，受理各类环境举报投诉 21 239 件，按时办结率 99%以上。深化污染防治，持续加大水、大气、重金属等污染防治力度，186 个重金属污染防治项目全面开工，80%以上的项目已经完成。洛阳市开展了牡丹文化节环保专项整治，安阳市开展了“一城四区”扬尘治理，鹤壁市严格淇河水质保护，焦作市制定了工业企业环境管理规范化建设标准，漯河市开展了碧水蓝天宁静生态工程，许昌市实行了“110”和数字化城管互联互动，滑县制定了清洁城市空气行动方案，进一步改善了环境质量。加强辐射环境监管，开展了全省核技术利用辐射安全综合检查专项行动，许可证发证率达到 100%，废旧金属回收熔炼企业仪器配置率 93.6%。对 803 枚废旧放射源进行了安全收贮，收贮放射性废物 1 500 kg，确保了全省辐射环境安全。强化环境风险防控，开展了环境安全百日大检查活动和环境应急检验性实战演练，妥善处置了 14 起突发环境事件，保障了社会稳定。全部完成了国家下达我省的铬渣处置任务。

13.1.2.4 主要指标完成情况

（1）主要污染物减排指标。2012 年，我省主要污染物排放量继续下降，环境质量持续改善。经环保部认定，2012 年，我省化学需氧量排放量为 139.356 万 t，较上年同期削减 3%；氨氮排放量为 14.978 7 万 t，同比削减 2.61%；二氧化硫排放量为 127.59 万 t，同比削减 6.90%；氮氧化物排放量 162.59 万 t，同比削减 2.37%。我省较好地完成了年度污染减排目标任务。

（2）主要环境质量指标。截至 2012 年 12 月，2 项水环境质量指标均达到了目标要求：全省 41 个国控河流监测断面中，水质好于Ⅲ类标准的断面 25 个，占 61.0%；劣于Ⅴ类标准的断面有 6 个，占 14.6%。城市空气质量指标达到了目标要求：全省 17 个地级以上城市中，有 14 个城市空气质量达到国家现行的《环境空气质量标准》（GB 3095—1996）二级标准，比例为 82.4%，满足国家规划 80%的要求。全省未发生辐射事故，辐射环境保持在天然本底涨落水平内。

13.2 省级规划编制情况

13.2.1 规划出台进展情况

我省按照环保部、省委、省政府的统一部署要求开展《河南省环境保护“十二五”规划》编制工作，于 2009 年 10 月启动《规划》编制工作，成立了领导小组和工作机构，确定了《规划》的编制任务。《规划》编制工作共历时两年，经历了前期准备、编制规划思路、编制专项规划及专题研究、编制规划文本、规划评审及征求意见 5 个阶段。2010 年 6 月完成初稿，之后，多次经厅长办公会、专题会讨论研究，征求厅内有关处室单位和省辖市环保局意见，不断与专项规划保持对接协调，与《国家环境保护“十二五”规划》《河南省国民经济与社会发展第十二个五年规划纲要》等进行衔接。2011 年 9 月 29 日，《规划》通过了由环保部、我省高等院校及科研机构、省直有关部门组成的专家委员会的评审。《规划》修改后征求各省辖市、省直管试点县（市）政府及省环委会成员单位意见，在广泛汲取各方意见后，于 11 月 9 日通过省环保厅厅长办公会审查。11 月 15 日向主管副省长进行汇报后，进一步与省发改委沟通后，形成报批稿报省政府。12 月 27 日，省政府印发《河南省环境保护“十二五”规划》（豫政〔2011〕96 号），这是河南环保历史上首次以省政府名义印发的环保五年规划，也是首次在开局之年印发规划，且直接将规划印发至各市、县人民政府和省人民政府各部门，规划执行力得到明显提升。为确保规划顺利实施，省政府要求，各级政府作为规划实施的责任主体，要把规划目标、重点任务和重点工程纳入本地国民经济和社会发展年度计划。政府各有关部门要各司其职，相互配合，完善体制机制，加大资金投入，推进规划实施。为进一步细化落实环保重点工作任务，我省还组织编制了《河南省“十二五”主要污染物排放总量控制规划》《河南省流域水污染防治规划（2011—2015 年）》《河南省环境监测“十二五”规划》《河南省“十二五”城镇污水处理及再生利用设施建设规划》《河南省废弃电器电子产品处理发展规划（2011—2015）》《河南省核与辐射环境保护“十二五”规划》《河南省持久性有机污染物污染防治“十二五”规划》《河南省环境保护“十二五”政策法规标准建设规划》《河南省环境监管能力建设“十二五”规划》《河南省生态环境保护人才发展中长期规划（2011—2020 年）》等 10 个专项规划。

13.2.2　规划衔接情况

13.2.2.1　本省规划与《国家规划》的衔接情况

在《河南省环境保护“十二五”规划》编制和修改完善过程中，规划编制组积极与《国家环境保护“十二五”规划》做好衔接，为了确保《国家规划》目标任务的顺利完成，在总体构架、基本思路、章节设置与主要工作任务等方面与《国家规划》基本保持一致，并将《国家规划》的七项指标作为约束性指标全部纳入我省的指标体系中。

13.2.2.2　本省规划主要内容

《河南省环境保护“十二五”规划》共分为五部分、九章，采取以核心工作任务为主的框架结构。

第一部分，环境形势分析。总结了“十一五”期间全省环境保护取得的成就及存在的问题，分析了“十二五”时期全省环境保护面临的形势和机遇。

第二部分，总体要求。提出了河南省规划的指导思想、基本原则，确定了规划总体目标，量化细化了 10 项主要指标。

第三部分，重点任务。为实现总体目标，设置了总量减排、污染防治、农村和生态保护、能力建设和体制机制建设等五方面的战略任务。

第四部分，重点工程。为了确保规划目标任务的顺利完成，规划筛选确定了一批重点工程，旨在通过重点工程的实施带动全社会的环保投入。这批重点工程分别是总量减排、污染防治和风险防范、农村和生态环境保护、能力建设、环保科研五大类重点工程。

第五部分，组织实施。提出了加强政府领导，部门协调配合，加大资金投入，严格考核评估等 4 个方面的保障实施措施。

13.2.2.3 本省规划特点与创新点

《河南省环境保护“十二五”规划》改变过去以水、气、声、固体废物等环境要素为主的框架结构，采用围绕重点工作任务展开的方式合理布局。突出总量减排、污染防治、农村和生态保护、能力建设、体制机制创新五大战略任务。规划紧扣中原经济区建设总要求，更加突出河南特色，主要表现为：

更加注重体制机制创新。《国务院关于支持河南省加快建设中原经济区的指导意见》明确提出，河南要加大“三化”协调发展先行先试力度，允许采取更加灵活的政策措施，在诸多方面先行先试。因此，《规划》把创新完善环保体制机制作为五大重任务之一，并创新提出建立总量预算管理制度、环境形势分析预警机制等。特别要求在全省环境容量研究的基础上，形成完整的总量预算管理体系。把主要污染物总量预算指标作为约束性指标，纳入全省国民经济和社会发展计划，并将指标分解到各级政府、有关部门和重点排污企业，对环境资源进行精细化分配和管理，优化配置环境资源，促进经济转型发展。

更加注重规划资金保障。首次提出 “从土地出让收益中安排适当比例，用于污水垃圾处理等环境基础设施建设”，实现了投资机制的重大突破。《规划》筛选确定了五大类重点工程，总投资约 946 亿元。为保证资金落实，《规划》明确提出各级政府要将环境保护列为年度公共财政预算的重点，确保环境保护支出随着财政实力的增强逐步增加。将重要生态功能区、环境基本公共服务建设作为一般性转移支付的重要因素，加大“以奖促治”“以奖代补”资金支持力度。以政府投资带动全社会的环境保护投入，逐步完善政府、企业、社会多元化环保投融资机制，使环境污染治理投资占当年 GDP 的比重不低于全国平均水平。

更加注重农村环境保护。河南省是国家粮食生产核心区，对保障全国粮食安全发挥着重要作用。当前，河南省农村密度非常高，化肥、农药以及新的化学品使用量居高不下，农村生活污水垃圾、畜禽粪便和养殖业废水、农作物秸秆有效处理难度大，农村环境呈现出点源污染与面源污染共存、生活污染和工业污染叠加的局面。加上农村环境基础设施建设相对滞后，农村基层的环境监管能力非常薄弱，农村居民环境意识普遍不高，农村环境保护工作任务艰巨。因此，《规划》重点任务更加突出农村和土壤的环境保护。

更加注重环保能力建设。河南省环保能力建设总体较弱，《规划》首次系统谋划了全省环境监管能力建设，提出建设完善的环境监测和监督体系、高效的环境预警应急体系、科学的总量核查核算体系、有力的科技支撑体系、完善的人才保障体系等五大体系建设目标。

更加注重污染防治和风险防范。《规划》坚持环保惠民，从公众对环境的基本需求出发，着力解决影响科学发展和损害群众健康的突出环境问题，将改善环境质量和风险防范贯穿污染防治全过程。对水、大气、固体废物、重金属、核与辐射污染防治和环境风险防范等任务进行全面部署。

更加注重环境基础设施建设。“十一五”期间，河南率先实现了县县建成污水处理厂和垃圾处理场的目标，城镇污染防治水平实现了跨越式提升，对河南省环境质量的大幅改善起到了关键作用。河南省人口众多，城镇、村落密集，加强环境基础设施建设一直是改善环境的关键措施。因此，“十二五”期间，《规划》更加注重环境基础设施的建设。

13.2.3　规划目标可达性分析

河南省“十二五”环保规划编制过程中，编写组高度重视规划目标指标的科学性、可达性分析。在充分考虑规划目标与《国家规划》、生态省建设目标衔接基础上，《规划》提出，“十二五”期间，要以改善环境质量为目标，以深化污染减排为重点，以创新体制机制为动力，以加强能力建设为保障，保护生态环境，推动中原经济区实现不以牺牲生态和环境为代价的“三化”协调科学发展。全省主要污染物排放总量持续减少，2015 年全省化学需氧量、氨氮、二氧化硫、氮氧化物排放总量在 2010 年基础上分别削减 9.9%、12.6%、11.9%和 14.7%；环境质量不断改善，2015 年省控断面劣Ⅴ类水质的比例控制在 25%以内，好于Ⅲ类的比例达到 45%，省辖市集中式饮用水水源地取水水质常规监测因子水质达标率达到 98%，省辖城市空气质量达到二级标准天数的比例不低于 80%，环境空气中主要污染物年均值在二级以上的省辖城市比例不低于 80%，辐射环境水平保持在天然本底涨落水平内；城乡环境保护统筹推进，重要生态功能区环境质量基本保持稳定，环境监管能力得到系统提升，环境安全得到基本保障，为全面推进中原经济区建设提供环境支撑。

省控断面劣Ⅴ类水质的比例≤25%：根据国家“国控断面劣Ⅴ类水质比例≤15%”的指标设置。从 2011 年开始，按照 21 项指标进行水质评价，据此评价 2010 年我省省控断面中劣Ⅴ类水质比例为 31.3%，2011 年 1—9 月省控断面中劣Ⅴ类水质比例为 32.9%，因我省处于北方缺水地区，确定地表水省控断面劣Ⅴ类水质的比例≤25%。2012 年我省省控断面劣Ⅴ类水质的比例为 21.7%。

省控断面好于Ⅲ类水质的比例≥45%：根据国家“国控断面好于Ⅲ类水质比例≥60%”的指标设置。按照 21 项指标评价，2010 年我省省控断面中好于Ⅲ类水质比例为 45.8%，2011 年 1—9 月省控断面好于Ⅲ类水质比例为 38.8%，根据我省实际，确定地表水省控断面好于Ⅲ类水质的比例≥45%。2012 年我省省控断面好于Ⅲ类水质的比例为 47%。

省辖市集中式饮用水水源地取水水质常规监测因子水质达标率≥98%：我省自行增加的指标，延续“十一五”指标值。2012 年我省省辖市集中式饮用水水源地取水水质常规监测因子水质达标率为 100%。

省辖城市空气质量好于二级标准天数比例≥80%：该项指标国家已取消，我省延续“十一五”指标值。2012 年我省省辖城市空气质量好于二级标准天数比例为 89.3%。

环境空气中主要污染物年均值在二级以上的省辖城市比例≥80%：根据国家“十二五”规划新提出“环境空气污染物年均值在二级以上的地级城市比例≥80%”的指标设置，评价因子包括二氧化硫、二氧化氮和可吸入颗粒物。根据三项因子评价，2010 年我省环境空气中主要污染物年均值在二级以上的省辖城市比例为 38.9%，主要是因为可吸入颗粒物超标；根据二氧化硫、二氧化氮两项因子评价，2010 年我省环境空气中主要污染物年均值在二级以上的省辖城市比例为 83%。根据我省实际情况，结合总量控制主要污染物为二氧化硫、氮氧化物，确定我省“环境空气中主要污染物年均值在二级以上的省辖城市比例≥80%”，主要污染物指二氧化硫、二氧化氮。

辐射环境水平保持在天然本底涨落水平内：我省自行增加的指标，延续“十一五”指标值。

为保障规划任务落实，带动全社会的环保投入，《规划》确定了总量减排、污染防治和风险防范、农村和生态环境保护、能力建设、环保科研五大类重点工程，并设计建立了项目库。重点工程总投资约 946 亿元，包括建设资金约 710 亿元，运行保障资金约 236 亿元。据统计，“十一五”期间，环境污染治理投资约为 560 亿元，占 GDP 的 0.64%。“十二五”末，预计全省生产总值约为 149 662 亿元，重点工程投资占 GDP 的 0.63%，与“十一五”的比例基本相同。“十一五”期间，我省环境污染治理投资占 GDP 比例比全国环境污染治理投资总额占 GDP 的比例低 0.86 个百分点，处于全国整体水平下游，且与全国平均水平的差距较大。根据发达国家的经验，当治理环境污染的投资占 GDP 的比重达到 1.5%时，才可以真正控制污染恶化的趋势。建议“十二五”期间各级政府将环境保护列为年度公共财政预算的重点，将重要生态功能区、环境基本公共服务建设作为一般性转移支付的重要因素，加大“以奖促治”“以奖代补”资金支持力度，安排适当比例的土地出让收益金，用于污水处理、垃圾处理、集中供热、供气等基础设施建设，以政府投资带动全社会的环保投入，逐步完善政府、企业、社会多元化环保投融资机制，使环境污染治理投资占当年 GDP 的比重不低于 1.5%。

13.2.4 规划编制的主要经验与问题

13.2.4.1 认真开展规划前期研究

针对全省当前和今后一个时期环境保护和生态建设的重点和难点问题，认真组织开展“十一五”环保规划实施评估、主要污染物减排、环境经济政策、农村环境保护对策、大气污染防治对策等十余项前期课题的研究工作。前期研究成果与环境管理重点工作紧密结合，系统研究了“十二五”面临的环境形势，实事求是地剖析了存在的问题，并提出了有针对性的解决措施，为规划编制提供了有力的技术支撑。

13.2.4.2 做好规划上下左右衔接

在规划编制和修改完善过程中，规划编制组开展了各个层面的规划衔接工作。一是与《国家环境保护“十二五”规划》《河南省国民经济和社会发展规划第十二个五年规划纲要》等上位规划衔接，确保上位规划中提出的相关目标指标和任务在规划中得以落实。二是认真学习《中央中央关于“十二五”规划的建议》《关于又好又快推进“两个率先”在新起点上开创科学发展新局面的决定》《国务院关于加强环境保护重点工作的意见》等文件，并将文件中关于环境保护和生态建设的要求纳入规划中。三是与省级相关专项规划进行对接。确保在规划目标任务及重点工程等内容上相一致。四是整合目前已批准实施的环保规划的相关内容，通过多层面的规划衔接，进一步完善规划内容，强化了规划的针对性、协调性和可操作性。

13.2.4.3 广泛征求吸纳各方意见

在规划编制过程中，编写组注重广泛征求各部门、地方、专家等各方面的意见，并在规划编制和修改过程中充分吸收。一是广泛听取专家意见。在规划编制大纲阶段，邀请了多名规划方面的专家，对规划提出了很多宝贵意见。二是多次征求省各相关部门意见，在规划初稿、讨论稿、征求意见稿、评审稿的形成过程中不断向有关部门征求意见，并对反馈的意见逐条分析研究，在修改过程中充分予以吸收和采纳。三是征求各地政府、环保局的意见，对各地提出的合理安排工程项目、制定差别目标任务等意见进行认真的核实和修改。

13.3 国家和省级规划实施进展情况

13.3.1 推进主要污染物减排的主要措施与进展

“十二五”以来，我省按照国务院、环保部部署要求，坚持把污染减排作为推动经济转型升级、促进绿色发展的重要抓手，迎难而上，综合施策，严格监管，狠抓落实，全面推进总量减排工作。

13.3.1.1 明确目标任务，全面部署安排

省政府与各市政府签订了《“十二五”主要污染物总量减排目标责任书》和年度《环境保护目标责任书》，出台了《关于加强环境保护促进中原经济区建设的意见》《河南省“十二五”节能减排综合工作方案》，印发了年度《河南省节能减排工作安排》《河南省主要污染物总量减排实施方案》等文件，并将主要污染物总量预算指标列入《河南省2012年国民经济和社会发展计划》，将控制排放量、总减排量和预支增量指标作为约束性指标下达，对全省主要污染物总量减排工作进行了全面部署。

13.3.1.2 完善工作机制，实施总量预算

2012年，我省全面实施了主要污染物总量预算管理，印发了《河南省主要污染物排放总量预算管理办法（试行）》及一系列配套文件，建立了主要污染物总量指标网上申报审核系统，总量预算管理体系已初步形成。总量预算管理实行一年以来，通过对环境资源的量化管理，使各级政府心中有了环境资源账，明确完成污染减排任务是获得新增排放量（预支增量）的唯一途径，极大地调动了各地污染减排的积极性；完善了总量减排环境管理模式，有力地促进了污染减排工作从单纯依靠三大减排措施减存量，向控增量、减存量双向推进中转变，进一步深化了污染减排工作。为适应严格的总量预算指标控制要求，各地方、企业主动实施结构调整，提高技术装备和污染治理水平，减少污染物排放。2012年9月21日，环保部在郑州召开主要污染物总量指标预算管理现场会，环保部领导在会上指出：“河南的探索实践表明，实行总量预算管理，对于增强各级政府环境保护意识、落实减排倒逼机制，促进经济发展方式转变和产业结构升级具有十分重要的意义。总量预算管理，是强化地方政府减排责任的重要抓手，是促进各地主动调整产业结构的重要举措，是新时期环境管理转型的具体实践。”

13.3.1.3 创新管理机制，实行阳光环保

为充分发挥污染防治资金的作用，推行阳光环保，我省在污染防治资金的分配和使

用上进行了积极的探索，将减排量与资金额分配挂钩，推进减排工程建设。探索建立了“以各地污染减排量，确定资金分配额度，以工程项目减排多少，确定工程项目，以工程项目实际减排效果，验收工程项目”的工作机制，制定了资金补助模式，公开了原则、减排基数、资金额和补助模式，将项目的选择交到地方，确保我省在分配污染减排资金、水污染防治资金时，将减排量数据作为减排资金分配的重要依据。“阳光环保”促使各级政府把更多的精力用在谋划重点工作上、推动项目落实上，真正把专项资金转化为污染物削减量、转化为可利用的环境容量、转化为支持经济发展的有效措施。如：在分配 2012 年“三河三湖”资金（其中：第一批 26 616 万元，第二批 22 013 万元）和土地出让金（1 亿元）的过程中，按照上述原则共安排污水处理厂项目 43 个，重点污染源类项目 21 个，畜禽养殖类项目 19 个，湿地类区域环境综合整治项目 2 个。项目建成后，每年可削减化学需氧量 36 712 吨、氨氮 3 548 吨。

13.3.1.4　加快工程建设，强化调度督导

截至 2012 年年底，全省正式投入运营的城市污水处理厂共计 153 座，建成规模 679.25 万 t/d，平均负荷率 88%。101 个产业集聚区配套新建污水处理厂中，已建成 15 个，在建 45 个。5 166.8 万 kW 燃煤机组全部建成脱硫设施，20 台总装机容量 1 198 万 kW 燃煤机组建成脱硝设施，近千家规模化畜禽养殖场实施了污染治理。85 家重点企业开展了清洁生产审核。

2012 年，为推动减排工程早建成、早投运、早发挥效能，省环保厅在全省组织开展了“污染减排工程促进年”活动，推进城镇污水处理厂、电力行业脱硝、钢铁烧结机脱硫、规模化畜禽养殖污染治理和重点行业污染治理等主要污染物减排项目建设。截至 2012 年年底，列入国家总量减排目标责任书的 64 项污染减排工程，已全部开工建设，其中 47 个已建成投运。

与此同时，抓好现有减排工程的运行管理，在全省开展城镇污水处理厂和燃煤电厂污染防治设施运行管理创先争优活动，促使其充分发挥减排作用。我省建立了减排措施进展月调度、季通报、定期督导制度，每月调度污染减排重点项目进展情况，并按季度对全省污染减排工程进展情况进行通报，定期对全省 18 个省辖市和 10 个省直管试点县（市）重点减排工程建设、运行情况，畜禽养殖污染治理情况，机动车减排工作进展情况以及总量预算管理办法的执行情况进行了督导，及时发现问题，督促整改落实。

13.3.1.5　淘汰落后产能，强化结构减排

我省把污染减排作为转方式、调结构的重要抓手，要求各地市严格执行国家、省级

产业政策，加大对“两高一资”和产能过剩项目的调控力度，严把环评准入关、严守总量审核关。坚持把结构减排作为产业转型升级的重要手段，坚决淘汰落后产能，促进经济健康发展、绿色发展、和谐发展。2011 年我省实际淘汰炼铁 30 万 t、炼钢 227.1 万 t、电解铝 4.8 万 t、铁合金 2.65 万 t、铜冶炼 9.52 万 t、铅冶炼 17.39 万 t、焦炭 210 万 t、水泥 985 万 t、玻璃 864.7 万重量箱、造纸 183.91 万 t、酒精 12.6 万 t、味精 4.18 万 t、柠檬酸 2.35 万 t、制革（折合牛皮）54.23 万标张。在国家下达计划的基础上，我省增加淘汰铸造炼铁 92.6 万 t，其他有色金属采选、冶炼 30.03 万 t，印染 2.18 亿 m，化纤 1.5 万 t、化工产能 16 万 t。共计涉及 167 家企业。2012 年我省有 113 家（不含电力）企业的 114 个项目分两批被列入国家淘汰落后产能计划，共淘汰炼铁落后产能 160 万 t，炼钢 210 万 t，焦炭 160 万 t，铁合金 14.07 万 t，电石 1.96 万 t，电解铝 17.9 万 t，铜冶炼 8.42 万 t，铅冶炼 25.8 万 t，水泥 150 万 t，玻璃 230 万重量箱，造纸 140.3 吨，酒精 12 万 t，味精 11.3 万 t，制革 155.5 万标张，印染 3.39 亿 m，化纤 0.7 万 t，铅酸蓄电池 16.79 万 kV·Ah。

13.3.1.6 采取多项措施，推进农业减排

我省采取多项措施强力推进农业源污染减排工作。环保、农业、畜牧等部门通力合作，出台了《关于进一步加强农业和农村节能减排工作的意见》（豫农科教〔2012〕26 号）、《关于进一步加强畜禽排泄物治理工作的指导意见》（豫牧〔2012〕31 号）；为促进乡村污水处理厂规范建设和运行，制定完成了《河南省农村生活污水处理技术规范》；为推进畜禽养殖业污染减排，我省印发了《畜禽养殖业污染源总量减排技术指导意见（试行）》（豫环文〔2012〕99 号）、《河南省“十二五”畜禽养殖业污染减排项目档案管理规范》，举办了全省畜禽养殖业污染减排培训暨现场会和大中型沼气项目建设单位现场会，开展了畜禽排泄物处理利用调研；实施了 2 000 余项畜禽养殖减排工程。我省在环保专项资金、畜禽养殖场标准化建设和“菜篮子”畜产品生产扶持资金的使用中，优先安排粪污处理设施资金投入，引导广大养殖户树立减排意识，实施清洁生产和减排工程建设，有效减少了农业源的污染物排放量。

13.3.1.7 部门通力合作，加强机动车管理

普及机动车环保分类合格标志发放，加快老旧车和“黄标车”提前淘汰进程。加强对机动车排气污染排放的年检及动态监测，整治机动车污染排放超标车辆的违法行为。目前，《河南省机动车排气污染管理办法（征求意见稿）》已经起草完毕，即将征求有关厅（局）意见，待进一步修改后上报省政府颁布实施。

加强外地转入机动车管理。新注册车辆需列入环保达标车型目录，未列入车型公安

交通管理部门不得办理机动车注册登记。转入我省行政区域范围内的外地车辆，应达到国家第四阶段及以上机动车污染物排放控制要求。不符合要求的，公安交通管理部门不予办理转入手续。18 个省辖市车辆相互转入应达到国家第四阶段及以上机动车污染物排放控制要求，不符合要求的，公安交通管理部门不予办理转入手续。

加强机动车检测线的规划和计量认证工作。对于每个规划的检测线，都要求其必开展汽车尾气检测项目。2011 年、2012 年总共对 125 个机动车检测线进行了计量认证，组织专家对检测线进行了严格的评审，确保包括汽车尾气在内的检测项目可以正常开展工作。

13.3.2　切实解决突出环境问题的主要措施与进展

13.3.2.1　确保饮用水水源地环境安全

2011 年，一是开展饮用水水源地环境风险评估，确定饮用水水源保护区环境风险等级，对饮用水水源保护区实行分级管理；二是开展 2011 年城市饮用水水源地基础环境状况调查评估；三是组织实施河南省《全国城市饮用水水源地环境保护规划》；四是推进《丹江口库区及上游水污染防治和水土保持规划》实施，做好丹江口库区及南水北调沿线水污染防治工作；五是按照省政府要求，组织对郑州、平顶山、商丘等涉饮用水水源保护区的西气东输、输油管线等重大民生工程项目进行了详细勘察，提出了具体可行的水源保护建议，在切实保护好饮用水水源的基础上，有力支持了全省重大项目建设。

2012 年，省环保厅从饮用水水源地环境状况评估、区划、规划等入手，切实做好饮用水水源地保护的基础性工作，加强规范管理，确保饮用水水源地环境安全。一是会同水利厅、国土资源厅、住房和城乡建设厅、卫生厅启动了县级和乡镇集中式饮用水水源保护区划定工作；二是组织对全省 54 个集中式饮用水水源地开展环境状况评估，全面掌握我省饮用水水源地环境状况，分析存在的问题和污染隐患，并及时致函当地政府尽快解决，有效防范环境风险；三是将我省亟须治理的南湾湖、千鹤胡、白龟湖、板桥水库、宿鸭湖、丹江口水库、陆浑水库等纳入环保部编制的《国家良好湖泊生态环境保护规划（2011—2020 年）》中，为开展湖泊生态治理与保护奠定了良好基础。四是以《全国地下水污染防治规划》为依据，在华北平原逐步开展地下水污染现状调查，为下一步地下水污染治理提供必要条件。五是加大饮用水水源保护的执法监管力度。2012 年，全省共出动环境执法人员 2 300 人，对全省地表水集中式饮用水水源保护区开展了排查整治，共取缔排污口 31 个、网箱养殖 120 120 m^2，责令拆除或关闭 31 家，立案处罚 2 家，下达监察通知 47 家。通过以上有力措施，全省城市集中式饮用水水源地取水水质达标率为 100%，有力保障了全省饮用水水源地环境安全。六是建设水质自动监控站。在14个日供水量大于10万t的省辖市城市集中式地表水饮用水水源地建成水质自动监测站，监测生物毒性、总氮、总磷、高锰酸盐指数、水质五参数及氨氮等因子，实现对省辖市城市集中式地表水饮用水水源地水环境质量的有效监控和预警。制定《河南省饮用水水源地水质自动监控系统管理办法》，配套管理考核细则，将饮用水水源地监控基站管理纳入规范化管理轨道。

13.3.2.2 深入开展流域水污染防治

省环保厅全面实施流域水污染防治规划，深入开展流域水污染防治工作，以作为“十二五”期间推进水污染防治工作、改善水环境质量的重要抓手。一是全面推动国家《重点流域水污染防治规划（2011—2015年）》实施。组织各省辖市、省直管试点县（市）共同研究解决规划实施存在的问题，建立了每月上报进度、每季度上报进展档案的定期调度制度。在2012年4月国家对我省《长江中下游流域水污染防治规划（2011—2015年）》考核时，我省考核结果为“较好”。二是制定实施《河南省流域水污染防治规划（2011—2015年）》。将国家各流域规划中涉及我省的12个优先控制单元、54个监控断面进一步细化为35个优先控制单元、101个监控断面，在每条河流的出市境处都设置了省级责任目标断面，对各责任目标断面制定了严于国家要求的目标值，进一步明确各地政府的治污责任；三是密切关注河流水质，严防水污染事件。认真落实环境形势分析会议和水质超标预警制度，及时研判环境形势，遏制水质恶化现象，每季度将环境形势上报省政府并通报各省辖市、省直管试点县（市）环保局，对问题较大的漯河、南阳、周口等市，采取约谈市长、致函政府等措施，督促地方政府切实履行治污责任；四是加快水处理基础设施建设。统筹用好省政府1亿元土地集中收益金，制定了污水处理厂升级改造项目资金支持办法，公开、透明地支持10个污水处理厂升级改造项目建设；积极协调环保部和国家发改委，在《国家流域规划》中保留了我省上报的所有污水处理厂项目，并将我省“十二五”期间拟建设的产业集聚区污水处理厂项目列入“城镇污水处理及配套设施建设项目”中，为我省城镇和产业集聚区污水处理厂争取资金提供了政策保障；五是严格考核。按照《河南省流域水污染防治规划实施情况考核办法》，每年组织对各地流域规划实施情况进行考核，确保各项水污染防治工作落到实处。

13.3.2.3 全面推进大气污染防治

全省以削减主要大气污染物排放总量为主线，以重点区域、重点行业、重点因子大气污染防治为抓手，深化城市综合整治及污染防治，推进大气污染联防联控。一是组织召开“中原经济区环境保护暨大气环境与气候”学术会议，探讨改善大气环境质量、控制大气污染的有效措施；开展河南省大气灰霾污染成因分析及防治对策专项研究，积极推进大气污染防治工作的开展。二是严格控制城市区域和周边工业企业大气污染物排放，禁止在城区及周边发展大气污染物排放强度大的产业及使用相关产品，强制淘汰高耗低效产能及落后工艺，关闭大气污染严重、治理无望的企业，对所有燃煤工业锅炉实施严格的排放要求；三是加强对重点大气污染源的环境管理，强化二氧化硫总量控制和排污许可证制度，提高火电机组脱硫效率，对钢铁、有色及工业燃煤锅炉开展二氧化硫减排工作；四是开展氮氧化物污染减排工作，对全省所有火电厂有计划、分步骤地安装脱硝设施，目前已对 10 家电厂下达限期治理通知书，开展了水泥、玻璃行业的脱硝调研，脱硝工作逐步展开；五是加大颗粒物污染防治力度，督促火电、水泥等使用工业锅炉和工业窑炉的企业采用高效除尘技术，烟粉尘排放应满足国家排放标准和保障地方区域大气环境质量的排放标准要求；六是开展挥发性有机物污染防治，对全省储油库、加油站和油罐车的数量规模进行了统计摸底，并按照要求进行油气回收治理，同时要求新增油库和加油站、油罐车在安装油气回收系统后方可投入使用。

13.3.2.4 开展环境综合整治

我省连续 8 年开展重点流域区域行业环境综合整治，2011 年对徒骇马颊河—金堤河、沙颍河、黑泥泉河（周口段）流域，巩义市芝田镇、淇县庙口镇区域电力、钢铁、合成氨、造纸、淀粉等行业实施环境综合整治，386 家企业全部按期完成整治任务。2012 年又对贾鲁河郑州段，惠济河开封段，卫河、共产主义渠新乡段，省辖黄河流域灵宝段等重点流域，郑州登封阳城工业区、洛阳吉利科技园区、安阳县水冶镇、平顶山鲁山县梁洼镇等重点区域内涉重金属、酒精、橡胶、化肥等重点行业开展环境综合整治。全省共确定 840 个整治项目，其中，重点流域整治项目 82 个，重点区域整治项目 58 个，重点行业整治项目 700 个，全部按时完成整治任务。通过开展环境整治工作，贾鲁河郑州段、惠济河开封段、卫河、共产主义渠新乡段、省辖黄河流域灵宝段流域的监测断面水质有了明显改善。

13.3.2.5 加强自然生态保护工作

一是以省政府办公厅名义印发了《关于做好自然保护区管理工作的通知》（豫政办〔2012〕123 号）和《河南省省级自然保护区范围调整和功能区调整及更改名称管理规定》，规范了自然保护区范围和功能区的调整程序，加强了对涉及自然保护区建设项目的管理，为进一步加强我省自然保护区管理工作提供了有力保障，河南省成为全国首批以省政府名义出台自然保护区管理工作相关文件的省份之一。二是通过开展全省生态环境十年变化（2000—2010 年）遥感调查与评估，对全省 18 个省辖市和 108 个县（市）共 2 514 个点位进行地面核查，分析影响我省生态格局、生态系统质量和生态系统服务功能的人类活动及其10年的演变特征，确定影响我省环境变化和生态问题的主要原因，为环境管理及领导决策提供科学依据。三是严把建设项目审批验收关，按照厅里统一安排部署，我们把加快项目审批验收作为促进经济发展、改善环境质量、推动发展方式转变的重要举措，在严把准入条件的同时，强化服务意识，推进自然生态保护工作。四是开展土壤环境状况调查工作，“十一五”期间，我省配合全国土壤污染状况调查工作，积极开展我省土壤污染状况调查，在全省范围内布设调查监测点位2 585个，采集样品2 500余个，初步查明了我省土壤中无机污染元素和有机污染物的含量特征和空间分布状况及成因特征；2010年以来，在土壤污染状况调查的基础上，我省在济源等地组织开展土壤污染修复试点工作，积极探索土壤修复与综合治理技术。另外，我省还按照国家相关要求，组织编制我省的土壤环境保护和综合治理工作方案。

13.3.2.6　加强环境质量监测工作

一是及时部署全省环境监测监控工作任务，印发年度《全省环境监测监控工作要点》。二是及时发布河南省环境状况公报、国控重点源监督性监测通报、地表水环境责任目标断面监测通报、生态补偿月报、省辖市政府环境质量目标考核通报等环境监测信息。三是推进环境空气质量新标准实施，印发《关于印发河南省空气质量新标准监测实施方案的通知》《河南省环境空气质量新标准第一阶段监测信息发布工作方案》，强力推进我省环境空气质量新标准监测实施进程。四是积极推进环境监测标准化建设。印发《关于开展全省环境监测站标准化建设达标验收的通知》（豫环办〔2012〕24号），明确各地监测站标准化达标时间节点，对标准化工作开展情况进行调度和督导。组织对焦作、济源、安阳3个二级站，偃师、修武、沁阳等9个三级站进行了达标验收。省环境监测中心通过了环保部组织的一级站标准化建设达标验收。五是强力推进三级环境监控机构建设。印发加强环境监控组织机构建设文件，转发已成立监控机构的省辖市编办文件，强力推进省辖市级环境监控机构建设。12个省辖市、1个省直管试点县（市）正式建立环境监控机构，其余省辖市、省直管试点县（市）均向当地政府和机构编制部门提交了成立环境监控机构的请示。

2012年郑州、开封两市开展$PM_{2.5}$监测能力建设及信息发布（表13-2），我省正在加快其他5个环保重点城市的$PM_{2.5}$等监测能力建设，鼓励其他有条件的城市提前谋划建设并实施环境空气质量新标准。

表 13-2　郑州、开封两市 $PM_{2.5}$ 监测情况表

序号	城市名称	国控监测点位名称	仪器配备进度					是否进行信息发布	备注
			是否完成采购	是否完成安装	是否完成调试	是否完成验收	运行开始时间		
1	郑州	市监测站	是	是	是	是	2012.9	是	
2	郑州	烟厂	是	是	是	是	2012.9	是	
3	郑州	医学院	是	是	是	是	2012.9	是	
4	郑州	郑纺机	是	是	是	是	2012.9	是	
5	郑州	银行学校	是	是	是	是	2012.9	是	
6	郑州	供水公司	是	是	是	是	2012.9	是	
7	郑州	岗李水库	是	是	是	是	2012.9	是	
8	郑州	经开区管委	是	是	是	是	2012.9	是	
9	郑州	四十七中	是	是	是	是	2012.9	是	
10	开封	河大一附院	是	是	是	是	2012.10	是	
11	开封	妇幼保健院	是	是	是	是	2012.10	是	
12	开封	肿瘤医院	是	是	是	是	2012.10	是	
13	开封	黄河水利学院	是	是	是	是	2012.10	是	
14	开封	世纪星幼儿园	是	是	是	是	2012.10	是	

劣Ⅴ类国控断面情况：2011 年劣Ⅴ类国控断面共有 9 个，分别是新乡市修武水文站、小河口、焦作市沁河渠首、濮阳市南乐水文站、南乐元村集、周口市周口康店、西华大王庄、驻马店市西平杨庄、沙口。2012 年劣Ⅴ类国控断面共有 6 个，分别是新乡市修武水文站、小河口、濮阳市南乐水文站、南乐元村集、周口市西华大王庄、驻马店市西平杨庄。

饮用水水质全分析能力建设情况：我省现在除了省环境监测中心能够开展饮用水水源地水质全分析能力以外，各地均不能开展此项工作。

13.3.2.7　开展地下水污染调查评估

完成了华北平原河南省地下水污染防治研究工作，通过资料收集、调研初步了解了豫北平原地下水污染状况，编制完成了《华北平原河南省地下水污染防治方案研究报告》；根据国家地下水基础环境调查要求，开展了河南省地下水典型污染源和集中式地下水饮用水水源调查和试点区域地下水基础环境状况调查，建立了“双源”清单。调查了全省范围内县级以上城镇集中式地下水饮用水水源地、矿山开采区、工业园区、垃圾填埋场、危废处置场、加油站等“双源”的位置、运行时间、面积、主要污染物等基本情况。初步筛选出了重点调查对象，全省范围内共涉及县级以上城镇地下水饮用水水源地 131 个，垃圾填埋场 59 个，危废处理场 11 个，工业园区 41 个，矿山开采区 113 个，加油站 338

个。编制了《河南省 2012 年度试点区域地下水基础环境状况调查评估报告》，并通过了国家评审。

13.3.2.8 开展环保专项活动

一是认真组织开展环境执法监管年活动，全力解决突出环境问题。2011 年，先后组织开展了饮用水水源地、污染减排、重金属污染、产业集聚区和工业园区、规模化禽畜养殖、自然保护区、环境风险源等 8 项专项执法检查，全省各级环境保护部门共出动执法人员约 29 万余人次，检查企业 13 万余家（次），检查建设项目 1.23 万个，查处纠正环境违法行为 6 700 余起，立案查处环境违法问题 1 721 件，实施挂牌督办和列入环保“黑名单”企业 121 家。其中，省环境监察总队查处纠正环境违法行为 435 起，移交省环保厅立案 56 起，省环保厅实施挂牌督办和列入环保黑名单 74 家，致函各地政府解决环境违法问题企业 63 家，并对濮阳南乐县和三门峡灵宝市实行了区域限批。通过开展执法监管年活动，解决了一批重点流域、区域、行业、企业存在的突出环境问题，推动了污染减排目标的完成和环境质量的改善。郭庚茂省长、张大卫副省长批示的驻马店正阳县信隆新型建材厂环境污染，省人大领导关注的安阳林州市 35 人集体上访，新闻媒体聚焦的鹤壁浚县新镇长屯村地下水污染等一批环境问题得到及时解决，切实维护了群众环境权益，减少了因环境问题引发大规模群体性事件的发生。

2012 年，我省开展铅蓄电池等涉重企业及危险化学品生产企业、湖库型集中式饮用水水源地、南水北调中线调水干线、苯酐生产企业和利用苯酐废酸水制造富马酸生产企业专项执法检查，开展清理整顿环境违法积案专项行动，开展秸秆禁烧专项督查，共出动执法人员 14.7 万余人次，检查企业 5.6 万余家（次），立案调查 165 起，挂牌督办企业 19 家，取得了明显的环境效益和社会效果。二是认真办理各类环境投诉案件。开展了元旦期间全省 12369 环保举报投诉热线专项督查行动，对 32 个市县 12369 值班和应急出动情况进行了现场督查，督导各地认真受理、处理环境举报投诉。我省共受理各类环境举报投诉 21 239 件，已办结 21 219 件，按时办结率 99.9%。其中，省 12369 环保举报热线受理 382 件（其中，环保部网上交办件 122 件、省政府网上投诉 7 件、省环保厅网上投诉 225 件），已办结 376 件，按时办结率 98.4%。依法解决了获嘉县金山化工环境问题群众上访事件、陕县产业集聚区入驻企业环境问题等一大批群众关心的热点难点环境问题。尤其是在处理平顶山市瑞平石龙水泥有限公司环境信访问题时，省环保厅专题约谈平顶山市政府、石龙区政府的主要领导，要求当地政府解决群众举报的环境问题，责成企业停产，限期完成卫生防护距离内居民的搬迁任务，有力维护了群众的环境权益。

13.3.3　加强重点区域环境风险防控的主要措施与进展

13.3.3.1　加强环境风险管理

一是强化环境风险源排查。全面完成重点行业企业环境风险及化学品检查，对 1 910 家企业进行全面排查，摸清了相关信息底数，顺利通过了环保部组织的验收，成绩在全国名列前茅，为建立全省风险源数据库奠定了基础。结合执法监管年活动，加大风险源排查和预案管理力度，组织开展多个专项行动，仅在化学品环境管理和危险废物专项执法检查中，全省就查处各类环境违法企业 350 家，及时排除了环境污染隐患。二是加强环境应急演练。首次在全省 18 个省辖市同时开展环境应急综合实战演练，锻炼环保应急队伍，检验地方政府统一领导，环保、消防多部门协调联动的环境应急处置能力。这样大规模的综合环境应急实战演练活动，在全国尚属首家。三是积极推进应急联动机制建设。将环境风险源排查与安全生产督导紧密结合，不断深化环保、安监部门联动机制，进一步加强对风险源企业的环境监管。与水利部黄河水利委员会及沿黄各省环保、水利部门共同签订《黄河流域突发水污染事件信息沟通与协作机制框架意见》，为合作应对突发事件提供了基础保障。加强与公安、消防部门的沟通、联系。四是加强环境监管能力建设工作。多次赴京汇报、沟通，积极推进国家中部地区应急物资储备基地和支援保障基地建设的前期工作，该项目已纳入《国务院关于支持河南省加快建设中原经济区的指导意见》。多次与省环境应急指挥系统承建单位进行衔接，及时提供相关信息、数据，为系统建设奠定了坚实基础，目前，该项目已通过初步验收。五是加强应急应对工作。始终将应对突发环境事件摆在突出位置，严格落实“五个第一时间”的要求，努力为环保部、省政府领导指挥、协调处置突发事件当好参谋、助手，为当地政府搞好服务，守好环境安全最后一道防线。两年以来，我省共发生郑尧高速新密段危险化学品倾倒、徒骇河水污染等 39 起突发环境事件，全部得到了及时、妥善处置。未发生因企业违法排污引发的突发环境事件，维护了我省环境安全。

13.3.3.2　强化核与辐射安全管理

2011 年，省环保厅开展了“辐射安全监管机制创新”专项活动，以创新机制、完善制度为突破口，制定并下发了《核技术应用建设项目管理细则》等 4 个文件，规范了辐射建设项目的审批程序和方法要求。组织开展了辐射安全隐患大排查活动，全省各级环保部门出动监管人员 2 万余人次，对全省辐射工作单位进行了全面排查，对 300 余家存在各类问题的单位下发了限期整改通知，并及时督促整改。对全省 26 家从事移动放射源使用的辐射工作单位进行了拉网式专项检查，并对华北石油局测井公司等在省外作业单位进行了专项检查，制定下发了《关于加强对测井移动放射源探伤及日常监管工作的通知》，完善了我省移动放射源的管理。全年安全收贮废旧放射源344枚，收贮放射性废物500 kg。组织开展了2006年以来遗留核技术项目验收工作，省环保厅分5批对全省223个企业进行了集中打捆验收，各市局对2 038家企业进行了集中验收，实现了严把建设项目环保手续最后一道关口的目标。

2012年，省环保厅组织开展了“全省核技术利用辐射安全综合检查专项行动”，省、市、县三级环保部门共出动人员6 500余人次，车辆2 800余台（次），动用辐射监测仪器、录音录像设备等300余台（套），对全省辐射工作单位进行了一次拉网式的检查，发现并整改问题共计1 500余条，消除了安全隐患。项目管理进一步规范，许可证延续工作进展顺利。2012年安全收贮废旧放射源459枚，放射性废物1 000 kg。开封核能辐照厂退役问题得到了圆满解决，167枚放射源被安全地运送到了河南省城市放射性废物库收贮。推动历史遗留的5家医用Ⅰ类放射源使用单位安全退役。举办了全省辐射安全知识竞赛和辐射防护与安全培训班，辐射监管人员和从业人员的素质得到进一步提升。给省直管试点县配置了一批辐射监测仪器和办公设备，辐射监管能力标准化建设得到提升。

13.3.3.3 加强重金属污染防治

我省是国家确定的14个重金属污染防治重点省份之一，也是全国2个重金属污染防治示范省之一，为此省政府高度重视重金属污染的综合防治工作，并结合国家近年以来有关重金属污染防治的有关部署和要求，于2010年2月先后颁布实施了《河南省重金属污染防治工作实施方案》（豫政〔2010〕26号）和《河南省重金属污染综合防治“十二五”规划》（豫政〔2011〕71号）。对全省各地重金属污染的防控目标及重点、规划任务、规划项目和措施等方面提出了一系列要求。省环保厅科学统筹，强化措施，重金属污染防治工作有序推进。一是会同省发展改革委、工业和信息化厅、财政厅等6个部门制定了《河南省重金属污染综合防治“十二五”规划分年度实施方案》，将规划任务目标进行年度细化。组织开展了重金属考核实施办法培训，强化对各地重金属污染防治工作的动态监管，指导各地按照时间节点完成规划任务。2012年对列入年度治理任务的186家排放重金属企业实施限期治理。所有企业于11月30日前完成了治理任务；二是研究制定了《河南省重有色金属冶炼及压延加工行业综合治理技术规范》《河南省皮革及其制品行业综合治理技术规范》《河南省化学原料及化学制品制造业综合治理技术规范》和《河南省重有色金属矿（含伴生矿）采选行业综合治理技术规范》等涉重金属行业综合整治技术规范，为重金属污染防治提供了技术支撑；三是构建总量控制体系。对目前我省重金属排放情况进行重新核算核定，为重金属总量减排和考核奠定基础。对新增重金属排放源进行总量审核，确保其满足重金属污染防治规划确定的削减要求。

13.3.3.4　推进固体废物污染防治

一是完善了固体废物管理法规体系建设。依据《中华人民共和国固体废物污染环境防治法》和国家有关法律、法规，出台了《河南省固体废物污染环境防治条例》，完善了我省固体废物管理的地方法规。二是按期完成了全省历史遗留危险废物处置。按照国家《铬渣污染综合整治方案》以及环保部后续文件要求，2012 年年底前完成了我省历史遗留铬渣治理任务。三是印发了河南省实施国家《“十二五”危险废物污染防治规划》工作方案。根据国家《“十二五”危险废物污染防治规划》要求，2012 年 12 月，省环保厅会同省发改委、工信厅、卫生厅联合印发了《河南省实施国家“十二五”危险废物污染防治规划工作方案》。四是建立了危险废物管理考核制度。根据《“十二五”全国危险废物规范化管理督查考核工作方案》和《危险废物规范化管理指标体系》的要求，我省印发了《河南省危险废物规范化管理工作指南》，每年对各省辖市及省直管试点县（市）危险废物产生和经营单位规范化管理情况进行督查考核。2012 年，国家抽查考核我省危险废物产生和经营单位规范化管理达标率分别为 78.8%和 86.7%，平均达标率为 80.9%，高于全国平均水平。五是开展了危险废物摸底调查工作。为掌握全省危险废物产生、转移、贮存、利用和处置情况，我省建立了全省重点监控单位清单并动态更新，健全危险废物管理信息资料档案。近两年重点开展了黄金冶炼、铅酸蓄电池和 PVC 行业的危险废物产生及去向情况摸底调查，初步掌握了上述行业危险废物产生、转移处置情况，为全面开展危险废物调查积累了经验。六是危险废物监管能力明显提高。截至 2012 年年底，大部分省辖市和个别省直管试点县（市）成立了固体废物管理机构。省级固体废物管理机构在人员编制，相关仪器、设备，防护用具，车辆等方面都有较大改善，为危险废物监管能力建设奠定了基础。

（1）危险废物及医疗废物处置设施建设和运行情况

按照《规划》要求，我省共建设 2 个危险废物集中处置设施、17 个医疗废物集中处置设施（不含济源）（表 13-3）。2 个危险废物集中处置中心项目均已建成并试运行，形成危险废物处置能力 8.3 万 t/a，其中省危险废物处置中心 5.67 万 t/a，南阳危险废物处置中心 2.63 万 t/a。17 个医疗废物集中处置中心均已建成，形成医疗废物处置能力 131 t/d。已经环保部门验收的 14 个，正在试生产的 3 个，所在地市分别为：驻马店市、濮阳市、三门峡市。济源市医废处置中心已建成并经环保部门验收，处置能力 3 t/d。

表 13-3 河南省危废医废处置设施建设进度表

序号	所属辖区	项目名称	建设进度				
			正在申请	设计	在建	试运行	建成
1	河南省	河南省危险废物处置中心（郑州）				√	
2	河南省	南阳危险废物处置中心				√	
3	郑州市	郑州医疗废物集中处置中心					√
4	开封市	开封医疗废物集中处置中心					√
5	洛阳市	洛阳市医疗废物集中处置中心					√
6	平顶山	平顶山市医废处置中心					√
7	安阳市	安阳市医疗废物集中处置中心					√
8	鹤壁市	鹤壁市医疗废物处置中心					√
9	新乡市	新乡医疗废物集中处置中心					√
10	焦作市	焦作市医疗废物集中处置中心					√
11	濮阳市	濮阳市医疗废物集中处置中心				√	
12	许昌市	许昌市医疗废物集中处置中心					√
13	漯河市	漯河市医疗废物处置中心					√
14	三门峡	三门峡市医疗废物集中处置中心				√	
15	南阳市	南阳医疗废物集中处置中心					√
16	商丘市	商丘医疗废物集中处置中心					√
17	信阳市	信阳市医疗废物集中处置中心					√
18	周口市	周口市医疗废物集中处置中心					√
19	驻马店	驻马店市医疗废物处置工程				√	
20	济源市	济源市医疗废物集中处置中心					√

（2）污水处理厂污泥污染防治情况

按照环保部有关部署要求，深入推进城镇污水处理厂污泥污染防治工作，初步建成较为完善的污泥规范化管理体系。通过召开全省污泥环境管理工作现场会，大力推广污泥处置经济适用技术，借助环保创建、污染减排、区域限批等工作手段，持续推进污泥处置设施建设；结合国家及我省相关文件精神，先后制定一系列污泥环境管理文件，切实加强对污泥产生、运输、贮存、处理处置的全过程环境监管，规范污泥处置，防止产生二次污染。2012 年，全省共形成约 137.6 万 t/a 的污泥处置能力。

13.3.3.5 推进化学品风险防控

按照 2012 年全国九部委联合开展的“整治违法排污企业 保障群众健康”环保专项行动的统一部署，结合我省实际，开展了针对铅蓄电池企业，铅锌、黄金采选、冶炼企业，皮革皮毛（绒）及其制品企业，其他涉重金属企业和危险化学品生产企业的专项执法行动，有效遏制了涉重金属、危险化学品生产企业突发环境事件高发的态势。同时，初步建立了全省环境风险源动态管理数据库和电子监察档案。

13.3.3.6　环境污染损害鉴定评估试点工作开展情况

2011 年 9 月，省环保厅按照国家要求，组建了“河南省试点环境污染损害鉴定评估中心”，该中心设在河南省环境保护科学研究院。同时出台《河南省环境损害鉴定评估试点工作方案》（豫环文〔2011〕211 号），明确河南省环境污染损害鉴定评估试点工作领导小组名单与河南省环境污染损害鉴定评估试点机构成员名单。在队伍建设方面，组建了一支涵盖环境经济学、环境工程、环境科学、地理信息系统等专业及博士、硕士、本科多个学历层次，职称、专业、学历、年龄结构合理，业务精干，专门从事环境污染损害鉴定评估工作的专职队伍。在案例研究方面，2011 年、2012 年共完成 3 个案例，分别是商丘大沙河的砷污染、洛阳染化厂爆炸和濮阳市徒骇河水污染事件。在案例研究中，中国科学院曲久辉院士给予了大量的技术指导，河南省环境污染损害鉴定评估中心通过深入的案例分析与评估，初步形成环境污染损害鉴定评估工作机制与方法体系。

13.3.4　推进环境基本公共服务体系建设的主要措施与进展

13.3.4.1　积极推进农村环境连片整治

我省列入全国农村环境连片综合整治示范省以来，在省委、省政府的直接领导下，2011 年，围绕全省农村工作大局，在全省 17 个省辖市的 600 个村庄，安排连片整治项目 322 个。在主管省长的带领下，多次到郑州、信阳、新乡、洛阳、焦作、周口、漯河等地察看连片整治项目进展，研究解决项目建成后的运行维护问题，强力推动 2011 年连片整治项目的实施，并于 2011 年 5 月，顺利通过了环保部组织的农村环境连片整治项目督查。6 月，环保部将全国农村环境连片整治目标责任制考核座谈会放在我省郑州召开，各省、自治区、直辖市参会代表现场考察了我省连片整治工作进展，并对郑州新密等地的连片整治工作给予较高的评价。2011 年的 322 个项目已全部通过市级验收和省级抽查，70% 以上的项目运行或基本运行，环境效益初步显现。

2012 年，我省将农村环境连片整治工作与新型城镇化、新型农村社区建设相结合，优先选择城市周边、县城附近、产业集聚区周围基础设施完善的 41 个区域作为示范区，安排连片整治项目 225 个。为加速推进项目实施，9 月在郑州组织召开了全省农村环境整治专项会，省政府张大卫副省长出席会议并做重要讲话，对于加速推进项目实施起到了积极的作用。省环保厅也在省七次环保大会、省环保重点工作推进会、省自然生态暨农村环保工作会上多次就农村环境连片整治工作做出专题部署。此外，我省不断完善连片整治管理制度，加大项目督导力度，先后出台了《河南省农村环境连片整治示范专项资金管理暂行办法》《河南省农村环境连片整治示范项目验收管理办法》《河南省农村环境综合整治生活污水处理适用技术指南》《河南省农村环境连片综合整治项目实施方案编制技术要点》《河南省农村环境连片整治项目申报指南》等一系列管理制度和实施办法，从项目申报、方案编制、技术选取、资金使用、验收管理等多个方面规范项目实施，确保资金安全。截至2012年年底，80%以上的项目已开工建设，各项工作正在稳步推进。

13.3.4.2 完善污染减排统计、监测、考核体系

在减排统计体系方面，根据国家相关要求，结合我省污染减排工作实际，通过强化业务培训、严格数据审核、加大统计能力建设等措施，不断加强全省减排统计体系建设。2012年，我省继续实施环境统计数据三级汇审制度，层层审核把关，对全省2011年环境统计数据先后进行了6次汇审，全面提高全省环境统计数据质量，并按时间节点要求完成了统计年报工作；克服软件及技术等困难，人工编制了年度环境统计汇编，并积极开展统计分析工作，为我省总量减排及各项环保工作提供了可靠的基础数据；加强与公安、农业、城建、统计、畜牧等有关部门沟通与协作，初步建立了污染减排统计合作和共享机制，为“十二五”污染减排工作打下了良好基础。

在减排监测体系方面，我省高度重视主要污染物总量减排监测体系建设，将主要污染物总量减排监测体系纳入政府环保责任目标，对各省辖市进行严格考核，强力推进减排监测体系建设。我省环境自动监控系统是“十一五”期间总量减排与环境监控体系建设的重点项目，2012年，省环保厅制定并推行环境监控运维持证上岗制度、重点监控企业监控基站登记备案制度、重点污染源监控基站运维记录整合和比对校准方案、饮用水水源地水质自动监控系统管理办法、重点区域空气自动监控系统管理办法、市级环境质量自动监控系统管理办法、辐射环境质量自动监控系统管理办法、重点监控企业流量计安装和运行维护规范、省管电厂超标预警响应工作程序等规章制度，并分别配套制定管理考核细则。强化自动监测数据应用，确保监测数据真正为环境执法、排污收费、总量核算等环境管理决策服务。

在减排考核体系方面，继续坚持行之有效的月报、季核、半年公示、年底考核制度，严格按照考核办法对各省辖市政府减排目标完成情况进行考核，并通报考核结果。对2011年总量减排存在问题较多、工作进度滞后的郑州、许昌、新乡和濮阳4市政府负责同志进行了约谈；对开封、平顶山、漯河、三门峡、郑州、濮阳、商丘、鹤壁、周口9市下达了氮氧化物减排预警；对郑州、安阳、新乡、三门峡、濮阳5市下达了农业源减排预警。

13.3.4.3 环境监控系统运行管理与应用情况

河南省环境自动监控系统实现对全省88条河流、14个重要地表水饮用水水源地水

质，18 个省辖市、108 个县城、15 个重点区域环境空气质量，678 家国控、省控重点污染源，26 个电离辐射和 20 个电磁辐射点位、17 个重点放射源和 4 个通道式辐射点位的实时监控。经过监控制度的不断丰富完善、运行服务水平的不断提升、运行管理能力的不断加强，全省环境监控系统正常运行率和比对合格率均达到 95%以上，满足监控数据的使用标准，为监控数据的广泛应用提供了有力保证。目前，监控数据在污染减排、总量核算、环境执法、目标考核、生态补偿、排污收费、脱硫电价核定、环境形势分析等多项工作中发挥着重要作用。

13.3.4.4　种植养殖业污染防治情况

以实现“结构合理化、技术生态化、过程清洁化、产品无害化”为目标，重点推广一批控制种植业污染的新技术。在全省建立了农作物病虫害绿色防控示范区，带动全省绿色防控总面积达 1 066.16 万亩次。在关键技术推广方面，灯光诱杀 162.08 万亩，色板诱杀 143.5 万亩，赤眼蜂治虫 22.3 万亩，生物农药防治 518.18 万亩，其他措施 188.9 万亩，降低了农药的使用数量，同时禁止销售和使用甲胺磷等 5 种高毒有机磷农药，推广应用高效、低毒、低残留农药新品种，提高农药利用率。

实施“沃土工程”和测土配方施肥，大力推进农家肥、畜禽粪便等有机肥料的综合利用，2011—2012 年，全省共开展测土配方 26 901 万亩，节约化肥达 30.94 万 t（折纯）。为增强耕地地力，科学改善土壤的有机质含量，结合“有机质提升”项目，2011—2012 年推广试点面积共 198.34 万亩；积极开展秸秆综合利用，通过沼气发酵、青贮饲料、秸秆还田、固化成型等方式解决了 78%的秸秆回收利用问题，较大地降低了秸秆焚烧带来的污染。

积极开展农业环境保护基础设施建设，在部分农区建设生态拦截沟渠和生态池塘，对农药、化肥施用后带来的污染进行拦截、吸附和转化，阻断氮、磷等污染因子排入河道，解决农业面源污染。在有条件的村庄，建设一批小型生活污水净化池、生活垃圾填埋厂，解决农村生活源面源污染。积极开展农业环境监测工作。为摸清工矿企业区周边可疑污染区、污水灌区可疑污染区、大中城市郊区可疑污染区农产品产地安全和氮磷肥的利用、流失状况，尽快对不同类型区实施划定，有效地组织农业生产，确保农产品质量安全，开展农产品产地安全状况普查与农业面源污染、种植业源淋溶监测，共采集各类样品 21 706 个，界定四大类型区面积 11 838 万亩。

我省积极转变畜禽养殖业发展观念，提倡健康养殖，在对畜禽养殖粪污进行厌氧发酵和资源化利用的同时，积极推行清洁生产，实现生态养殖。支持改造现有生猪养殖圈舍，建设生态发酵床。采用具有消化率高、增重快、排泄少、污染轻、无公害的饲料。

在畜禽养殖单元，积极使用非淀粉多糖和除臭剂，减少动物粪便臭味的产生。在粪便处理上，采用干清粪工艺，实现干湿分离，减少污染源的处理数量和难度。在粪污治理上，我省大力推广大中小型沼气和户用沼气建设，变废为宝，实现资源化利用，2011—2012 年，全省共新建大中小型沼气工程 813 处，新建设户用沼气池 32.09 万个，两年来，新增处理畜禽粪污处理能力 919.21 万 t。合理调整水产养殖业布局，科学确定养殖密度，优化养殖生产结构，建立健康养殖和生态养殖示范区，推广养殖用水循环使用、废水处理技术，减少水产养殖污染。

13.3.4.5 监测执法业务用房建设情况

2010 年、2011 年，国家分 2 批下达我省基层环保监测执法业务用房建设项目 33 个，其中 2010 年 15 个项目，2011 年 18 个项目，已全部开工建设。

13.3.4.6 落实《全国主体功能区划》情况

我省积极推进主体功能区规划编制工作，多次与国家发改委进行衔接，同时积极了解外省规划编制进展情况及国家动态，并与中原经济区指导意见和相关规划进行衔接。在这个基础上，对规划进行数次修改，形成了《河南省主体功能区规划纲要（送审稿）》，进一步修改完善后，于 2012 年 10 月底以省政府名义正式行文上报国家主体功能区规划领导小组办公室进行衔接编制确认。我省根据国家反馈意见对规划进行修改完善，下一步将按程序征求有关方面意见，报省政府审定并颁布实施。

13.3.5 环保投资情况

13.3.5.1 中央环保专项资金投入情况

我省共落实中央环保专项资金 212 535 万元，其中 2011 年 96 328 万元，2012 年 116 207 万元。具体包括①下达“三河三湖”及松花江流域水污染防治专项资金 92 989 万元，重点支持新建污水处理厂和污水处理厂升级改造、产业集聚区污水集中处理项目、区域环境综合整治项目、饮用水水源地综合治理项目和畜禽养殖项目等。②下达重金属污染综合防治专项资金 38 522 万元，重点支持重点防控区所在的 6 个省辖市和省监测中心重金属监测能力建设、国家及省“十二五”重金属污染综合防治规划中位于重点区域的重点项目等。③下达湖泊生态环境保护 5 000 万元，重点支持试点湖泊生态环境保护。④下达农村环境连片整治 55 000 万元，主要用于支持农村环境连片整治示范区开展农村生活污水处理、生活垃圾收集转运、畜禽养殖污染防治设施建设等项目，其中 2 500 万元，用于引导禁养区 180 家（户）畜禽养殖场现场关闭或异地重建工作。⑤下达国家级自然保护区能力建设资金 640 万元，用于河南连康山、鸡公山、宝天曼、丹江湿地、董寨国家级自然保护区项目。⑥下达主要污染物减排专项资金 14 144 万元，用于市、县（市）级环境监测站标准化建设、重点省市核与辐射应急监测调度平台及快速响应能力建设、环境监察执法能力建设等。⑦下达环保监测执法业务用房资金 3 240 万元，用于我省 18 个基层环保监测执法业务用房建设项目。⑧下达排污权交易试点资金 3 000 万元。

我省 2011—2012 年累计落实中央财政淘汰落后产能奖励资金 115 276 万元，其中 2011 年落实 62 126 万元，安排电力、炼铁、焦炭、水泥、造纸等 16 个行业 136 户企业；2012 年落实 53 150 万元，安排铁合金、炼钢、制革、电解铝、造纸、铅酸蓄电池等 17 个行业 90 户企业。

13.3.5.2 省级环保专项资金投入情况

省级环保专项资金包括省环保厅部门预算资金、省级排污费资金、生态补偿资金、土地出让资金等 4 类，其中 2011 年 27 486 万元，2012 年 45 032 万元。具体包括①部门预算资金：2011 年省财政下达我厅部门预算资金 4 260 万元，2012 年省财政下达我厅部门预算资金 4 769 万元。②省级排污费：2011 年共下达省级排污费 26 218.95 万元。具体安排情况：2010 年生态文明村镇创建以奖代补资金 1 900 万元，全省环境监控系统运行经费补助 330 万元，环保厅环保能力建设 8 239 万元，2011 年生态文明村镇创建以奖代补、重金属监测能力建设及地表水监测能力建设等 15 749.95 万元。2012 年共下达省级排污费 21 259 万元。具体安排情况：农村环境连片整治示范补助 6 000 万元，省直管县能力建设 2 000 万元，环境友好型示范集聚区环境自动监控能力建设 1 000 万元，环保厅环保能力建设 1 800 万元，省级环境自动监控系统运行经费 1 700 万元，全省生态文明创建补助 1 300 万元，污染减排专项经费 1 200 万元，地表水水质自动监测能力建设 3 882 万元，环保视频监控系统 689 万元，环保移动执法能力建设 1 724 万元。③水生态补偿金：2011 年度扣缴生态补偿金 2 980 万元，用于生态补偿 1 125 万元，奖励资金 942 万，水质、水量监测能力建设 913 万元。2012 年度扣缴生态补偿金 7 781.85 万元，尚未安排支出。④土地出让金：从 2012 年开始，省政府每年从土地出让金中拿出至少 1 亿元支持污水处理厂建设。2012 年共安排 10 个城市污水处理厂升级改造。

13.3.5.3 环境保护列入省级财政预算情况

“环境保护”所指范围为 21101 环境保护管理事务、21102 环境监测与监察、21103 污染防治、21104 自然生态保护、21105 天然林保护和 21111 污染减排 6 类支出。按照此口径，2011 年，我省省本级环境保护支出为 4 582 万元，占省本级公共财政年初支出预算的比例为 0.12%；2012 年，我省省本级环境保护支出为 5 320 万元，占省本级公共财政年初支出预算的比例为 0.09%。

13.3.5.4 生态补偿工作开展情况

（1）森林生态效益补偿。2004 年，国家开始实行森林生态效益补偿制度。2011—2012 年，全省森林生态效益补偿基金总额 40 599 万元，其中：中央财政补偿基金 32 507 万元，省财政补偿基金 8 092 万元。为规范管理，2011 年我省印发了《河南省森林生态效益补偿基金实施意见》。森林生态效益补偿基金按事权等级分级使用，中央财政补偿基金和省财政补偿基金分别重点用于国家级公益林和省级公益林的保护与管理。

（2）重点生态功能区转移支付。财政部自 2008 年实施国家重点生态功能区转移支付，目前，我省有 14 个县（市）列入省级补助范围。2011—2012 年，财政部共下达我省国家重点生态功能区转移支付资金 20.51 亿元，其中：2011 年 9.26 亿元；2012 年 11.25 亿元。根据财政部的要求，结合我省实际，制定了《河南省重点生态功能区转移支付资金分配办法》，按照统一规范、奖补结合、突出重点、激励约束的原则，科学合理分配转移支付资金。转移支付资金重点用于生态环境保护和涉及民生的公共服务领域，不得用于楼堂馆所及形象工程建设和竞争性领域。

（3）水环境生态补偿。2010 年 1 月，省政府印发《河南省水环境生态补偿暂行办法》（豫政办〔2010〕9 号），自 2010 年 1 月 1 日起施行。按照此办法，2011 年扣缴生态补偿金 2 980 万元，用于生态补偿 1 125 万元，奖励资金 942 万，水质、水量监测能力建设 913 万元。2012 年扣缴生态补偿金 7 781.85 万元，尚未安排支出。

13.3.5.5 环境污染治理投资情况

2011 年，我省环境污染治理投资总额 1 469 668 万元，占当年 GDP 的比例约 0.54%。其中城市环境基础设施投资 737 290 万元，工业污染源治理投资 253 610 万元，完成环保验收项目投资 478 768 万元。

13.3.6 环保相关政策措施完善落实情况

13.3.6.1 地方环保法规标准制定修订情况

制订完成了《河南省铅冶炼工业污染物排放标准》（DB 41/684—2011）。我省是金属冶炼大省，一些重金属冶炼企业比较集中的地区，由于铅冶炼企业含重金属粉尘多年来的排放，以及生产原料及废渣的随风、雨及运输过程中的扬散流失，造成铅、镉等重金属及其氧化物在周边环境中沉积，对人体和自然环境造成危害。为进一步加强我省重金属污染防治工作，促进铅冶炼行业工艺技术升级，解决危害群众健康的生态环境问题，制定完成了《河南省铅冶炼工业污染物排放标准》，该标准已经省政府 2011 年 9 月 30 日批准发布，并于 2013 年 1 月 1 日实施。

制订完成了《河南省啤酒工业水污染物排放标准》(DB 41/681—2011)。为贯彻落实《河南省水污染防治条例》，进一步有效控制发酵类工业水污染物排放、改善水环境质量，制定完成了《河南省啤酒工业水污染物排放标准》，该标准已经省政府 2011 年 6 月 23 日批准发布，并于 2011 年 11 月 1 日实施。

修订完成了《河南省盐业、碱业氯化物排放标准》(DB 41/276—2011 代替 DB 41/276—2001))。《河南省盐业氯化物排放标准》实施已近十年，按照国家规定应当进行修订。该标准主要是控制制盐企业和烧碱、纯碱企业生产过程所产生的特征污染物——氯化物的排放，减少氯化物排放对水体的污染。该标准已经省政府 2012 年 1 月 18 日批准发布，2012 年 5 月 1 日已实施，下发了《关于执行河南省盐业碱业氯化物排放标准的通知》(豫环办〔2012 年〕14 号)。

制定完成了《河南省农村生活污水处理技术规范》。2010 年我省农村环境综合整治工作已全面启动，农村生活污水治理作为全省连片整治的核心内容，需要制定相关技术规范与之配套。制定的《河南省农村生活污水处理技术规范》于 2012 年 2 月 6 日发布实施。

制定完成了《河南省发酵类制药工业水污染物间接排放标准》(DB 41/758—2012)和《河南省化学合成制药工业水污染物间接排放标准》(DB 41/756—2012)。医药行业特点是生产品种多，生产工序多，使用原料种类多、数量大，原材料利用率低，其废水通常具有排放量大、浓度高、成分复杂并含有有毒有害物质等特点，容易对公共污水处理系统产生较大冲击。制定两个制药工业水污染物间接排放标准，主要是为了控制城镇污水处理厂的进水水质，保持进水水质稳定和污水处理厂的稳定运行。《河南省发酵类制药工业水污染物间接排放标准》《河南省化学合成制药工业水污染物间接排放标准》已于 2012 年 11 月 30 日经省政府批准发布，并于 2013 年 1 月 1 日起实施。

制定完成了《双洎河流域水污染物排放标准》(DB 41/757—2012)。我省双洎河是一条无天然径流的季节性河流，基本不具备自净能力，流域内造纸工业废水及生活污水排放量大，流域污染严重，制定和实施严格的流域标准势在必行。目前，《双洎河流域水污染物排放标准》已于 2012 年 11 月 30 日经省政府批准发布，并于 2013 年 1 月 1 日起实施。

制定完成了《海河流域水污染物排放标准》(DB 41/777—2013)、《蟒沁河流域水污染物排放标准》(DB 41/776—2012)。我省海河、蟒沁河流域经济社会发展水平较高，“两高一资”行业的企业相对比较集中，污染物排放量大，流域污染十分严重；蟒沁河流域集中了一大批小制革、小皮毛加工企业，流域重金属污染严重，直接影响到饮用水水源的水质。目前《海河流域水污染物排放标准》已于2013年1月15日、《蟒沁河流域水污染物排放标准》已于2012年12月28日经省政府批准发布，并于2013年3月1日起实施。

组织制定《清潩河流域水污染物排放标准》。清潩河贯穿许昌市区南北，它既是许昌市的出境河流，同时也是市区的一条重要景观河道，但清潩河天然径流匮乏、生态功能退化是流域污染的自然原因，工业废水和城镇生活污水直排入河是其污染的人为原因，虽经过人工调水干预但水质长期处于劣V类。继综合整治、生态补偿等行政和经济手段后，需要运用流域标准这一法律手段来强制水污染深度治理，促使流域水质得到逐步改善。目前，《清潩河流域水污染物排放标准》文本和编制说明已编制完成，并已通过技术论证和省质监局召开的审查会，拟于4月底报省政府批准发布。

13.3.6.2 脱硝电价政策落实情况

根据《国家发展改革委关于扩大脱硝电价政策试点范围有关问题的通知》（发改价格〔2012〕4095号）有关试行脱硝电价的规定要求，2013年2月省发改委和省环保厅下发了《河南省燃煤发电机组脱硝电价及脱硝设施运行管理暂行办法》，自2013年1月1日起，燃煤发电机组安装脱硝设施、具备在线监测功能且运行正常的，持国家或省级环保部门出具的验收合格文件，报省发展改革委审核后，执行脱硝电价，脱硝电价标准每千瓦时8厘钱。脱硝设施投运率不高于90%的，不享受脱硝电价（机组脱硝设施投运率是指脱硝设施在机组出力达到50%以上情况下，氮氧化物达标排放且脱硝效率达到环保批复要求的投运时间除以运行考核时间的百分比）。

2011—2012年，我省未被列入脱硝电价试点省份，未执行脱硝电价，其他相应补贴政策暂未出台。我省已建成脱硝装置的机组共23台，总装机1 348万kW。通过实行脱销电价，将会提高脱硝设施投运率和脱硝效率，减少氮氧化物排放，促进环境保护，为我省顺利完成“十二五”节能减排目标任务打下良好的基础。

13.3.6.3 脱硫电价政策落实情况

我省现役统调公用燃煤机组全部安装脱硫设施，主要采用石灰石-石膏湿法脱硫工艺，少数小容量机组采用循环流化床工艺。按照《河南省发展改革委员会关于转发适当调整电价有关问题的通知》（豫发改价管〔2011〕938号）要求，省内基础电价部分全部执行了脱硫电价（0.015元/kW·h），外购电量部分按合同执行，合同中对脱硫电价未明确。按照国家电价政策，脱硫机组脱硫电价款由电力公司每月向发电企业足额支付，未达标运行和停运脱硫设施电量的脱硫电价款次年予以扣减。

2011年脱硫考核统调公用燃煤机组上网电量1 829亿kW·h，停运或未达标运行脱硫设施上网电量 46.9 亿 kW • h，脱硫投运率 97.44%，扣减脱硫电价款约 7 058 万元，罚款 51 万元，扣减脱硫电价款及罚款已全部上缴省财政价格调节基金账户。

13.3.6.4　强力推进污染减排立法

制定《河南省减少污染物排放条例》是完成国家减排任务，改善我省环境质量的重要法律手段。该条例被列入 2012 年我省人大常委会立法项目后，省环保厅积极与省政府法制办、省人大联系协调，强力推动立法工作。在立法过程中，坚持广泛调研、开门纳谏、集中民智，坚持保障中心、服务实践、改善环境的立法目的，形成了立法的基本思路，即站位地方性环保宪法的角度，以机制、制度建设为重点，以全过程污染控制为措施，以构建政府控制与市场调节双重协调体系为落脚点，明晰政府、部门、单位三大主体责任，建立目标管理、总量控制、排污许可、排污权交易四大机制，细化源头管理、结构调整、清洁生产、循环经济、末端治理五大措施，形成主体、义务、制度、措施、奖惩相互衔接、相互制约的减排体系，全面推进污染减排工作。对法规草案、反复修订，逐句推敲，先后召开研讨会 15 次，多次易稿，形成报审稿。2012 年 7 月，河南省政府常务会议顺利审议通过了《河南省减少污染物排放条例（草案）》。

13.3.6.5　努力构建排污权交易政策

《国务院关于支持河南省加快建设中原经济区的指导意见》明确将我省纳入排污权交易试点省，为我省开展排污权有偿使用与交易提供了国家层面的政策保障。我省在洛阳、三门峡、焦作和平顶山 4 个省辖市开展排污权交易试点工作，4 个试点城市在交易制度、交易程序、交易价格等方面对排污权交易进行了有益的探索。四市结合地方实际制定了交易管理、实施细则和资金使用管理办法等系列文件，截至 2012 年年底共征收排污权有偿使用费 1.116 亿元。为在全省全面开展排污权交易，我省进行了很多探索和努力：一是认真研究学习外省先进经验。省环保厅认真研究了江苏、浙江、河北、湖北、湖南、山西、陕西、内蒙古、天津、重庆等 10 个国家试点省（自治区、直辖市）的有关做法，并赴有关省市调研，了解目前全国排污权交易的制度设计和开展现状，为我省开展排污权交易工作奠定了研究基础。二是积极争取政策支持。2012 年年底，省财政厅批复焦作市排污权有偿使用费为非税收入，实行收支两条线，解决了四市开展排污权有偿使用和交易的资金管理制约。环保部、财政部、发改委正式批复我省为试点省，并给予 3 000 万元的资金扶持。三是稳步推进制度建设。制定《河南省主要污染物排污权有偿使用和交易管理暂行办法（草案）》，多次与省发改委、财政厅协商后达成一致意见，形成了排污权交易的基本制度框架。同时，还起草了实施细则、资金管理办法、价格管理办法等配套制度。

13.3.6.6 强化污染减排监察

2011 年，围绕全省污染减排目标，制定 2011 年度污染减排现场监察计划，认真开展建设项目、国控省控重点污染源和生态环境监察等工作。一是加强建设项目环境监察。组织对 9 500 多个建设项目进行了现场监察，查处违法事件 1 900 余起，其中，省监察总队核查试生产建设项目 45 个，对不符合试生产条件的 42 个项目提出了整改要求。二是加强重点污染源环境监察。通过实施重点污染源网格划分，将重点污染源监管责任逐级分解，细分到厂，落实到人，确保了全省 683 家国控、省控重点污染源污染防治设施的正常运行，全省污水处理厂正常运行率始终保持在 90%以上，燃煤电厂综合脱硫效率达到 85%以上。三是加强环境综合整治项目现场监察。重点开展电力行业脱硝、钢铁行业脱硫等 5 个重点行业环境综合整治项目的现场监察，督导 386 家企业按期完成限期治理任务，及时形成减排能力。四是加大生态环境监察力度。组织开展夏秋两季秸秆禁烧和畜禽养殖专项督查活动，查处、纠正了一批环境违法行为，关闭、搬迁禁养区内畜禽养殖场 189 家，有效控制了农村环境污染。

2012 年，围绕污染减排中心任务，一是强化重点污染源现场监察。根据年初实行的环境监察执法新模式，各级环境监察机构持续强化重点污染源等日常现场监察工作。每季度及时调度全省 996 家国控企业和 118 家省控企业现场监察情况，并对城镇污水处理厂和垃圾填埋场实行月调度，按时向环保部上报国控企业日常监管情况。同时，根据“预警专报”“监测专报”和“监控周报”，及时组织执法人员对数据异常的企业进行现场调查，严厉查处了国电荥阳煤电一体化有限公司、商丘裕东发电有限公司氮氧化物超标等一批环境违法问题。二是强化建设项目现场监察。加强建设项目环评、“三同时”制度执行情况的日常现场监察，把国家和河南省审批的 693 个建设项目作为重点监管对象，认真查处建设项目存在的未批先建、建批不符、擅自试生产、超标排污等环境违法行为，严厉打击小化工、小炼油等“十五小”企业。同时，认真开展建设项目试生产前核查，督导企业依法建设、依法生产。三是开展城市污水处理厂和垃圾填埋场专项执法检查。组织开展了全省 149 家城镇污水处理厂、118 家垃圾填埋场专项执法检查，对存在环境违法行为的 118 家企业，分别采取挂牌督办、列入环保“黑名单”、行政处罚、致函政府和下发监察通知等措施，责成企业限期整改。通过专项检查，查清了我省“两场”运行现状，提高了“两场”稳定运行率和化学需氧量、氨氮达标排放率。四是开展超标断面涉水污染源专项执法检查。针对部分国控、省控断面超标情况，开展了“诊断式”环境监察活动，对 54 个目标责任断面周边 560 余家涉水企业进行了拉网式排查，累计查处 43 起环境违法行为，有效遏制了超标排污现象，促进了断面水质改善。特别是对黑河漯邓桥至前相湾段连续 6 次不达标情况进行了诊断式执法检查，督促漯河市政府采取措施，对银鸽造纸、兴茂钛业等涉水企业实施限期搬迁，并加强城市污水处理设施建设，加大生态调水量，有效改善了黑河流域水质。五是开展城填污水处理厂、燃煤电厂污染防治设施运行管理创先争优活动。为进一步提高已建成污染防治设施在污染减排中的作用，全省开展了城填污水处理厂、燃煤电厂污染防治设施运行管理创先争优活动。通过开展活动，企业进一步细化管理，强化设施运行，提高自身的守法能力和环境保护水平。截至 11 月底，我省城镇污水处理厂出水化学需氧量总体达标率为 99.95%，较年初提高 0.13 个百分点；出水氨氮总体达标率为 99.95%，较年初提高 0.35 个百分点。全省燃煤电厂二氧化硫平均达标率 98.2%；氮氧化物平均达标率 92.6%，较年初提高 4.5 个百分点；烟尘平均达标率 99.5%，较年初提高 1.9 个百分点，这些成效有力推动了全省污染减排工作。环保部《主要污染物减排工作简报》（2012 年第 4 期）也对活动文件进行了全文转发。全省各级环境监察机构在以污染减排监察为中心的各项工作中，共出动执法人员 40.7 万余人次，检查企业 17.5 万余家次，查处纠正环境违法违规行为 5 717 起，移交各级环保部门立案处罚 1 508 起，实施挂牌督办、列入环保“黑名单”企业 57 家，致函政府或环保部门 419 家，下达监察通知书 1 326 家。其中，省监察总队移交省厅立案处罚近百起，采取挂牌督办、致函政府、下发监察通知等行政措施的共计 554 家。持续的环境执法高压态势，推动了污染减排工作深入开展，促进了我省经济发展方式加快转变。

13.3.6.7　健全环保宣教长效机制

根据《全国环境宣传教育行动纲要（2011—2015）》精神，结合我省实际，省环保厅积极与省委宣传部、省文明办、省教育厅、团省委、省妇联沟通协调，联合印发了《河南省环境宣传教育行动纲要（2011—2015）》及《2012 年河南省环境宣传教育工作实施方案》，明确了“十二五”环境宣传教育工作总体目标、基本原则、主要工作任务和保障措施；首次提出了把绿色系列创建和“环境友好型”单位创建纳入文明单位建设的重要内容，把生态文明教育和建设情况列入精神文明检查验收的一项重要指标；提出了积极推进高等教育阶段环境教育和开展环境奖项社会表彰；在过去由环保、宣传、教育三部门联合推动环境宣教工作的基础上，建立了多部门共同实施环境宣教行动的长效机制，进一步拓展了合作范围，把环境宣传纳入了各级各有关部门的工作内容，分解任务，各司其职，齐抓共管，引导社会各界共同参与，在建立环境“大宣传”格局方面取得了新的突破。

13.4 规划实施保障情况

13.4.1 实施机制建设情况

省政府成立节能减排工作领导小组，省发展改革委承担省政府节能减排工作领导小组的具体工作，切实加强对节能减排工作的综合协调，组织推动节能降耗工作；省环保厅承担污染减排方面的工作；省统计局承担加强能源统计和监测工作；其他有关部门切实履行职责，密切协调配合，确保完成国家下达的减排任务。

切实发挥河南省环境保护委员会作用。河南省环境保护委员会由河南省环境保护厅、省工业和信息化厅、省公安厅等15家单位组成，办公室设在河南省环境保护厅。主要负责制定全省环境保护工作目标、重大政策和措施；协调解决全局性、区域性的重大环境问题；对各地、各部门的环境保护工作情况进行监督检查；为全省经济社会发展和宏观调控提供环境方面的决策依据。

根据国家环保规划重点工作任务，省政府和相关市、县政府分别签订了主要污染物削减、重点流域水污染防治、重金属污染防治、农村环境连片整治等目标责任书，分解落实年度目标任务，明确工作责任。

参照国家模式，起草《〈河南省环境保护“十二五”规划〉重点工作部门分工方案》，将规划重点工作分解落实到省有关部门、单位，推动规划任务、政策措施落到实处，促进规划各项任务扎实推进，取得实效。

13.4.2 规划实施能力建设情况

河南环境规划研究编制技术力量主要包括省内各大高校环境院系和环保系统内部的规划研究机构。从省级环保规划研究编制情况看，主要技术支撑机构为河南省环境保护科学研究院。为更好地适应全省环境保护事业发展需要，2012年7月成立“环境规划研究所”，主要负责全省经济社会可持续发展战略及政策研究，全省环境保护中长期规划与年度计划、各类专项规划的研究、编制与实施评估工作，全省各类环境基础调查与评估工作，为全省经济社会可持续发展和环境管理决策提供科学依据。下一步将在河南省环科院内挂牌成立河南省环境规划所，加大规划院建设力度，充实人员，落实经费，为“十二五”环保规划实施评估、“十三五”环保规划前期研究及今后的规划编制工作提供技术服务保障。

13.4.3 规划实施保障工作的主要经验

13.4.3.1 明确规划实施责任主体

（1）明确省级相关部门职责

明确了 37 个省级相关部门在规划实施中的职责，对总量减排、污染防治、农村和生态保护、能力建设、体制机制创新等主要工作进行了任务分解，充分发挥“环保委员会”作用，协调解决规划实施中全局性、区域性的重大环境问题。

（2）明确省辖市、直管县政府职责

为确保规划顺利实施，省政府要求，各级政府作为规划实施的责任主体，要把规划目标、重点任务和重点工程纳入本地国民经济和社会发展年度计划。政府各有关部门要各负其责，相互配合，完善体制机制，推进规划实施。

13.4.3.2 发挥技术支持单位的作用

将河南省环境保护科学研究院环境规划研究所作为规划实施的省级技术支持单位，开展规划实施年度调度、中期评估、终期考核等评估体系的研究工作。环科院规划所建立了全省环保“十二五”规划项目库，将申报相关资金项目与规划项目库进行对接，确保规划项目的完成。

13.4.3.3 积极拓展资金渠道

资金保障是规划实施的关键，重点项目建设需要强有力的资金支持，我省在原有财政预算和专项资金的基础上，进一步拓展资金渠道，从 2012 年开始，省政府每年从土地集中收益金中拿出至少 1 亿元支持城镇和产业集聚区污水处理厂建设。

13.5 系统性比较分析

13.5.1 规划进展外部比较

13.5.1.1 省级相关规划的比较

（1）《河南省“十二五”现代综合交通运输体系发展规划》

规划在发展需求中提出，要应对资源环境约束的需要，合理有效利用土地资源，构建资源节约型和环境友好型交通，加快民航、铁路、水运发展，提升技术装备水平，发展绿色交通，实现交通运输和经济可持续发展。坚持集约节约利用土地等资源，保护生态环境，把现代、绿色、低碳的理念贯穿于综合交通发展的各个环节，实现交通运输可持续发展。推进绿色交通建设，加大交通运输节能减排力度，加强交通建筑施工废弃物回收、再利用；合理规划使用通道、桥位资源，集约节约利用土地，提高资源的综合利用水平；加强节能新技术、新工艺、新装备、新材料的研发与推广应用，淘汰高耗能交通设施设备和工艺。切实保护环境，强化交通项目环境影响评价，尽量避免交通线路穿越各类保护区和矿区，严格执行环境保护措施预案，实行全程环境影响动态监测；鼓励应用清洁环保交通技术和装备，降低污染物排放水平。

（2）《河南省循环经济发展“十二五”规划》

规划提出，全省建成一批循环经济示范城镇、示范园区和示范企业。工业、农业、服务业等领域循环经济融合发展，形成布局合理、互动发展、协调推进的循环经济发展格局。主要废物排放量明显减少，固体废物排放量大幅降低，废水循环利用率明显提高，化学需氧量、氨氮、二氧化硫、氮氧化物以及重金属等主要污染物减排指标达到国家要求，并提出了一系列资源循环利用、废物排放等环保指标。

（3）《河南省“十二五”战略性新兴产业发展规划》

规划提出，要发展节能环保产业，重点突破能源资源高效利用、废物资源化利用、生态与生活环境污染防治、清洁生产等关键核心技术，大力发展高效节能、先进环保和资源循环利用的新装备和产品，通过创新服务模式、优化能源管理、鼓励绿色消费，扩大先进适用技术推广应用范围，培育一批在国内具有较大影响的节能环保产业基地和专业化骨干企业。强化骨干企业集成创新，推进装备成套化和配套本地化，重点发展余热余压发电设备、节能低碳型建（耐）材成套生产设备、城市垃圾处理及沼气工业化设备、环保药剂材料、电（袋）式除尘器等节能环保装备产品，形成以郑州、洛阳、平顶山市为支撑的节能环保装备产业集群。

（4）《河南省公路水路交通运输“十二五”发展规划》

规划提出要树立绿色发展理念，继续推进资源节约型、环境友好型交通运输行业建设，加快建立以低碳为特征的交通运输体系，强化节能减排，集约节约利用资源，促进资源循环利用，加强生态和环境保护，实现交通运输业绿色发展。积极推进中原绿色客运新干线工程建设，支持省内客运车辆低碳化改造；严格落实营运车辆油耗准入制度，鼓励推广使用低排放车辆。加大风能、太阳能等清洁能源的推广应用力度。建立完善的交通节能减排监测、考核体系，加强引导，倡导公众选择节能环保的公共交通出行，将“尊重自然、保护环境”的理念贯穿交通规划、设计、施工、运营全过程，优化公路建设路线，合理避绕生态敏感区。公路建设尽量拟合原地形，减少高填深挖，减少公路建设对生态环境的影响。注重生态修复，有效改善公路路域生态环境功能。

（5）《河南省“十二五”能源发展规划》

规划提出要加强能源行业节能减排工作，推动能源技术进步和产业升级，加强能源资源节约开发和综合利用，着力提高能源转换利用效率，推进能源行业清洁生产和环境保护，尽可能减少能源生产转换造成的环境污染和生态破坏。一是推进能源资源节约开发和综合利用。严格开发主体准入管理，新建矿井均须综合机械化开采，加快现有矿井改造升级，进一步淘汰技术落后、安全无保障、浪费资源、污染严重的小煤矿。大力推进煤矸石、煤泥、煤层气（瓦斯）、矿井排放水、煤伴生矿、粉煤灰等资源综合利用，发展煤炭循环经济。二是加强煤炭清洁高效利用。建立健全煤炭分级利用体系，增加煤炭洗选加工比例，减少煤炭运输和原煤直接利用，控制将炼焦用煤、优质无烟煤、优质化工用煤作为动力煤燃烧。大力推进高效洁净燃煤发电。加快发展热电（冷）联产，逐步淘汰分散供热的燃煤小锅炉。三是提高能源转换利用效率。加大老电厂技术改造力度，继续关停小火电和老旧机组，保证可再生能源和高效、清洁大机组优先发电。四是强化能源行业环境保护。认真开展能源项目开发环保审查，制定切实可行的环境保护和污染治理措施。深入推进煤炭矿区环境保护和生态综合治理，采取有效治理措施解决煤炭地下水渗透、地表沉陷、水土流失等问题。加强煤炭生产运输环节管理，减少煤尘污染。严格执行《火电厂大气污染物排放标准》，加大燃煤电厂污染物排放控制和在线监测力度，新建燃煤机组必须同步安装脱硫、脱硝、除尘设施，现役单机容量 30 万 kW 及以上燃煤机组全部加装脱硝设施。

（6）《河南省工业转型升级“十二五”规划》

规划提出，要提升可持续发展能力。工业固体废物综合利用率达到 80%，工业二氧化碳、二氧化硫、化学需氧量及氨氮排放量明显下降。规模以上企业清洁生产率达 100%，生态环境明显改善。高耗能、高污染企业全面建立环境检测与污染源监控信息系统。

规划提出要立足绿色发展，注重资源节约、生态建设和环境保护，在推进工业化进程中走资源消耗低、污染排放少、生产安全度高的可持续发展道路。围绕工业生产源头、过程和产品 3 个重点环节，实施一批对行业技术进步、管理升级、节能减排具有重要推动作用的节能减排重点工程。支持开展废弃物综合利用试点，建设全国废金属再生利用示范基地。推动节能减排信息化平台建设。综合运用提高行业准入门槛、加强清洁生产审核、实施差别电价等手段，加快淘汰落后产能。加强信贷、土地、环保、供电等政策与产业政策的配合，严防建设淘汰类项目，禁止新建、扩建单纯扩大产能的钢铁冶炼加工、电解铝、焦化、煤制甲醇项目，不再核准新的水泥生产项目。

（7）《河南省农业和农村经济发展“十二五”规划》

在规划中明确要求，加强农业面源污染治理。以稻区为重点，完善农业面源污染监测体系，建设 15 个县级农业面源污染监测站，实施 30 个县的农业面源污染治理工程。逐步强化对农业生产投入品的控制，大力发展节药、节肥农业，加大沃土工程投入力度，重点推广测土配方施肥及成熟的病虫害物理和生物防治技术，实现清洁农业生产，达到高效率低消耗、低投入高产出的目的，到“十二五”末，使农业面源污染得到显著减缓。积极开展沼气综合利用。充分发挥沼气在发展有机农业、生态农业方面的重要作用，使沼渣、沼液的综合利用与现代农业园区建设、特色种养业发展和优势农产品生产有机结合，减少化肥和农药的投入，促进绿色无公害农产品发展。到 2015 年，力争全省畜禽粪便资源化率达到 95%以上，90%以上的沼渣、沼液实现综合利用。加强丹江口库区水污染防治和水土保持工作，保障南水北调中线输水水质。加强淮河源头、大别山等重要生态功能区保护和管理，增强涵养水源、保持水土能力。实施千里河道治理工程，推进贾鲁河郑州段、惠济河开封段、卫河河南段、北汝河平顶山许昌段等重点河段综合治理。实施湿地保护工程，开展退耕还泽，恢复湿地植被和水禽栖息地。加强各类自然保护区生态保护和建设，保护生物多样性。深入推进林业生态省建设，5 年内新增森林 730 万亩，森林覆盖率达到 24%以上。实施矿区生态恢复治理工程，推进矿区农田复耕、新村建设、生态恢复同步开展。加快建立生态补偿机制，加大重要生态功能区生态补偿财政转移支付力度。

（8）《河南省“十二五”城镇污水处理及再生利用设施建设规划》

规划提出要按照建设资源节约型、环境友好型社会的总体要求，以全省 18 个省辖市、20 个县级市、88 个县城及部分重点镇的污水处理、再生水利用和污泥处置设施建设为重点，综合考虑用水需求与污染物控制要求，统筹规划设施新建与升级改造、污水处理能力建设与管网配套、再生水利用与污泥处置设施建设，优先升级改造既有设施，大力加强配套设施建设，合理布局新建设施，努力使全省污水处理、再生水利用、污泥处置的能力和水平与经济社会发展水平相适应，与城镇化水平相适应。规划目标是：五年全省新增城镇污水集中处理能力 353.3 万 m^3/d，新增产业集聚区工业污水集中处理能力 342 万 m^3/d，县级以上城市污水处理率达到 85%以上，再生水利用率达到 30%以上，污泥处理能力达到 8 214 t/d，污泥处理率达到 80%，新建的城镇污水处理厂和位于国家重点流域、对水环境质量达标影响较突出的污水处理厂达到一级 A 排放标准。

（9）《河南省“十二五”节能环保产业发展规划》

规划提出了环保产业的重点发展领域，包括：①环保技术装备。加快膜分离、新型过滤、污泥处理处置、高温高滤速袋式除尘器、专用泵和风机、高效低耗氧化与消毒药剂制备、电袋复合除尘等技术和装备的自主研发与示范。支持土壤污染修复，铬渣等危险废物处理处置、利用技术和装备的自主研发与应用。推广应用高浓度、难降解有机废水处理，高效节能生物脱氮除磷，改良序批式活性污泥，移动床生物膜及膜生物反应器，高效厌氧反应器，高效除尘，烟气脱硫脱硝，有机废气净化，餐饮业油烟治理，生活垃圾集散、无害化处理处置，居民小区和农村生活污水分散式处理，畜禽粪便无害化处理、利用等技术和成套设备。②环保产品。支持研发环境在线监测仪器仪表，应急监测设备和自动化监控系统，监测数据处理、传输技术及设备，信息采集、分析和处理技术及装备。发展膜材料、防渗材料、滤材、树脂、填料等新型环保材料，高分子、微生物絮凝剂，催化剂，氧化剂和水处理药剂等产品。③环保服务。鼓励实行污染防治设施第三方运营，在城镇污水和垃圾处理、烟气脱硫脱硝、污泥无害化处置、危险废物处理处置、重金属污染防治等领域，扶持发展环境工程总承包服务。推进环境监测服务社会化，在社会化环境监测领域内，引导社会监测机构提供面向社会、企业及个人的环境监测服务。鼓励环境监理、环境保险、环境审计、清洁生产审核、环境管理认证、环境风险损害评估等新兴环境咨询服务业发展。规划目标：到 2015 年，全省节能环保产业总产值达到约 2 000 亿元，年均增长 17%以上，增加值占生产总值的比重为 2%左右。其中，节能产业约 500 亿元，环保产业约 430 亿元，资源循环利用产业约 1 070 亿元。

（10）《河南省土地利用总体规划（2006—2020 年）》

规划提出，坚持大力保护生态环境的原则，加强生态环境建设。一是加强矿区生态环境恢复治理。建立健全全省矿区生态环境治理和恢复机制，做好矿产资源开采区的生态环境保护工作。做好损毁土地的复垦，废弃矿石堆、尾矿堆的植被恢复，实施损毁土地“农田复耕、矿区新村规划建设、生态重建”三位一体同步进行的综合治理工程。二是加快城乡生态环境建设。优先保证城市和县城污水处理厂、垃圾处理场建设用地供地需求，改善城市人居环境；加强城镇建设用地绿化，到 2020 年城镇绿地率达到 35%以上。围绕社会主义新农村建设，推进村庄整治、整合，改善农村居住环境。

规划提出了预防和减轻开发建设对环境的不良影响的措施：一是控制污染排放总量，预防对大气和水环境造成污染。规划实施必须建立在控制污染物排放总量并逐步削减的基础上，做到“增产不增污”。在用地审批过程中，严格执行环境准入制度，对不符合国家产业政策和环保政策、可能造成环境重大影响的高能耗、高排放建设项目不予供地；污染排放总量超出大气、水环境容量地区的工业建设项目用地要建立在上大压小，关停生产工艺落后、高排放企业，为新建项目腾出环境容量的基础上进行建设；各类工业聚集区、城镇发展带及城镇规划必须依法开展环境影响评价，严禁不符合环评要求的项目落地，从源头上控制污染排放总量，预防对大气和水环境造成污染。二是加强矿山企业管理，预防和减轻矿山生态环境破坏。新建矿山项目必须依法开展环境影响评价、矿山土地复垦方案、生态环境综合治理方案的编制工作，否则不予颁发采矿权证，不予供给矿山建设用地；建成运营矿山必须按照编制的生态环境综合治理方案，对矿山生态环境进行治理，对生态环境造成的不良影响进行补偿，矿产资源管理部门在采矿证年检中，要督促矿山生态环境综合治理方案的落实。按照“谁破坏、谁治理”的原则，实行矿山环境治理恢复保证金制度。三是加强土地整理复垦开发项目管理，预防引发生态环境问题。依据《规划》编制土地整理复垦开发专项规划，开展整理复垦开发专项规划的环境影响评价，通过整理复垦开发项目的实施改善土地生态环境，防止整理复垦开发不当引发水土流失、土地沙化、湿地退化等生态环境问题。四是加强部门合作与管理，切实落实环保工作。建立全省生态环境建设联席会议制度等部门合作机制，建立和完善项目立项、审批、实施、质量监督与工程验收等制度，实施动态管理，统筹监督土地生态环境保护工作的落实。

（11）《河南省气象事业发展“十二五”规划》

规划提出以中原经济区建设、防汛抗旱、山洪地质灾害防治、生态环境治理和粮食、交通、电力、旅游安全保障为重点，开展与行业结合的气象灾害预警、评估和咨询服务。建立和完善省、市、县、乡镇四级气象灾害防御体系，大力推进重要防汛区域、旅游、交通、中小河流治理、山洪地质灾害防治、易灾地区生态环境治理等专业气象服务系统建设；开展气候变化对我省农业、粮食安全、森林火灾和森林病虫害、水资源、能源、交通、生态环境等的影响评估。建设山洪地质灾害防治和生态环境治理监测预警系统。基于省级新一代极轨气象卫星、市级“CMAcast”卫星接收系统，建立省级、重点市级生态环境和森林火险监测预警系统，提高重要地区生态环境灾害监测的快速应急能力。建立可提取各类生态环境气象因子、制作各类生态环境监测产品的监测分析系统，并制作森林生态环境气象监测和火险监测产品，建立省级生态环境气象数据共享平台，实现生态气象监测数据和产品信息共享。

（12）《河南省“十二五”科学技术发展规划》

把环境保护技术研发和产业发展列为战略目标和重点任务。在编制《河南省“十二五”科技发展计划》时，把环境保护领域关键共性技术的科技创新、成果转化及推广应用作为各类科技计划支持的重点。把“生活污水高效处理新工艺放大试验研究”“节能环保型滚筒式污泥干燥设备关键技术研究与开发”“废纸制浆造纸废水零排放工艺研究”“城市污泥的无害化处理及资源化利用研究”等列入重点科技攻关项目；把“废旧轮胎资源化生产精细橡胶粉中试和示范”“多功能沼渣沼液抽排设备技术推广及应用”等列入科技成果转化项目；把“企业逆向物流：循环经济模式下我省节能减排的路径与对策”等列入软科学研究项目；把“LJP 长袋脉冲袋式除尘器产业化项目”“烟气脱硫脱硝环保装备制造项目”“ZWC 型转网式除污机”等列入河南省高新技术产业化项目等。在统筹安排项目、基地、人才队伍建设，网络化配置科技资源过程中，把环境保护科技进步与创新作为重中之重，给予倾斜支持。

13.5.1.2 相关厅委局环保工作

（1）省国土资源厅

省国土资源厅工作要点提出，一要抓好矿山地质环境保护与治理。严格矿产资源开发利用的环境保护准入管理，落实矿山地质环境恢复治理保证金制度，实行矿山地质环境监测与定期报告制度；实施“三区两线”露天矿山分批关闭，推进“矿山复绿”行动和绿色矿业发展示范区建设，大力建设绿色矿山。二要加强地质灾害防治。深化地质灾害群测群防“十有县”建设，落实监测预警、应急响应、搬迁避让、工程治理等防治措施。加强突发性地质灾害气象预报预警体系、应急协调机制和救援体系建设。加强重点时段、重点地区地质灾害防治，对滑坡、泥石流等重大地质灾害隐患点实施监测预警和综合治理，努力减少灾害损失。三要努力提升地质遗迹保护和地质公园建设管理水平。完成全省地质遗迹调查评价和规划工作。加强小秦岭、红旗渠国家地质公园和渑池县韶山、永城市芒砀山等省级地质公园建设，促进一批国家和省级地质公园揭牌开园。规范地质公园的监督管理，加大地质公园的宣传力度。四要做好地质环境监测和调查评价工作。深入开展全省地质环境监测工作，加大地面沉降监测力度，组织实施省级地下水环境监测工程建设、突发地质灾害监测预警示范区建设等服务于经济社会发展的重大建设项目。按照国土资源部要求做好重点城市浅层地温能调查评价工作。积极协调推进鲁山“中国温泉之乡”发展建设总体规划的编制和建设工作。

（2）省气象局

省气象局在工作中提出：一是加强交通、环境、旅游、电力、森林防火等重点领域高影响天气监测预警。建立适应城市网格化管理的气象灾害监测预警体系，强化城市高影响天气预警服务，建立城市气象防灾减灾预警应急联动机制。二是建立健全极端气象条件下空气污染防控和突发大气环境事件预警应急联动机制，研发基于 AQI 的城市空气质量预报技术方法；推进基于 AQI 的城市空气质量预报产品发布；针对突发大气环境事件开展应急保障服务，推进极端气象条件下空气污染防控和突发大气环境事件预警应急联动机制建设。三是开展生态环境质量气象评价工作，基于卫星遥感资料，开展大气气溶胶、能见度和雾霾遥感反演技术研究，建立雾霾天气遥感监测业务平台；基于大气、降水、植被等因子，开展生态环境气象监测技术研究，建立生态环境气象监测业务平台。开展生态气象监测评价服务，完成河南省生态环境气象评价报告。

（3）省教育厅

省教育厅提出，教育事业应站在新的历史起点上，努力培养中小学生的环境保护意识。一是在中小学校相关课程中渗透环境教育的内容，鼓励中小学开办各种形式的环境教育课堂。二是鼓励各地中小学校积极开展以环境保护为主题的教育活动。2012 年，教育厅、环保厅和河南省邮政公司三个部门联合在全省中小学校开展了“节约纸张 保护环境 寄语未来”绿色环保主题教育活动。通过组织学生回收废旧报纸、书本置换主题活动信卡，向中小学生传递环境保护、低碳生活的理念，培养他们健康、环保的生活习惯和情趣，让中小学生在活动中受到无形的熏陶，培养了中小学生的环保意识，提高了学生的综合素质水平。

（4）省旅游局

贯彻落实国家旅游局和环保部联合制定的《国家生态旅游示范区建设与运营规范》，与环保部门签订《关于加快生态旅游发展的战略框架协议》，联合开展生态旅游示范区的申报、创建工作，启动实施“旅游企业低碳发展工程”。

（5）省质监局

专门制定了质监系统节能减排政策，研究出台了《关于加强全省质监系统“十二五”节能减排工作的意见》。积极推进环境保护标准化工作，会同环保部门发布实施了蟒沁河、双洎河流域水污染物排放标准和化学合成类、发酵类制药工业水污染物间接排放标准，制定了《用水定额》《焦炭单位产品能源消耗限额》等 31 项节能减排地方标准。加强了能源计量工作，建成了河南省能源计量数据公共平台，完成了 7 家企业的能源计量评定工作，在 3 家大型水泥企业开展了“能效对标、计量诊断”活动。依法对 67 家单位进行了能效标识计量监督检查。四是加强锅炉节能监管，完成 376 台定型产品和工业锅炉能效测试。推动淘汰落后产能，全年在钢铁、水泥、电石等行业，淘汰落后产能 912 万 t。

2013 年有关工作安排情况：一是围绕建设绿色中原、生态中原，加大节能环保标准制定修订力度，严格执行环保、安全、能耗、质量等准入标准，坚决淘汰落后产能，有效化解产能过剩矛盾。二是加强节能、节水、节电、可再生资源和环境标志产品认证，加快城市能源计量中心建设，促进技术创新和节能降耗。三是加大涉及节能减排产品的监督抽查力度，强化能源计量监管、高耗能工业锅炉等特种设备监管、重点用能单位监管，加强能效标识监管，治理商品过度包装，推动全省绿色发展、循环发展、低碳发展。

（6）省电监办

严格贯彻国家节能减排政策，高度重视我省淘汰落后产能工作，积极履行省淘汰落后产能工作领导小组成员单位职责，充分发挥电力业务许可证监督管理作用，维护电力市场秩序，依据《电力业务许可证管理规定》，2012 年共注销 9 家小火电企业发电类电力业务许可证；积极推进小火电关停指标交易，鼓励大容量低能耗机组替代高耗能、高污染小机组发电。2012 年累计完成关停小火电指标交易 72.47 亿 kWh，相当于节约标煤 347 万 t，减排二氧化硫 8.3 万 t，减排二氧化氮 6.2 万 t。

（7）省科技厅

围绕环境保护的实际需求，组织实施了一批重大科技专项，突破了一系列重大关键技术，企业的自主创新能力和核心竞争力显著增强，正逐步成为全省环境保护工作的引擎和强大支柱。深入基层开展调查研究，围绕节能环保产业，发现和遴选了一批省重大科技专项备选项目，其中 4 项环境保护领域的项目已通过论证，目前正在签订省重大专项任务合同书。启动实施了“河南省节能减排科技工程”。联合下发《关于深入实施河南省节能减排科技工程 推进全省节能减排工作的通知》（豫科〔2011〕173 号）。文件明确了“十二五”河南省实施节能减排科技工程的总体思路和目标、重点任务、保障措施等内容。积极组织企业研发采用先进适用技术改造提升传统优势产业，以高新技术改造提升传统优势产业、发展节能环保等新型战略性产业为重点，研究开发先进节能减排技术 30 项，推广应用先进节能减排技术成果 45 项。

（8）省人社厅

实施《河南省专业技术人才队伍建设中长期规划（2011—2020 年）》，提出以经济社会发展重点领域专业技术人才培养开发为重点，着力在高端装备制造、新一代信息技术、新能源、资源与环境、生物技术、新材料、农业科技等战略性新兴产业，有色冶金、化工、纺织、食品等战略性支撑产业以及教育、政法、文化、医药卫生、防灾减灾等领域，加大专业技术人才开发力度，满足经济社会发展需求。

（9）省妇联

以家庭和社区为依托，在全省广大妇女和家庭中积极开展节能减排知识宣传和实践活动。先后组织开展了“绿色家庭”资源节约行动、节能减排家庭社区行动、“低碳家庭时尚生活”主题活动、“我的低碳足迹”主题教育活动、家庭节能行动等系列主题宣传教育活动，引导妇女和家庭成员绿色出行、绿色健身、绿色消费，推广节能环保生活理念和消费模式。在全省范围内发放了 1 400 份家庭低碳生活小档案，在重点社区和家庭进行碳消耗记录，引导家庭成员在日常生活中践行低碳理念。各级妇联利用多种形式，开展了大张旗鼓的宣传咨询活动，确保节能减排家庭社区行动有声势、受欢迎、出实效。把节能减排宣传与社区文化活动相结合，通过家庭成员喜闻乐见、热心参与的才艺比赛、手工展示等形式，营造家庭和社区节能减排的良好舆论氛围。在社区组织开展资源节约居民志愿活动，结合实际做好垃圾、废物的分类回收，把家庭和社区的节能减排工作落到实处。2013 年，省妇联把节能减排活动纳入全省妇联系统工作要点，开展“建设美丽中原从我做起”活动，面向家庭和社区，开展节能减排知识的宣传实践活动。

（10）河南保监局

河南保监局将贯彻落实环保部、保监会联合下发的《关于开展环境污染强制责任保险试点工作的指导意见》（环发〔2013〕10 号）文件精神作为年度重点工作，待此指导意见配套实施方案出台以后，将尽快开展推动工作，促进环境污染责任保险在应对环境污染事故、解决环境污染损害、保护污染受害者权益等方面积极作用的发挥。

（11）省财政厅

财政厅年度工作要点中均有节能减排和生态建设等环保内容。2011 年具体内容有：健全财税激励约束机制，促进节能减排与企业自身利益结合，利用倒逼机制使企业加快淘汰落后产能、加快技术改造升级。完善节能环保产品政府采购政策。完善水环境生态补偿机制，推进排污权交易试点。加强重金属污染治理，以及重点地区、重点流域、重点行业生态环境综合治理。2012 年具体内容有：完善节能减排的政府采购政策，加大绿色采购力度，提高节能节水产品和再生利用产品比重。实施“节能暖房”工程，积极促进绿色建筑发展。加强重金属污染防治和农村环境综合整治。研究建立资源型企业发展准备金制度，支持大型矿山企业开展矿产资源综合利用，启动矿山地质环境治理示范工程。

（12）省监察厅

省监察厅工作要点提出，加强对节能减排和环境保护政策措施落实情况的监督检查，重点检查“十二五”以来节能减排、技术改造、淘汰落后产能、重金属污染防治等专项资金的管理使用情况，严肃追究节能减排和淘汰落后产能目标任务不落实、发生重大环境污染突发事件地区有关单位和人员的责任。

（13）省农业厅

积极对农村生活污水进行处理。在推广农村户用沼气池建设时，结合“一池三改”，有效处理了生活污水，2011—2012 年，新增生活污水净化沼气池 37 处，年末累计 652 处，总池容 2.82 万 m^3，两年新增处理生活污水能力 963.6 t。

（14）省畜牧局

环保、农业、畜牧等部门通力合作，出台了《关于进一步加强农业和农村节能减排工作的意见》（豫农科教〔2012〕26 号）、《关于进一步加强畜禽排泄物治理工作的指导意见》（豫牧〔2012〕31 号）；举办了全省畜禽养殖业污染减排培训暨现场会和大中型沼气项目建设单位现场会，开展了畜禽排泄物处理利用调研；实施了 2 000 余项畜禽养殖减排工程。下一步将继续推进标准化规模养殖，不断提高畜禽养殖场粪便和生产污水处理利用能力，提高畜牧产业整体素质和水平。推广先进工艺，落实减量化措施，不断推进畜禽养殖总量减排工作的开展。

13.5.2　规划进展内部比较

两年的实践工作表明，《国家规划》的目标指标设置充分体现了“十二五”时期的环境保护特征和阶段任务要求。根据初步统计，《国家规划》的环境质量、污染减排、污染治理、生态保护与建设 4 类 10 项指标中，省辖市集中式饮用水水源地取水水质常规监测因子水质达标率、地表水劣于Ⅴ类水质的比例、地表水好于Ⅲ类水质的比例、省辖市城市空气质量好于二级标准天数比例、辐射环境水平指标已达到 2015 年目标要求，总量减排指标正按年度进度推进，其他指标经过后三年的努力预计可以达到目标要求（表 13-4）。

表 13-4　河南省“十二五”环保规划主要指标完成情况

分类	序号	指标名称	2012 年	2015 年目标值
一、总量减排①	1	化学需氧量排放总量/万 t	139.36	133.5 万 t（削减 9.9%）
	2	氨氮排放总量/万 t	14.98	13.61 万 t（削减 12.6%）
	3	二氧化硫排放总量/万 t	127.59	126.9 万 t（削减 11.9%）
	4	氮氧化物排放总量/万 t	162.59	135.6 万 t（削减 14.7%）
二、环境质量	5	省控断面劣Ⅴ类水质的比例/%②	21.7	≤25
	6	省控断面好于Ⅲ类水质的比例/%②	47.0	≥45
	7	省辖市集中式饮用水水源地取水水质常规监测因子水质达标率/%	100	≥98
	8	省辖城市空气质量好于二级标准天数比例/%	89.3	≥80
	9	环境空气中主要污染物③年均值在二级以上的省辖城市比例/%	82.4	80
	10	辐射环境水平	保持在天然本底涨落水平内	保持在天然本底涨落水平内

注：①化学需氧量、氨氮排放源含工业源、生活源、农业源、集中处理设施等；二氧化硫、氮氧化物排放源含工业源、生活源、机动车、集中处理设施等。

②按照“十二五”时期规定的 21 项因子评价。

③主要污染物指二氧化硫和二氧化氮。

13.6 对规划实施调度评估工作的建议

总体来看，《〈国家环境保护“十二五”规划〉2012 年度实施情况调度方案》紧紧抓住了规划年度实施工作重点，方案选取的调度指标、设计的报告格式比较切实可行，调度结果能够很好地反映规划实施情况。为更好地推进规划实施评估工作，提出以下 3 点意见和建议，供参考：

（1）除《国家环境保护“十二五”规划》外，国家还印发了全国地下水污染防治规划、重点流域水污染防治规划、长江中下游流域水污染防治规划、“十二五”危险废物污染防治规划、“十二五”主要污染物总量减排目标责任书等专项规划，很多专项规划也在开展考核工作。建议以《国家环境保护“十二五”规划》考核为总抓手，淡化或逐步减少专项规划的考核，提升综合考核的地位和作用。

（2）对部分调度指标进一步明确和细化。建议畜禽养殖减排评价性指标中“新增规模化畜禽养殖场废弃物处理设施数量”改为“新增规模化畜禽养殖场废弃物处理设施数”，“养殖规模”可以按照不同养殖种类的出栏量填报，以便于准确核定不同畜禽种类的减排量。

（3）充分发挥日常统计工作的作用。建立规划实施日常调度工作机制，注重环统数据的应用。统筹规划实施调度工作，重点调度规划约束性指标及可量化考核的重点工作任务完成情况，提高调度评估工作的针对性。

13.7 下一阶段工作安排

13.7.1 开展规划中期评估

（1）协助开展《国家环境保护“十二五”规划》中期评估工作。按照国家相关要求，调研《国家环境保护“十二五”规划》中涉及河南的相关目标、指标、任务和工程项目实施情况，并进行评估。

（2）开展《河南省环境保护“十二五”规划》中期评估工作。收集河南省各专项规划，省辖市、直管县规划及外厅局相关环保规划，结合国家规划评估工作要求，确定河南省规划评估体系和评估方案，编制《河南省环境保护“十二五”规划实施评估方案》，开展《河南省环境保护“十二五”规划》中期评估，为终期考核奠定基础。

13.7.2　2013 年工作重点

2013 年，全省环保工作将认真贯彻党的十八大精神，围绕科学发展主题和加快转变经济发展方式主线，大力推进生态文明建设，以深化污染减排为中心，以改善环境质量为目标，以创新体制机制为动力，以开展重点环保项目推进年活动为抓手，进一步加大环境保护力度，着力破解中原经济区建设中的环境资源“瓶颈”制约，着力解决损害群众健康的突出环境问题，努力做到“三保一高”，推动中原经济区实现不以牺牲生态和环境为代价的“三化”协调科学发展。

13.7.2.1　明确三个目标

污染减排目标：完成主要污染物化学需氧量、氨氮、二氧化硫、氮氧化物减排目标。初步确定化学需氧量、氨氮、二氧化硫、氮氧化物分别比 2012 年削减 2.8%、2.9%、1.50%、1.52%。

环境质量目标：完成年度地表水、饮用水、空气环境质量目标。

环境安全目标：确保不发生重大环境污染事故和辐射事故。

13.7.2.2　突出三个重点

（1）开展重点环保项目推进年活动。以促进污染减排、改善环境质量为目的，以形成实际减排效果为标准，把环保资金逐一落实到重点项目，并加强督促检查，确保其早日建成投运、正常运行，使有限的资金发挥更大的减排效益。2013 年的重点项目主要有 5 个方面：国家、省级污染减排目标责任书项目 237 个；国家、省级财政支持的形成减排能力项目，包括污水处理厂提标改造项目 30 个、产业集聚区（工业园区）污水处理厂建设项目 43 个、人工湿地项目 3 个、畜禽养殖企业污染治理项目 19 个；国家、省级财政支持的重点环保工程项目，包括农村环境连片综合整治项目 315 个、饮用水水源地综合整治项目、重金属污染防治项目 48 个；国家、省级财政支持的环保能力建设项目 8 个；2013 年国家、省级财政支持的环保项目。

（2）出台实施排污权有偿使用和交易管理制度。以国家把河南列为排污权交易试点省为契机，从 2013 年开始，新建工业项目开展排污权有偿使用，火电、水泥、造纸、印染等 4 个重点行业开展排污权确认，并逐步在全省推广实施排污权有偿使用和交易管理，进一步利用资源价格化优化资源配置，促进产业结构调整和发展方式转变。

（3）创新完善规范化的“阳光环保”管理制度。深入探索环保资金分配和项目安排的新机制，在资金分配、项目安排等关键环节和环评审批、总量分配、环保执法、排污许可证发放等重点领域推行公开、公正、透明的“阳光环保”管理制度，进一步推动污染减排，腾出环境容量，提高行政效能，促进管理转型。

13.7.2.3 抓好八项工作

（1）强化污染减排，保障经济发展的环境要素需求。污染减排是破解资源环境“瓶颈”制约的突破口，是国家下达的约束性指标，必须持续加强污染减排，在确保完成目标任务的同时，为经济发展腾出更多的环境容量。加强工程减排，推动污水处理厂建设和升级改造、管网配套，推进电力和非电行业脱硫脱硝工程治理，造纸、纺织等行业废水深度治理，畜禽养殖业排泄物的综合利用等工程建设，提高工程减排能力。强化结构减排，淘汰电力、煤炭、建材等行业落后产能、工艺和设备。深化管理减排，制定清溟河等重点流域污染物地方排放标准，推动清洁生产和机动车氮氧化物减排，减少污染物排放。深化主要污染物排放总量预算管理制度，控制新增污染物排放量，把有限的总量指标用于重点项目建设，促进环境资源的优化配置和环境容量的高效利用。

（2）优化环评管理，促进产业结构调整和发展方式转变。充分发挥环境影响评价的“控制阀”“调节器”作用，严格项目环境准入和“三同时”监管，从源头控制污染和生态破坏，推动产业结构调整和优化升级。同时，全力支持重点项目建设，积极支持战略新兴产业和高成长性产业发展，支持传统优势产业升级改造，助推我省产业结构调整及发展方式转变。加强产业集聚区环境管理，促进产业集聚区科学发展。

（3）推进污染防治，解决突出环境问题。让老百姓喝上干净的水、呼吸上新鲜的空气、生活在良好的环境之中，是环保工作的根本追求。加大丹江口库区和南水北调中线工程调水干渠沿线、淮河、黄河、海河、长江等重点流域水污染防治力度，优先保护饮用水水源地。推进大气污染防治，在洛阳、平顶山、安阳、焦作、三门峡 5 个环保重点城市开展细颗粒物（$PM_{2.5}$）、臭氧和一氧化碳监测工作。积极开展空气污染成因分析和防治对策研究，改善区域环境空气质量。严格控制新增重金属排放的建设项目，减少重金属污染物排放量。加强全省危险废物和化学品的环境管理。

（4）开展生态创建，推进生态省建设。以我省被列入全国生态省建设试点为契机，争取创建成功 1 个国家级生态县、3～4 个省级生态县，完成 100 个省级生态乡镇、500 个省级生态村创建任务，夯实全省生态建设的基础。加强自然保护区管理和生物多样性保护。

（5）加强农村环保，改善农村环境质量。继续深入开展农村环境连片综合整治，支持已经建成入住或 2013 年年底前即将建成入住的农村新型社区（优先支持规模 1 万人以上的农村新型社区建设）和已建成入住且管网配套完善的移民村率先开展连片整治。2013 年 6 月底前，完成 2012 年连片整治项目的考核验收工作；年底前完成 2013 年连片整治项目的工程调试工作，全面完成三年农村环境连片整治任务。

（6）严格环境监管，维护群众环境权益。积极推进《河南省减少污染物排放条例》《河南省辐射污染防治条例》《河南省环境污染防治设施监督管理办法》《河南省环境自动监控管理办法》等地方性法规和政府规章的制定、修订工作。严格环境执法监管，保障人民群众的环境权益。加强辐射环境安全监管，开展辐射安全监管能力提升专项行动，当年产生的废旧放射源和放射性废物送贮率保持 100%，确保全省辐射环境安全。加强环境应急管理和环境信访、平安建设工作，维护社会稳定。

（7）夯实基础能力，提升环境管理水平。启动《全省环境功能区划》编制和环境保护“十二五”规划执行情况中期评估工作。持续推进环境监察、监测、辐射、宣教、固废、监控（信息）、应急标准化建设，不断提高环境管理水平。强化环保科研、水专项工作。完成全省环保产业调查。深化环保宣传教育，为环保工作开展营造良好的社会氛围。

（8）改进工作作风，建设一支过硬队伍。认真落实中央、省委、省政府和环保部关于改进工作作风、密切联系群众的要求，在改进调查研究、精简各类会议、精简文件简报、严格控制检查、严格接待标准等方面抓好落实。坚持厉行勤俭节约，杜绝铺张浪费。加强党风廉政建设，完善环保电子政务平台，大力推行网上行政审批，防控腐败风险。

第14章　《国家环境保护“十二五”规划》河南省中期自评估报告

14.1　规划内容和要求

14.1.1　国家环境保护“十二五”规划体系

本报告主要依据《国家环境保护“十二五”规划》及其相关规划，按照《规划中期自评估编制大纲》（环办〔2014〕5号）编制而成。具体的规划名称如下：

14.1.1.1　国务院印发的规划

（1）《国家环境保护“十二五”规划》（国发〔2011〕42号）

（2）《节能减排“十二五”规划》（国发〔2012〕40号）

14.1.1.2　国务院批复的规划

（1）《全国地下水污染防治规划（2011—2020年）》（国函〔2011〕119号）

（2）《重点流域水污染防治规划（2011—2015年）》（国函〔2012〕32号）

（3）《全国饮用水水源地环境保护规划（2008—2020年）》（环发[2010]63号）

（4）《国家重金属污染综合防治“十二五”规划》（国函〔2011〕13号）

（5）《核安全与放射性污染防治“十二五”规划及2020年远景目标》

（6）《丹江口库区及上游水污染防治和水土保持“十二五”规划》（国函〔2012〕50号）

14.1.1.3　国务院办公厅印发的规划

（1）《“十二五”全国城镇生活垃圾无害化处理设施建设规划》（国办发〔2012〕23号）

（2）《“十二五”全国城镇污水处理及再生利用设施建设规划》（国办发〔2012〕24号）

14.1.1.4 环境保护部发布的规划

（1）《国家环境监测“十二五”规划》（环发〔2011〕112 号）

（2）《全国农村环境综合整治“十二五”规划》

（3）《长江中下游流域水污染防治规划（2011—2015 年）》（环发〔2011〕100 号）

（4）《全国主要行业持久性有机污染物污染防治“十二五”规划》

（5）《“十二五”危险废物污染防治规划》（环发〔2012〕123 号）

（6）《化学品环境风险防控“十二五”规划》（环发〔2013〕20 号）

（7）《全国生态保护“十二五”规划》（环发〔2013〕13 号）

（8）《全国畜禽养殖污染防治“十二五”规划》（环发〔2012〕135 号）

（9）《国家环境监管能力建设“十二五”规划》（环发〔2013〕61 号）

14.1.2 河南省环境保护“十二五”规划体系

为贯彻落实国家环境保护“十二五”规划，我省按照国家规划目标和任务要求，结合河南省实际，编制完成了我省环境保护“十二五”规划体系。具体规划名称如下：

（1）《河南省环境保护“十二五”规划》（豫政〔2011〕96 号）

（2）《河南省流域水污染防治规划（2011—2015 年）》（豫政〔2012〕88 号）

（3）《河南省“十二五”主要污染物排放总量控制规划》（豫政〔2012〕112 号）

（4）《河南省废弃电器电子产品处理发展规划（2011—2015 年）》（豫环〔2011〕8 号）

（5）《河南省环境保护“十二五”政策法规标准建设规划》（豫环文〔2012〕228 号）

（6）《河南省环境监测“十二五”规划》（豫环文〔2012〕126 号）

（7）《河南省环境监管能力建设“十二五”规划》（豫环文〔2013〕193 号）

（8）《河南省重金属污染综合防治“十二五”规划》（豫政〔2011〕71 号）

（9）《河南省核与辐射环境保护“十二五”规划》（豫政〔2012〕87 号）

（10）《河南省持久性有机污染物“十二五”污染防治规划》（豫政〔2011〕31 号）

（11）《河南省生态环境保护人才发展中长期规划（2011—2020 年）》（豫人才〔2012〕14 号）

（12）《河南省城市饮用水水源地环境保护规划（2008—2020 年）》（豫政办〔2009〕34 号）

14.1.3 河南省国民经济和社会发展第十二个五年规划纲要对环境保护的要求

14.1.3.1 发展目标

经过五年的奋斗，综合经济实力显著增强，转变经济发展方式取得实质性进展，中原经济区优势得到彰显，富民强省迈出坚实步伐，全面建设小康社会、实现中原崛起和河南振兴的基础更加牢固。

14.1.3.2 加强环境保护任务要求

切实保护生态环境，努力保障发展需求，实现环境容量高效利用。以解决饮用水不安全和空气、土壤污染等损害群众健康的突出环境问题为重点，严格主要污染物总量控制，严格环境执法、管理，推进环境友好型社会建设。

实施工业污染全防全治。健全工业污染源头预防、过程控制、末端治理、回收利用的全防全治体系，推进重点排污企业深度治理，全面推行清洁生产。建立更加严格的环境准入制度和重污染企业退出机制，对造纸、皮革、发酵、化工等重点行业实行污染物排放总量控制。以区域大气污染防治和高污染行业为重点，推进大气污染联防联治。推进火电行业脱硫设施稳定运行，全面完成钢铁、有色、建材、化工等行业脱硫设施建设。加大火电、钢铁、化工、水泥等行业企业氮氧化物污染防治，完成 30 万 kW 以上火电机组脱硝改造。加强铅、汞、铬等重金属、危险废物、固体废物污染治理，加快处理设施建设，建成省危险废物处置中心和南阳危险废物处置中心。

加强城市污染防治。优先保护集中式饮用水水源地，确保群众饮水安全。加强城区内工业企业环境监管，对环境影响较大的企业实施关停、搬迁或转产。推进城市大气污染综合整治，提高城市建成区内工业烟尘、粉尘的排放控制标准，全面实施国家第四阶段机动车排放标准，积极防治城市灰霾污染，确保省辖市空气质量好于二级标准天数在 292 d 以上。加强城市声光污染治理。推进城市餐饮业厨余垃圾安全处理。

加强农村农业环境保护。以“生态乡镇、生态村”创建为主要抓手，开展农村环境综合整治，提高农村环境质量。加快重点乡镇污水处理设施建设，积极推进农村分散式污水处理设施建设。加快推进农村生活垃圾“户分类、村收集、乡运输、县处理”，因地制宜建设农村垃圾处理设施。规模化畜禽养殖企业全部配套建设污染治理设施。开展农村环境监测试点工作，初步建立农村环境监测体系。实施农业面源污染治理示范工程，全面推广测土配方施肥。严禁焚烧秸秆。

严格环境管理。落实环境目标责任，严格环境目标考核。健全环境法规和标准体系。严格环境执法，加大环境违法违规成本约束和处罚力度，严厉打击各类环境违法行为。

完善全省环境自动监控系统，建立健全环境应急监管体系，完成环境监管标准化建设。全面推行排污许可证制度，开展排污权有偿使用和交易。健全水环境断面考核制度。加大污水处理费、垃圾处理费征收力度，提高城市污水垃圾处理设施运行效率。实施差别电价、差别水价，提高重污染落后产能企业信贷风险等级。加强环境宣传教育。

14.2　“十二五”环保规划实施情况

14.2.1　实施规划主要做法

14.2.1.1　高度重视规划实施

河南省委、省政府高度重视环境保护工作，把环境保护作为贯彻落实科学发展观、转变经济发展方式、加快中原崛起河南振兴的重要举措，坚持在发展中保护，在保护中发展，大力推进生态文明建设，提出了建设美丽河南的宏伟目标，部署了蓝天工程、碧水工程、乡村清洁、生态省建设等重大任务，为全省上下进一步抓好环境保护工作明确了目标和方向；制定了《关于加强环境保护促进中原经济区建设的意见》《关于切实加强“十二五”主要污染物总量减排工作的意见》《关于促进全省产业集聚区持续健康快速发展的若干意见》等一系列文件，出台了《河南省减少污染物排放条例》《河南省固体废物污染环境防治条例》《海河流域水污染物排放标准》等一系列环保法规和标准，为“十二五”环保规划实施提供了重要保障。省领导多次到环保厅现场办公，研究解决环保工作的重大问题，部署推进规划实施工作。各市县政府围绕中原经济区建设和我省经济社会发展大局，结合本地实际，着力破解经济社会发展中的环境约束难题，扎实推进环境保护重点工作。

14.2.1.2　分解落实目标任务

为贯彻落实《国家环境保护“十二五”规划》目标任务，我省编制实施了《河南省环境保护“十二五”规划》及 10 个环保专项规划，制定了《河南省实施国家“十二五”危险废物污染防治规划工作方案》，印发了《〈河南省环境保护“十二五”规划〉重点工作部门分工方案》（豫政办〔2013〕12 号），对总量减排、污染防治、农村和生态保护、能力建设、体制机制创新等主要工作进行了任务分解，共涉及省发展改革委等 38 个省直部门单位，并发挥河南省环境保护委员会的作用，按照“统一规划、突出重点、分步实施、全面推进”的原则，推进规划实施。《河南省环境保护“十二五”规划》明确了各市、县政府是规划实施的责任主体，要求把规划目标、重点任务和重点工程纳入当地国民经济和社会发展总体规划，确保环保规划的目标任务得到落实。省政府与各省辖市、省直管试点县（市）签订“十二五”目标责任书和年度目标责任书，明确了各省辖市、省直管试点县（市）的污染减排和年度环保工作任务，加强考核，督促实施。

14.2.1.3 加强规划调度评估

为保障规划顺利实施，我省加强规划调度评估，逐步形成了年度调度、中期评估、年终考核的规划评估考核机制。根据国家要求，按照《〈河南省环境保护“十二五”规划〉重点工作部门分工方案》，对省直相关部门和各省辖市、省直管县（市）规划实施情况进行调度，完成了我省环境保护“十二五”规划2011年和2012年实施情况调度评估报告，评估了我省“十二五”前两年目标任务进展情况，分析了存在的问题，提出了具体建议。开展了我省经济社会发展“十二五”规划中期评估工作，完成了我省经济社会发展“十二五”规划环境保护方面的中期评估报告。在全国率先完成了《河南省废弃电器电子产品处理发展规划（2011—2015）》中期评估报告。在对国家规划开展我省中期自评估的基础上，同步开展了河南省环境保护“十二五”规划中期评估工作。

14.2.2 评估组织安排情况

按照环境保护部、国家发展改革委下发的《关于开展〈国家环境保护“十二五”规划〉中期评估工作的通知》（环办〔2014〕5号）要求，省政府责成省环保厅会同省发改委开展我省规划中期自评估工作，明确各部门分工和工作进度。省环保厅联合省发展改革委及时下发《关于开展环境保护“十二五”规划中期评估工作的通知》（豫环文〔2014〕23号），要求各省辖市、省直管县政府组织开展本市（县）规划中期自评估工作。举办了河南省环境保护“十二五”规划中期评估培训班，各省辖市、省直管县环保局相关管理和技术人员参加了培训。确定河南省环科院为本次中期自评估工作的技术支撑单位。

14.2.3 评估技术方法与数据来源

本次评估按照《〈国家环境保护“十二五”规划〉中期评估指标技术说明》要求，在统一数据口径的基础上，采用定量评估与定性评估相结合、综合评估与专项评估相结合、年度调度与中期评估相结合的方式，重点对《国家环境保护“十二五”规划》目标和任务进展情况进行评估。

中期评估数据主要来源于省环保厅环境统计数据、监测数据、核查数据；各部门统计数据、年报数据、规划年度调度数据、专项检查调查数据、抽样调查数据；各地市评估数据、监测数据、统计数据等。中期评估采用的数据截止到2013年12月31日。

14.3　主要污染物减排进展评估

14.3.1　主要污染物减排指标完成情况

14.3.1.1　化学需氧量排放总量

（1）国家相关规划要求

《国家环境保护“十二五”规划》（以下简称《规划》）要求，到 2015 年年底，我省化学需氧量年排放总量控制在 133.5 万 t 以内，在 2010 年的基础上削减 14.7 万 t，削减率 9.9%。

《节能减排“十二五”规划》进一步要求，到 2015 年年底，我省工业和生活化学需氧量排放总量控制在 55.8 万 t 以内，在 2010 年的基础上削减 6.2 万 t，削减率 10%。

（2）指标完成情况

2013 年，我省化学需氧量排放量为 135.42 万 t，比 2010 年削减 12.82 万 t，削减率 8.6%，完成规划任务的 87%。其中工业和生活化学需氧量排放总量为 56.55 万 t，比 2010 年削减 5.45 万 t，削减率 8.8%，完成规划任务的 88%。

14.3.1.2　氨氮排放总量

（1）国家相关规划要求

《规划》要求，到 2015 年年底，我省氨氮年排放总量控制在 13.61 万 t 以内，在 2010 年的基础上削减 1.97 万 t，削减率 12.6%。

《节能减排“十二五”规划》进一步要求，到 2015 年年底，我省工业和生活氨氮年排放总量控制在 7.66 万 t 以内，在 2010 年的基础上削减 1.2 万 t，削减率 12.9%。

（2）指标完成情况

2013 年，我省氨氮排放量为 14.42 万 t，比 2010 年削减 1.16 万 t，削减率 7.4%，完成规划任务的 58.7%。其中工业和生活氨氮排放总量为 8.23 万 t，比 2010 年削减 0.575 万 t，削减率 6.4%，完成规划任务的 50.7%。

14.3.1.3　二氧化硫排放总量

（1）国家相关规划要求

《规划》要求，到 2015 年年底，我省二氧化硫年排放总量控制在 126.9 万 t 以内，在 2010 年的基础上削减 17.1 万 t，削减率 11.9%。

（2）指标完成情况

2013 年，我省二氧化硫排放量为 125.4 万 t，比 2010 年削减 18.62 万 t，削减率 12.9%，完成规划任务的 108%，已超额完成规划任务。

14.3.1.4 氮氧化物排放总量

（1）国家相关规划要求

《规划》要求，到 2015 年年底，我省氮氧化物年排放总量控制在 135.6 万 t 以内，在 2010 年的基础上削减 23.37 万 t，削减率 14.7%。

（2）指标完成情况

2013 年，我省氮氧化物排放量为 156.56 万 t，比 2010 年削减 2.41 万 t，削减率 1.5%，完成规划任务的 10.2%。

14.3.2 产业结构调整工作的进展情况

14.3.2.1 淘汰落后产能状况

2011—2013 年，我省炼铁、炼钢、铁合金、电解铝、铜冶炼、造纸、水泥、柠檬酸、味精、制革、印染、铅酸蓄电池行业已超额完成国家“十二五”下达我省的目标任务；电石、铅冶炼、化纤基本完成国家“十二五”下达我省的目标任务；焦炭、平板玻璃、酒精已分别完成国家“十二五”下达我省目标任务的 76.3%、84.2%、86.3%；锌冶炼无应淘汰项目。详细情况见表 14-1。

表 14-1 2011—2013 年河南省淘汰落后产能情况表

淘汰产能	“十二五”目标	2011—2013 年完成情况	备注
炼铁	200 万 t	282.6 万 t	超额完成
炼钢	390 万 t	492.1 万 t	超额完成
铁合金	5 万 t	18.02 万 t	超额完成
电石	3 万 t	1.96 万 t	基本完成
焦炭	485 万 t	370 万 t	未完成
电解铝	5 万 t	48.7 万 t	超额完成
铜冶炼	17 万 t	21.54 万 t	超额完成
铅冶炼	60 万 t	59.65 万 t	基本完成
造纸	350 万 t	364.44 万 t	超额完成
水泥	1 200 万 t	1 276 万 t	超额完成
平板玻璃	1 300 万重量箱	1 094.7 万重量箱	未完成
柠檬酸	0.25 万 t	2.35 万 t	超额完成

淘汰产能	“十二五”目标	2011—2013 年完成情况	备注
味精	18 万 t	26.98 万 t	超额完成
酒精	32 万 t	27.6 万 t	未完成
制革	280 万标张	384.72 万标张	超额完成
印染	41 000 万 m	62 394.3 万 m	超额完成
化纤	4.5 万 t	4.2 万 t	基本完成
铅酸蓄电池	52 万 kW·h	61.79 万 kW·h	超额完成
锌冶炼	8 万 t		无应淘汰项目

14.3.2.2　能源结构调整情况

我省积极改善能源结构，控制能源消费总量。《规划》要求，到 2015 年，非化石能源占一次能源消费比重达到 11.4%，我省经济社会发展“十二五”规划要求该指标 2015 年目标值 5%；目前我省非化石能源占一次能源消费比重为 4.2%左右。2012 年，天然气占一次能源消费比重为 4.2%，比 2010 年增加 1.2 个百分点；煤炭占一次能源消费比重为 80.2%，比 2010 年减少 4.1 个百分点。

14.3.2.3　清洁生产审核状况

2011—2013 年，我省按照《环境保护部关于深入推进重点企业清洁生产的通知》（环发〔2010〕54 号）要求，以重有色金属矿（含伴生矿）采选业、重有色金属冶炼业、含铅蓄电池业、皮革及其制品业、化学原料及化学制品制造业 5 个重金属污染防治重点防控行业和钢铁、水泥、平板玻璃、煤化工、多晶硅、电解铝、造船 7 个产能过剩主要行业为清洁生产重点行业，并按时限要求组织开展了清洁生产审核工作，省、市、县三级环保部门三年共完成了 464 家企业的审核工作。

14.3.2.4　循环经济发展状况

我省进一步深化城镇、园区和企业循环经济试点示范，积极推进大宗固体废物综合利用，国家“城市矿产”示范基地长葛大周镇再生金属回收加工区已成为长江以北最大的再生资源集散地，年回收利用废旧金属超过 200 万 t。洛阳市循环经济园区、濮阳经济技术开发区、焦作飞孟激光再制造有限公司相继被列为国家循环经济示范试点，洛阳市、焦作市被列为国家资源综合利用“双百工程”示范基地，认定公布资源综合利用企业 167 家，年利用各类废渣 3 900 万 t，减免税收 9 亿元。组织开展了国家循环经济试点评估验收，《循环经济试点省实施方案》主要指标如期完成。

14.3.3 水环境主要污染物削减工作进展情况

14.3.3.1 重点区域、行业水污染物减排状况

我省是国家重金属污染防治重点省份和重金属污染防治示范省，11 个重点区域均制定并实施了本区域的重金属污染综合防治“十二五”规划，构建了总量控制体系，对新增重金属排放源进行总量审核。

“十二五”以来，我省积极推进造纸、印染等高耗水行业工艺技术改造、废水深度治理及再生水回用工作，控制化学需氧量和氨氮排放总量，2013 年造纸、纺织行业化学需氧量排放量分别为 35 400 t、4 400 t，氨氮排放量分别为 1 100 t、500 t，较 2010 年分别削减 25.6%、38.9%和 26.7%、16.6%，均达到规划“削减比例不低于 10%”的要求。

14.3.3.2 城镇污水处理厂建设状况

为确保重点减排项目的落实，省委、省政府将污水处理厂新改扩建工程等重点减排项目列入“河南省十项重点民生工程”，并明确了责任单位。截至 2013 年年底，全省投运 160 座城市污水处理厂，全部配套建成工况监控系统，建成规模 723.75 万 t/d，累计处理水量 23.44 亿 m^3，累计削减 COD 约 60.38 万 t，平均负荷率达 89.31%，城市污水处理率为 87.83%，县城污水处理率为 78.83%。我省未纳入城市统计的建制镇 828 个，其中 52 个具备污水处理能力，占 6.28%，具备污水处理能力 30.96 万 t/d。建成产业集聚区污水处理厂 68 座。

14.3.3.3 规模化畜禽养殖污染防治状况

我省已完成畜禽养殖禁养区、限养区划定工作，全省 142 个县（市、区）出台了禁养区、限养区划定文件，并认真组织实施禁养区养殖场搬迁和限养区养殖场标准化改造工作，逐步优化养殖场布局。

环保、农业、畜牧等部门通力合作出台了《关于进一步加强农业和农村节能减排工作的意见》（豫农科教〔2012〕26 号）、《关于进一步加强畜禽排泄物治理工作的指导意见》（豫牧〔2012〕31 号）、《畜禽养殖业污染源总量减排技术指导意见（试行）》（豫环文〔2012〕99 号）、《关于印发 2013 年河南省畜禽养殖总量减排实施方案的通知》（豫环文〔2013〕127 号）等文件，积极推进畜禽养殖污染治理设施建设。在环保专项资金、畜禽养殖场标准化建设和“菜篮子”畜产品生产扶持资金的使用中，优先安排粪污处理设施建设。根据省畜牧局抽样调查结果，2013 年我省 69%的规模化畜禽养殖场和养殖小区配套建设固体废物和污水贮存处理设施，全省畜禽粪便资源化率达 96.06%。

14.3.4　大气主要污染物削减工作的进展情况

14.3.4.1　电力行业污染减排状况

截至 2013 年年底，我省共有 262 台总装机容量 5 399.2 万 kW 燃煤机组建成脱硫设施，54 台总装机容量 2 575 万 kW 燃煤机组取消脱硫烟气旁路，取消烟气旁路火电机组比例达 47.7%；73 台总装机容量 3 236.4 万 kW 燃煤机组建成脱硝设施，脱硝机组比例达 59.9%。2011 年以来建设的 20 台燃煤机组全部建有脱硫脱硝设施。

按照《关于加强燃煤电厂脱硫设施运行的通知》要求，对燃煤电厂烟气脱硫工程实施了限期治理。相继出台了《河南省燃煤电厂脱硫设施运行环境监察现场核查办法（试行）》《关于进一步加强燃煤电厂脱硫设施管理的通知》《关于强化燃煤电厂二氧化硫总量减排工作的通知》《燃煤发电机组脱硫电价及脱硫设施运行管理办法（试行）》《燃煤电厂脱硫设施运行环境管理办法》等一系列文件，紧抓电力行业脱硫设施的日常运行管理，严格按照《河南省燃煤电厂脱硫设施运行管理办法》要求，从严控制脱硫设施检修和故障停运，确保脱硫设施投运率达到 90%以上。

14.3.4.2　其他行业污染减排状况

截至 2013 年年底，我省对化工、焦化、冶金、碳素、造纸、集中供热等行业 58 家非电企业下达了烟气脱硫限期治理通知书，对钢铁厂、水泥厂等大气重污染企业进行了脱硫脱硝治理。其中 42 台钢铁烧结机/球团建成脱硫装置，总规模为 4 613 m^2；24 条水泥生产线完成脱硝装置改造，总规模为 11 万 t 熟料/d。

14.3.4.3　机动车氮氧化物控制状况

我省实施了机动车排气污染检验和环保标志管理制度，要求对于未取得环保检验标志的机动车，公安机关不予核发机动车安全技术检验合格标志，交通运输行政主管部门不予办理营运机动车定期审验合格手续，在用汽车环保标志发放率逐年提升。

省环保厅、省公安厅联合下发了《关于加强外地转入机动车污染防治管理工作的通知》（豫环文〔2013〕26 号），加强外地转入机动车管理。要求转入我省的外地车辆、18 个省辖市相互转入的车辆，均应达到国家第四阶段及以上机动车污染物排放控制要求，否则公安交管部门一律不予办理转入手续。2013 年我省共办理车辆转入 68 814 辆，同比减少 70 118 辆。

我省全面推行了国家第四阶段车用汽油标准和第四阶段机动车排放标准。截至 2013 年年底，淘汰黄标车 9.7 万辆。

14.3.5 小结

14.3.5.1 实施成效

规划涉及主要污染物减排有 4 个主要指标，化学需氧量、氨氮、二氧化硫 3 个污染物减排指标已完成规划预期要求。

（1）3 项主要指标完成预期任务

我省化学需氧量、氨氮、二氧化硫排放量分别为 135.42 万 t、14.42 万 t、125.4 万 t、156.56 万 t，完成减排任务的 87%、58.7%、108%，二氧化硫已完成“十二五”规划的总体目标，化学需氧量超额、氨氮按期完成预期减排任务。

（2）产业结构调整工作进展成效

我省加大淘汰落后产能力度，炼铁等 12 个行业已完成或超额完成规划任务，电石、铅冶炼、化纤 3 个行业基本完成，焦炭、平板玻璃、酒精、锌冶炼 4 个行业未完成暂无新的淘汰落后产能项目。464 家企业完成清洁审核工作。开展各类规划环评 501 个。积极推进《循环经济试点省实施方案》实施，洛阳市、焦作市被列入国家资源综合利用“双百工程”示范基地，洛阳市循环经济园区、濮阳经济技术开发区、焦作飞孟激光再制造有限公司相继被列为国家循环经济示范试点，认定公布资源综合利用企业 167 家，年利用各类废渣 3 900 万 t。大力推进生物质、风电、光伏、地热等新能源项目建设，提高非化石能源比重，煤炭占一次能源消费比重比 2010 年减少 4.1%，天然气占一次能源消费比重为 4.2%，非化石能源占一次能源消费比重为 4.2%左右。

（3）水环境主要污染物削减工作成效

2013 年造纸行业化学需氧量排放量控制在 3.54 万 t，氨氮排放量控制在 0.11 万 t；纺织行业化学需氧量排放量控制在 0.44 万 t，氨氮排放量控制在 0.05 万 t，均已达到规划“削减比例不低于 10%”的要求；我省正式运行的城市和县城污水处理厂 160 座，全部建成工况监控系统，建成规模 723.75 万 t/d，平均负荷率达 89.31%，累计处理水量 23.44 亿 m^3，削减 COD 约 60.38 万 t，城市污水处理率 87.83%，已完成规划目标；县城污水处理率为 78.83%，未纳入城市统计的建制镇 828 个，其中 52 个具备污水处理能力，占 6.28%，具备污水处理能力 30.96 万 t/d；建成产业集聚区污水处理厂 68 座。划定了畜禽养殖禁养区、限养区，实施了禁养区养殖场搬迁和限养区养殖场标准化改造。根据省畜牧局抽样调查结果，2013 年我省 69%的规模化畜禽养殖场和养殖小区配套建设固体废物和污水贮存处理设施，畜禽粪便资源化率达 96.06%，达到规划总体目标要求。

（4）大气主要污染物削减情况

全省 73 台总装机容量 3 236.4 万 kW 燃煤机组建成脱硝设施，脱硝机组比例超过 59.9%；54 台总装机容量 2 575 万 kW 燃煤机组取消脱硫烟气旁路，取消烟气旁路火电机组比例达 47.7%；新建的 20 台燃煤机组全部建设脱硫脱硝设施。对燃煤电厂、钢铁厂、水泥厂等大气重污染企业提出了限制治理要求，总规模 4 613 m^2 的 42 台钢铁烧结机/球团建成脱硫装置；24 条水泥生产线（110 000 t 熟料/d）完成脱硝装置改造。

我省全面推行了国四标准车用乙醇汽油，淘汰黄标车 9.7 万辆，实施了机动车排气污染检验、环保标志、外地转入机动车等管理制度。

14.3.5.2　存在的问题

（1）氮氧化物排放总量削减率尚未达到规划预期进度要求

由于我省实施脱硝优惠电价较晚，减排设备的建设安装和发挥效能有滞后期，对电厂的激励作用还未及时体现。2013 年我省氮氧化物排放量为 156.56 万 t，完成减排任务的 10.2%，未完成规划预期进度要求。

（2）非化石能源占一次能源消费比重较低

受自然条件和产业结构水平的限制，目前能源消费仍主要依赖化石能源，并以煤炭为主导，目前我省能源消费总量不断增加，以煤炭为主要能源，非化石能源占一次能源消费比重为 4.2%左右，虽基本达到我省经济社会发展“十二五”规划要求（5%），但距国家规划要求 11.4%尚有一定距离。

14.4　突出环境问题解决情况评估

14.4.1　主要环境质量指标进展情况

14.4.1.1　地表水饮用水水源地水质

（1）国家规划目标要求

《重点流域水污染防治规划（2011—2015 年）》要求，到 2015 年，城镇集中式地表水饮用水水源地水质稳定达到功能要求。

（2）完成情况

2013 年，全省省辖市 15 个地表水饮用水水源地和省直管县（市）4 个地表水饮用水水源地的各评价因子浓度年均值均达到III类标准，达到城镇集中式地表水饮用水水源地水质功能要求。

14.4.1.2 七大水系国控断面水质好于Ⅲ类的比例

（1）国家规划目标要求

《规划》要求，到 2015 年，七大水系国控断面水质好于Ⅲ类的比例大于 60%。

《重点流域水污染防治规划（2011—2015 年）》要求，到 2015 年，Ⅰ～Ⅲ类水质断面比例提高 5 个百分点。

（2）完成情况

2013 年，我省 41 个国控断面中，好于Ⅲ类水质的国控断面 24 个，比例为 58.5%，比 2010 年提高了 8.5 个百分点，基本完成了国家规划目标要求。

14.4.1.3 七大水系国控断面水质劣Ⅴ类的比例

（1）国家规划目标要求

《规划》要求，到 2015 年，七大水系国控断面水质劣Ⅴ类的比例小于 15%。

《重点流域水污染防治规划（2011—2015 年）》要求，到 2015 年，劣Ⅴ类水质断面比例降低 8 个百分点。

（2）完成情况

2013 年，我省 41 个国控断面中，劣Ⅴ类水质的国控断面 6 个，比例为 14.6%，比 2010 年降低了 7.4 个百分点，基本完成了国家规划目标。

14.4.1.4 淮河流域水质情况

（1）国家规划目标要求

《规划》对全国淮河流域的总体要求是：干流水质稳定达到Ⅲ类，未单独规定河南省淮河流域各河流水质目标。

《重点流域水污染防治规划（2011—2015 年）》对河南省淮河流域各河流水质目标进行了详细要求，共设置考核断面 19 个。《重点流域水污染防治专项规划实施情况考核指标解释》（环办函〔2012〕1202 号）规定“2013 年单个断面达标率不低于 60%即视为该断面达标”。

（2）完成情况

2013 年，淮河流域 19 个考核断面中，10 个断面达标率为 100%，2 个断面达标率为 91.67%，3 个断面达标率为 83.33%，2 个断面达标率为 75%，1 个断面达标率为 66.67%，1 个断面达标率为 58.33%。淮河干流稳定达到Ⅲ类。淮河流域 18 个断面达到国家 2013 年度考核要求，1 个断面基本达到考核要求。

14.4.1.5　海河流域水质情况

（1）国家规划目标要求

《规划》对全国的海河流域的总体要求：到 2015 年，海河流域实现劣Ⅴ类水质断面比重明显下降，未单独规定河南省海河流域各河流水质目标。

《重点流域水污染防治规划（2011—2015 年）》对河南省海河流域水质目标进行了详细要求，共设置考核断面 11 个。《重点流域水污染防治专项规划实施情况考核指标解释》（环办函〔2012〕1202 号）规定“2013 年单个断面达标率不低于 60%即视为该断面达标”。

（2）完成情况

海河流域 11 个考核断面中，3 个断面达标率为 100%，6 个断面达标率为 91.67%，1 个断面达标率为 81.82%，1 个断面达标率为 75%。海河流域所有考核断面均达到国家 2013 年度考核要求。

14.4.1.6　黄河流域水质情况

（1）国家规划目标要求

《重点流域水污染防治规划（2011—2015 年）》对河南省黄河流域水质目标进行了详细要求，共设置考核断面 8 个。《重点流域水污染防治专项规划实施情况考核指标解释》（环办函〔2012〕1202 号）规定“2013 年单个断面达标率不低于 60%即视为该断面达标”。

（2）完成情况

黄河流域 8 个考核断面中，6 个断面达标率为 100%，1 个断面达标率为 91.67%，1 个断面达标率为 90.91%。黄河流域所有考核断面均达到国家 2013 年度考核要求。

14.4.1.7　南水北调中线丹江口库区及上游和唐白河流域水质情况

（1）国家规划目标要求

《规划》要求南水北调中线丹江口库区及上游实现水质全面达标。《丹江口库区及上游水污染防治和水土保持“十二五”规划》要求，到 2015 年，丹江口水库水质稳定达到Ⅱ类；直接汇入丹江口水库的各主要支流水质不低于Ⅲ类，入库河流全部达到水功能区目标要求。

《长江中下游流域水污染防治规划（2011—2015 年）》要求，唐白河流域唐河埠口达到Ⅲ类，白河新甸铺达到Ⅴ类（TP 达到 0.57 mg/L），白河翟湾达到Ⅳ类（TP 达到 0.35 mg/L）。

（2）完成情况

南水北调中线丹江口库区及上游水质全面达标。丹江口水库水质稳定达到Ⅱ类；直接汇入丹江口水库的各主要支流水质不低于Ⅲ类，入库河流全部达到水功能区目标要求。

唐白河流域唐河埠口达到Ⅲ类，白河新甸铺达到Ⅴ类，白河翟湾达到Ⅳ类。

14.4.1.8　地级以上城市空气质量达到二级标准以上的比例

（1）国家规划目标要求

《规划》要求地级以上城市空气质量达到《环境空气质量标准》（GB 3095—2012）二级标准以上的比例大于80%。

（2）完成情况

我省17个地级以上城市中，2011—2013年，空气质量达到GB 3095—2012二级标准以上的城市个数分别是15个、15个和1个，所占比例分别为88.2%、88.2%和6%，2013年未达到预期进度要求。各省辖市、省直管县（市）2014年年初均开展了细颗粒物和臭氧等监测项目监测，提前两年完成国家任务。

14.4.1.9　陆地自然保护区面积占国土面积的比重

（1）国家规划目标要求

《规划》要求全国陆地自然保护区面积占国土面积的比重稳定在15%。

（2）完成情况

我省自然保护区面积占国土面积的比重稳定在4.31%。

14.4.1.10　国家重点保护物种和典型生态系统得到保护的比例

（1）国家规划目标要求

《规划》要求，到2015年，90%的国家重点保护物种和典型生态系统得到保护。

《河南省林业“十二五”发展规划》要求，到2015年，90%以上国家和省重点保护野生动物和80%以上极小种群野生植物种类得到有效保护。

（2）完成情况

我省70%的陆地生态系统、90%的野生动物和60%的高等植物得到了保护，完成了规划目标要求。

14.4.2　水环境质量改善工作的进展情况

14.4.2.1　保护饮用水水源地工作进展

我省积极开展饮用水水源保护区划定工作，在完成38个城市113个集中式饮用水水源地保护区划定的基础上，2013年完成了83个县的148个集中式饮用水水源地保护区划定工作。初步完成乡镇集中式饮用水水源保护区划分工作，正在进行划分结果技术审核。

开展了城市、城镇及典型乡镇集中式饮用水水源基础环境状况调查工作，建立了城市集中式饮用水水源环境状况年度评估工作机制，编制完成了《全国城市饮用水水源地环境保护规划（2008—2020 年）河南省实施情况评估报告》。

我省积极推进水源地环境整治，每年都把饮用水水源保护作为保障群众健康环保专项行动的重点内容，对全省城市饮用水水源保护区开展了多轮次的排查整治，对发现的问题，省环保厅及时致函当地政府尽快予以解决，共取缔饮用水水源保护区内违法建筑 319 个、关闭排污口 21 个。开展水源地规范化建设，在集中式饮用水水源地保护区设立边界标示，对穿越保护区的重要道路设立水源保护区交通警示标志。

我省 17 个地级以上城市集中式饮用水水源地每年至少开展一次水质全分析监测；在 14 个日供水量大于 10 万 t 的省辖市城市集中式地表水饮用水水源地建成水质自动监测站，监测生物毒性、总氮、总磷、高锰酸盐指数、氨氮等因子，对水源地水环境质量实施有效监控和预警。制定《河南省饮用水水源地水质自动监控系统管理办法》，并配套管理考核细则，实现饮用水水源地监控基站规范化管理。

将我省南湾湖、千鹤湖、白龟湖、丹江口水库等纳入《国家良好湖泊生态环境保护规划（2011—2020 年）》，为开展湖泊生态治理与保护奠定了基础。

14.4.2.2 重点流域水污染防治工作进展

（1）《重点流域水污染防治规划（2011—2015 年）》落实情况

省政府编制实施《河南省流域水污染防治规划（2011—2015 年）》，与各省辖市、省直管试点县（市）政府每年签订《环境保护责任目标书》，将规划中的各项目标任务进行分解。按月调度、分析、通报责任目标断面水质达标情况；采取约谈政府领导、挂牌督办、区域限批等措施，督促项目进展缓慢、水质污染问题长期得不到解决的市县推进环保工作；积极研究制定《河南省城市河流清洁行动计划》，全面提升城市水环境质量。

截止到 2013 年年底，河南省列入国家《重点流域水污染防治规划（2011—2015 年）》的项目共 480 个，已完成（含调试）191 个，占总数的 39.79%；在建 145 个，占总数的 30.21%；前期 81 个，占总数的 16.88%；未动工 63 个，占总数的 13.12%。

（2）淮河流域水污染防治工作进展

严格执行《淮河流域水污染防治暂行条例》，凡在淮干附近的涉水项目一律不批，对在淮河支流的项目，从水环境容量和污染物总量两个方面论证项目的可行性，确保水环境质量不下降。国家重点控制单元郑州、开封两地市连续多年实施环境综合整治，重点强化环保基础设施建设，两市建成投运污水处理厂 23 个；对造纸、化工、化肥、啤酒、制药等行业进行了集中整治，污水全部进行了深度治理，稳定达到国家排放标准。实施了河流水系综合治理及生态修复工程，加强了新建项目管理，严格落实总量控制制度，对新建项目提高污染物排放标准，从源头控制新增污染物排放。在市辖淮河各支流实施了水环境生态补偿制度，出台了流域污染有偿治理和截污工作奖惩办法，对排污实施严管重罚。

2013 年，我省淮河干流的 3 个国控断面均达到III类水质，完成了规划目标。淮河流域 19 个考核断面中，10 个断面达标率为 100%；2 个断面达标率为 91.67%；3 个断面达标率为 83.33%；2 个断面达标率为 75%；1 个断面达标率为 66.67%；1 个断面达标率为 58.33%。根据《重点流域水污染防治专项规划实施情况考核指标解释》（环办函〔2012〕1202 号）“2013 年单个断面达标率不低于 60%即视为该断面达标”的规定，淮河流域 18 个断面完成国家考核目标，1 个断面基本完成国家考核目标。详见表 14-2。

淮河流域列入《重点流域水污染防治规划（2011—2015 年）》的项目 281 个，截至 2013 年年底，已完成项目 87 个；调试运行项目 19 个；在建项目 79 个；前期项目 44 个；未动工项目 52 个。完成率为 30.96%，未动工项目占 18.50%。

表 14-2 2013 年淮河流域考核断面达标情况 单位：%

序号	河流	考核断面名称	2013 年达标率
1	淮河干流	长台关甘岸桥	100
2	淮河干流	淮滨水文站	100
3	浉河	信阳琵琶山桥	100
4	竹竿河	罗山竹竿铺	100
5	潢河	潢川水文站	100
6	史灌河	蒋集水文站	100
7	沙河	西华程湾（2011 年为刘李渡口）	100
8	洪河	新蔡班台	75
9	颍河	西华址坊	91.67
10	颍河	界首七渡口	83.33
11	清潩河	鄢陵陶城闸	75
12	贾鲁河	西华大王庄	58.33
13	泉河	许庄	66.67
14	涡河	亳州	83.33
15	惠济河	刘寨村后	83.33
16	大沙河	包公庙	100
17	包河	马桥	100
18	浍河	黄口	100
19	沱河	小王桥	91.67

（3）海河流域水污染防治工作进展

2013 年，海河流域 5 个国控断面中，有 4 个断面为劣Ⅴ类水质，没有实现劣Ⅴ类水质断面比重明显下降的规划目标。4 个劣Ⅴ类水质断面分别为：大沙河新乡修武水文站、卫河新乡小河口、卫河濮阳南乐元村集、马颊河濮阳南乐水文站。

2013 年，海河流域 11 个考核断面中，3 个断面达标率为 100%；6 个断面达标率为 91.67%；1 个断面达标率为 81.82%；1 个断面达标率为 75%。11 个考核断面均完成国家考核目标。详见表 14-3。

海河流域列入《重点流域水污染防治规划（2011—2015 年）》项目 81 个。截至 2013 年年底，已完成项目 25 个；调试运行项目 12 个；在建项目 21 个；前期项目 19 个；未动工项目 4 个。完成率为 30.86%，未动工项目占 4.9%。

表 14-3　2013 年海河流域考核断面达标情况　　单位：%

序号	河流	考核断面名称	2013 年达标率
1	淇河	林州黄花营	100
2	淇河	浚县前枋城	100
3	马颊河	南乐水文站	100
4	安阳河	彰武水库	91.67
5	卫河	大名龙王庙	91.67
6	卫河	卫辉皇甫	91.67
7	汤河	耿寺	91.67
8	大沙河	修武水文站	91.67
9	共产主义渠	卫辉下马营	91.67
10	卫河	汤阴五陵	81.82
11	共产主义渠	获嘉东碑村	75

（4）黄河流域水污染防治工作进展

2013 年，黄河流域 8 个考核断面中，6 个断面达标率为 100%，小浪底水库断面达标率为 91.67%，金堤河张秋断面达标率为 90.91%。8 个考核断面均完成国家考核目标（不低于 60%）。详见表 14-4。

黄河流域列入《重点流域水污染防治规划（2011—2015 年）》项目 93 个。截至 2013 年年底，已完成项目 22 个；调试运行项目 5 个；在建项目 42 个；前期项目 17 个；未动工项目 7 个。完成率为 23.66%，未动工项目占 7.5%。

表 14-4　2013 年黄河流域考核断面达标情况　　单位：%

序号	河流	考核断面名称	2013 年达标率
1	黄河	花园口	100
2	伊河	龙门大桥	100
3	洛河	洛河大桥	100
4	宏农涧	河坡头桥	100
5	伊洛河	七里铺	100
6	沁河	渠首	100
7	黄河	小浪底水库	91.67
8	金堤河	张秋	90.91

（5）南水北调中线和唐白河流域水污染防治工作进展

开展了河南省丹江口水库饮用水水源保护区划分工作，积极推动治污项目建设，省环保厅、省发改委、南水北调办等部门每半月对规划项目进行督导，定期通报项目建设进度，对影响项目建设进度市县予以通报批评。积极争取国家及北京市支持我省环境监测、监察等能力建设，提升丹江口水库市县的环境监管能力。

2013 年，南水北调中线丹江口水库及上游 13 个考核断面中，6 个断面达标率为 100%，4 个断面达标率为 92%，丁河封湾断面达标率为 83%，淇河高湾断面达标率为 67%，老灌河杨河断面达标率为 58%，详见表 14-5。

表 14-5　2013 年南水北调中线丹江口水库及上游考核断面达标情况　　单位：%

序号	河流	考核断面名称	2013 年达标率
1	引渠	陶岔	100
2	丹江	史家湾	100
3	老灌河	张营	92
4	老灌河	西峡水文站	100
5	老灌河	许营	100
6	老灌河	杨河	58
7	老灌河	三道河	100
8	淇河	高湾	67
9	淇河	淇河桥	92
10	淇河	上河	92
11	丁河	封湾	83
12	蛇尾河	东台子	92
13	库区	台子山	100

唐白河流域列入《长江中下游流域水污染防治规划（2011—2015 年）》项目 25 个。截至 2013 年年底，已完成项目 20 个；调试运行项目 1 个；在建项目 3 个，前期 1 个。完成率为 80%，详见表 14-6。

表 14-6　2013 年唐白河流域考核断面达标情况　　单位：%

序号	河流	考核断面名称	2013 年达标率
1	白河	新甸铺	100
2	白河	翟湾	100
3	唐河	埠口	83.3

14.4.2.3　地下水污染调查评估工作进展

开展了华北平原河南省地下水污染防治研究工作，摸清了地下水污染状况，编制了《华北平原河南省地下水污染防治方案研究报告》；以《全国地下水污染防治规划》为依据，开展了河南省地下水典型污染源和地下集中式饮用水水源调查，对试点区域地下水基础环境状况进行了调查评估，建立了"双源"（污染源及地下水饮用水水源地）重点调查对象评价数据库，掌握了全省县级以上城镇集中式地下水饮用水水源地和矿山开采区、工业园区、垃圾填埋场、危废处置场、加油站等污染源的位置、运行时间、面积、主要污染物等基本情况。初步筛选出了重点调查对象，全省共涉及县级以上城镇地下饮用水水源地 142 个，垃圾填埋场 111 个，危废处理场 16 个，重点工业园区 109 个，园区外工业污染场地 209 个，矿山开采区 148 个，加油站 995 个，规模化养殖场 365 个，高尔夫球场 1 个；收集了地下水源地及地下水潜在污染源相关信息，制作了"双源"分布图集，编制了《河南省 2012、2013 年度试点区域地下水基础环境状况调查评估报告》，并通过了国家评审，为地下水污染防治提供了依据。

14.4.3　大气污染综合控制工作的进展情况

14.4.3.1　深化颗粒物污染控制工作进展

制订了《河南省蓝天工程行动计划》。发布了《河南省钢铁行业综合治理技术规范》（豫环文〔2011〕46 号），要求钢铁企业严格对污染防治设施进行规范和更换，截至 2013 年年底，所有现役的烧结机（球团）设备均采用高效除尘器，处理后的废气达到了国家排放标准要求。督促火电、水泥等使用工业锅炉和工业窑炉的企业采用高效除尘技术，烟粉尘排放满足国家排放标准和保障地方区域大气环境质量的排放标准要求。我省新建 20 t（含）以上的燃煤蒸汽锅炉均安装了高效除尘器，并积极推动其他中小型燃煤工业锅炉使用低灰分煤或清洁能源。全省淘汰或改造省辖市建成区天然气和供热管网覆盖范围内 10 蒸吨及以下燃煤锅炉 858 台。我省积极推动秸秆综合利用，降低秸秆焚烧污染。加强扬尘综合治理，积极推行绿色施工，要求建设工程施工现场（包括拆迁施工）必须全封闭设置围挡墙，严禁敞开式作业，强化煤堆、土堆、沙堆、料堆、拆迁废物的监督管理，提高城市道路机械清扫化率，增加道路冲洗保洁频次。

14.4.3.2 挥发性有机物和有毒废气控制工作进展

对新建项目，各地市均要求使用水性、低毒或低挥发性的有机溶剂，加强有机废气回收利用。安阳、平顶山等地按照计划实施了加油站、油库和油罐车的油气回收综合治理工程。部分地市开展餐饮油烟污染控制和恶臭污染治理工程，城区餐饮服务经营场所安装高效油烟净化设施，严禁无油烟净化设施的露天烧烤，积极推广使用高效净化型家用吸油烟机。积极推进监测能力建设，开展挥发性有机污染物和有毒废气监测。结合《河南省重金属污染综合防治“十二五”规划》实施，控制含汞、铅等有毒有害废气排放。

14.4.3.3 城市大气污染防治工作进展

省政府组织发改、工信、环保、交通等部门深入研究河南省大气污染形势，梳理出了能源结构和工业结构不合理、机动车保有量快速增长、油品质量低下、扬尘污染严重等几个可能造成河南省灰霾污染的原因和问题。全面启动了细颗粒物（$PM_{2.5}$）源解析研究，定性定量研究分析河南省灰霾污染成因。积极推进 $PM_{2.5}$ 监测体系建设，所有省辖市、省直管试点县（市）开展了细颗粒物、一氧化碳和臭氧等监测项目监测，实现了国家、省、市三级联网，从 2014 年开始向社会公布环境空气质量监测数据。

14.4.4 土壤环境保护工作的进展情况

14.4.4.1 土壤环境监管工作进展

组织编制了《河南省土壤环境保护和综合治理工作方案（初稿）》，待国家“土壤环境保护行动计划”颁布并与其对接后，提请省政府批准实施，该方案将为全面开展全省土壤环境管理提供依据。

按照《全国农产品产地土壤重金属污染防治实施方案》，我省开展了农产品产地土壤重金属普查与分级管理、农产品产地土壤重金属污染监测等工作，涵盖全省 158 个县（市、区），耕地 1.17 亿亩，以重点区域每 150 亩耕地为一个监测点（即采样点），一般农区 2 600 亩为一个监测单元，开展农产品产地土壤样品的采集工作。目前普查工作处于采样分析阶段，已累计完成土壤样品采集制备 49 000 个，普查面积 7 850 万亩，占预定总任务量的 67%。

14.4.4.2　重点地区污染场地和土壤修复工作进展

济源市积极开展土壤重金属污染修复试点工作，争取国家专项资金资 1 924 万元，用于区域土壤重金属污染调查监测和样品库建设和 4 个不同技术方法的土壤修复试点示范工程。截至 2013 年年底，已完成 80%的工程量，取得阶段性成果。

郑州市积极开展原农药厂、化工厂污染场地土地使用性质变更后的污染土壤环境调查、风险评估和治理修复工作，在污染地块的置换和使用中，督促有关责任单位开展污染风险评估，明确修复和治理的责任主体和技术要求，监督污染场地治理和修复，降低土地再利用特别是改为居住用地对人体健康影响的风险。将场地环境风险评估纳入建设项目环境影响评价，禁止未经评估和无害化治理的污染场地进行土地流转和开发利用。平顶山市按照《土壤环境风险评估技术导则》要求，对原黄金冶炼厂、化肥厂、第三水泥厂污染场地开展了环境风险评估。

14.4.5　生态保护和监管工作的进展情况

14.4.5.1　生态示范建设工作进展

截至 2013 年年底，我省已有 66 个县（市、区）正在开展生态县（市、区）建设，其中 10 个省直管试点县（市）均已开展此项工作。栾川已通过国家生态县公示即将获得命名，有望成为我省第一个国家级生态县；新县也完成了国家生态县整改工作，已提请环保部正式考核验收。南阳市和栾川县被环保部命名为“国家生态文明建设示范区”。此外，《驻马店市生态市规划》已编制完成，成为我省首个开展生态市创建的省辖市。全省共创建 498 个省级生态乡镇、81 个国家级生态乡镇、2 525 个省级生态村、7 个国家级生态村，已完成我省环境保护“十二五”规划要求的 80%以上。

14.4.5.2　重要生态功能区保护和建设工作进展

在南水北调中线源头重要生态功能区大力开展植树造林，目前水源区范围内森林覆盖率达到 52.8%。在汇水区域建设省级以上自然保护区 4 个，面积 173 066 hm^2，占丹江口水库汇水区域面积的 27.2%。已建成丹江口水库汇水区域国家级生态示范区 2 个（西峡县、内乡县），对涵养水源、保护水质具有重要作用。对影响水质安全的工业点源、旅游餐饮、库周违规建设等进行了全面整治，共关闭或停产整治工业和矿山企业 200 余家，封堵入河市政生活排污口 377 个，规范整治企业排污口 25 个，关闭旅游、餐饮排污单位 16 家，关闭畜禽养殖企业 242 家，累计取缔养殖网箱 21 420 个，拆除库汉拦库筑坝养殖 6 处，关闭河道采砂淘金 7 处，拆除库周违规建设 28 处，集中解决了一批影响库区水质安全的环境问题。

在淮河源重要生态功能区制定了生态功能和生物多样性友好型扶贫开发指导原则及规划，确定了水稻种植、茶叶种植、畜牧、中药种植、野山茶林保护等 11 个农业和林业的示范点，并开展成果推广。对信阳市鸟类多样性、森林生态系统、湿地生态系统、农田生态系统进行了 1 年的监测，掌握了信阳市生态系统基线状况。

14.4.5.3 自然保护区建设和监管工作进展

省政府办公厅印发了《关于做好自然保护区管理工作的通知》(豫政办〔2012〕123 号）和《河南省省级自然保护区范围调整和功能区调整及更改名称管理规定》，规范了自然保护区范围和功能区的调整程序，我省是全国首批以省政府名义出台自然保护区管理工作相关文件的省份之一。

我省目前有 33 个自然保护区，其中国家级 11 个，省级 20 个，县级 2 个。整合商城鲇鱼山湿地和金刚台两个省级自然保护区为河南大别山自然保护区，并提出晋升国家级自然保护区的申请，2013 年 12 月，晋升报告已顺利通过国务院国家级自然保护区评审委员会的审查。截止到 2013 年年底，我省自然保护区面积占国土面积的比重稳定在 4.31%。这些自然保护区保护了我省 70%的陆地生态系统、90%的野生动物和 60%的高等植物，使绝大多数国家重点保护的珍稀濒危野生动植物都得到了保护。

14.4.5.4 生物多样性保护工作进展

根据国家相关要求，开展了全省生态环境十年变化（2000—2010 年）遥感调查与评估，对 18 个省辖市和 108 个县（市）共 2 514 个点位进行地面核查，完成了 20 个样区的生态系统参数地面观测工作，形成了《河南省生态系统格局及其十年变化评估报告》和《河南省生态系统质量及其十年变化评估报告》，初步摸清了全省生态系统的家底。

我省对生物多样性进行了调查与评价，调查结果表明我省有国家重点保护植物 27 种，其中一级 3 种，二级 24 种；有国家重点保护动物 94 种，其中一级 15 种，二级 79 种。根据调查结果确定了四个生物多样性优先保护的区域，即豫西山地生物多样性优先保护区域、大别山桐柏山生物多样性优先保护区域、太行山生物多样性优先保护区域、沿黄湿地和丹江口库区湿地生物多样性优先保护区域。内乡宝天曼国家级自然保护区开展了生物多样性监测试点工作，并被确定为生物多样性保护和恢复示范区。先后在 7 个生态类型区，建立了不同类型的生态系统定位研究站，初步形成覆盖全省的典型生态系统定位研究网络。

14.4.5.5 资源开发生态环境监管工作进展

科学引导全省生态旅游发展，指导云台山和尧山大佛 2 个景区申报国家旅游生态示范区，目前已通过公示，有望成为全国首批国家旅游生态示范区。截止到 2013 年年底，共完成矿产开发、水电、旅游开发等项目审批 217 个，三同时验收 59 个。

我省高度重视矿山地质环境治理工作，督促矿山企业认真编制矿山地质环境保护与恢复治理方案，及时足额缴存保证金，截止到 2013 年年底，2 224 个矿山企业编制了矿山地质环境保护与恢复治理方案，1 744 个矿山企业缴存了矿山地质环境恢复治理保证金，全省保证金余额 17.23 亿元；矿山企业治理并经验收通过后，返还保证金。神火、永煤两个企业，积极对采煤塌陷区进行治理，取得了良好的效果，已返还保证金 3 725 万元。

14.4.6 小结

规划共涉及突出解决主要问题的 3 个主要目标指标和 7 个定量指标。3 个主要目标指标中，好于III类水质的国控断面比例、劣V类水质的国控断面比例 2 个指标完成了规划目标，地级以上城市空气质量达到《环境空气质量标准》（GB 3095—2012）二级标准以上的比例没有达到规划目标。7 个定量任务指标全部完成规划目标要求。

14.4.6.1 实施成效

（1）主要指标和定量任务指标完成成效

2013 年，我省 41 个国控断面中，好于III类水质的国控断面比例为 58.5%，劣V类水质的国控断面比例为 14.6%，2 个水环境质量的主要指标基本完成了国家规划目标，达到预期进度要求。

7 个定量指标全部完成规划目标要求，省辖市和省直管县（市）集中式地表水饮用水水源地均为III类水质，达到功能区划要求。淮河流域的 19 个考核断面中，18 个断面达到国家 2013 年度考核要求，1 个断面基本达到考核要求；海河流域 11 个考核断面、黄河流域 8 个考核断面均达到国家 2013 年度考核要求；南水北调中线丹江口水库及上游 13 个考核断面，均达到规划目标要求。我省自然保护区面积占国土面积的比重稳定在 4.31%，70%的陆地生态系统、90%的野生动物和 60%的高等植物，完成了规划目标要求。

（2）保护饮用水水源地工作成效

完成 113 个城市和 148 个县城集中式饮用水水源保护区划定工作，开展了城市、城镇及典型乡镇集中式饮用水水源基础环境状况调查工作，建立了城市集中式饮用水水源环境状况年度评估和规划实施评估工作机制。积极推进水源地进行环境整治，取缔饮用水水源保护区内违法建筑 319 个、关闭排污口 21 个；在集中式饮用水水源保护区设立边界标示，对穿越保护区的重要道路设立交通警示标志。省辖城市集中式饮用水水源地每年至少开展一次水质全分析监测，在 14 个地表水饮用水水源地建成水质自动监测站。

（3）重点流域水污染防治工作成效

为认真落实国家《重点流域水污染防治规划（2011—2015 年）》，编制实施了《河南省流域水污染防治规划（2011—2015 年）》，截止到 2013 年年底，我省列入国家《重点流域水污染防治规划（2011—2015 年）》的项目共 480 个，已完成（含调试）191 个，占总数的 39.79%；在建 145 个，占总数的 30.21%。

淮河流域列入《重点流域水污染防治规划（2011—2015 年）》的项目 281 个，已完成、调试项目 106 个，占总项目的 37.72%；19 个考核断面完成或基本完成国家 2013 年考核目标。

海河流域列入《重点流域水污染防治规划（2011—2015 年）》项目 81 个，已完成、调试项目 37 个，占总项目的 45.68%；11 个考核断面均完成国家 2013 年考核目标。

黄河流域列入《重点流域水污染防治规划（2011—2015 年）》项目 93 个，已完成、调试项目 27 个，占总项目的 29.03%；8 个考核断面均完成国家 2013 年考核目标。

唐白河流域列入《长江中下游流域水污染防治规划（2011—2015 年）》项目 25 个。已完成、调试项目 21 个，占总项目的 84%；13 个考核断面完成或基本完成国家考核目标。

（4）地下水污染调查评估工作进展情况

完成了华北平原河南省地下水污染防治研究工作，全面开展了河南省地下水典型污染源和地下集中式水饮用水水源调查和试点区域地下水基础环境状况调查评估。建立了“双源”（污染源及地下水饮用水水源地）重点调查对象评价数据库，掌握了全省县级以上城镇集中式地下水饮用水水源地和矿山开采区、工业园区、垃圾填埋场、危废处置场、加油站等污染源的位置、运行时间、面积、主要污染物等基本情况。

（5）大气污染综合控制情况

各省辖市、省直管县（市）均开展了细颗粒物和臭氧监测，实施《河南省蓝天工程行动计划》，全省淘汰或改造省辖市建成区天然气和供热管网覆盖范围内 10 蒸吨及以下燃煤锅炉 858 台；积极推动秸秆综合利用，加强扬尘的综合治理。

（6）土壤环境保护工作进展情况

组织编制了《河南省土壤环境保护和综合治理工作方案（初稿）》。在土壤污染状况调查工作基础上，开展了农产品产地土壤重金属普查与分级管理、农产品产地土壤重金属污染监测等工作。济源市积极开展土壤重金属污染修复工作，已取得阶段性成果；郑州市、平顶山市积极开展污染场地土地使用性质变更后的污染土壤环境调查、风险评估和治理修复工作。

（7）生态保护和监管情况

全省共创建完成 498 个省级生态乡镇、81 个国家级生态乡镇、2 525 个省级生态村、

7 个国家级生态村，已完成我省任务要求的 80%以上。开展南水北调中线源头、淮河源 2 个国家级重要生态功能区建设。不断规范自然保护区的建设和管理，完成了 33 个自然保护区的基础调查工作；完成全省生态环境十年变化（2000—2010 年）遥感调查与评估以及生物多样性调查与评价，先后在 7 个生态类型区，建立了不同类型的生态系统定位研究站，初步形成覆盖全省的典型生态系统定位研究网络。截止到 2013 年年底，共完成矿产开发、水电、旅游开发等项目审批 217 个，三同时验收 59 个；1 744 个矿山企业缴存了矿山地质环境恢复治理保证金的，全省保证金余额 17.23 亿元。

14.4.6.2　存在的问题

（1）海河流域水质受自然因素所限，河道均为城市排污、泄洪渠道，无天然径流，水体缺乏自净能力，再加上城镇化的快速发展和人口的急剧增加，城市生活污染负荷逐年加大，城市污水处理厂及管网建设不能满足需要，特别是进入冬季后污水处理厂处理能力下降，进一步改善水环境质量，压力较大。

（2）重点流域工程进展相对缓慢，除长江流域工程完成过半外，其他流域完成率均在 30%左右。

（3）我省城市环境空气质量主要污染物为可吸入颗粒物，17 个地级以上城市中，空气质量好于二级标准的城市 1 个，比例为 6%，远未达到预期进度要求。

（4）治理污染土壤成本较高、治理周期较长，土壤污染问题的产生又具有明显的隐蔽性和滞后性，不被人们所重视。应严格控制新增土壤污染，强化土壤污染风险管控，提升土壤环境监管能力，遏制土壤污染上升势头。

（5）自然保护区管理有待进一步规范，自然保护区管理部门多，统筹管理困难，一些保护区内人口数量较多，保护区社区管理任务重，管理机构建设有待进一步加强，没有形成上下顺畅、运转协调的管理格局。

14.5　重点领域环境风险防控工作开展情况评估

14.5.1　主要风险防控指标进展情况

14.5.1.1　重点重金属污染物排放量

（1）国家规划目标要求

《规划》要求，到 2015 年，重点区域内重点重金属污染物排放量比 2007 年降低 15%；非重点区域重点重金属污染物排放量不超过 2007 年水平。

（2）指标完成情况

通过污染物综合治理和落后产能淘汰，分别削减铅、汞、镉、铬、砷重金属污染物 50 477 kg、109 kg、1 143 kg、18 363 kg、3 088 kg，共削减重金属 73.18 t，比 2007 年削减了 8.35%，完成削减任务的 55.67%，达到了重金属污染物削减目标预期进度。

14.5.1.2　固体废物安全处置率

（1）国家规划目标要求

《规划》要求，到 2015 年，基本实现地级以上城市医疗废物得到无害化处置；工业固体废物综合利用率达到 72%（我省要求 75%）；城市生活垃圾无害化处理率达到 80%。

（2）指标完成情况

省辖市和县级市医疗废物集中无害化处置率为 100%，全省工业固体废物综合利用率 76.08%，城市生活垃圾无害化处理率 86.4%，完成了规划目标要求。

14.5.1.3　重点行业二噁英排放强度

（1）国家规划目标要求

《规划》要求，到 2015 年，重点行业二噁英排放强度降低 10%。

（2）指标完成情况

由于二噁英污染物排放量统计工作尚未开展，总量削减比例难以统计分析。

14.5.2　风险全过程管理体系推进情况

14.5.2.1　环境风险调查与评估工作进展

完成重点行业企业环境风险及化学品检查，对 1 910 家企业进行了全面调查，为建立全省风险源数据库奠定了基础。开展了重点风险源、重要和敏感区域定期检查，全省共检查企业 12 407 家次，尾矿库 260 个，查处存在环境问题 615 个。

开展淮河流域环境与健康调查研究工作，以罗山、沈丘、西平、扶沟、桐柏五个县为试点，根据国家《2013 年度淮河流域环境与健康综合监测实施方案》要求，完成试点区域特征污染物常规环境监测工作，完成了“淮河流域癌症综合防治”项目阶段性目标。

14.5.2.2　环境风险管理工作进展

严格建设项目环境影响评价审批，在环境影响评价文件审批中对环境风险防范提出了明确要求。

出台了《河南省环境风险源企业环境应急预案编制指南（试行）》《河南省环境风险源企业环境应急预案评估指南（试行）》《河南省环境风险源企业环境应急预案现场监察指南（试行）》和《河南省突发环境事件应急预案备案管理办法》（试行），推进应急预案规范化管理。截至 2013 年年底，全省国控、省控和重大环境风险源企业环境应急预案省级备案率达 30%以上。

加快重污染天气应急预案体系建设，印发了《关于加强重污染天气应急管理工作的指导意见》《关于做好大气污染源清单编制工作的通知》，转发了环保部《城市重污染天气应急预案编制指南》，开展了省级预案编制工作。组织开展环境应急演练，连续 3 年组织全省 18 个省辖市、10 个省直管试点县（市）环保部门和 893 家较大以上环境风险企业开展环境应急检验性实战演练。

14.5.2.3　环境事故处置和环境损害赔偿恢复机制建设状况

将有效防范和妥善应对重大突发环境事件作为地方人民政府的重要任务并纳入环境保护目标责任制。全省各级环保部门均与安监、公安、消防等部门建立了应急联动工作机制，并不断深化应急联动内容。“十二五”以来，全省共发生 56 起突发环境事件，全部得到妥善处置，未发生因违法排污引发的突发环境事件。山西长治苯胺泄漏事件导致红旗渠污染、惠济河放水导致涡河污染、陕西省丹凤县 312 国道二氯乙烷泄漏影响丹江水质等跨界污染均得到妥善处置。

按照《关于开展环境污染损害鉴定评估工作的若干意见》的要求，河南省作为全国五个试点地区之一，积极开展环境损害评估试点工作，在队伍建设、技术规范、工作机制等方面进行了探索。

14.5.3　核与辐射安全管理工作开展情况

14.5.3.1　放射性污染防治工作进展

严格执行辐射安全许可制度，截至 2013 年年底，全省 4 000 家辐射工作单位已全部取得辐射安全许可证，其中涉源单位 558 家，射线装置使用单位 3 442 家。

每年开展辐射环境风险大排查和辐射安全大检查集中活动，对全省所有放射源、射线装置进行全面检查，特别是对移动用放射源单位进行重点检查。各市县对辖区内的辐射工作单位进行经常性检查，对环境风险点进行逐一排查，并对每个风险点和问题的整改分清责任，提出整改要求、方法和时限，消除安全隐患，保证辐射环境安全。

全省煤矿兼并重组后，关停了 160 余家小煤矿，对整合重组后煤矿使用放射源情况开展了全面检查，摸清了放射源的安全状况；对在井下的放射源，确定了具体位置，明确了监控方式和监管措施；对关停煤矿闲置的放射源及时进行了送贮；对因为整合而关闭的煤矿，放射源被封到井下的拿出了具体处置办法。并对停产、倒闭企业的放射源或长期闲置的放射源进行了安全收贮。截至 2013 年年底，河南省城市放射性废物库已安全收贮废旧放射源 2 093 枚，放射性废物 15 100 kg。

14.5.3.2 电磁辐射污染防治工作进展

大型无线电发射装置已纳入辐射环境安全监管范围。开展了全省电磁辐射设备、设施大检查专项行动，进一步对电磁辐射设备（设施）进行摸底排查，对环保手续齐全的电磁辐射设备（设施）按规定发放《电磁辐射环境验收合格证》。对历史遗留的环保手续不齐全的进行集中整改和补办。规范电磁辐射建设项目公众参与、敏感点调查等工作，电磁辐射建设项目严格按照《国家公众参与管理办法》进行公众参与和调查，并按照相关规定制定出台了《电磁辐射建设项目管理等四个细则》，对公众参与进一步进行了细化。

14.5.3.3 重点辐射污染企业监管工作进展

对郑州辐照中心、郑州天宏绿源辐照有限公司、河南省科学院同位素研究所有限责任公司等 3 家在运行的辐照厂每年进行两次例行检查，并结合实际工作，对放射源装源、返厂进行现场监管。

完成了河南杞县利民辐照厂退役辐照设备安全处置工作。开封核能辐照厂废旧放射源已经安全处置，目前正在开展辐照设施和厂区清理去污、废水处理和放射性废物的处置工作。

按照《放射性同位素与射线装置安全和防护管理办法》要求，开展了全省废旧金属熔炼企业辐射监测专项检查。我省共有 206 家废旧金属熔炼企业，目前已有部分企业配置了简易监测仪器。

我省按照国务院 449 号令的要求，严格坚持放射源转让审批和放射源异地使用备案制度。

14.5.4 重金属污染防治工作开展情况

14.5.4.1 国家重金属污染防治规划落实情况

我省是国家确定的 14 个重金属污染防治重点省份之一，也是全国 2 个重金属污染防治示范省之一，省政府高度重视重金属污染的综合防治工作，实施了《河南省重金属污染综合防治“十二五”规划》，并制定了分年度实施方案。11 个重点区域均制定并实施了本区域的重金属污染综合防治“十二五”规划。《河南省重金属污染综合防治“十二五”规划》提出的目标严于国家规划要求：到 2015 年，城镇集中式地表水饮用水水源地重点重金属污染物指标达标率 100%，重点区域重点重金属污染物排放量比 2007 年降低 15%；非重点区域主要重金属污染物新增排放量实现零增长。组织开展了重金属考核实施办法培训，强化对各地重金属污染防治工作的动态监管，指导各地按照时间节点完成规划任务。

14.5.4.2　重点行业和重点区域重金属污染防治工作进展

制定了《河南省重有色金属冶炼及压延加工行业综合治理技术规范》《河南省皮革及其制品行业综合治理技术规范》《河南省化学原料及化学制品制造业综合治理技术规范》和《河南省重有色金属矿（含伴生矿）采选行业综合治理技术规范》等涉重金属行业综合整治技术规范，为重金属污染防治提供了技术支撑。对再生铅和蓄电池行业进行了环保核查。

重点区域以五大重点行业为重点，深入开展淘汰落后产能工作，提高行业准入标准，开展资源整合，建大关小，逐步淘汰虽符合产业政策但规模效益差、污染严重的涉重金属企业，控制涉重金属企业生产能力，减少重金属污染产生量和排放量。7 个重点地市对 265 家不符合国家产业政策或属落后产能的企业实施关闭淘汰。

构建总量控制体系。按照国家考核要求，对新增重金属排放源进行总量审核，确保其满足重金属规划确定的削减要求。同时，结合重金属环境统计，对目前我省重金属排放情况进行重新核算核定，为重金属总量减排和考核奠定基础。

14.5.4.3　重点污染源综合防治工作进展

2 个重点地市积极推进有色金属加工项目入驻园区，通过资源整合，实现园区化集中管理，推动含重金属废弃物减量化和循环利用。

科学分配重金属污染防治资金。依照各地年度减排任务，遵循“以资金换取减排效益的原则”，以重金属减排量为基准，对各省辖市分配重金属治理补助资金，推动重金属治理项目按照时间节点完成。2011—2013 年，共获取国家重金属污染防治支持资金 8.85 亿元，分别削减铅、汞、镉、铬、砷重金属污染物 50 477 kg、109 kg、1 143 kg、18 363 kg、3 088 kg，达到了重金属污染物削减进度要求。

14.5.5　固体废物安全处置工作开展情况

14.5.5.1　危险废物污染防治工作进展

根据国家《“十二五”危险废物污染防治规划》要求，省环保厅会同省发改委、工信厅、卫生厅联合印发了《河南省实施国家“十二五”危险废物污染防治规划工作方案》。

建立危险废物规范化管理制度。根据《“十二五”全国危险废物规范化管理督查考核工作方案》和《危险废物规范化管理指标体系》要求，认真开展危险废物规范化管理考核工作，印发了《河南省危险废物规范化管理工作指南》（豫环办〔2013〕82 号）；2013 年，危险废物产生单位和经营单位的危险废物规范化管理抽查合格率分别达到 72.8%和 83.6%。

建立重点行业企业动态信息库，并全面推行危险废物管理计划和资料申报等制度，督促各企业建立危险废物管理台账，认真落实危险废物季报、年报制度，如实反映各企业危险废物产生种类、性质、数量及贮存、转移、利用和处置情况，为日常监管提供基础数据支持。

开展了黄金冶炼、铅酸蓄电池和PVC行业的危险废物产生及去向情况摸底调查，初步掌握了上述行业危险废物产生、转移处置情况，为全面开展危险废物调查积累了经验。“十二五”以来，每年对《河南省危险废物监管重点源名单》进行更新，健全了危险废物管理信息资料档案。

河南省危险废物集中处置中心和南阳市危险废物集中处置中心分别于2012年4月、12月建成，目前试运行已完成，正在开展验收工作。

按期完成了全省历史遗留危险废物处置。按照国家《铬渣污染综合整治方案》以及环保部后续文件要求，2012年年底，我省已发现的历史遗留铬渣已经全部实现无害化处置。正在开展受铬渣污染的含铬污染物治理和污染场地修复工作。

14.5.5.2 医疗废物污染防治工作进展

截至2013年年底，我省已建成医疗废物集中处置设施19座（18个省辖市和滑县），处理规模 137 t/d。加强对已建成医疗废物集中处置单位的监管，医疗废物集中处置设施负荷率达到70.78%。大、中型医疗卫生机构医疗废物全部实现无害化处置，省辖市和县级市医疗废物集中无害化处置率为100%。

14.5.5.3 废弃电器电子产品无害化处理和资源化回收利用工作进展

目前，全省纳入国家基金补贴的废弃电器电子产品拆解处理处置企业有 7 家，拆解处理规模850.2万台/a，取得危险废物经营许可证的废弃电器电子产品深度处理企业3家，深度处理规模达到31 753 t/a，其中废线路板16 753 t/a，废塑料15 000 t/a。

14.5.5.4 工业固体废物污染防治工作进展

以冶金、电力、建材、化工、食品、造纸等行业为重点，围绕大宗工业固废综合利用，实施工业固废资源化利用工程。全省2013年工业固体废物综合利用率达到76.08%，完成了规划目标要求。

14.5.5.5 生活垃圾污染防治工作进展

截至2013年年底，全省正式投运的生活垃圾处理场125座，其中38个城市建成42座生活垃圾处理场，具备垃圾处理能力21 790 t/d，无害化处理率86.4%，完成了规划目标要求；88 个县建成 83 座垃圾处理场，处理规模 12 752 t/d，无害化处理率为 75.4%。828个未纳入城市统计的建制镇建成62座生活垃圾处理厂，处理规模2 011 t/d。

14.5.5.6　进口固体废物污染防治工作进展

按照《环保部办公厅关于开展进口固体废物专项整治的通知》（环办〔2013〕18 号）要求，认真开展了全省进口固体废物专项整治工作，完成了 24 家加工利用企业申请固体废物进口许可证初审工作。

14.5.6　化学品环境风险防控体系建设情况

14.5.6.1　化学品环境监管工作进展

规范有毒化学品环境管理工作，按照相关规定和要求，做好我省有毒化学品进出口企业的预审和备案工作，严格控制进出口有毒化学品流向，全面防控了有毒化学品在生产、使用、储运、处置过程中的环境风险。开展新化学物质的监管工作，对我省涉及的新化学品物质企业进行了现场核查，对违规情况进行了纠正，对企业管理提出了具体要求。

开展了全省生产化学品环境情况调查工作，共审核确认企业 1 200 余家，完成了 5 000 余份报表核查工作，编制完成了工作报告和技术报告。

要求国家、省重点监控二噁英排放企业开展自行监测，同时积极申请资金对重点监控企业开展监督性监测。

14.5.6.2　化学品风险防控工作进展

结合我省实际，编制了《化学品风险防控“十二五”规划 2013—2015 年度实施方案》，对重点防控目标、具体指标、主要任务、重点工程等提出了具体要求。对全省 14 个涉汞排放重点行业进行了更新调查，编制了《河南省汞污染防治工作实施方案》。完成了国家及我省持久性有机物“十二五”规划中期评估工作，积极推进持久性有机污染物“十二五”规划项目的实施。编制了《河南省钢铁行业、再生有色金属行业、废弃物焚烧等行业二噁英污染物治理技术指导意见》。认真实施持久性有机污染物统计报表制度，开展河南省废弃物焚烧等 10 个行业 300 余家企业持久性有机污染物现状调查评估工作；开展了 9 家生产三氯杀螨醇企业的原生产场址的调查和评估工作，1 家林丹制剂生产企业原生产场址的调查和评估工作；开展了针对铅蓄电池企业，铅锌、黄金采选、冶炼企业，皮革皮毛（绒）及其制品企业，其他涉重金属企业和危险化学品生产企业的专项执法行动，有效遏制了涉重金属、危险化学品生产企业突发环境事件高发的态势。确定涉 84 种重点危险化学品企业名单，积极筹备开展涉重点危险化学品环境管理登记工作，初步建立了全省环境风险源动态管理数据库和电子监察档案。

14.5.7 小结

14.5.7.1 实施成效

（1）主要指标完成情况

重点领域环境风险防控共涉及规划的 3 个定量指标，3 个指标均完成规划预期进度要求。通过污染物综合治理和落后产能淘汰，共削减重金属 73.18 t，比 2007 年削减了 8.35%，达到了重金属污染物削减目标预期进度。固体废物安全处置率中，省辖市和县级市医疗废物集中无害化处置率、全省工业固体废物综合利用率、城市生活垃圾无害化处理率分别为 100%、76.08%和 86.4%，均完成了规划目标要求。

（2）风险全过程管理体系推进情况

环境风险调查与评估工作稳步推进，完成了重点行业企业环境风险及化学品检查，开展了重点风险源、重要和敏感区域定期检查以及淮河流域环境与健康调查研究工作。环境风险管理工作逐步完善，建立了环境风险源企业环境应急预案备案、现场监察等一系列制度，并对建设项目环评审批对防范环境风险提出了明确要求。环境事故处置和环境损害赔偿恢复机制建设有序进行，建立了环保、安监、公安、消防等部门应急联动工作机制，并积极开展环境损害评估试点工作。

（3）核与辐射安全管理工作开展情况

放射性污染防治工作、电磁辐射污染防治工作以及重点辐射污染企业监管工作成效明显，严格执行了辐射安全许可制度，全省 4 000 家辐射工作单位已全部取得辐射安全许可证；每年开展辐射环境风险大排查和辐射安全大检查集中活动；摸清了重点放射源的安全状况，加强对重点放射源的监管和处置；开展了全省电磁辐射设备、设施大检查专项行动；建成核与辐射自动监控系统，全省部分废旧金属企业配置了辐射监测仪器；针对重点辐射污染企业的监管和处置工作均得到有效执行。核与辐射安全管理工作进展顺利，辐射监管能力有了一定提高，全省辐射安全形势有了明显改善，实现了辐射事故零发生率的目标。

（4）重金属污染防治工作开展情况

严格落实国家重金属污染防治规划，制定并实施了《河南省重金属污染综合防治“十二五”规划》和《实施方案》；制定了重有色金属冶炼及压延加工、皮革及其制品、化学原料及化学制品制造、重有色金属矿（含伴生矿）采选等 4 个行业综合治理技术规范；7 个重点地市对 265 家不符合国家产业政策或属落后产能的企业实施关闭淘汰；三年争取国家资金 8.85 亿元，共削减铅、汞、镉、铬、砷重金属污染物 73.18 t，比 2007 年削减了

8.35%，达到了重金属污染物削减目标预期进度。

（5）固体废物安全处置工作开展情况

建立了危险废物规范化管理制度，建立重点行业企业动态信息库，并全面推行危险废物管理计划和资料申报等制度，健全了危险废物管理信息资料档案加强了危险废物处理能力建设，建成 2 个危险废物集中处置中心，按期完成了全省历史遗留危险废物处置；已建成医疗废物集中处置设施 19 座（18 个省辖市和滑县），处理规模 137 t/d，省辖市和县级市医疗废物集中无害化处置率达到 100%；工业固体废物综合利用率达到 76.08%，完成了规划目标要求；正式投运的生活垃圾处理场 125 座，具备垃圾处理能力 21 790 t/d，无害化处理率 86.4%，完成了规划目标要求；建成废弃电器电子产品拆解处理处置企业 7 家，处置规模 850.2 万台/a；开展了全省进口固体废物专项整治工作，完成了 24 家加工利用企业申请固体废物进口许可证初审工作。

（6）化学品风险防控体系建设情况

规范了有毒化学品环境管理工作；开展新化学物质的监管工作，共审核确认企业 1 200 余家；完成了全省生产化学品环境情况调查工作；编制了《化学品风险防控“十二五”规划 2013—2015 年度实施方案》；初步建立了全省环境风险源动态管理数据库和电子监察档案。

14.5.7.2　存在的问题

（1）二噁英污染物排放量统计工作尚未开展，不能对重点行业二噁英的削减情况进行准确评价。

（2）全省辐射安全监管工作开展还不平衡，辐射安全监管还存在一定的漏洞，辐射监管能力有待进一步提高。

（3）重金属排放等高环境风险企业强制保险制度尚未建立，企业突发环境事件风险评估、特征污染物监测报告等制度也未建立，环境风险防控能力还比较薄弱。

14.6　环境保护基本公共服务体系完善情况评估

14.6.1　环境保护基本公共服务体系主要指标进展情况

14.6.1.1　农村环境综合整治

（1）国家规划目标要求

《规划》要求，到 2015 年，完成 6 万个建制村的环境综合整治任务。我省要求，完成2 000个村庄的环境连片综合整治。

（2）完成情况

截至2013年年底，我省已开展了2 810个建制村农村综合整治，1 311个建制村农村综合整治项目已完成，达到了规划目标预期进度要求。

14.6.1.2　环境监测站标准化建设

（1）国家规划目标要求

《国家环境监管能力建设“十二五”规划》要求，到2015年，全国县级环境监测站基本设备配置达标率达到90%，地市级环境监测站基本实现标准化，省级环境监测站全部实现标准化。

（2）完成情况

2013年，我省109个县级环境监测站中，27个县级环境监测站通过标准化验收，占24.8%，没有达到规划预期进度要求；18个地市级环境监测站中，8个地市通过标准化验收，占44.4%，没有达到规划预期进度要求；省环境监测中心1个一级环境监测站，已通过标准化验收，完成了规划目标要求。

14.6.1.3　环境监察机构装备建设

（1）国家规划目标要求

《国家环境监管能力建设“十二五”规划》要求，到2015年，全国县级环境监察机构装备建设达标率达到85%，地市级达到90%，省级达到95%。

（2）完成情况

截至2013年年底，我省县（市）级环境监察机构共149个，装备建设通过二级、三级标准化验收（复检）的有92家，达标率61.7%，完成规划目标要求的72.6%，达到规划预期进度要求；地市级环境监察机构共18个，装备建设通过一级、二级标准化验收的有13家，达标率72.2%，完成规划目标要求的80.2%，达到规划预期进度要求；省级环境监察机构1个，达标率为100%，完成了规划目标要求。

14.6.1.4　环境应急管理机构二级达标率

（1）国家规划目标要求

《国家环境监管能力建设“十二五”规划》要求，到2015年，实现地市级环境应急管理机构二级达标率70%以上，省级环境应急管理机构二级达标率100%。

（2）完成情况

2013年，我省地市级环境应急机构共13个，省级环境应急机构1个，均未开展环境应急能力标准化建设达标验收工作。

14.6.1.5　核与辐射监测能力建设

（1）国家目标要求

《国家环境监管能力建设“十二五”规划》和《核安全与放射性污染防治“十二五”规划》要求，到 2015 年，省级辐射环境监测能力 100%达到能力建设标准。

（2）完成情况

2013 年，按照《全国辐射环境监测监察机构建设建设标准》要求，我省省级辐射环境监测机构业务用房和仪器设备配备基本达到无核省份建设标准。

14.6.1.6　环境信息能力建设

（1）国家目标要求

《国家环境监管能力建设“十二五”规划》要求，到 2015 年，地市以上环境信息机构设备配置达到标准化要求。

（2）完成情况

环保部尚未出台环境信息机构标准化建设考核标准，按照 2013 年环保部《全国地方环保系统环境信息机构规范化建设考核验收办法（征求意见稿）》，我省 18 个省辖市中有 8 家达标。

14.6.1.7　环境宣教能力建设

（1）国家目标要求

《国家环境监管能力建设“十二五”规划》要求，到 2015 年，地市以上环境宣教机构设备配置达到标准化要求。

（2）完成情况

我省地市以上环境宣教机构尚未开展标准化建设工作。

14.6.2　环境保护基本公共服务均等化推进情况

14.6.2.1　国家主体功能区规划落实情况

我省积极推进主体功能区规划编制工作，2014 年 1 月颁布实施了《河南省主体功能区规划》（豫政〔2014〕12 号）。目前我省正在开展全省环境功能区及生态功能红线的划定工作。编制了《河南省环境功能区划技术大纲》，选定郑州、洛阳、南阳、信阳、周口、汝州、滑县、永城作为我省环境功能区划编制试点，正在开展环境功能区划专题研究。

14.6.2.2　国家重点经济区域环境保护工作进展

国务院 2012 年 11 月正式批复了《中原经济区规划（2012—2020 年）》，2013 年 3 月正式批复《郑州航空港经济综合实验区发展规划（2013—2025 年）》，中原经济区和郑州航空港经济综合实验区均上升为国家重点经济区。按照国务院《支持河南省加快建设中原经济区重点工作部门分工方案》（国办函〔2012〕174 号），我省完成了其中涉及环境保护方面的重点工作任务分工方案，开展了郑州航空港经济综合实验区总体发展规划环境影响评价工作，编制了《郑州航空港经济综合实验区环境保护规划》，正在进行中原经济区发展战略环评工作。

14.6.2.3 新型城镇化建设过程中环境保护工作状况

为贯彻落实国家新型城镇化战略，我省组织开展了新型城镇化专题调研，出台了《中共河南省委关于推进新型城镇化的指导意见》，正在制定新型城镇化规划和我省新型城镇化三年行动计划。省环保厅完成了建设绿色城镇调研任务，并在省委、省政府领导下，积极参与河南省新型城镇化指导意见、新型城镇化规划及三年行动计划的制定工作，已初步将推进三大工程建设、宜居城市建设、完善环境管理机制、环境基础设施建设、农村环境综合整治以及环境保护关于水、大气、土壤等环境质量的要求等内容纳入省委、省政府推进新型城镇化战略。

14.6.3 农村环境保护工作开展情况

14.6.3.1 明确农村环境保护工作目标

规划提出了保障农村饮用水安全、提高农村生活污水和垃圾处理水平、提高农村种植、养殖业污染防治水平、改善重点区域农村环境质量等任务要求，未提出我省农村环境综合整治个数等定量指标。我省自我加压要求，到 2015 年至少对 2 000 个村庄实施农村环境综合整治，确保饮用水水源卫生合格率达到 100%，采用污水集中处理模式的农村生活污水处理率≥80%，采用污水分散处理模式的农村生活污水处理率≥60%，生活垃圾定点存放清运率 100%，生活垃圾无害化处理率≥70%。全省主要农作物测土配方施肥面积达到 80%以上，施配方肥比例达到 40%以上，主要农产品中有机、绿色及无公害产品种植面积比重达到 30%。

14.6.3.2 农村环境综合整治工作进展

我省被财政部、环保部列为全国农村环境连片整治第二批示范省份后，连续三年开展农村环境连片综合整治工作。国家投资 9 亿元，我省投资 9 亿元，开展了 2 810 个建制村的整治工作，完成了规划任务，其中 2011 年 518 个、2012 年 749 个、2013 年 1 543 个。目前，1 311 个建制村农村综合整治项目已完成。

14.6.3.3 保障农村饮用水安全工作进展

2005 年以来，国家共下达我省农村饮水安全项目总投资 168.41 亿元，其中中央投资

110.62 亿元，省配套资金 26.90 亿元，市、县级配套 12.19 亿元，群众筹资投劳 18.70 亿元，解决了 3 317.74 万人和 353.65 万学生的饮水安全问题。其中，2011—2013 年，国家共下达我省农村饮水安全项目总投资 90.38 亿元，其中中央投资 63.12 亿元，省配套资金 15.14 亿元，市县级配套 4.8 亿元，群众筹资投劳 7.32 亿元，解决了 1 617.07 万人和 317.65 万学生的饮水安全问题。全省共有郑州、洛阳、平顶山、安阳、鹤壁、新乡、三门峡、南阳、驻马店等市所属 33 个县，巩义、固始 2 个省直管县推行城乡供水一体化，城乡供水覆盖总人口为 903.64 万人，其中覆盖农村人口 628.72 万人，平均自来水入户率为 81%，水质合格率为 94%。

14.6.3.4　农村生活污水和垃圾污染防治工作进展

结合农村连片综合整治项目的实施，整治农村生活污水和生活垃圾污染，为拟整治村庄配置垃圾收集转运和污水处理设施，建成后实现生活污水处理能力约 75 000 t/d，垃圾处理能力约 850 t/d，整治村庄生活污水处理率大于 60%、生活垃圾定点存放清运率达到 100%。

14.6.3.5　农村种植业污染防治工作进展

结合《河南粮食生产核心区建设规划》，我省大力推广测土配方施肥技术，加强政策引导，指导鼓励农民使用有机肥、生物农药或高效、低毒、低残留农药，推广病虫草害综合防治、生物防治、精准施肥和缓释、控释化肥等技术，2013 年测土配方施肥面积 1.45 亿亩，节肥 17.14 万 t，有效减少了面源污染。全省主要农作物测土配方施肥面积达到 27.34%，施配方肥比例达到 67.91%以上。主要农产品中有机、绿色及无公害产品种植面积比重达到 30.78%。

我省开展了主要农作物的农田污染物流失系数研究，选择种植制度、种植模式、土壤质地及地形地貌都具有代表性的 7 个县市作为农业面源污染定位监测的监测点，确立淋溶点位 7 个、径流点位 2 个和地膜残留调查点 10 个，通过对定点监测点位田间管理的日常记录和样品的检测分析，基本推算出全省农业氮肥、磷肥等利用率及流失率，为掌握各类农业源中主要水污染物排放（流失）的数量、分布和排放去向等情况，分析农业面源污染总量及动态变化，奠定了基础。

14.6.4　环境监管体系建设情况

14.6.4.1　环境监测能力建设

（1）环境监测站标准化建设

我省省环境监测中心已通过标准化验收，达到了规划目标要求，但在人员编制、业务用房面积、人员结构方面仍存在一定差距。焦作、济源、安阳、郑州、新乡、鹤壁、洛阳、信阳 8 个二级环境监测站通过标准化验收，占全省二级环境监测站的比例为 44.4%。偃师、修武、沁阳、舞钢、巩义、新密、卫辉、邓州、辉县、获嘉、原阳、登封、上街、栾川、嵩县、伊川、洛宁、孟津、安阳县、林州、博爱、孟州、新县、民权、睢县、永城、汝州 27 个三级环境监测站通过标准化验收，占全省三级环境监测站的 24.8%。见表 14-7。

表 14-7 全省各级环境监测站标准化建设达标情况

	总数/个	达标个数/个	达标率/%
一级站	1	1	100
二级站	18	8	44.4
三级站	109	27	24.8

（2）环境质量监测网建设

①环境空气自动站建设

我省所有省辖市、省直管县（市）实现了 $PM_{2.5}$ 监测，实现了与环保部及省环保厅的联网。落实商丘、驻马店两市 $PM_{2.5}$ 监测能力建设项目资金 447 万元，省直管县（市）$PM_{2.5}$ 监测能力建设项目资金 1 057.4 万元，保证了自动站建设工作的顺利实施。

②地表水自动监测能力建设

我省组织开展了第一期 55 个责任目标断面水质自动站改、扩建项目建设，新建、改建了 9 个重点区域地表水重金属自动监测站点。至 2013 年年底，已进入站房建设和仪器设备安装阶段。落实了 55 个地表水水质自动监测能力建设项目资金 3 062 万元，南水北调中线工程水源地水质自动监测站建设项目资金 1 300 万元，地表水水质自动监测能力建设项目资金 1 103.9 万元，为项目建设按计划完成提供了有力保证。

14.6.4.2 环境监管能力建设

（1）环境监察标准化建设

截至 2013 年年底，我省地市级环境监察机构共 18 个，装备建设通过一级、二级标准化验收的有 13 家，达标率 72.2%。县（市）级环境监察机构共 149 个，装备建设通过二级、三级标准化验收（复检）的有 92 家，达标率 61.7%。见表 14-8。

表 14-8　全省环境监察机构标准化建设情况

	总个数/个	达标个数/个	达标率/%	备注
省级	1	1	100	“十一五”期间已通过国家验收
地市级	18	13	72.2	
县（市）级	149	92	61.7	

（2）移动执法能力建设

2011—2012 年，我省省本级和郑州、开封、平顶山、安阳、信阳、南阳、三门峡 7 个省辖市级环境监察机构被环保部列为环境监察移动执法系统建设首批试点单位。试点单位共配备 PDA 453 部，执法工具箱 86 套，车载移动视频监控和传输设备 16 套，服务器 16 台，交换机 16 台，防火墙 8 台。2013 年，为郑州、开封、平顶山、安阳、南阳、信阳、三门峡、济源 8 个省辖市县（区）、10 个省直管县（市）环境监察机构和人员配备移动执法设备，共配备 PDA 2755 部，执法工具箱 253 套，车载移动视频监控和传输设备 74 套，服务器 16 台。

2012 年 8 月，环保部对我省首批环境监察移动执法系统项目建设进行了验收。2013 年出台了《河南省环境监察移动执法系统使用管理规定（试行）》，环境监察移动执法系统涵盖污染源环境监察、建设项目环境监察、农村与生态环境监察、区域流域污染源现场监察、排污费征收与排污费征收工作稽查、突发环境事件与环境污染纠纷现场调查、环境违法案件调查、环境行政执法后督察、环境监察稽查、专项环境执法检查等十大类环境监察工作，具备了任务管理、现场执法、绩效考核、信息查询、任务统计、移动 OA、WEBGIS、档案管理等功能。

安排 8 个省辖市县（区）级环境监察移动执法系统建设项目资金 1 724 万元，10 个省直管试点县（市）环境监察移动执法系统建设项目资金 381 万元，省环境监察总队标准化提标改造项目资金 220.6 万元。

14.6.4.3　环境监控体系建设

截至 2013 年年底，全省共有 14 个省辖市，2 个省直管县（市）成立了环境监控（信息）机构；焦作、商丘市辖区县（市）也全部成立了正式编制的环境监控机构。剩余 4 个省辖市及 8 个直管县（市）均向当地政府和机构编制部门提交了成立环境监控机构的请示，正在积极运作，在监控机构成立之前，抽调业务骨干，固定专职人员，专门从事环境监控管理，保障各项监控工作的正常开展。由于环保部尚未出台环境信息机构标准化建设考核标准，我省尚未开展环境监控（信息）机构标准化验收工作，按照 2013 年环保部《全国地方环保系统环境信息机构规范化建设考核验收办法（征求意见稿）》，我省18个省辖市中有8家达标。

截至2013年年底，全省重点监控企业共建成1 405个自动监控基站，其中，59家上网电厂和160家城镇污水处理厂工况监控系统建设任务全部完成，实现了对其污染治理设施运行情况的实时、全过程监控。2013年试考核期间全省国控重点监控企业数据传输有效率为80.2%，2014年第一季度为96.8%，在全国名列前茅；全省每年新增国控省控重点监控企业监控基站建设联网验收率达到98%以上；废气重点污染源设施运行率达到96.5%，监控数据有效率达到91.2%；全省废水重点污染源监控设施运行率达到95.46%，监控数据有效率达到92.62%，国家和省重点监控企业超标预警率、省管电厂排污费和脱硫脱硝电价核算核定率均达到100%，监控数据在污染减排、排污收费、环境执法等工作中发挥着越来越重要的作用。

除每年全省环境自动监控系统运行经费3 000万元以外，安排全省环保视频会议系统扩建项目资金689万元，国家重点监控企业自行监测信息公开系统和污染源监督性监测信息公开系统建设项目资金279万元，城镇污水处理厂工况监控系统建设项目资金1 480万元，省管电厂工况监控系统建设项目资金3 405万元，所有项目均已完成并投入运行。

14.6.4.4 环境应急管理能力建设

省环保厅及郑州市、洛阳市、平顶山市、安阳市、焦作市、鹤壁市、濮阳市、济源市、三门峡市、许昌市、南阳市、驻马店市、商丘市13个省辖市环保部门成立了环境应急机构。县级尚无环境应急机构。我省尚未开展环境应急能力标准化建设达标验收工作。

建立了环境监测预警响应机制，出台了《河南省环境监测预警响应规定（试行）》，并在全省范围内实施。

14.6.4.5 辐射监测监察能力建设

（1）辐射机构标准化建设

截至2013年年底，我省省级辐射专业人员编制未达到无核省份的配备要求。通过辐射环境监测计量认证的地市有郑州、开封、洛阳、平顶山、安阳、鹤壁、新乡、焦作、许昌、三门峡、南阳、商丘、信阳、周口、济源15家；达到辐射环境监测与监察机构人员编制标准的地市有郑州、洛阳、安阳、商丘、信阳、济源6家；达到辐射环境监测与监察机构必须配置的仪器设备和车辆标准的地市有开封、洛阳、安阳、鹤壁、漯河5家；按照《全国辐射环境监测于监察机构建设标准》的要求，所有地市均未能达到监测实验用房、辐射自动监测系统用房标准。

（2）辐射应急监测和应急指挥系统建设

实施了包括省级核与辐射应急监测调度平台、快速应急监测系统在内的重点省市核与辐射应急监测调度平台及快速响应能力建设项目，已完成设备招标采购，正在进行应急监测调度平台硬件安装调试，计划 2014 年建成。该项目预算金额 605 万元，包括省级核与辐射应急监测调度平台建设 360 万元，省级核与辐射应急监测快速响应能力建设 245 万元。其中，中央财政补助 363 万元，地方配套 242 万元。

14.6.4.6　污染减排统计、监测、考核体系建设

我省将成立统计业务技术支持机构纳入省减排目标责任书管理，目前已有约 2/3 的省辖市、省直管县（市）环保局成立了此类机构，做到了相关工作统一领导、统一部署，理顺了环境统计工作职能。

实施环境统计数据县（区）、市、省三级汇审制度；加强与公安、农业、城建、统计、畜牧等有关部门沟通与协作，初步建立了污染减排统计合作和共享机制。加强减排监测体系建设，强化监督性监测、重点污染源自行监测及信息发布，注重自动监测数据应用，确保监测数据真正为环境执法、排污收费、总量核算等环境管理决策服务。坚持月报、季核、半年公示、年底考核制度，对全省重点污染源监控数据传输有效率进行试考核。排污权有偿使用和交易软件平台技术要求已制定完成，并交招标公司运作招标相关事宜。

14.6.4.7　固废监管标准化建设

全省 18 个地级市和 10 个直管试点县（市）中，经当地编办批复，成立有专职固体废物管理中心的市及直管试点县（市）有 13 个；已经成立专职固体废物管理中心，等待编办批复的市有 1 个；成立固体废物行政管理机构（固废科）的地级市有 2 个；尚未成立专职固体废物管理中心的省辖市有 3 个，直管试点县（市）有 9 个。

14.6.4.8　环境宣传教育机构标准化建设

认真贯彻《全国环保系统环境宣传教育机构规范化建设标准》（环发〔2006〕37 号），省、市、县三级环境宣传教育机构逐步建立。省环保宣教中心为财政全额拨款事业单位，宣教处挂靠在厅办公室，河南省省级环境宣教机构设备装备基本达到标准要求，但没有开展达标验收工作。全省 18 个省辖市、10 个省直管县（市）中，有 7 个成立了宣教中心，有 6 个成立了宣教科，其余的分别与其他业务科室合并或代管，多数市县宣教机构编制不健全、设备短缺、经费不足。

14.6.4.9　国家南水北调中线工程水源地环境保护中心

南阳市政府组织编制了《南水北调中线工程河南南阳渠首环境保护中心建设总体方案》，批准成立了副处级的渠首环境监测监管机构，招录了工作人员。南阳市发改委批复

了《南水北调中线工程河南南阳渠首环境保护中心建设项目可研报告》。省政府已批复项目用地 520 亩。我省正在联合环境保护部、国务院南水北调办公室向中央编办申请设立正厅级机构。

14.6.5 小结

14.6.5.1 实施成效

环境保护基本公共服务体系共涉及 7 个定量任务指标，其中，农村综合整治建制村数量、监察标准化建设、辐射监测标准化建设 3 个指标达到规划预期进度要求；监测、应急、监控（信息）、宣教标准化建设 4 个指标未达到规划预期进度要求。

（1）3 个定量任务指标达到规划预期进度要求

截至 2013 年年底，我省已开展了 2 810 个建制村农村综合整治，其中已完成 1 311 个建制村农村综合整治项目，达到了规划目标预期进度要求；省级环境监测站、环境监察机构已通过标准化验收，完成了规划目标要求；地市级和县级环境监察机构装备建设达标率分别为 72.2%和 61.7%，达到国家规划目标要求的 80.2%和 72.6%，达到规划预期进度要求；省级辐射环境监测仪器设备配备基本达到无核省份标准。

（2）环保基本公共服务均等化推进工作成效

开展了环境功能区划、生态红线划定工作，积极落实《国家主体功能区规划》，实施了《河南省主体功能区规划》，加大了重点开发区域污染减排力度，2012 年，国家级重点开发区域化学需氧量、氨氮、二氧化硫、氮氧化物主要污染物排放量分别比上年减少 7.7%、9.3%、14.7%、8.2%。

（3）农村环境保护工作成效

我省是全国农村环境连片整治第二批示范省份，国家投资 9 亿元，我省投资 9 亿元，连续三年开展农村环境连片综合整治工作，开展了 2 810 个建制村的整治工作，目前 1 311 个建制村已完成任务，如期完成规划进度要求，农村环境综合整治完成后，农村生活污水处理能力达到约 7.5 万 t/d，垃圾处理能力约 850 t/d。累计投资 168 亿元推进农村饮水安全工程，解决了 3 317.74 万人和 353.65 万学生的饮水不安全问题；35 个县（市）推行城乡供水一体化，城乡供水覆盖总人口为 903.6 万人，水质合格率为 94%。

（4）环境监控体系建设工作成效

目前我省累计投资 5.8 亿元，建成“覆盖全省、功能完备、技术先进、全国一流”的环境自动监控系统，完成近 500 个环境质量自动监控基站和 1 200 余个重点污染源自动监控基站的建设。“十二五”以来完成全省 59 家上网电厂和 160 家城镇污水处理厂工况监控系统建设、14 个饮用水水源地水质自动站建设、9 个重点区域地表水重金属自动站和第一期 55 个责任目标断面水质自动站改、扩建，所有省辖市、省直管县（市）实现了 $PM_{2.5}$ 监测，并与环保部及省环保厅联网，监控数据在污染减排、排污收费、环境执法等工作中发挥着越来越重要的作用。

（5）环境监察移动执法系统建设工作成效

2011—2013 年，我省共投资 4 574 万元用于系统建设，采用“省市两级平台、省市县三级应用”模式，实现省、市、县三级联动执法，以及全省环境监察执法的数据信息共享和业务流程贯通，目前借助移动执法系统，使执法人员做到了“三统一”（执法内容统一、标准统一、程序统一），初步实现了工作流程、现场执法、审查审核和档案建设的规范化。

（6）辐射应急监测和应急指挥系统建设工作成效

正在实施重点省市核与辐射应急监测调度平台及快速响应能力建设项目，包括省级核与辐射应急监测调度平台、快速应急监测系统建设，已完成设备招标采购。

（7）污染物减排统计、监测、考核体系建设工作成效

不断加强全省减排统计体系建设，建立了与环保、农业、住建、统计、畜牧等部门合作统计数据共享机制；将主要污染物总量减排监测体系纳入政府环保责任目标考核，坚持月报、季核、半年公示、年底考核制度，对全省重点污染源监控数据传输有效率进行试考核。

（8）机构标准化建设工作成效

省环境监测中心、省环境监察总队、13 个地市环境监察机构、8 个地市级环境监测站通过标准化验收；92 个县级环境监察机构装备建设、27 个县级环境监测站标准化建设通过验收；省本级和 13 个省辖市成立了环境应急机构。建设环境监测、环境容量和环境承载力模拟重点实验室，不断提高我省环境科研能力。

14.6.5.2　存在的问题

（1）环保基础能力建设相对薄弱

监测站标准化建设达标率低，地市级环境监测站标准化达标率仅 44.4%，县级环境监测站标准化达标率 24.8%，与规划要求差距较大。地市级环境应急机构皆未开展标准化验收工作，监控（信息）、辐射、固体废物管理、宣教标准化建设同样非常薄弱，环保能力建设远远跟不上形势发展的需要。

（2）农村环境连片整治项目长效运行机制不够健全

各地农村环境连片整治项目组织实施能力有所欠缺，长效运行机制不够健全；部

分农村地区基础条件较差，一些地方上水及下水问题仍然没有解决，饮水安全问题仍然存在。

14.7 规划政策措施实施评估

14.7.1 本省政策落实、配套政策出台情况

14.7.1.1 脱硝电价政策落实情况

2013 年 2 月，省发改委和省环保厅下发了《河南省燃煤发电机组脱硝电价及脱硝设施运行管理暂行办法》，自 2013 年 1 月 1 日起，燃煤发电机组安装脱硝设施、具备在线监测功能且运行正常的，持国家或省级环保部门出具的验收合格文件，报省发展改革委审核后，执行脱硝电价，脱硝电价标准为 0.008 元/（kW·h），2013 年 9 月提高至 0.01 元/（kW·h）。脱硝设施投运率低于 90%（含）的，不享受脱硝电价（机组脱硝设施投运率是指脱硝设施在机组出力达到 50%以上情况下，氮氧化物达标排放且脱硝效率达到环保批复要求的投运时间除以运行考核时间的百分比）。

14.7.1.2 脱硫电价政策落实情况

我省现役统调公用燃煤机组全部安装脱硫设施，主要采用石灰石-石膏湿法脱硫工艺，少数小容量机组采用循环流化床工艺。按照《河南省发展改革委员会关于转发适当调整电价有关问题的通知》（豫发改价管〔2011〕938 号）要求，符合条件的燃煤机组上网电量全部执行了脱硫电价，为 0.015 元/（kW·h）。按照国家电价政策，脱硫机组脱硫电价款由电力公司每月向发电企业足额支付，未达标运行和停运脱硫设施电量的脱硫电价款次年予以扣减。

14.7.1.3 污水处理收费政策落实情况

我省 2005 年已全面开征污水处理费，各市、县污水处理费征收标准平均为 0.80 元/m^3，其中，城市居民用水为 0.65 元/m^3，特殊行业用水和单位自建供水设施取用地下水为 1.00 元/m^3，其他用水为 0.80 元/m^3。为确保污水处理费征收和规范使用，我省制定了《河南省城市污水处理费征收使用管理办法》，建立了全省污水处理费用征收台账和月报制度，督促指导各地建立统一规范的征收管理机构，核定污水处理费应征收底数，落实征收责任。2013 年，全省 18 个省辖市污水处理费实际征收 5.23 亿元，综合征收率达 85%以上。全省 108 个县（市）污水处理费实际征收 1.90 亿元，综合征收率达 77.25%。所征收污水处理费全部用于污水处理设施的建设、运行和维护。

14.7.1.4 垃圾处理收费政策落实情况

“十一五”期间，我省已落实了国家垃圾处理收费的相关政策，省政府先后制订下发了《关于加快全省城市生活垃圾处理设施建设促进生活垃圾处理无害化的意见》《河南省城市生活垃圾处理管理办法》《河南省城市生活垃圾卫生填埋处理运营成本核算办法（试行）》《关于加强运营经费管理确保污水垃圾处理设施正常运营的意见》等一系列规范性文件，组织召开“全省污水垃圾处理项目建设运营及费用征收工作现场会”，为加快全省垃圾处理设施建设、保障正常运营提供了有力的政策保障。自 2008 年开始，全省所有市、县全面开征了生活垃圾处理费，征收率逐年提高。全省生活垃圾费实际征收 2.79 亿元，平均征收率为 90.77%，其中 18 个省辖市生活垃圾处理费实际征收 1.66 亿元，108 个县（市）垃圾处理费实际征收 1.13 亿元。

14.7.1.5 排污费征收标准调整工作落实情况

我省拟定了排污费征收标准调整方案，将废气排污费征收标准由 0.60 元/污染当量，提高到 1.2 元/污染当量；废水排污费征收标准由 0.7 元/污染当量，提高到 1.4 元/污染当量；固体废物及危险废物排污费、噪声超标排污费暂不调整，仍按原规定执行；排污费征收减免、使用办法仍按原国家和省规定执行。

同时，我省还拟定了实施排污收费差别化管理的方案，将试点范围确定为国控省控废气重点监控企业。征收类别为二氧化硫、氮氧化物、烟尘收费因子。征收标准为污染物排放浓度达到排放标准（含）的，按调整后国家规定现行标准每污染当量 1.2 元进行收费，高于排放标准但低于标准值 200%（含）以下的，按每污染当量 2.4 元进行收费；高于排放标准值 200%以上的，按每污染当量 4.8 元进行收费；污染物排放浓度低于排放标准 50%以上的，排污费征收标准按 0.6 元每污染当量进行收费。

14.7.1.6 重点生态功能区转移支付政策落实情况

财政部自 2008 年实施国家重点生态功能区转移支付，目前，丹江口库区、淮河源头等我省重要生态功能区有 14 个县（市）列入省级补助范围。2011—2013 年，财政部共下达我省国家重点生态功能区转移支付资金 33.02 亿元，其中，2011 年 9.26 亿元，补助南水北调水源地市县共计 5.98 亿元，占当年补助金额的 64.6%；2012 年 11.25 亿元，补助南水北调水源地市县 7.27 亿元，占当年补助额的 64.6%；2013 年 12.51 亿元，补助南水北调水源地市县 8.33 亿元，占当年补助额的 66.6%。根据财政部的要求，结合我省实际，制定了《河南省重点生态功能区转移支付资金分配办法》，科学合理分配转移支付资金，重点用于生态环境保护和涉及民生的公共服务领域。

14.7.1.7 森林生态效益补偿政策落实情况

2004 年，国家开始实行森林生态效益补偿制度。2011—2012 年，全省森林生态效益补偿基金总额 40 599 万元，其中：中央财政补偿基金 32 507 万元，省财政补偿基金 8 092 万元。为规范管理，2011 年我省印发了《河南省森林生态效益补偿基金实施意见》，中央财政补偿基金和省财政补偿基金分别重点用于国家级公益林和省级公益林的保护与管理。

14.7.1.8 绿色金融政策落实情况

积极开展绿色金融政策研究，推行绿色信贷和绿色证券制度，草拟了《河南省企业环境行为信用评价管理办法》。初步定稿《河南省环境绿色诚信企业评价管理办法》，严格上市企业环境保护核查。

14.7.1.9 环保投入情况

按照 21101 环境保护管理事物、21102 环境监测与监察、21103 污染防治、21104 自然生态保护、21105 天然林保护和 21111 污染减排 6 个科目计算，2011 年省级年初预算环保支出 20 582 万元，占省级公共财政预算支出的 5.3%；2012 年预算环保支出 20 320 万元，占省级公共财政预算支出的 3.5%；2013 年预算环保支出 20 871 万元，占省级公共财政预算支出的 3.3%。

三年共落实国家和省级环保资金 48.1 亿元，其中国家环保资金 35.41 亿元，分别是“三河三河”流域水污染防治资金 13.53 亿元、湖泊生态环保资金 1.56 亿元、农村连片整治资金 9 亿元、减排专项资金 1.66 亿元、重金属污染防治资金 8.85 亿元、国家级自然保护区资金 1 400 万元、监测执法业务用房 3 240 万元、排污权交易试点资金 3 000 万元、南水北调中线水源涵养区监测能力建设 500 万元；省级资金 12.69 亿，分别是部门预算资金 13 887 万元、排污费资金 57 728 万元、生态补偿扣缴 17 433 万元、土地出让金 20 000 万元、农村连片省级配套财政拨款部分 17 875 万元。

2011 年、2012 年全省环境污染治理投资分别为 140.11 亿元、178.21 亿元，分别占当年生产总值比重的 0.52%、0.6%，低于全国平均水平。

14.7.2 地方特色政策情况

14.7.2.1 出台地方性法规、规章和文件

“十二五”以来，河南省出台实施了《河南省固体废物污染环境防治条例》《河南省减少污染物排放条例》《河南省环境监察办法》3 个地方性法规规章；修订了《河南省环境污染防治设施监督管理办法》，正在制定《河南省辐射污染防治条例》，出台了《河南

省城镇污水处理厂运行监督管理办法》等一系列规范性文件。

14.7.2.2　制定污染物排放标准

"十二五"以来，制订实施了《双洎河流域水污染物排放标准》《海河流域水污染物排放标准》《蟒沁河流域水污染物排放标准》《清漯河流域水污染物排放标准》4 个流域标准和《河南省铅冶炼工业污染物排放标准》《河南省啤酒工业水污染物排放标准》《河南省发酵类制药工业水污染物间接排放标准》《河南省化学合成制药工业水污染物间接排放标准》4 个重点行业污染物排放标准；修订实施了《河南省盐业、碱业氯化物排放标准》；编制完成《河南省惠济河流域水污染物排放标准》和《河南省贾鲁河流域水污染物排放标准》。

14.7.2.3　落实环境目标责任制，完善环保综合决策机制

将污染物排放总量控制、节能减排等主要环保指标分解，纳入年度国民经济和社会发展计划，对各级政府环保责任目标实施绩效考核，严格执行环境保护行政问责制和"一票否决"制，对环境违法行为严重、造成重特大污染事故或较大社会影响的，严肃处理并实行"一票否决"。省政府与各省辖市、省直管试点县（市）签订"十二五"目标责任书和年度目标责任书，明确了各省辖市、省直管试点县（市）的污染减排和年度环保工作任务。为推进规划实施，各级地方政府充分发挥环境保护委员会的职能作用，加强部门协调配合，完善环境保护部门协同工作机制，定期研究解决本地环境保护的重大问题。环境保护部门履行统一监管职能，强化行政执法监督，统一制定环境保护规划并监督实施，统一发布环境监测和环境质量信息。

14.7.2.4　实施主要污染物总量指标预算管理制度

根据我省环境容量、排污总量、环境质量状况，结合"十二五"国民经济与社会发展规划和污染减排目标任务，我省借鉴财政预算管理的概念，对主要污染物排放总量实行预算管理。2011 年 12 月 31 日，河南省政府印发了《河南省主要污染物排放总量预算管理办法（试行）》（豫政办〔2011〕144 号），自 2012 年 1 月 1 日起施行。核定的 2013 年工业类项目中，电力、钢铁、有色、纺织、造纸、化工、医药等高污染、高排放行业项目约占总数的 25%，连续两年递减；通信设备、计算机及其他电子设备制造等高新技术产业项目呈现逐年递增，2013 年项目总数占工业类项目总数的 24%。总体上，通过实施总量预算，全省新建项目排污指标得到了较好的控制，高耗能、高污染项目建设得到了有效遏制，新核定的主要污染物排放增量总体低于预期，总量预算管理在促进产业结构调整和发展方式转变方面的调控作用日益显现。

14.7.2.5 将部分土地出让金用于环境基础设施建设

根据《河南省环境保护”十二五”规划》要求，从2012年开始，省政府每年从土地出让资金中拿出至少1亿元支持污水处理厂建设，用于支持环境基础设施建设等。其中，2012年共安排了10个污水处理厂提标改造项目，总规模43.5万t/d，可削减化学需氧量和氨氮4 453 t/a和2 058.6 t/a。2013年安排了19个污水处理厂提标改造项目。

14.7.2.6 实施水环境生态补偿机制

在配套实施重点生态功能区转移支付、森林生态效益补偿国家相关政策的基础上，我省从2010年开始实施水环境生态补偿机制。省政府印发《河南省水环境生态补偿暂行办法》（豫政办〔2010〕9号），按照此办法，2011—2013年共扣缴流域水环境生态补偿金17 432.58万元，其中，2011年度扣缴生态补偿金2 980万元，2012年度扣缴生态补偿金7 781.85万元，2013年度扣缴生态补偿金6 670.73万元。

14.7.2.7 开展环境容量和水专项等相关科研项目研究

开展环境容量、环境承载力、环境监测、环境与健康的关系等环境科学基础研究，建设环境容量和环境承载力模拟重点实验室以及环境监测重点实验室，加强环境科研基础能力建设。实施水专项等重大科研项目，“十一五”水专项3个涉豫课题都顺利通过国家验收，课题围绕皮革、印染、造纸、味精、制药等典型工业行业，农村面源防治及河道生态净化，共突破关键技术21项，建成十多项示范工程，有效提升了我省水污染防治技术水平，促进了全省污染减排工作。2012年年底正式启动了“十二五”水专项两个涉豫课题：“贾鲁河流域水质改善综合控制研究与示范”和“淮河流域水生态修复关键技术研究与示范”。

14.7.2.8 加强环境舆情监测引导，积极开展环境形势分析

坚持环境舆情监测报告制度，每日收集上报环境新闻舆情，对重大环境舆情及时报告，定期开展舆情分析，为领导决策提供参考。加强突发环境事件的信息公开和舆论引导，协调省委宣传部对重大环境舆情问题采取了有效的舆论引导措施，及时公布处置情况，避免了负面炒作，确保了环境舆情稳定。

开展环境形势分析，及时研判环境形势防止出现污染事件。继续实施环境形势分析会议制度，将环境形势和问题通报各地政府，先后致函濮阳、安阳、焦作、周口、平顶山、漯河、鹤壁、商丘、永城、驻马店、三门峡、新乡12市政府督促解决环境污染问题，赴焦作、商丘、永城等地对严重超标情况进行现场督导，有效化解了水、大气等环境污染问题，防范了环境污染事件的发生。

14.7.2.9　创新提升宣教工作社会实效

构建宣教大格局。省环保厅、省委宣传部、省文明办、省教育厅、团省委、省妇联等六部门联合下发了《河南省环境宣传教育行动纲要（2011—2015）》，每年联合制定实施方案，细化分解任务，形成了多部门共同推进宣传教育的工作局面。

创新推进全民宣传教育。坚持定期新闻发布，持续开展大气污染防治专项执法、推进污染减排重点项目建设、“两高”司法解释、贯彻实施《河南省减少污染物排放条例》等重大题材等主题宣传活动，在省主要媒体开设环保固定专版。创新开展“青年引领未来 建设美丽河南”“公众环保体验”、生态文明建设论坛、“环境大接访”及绿色企业、绿色学校、绿色社区创建等多种形式的宣传活动；加强各级领导干部生态文明和环境保护教育，持续开展全省中小学校环境教育优秀教案和课件评选、环保新闻发言人和宣教骨干培训、县（区）环保局长岗位培训、企业环境管理人员法制培训、青年环境友好使者培训、中小学（幼儿园）环境教育师资培训，不断提高社会各界环境保护责任意识和法制观念；推进环境文化建设，编辑制作了一批反映生态文明和环境保护内容的专题片、宣传画册等宣传品，向社会免费发放，积极引导公众理性参与环境保护。

14.7.2.10　加强国际环境合作

完成了《河南省加强地方消耗臭氧层物质淘汰能力建设项目》的全面验收工作，并且申请加入了《河南省加强地方消耗臭氧层物质淘汰能力建设二期项目》。开展了《中挪合作减少汞污染能力建设项目》和《中国履行斯德哥尔摩公约能力建设河南省履约示范子项目》的验收工作。签订了《中国医疗废物环境可持续管理项目示范省河南省医疗废物综合管理和协同处置子项目》的委托实施协议。向国家推荐了《中国制浆造纸行业二噁英减排—草浆示范候选企业项目》备选企业，国家选定驻马店白云纸业为项目示范企业。

14.7.2.11　努力推进环保产业健康发展

“十二五”期间，我省以资质管理和园区创建为抓手，推进环保产业健康发展。开展了环保产业调查和环保服务业财务统计工作，完成了全省环保产业 1 147 家企业整体数据包的审核工作；按照《环境保护部办公厅关于开展环保服务业财务统计工作的通知》（环办函〔2013〕847 号）要求，开展年度环保服务业财务统计工作，2013 年 10 月完成了全省环保服务业财务统计数据汇总。积极推动污染治理设施规范运营，对我省开展环境污染治理设施运营的单位，加强年度考核，考核结果在媒体上向社会公布。

14.7.2.12　强化环境管理执法监督

“十二五”以来，我省环境监察执法紧紧围绕全省环保中心工作，创新制度、加大力度、强化效能，圆满完成了各项工作任务，连年被环保部评为优秀等次。创立了“责任网格化、执法模板化、管理分类化、技能专业化、制度系统化”的环境监察执法新模式，颁布实施了《河南省环境监察办法》《河南省环境污染防治设施监督管理办法》等一系列规章，制定了《河南省环境监察规范》，以及合成氨、铅冶炼、氰化钠等 16 个行业的环境监察技术指南等环境监察执法制度。围绕污染减排、改善环境质量和保障环境安全，持续强化重点污染源、建设项目、减排工程及生态环境监察，开展一系列分行业、分区域、分专题的环境执法活动，在全省组织环境阳光执法推进年活动，解决了一批突出环境问题。不断理顺环境监察执法的内外运行机制，进一步规范了环境执法信息公开工作，逐步形成了环境监察执法各级政府和部门、企业及社会齐抓共管的局面。全省各级环保部门共出动执法人员约 114.7 万人次，检查企业 50 万家（次），查处纠正环境违法违规行为 2 万余起，立案处罚 5 000 余起，实施挂牌督办和列入环保“黑名单”企业 346 家，并对一大批环境违法企业实施了取缔关闭、停产治理措施，严厉打击了各类环境违法行为。12369 环保举报热线共受理群众有效举报 22 954 起，全部按时办结，有效维护了群众的环境权益。

14.7.3 小结

14.7.3.1 实施成效

2011—2013 年，河南省根据国家的要求，严格落实国家出台的有关脱硝电价、脱硫电价、污水处理收费、垃圾处理收费、重点生态功能区转移支付、森林生态效益补偿以及绿色金融等环境保护政策，并积极出台相关配套政策，大力推动相关政策的具体落实。

同时，根据我省的具体情况制定多部地方性法规标准，并创新性地提出一系列极具地方特色的环境保护政策。“十二五”以来，河南省出台了 2 个地方性法规，1 个政府规章和 26 个规范性文件，制定实施了 9 个流域污染物和重点行业污染物排放标准。建立了主要污染物总量指标预算管理制度，创新性地将部分土地出让金用于环境基础设施建设环保投入，实施水环境生态补偿机制，积极开展环境容量和水专项等相关课题的研究，加强环境舆情监测引导，积极开展环境形势分析，创新环境保护宣传教育工作，加强国际环境合作，努力推进环保产业健康发展，强化环境保护执法监督，完善环保综合决策机制，环境保护工作取得了明显成效。

14.7.3.2 存在的问题

（1）绿色金融政策中存在的问题

我省尚未出台排污费征收标准调整政策和排污费差别化管理政策，还未建立污染责任保险制度，石油化工、危险废物处置等环境高风险行业的环境污染责任保险试点仍未开展。

（2）环境合作与交流中存在的问题

我省与发达国家和地区、国际机构以及周边省份的环境合作与交流与发达地区相比仍存在明显差距，在引进先进的环境理念、环保技术、管理模式以及争取资金支持等方面需要做出进一步努力。

（3）规划落实中存在的问题

尚未建立责任明确、行之有效的规划实施机制，规划的年度调动、滚动执行、绩效评估和期末考核有待进一步强化，规划实施工作的组织协调和督促指导不能满足规划各项目标任务的顺利实施的要求。

14.8　“十二五”规划实施评估结论

“十二五”以来，河南省委、省政府对环境保护规划的实施高度重视，始终坚持“两不三新”三化协调科学发展之路，把环境保护作为落实科学发展观、推动经济转型、促进结构调整、转变发展方式、加快中原崛起河南振兴的重要途径，大力推进生态文明建设，提出和研究部署了美丽河南、蓝天工程、生态省建设等重大任务，为全省上下进一步抓好环境保护工作指明了前进方向。完成了省级环境保护规划编制工作，首次由省政府印发实施，建立了全省环保规划体系，将规划目标任务分解到 38 个省直单位和各级地方政府，建立并完善了调度评估机制。

我省通过目标考核、强化污染防治、严格环境准入、淘汰落后产能、强化执法监督、完善政策法规、健全长效机制、加快环保基础设施建设、重点工程建设和环境监管能力建设等一系列卓有成效的措施，在全省经济社会快速发展的同时，主要污染物减排工作顺利推进，流域水环境质量基本保持稳定，农村环保工作得到加强，生态功能区保护和建设稳步推进，核与辐射环境安全得到保障，规划实施的总体情况良好，为全面完成“十二五”规划奠定了坚实基础。同时，我省面临的环境形势依然严峻，以煤炭为主的能源结构尚未得到根本改变，大气环境质量恶化趋势尚未得到有效控制，部分河段水质不容乐观，环境风险防控体系尚不完善，土壤污染防治工作亟须加强，环境监管体系建设比较薄弱，完成规划确定的各项目标任务，还需要付出艰巨的努力。

14.8.1　规划实施总体成效

规划提出的 7 个主要目标指标中地表水国控断面劣Ⅴ类水质比例、七大水系国控断面好于Ⅲ类比例、化学需氧量、氨氮、二氧化硫 5 项指标超额或基本达到了预期进度要求。主要污染物减排、突出环境问题解决、重点领域环境风险防控、环境保护基本公共服务体系建设、政策措施制定五大任务总体进展顺利，规划任务 33 项定量指标中 28 项按期完成了任务。主要目标指标和规划任务定量指标的具体完成情况详见附表 8-1（略）、附表 8-2（略）。各项任务的实施成效如下。

14.8.1.1　主要污染物减排进展成效

在我省工业化、城镇化快速发展，污染物新增排放量刚性增加背景下，通过积极推进结构减排和重点减排工程，2013 年，我省化学需氧量、氨氮、二氧化硫、氮氧化物排放量分别为 135.42 万 t、14.42 万 t、125.4 万 t、156.56 万 t，分别完成减排任务的 87%、58.7%、108%、10.2%。

积极推进结构减排。19 个淘汰落后产能行业全部超额或如期完成任务，完成 464 家企业的清洁审核工作，开展各类规划环评 501 个。积极推进《循环经济试点省实施方案》实施，主要指标如期完成，2 个城市被列入国家资源综合利用“双百工程”示范基地，3 个经济区或公司被列为国家循环经济示范试点。大力推进生物质、风电、光伏、地热等新能源项目建设，逐步减少煤炭消费比重，2013 年煤炭占一次能源消费比重比 2010 年减少 4.1%，非化石能源占一次能源消费比重为 4.2%左右。

化学需氧量和氨氮重点减排工程总体进展顺利。造纸、纺织行业化学需氧量、氨氮排放量比 2010 年均削减了 10%以上；截至 2013 年年底，新建产业集聚区污水处理厂 68 座，我省正式运行的城市污水处理厂 160 座，所有县和 52 个建制镇具备污水处理能力，城市和县城污水处理率均达到国家规划要求，全部建成工况监控系统。

二氧化硫和氮氧化物减排工程全面推进。全省电力行业 262 台燃煤机组全部建成脱硫设施，54 台取消烟气旁路，73 台建成脱硝设施，新建的 20 台燃煤机组全部建设脱硫脱硝设施；对 58 家非电企业行业开展烟气脱硫限期治理，42 台钢铁烧结机/球团建成脱硫装置，24 条水泥生产线完成脱硝装置改造；全面推行了国Ⅳ标准车用乙醇汽油，淘汰黄标车 9.7 万辆，实施了机动车排气污染检验、环保标志、外地转入机动车等管理制度。

14.8.1.2　解决突出环境问题工作成效

水环境质量基本保持稳定，2013 年，我省重点流域好于Ⅲ类水质的国控断面比例为 58.5%，劣Ⅴ类水质的国控断面比例为 14.6%，省辖市和省直管县（市）集中式地表水饮用水水源地均达到了Ⅲ类水质，基本达到国家规划目标要求。淮河流域 19 个考核断面达到或基本达到国家 2013 年度考核要求；海河流域 11 个考核断面、黄河流域 8 个考核断面均达到国家 2013 年度考核要求；南水北调中线丹江口水库及上游 13 个考核断面，均达到规划目标要求。不断完善和规范饮用水水源保护工作，完成 113 个城市和 148 个县城集中式饮用水水源保护区划定工作，开展了城市、城镇及典型乡镇集中式饮用水水源基础环境状况调查工作，建立了城市集中式饮用水水源环境状况年度评估和规划实施评估工作机制；省辖城市集中式饮用水水源地每年至少开展一次水质全分析监测，在 14 个地表水饮用水水源地建成水质自动监测站；取缔饮用水水源保护区内违法建筑 319 个、关闭排污口 21 个；在饮用水水源保护区设立边界标示，对穿越保护区的重要道路设立交通警示标志。完成了华北平原河南省地下水污染防治研究工作，全面开展了河南省地下水典型污染源和地下集中式饮用水水源调查和试点区域地下水基础环境状况调查评估。我省列入国家《重点流域水污染防治规划（2011—2015 年）》的项目共 480 个，截止到 2013 年年底，已完成（含调试）191 个，占总数的 39.79%；在建 145 个，占总数的 30.21%。

大气污染防治工作全面启动，实施《河南省蓝天工程行动计划》，明确了全省可吸入颗粒物和细颗粒物的环境质量改善目标和大气环境治理 5 个方面 29 条具体措施；积极推进 $PM_{2.5}$ 监测体系建设，对 79 个大气自动监测系统进行升级改造，各省辖市、省直管县（市）均开展了细颗粒物和臭氧等 6 项因子的监测工作，实现了国家、省、市三级联网，提前两年完成国家任务；启动了细颗粒物（$PM_{2.5}$）源解析研究工作，定性定量研究分析河南省灰霾污染成因；全省淘汰或改造省辖市建成区天然气和供热管网覆盖范围内 10 蒸吨及以下燃煤锅炉 858 台；进一步规范建筑工地施工管理；积极推动秸秆综合利用，降低了秸秆焚烧污染。

土壤环境保护工作逐步推进，在土壤污染状况调查工作基础上，进一步开展农产品产地土壤重金属普查与分级管理、农产品产地土壤重金属污染监测等工作，组织编制了《河南省土壤环境保护和综合治理工作方案（初稿）》。济源市积极开展土壤重金属污染修复工作，已取得阶段性成果；郑州市、平顶山市积极开展污染场地土地使用性质变更后的污染土壤环境调查、风险评估和治理修复工作。

认真探索生态保护和监管工作机制，发布实施《河南生态省建设规划纲要》，结合生态省创建工作，积极推进各级生态示范区的创建工作，目前已完成“十二五”创建任务要求的 80%以上。不断规范自然保护区的建设和管理，自然保护区占全省国土面积基本稳定在 4.31%，完成了 33 个自然保护区的基础调查工作；开展南水北调中线源头、淮河源 2 个国家级重要生态功能区建设。完成全省生态环境十年变化（2000—2010 年）遥感调查与评估以及生物多样性调查与评价，初步摸清了全省生态系统的家底。不断加强资源开发项目监管，截止到2013年年底，共完成矿产开发、水电、旅游开发等项目审批217个，“三同时”验收59个；缴存矿山地质环境恢复治理保证金的矿山企业1 744个，全省保证金余额17.23亿元。

14.8.1.3　重点领域环境风险防控工作成效

不断完善环境风险全过程管理，建立了环境风险源企业环境应急预案备案、现场监察等一系列制度；建设项目环评审批对防范环境风险提出了明确要求；建立了环保、安监、公安、消防等部门应急联动工作机制；完善了省级环境应急专家库。连续3年开展环境应急检验性实战演练；完成重点行业企业环境风险及化学品检查，对1 910家企业进行了全面调查；开展了重点风险源、重要和敏感区域定期检查，全省共检查企业12 407家次，尾矿库260个，查处存在环境问题615个。妥善处置了山西长治苯胺泄漏事件导致红旗渠污染、惠济河放水导致涡河污染、陕西省丹凤县312国道二氯乙烷泄漏影响丹江水质等跨界污染突发环境事件。

逐步规范核与辐射安全管理，全省4 000家辐射工作单位已全部取得了辐射安全许可证；建成核与辐射自动监控系统，部分废旧金属企业配置了辐射监测仪器；河南省城市放射性废物库已收贮各类废旧放射源2 093枚，放射性废物15 100 kg；开封杞县利民辐照厂辐照设备实现安全退役，开封核能辐照厂正在开展辐照设施以及厂区清理去污、废水处理和放射性废物的处置工作。

不断增强固体安全处置能力，建立了河南省危险废物监管重点源名单，完成了省内已发现的历史遗留铬渣无害化处置工作，建成2座危险废物集中处置中心，19座医疗废物处置中心，医疗废物处置设施负荷率达到70.78%，大、中型医疗卫生机构医疗废物无害化处置率100%。建成废弃电器电子产品拆解处理处置企业7家，处置规模850.2万台/a。工业固体废物利用率76.08%，城镇生活垃圾无害化处理率达到86.4%，均达到国家相关规划要求。

积极开展重金属污染防治和化学品风险防控工作，编制实施了《河南省重金属污染综合防治“十二五”规划》和《实施方案》；制定了重有色金属冶炼及压延加工、皮革及其制品、化学原料及化学制品制造、重有色金属矿（含伴生矿）采选4个行业综合治理技术规范；7个重点地市对265家不符合国家产业政策或属落后产能的企业实施关闭淘汰；三年争取国家资金8.85亿元，共削减铅、汞、镉、铬、砷重金属污染物73.18 t，比2007年削减了8.35%，达到了重金属污染物削减目标预期进度。开展了全省生产化学品环境情况调查工作，共审核确认企业1 200余家；共完成24家加工利用企业申请固体废物进口许可证初审工作。

14.8.1.4 环境保护基本公共服务体系建设成效

积极落实《国家主体功能区规划》，编制实施了《河南省主体功能区规划》，开展环境功能区划、生态红线划定工作，加大重点开发区域污染减排力度。继续推进农村饮水安全工程，累计投资 168 亿元，解决了 3 317.74 万人和 353.65 万学生的饮水不安全问题；35 个县（市）推行城乡供水一体化，城乡供水覆盖总人口为 903.6 万人，水质合格率为 94%。连续三年开展农村环境连片综合整治工作，1 311 个建制村已完成综合整治工作，如期完成规划进度要求，完成整治村庄的生活污水处理能力达到约 7.5 万 t/d，垃圾处理能力约 850 t/d。

不断加强能力建设，目前我省累计投资 5.8 亿元，建成“覆盖全省、功能完备、技术先进、全国一流”的环境自动监控系统，完成近 500 个环境质量自动监控基站和 1 200 余个重点污染源自动监控基站的建设。“十二五”以来完成全省 59 家上网电厂和 160 家城镇污水处理厂工况监控系统建设、14 个饮用水水源地水质自动站建设、9 个重点区域地表水重金属自动站和第一期 55 个责任目标断面水质自动站改、扩建，所有省辖市、省直管县（市）实现了 $PM_{2.5}$ 监测，并与环保部及省环保厅联网，监控数据在污染减排、排污收费、环境执法等工作中发挥着越来越重要的作用。积极推进机构标准化建设工作，省环境监测中心、省环境监察总队、13 个地市环境监察机构、8 个地市级环境监测站通过标准化验收；92 个县级环境监察机构装备建设、27 个县级环境监测站标准化建设通过验收。省级辐射环境监测机构业务用房和仪器设备配备基本达到无核省份建设标准。省本级和 13 个省辖市成立了环境应急机构。建设环境监测、环境容量和环境承载力模拟重点实验室，不断提高我省环境科研能力。

14.8.1.5 政策措施领域建设成效

2011—2013 年，河南省根据国家的要求，严格落实国家出台的有关脱硝电价、脱硫电价、污水处理收费、垃圾处理收费、重点生态功能区转移支付、森林生态效益补偿以及绿色金融等环境保护政策，并积极出台相关配套政策，大力推动相关政策的具体落实。同时，根据我省的具体情况制定多部地方性法规标准，并创新性地提出一系列极具地方特色的环境保护政策。

落实环境目标责任制，不断完善环保综合决策机制。将可吸入颗粒物和细颗粒物、产业集聚区污水垃圾等指标纳入了省委考核体系，将污染物总量控制、节能减排等主要环保指标分解，纳入各级政府环保责任目标绩效考核，严格执行环境保护行政问责制和“一票否决”制。为推进规划实施，各级地方政府充分发挥环境保护委员会的职能作用，完善环境保护协同工作机制，定期研究解决本地环境保护的重大问题；环境保护部门履行统一监管职能，强化行政执法监督，统一制定环境保护规划并监督实施，统一发布环境监测和环境质量信息。创新建立了主要污染物总量指标预算管理制度，促进产业结构调整和发展方式转变。

不断加强法规体系建设，出台实施了《河南省固体废物污染环境防治条例》《河南省减少污染物排放条例》2 个地方性法规、1 个政府规章和 26 个规范性文件，制定或修订实施了 5 个行业和 4 个流域水污染物排放标准。截至 2013 年年底，河南省共出台环保类地方性法规 4 个，政府规章 6 个，规范性文件 38 个，污染物排放标准 9 个。

逐步完善环境经济政策，积极推进排污权交易，开展排污权交易试点工作，研究制定排污权交易暂行办法；实施水环境生态补偿机制，三年扣缴生态补偿金 17 433 万元；严格实施上市企业环境保护核查制度，开展企业环境行为信用评价工作。

不断健全环保投入机制。环境保护已列入省年度公共财政预算，三年共落实国家和省级环保资金 48.1 亿元，其中国家 35.41 亿元，省本级 12.69 亿元。省本级财政预算中，创新将土地出让收益用于环境基础设施建设，已落实土地出让金 2 亿元。

积极引导公众全面参与环境保护，举办以"人文精神与生态意识"为主题的嵩山论坛，开展"青年引领未来建设美丽河南""绿色生活你我承诺"等一系列宣传活动，加强《河南省减少污染物排放条例》《河南省水污染防治条例》等环保法律法规宣传，推进"千名青年环境友好使者行动"项目实施。全省共创建省级绿色企业 62 家、绿色学校 371 个、绿色社区 149 个，命名环境教育基地 19 家。坚持定期新闻发布制度，定期通过各种形式，及时向社会公布重大环境信息，保护群众环境知情权。

加强国际环境合作，完成了消耗臭氧层物质淘汰能力建设项目验收工作，开展实施了消耗臭氧层物质淘汰二期、减少汞污染能力建设、斯德哥尔摩公约能力建设、制浆造纸行业二噁英减排项目。

加强执法监管，全省各级环保部门共出动执法人员约 114.7 万人次，检查企业 50 万家（次），查处纠正环境违法违规行为 2 万余起，立案处罚 5 000 余起，实施挂牌督办和列入环保"黑名单"企业 346 家。

14.8.2 规划实施存在的问题与原因

14.8.2.1 存在的问题

规划提出的 7 个主要目标指标中地级以上城市空气质量好于《环境空气质量标准》（GB 3095—2012）二级标准的比例、氮氧化物减排 2 项指标和五大任务 33 项定量指标 5

项没有达到预期进度要求。主要存在的问题如下：

（1）非化石能源占一次能源消费比重和氮氧化物减排指标没有达到预期进度

目前我省能源消费总量不断增加，仍以煤炭为主要能源，非化石能源占一次能源消费比重为 4.2%左右，虽基本达到我省经济社会发展“十二五”规划要求（5%），但距国家规划要求 11.4%尚有一定距离。氮氧化物减排指标仅完成规划任务的 10.3%，未达到规划预期进度。

（2）大部分地级以上城市空气质量劣于《环境空气质量标准》（GB 3095—2012）二级标准

规划要求地级以上城市空气质量好于二级标准的比例大于 80%，2013 年，我省 17 个地级以上城市中，空气质量好于二级标准的城市 1 个，比例为 6%，远未达到预期进度要求。

（3）环保机构标准化建设达标率总体偏低

我省环保机构标准化建设除省级监察、监测标准化达到规划目标要求、地市级和县级环境监察装备建设、省级辐射监测达到规划预期进度要求外，地市及县级环境监测、省市环境应急、宣教、监控（信息）标准化建设均未达到规划预期进度要求。其中，地市级环境监测站标准化达标率 44.4%，县级环境监测站标准化达标率 24.8%，与规划要求有一定差距；环境应急、宣教、监控信息机构均未开展标准化建设达标验收工作。省级环境监测和辐射监测机构专业人员编制距标准化建设还有一定差距。

14.8.2.2 原因

“十二五”以来，河南省强力推进“十二五”环保规划的实施，生态建设和环境保护工作取得明显成效，规划主要目标和重点任务进展顺利。但同时，我省正处于经济社会发展的转型期、资源环境承载力的高压期、公众环境要求的高涨期、环境问题的高发期，规划在实施过程中仍存在一些突出问题，其原因主要表现在：

（1）结构性矛盾依然突出，经济发展方式粗放

我省产业结构依然不合理，服务业比重偏低，金融、信息、科技等现代服务业发展不足，高端装备制造、电子信息、生物医药等新兴产业总量较小，资源型工业产业比重仍然较高，产能过剩压力较大，煤炭、电力、有色、钢铁等能源原材料工业占规模以上工业的比重达 48.7%。经济发展方式比较粗放，万元生产总值能耗、水耗远超过世界平均水平，能源利用效率低于国内平均水平，一些长期积累的资源环境问题尚未从根本上解决。随着我省工业化、城镇化进程的加快和经济总量的不断增加，能源资源消耗和污染物排放还会刚性增加，资源支撑能力和环境承载能力面临严峻挑战。

（2）城镇化进程加快，环境承载力减弱

2010年我省镇化率为38.8%，2015年将达到48%，已进入城镇化加速发展阶段；180个产业集聚区和若干工业园区是产业发展的重要载体，却集中布设于城镇周边区域。伴随着城镇化和产业集聚区的快速推进，城镇建成区和建设用地迅速扩张，钢筋水泥面积不断扩大；生活污水、垃圾等废弃物产生量大幅攀升，产商住混杂，噪声污染严重，城市环境污染呈现复合型污染态势；现有污水、垃圾等基础设施处理能力难以满足要求；水资源供需矛盾日益突出，由于大量抽取地下水，造成全省11个主要城市地面沉降；机动车保有量持续快速增加，油烟污染严重，雾霾天气成为公众热议话题，大气污染凸显。

（3）能源结构仍以煤炭为主，能源消费总量持续增加

“十二五”以来，全省能源消耗总量平均约以每年5%的速度递增，煤炭占一次能源消费比重仍在80%以上，非化石能源占一次能源消费比重为4.2%，以煤炭为主的能源结构尚未得到根本改变，颗粒物、烟尘、二氧化硫、氮氧化物的排放对大气环境造成巨大的压力，城市环境空气质量不容乐观。

（4）可吸入颗粒物不达标，造成全省空气质量达标率低

2013年17个地级以上城市中，主要污染物若只考虑SO_2和NO_2的情况下，环境空气质量年均值达到《环境空气质量标准》（GB 3095—2012）二级标准以上的省辖城市有15个；但是若考虑可吸入颗粒物，仅信阳市达标。由于可吸入颗粒物的影响，全省环境空气质量达标率总体偏低，可吸入颗粒物是目前我省城市环境空气质量的主要污染物。

（5）脱硝优惠电价和新建脱硝设备的减排效能尚未发挥

由于我省实施脱硝优惠电价较晚，对电厂的激励作用还未及时体现；新建脱硝减排设备的建设安装和发挥效能有滞后期，因此造成氮氧化物减排指标未达到规划预期进度。

（6）自然资源约束加剧，资源性缺水问题极为严重

我省人口总量大、人均占有资源少，经济发展与资源环境的矛盾突出。能源矿产等资源开发程度较高；土地资源承载力较重，人均耕地面积仅为0.08 hm^2，不及全国平均水平的1/4，土地开发程度较高，土地人口承载压力较大，自然资源对经济社会发展的约束日益加剧。水资源缺乏且年际与地域分布不均，人均水资源占有量只相当于全国的1/5，多数地区地下水供水水源地处于满负荷或超采状态；卫河、贾鲁河、黑泥泉河、涡河、惠济河、包河等河流无自然径流，基本没有生态自净的能力，进一步改善水环境质量，压力较大。

（7）环境容量不足，环境形势严峻

我省长期以来形成的高投入、高消耗、高污染、低效益的粗放型增长方式还没有根

本扭转，工业资源型产业比重仍然较高，特别是随着工业化、城镇化进程的加快，环境压力将进一步加大，污染减排和改善环境质量任务非常艰巨。从环境容量上看，我省水环境基本已无容量，大气环境虽有一定容量，但是局部区域还很不平衡，支撑发展的环境容量明显不足的问题仍然比较突出。

（8）环境保护资金投入不能满足实际需要

我省污染治理投资占 GDP 的比重一直在 0.6%左右，远低于全国平均水平。2011—2013 年，国家对我省环境保护共支持 35.41 亿元，主要用于水污染防治、良好湖泊建设、农村环境连片、重金属治理、能力建设等。然而，国家在基层环保机构标准化建设和大气污染防治方面支持较少，流域污染防治也面临着因“三河三湖”资金整合而缺少投资渠道的问题。

14.8.3　后续推动规划实施的具体工作部署

14.8.3.1　全面推动《规划》实施

进一步加强对《规划》实施的组织领导和评估考核机制，结合各专项规划建立健全责任目标考核奖惩制度，将考核结果作为各级政府领导干部综合评价和业绩考核的重要内容，切实落实各级人民政府的主体责任。

14.8.3.2　实施蓝天工程行动计划

我省已批复实施《河南省蓝天工程行动计划》，明确了 5 个方面 29 条具体措施。一是深化工业大气污染综合治理。强化二氧化硫治理，加快氮氧化物治理，严控颗粒物排放，治理挥发性有机气体，全面推进清洁生产；二是加快产业结构调整。明确产业主攻方向，严控“两高”（高耗能、高污染）行业新增产能，加快淘汰落后产能，严格实施污染物排放总量控制，大力发展循环经济，积极培育节能环保产业；三是推进能源结构调整。控制优化煤炭消费，加快推进“疆电入豫”，加快清洁能源替代利用，积极发展绿色建筑，加快农村清洁能源建设；四是加强城乡大气污染防治。实施燃煤锅炉集中治理，强化扬尘综合治理，遏制道路交通扬尘，全面开展油气回收治理，加强餐饮油烟治理，严控高污染燃料，加强城市生态建设，优化城市空间布局；五是强化机动车污染防治。加强机动车环保管理，合理控制机动车保有量，积极推广环保节能车辆，大力发展公共交通，全面提升油品质量。

14.8.3.3　实施水质改善行动计划

省政府已批复实施《2014 年度河南省碧水工程行动计划》，正在编制《全省城市清洁河流行动计划》，我省主要通过 5 项措施全面改善河流水质。一是改善全省城市河流水质，着力解决城市河流“黑臭”现象，通过定期公布全省城市河流水质情况，借助公众和舆论监督的力量，督促地方政府做好城市河流清洁工作。二是整治重污染河流，根据全省河流水质监测情况，每年确定一批污染严重的河流作为整治重点，逐条河流提出综合治理要求，并进行年底考核。三是治理工业污染，从重点解决我省产业结构不合理、工业污染排放量大等问题入手，提出严于国家的落后产能淘汰任务和制定更加严格的行业、流域污染物排放标准，推进企业清洁生产，加强综合环境监管。四是推动新一轮城镇污水处理设施建设，结合我省城镇化发展趋势、现有生活污水处理水平，确定全省城镇污水处理厂建设和改造要求，解决我省城镇生活污水处理能力不足、处理标准低的问题。五是保障老百姓饮水安全，对水源地的环境违法问题，一经查实，依法从严从重处理，保障全省饮用水水源地水质安全，让老百姓喝上放心水。

14.8.3.4 强力推进氮氧化物减排

充分发挥环保电价等经济政策的作用，确保 2014 年年底前，全省所有 30 万 kW 以上燃煤发电机组完成脱硝工作任务，完成淘汰 28.2 万辆黄标车任务，50%以上新型干法水泥生产线完成烟气脱硝治理；2015 年 6 月底前，全省所有新型干法水泥生产线完成烟气脱硝治理，并加强对全省燃煤发电机组烟气脱硝设施和新型干法水泥生产线烟气脱硝设施监管，提高综合脱硝效率；2015 年年底前，基本淘汰 2005 年以前的“黄标车”，确保完成“十二五”氮氧化物的减排目标任务。

14.8.3.5 组织实施乡村清洁工程

按照国家对农村环境连片综合整治的要求，结合农村新型社区建设，因地制宜建设农村生活垃圾、污水处理设施，不断健全农村环境保护工作长效运行机制。加大畜禽养殖污染治理力度，新建规模化畜禽养殖企业必须配套建设污染处理设施。实施农业污染治理示范工程，全面推广测土配方施肥技术。严禁焚烧秸秆，搞好秸秆综合利用。

14.8.3.6 推进生态文明建设示范区和生态省建设

按照《河南省生态省建设规划纲要》，结合第一阶段目标要求，努力形成比较完善的生态省建设机制和制度框架，建立政府主导、法规健全、市场运作、科技先导、公众参与的生态省建设机制，全面实施生态建设重点工程，推进生态市、县、乡镇、村建设和生态文明示范区建设。

14.8.3.7 加强监管能力标准化建设和科研能力建设

积极争取国家环保专项资金，按照配精省级、配强市级、配齐县级、覆盖乡级的原则，加强省辖市、省直管县（市）的环境监察、监测、监控（信息）、宣教、辐射、固体废物、应急标准化建设，提高环境监管能力和水平。

14.8.3.8　加强环境宣传教育

深入开展“推进生态文明建设美丽河南”主题宣教活动，大力弘扬生态文明理念，动员全社会力量加快推进美丽河南建设。坚持新闻发布，加强舆论引导。围绕推进蓝天、碧水、乡村清洁三大工程，开展大气污染防治、城市河流清洁行动、污染减排重点项目建设、环保政策法律法规等专题新闻宣传活动。创新开展世界环境日、国际保护臭氧层日等重大环境纪念日宣传活动。深入开展绿色创建、公众环保体验、环保知识下乡、青年和巾帼环境友好使者行动等多种形式的社会化宣传活动。加强对党政领导干部、企业管理人员、环保志愿者、环境教育基地讲解员等不同层次的环境政策法制培训，持续做好环境教育师资培训，开展环境教育示范课、优秀环境教案评选，创建环境教育社会实践基地。进一步提高全民环境意识和环保法制观念，引导公众正确认识、理性参与环境保护。

14.8.3.9　健全环境管理

继续坚持并完善主要污染物总量预算管理、水环境生态补偿、环境形势分析、超标预警、流域限批等行之有效的环境管理制度，理顺工作运行机制；加快建立排污权有偿使用和交易管理制度，优化流域内资源与环境容量配置；加快惠济河、贾鲁河流域标准的制定，通过地方标准的实施促进企业提升技术装备和污染治理水平，减少污染排放；开展饮用水水源地和南水北调中线工程环境违法问题排查整治，确保人民群众饮水安全和“一渠清水北送”；狠抓污水处理厂、垃圾处理场、国省控重点污染源环境监管，严肃查处环境违法行为，确保污染防治设施正常、稳定、高效运行，切实改善环境质量。

14.8.4　意见和建议

（1）建议国家进一步加大对河南省的支持力度

河南是全国重要的农业大省、产粮大省、粮食转化加工大省和畜牧业大省，地跨长江、淮河、海河、黄河四大流域，又是南水北调中线工程水源地和引水渠首所在地。随着粮食生产核心区、中原经济区、郑州航空港经济综合实验区三大国家战略规划和主体功能区规划的实施，我省为保障国家粮食质量、生态安全、南水北调和下游群众水环境质量、全国污染减排大局付出了大量的人力、物力和财力。作为欠发达省份，财政资金非常有限，急需国家大力支持。因此，建议国家重点加大对流域规划项目、基层环保机构标准化建设、污染减排项目、大气污染防治、生态补偿等方面的支持力度。

（2）建议调整部分规划项目

随着社会经济的发展，由于城区规划改变、企业转产等因素，一些规划项目已没有实施的必要，或者已由其他治污工程取代。因此，建议国家尽快启动专项规划项目调整工作，更换一批可实施、环境效益好的项目，同时建议在规划考核时充分考虑城市大气环境质量普遍不够理想的现状。

（3）规划评估和考核工作方面的建议

一是建议将环保规划评估与国民经济社会发展规划评估工作结合起来，同步开展规划评估工作。二是建议将环保总规评估和专项规划评估结合起来，明确各自的侧重点。三是建议“十二五”规划考核工作提早布置、提早培训。

（4）编制“十三五”环保规划的建议

一是建议将国家环保大气、水、土壤三大行动计划、生态文明建设、新型城镇化等政策措施在规划上予以体现；二是进一步加强环境总量、质量、容量挂钩机制，建立以环境质量为主要导向的规划目标体系；三是将落实主体功能区规划、环境功能区划、生态保护红线等内容纳入规划；四是提高规划编制社会参与度，广泛听取社会各界意见，使规划更好地反映社情、表达民意，提高决策的民主化和科学化水平；五是加强规划编制前期研究和调研，科学确定“十三五”规划框架体系、目标指标体系、政策法规体系和环保投入体系等；六是科学设置相关专题和专项规划。

表 14-9 规划主要目标评估

指标名称	2010 年基数	2015 年目标	2011 年	2012 年	2013 年	是否达到预期进度
地表水国控断面劣Ⅴ类水质比例/%	22.2	＜15		14.6	14.6	是
七大水系国控断面好于Ⅲ类比例/%	50	＞60		61	58.5	是
地级以上城市空气质量达到二级标准以上的比例/%		≥80	88	88	6	否
化学需氧量排放总量/万 t	148.24	133.5	143.67	139.36	135.42	是
氨氮排放总量/万 t	15.57	13.61	15.38	14.98	14.42	是
二氧化硫排放总量/万 t	144.03	126.9	137.05	127.59	125.4	是
氮氧化物排放总量/万 t	158.97	135.60	166.55	162.59	156.56	否

表 14-10　规划任务定量指标评估

规划任务		序号	指标名称	2015 年目标	2013 年	是否达到预期进度
主要污染物减排	加大结构调整	1	非化石能源占一次能源消费比重	11.40%	4.2%	否
	削减化学需氧量和氨氮排放量	2	工业和生活化学需氧量年排放总量	削减 10%	8.80%	是
		3	工业和生活氨氮年排放总量	削减 12.9%	6.40%	是
		4	造纸行业化学需氧量排放量	削减 10%	25.60%	是
		5	纺织行业化学需氧量排放量	削减 10%	38.90%	是
		6	造纸行业氨氮排放量	削减 10%	26.70%	是
		7	纺织行业氨氮排放量	削减 10%	16.60%	是
		8	污水处理设施负荷率	80%	89.31%	是
		9	城市污水处理率	85%	87.83%	是
		10	规模化畜禽养殖场和养殖小区配套建设固体废物和污水贮存处理设施的比例	50%	69%	是
解决突出环境问题	改善水环境质量	11	地级以上城市集中式饮用水水源地定期开展水质全分析比例	100%	100%	是
		12	城镇集中式地表水饮用水水源地水质达到功能要求	Ⅲ类	Ⅲ类	是
		13	淮河流域 19 个考核断面达标率	100%	100%	是
		14	海河流域 11 个考核断面达标率	100%	100%	是
		15	黄河流域 8 个考核断面达标率	100%	100%	是
		16	南水北调中线丹江口水库及上游水质达标比例	水质全面达标	100%	是
	生物多样性保护	17	国家重点物种得到保护的比例	90%	90%	是
	大气污染防治	18	开展细颗粒物、臭氧监测的地级以上城市比例	100%	100%	是
重点领域环境风险防控	重金属污染防治	19	重点区域重点重金属污染物排放量消减比例	比 2007 年降低 15%	8.35%	是
		20	非重点区域重点重金属污染物排放量	不超过 2007 年水平	不超过	是
	固体废物安全处理处置	21	工业固体废物综合利用率	72%	76.08%	是
		22	历史推存铬渣安全处置工程进度	100%	100%	是
		23	地级以上城市医疗废物无害化处置率	100%	100%	是
		24	危险废物重点产生单位危废规范化管理抽查合格率	90%	72.8%	是
		25	危险废物重点经营单位危废规范化管理抽查合格率	95%	83.6%	是
		26	城市生活垃圾无害化处理率	80%	86.4%	是

规划任务		序号	指标名称	2015 年目标	2013 年	是否达到预期进度
完善环境保护基本公共服务体系	农村连片整治	27	完成农村环境综合整治建制村数量	2 000 个	1 311 个	是
	监测标准化建设	28	省级环境监测站标准化达标率	100%	100%	否
			地市级环境监测站标准化达标率	100%	44.4%	
			县级环境监测站基本设备配置达标率	90%	24.8%	
	监察标准化建设	29	省级环境监察机构装备达标率	95%	100%	是
			地市级监察机构装备建设达标率	90%	72.2%	
			县级监察机构装备建设达标率	85%	61.7%	
	应急标准化建设	30	省级环境应急管理机构二级达标率	100%	未开展	否
			地市级环境应急管理机构二级达标率	70%	未开展	
	辐射监测标准化建设	31	省级辐射环境监测能力标准化达标率	100%	80%	是
	信息标准化建设	32	地市以上环境信息机构设备配置标准化达标率	100%	未开展	否
	宣教标准化建设	33	地市以上环境宣教机构设备配置标准化达标率	100%	未开展	否

第 15 章 《河南省环境保护“十二五”规划》中期评估

根据《河南省人民政府关于印发河南省环境保护“十二五”规划的通知》（豫政〔2011〕96 号）（以下简称《规划》），“在 2013 年年底和 2015 年年底，分别对规划实施情况进行中期评估和终期考核，评估和考核结果向省政府报告，对社会公布，并作为考核各级政府工作政绩的重要内容”，省环境保护厅对截至 2013 年年底的《规划》执行情况进行了中期评估，现将有关情况报告如下。

15.1 《规划》实施总体进展情况

河南省委、省政府高度重视环境保护工作，把环境保护作为贯彻落实科学发展观、转变经济发展方式、加快中原崛起河南振兴的重要举措，坚持在发展中保护，在保护中发展，大力推进生态文明建设，提出了建设美丽河南的宏伟目标，部署了蓝天工程、碧水工程、乡村清洁工程、生态省建设等重大任务，为全省上下进一步抓好环境保护工作明确了目标和方向。同时出台了一系列环保法规、标准和加强环境保护的文件，为“十二五”环保规划实施提供了重要保障。

各地区、各部门深入贯彻落实科学发展观和党的十八大精神，以深化污染治理为核心，以加强总量减排为重点，以严格环境执法为抓手，以改善环境质量为目标，集中整治突出环境问题，推动城乡环境基础设施建设，加强生态保护和修复，全力落实《规划》确定的目标、指标和重点任务，并将环保工作贯穿于促进经济转型、推动绿色发展中。

《规划》实施三年来，在经济较快发展的同时，全省环境质量基本保持稳定，减排工作扎实推进，环境监管能力明显增强，自然生态建设和农村环境保护工作取得新的成绩。《规划》实施总体顺利，目标基本达到进度要求，部分指标和任务完成存在较大的难度和问题。

15.1.1 《规划》目标和指标进展情况

《规划》提出“十二五”期间，全省主要污染物排放总量持续减少，环境质量不断改善，城乡环境保护统筹推进，重要生态功能区环境质量基本保持稳定，环境监管能力得到系统提升，环境安全得到基本保障，为全面推进中原经济区建设提供环境支撑，并从总量减排和环境质量两方面提出了 10 个指标。

（1）总量减排指标完成情况。2013 年，我省化学需氧量、氨氮、二氧化硫、氮氧化物排放量分别为 135.42 万 t、14.42 万 t、125.4 万 t、156.56 万 t，分别完成减排任务的 87%、58.7%、108%、10.2%，化学需氧量、氨氮、二氧化硫减排比例达到规划进度要求。

（2）环境质量指标完成情况。2013 年，全省好于III类水质的省控断面比例为 45.8%，劣V类水质的省控断面比例为 24.1%，省辖市集中式饮用水水源地取水水质常规监测因子水质达标率 99.5%，辐射环境水平保持在天然本底涨落水平内，4 项指标达到规划目标要求。我省省辖城市空气质量好于《环境空气质量标准》（GB 3095—2012）二级标准天数比例为 72.8%，未达到规划目标要求。环境空气中主要污染物年均值达到二级标准以上的省辖城市比例，主要污染物若只考虑二氧化硫和二氧化氮时为 83.3%，若考虑二氧化硫、二氧化氮和可吸入颗粒物时为 5.5%，未达到规划目标要求。《规划》主要目标评估见表 15-1。

表 15-1 《规划》主要目标评估

<table>
<tr><th>指标名称</th><th>2010 年基数</th><th>2015 年目标</th><th>2011 年</th><th>2012 年</th><th>2013 年</th><th>是否达到预期进度</th></tr>
<tr><td>化学需氧量排放总量/万 t</td><td>148.24</td><td>133.5</td><td>143.67</td><td>139.36</td><td>135.42</td><td>是</td></tr>
<tr><td>氨氮排放总量/万 t</td><td>15.57</td><td>13.61</td><td>15.38</td><td>14.98</td><td>14.42</td><td>是</td></tr>
<tr><td>二氧化硫排放总量/万 t</td><td>144.03</td><td>126.9</td><td>137.05</td><td>127.59</td><td>125.4</td><td>是</td></tr>
<tr><td>氮氧化物排放总量/万 t</td><td>158.97</td><td>135.60</td><td>166.55</td><td>162.59</td><td>156.56</td><td>否</td></tr>
<tr><td>省控断面劣V类水质的比例/%</td><td>26.5</td><td>≤25</td><td>28.9</td><td>21.7</td><td>24.1</td><td>是</td></tr>
<tr><td>省控断面好于III类水质的比例/%</td><td>49.4</td><td>≥45</td><td>42.2</td><td>47.0</td><td>45.8</td><td>是</td></tr>
<tr><td>省辖市集中式饮用水水源地取水水质常规监测因子水质达标率/%</td><td>100</td><td>≥98</td><td>100</td><td>100</td><td>99.5</td><td>是</td></tr>
<tr><td>省辖城市空气质量达到二级标准天数比例/%</td><td>80</td><td>≥80</td><td>88.5</td><td>89.3</td><td>72.8</td><td>否</td></tr>
<tr><td rowspan="4">环境空气中主要污染物年均值在二级以上的省辖城市比例/%</td><td rowspan="4">88</td><td rowspan="4">80</td><td colspan="3">只考虑 SO_2、NO_2</td><td rowspan="2">是</td></tr>
<tr><td>88.8</td><td>94.4</td><td>83.3</td></tr>
<tr><td colspan="3">SO_2、NO_2、可吸入颗粒物（PM_{10}）</td><td rowspan="2">否</td></tr>
<tr><td>83.3</td><td>83.3</td><td>5.5</td></tr>
<tr><td>辐射环境水平</td><td colspan="5">保持在天然本底涨落水平内</td><td>是</td></tr>
</table>

15.1.2　定量任务指标完成情况

总量减排、污染防治、农村与生态环境保护、能力建设、体制机制五大任务总体进展顺利，规划任务 32 项定量指标中 22 项按期完成了任务（表 15-2）。

表 15-2　规划任务定量指标评估

规划任务	序号	指标名称	2015 年目标	2013 年	完成比例	是否达到预期进度
总量减排	1	城镇污水处理率	85%	城市 90.84%；县城 76.31%	城市 107%；县城 90%	是
	2	规模化畜禽养殖场和养殖小区配套建设固体废物和污水贮存处理设施的比例	60%	69%	115%	是
	3	畜禽粪便资源化率	95%	96.06%	101%	是
	4	结构减排占工业源减排量的比例	10%	COD 50.7%；$SO_2$13.75%	COD 507%；$SO_2$138%	是
污染防治	5	当年产生的放射性废物和废旧放射源送贮率	100%	100%	100%	是
	6	危险废物重点产生单位危废规范化管理抽查合格率	90%	72.8%	81%	是
	7	危险废物重点经营单位危废规范化管理抽查合格率	95%	83.6%	88%	是
	8	省辖市和县级市医疗废物集中无害化处置率	90%	省辖市 100%；县级市—	省辖市 111%；县级市—	—
	9	一般工业固体废物综合利用率	75%	76.08%	101%	是
	10	省辖市和县（市）生活垃圾无害化处理率	80%	城市 89.37%；县城 76.74%	城市 112%；县城 96%	是
	11	重点区域内重点重金属污染物排放量削减比例	比 2007 年降低 30%	8.35%	28%	否
	12	炼钢生产、再生有色金属生产和废弃物焚烧三大重点行业二噁英单位产量（处理量）排放强度削减比例	10%	—	—	—
	13	废弃物焚烧、铁矿石烧结、电弧炉炼钢和再生有色金属生产四大重点行业二噁英排放达标率	85%	—	—	—
农村与生态环境保护	14	农村环境连片综合整治 实施农村环境综合整治村庄数	2 000 个	1 311 个	66%	是

<table>
<tr><th>规划任务</th><th>序号</th><th colspan="2">指标名称</th><th>2015 年目标</th><th>2013 年</th><th>完成比例</th><th>是否达到预期进度</th></tr>
<tr><td rowspan="14">农村与生态环境保护</td><td>15</td><td rowspan="6">农村环境连片综合整治</td><td>农村饮用水水源卫生合格率</td><td>100%</td><td>94%</td><td>94%</td><td>是</td></tr>
<tr><td>16</td><td>采用污水集中处理模式的农村生活污水处理率</td><td>≥80%</td><td>75.1%</td><td>94%</td><td>是</td></tr>
<tr><td>17</td><td>采用污水分散处理模式的农村生活污水处理率</td><td>≥60%</td><td>36.4%</td><td>61%</td><td>是</td></tr>
<tr><td>18</td><td>生活垃圾定点存放清运率</td><td>100%</td><td>94.5%</td><td>95%</td><td>是</td></tr>
<tr><td>19</td><td>生活垃圾无害化处理率</td><td>≥70%</td><td>71%</td><td>101%</td><td>是</td></tr>
<tr><td>20</td><td>畜禽养殖废弃物综合利用率</td><td>≥70%</td><td>77.5%</td><td>111%</td><td>是</td></tr>
<tr><td>21</td><td colspan="2">主要农作物测土配方施肥面积</td><td>80%</td><td>69.18%</td><td>86%</td><td>是</td></tr>
<tr><td>22</td><td colspan="2">主要农作物施配方肥比例</td><td>40%</td><td>27.85%</td><td>70%</td><td>是</td></tr>
<tr><td>23</td><td colspan="2">主要农产品中有机、绿色及无公害产品种植面积比重</td><td>30%</td><td>30.78%</td><td>103%</td><td>是</td></tr>
<tr><td rowspan="4">24</td><td rowspan="4">生态创建</td><td>国家级生态县（市）</td><td>1～2 个</td><td>1</td><td>100%</td><td rowspan="4">是</td></tr>
<tr><td>省级生态县（市）</td><td>15 个</td><td>5</td><td>33%</td></tr>
<tr><td>省级生态乡镇</td><td>500 个</td><td>498</td><td>100%</td></tr>
<tr><td>省级生态村</td><td>3 000 个</td><td>2 525</td><td>84%</td></tr>
<tr><td>25</td><td colspan="2">森林覆盖率</td><td>23.61%</td><td>23.67%</td><td>100%</td><td>是</td></tr>
<tr><td rowspan="7">能力建设</td><td>26</td><td colspan="2">省、市、县三级环境监察机构装备配置标准化建设达标率</td><td>监察机构新标准：
省级 100%；
市级 100%；
县级 90%</td><td>省级 100%；
市级 72.2%；
县级 61.7%</td><td>省级 100%；
市级 72%；
县级 69%</td><td>是</td></tr>
<tr><td>27</td><td colspan="2">省、市、县三级环境监测站国家标准化建设达标率</td><td>监测机构：
省级 100%；
市级 100%；
县级 90%</td><td>省级 100%；
市级 44.4%；
县级 24.8%</td><td>省级 100%；
市级 44%；
县级 28%</td><td>否</td></tr>
<tr><td>28</td><td colspan="2">省、省辖市、省直管试点县（市）环境监控（信息）中心仪器设备配置标准化建设达标率</td><td>省级 100%；
省辖市 80%；
直管县（市）70%</td><td>未开展</td><td>0</td><td>否</td></tr>
<tr><td>29</td><td colspan="2">省、市两级环境应急管理机构标准化建设二级达标率</td><td>省级 100%；
市级 70%</td><td>未开展</td><td>0</td><td>否</td></tr>
<tr><td>30</td><td colspan="2">省、市两级辐射环境监测机构仪器设备配置标准化建设达标率</td><td>省级 100%；
市级 100%</td><td>省级 100%；
市级 27.8%</td><td>省级 100%；
市级 28%</td><td>否</td></tr>
<tr><td>31</td><td colspan="2">省、市两级固废监管机构仪器设备配置相关标准化建设达标率</td><td>省级 100%；
市级 70%</td><td>未开展</td><td>0</td><td>否</td></tr>
<tr><td>32</td><td colspan="2">省、市两级环境宣传教育机构标准化建设达标率</td><td>省级 100%；
市级 70%</td><td>未开展</td><td>0</td><td>否</td></tr>
</table>

注：完成比例为 2013 年指标值与 2015 年目标值的百分比，大于等于 50%为达到预期进度，否则为否。

15.1.3　主要任务完成情况

15.1.3.1　总量减排进展成效

（1）工程减排进展成效

截至 2013 年年底，我省正式运行的城市和县城污水处理厂 160 座，全部建成工况监控系统，建成规模 723.75 万 t/d，平均负荷率达 89.31%，全年累计处理水量 23.44 亿 m^3，削减 COD 约 60.38 万 t，城市污水处理率 90.84%，县城污水处理率为 76.31%；未纳入城市统计的建制镇具备污水处理能力 30.96 万 t/d；建成产业集聚区污水处理厂 68 座。

全省 73 台总装机容量 3 236.4 万 kW 燃煤机组建成脱硝设施，脱硝机组比例超过 59.9%；54 台总装机容量 2 575 万 kW 燃煤机组取消脱硫烟气旁路，取消烟气旁路火电机组比例达 47.7%；新建的 20 台燃煤机组全部建设脱硫脱硝设施。对燃煤电厂、钢铁厂、水泥厂等大气重污染企业提出了限制治理要求，42 台 4 613 m^2 钢铁烧结机/球团建成脱硫设施；24 条 110 000 t 熟料/d 水泥生产线建成脱硝设施。

全省 142 个县（市、区）划定了畜禽养殖禁养区、限养区，实施了禁养区养殖场搬迁和限养区养殖场标准化改造。根据省畜牧局抽样调查结果，2013 年我省 69%的规模化畜禽养殖场和养殖小区配套建设固体废物和污水贮存处理设施，畜禽粪便资源化率达 96.06%，达到规划总体目标要求。

全面推行了国Ⅳ标准车用乙醇汽油，淘汰黄标车 9.7 万辆，实施了机动车排气污染检验、环保标志、外地转入机动车等管理制度。

（2）结构减排进展成效

我省加大淘汰落后产能力度，炼铁、炼钢、铁合金、电解铝、铜冶炼、造纸、水泥、柠檬酸、味精、制革、印染、铅酸蓄电池 12 个行业已完成或超额完成规划任务，电石、铅冶炼、化纤 3 个行业基本完成，焦炭、平板玻璃、酒精 3 个行业完成预期进度，锌冶炼行业无可淘汰项目。进一步贯彻落实《规划环境影响评价条例》（国务院令　第 559 号），开展各类规划环评 501 个。COD 结构减排占工业源减排量的比例为 50.7%，二氧化硫结构减排占工业源减排量的比例为 13.75%，完成规划要求目标。

（3）管理减排进展成效

实施了主要污染物总量预算管理。将控制排放量、总减排量和许可预支增量纳入年度国民经济和社会发展计划以及环境保护目标，出台了《河南省减少污染物排放条例》，开展重点减排项目推进年活动，坚持月调度、季通报、定期督导制度，定期召开总量减排推进会，实施预警约谈、履责约谈和诫勉约谈。定期公布企业排污信息，强化减排措施落实。以5个重金属污染防治重点防控行业和7个产能过剩主要行业为重点，完成464家企业清洁审核工作。

积极推进《循环经济试点省实施方案》实施，洛阳市、焦作市被列入国家资源综合利用“双百工程”示范基地，洛阳市循环经济园区、濮阳经济技术开发区、焦作飞孟激光再制造有限公司相继被列为国家循环经济示范试点，认定公布资源综合利用企业167家，年利用各类废渣3 900万t。

加强执法监管，持续强化重点污染源、建设项目、减排工程及农村生态环境监察，开展一系列分行业、区域专项执法检查，充分发挥监管减排作用。全省各级环保部门共出动执法人员约114.7万人次，检查企业50万家（次），查处纠正环境违法违规行为2万余起，立案处罚5 000余起，实施挂牌督办和列入环保“黑名单”企业346家。

按照《关于加强燃煤电厂脱硫设施运行的通知》要求，对燃煤电厂烟气脱硫工程实施了限期治理。相继出台了《河南省燃煤电厂脱硫设施运行环境监察现场核查办法（试行）》《关于进一步加强燃煤电厂脱硫设施管理的通知》《关于强化燃煤电厂二氧化硫总量减排工作的通知》《燃煤发电机组脱硫电价及脱硫设施运行管理办法（试行）》《燃煤电厂脱硫设施运行环境管理办法》等一系列文件，紧抓电力行业脱硫设施的日常运行管理，严格按照《河南省燃煤电厂脱硫设施运行管理办法》要求，从严控制脱硫设施检修和故障停运，确保脱硫设施投运率达到90%以上。

15.1.3.2 污染防治进展成效

（1）水环境质量基本保持稳定

2013年，我省省控断面水质好于Ⅲ类的比例为45.8%，省控断面水质劣Ⅴ类的比例为24.1%，省辖市集中式饮用水水源地取水水质常规监测因子水质达标率均大于98%，达到规划目标要求。

“十二五”以来，我省积极实施《河南省点流域水污染防治规划（2011—2015年）》，规划项目共769个，截止到2013年11月，已完成（含调试）292个，占总数的37.97%，在建202个，占总数的26.27%；其中列入国家《重点流域水污染防治规划（2011—2015年）》的项目共480个，截止到2013年年底，已完成（含调试）191个，占总数的39.79%，在建145个，占总数的30.21%。为全面提升城市水环境质量，研究制定《河南省城市河流清洁行动计划》。

不断完善和规范饮用水水源保护工作，完成113个城市和148个县城集中式饮用水水源保护区划定工作，开展了城市、城镇及典型乡镇集中式饮用水水源基础环境状况调查工作，建立了城市集中式饮用水水源环境状况年度评估和规划实施评估工作机制；省辖城市集中式饮用水水源地每年至少开展一次水质全分析监测，在 14 个地表水饮用水水源地建成水质自动监测站；取缔饮用水水源保护区内违法建筑 319 个、关闭排污口 21 个；在饮用水水源保护区设立边界标示，对穿越保护区的重要道路设立交通警示标志。

完成了华北平原河南省地下水污染防治研究工作，全面开展了河南省地下水典型污染源和地下集中式饮用水水源调查和试点区域地下水基础环境状况调查评估。

（2）大气污染防治工作全面启动

实施《河南省蓝天工程行动计划》，明确了全省可吸入颗粒物和细颗粒物的环境质量改善目标和大气环境治理 5 个方面 29 条具体措施；积极推进 $PM_{2.5}$ 监测体系建设，新建、升级改造 99 个大气自动监测系统，各省辖市、省直管县（市）均开展了细颗粒物和臭氧等 6 项因子的监测工作，实现了国家、省、市三级联网；启动了细颗粒物（$PM_{2.5}$）源解析研究工作，定性定量研究分析河南省灰霾污染成因；全省淘汰或改造省辖市建成区天然气和供热管网覆盖范围内 10 蒸吨及以下燃煤锅炉 858 台。

进一步规范建筑工地施工管理，积极推行绿色施工和城市道路机械化清扫。加强餐饮业油烟治理，积极推广使用高效净化型家用吸油烟机，部分地市开展餐饮油烟污染控制和恶臭污染治理工程，禁止无油烟净化设施的露天烧烤。加强有机废气回收利用，新建项目均要求使用水性、低毒或低挥发性的有机溶剂；安阳、平顶山等地按照计划实施了加油站、油库和油罐车的油气回收综合治理工程；积极推进监测能力建设，开展挥发性有机污染物和有毒废气监测。结合《河南省重金属污染综合防治“十二五”规划》实施，控制含汞、铅等有毒有害废气排放。

（3）逐步规范核与辐射安全管理

全省 4 000 家辐射工作单位已全部取得了辐射安全许可证；大型无线电发射装置已纳入辐射环境安全监管范围；严格执行放射源转让审批和放射源异地使用备案制度；建成河南省辐射环境质量及放射性污染源自动监控系统；全省 206 家废旧金属企业，有 193 家配置了辐射监测仪器；河南省城市放射性废物库已收贮各类废旧放射源 2 093 枚，放射性废物 15 100 kg；开封杞县利民辐照厂辐照设备实现安全退役；开封核能辐照厂废旧放射源已安全送贮，正在开展辐照设施以及厂区清理去污、废水处理和放射性废物的处置工作。

（4）不断增强固体废物安全处置能力

建立了河南省危险废物监管重点源名单，完成了省内已发现的历史遗留铬渣无害化处置工作，建成 2 座危险废物集中处置中心，19 座医疗废物处置中心，医疗废物处置设施负荷率达到 70.78%，大、中型医疗卫生机构医疗废物无害化处置率 100%。建成废弃电器电子产品拆解处理处置企业 7 家，处置规模 850.2 万台/a。实施工业固废资源化利用工程，一般工业固体废物综合利用率 76.08%。开展全省进口固体废物专项整治工作，共完成 24 家加工利用企业申请固体废物进口许可证初审工作。

截至 2013 年年底，全省正式投运的生活垃圾处理场 125 座，其中 38 个城市建成 42 座生活垃圾处理场，具备垃圾处理能力 21 790 t/d，无害化处理率 89.37%，完成了规划目标要求；88 个县建成 83 座垃圾处理场，处理规模 12 752 t/d，无害化处理率为 76.74%。828 个未纳入城市统计的建制镇建成 62 座生活垃圾处理厂，处理规模 2 011 t/d。

（5）积极开展重金属污染防治工作

编制实施了《河南省重金属污染综合防治“十二五”规划》和《实施方案》；制定了重有色金属冶炼及压延加工、皮革及其制品、化学原料及化学制品制造、重有色金属矿（含伴生矿）采选等 4 个行业综合治理技术规范；7 个重点地市对 265 家不符合国家产业政策或属落后产能的企业实施关闭淘汰；三年争取国家资金 8.85 亿元，共削减铅、汞、镉、铬、砷重金属污染物 73.18 t，比 2007 年削减了 8.35%。

（6）完善环境应急管理和开展化学品风险防控

建立了环境风险源企业环境应急预案备案、现场监察等一系列制度；建设项目环评审批对防范环境风险提出了明确要求；建立了环保、安监、公安消防等部门应急联动工作机制；完善了省级环境应急专家库。连续 3 年开展环境应急检验性实战演练；完成重点行业企业环境风险及化学品检查，对 1 910 家企业进行了全面调查；开展了重点风险源、重要和敏感区域定期检查，全省共检查企业 12 407 家次，尾矿库 260 个，查处存在环境问题 615 个。妥善处置了山西长治苯胺泄漏事件导致红旗渠污染、惠济河放水导致涡河污染、陕西省丹凤县 312 国道二氯乙烷泄漏影响丹江水质等跨界污染突发环境事件。开展了全省生产化学品环境情况调查工作，共审核确认企业 1 200 余家。

15.1.3.3 农村与生态环境保护进展成效

（1）农村环保及环境连片综合整治进展成效

连续三年开展农村环境连片综合整治工作，1 311 个建制村已完成综合整治工作，如期完成规划进度要求，完成整治村庄的生活污水处理能力达到约 7.5 万 t/d，垃圾处理能力约 850 t/d。继续推进农村饮水安全工程，累计投资 168 亿元，解决了 3 317.74 万人和 353.65 万学生的饮水不安全问题；35 个县（市）推行城乡供水一体化，城乡供水覆盖总人口为 903.6 万人，水质合格率为 94%。

（2）生态安全保障进展成效

认真探索生态保护和监管工作机制，发布实施《河南生态省建设规划纲要》，结合生态省创建工作，积极推进各级生态示范区的创建工作，目前已完成“十二五”创建任务要求的 80%以上。不断规范自然保护区的建设和管理，自然保护区占全省国土面积基本稳定在 4.31%，完成了 33 个自然保护区的基础调查工作；开展南水北调中线源头、淮河源 2 个国家级重要生态功能区建设。完成全省生态环境十年变化（2000—2010 年）遥感调查与评估以及生物多样性调查与评价，初步摸清了全省生态系统的家底。不断加强资源开发项目监管，截至 2013 年年底，共完成矿产开发、水电、旅游开发等项目审批 217 个，“三同时”验收 59 个；缴存矿山地质环境恢复治理保证金的矿山企业 1 744 家，全省保证金余额 17.23 亿元。

（3）土壤环境保护进展成效

土壤环境保护工作逐步推进，在土壤污染状况调查工作基础上，进一步开展农产品产地土壤重金属普查与分级管理、农产品产地土壤重金属污染监测等工作，组织编制了《河南省土壤环境保护和综合治理工作方案（初稿）》。济源市积极开展土壤重金属污染修复工作，已取得阶段性成果；郑州市、平顶山市积极开展污染场地土地使用性质变更后的污染土壤环境调查、风险评估和治理修复工作。

15.1.3.4　能力建设进展成效

（1）环境监测和监督体系建设进展成效

省环境监测中心、省环境监察总队、13 个地市环境监察机构、8 个地市级环境监测站通过标准化验收；92 个县级环境监察机构装备建设、27 个县级环境监测站标准化建设通过验收；省本级和 13 个省辖市成立了环境应急机构，省本级和 14 个省辖市成立了环境监控机构。

目前我省累计投资 5.8 亿元，建成“覆盖全省、功能完备、技术先进、全国一流”的环境自动监控系统，完成近 500 个环境质量自动监控基站和 1 400 余个重点污染源自动监控基站的建设。“十二五”以来完成全省 59 家上网电厂和 160 家城镇污水处理厂工况监控系统建设、14 个饮用水水源地水质自动站建设、9 个重点区域地表水重金属自动站和第一期 55 个责任目标断面水质自动站改、扩建，所有省辖市、省直管县（市）实现了 $PM_{2.5}$ 等 6 项因子的监测，并与环保部及省环保厅联网，监控数据在污染减排、排污收费、环境执法等工作中发挥着越来越重要的作用。

2011—2013 年，我省共投资 4 574 万元用于环境监察移动执法系统建设，采用“省市两级平台、省市县三级应用”模式，实现省、市、县三级联动执法，以及全省环境监察执法的数据信息共享和业务流程贯通，目前借助移动执法系统，使执法人员做到了“三统一”（执法内容统一、标准统一、程序统一），初步实现了工作流程、现场执法、审查审核和档案建设的规范化。

（2）环境预警应急体系建设进展成效

建立了环境监测预警响应机制，出台了《河南省环境监测预警响应规定（试行）》，并在全省范围内实施。正在实施重点省市核与辐射应急监测调度平台及快速响应能力建设项目，包括省级核与辐射应急监测调度平台、快速应急监测系统建设，已完成设备招标采购。

（3）总量核查核算体系建设进展成效

建立主要污染物排放总量减排统计、监测和考核体系，实行火电、钢铁、水泥、造纸、印染等行业和公共污水处理厂全口径污染物排放量统计。建立了与环保、农业、住建、统计、畜牧等部门合作统计数据共享机制。印发《加强“十二五”主要污染物总量减排监测体系建设运行情况考核工作的通知》（豫环文〔2013〕192 号），加强减排监测体系建设，强化监督性监测、重点污染源自行监测及信息发布，注重自动监测数据应用，确保监测数据真正为环境执法、排污收费、总量核算等环境管理决策服务。

（4）科技支撑体系建设进展成效

开展环境容量、环境承载力、环境监测、环境与健康的关系等环境科学基础科学研究，做好国家重大水专项科技攻关工作。建设环境容量和环境承载力模拟重点实验室以及环境监测重点实验室，加强环境科研基础能力建设，不断提高我省环境科研能力。

（5）人才保障体系建设进展成效

制定了《河南省生态环境保护人才发展中长期规划（2011—2020 年）》，制定了《年度全省环保业务培训计划》，选派生态环保党政管理人才到发达国家和地区学习，选派领导干部上挂下派锻炼和到省委党校和省直党校学习培训，做好全厅机关干部网上培训的督导工作。

15.1.3.5 体制机制进展成效

（1）法规体系建设进展成效

2011—2013 年，河南省不断加强法规体系建设，出台实施了《河南省固体废物污染环境防治条例》《河南省减少污染物排放条例》2 个地方性法规、1 个政府规章和 26 个规范性文件，制定或修订实施了 5 个行业和 4 个流域水污染物排放标准。截至 2013 年年底，河南省共出台环保类地方性法规 4 个，政府规章 6 个，规范性文件 38 个，污染物排放标准 9 个。

（2）创新工作机制进展成效

落实环境目标责任制，不断完善环保综合决策机制。将可吸入颗粒物和细颗粒物、产业集聚区污水垃圾等指标纳入了省委考核体系，将污染物总量控制、节能减排等主要环保指标分解，纳入各级政府环保责任目标绩效考核，严格执行环境保护行政问责制和“一票否决”制。为推进规划实施，各级地方政府充分发挥环境保护委员会的职能作用，完善环境保护协同工作机制，定期研究解决本地环境保护的重大问题；环境保护部门履行统一监管职能，强化行政执法监督，统一制定环境保护规划并监督实施，统一发布环境监测和环境质量信息。开展环境形势分析，及时研判环境形势防止出现污染事件；继续实施环境形势分析会议制度。创新建立了主要污染物总量指标预算管理制度，促进产业结构调整和发展方式转变。

（3）完善经济政策进展成效

逐步完善环境经济政策，不断健全环保投入机制。环境保护已列入省年度公共财政预算，三年共落实国家和省级环保资金 48.1 亿元，其中国家 35.41 亿元，省本级 12.69 亿元。省本级财政预算中，创新将土地出让收益用于环境基础设施建设，已落实土地出让金 2 亿元，主要用于城镇污水处理厂的提标改造，2012—2013 年落实项目 29 个，规模 85.5 万 t/d，削减 COD 7 747.1 t、氨氮 3 396.3 t。积极推进排污权交易，开展排污权交易试点工作，研究制定排污权交易暂行办法。实施水环境生态补偿机制，三年扣缴生态补偿金 17 433 万元。根据国家的要求，严格落实国家出台的有关脱硝电价、脱硫电价、污水处理收费、垃圾处理收费、重点生态功能区转移支付、森林生态效益补偿以及绿色金融等环境保护政策，并积极出台相关配套政策，大力推动相关政策的具体落实。同时，根据我省的具体情况制定多部地方性法规标准，并创新性地提出一系列极具地方特色的环境保护政策。严格实施上市企业环境保护核查制度，开展企业环境行为信用评价工作。

（4）增强科技支撑进展成效

实施水专项等重大科研项目，“十一五”水专项 3 个涉豫课题都顺利通过国家验收。完善环保科技创新机制，调动社会科研力量开展环境科研，60 多个科研项目参与环境保护科技进步奖评选活动，获奖 42 项。开展了环保产业调查和环保服务业财务统计工作，完成了全省环保产业 1 147 家企业整体数据包的审核工作，完成了全省环保服务业财务统计数据汇总。积极推动污染治理设施规范运营，加强对设施运营单位年度考核，考核结果在媒体上向社会公布。

（5）鼓励全民参与进展成效

积极引导公众全面参与环境保护，举办以“人文精神与生态意识”为主题的嵩山论坛，开展“青年引领未来建设美丽河南”“公众环保体验”“绿色生活你我承诺”等一系列宣传活动，加强《河南省减少污染物排放条例》《河南省水污染防治条例》等环保法律法规宣传，推进“千名青年环境友好使者行动”项目实施。全省共创建省级绿色企业 62 家、绿色学校 371 个、绿色社区 149 个，命名环境教育基地 19 家。坚持定期新闻发布制度，定期通过各种形式，及时向社会公布重大环境信息，保护群众环境知情权。加强国际环境合作，完成了消耗臭氧层物质淘汰能力建设项目验收工作，开展实施了消耗臭氧层物质淘汰二期、减少汞污染能力建设、斯德哥尔摩公约能力建设、制浆造纸行业二噁英减排项目。

15.2 《规划》实施面临的主要问题

全面完成《规划》提出的各项目标任务，还存在一些问题，压力仍然较大，主要表现在以下几个方面。

15.2.1 结构性矛盾依然突出，经济发展方式粗放

我省产业结构依然不合理，服务业比重偏低，金融、信息、科技等现代服务业发展不足，高端装备制造、电子信息、生物医药等新兴产业总量较小，资源型工业产业比重仍然较高，产能过剩压力较大，煤炭、电力、有色、钢铁等能源原材料工业占规模以上工业增加值比重达 47.0%。经济发展方式比较粗放，万元生产总值能耗、水耗远超过世界平均水平，能源利用效率低于国内平均水平，一些长期积累的资源环境问题尚未从根本上解决。随着我省工业化、城镇化进程的加快和经济总量的不断增加，能源资源消耗和污染物排放还会刚性增加，资源支撑能力和环境承载能力面临严峻挑战。

15.2.2 城镇化进程加快，环境承载力减弱

2010 年我省镇化率为 38.8%，2015 年将达到 48%，已进入城镇化加速发展阶段；180 个产业集聚区和若干工业园区是产业发展的重要载体，却集中布设于城镇周边区域。伴随着城镇化和产业集聚区的快速推进，城镇建成区和建设用地迅速扩张，钢筋水泥面积不断扩大；生活污水、垃圾等废弃物产生量大幅攀升，产商住混杂，噪声污染严重，城市环境污染呈现复合型污染态势；现有污水、垃圾等基础设施处理能力难以满足要求；水资源供需矛盾日益突出，由于大量抽取地下水，造成全省 11 个主要城市地面沉降；机动车保有量持续快速增加，油烟污染严重，雾霾天气成为公众热议话题，大气污染凸显。

15.2.3　能源结构仍以煤炭为主，能源消费总量持续增加

“十二五”以来，全省能源消耗总量平均约以每年 5%的速度递增，煤炭占一次能源消费比重仍在 80%以上，非化石能源占一次能源消费比重仅为 4.2%，以煤炭为主的能源结构尚未得到根本改变，颗粒物、烟尘、二氧化硫、氮氧化物的排放对大气环境造成巨大的压力，城市环境空气质量不容乐观。

15.2.4　可吸入颗粒物不达标，造成全省空气质量达标率低

2013 年 17 个地级以上城市中，主要污染物若只考虑 SO_2 和 NO_2 的情况下，环境空气质量年均值达到《环境空气质量标准》（GB 3095—2012）二级标准以上的省辖城市有 15 个；但是若考虑可吸入颗粒物，仅信阳市达标。由于可吸入颗粒物的影响，全省环境空气质量达标率总体偏低，可吸入颗粒物是目前影响我省城市环境空气质量的主要污染物。

15.2.5　脱硝优惠电价和新建脱硝设备的减排效能尚未发挥，氮氧化物减排压力大

由于我省实施脱硝优惠电价较晚，对电厂的激励作用还未得到及时体现；新建脱硝减排设备的建设安装和发挥效能有滞后期，因此造成氮氧化物减排指标仅完成规划任务的 10.3%，未达到规划预期目标。

15.2.6　自然资源约束加剧，资源性缺水问题极为严重

我省人口总量大、人均占有资源少，经济发展与资源环境的矛盾突出。能源矿产等资源开发程度较高；土地资源承载力较重，人均耕地面积仅为 0.08 hm^2，不及全国平均水平的 1/4，土地开发程度较高，土地人口承载压力较大，自然资源对经济社会发展的约束日益加剧。水资源缺乏且年际与地域分布不均，人均水资源占有量只相当于全国的 1/5，多数地区地下水供水水源地处于满负荷或超采状态；卫河、贾鲁河、黑泥泉河、涡河、惠济河、包河等河流无自然径流，基本没有生态自净的能力，进一步改善水环境质量，压力较大。

15.2.7　环境容量不足，环境形势严峻

我省长期以来形成的高投入、高消耗、高污染、低效益的粗放型增长方式还没有根

本扭转，工业资源型产业比重仍然较高，特别是随着工业化、城镇化进程的加快，环境压力将进一步加大，污染减排和改善环境质量任务非常艰巨。从环境容量上看，我省水环境基本已无容量，大气环境虽有一定容量，但是局部区域还很不平衡，支撑发展的环境容量明显不足的问题仍然比较突出。

15.2.8 基础研究能力有待提高，部分数据无法核算

一是钨钼采选、冶炼行业没有产排污系数导致无法核算削减量。我省洛阳市栾川县是以钨钼采选、冶炼为主的重点防控区域。目前，没有确定钨钼采选、冶炼行业涉气产排污系数，因此导致栾川县2007年涉气重金属污染物基数无法核算确定。栾川县钨钼企业均开展了污染源综合治理项目，但是因为没有产排污系数导致重金属污染物削减量无法核算，影响指标核算。二是重点企业“零排放”需要认定。按照2007年污染源普查数据显示，我省安阳市龙安区涉水重金属污染物排放量为零。但是，国家考核组没有按照零排放给予认可，而是按照宏观产品产量核算重金属污染物排放量。由此，导致安阳市龙安区重金属污染物每年都是净增长，影响指标核算。三是二噁英污染物排放量统计工作尚未开展，因此不能对重点行业二噁英的削减情况和达标排放情况进行准确评价。四是县级市医疗废物集中无害化处置率统计工作不全，因此不能对县级市医疗废物集中无害化处置情况进行准确评价。

15.2.9 环保机构标准化建设达标率总体偏低

我省环保机构标准化建设除省级监察、监测标准化达到规划目标要求、地市级和县级环境监察装备建设、省级辐射监测达到规划预期进度要求外，地市及县级环境监测、省市环境应急、宣教、固体废物管理、监控（信息）标准化建设均未达到规划预期进度要求。其中，地市级环境监测站标准化达标率 44.4%，县级环境监测站标准化达标率24.8%，与规划要求有一定差距；环境应急、宣教、固体废物管理、监控信息机构均未开展标准化建设达标验收工作。省级环境监测和辐射监测机构专业人员编制距标准化建设还有一定差距。

15.2.10 环境保护投入力度有待进一步加大

近年来，我省在环境保护方面的投入虽有大幅度增加，但2011—2013年安排的环保资金主要用于了水污染防治、湖泊生态环境保护、农村环境连片整治、重金属污染防治、省级环保能力建设等，在基层环保机构标准化建设等方面，各级政府还需结合环境保护

工作开展的需要，统筹各项资金，进一步加大支持力度。同时，政府、企业、社会多元化环保投融资机制有待完善。

15.3　推进《规划》实施应采取的主要措施

15.3.1　加快生态文明体制改革

“十二五”后两年，要着眼于建立健全有利于科学发展的体制机制，按照党的十八届三中全会的改革部署，围绕建设美丽中国深化生态文明体制改革这一主要目标，在生态文明制度等领域加快改革，力争取得突破，进一步夯实《规划》实施的制度基础。破除现行环境保护管理体制的弊端，加大生态环保职能和相关资源的整合力度，建立职能有机统一、运行协调高效的环境管理体制。建立和完善严格的污染防治监管体制、生态保护监管体制、核与辐射安全监管体制、环境影响评价体制、环境执法体制、环境监测预警体制，制定实施生态文明建设目标体系。

按照《河南省生态省建设规划纲要》，结合第一阶段目标要求，努力形成比较完善的生态省建设机制和制度框架，建立政府主导、法规健全、市场运作、科技先导、公众参与的生态省建设机制，全面实施生态建设重点工程，推进生态市、县、乡镇、村建设和生态文明示范区建设。

15.3.2　深入贯彻实施《环境保护法》

新修订的《环境保护法》出台了进一步保护和改善环境，保障公众健康，推进生态文明建设提供了有力的法制保障。要组织各级党校、行政学院党政机关领导干部学习贯彻新修订的《环境保护法》，组织开展对环保系统工作人员培训轮训，加强对企业单位及其负责人培训。要完善相关地方性法规，全面推进环境保护法规、政策制度和环境标准建设，及时总结实施中出现的突出问题，组织制定相关指导意见和配套措施。要完善环境责任制和考核评价制度的具体规定，做好行政追责的有关工作，将政府责任落实到实处。要加强与公、检、法等司法部门的沟通，做好公益诉讼、行政拘留、环境刑事案件办理等工作的协调和衔接。

15.3.3　全力推进大气、水污染防治

《规划》推出的环境质量改善还要依靠大气、水体污染治理。要深入落实《河南省蓝

天工程行动计划》各项政策措施，深化工业大气污染综合治理，加快产业结构调整，推进能源结构调整，加强城乡大气污染防治，强化机动车污染防治。要加快实施《2014 年度河南省碧水工程行动计划》和《全省城市清洁河流行动计划》，全力改善全省城市河流水质、整治重污染河流、治理工业污染、推动新一轮城镇污水处理设施建设、保障老百姓饮水安全。

15.3.4 强力推进氮氧化物减排

充分发挥环保电价等经济政策的作用，确保 2014 年年底前，全省所有 30 万 kW 以上燃煤发电机组完成脱硝工作任务，完成淘汰 28.2 万辆黄标车任务，50%以上新型干法水泥生产线完成烟气脱硝治理；2015 年 6 月底前，全省所有新型干法水泥生产线完成烟气脱硝治理，并加强对全省燃煤发电机组烟气脱硝设施和新型干法水泥生产线烟气脱硝设施监管，提高综合脱硝效率；2015 年年底前，基本淘汰 2005 年以前的“黄标车”，确保完成“十二五”氮氧化物的减排目标任务。

15.3.5 组织实施乡村清洁工程

按照国家对农村环境连片综合整治的要求，结合农村新型社区建设，因地制宜建设农村生活垃圾、污水处理设施，不断健全农村环境保护工作长效运行机制。加大畜禽养殖污染治理力度，新建规模化畜禽养殖企业必须配套建设污染处理设施。推进现有规模化畜禽养殖企业建设污染防治设施或对现有污染防治设施进行提标改造。实施农业污染治理示范工程，全面推广测土配方施肥技术。严禁焚烧秸秆，搞好秸秆综合利用。

15.3.6 加快推进监管能力标准化建设和科研能力建设

积极争取国家环保专项资金，按照配精省级、配强市级、配齐县级、覆盖乡级的原则，加快推进省辖市、省直管县（市）的环境监察、监测、监控（信息）、宣教、辐射、固体废物管理、应急标准化建设，提高环境监管能力和水平。

15.3.7 加强环境宣传教育

深入开展“推进生态文明建设美丽河南”主题宣教活动，大力弘扬生态文明理念，动员全社会力量加快推进美丽河南建设。坚持新闻发布，加强舆论引导。围绕推进蓝天、碧水、乡村清洁三大工程，开展大气污染防治、城市河流清洁行动、污染减排重点项目建设、环保政策法律法规等专题新闻宣传活动。创新开展世界环境日、国际保护臭氧层日等重大环境纪念日宣传活动。深入开展绿色创建、公众环保体验、环保知识下乡、青年和巾帼环境友好使者行动等多种形式的社会化宣传活动。加强对党政领导干部、企业管理人员、环保志愿者、环境教育基地讲解员等不同层次的环境政策法制培训，持续做好环境教育师资培训，开展环境教育示范课、优秀环境教案评选，创建环境教育社会实践基地。进一步提高全民环境意识和环保法制观念，引导公众正确认识、理性参与环境保护。

15.3.8　健全环境管理

我省继续坚持并完善主要污染物总量预算管理、水环境生态补偿、环境形势分析、超标预警、流域限批等行之有效的环境管理制度，理顺工作运行机制；加快建立排污权有偿使用和交易管理制度，优化流域内资源与环境容量配置；加快惠济河、贾鲁河流域标准的制定，通过地方标准的实施促进企业提升技术装备和污染治理水平，减少污染排放；开展饮用水水源地和南水北调中线工程环境违法问题排查整治，确保人民群众饮水安全和“一渠清水北送”；狠抓污水处理厂、垃圾处理场、国省控重点污染源环境监管，严肃查处环境违法行为，确保污染防治设施正常、稳定、高效运行，充分发挥减排效益；开展大气和水污染防治专项整治，切实改善环境质量。

15.4　编制“十三五”规划的建议

15.4.1　加强环境规划编制队伍建设

环境规划是指为使环境与经济和社会协调发展而对自身活动和环境所做的空间和时间上的合理安排。随着经济体制改革和政府职能的转换以及生态文明建设需求，环境规划的重要意义愈加显著。1999 年在全国率先于河南省环境保护科学研究院内设立环境管理中心，2012 年成立“环境规划研究所”，专职从事环境规划编制及相关工作。完成河南省环境保护总体规划、流域水污染防治计划、生态保护规划及计委、水利等其他部门编制规划中的环保篇 60 余项。包括环保总体规划、流域污染防治规划、饮用水水源保护、生态建设、农村污染防治、和产业集聚区发展规划环保篇章、饮用水水源调查、规划实施评估报告以及城市建设、旅游规划、农业发展规划环评等。在环境容量和环境承载力、水污染防治、生态保护、非点源污染、饮用水水源保护等方面做了大量工作，并指导 18 个地市完成相应工作。完成科研课题 8 项，获河南省科学技术进步奖二等奖

2 项、河南省环境科技进步一等奖 2 项、二等奖 4 项，在核心期刊发表论文 15 篇，有论著 5 部。

但我省与全国环境规划院所相比，虽在全国领先成立专门的工作机构，但从 1999 年成立至今，人员队伍基本维持在 7 人左右，远低于全国类似省级环境规划机构人员，18 个省辖市大部分没有专职机构从事环境规划工作，在环科所或其他机构有 1～2 人兼职从事相关工作。

目前国家层面 2001 年成立了环境保护部环境规划院，独立法人，正司级事业单位，现有工作人员 167 人；在全国 31 个省（自治区、直辖市）中山西省 2007 年成立了独立的山西省环境规划院，事业单位，独立法人成立，正处级事业单位，全院职工近 50 人；天津市、山东省、青海省、甘肃省在近几年分别成立了天津市环境规划院、山东环境规划院、青海省环境规划和环保技术中心、甘肃省环境规划院，正处级事业单位，与环科院合署办公。

为保障“十三五”环保规划的顺利编制和实施，建议加强我省环境规划队伍建设，仿照天津市、山东省、青海省、甘肃省等，组建“河南省环境规划院”，开展环境规划与区划、环境规划实施评估与考核、基础环境调查研究、环境政策研究、专项资金使用技术支持等工作，对省辖市组建环境规划院所提出建设要求。

15.4.2 科学设置“十三五”环境保护规划体系

结合我省环境保护“十二五”规划编制的经验和教训，统筹专项规划和专题研究工作，加强专项规划和专题研究之间的沟通和协调，避免交叉、重复或矛盾，将专项规划和专题研究有机结合起来，构建符合科学发展、有机联动的环境保护规划体系。

15.4.3 加强规划编制基础研究工作

结合我国目前发展的“新常态”，充分研究我省社会、经济、环境形势现状和发展趋势，以及 2020 年实现小康社会的大目标要求，研究制定科学合理的规划目标和指标体系，保证河南省环境保护“十三五”规划编制的科学性和可操作性。

15.4.4 建立规划项目库管理系统

结合规划目标和规划任务，统筹总体规划和专项规划项目设立和建设时序，建立项目库管理系统。研究环保资金筹措渠道，对资金筹措而应注明为国家、政府、企业资金筹措比例，特别是企业资金来源情况应进行调查落实后，再列入规划，以避免因资金问题而影响规划的实施。

15.4.5　明确规划编制工作组织和资金

环境保护规划涉及社会、经济等方方面面，基础研究工作量大，建立成立“领导小组”和“技术团队”，并充分保障规划编制资金。

附录 《河南省环境保护“十二五”规划》中期评估指标技术说明

一、总量减排

（一）持续工程减排（共36个指标）

1．新增城镇污水处理能力

1）指标属性：定量

2）级别：国家/省

3）评估要求：①填表；②就新增城镇污水处理厂建设情况进行说明。

4）负责部门：住房和城乡建设厅、总量处[1]

地区	新、扩建污水处理厂名称	投运时间	污水处理能力/（万t/d）

注1：“新、扩建污水处理厂名称”：填写“十二五”期间本地市新、扩建成投产的城市污水处理厂名称。其中，扩建污水处理厂的处理能力填写新增处理能力。

注2：省直管县（县级市）也应填报。

2．新增城镇污水管网长度

1）指标属性：定量

2）级别：国家/省

3）评估要求：①填表；②就新增城镇污水管网建设情况进行说明。

4）负责部门：住房和城乡建设厅、总量处

地区	新增城镇污水配套管网长度/km	建设时间

注1：新增配套管网长度填写“十二五”期间新增配套管网的长度。

注2：省直管县（县级市）也应填报。

3．城镇污水处理率

1）指标属性：定量

2）级别：国家/省

[1] 后文出现的各处、中心、总队均指河南省环境保护厅下设机构或直属单位。

3）评估要求：填表

4）负责部门：住房和城乡建设厅

地区	城镇名称	2010 年城镇污水排放总量/（万 t/a）	2010 年城镇污水处理率/%	2013 年城镇污水排放总量/（万 t/a）	2013 年城镇污水处理率/%

注：城镇污水排放总量指城镇生活污水、工业废水的排放总量；城镇污水处理量指标解释见住房与城乡建设部发布的《城市（县城）和村镇建设统计报表制度》。数据采用住建部门数据。

4．城镇污水再生利用率

1）指标属性：定量

2）级别：国家/省

3）评估要求：填表

4）负责部门：住房和城乡建设厅、发展改革委

地区	城镇名称	2010 年城镇污水再生总量/（万 t/a）	2010 年城镇污水再生利用率/%	2013 年城镇污水再生总量/（万 t/a）	2013 年城镇污水再生利用率/%

5．城市污泥无害化集中处置处理率

1）指标属性：定量

2）级别：国家/省

3）评估要求：①填表；②就城市污泥无害化集中处置方式进行说明。

4）负责部门：住房和城乡建设厅

城市名称	2010 年城市污泥产生总量/（万 t/a）	2010 年城市污泥无害化集中处置处理/%	2013 年城市污泥产生总量/（万 t/a）	2013 年城市污泥无害化集中处置处理率/%

6．县城污泥无害化集中处置处理率

1）指标属性：定量

2）级别：国家/省

3）评估要求：①填表；②就县城污泥无害化集中处置方式进行说明。

4）负责部门：住房和城乡建设厅

县城名称	2010 年县城污泥产生总量/（万 t/a）	2010 年县城污泥无害化集中处置处理率/%	2013 年县城污泥产生总量/（万 t/a）	2013 年县城污泥无害化集中处置处理率/%

7．所有县和重点建制镇具备污水处理能力

1）指标属性：定量

2）级别：国家

3）评估要求：填表

4）负责部门：住房和城乡建设厅

地区	县级行政区个数	具备污水处理能力的县级行政区个数		重点建制镇个数	具备污水处理能力的重点建制镇个数	
		2010 年	2013 年		2010 年	2013 年

注 1：具备污水处理能力不一定要求建污水处理厂，但要求有污水收集管网、并经过相关污水处理设施（如市辖区、重点建制镇共用污水处理设施的情况）处理后排放。重点建制镇个数参见《“十二五”全国城镇污水处理及再生利用设施建设规划》。

注 2：县级行政区包括市辖区、县级市、县、自治县。

8．城市污水处理厂监控平台建设情况

1）指标属性：定性

2）级别：国家

3）评估要求：对城市污水处理厂监控平台建设以及和省监控平台联网情况进行说明，说明中需提交已自建监控平台污水处理厂的清单、已联网省监控平台污水处理厂的清单，计算自建比率和联网比率。

4）负责部门：监控中心

9．现有污水处理厂升级改造情况

1）指标属性：定性

2）级别：国家/省

3）评估要求：对现有污水处理厂升级改造情况进行说明，原执行二级排放标准的是否已经提升至一级 B 标准以上。

4）负责部门：住房和城乡建设厅、污防处

10．新建及位于国家重点流域的城镇污水处理厂是否达到一级 A 排放标准

1）指标属性：逻辑判断

2）级别：国家/省

3）评估要求：填表

4）负责部门：住房和城乡建设厅、污防处

地区	污水处理厂名称	污水处理厂类型（新建/位于国家重点流域）	是否达到一级 A 排放标准（是/否）

11．造纸、纺织、化工、制革、农副食品加工、发酵、医药等高耗水行业工艺技术改造、废水深度治理及再生水回用情况

1）指标属性：定性

2）级别：省

3）评估要求：分行业说明高耗水行业工艺技术改造、废水深度治理及再生水回用情况。

4）负责部门：发展改革委、污防处

12．造纸行业化学需氧量排放总量控制情况

1）指标属性：定量

2）级别：国家

3）评估要求：填表

4）负责部门：总量处

地区	2010 年造纸行业化学需氧量排放总量/（万 t/a）	2011 年造纸行业化学需氧量排放总量/（万 t/a）	2012 年造纸行业化学需氧量排放总量/（万 t/a）	2013 年造纸行业化学需氧量排放总量/（万 t/a）

13．造纸行业氨氮排放总量控制情况

1）指标属性：定量

2）级别：国家

3）评估要求：填表

4）负责部门：总量处

地区	2010 年造纸行业氨氮排放总量/（万 t/a）	2011 年造纸行业氨氮排放总量/（万 t/a）	2012 年造纸行业氨氮排放总量/（万 t/a）	2013 年造纸行业氨氮排放总量/（万 t/a）

14．印染行业化学需氧量排放总量控制情况

1）指标属性：定量

2）级别：国家

3）评估要求：填表

4）负责部门：总量处

地区	2010 年印染行业化学需氧量排放总量/（万 t/a）	2011 年印染行业化学需氧量排放总量/（万 t/a）	2012 年印染行业化学需氧量排放总量/（万 t/a）	2013 年印染行业化学需氧量排放总量/（万 t/a）

15．印染行业氨氮排放总量控制情况

1）指标属性：定量

2）级别：国家

3）评估要求：填表

4）负责部门：总量处

地区	2010 年印染行业氨氮排放总量/（万 t/a）	2011 年印染行业氨氮排放总量/（万 t/a）	2012 年印染行业氨氮排放总量/（万 t/a）	2013 年印染行业氨氮排放总量/（万 t/a）

16．现役燃煤机组淘汰、低氮燃烧技术改造、脱硫脱硝设施建设及设施的运行监管工作开展情况

1）指标属性：定性

2）级别：国家/省

3）评估要求：就“十一五”及以前建成的燃煤机组的淘汰、低氮燃烧技术改造、脱硫脱硝设施建设及设施的运行监管工作开展情况进行说明。

4）负责部门：污防处

17．单机容量 30 万 kW 以上燃煤机组是否全部加装脱硝设施

1）指标属性：逻辑判断

2）级别：国家/省

3）评估要求：填表

4）负责部门：污防处

地区	电厂名称	机组编号	装机容量/MW	脱硝投产日期	是否加装脱硝设施（是/否）

注 1：“装机容量/MW”一栏，数值小于 300 的不纳入统计。
注 2：30 万 kW=300 MW。

18．单机容量 30 万 kW 以上燃煤机组脱硝效率

1）指标属性：定量

2）级别：省

3）评估要求：填表

4）负责部门：污防处

地区	电厂名称	机组编号	装机容量/MW	脱硝效率/%

注 1：“装机容量/MW”一栏，数值小于 300 的不纳入统计。
注 2：30 万 kW=300 MW。

19．现有燃煤锅炉烟气脱硫工作开展情况

1）指标属性：定性

2）级别：国家/省

3）评估要求：就现有燃煤锅炉烟气脱硫工作开展情况进行说明（现有燃煤锅炉：指“十一五”及以前建成的燃煤锅炉，不包括“十二五”期间新建燃煤锅炉）。

4）负责部门：污防处

20．取消燃煤机组脱硫设施烟气旁路

1）指标属性：逻辑判断

2）级别：国家/省

3）评估要求：填表

4）负责部门：污防处

地区	电厂名称	燃煤机组编号	是否取消脱硫设施烟气旁路（是/否）

21．新建燃煤锅炉是否安装脱硫脱硝设施

1）指标属性：逻辑判断

2）级别：国家/省

3）评估要求：填表

4）负责部门：环评处

地区	地市	企事业单位名称	新建燃煤锅炉每小时蒸吨数	是否安装脱硫设施（是/否）	是否安装脱硝设施（是/否）

注 1：新建燃煤锅炉，指 2011 年 1 月 1 日以后投产的新扩建燃煤锅炉。

注 2：省直管县（县级市）也应填报。

22．新建燃煤机组脱硫效率

1）指标属性：定量

2）级别：国家/省

3）评估要求：填表

4）负责部门：环评处

地区	电厂名称	机组编号	机组投产日期（含扩建）	装机容量/MW	是否建设脱硫设施（是/否）	脱硫效率/%

注：新建燃煤机组，指 2011 年 1 月 1 日以后投产的新扩建燃煤机组。

23．新建燃煤机组脱硝效率

1）指标属性：定量

2）级别：国家/省

3）评估要求：填表

4）负责部门：环评处

地区	电厂名称	机组编号	机组投产日期（含扩建）	装机容量/MW	是否建设脱硝设施（是/否）	脱硝效率/%

注：新建燃煤机组，指 2011 年 1 月 1 日以后投产的新扩建燃煤机组。

24．钢铁行业烧结机脱硫、脱硝设施安装情况

1）指标属性：定性

2）级别：国家/省

3）评估要求：就钢铁行业烧结机脱硫、脱硝设施安装情况进行统计说明（有企业统计数据的，报送统计表）。

4）负责部门：污防处

25．煤化工行业的二氧化硫治理工作开展情况

1）指标属性：定性

2）级别：国家/省

3）评估要求：就煤化工行业的二氧化硫治理工作开展情况进行统计说明（有企业统计数据的，报送统计表）。

4）负责部门：污防处

26．石油石化、有色、建材等行业的工业窑炉脱硫改造工作开展情况

1）指标属性：定性

2）级别：国家/省

3）评估要求：就石油石化、有色、建材等行业的工业窑炉脱硫改造工作开展情况进行统计说明（有企业统计数据的，报送统计表）。

4）负责部门：污防处

27．新型干法水泥窑低氮燃烧技术改造工作开展情况

1）指标属性：定性

2）级别：国家/省

3）评估要求：就新型干法水泥窑低氮燃烧技术改造工作开展情况进行统计说明（有企业统计数据的，报送统计表）。

4）负责部门：污防处

28．新建水泥生产线是否安装效率不低于 60%的脱硝设施

1）指标属性：逻辑判断

2）级别：国家

3）评估要求：填表

4）负责部门：环评处

地区	企业名称	新建水泥生产线编号	生产线规模/（t/d）	是否安装脱硝设施（是/否）	设施实际脱硝效率/%

注 1：新建，指 2011 年 1 月 1 日以后新建、扩建。

注 2：“设施实际脱硝效率”一列，如未安装脱硝设施，可不填写；如安装了脱硝设施，根据实际脱硝效率，填写百分比或百分比区间。

29．水泥熟料生产规模在 4 000 t/d 以上的生产线是否实施脱硝改造

1）指标属性：逻辑判断

2）级别：省

3）评估要求：填表

4）负责部门：污防处

地区	企业名称	熟料生产线编号	生产线规模/（t/d）	是否实施脱硝改造（是/否）	实际脱硝效率/%

30．配套建设固体废物和污水贮存处理设施的规模化畜禽养殖场和养殖小区个数

1）指标属性：定量

2）级别：国家/省

3）评估要求：填表

4）负责部门：总量处

地区	规模化畜禽养殖场和养殖小区个数		其中配套建设固体废物和污水贮存处理设施的个数	
	2010 年	2013 年	2010 年	2013 年

注：2013 年数据填写累计的量（即截至 2013 年底累计规模化畜禽养殖场和养殖小区的量）。

31．畜禽粪便资源化率

1）指标属性：定量

2）级别：国家/省

3）评估要求：填表

4）负责部门：畜牧局、总量处

地区	蓄禽粪便产生量/（t/a）		蓄禽粪便资源化率/%	
	2010 年	2013 年	2010 年	2013 年

32．郑州、漯河等市农业面源总量控制试点示范工程进展情况

1）指标属性：定性

2）级别：省

3）评估要求：相关地市对工程进展情况进行说明

4）负责部门：总量处

33．2005 年以前注册运营的“黄标车”淘汰工作开展情况

1）指标属性：定性

2）级别：国家/省

3）评估要求：就淘汰 2005 年年底前注册营运的黄标车的开展情况进行说明。

4）负责部门：交通厅、污防处

34．机动车环保标志管理制度、环保定期检验等工作执行情况

1）指标属性：定性

2）级别：省

3）评估要求：就机动车环保标志管理制度、环保定期检验等工作执行情况进行说明。

4）负责部门：污防处

35．国家第四阶段机动车排放标准实施情况

1）指标属性：定性

2）级别：省

3）评估要求：说明国家第四阶段机动车排放标准实施情况，说明禁止不符合排放标准的车辆生产、销售和注册登记以及鼓励使用新能源车采取的措施。

4）负责部门：交通厅、污防处

36．符合国家第四阶段标准的车用燃油是否已经供应

1）指标属性：逻辑判断

2）级别：国家/省

3）评估要求：填表

4）负责部门：发展改革委、污防处

地区	2013 年底前是否全面供应国Ⅳ车用汽油（是/否）

注：依据《重点区域大气污染防治“十二五”规划》，2013 年年底前全面供应国Ⅳ车用汽油，加快车用燃油低硫化步伐，颁布实施第四、第五阶段车用燃油国家标准。2013 年年底前，全面供应国Ⅳ车用汽油（硫含量不大于 40～50 ppm），2014 年年底前全面供应国Ⅳ车用柴油；2013 年 7 月 1 日前，将普通柴油硫含量降低至 350 ppm 以下；逐步将远洋船舶用燃料硫含量降低至 2 000 ppm 以下。

（二）强化结构减排（共 7 个指标）

37．结构减排量占工业源减排量的比例

1）指标属性：定量

2）级别：国家/省

3）评估要求：填表

4）负责部门：总量处

地区	结构减排量占工业源减排量的比例/%	
	2010 年	2013 年

注：结构减排量指按照国家、省产业政策和结构调整指导目录，加快淘汰电力、煤炭、建材、钢铁、有色、化工、造纸、发酵等高耗能、高排放行业落后产能，对能耗高、污染重、技术落后的工艺、设备及产品实行强制性淘汰产生的减排量。

38．高耗能、高排放行业落后产能淘汰工作开展情况

1）指标属性：定性

2）级别：国家/省

3）评估要求：对高耗能、高排放行业落后产能淘汰工作开展情况进行说明。

4）负责部门：工信厅

39．规划环评开展情况

1）指标属性：定性

2）级别：国家/省

3）评估要求：对区域内重大发展规划以及重大经济开发计划和重要产业、重点区域进行环境影响评价的工作开展情况进行说明。

4）负责部门：环评处

40．环境保护总体规划编制开展情况

1）指标属性：定性

2）级别：国家/省

3）评估要求：①填表；②对环境保护总体规划编制开展情况进行说明。

4）负责部门：规财处

地区	城市环境保护总体规划编制工作开展情况 （前期/在编/完成）	编制单位

41．污染减排的倒逼机制实施情况

1）指标属性：定性

2）级别：省

3）评估要求：对把主要污染物排放总量控制指标作为新建、改建、扩建项目环境影响评价审批的前置条件实施情况进行说明。

4）负责部门：总量处

42．新建、改建、扩建项目与污染减排、淘汰落后产能完成情况相衔接的审批机制实施情况

1）指标属性：定性

2）级别：省

3）评估要求：就污染减排、淘汰落后产能与新建、改建、扩建项目相衔接工作机制实施情况进行说明。

4）负责部门：环评处

43．环境影响评价审批与环境容量挂钩机制建设情况

1）指标属性：定性

2）级别：省

3）评估要求：对环境影响评价审批与环境容量状况挂钩情况进行说明。

4）负责部门：环评处

（三）深化管理减排（共 14 个指标）

44. 实行主要污染物总量指标预算管理制度情况

1）指标属性：定性

2）级别：省

3）评估要求：对科学核算年度总量指标，优化配置环境资源情况进行说明。

4）负责部门：总量处

45. 实行总量核准备案制度情况

1）指标属性：定性

2）级别：省

3）评估要求：对建立总量备案制度、动态管理体系、开展总量指标区域间交易等情况进行说明。

4）负责部门：总量处

46. 对“双超、双有”（超标准、超总量，有毒、有害）企业实施强制性清洁生产审核情况

1）指标属性：定性

2）级别：国家/省

3）评估要求：①对“双超、双有”企业实施强制性清洁生产审核，督促企业实施清洁生产方案情况进行说明。②工作任务阶段划分：准备阶段（启动准备会议/发布工作方案等）；实施阶段（施工现场/中期工作会议/专家咨询会议/工作进度等）；完成（提交工作报告等）。

4）负责部门：科技处

47. 重金属重点行业、过剩行业等重点企业清洁生产审核实施情况

1）指标属性：逻辑判断

2）级别：国家/省

3）评估要求：填表

4）负责部门：科技处

地区	重点企业名称	类型	强制清洁生产审核开展时间（年/月/日）	审核单位名称

注 1：一次审核填写一行。

注 2：类型：涉重企业、产能过剩行业

48. 产业集聚区建设和集聚产业实施情况

1）指标属性：定性

2）级别：省

3）评估要求：对引导项目在产业集聚区集中建设，促进产业集聚集群发展，实现总量指标集约高效利用情况进行说明。

4）负责部门：发展改革委、环评处

49. 产业集聚区环境保护基础设施（污水集中处理和集中供热供气设施）建设情况

1）指标属性：定性

2）级别：省

3）评估要求：①填表；②对推进产业集聚区环境保护基础设施建设、加快建设污水集中处理和集中供热供气设施情况进行说明。

4）负责部门：发展改革委、住房和城乡建设厅、环评处

地区	产业集聚区名称	污水集中处理设施建设情况	集中供热供气设施建设情况	集中供热供气设施建设情况

注：建设情况分完成、正建、启动 3 个阶段。

50. 产业集聚区再生水回用率

1）指标属性：定量

2）级别：省

3）评估要求：填表

4）负责部门：发展改革委、住房和城乡建设厅、环评处

地区	产业集聚区名称	2010 年再生水总量/（万 t/a）	2010 年再生水回用率/%	2013 年再生水总量/（万 t/a）	2013 年再生水回用率/%

51. 产业集聚区工业固废综合利用率

1）指标属性：定量

2）级别：省

3）评估要求：填表

4）负责部门：发展改革委、环评处

地区	产业集聚区名称	2010 年工业固废产生量/（万 t/a）	2010 年工业固废综合利用率/%	2013 年工业固废产生量/（万 t/a）	2013 年工业固废综合利用率/%

52. 环境友好型示范产业集聚区创建情况

1）指标属性：定性

2）级别：省

3）评估要求：①填表；②就环境友好型示范产业集聚区创建情况进行说明。

4）负责部门：环评处

地区	产业集聚区名称	是否环境友好型示范区

53. 污染防治设施运营监管机制建设情况

1）指标属性：定性

2）级别：省

3）评估要求：对完善监管机制、推行企业环境监督员制度、探索企业污染防治设施第三方运营模式、提高重点排污企业治污设施运行管理水平和各项治污工程减排能力情况进行说明。

4）负责部门：污防处

54. 各级环境保护部门执法情况

1）指标属性：定性

2）级别：省

3）评估要求：对各级环境保护部门上下联动、完善执法责任制以及对环境违法问题突出的企业和区域实施挂牌督办、黑名单、区域限批等措施实施情况进行说明。

4）负责部门：法规处、环评处、监察总队

55．上市公司环境保护核查制度建设情况

1）指标属性：定性

2）级别：省

3）评估要求：对完善上市公司环境保护核查制度，加大对上市公司的环境保护后督察力度情况进行说明。

4）负责部门：污防处

56．推进循环经济发展的工作情况

1）指标属性：定性

2）级别：国家

3）评估要求：①就推进循环经济发展的工作情况进行说明②任务阶段划分：准备阶段成果（启动准备会议/发布工作方案等）；实施阶段成果（施工现场/中期工作会议/专家咨询会议/工作进度等）；完成（提交工作报告等）。

4）负责部门：发展改革委

57．重点开发区域主要污染物排放总量减少幅度

1）指标属性：定性

2）级别：国家

3）评估要求：填表

4）负责部门：总量处

地区	重点开发地区名称	2010 年主要污染物排放总量/万 t				2011 年主要污染物排放总量/万 t				2012 年主要污染物排放总量/万 t				2013 年主要污染物排放总量/万 t			
		化学需氧量	氨氮	二氧化硫	氮氧化物	化学需氧量	氨氮	二氧化硫	氮氧化物	化学需氧量	氨氮	二氧化硫	氮氧化物	化学需氧量	氨氮	二氧化硫	氮氧化物

注：国家级重点开发区域范围：郑州市（郑州市区、新郑市、荥阳市、新密市、中牟县、巩义市）；开封市（开封市区、开封县）；洛阳市（洛阳市区、新安县、偃师市）；平顶山市（平顶山市区、宝丰县）；新乡市（新乡市区、新乡县）；焦作市（焦作市区、孟州市）；许昌市（许昌市区、长葛市、许昌县）；漯河市（漯河市区）；济源市（济源市区）。

二、污染防治

（一）持续加强水污染防治（25个指标）

1．城市集中式饮用水水源保护区审批工作是否已经完成

1）指标属性：逻辑判断

2）指标级别：国家

3）评估要求：①填表；②就饮用水水源保护区区划工作情况进行说明。

4）负责部门：污防处

设市城市名称	集中式饮用水水源保护区划定方案是否已报送省（区、市）人民政府（是/否）	省（区、市）人民政府审批情况（完成/未完成）

注：设市城市情况以2010年年末的设市城市为准。

2．县城集中式饮用水水源保护区划定工作是否已经完成

1）指标属性：逻辑判断

2）指标级别：省

3）评估要求：①填表；②就饮用水水源保护区区划工作情况进行说明。

4）负责部门：污防处

县	集中式饮用水水源保护区划定方案是否已报送省（区、市）人民政府（是/否）	省（区、市）人民政府审批情况（完成/未完成）

3．乡镇集中式饮用水水源保护区划定工作是否已经完成

1）指标属性：逻辑判断

2）指标级别：省

3）评估要求：①填表；②就饮用水水源保护区区划工作情况进行说明。

4）负责部门：污防处

县（市、区）	集中式饮用水水源保护区划定方案是否已报送省（区、市）人民政府（是/否）	省（区、市）人民政府审批情况（完成/未完成）

4．饮用水水源保护区环境综合整治开展情况

1）指标属性：定性

2）指标级别：省

3）评估要求：①填表；②就饮用水水源保护区环境综合整治工作开展情况进行说明。

4）负责部门：污防处

设市城市名称	水源地名称	是否划定保护区（是/否）	2010 年违法建设项目/个				2013 年违法建设项目/个			
			一级保护区		二级保护区		一级保护区		二级保护区	
			违法建筑	排污口	违法建筑	排污口	违法建筑	排污口	违法建筑	排污口

注 1：“违法建筑”一栏指保护区内违法建设项目，包括工厂、民居、采矿、养殖场、垃圾场等于供水设施无关或排放污染物的建设项目。

注 2：“排污口”一栏指保护区内排污口是指生活污水排放口和工业废水排放口。

5．丹江口水库、南湾水库等湖库型饮用水水源地生态保护工作情况

1）指标属性：定性

2）指标级别：省

3）评估要求：就丹江口水库、南湾水库等湖库型饮用水水源地生态保护工作情况进行说明。

4）负责部门：污防处、规财处

6．水源保护区外汇水区有毒有害物质的管控情况

1）指标属性：定性

2）指标级别：国家/省

3）评估要求：①填表；②就水源保护区外汇水区有毒有害物质的管控情况进行说明。

4）负责部门：污防处

设市城市名称	饮用水水源保护区名称	监管单位名称	是否对汇水区开展过有毒有害物质的排查工作（是/否）

7．城市集中式饮用水水源地定期开展水质全分析监测的比例

1）指标属性：定量

2）指标级别：国家/省

3）评估要求：填表

4）负责部门：监测处

地级以上城市名称	集中式饮用水水源地名称	是否每年至少开展一次水质全分析监测（是/否）

注 1：地级以上城市名单详见《关于印发国家地表水、环境空气监测网（地级以上城市）设置方案的通知》（环发〔2012〕42 号）。

注 2：一个地级以上城市应至少应填报一个集中式饮用水水源地。

注 3：地表水水源地按照《地表水环境质量标准》（GB 3838—2002）进行 109 项全分析，湖库型地表水水源地增测叶绿素 a 和透明度两个项目；地下水水源地按照《地下水质量标准》（GB/T 14848—93）进行 39 项全分析。

8．饮用水水源地环境评估、环境信息公开等制度建设情况

1）指标属性：定性

2）指标级别：省

3）评估要求：就饮用水水源地环境评估、环境信息公开等制度建设情况进行说明。

4）负责部门：污防处

9．饮用水水源地环境风险防范和应急预警情况

1）指标属性：定性

2）指标级别：省

3）评估要求：就饮用水水源地环境风险防范和应急预警情况进行说明。

4）负责部门：污防处

10．淮河流域防治重点区域污染治理状况

1）指标属性：定性

2）指标级别：省

3）评估要求：就淮河流域“六河五市”（“六河”为贾鲁河、清潩河、黑泥泉河、颍河、惠济河、涡河等 6 条影响跨界水质的重污染河道，“五市”为郑州、开封、周口、漯河、许昌市）污染治理状况进行说明。

4）负责部门：污防处

11．海河流域防治重点区域污染治理状况

1）指标属性：定性

2）指标级别：省

3）评估要求：就海河流域“两河三市”（“两河”为卫河和马颊河；“三市”为新乡、濮阳和安阳市）污染治理状况进行说明。

4）负责部门：污防处

12. 黄河流域防治重点区域污染治理状况

1）指标属性：定性

2）指标级别：省

3）评估要求：就黄河三门峡、小浪底水库和伊洛河流域污染治理状况进行说明。

4）负责部门：污防处

13. 长江流域防治重点区域污染治理状况

1）指标属性：定性

2）指标级别：省

3）评估要求：就丹江口水库和丹江流域污染治理状况进行说明。

4）负责部门：污防处

14. 淮河流域水质责任目标完成情况

1）指标属性：定量

2）指标级别：省

3）评估要求：①填表；②就淮河流域水质责任目标完成情况进行说明。

4）负责部门：污防处、监测处

地区	流域水质责任目标达标率/%			
	2010 年	2011 年	2012 年	2013 年

15. 海河流域水质责任目标完成情况

1）指标属性：定量

2）指标级别：省

3）评估要求：①填表；②就海河流域水质责任目标完成情况进行说明。

4）负责部门：污防处、监测处

地区	流域水质责任目标达标率/%			
	2010 年	2011 年	2012 年	2013 年

16．黄河流域水质责任目标完成情况

1）指标属性：定量

2）指标级别：省

3）评估要求：①填表；②就黄河流域水质责任目标完成情况进行说明。

4）负责部门：污防处、监测处

地区	流域水质责任目标达标率/%			
	2010 年	2011 年	2012 年	2013 年

17．长江流域水质责任目标完成情况

1）指标属性：定量

2）指标级别：省

3）评估要求：①填表；②就长江流域水质责任目标完成情况进行说明。

4）负责部门：污防处、监测处

地区	流域水质责任目标达标率/%			
	2010 年	2011 年	2012 年	2013 年

18．淮河流域水质达到Ⅲ类的比例（国控断面）

1）指标属性：定量

2）指标级别：国家

3）评估要求：填表

4）负责部门：监测处

地区	淮河流域国控断面名称	所在河流	所在河流级别	2010 年水质类别	2011 年水质类别	2012 年水质类别	2013 年水质类别	2013 年主要污染因子

注 1：如因为新设国控断面（参见《关于印发国家地表水、环境空气监测网（地级以上城市）设置方案的通知》（环发〔2012〕42 号），以下同），而无 2010 年、2011 年水质数据的，请予以说明。

注 2：郑州、开封等城市水污染防治工作开展情况应进行重点说明。

19. 海河流域劣Ⅴ类水质断面的比例（国控断面）

1）指标属性：定量

2）指标级别：国家

3）评估要求：填表

4）负责部门：监测处

地区	海河流域国控断面名称	2010 年水质类别	2011 年水质类别	2012 年水质类别	2013 年水质类别	2013 年主要污染因子

注 1：如因为新设国控断面，而无 2010 年、2011 年水质数据的，请予以说明。

注 2：饮用水安全保障、城市水环境改善和跨界水污染协同治理等工作开展情况应在研究报告中进行重点说明。

20. 南水北调中线丹江口水库及上游水质达标比例

1）指标属性：定量

2）指标级别：国家

3）评估要求：①填表；②依据《丹江口库区及上游水污染防治和水土保持规划（2011—2015 年）》在研究报告中说明丹江口库区及上游水污防防治工作总体进展情况。

4）负责部门：监测处

地区	丹江口水库及上游国控断面点位名称	2010 年水质类别	2011 年水质类别	2012 年水质类别	2013 年水质类别	2013 年主要污染因子

注：如因为新设国控断面，而无 2010 年、2011 年水质数据的，请予以说明。

21. 地下水污染治理区、防控区和一般保护区划定工作开展情况

1）指标属性：定性

2）指标级别：国家

3）评估要求：参照《全国地下水污染防治规划（2011—2020 年）》要求提交地下水污染治理区、防控区和一般保护区划定工作开展情况（结合污染源普查、土壤调查工作来做）。

4）负责部门：污防处

22. 渗井、渗坑等地下水污染源取缔工作开展情况

1）指标属性：定性

2）指标级别：国家

3）评估要求：参照《全国地下水污染防治规划（2011—2020年）》要求提交渗井、渗坑等地下水污染源取缔工作开展情况。

4）负责部门：污防处

23. 废弃钻井、矿井等污染途径切断工作开展情况

1）指标属性：定性

2）指标级别：国家

3）评估要求：参照《全国地下水污染防治规划（2011—2020年）》要求提交废弃钻井、矿井等污染途径切断工作开展情况。

4）负责部门：污防处

24. 地下水污染突出区域修复试点工作情况

1）指标属性：定性

2）指标级别：国家

3）评估要求：就开展的地下水污染突出区域修复试点工作进行说明。

4）负责部门：污防处

25. 地下水基础环境状况调查开展情况

1）指标属性：定性

2）指标级别：省

3）评估要求：就地下水基础环境状况调查开展情况进行说明。

4）负责部门：污防处

（二）深化大气污染防治（21个指标）

26. 重点防控行业大气污染联防联控工作情况

1）指标属性：定性

2）指标级别：省

3）评估要求：就火电、冶金、建材、煤化工等重点防控行业大气污染联防联控工作情况进行说明。

4）负责部门：污防处

27．重点防控区域大气污染联防联控机制建立实施情况

1）指标属性：定性

2）指标级别：省

3）评估要求：就郑州、开封、洛阳、平顶山、安阳、焦作、三门峡和济源市等重点防控区域大气污染联防联控机制建立实施情况进行说明。

4）负责部门：污防处

28．工业和能源结构调整、优化布局、淘汰落后产能等情况

1）指标属性：定性

2）指标级别：省

3）评估要求：①填表；②就工业和能源结构调整、优化布局、淘汰落后产能等情况进行说明。

4）负责部门：发展改革委、工信厅、环评处

地区	行业	企业名称	淘汰生产线（设备）型号及数量	产能/万 t	淘汰时间

注："企业名称"：对照工业和信息化部公布的工业行业淘汰落后产能企业名单填写（详见《关于下达 2011 年工业行业淘汰落后产能目标任务的通知》（工信部产业〔2011〕161 号），《中华人民共和国工业和信息化部公告》2012 年第 26 号、第 39 号，《中华人民共和国工业和信息化部公告》2013 年第 35 号、第 44 号、第 46 号公告）

29．火电、冶炼、水泥等大气污染物排放重点行业专项整治情况

1）指标属性：定性

2）指标级别：省

3）评估要求：就火电、冶炼、水泥等大气污染物排放重点行业专项整治情况进行说明。

4）负责部门：污防处

30．燃煤电厂、水泥厂除尘设施改造情况

1）指标属性：定性

2）指标级别：国家

3）评估要求：就推进燃煤电厂、水泥行业的除尘设施改造的工作情况进行说明。

4）负责部门：污防处

31．钢铁行业现役烧结（球团）设备采用高效除尘器情况

1）指标属性：定性

2）指标级别：国家

3）评估要求：就钢铁行业现役烧结（球团）设备采用高效除尘器情况进行说明。

4）负责部门：污防处

32．20 t/h（含）以上的燃煤锅炉安装高效除尘器情况

1）指标属性：定性

2）指标级别：国家

3）评估要求：就 20 t/h（含）以上的燃煤锅炉安装高效除尘器情况进行说明。

4）负责部门：污防处

33．中小型燃煤工业锅炉使用低灰分煤或清洁能源使用情况

1）指标属性：定性

2）指标级别：国家

3）评估要求：就中小型燃煤工业锅炉使用低灰分煤或清洁能源使用情况进行说明。

4）负责部门：发展改革委、污防处

34．城市清洁空气行动方案实施情况

1）指标属性：定性

2）指标级别：省

3）评估要求：就城市清洁空气行动方案实施情况进行说明。

4）负责部门：污防处

35．施工工地、渣土运输及道路等扬尘控制标准化管理情况

1）指标属性：定性

2）指标级别：国家/省

3）评估要求：就城市建筑施工工地、渣土运输及道路等扬尘控制等标准化管理情况进行说明。

4）负责部门：污防处

36. 燃煤锅炉淘汰情况

1）指标属性：定性

2）指标级别：省

3）评估要求：就燃煤锅炉淘汰情况进行说明。

4）负责部门：污防处

37. 餐饮业油烟治理示范工程建设情况

1）指标属性：定性

2）指标级别：省

3）评估要求：就餐饮业油烟治理示范工程建设情况进行说明。

4）负责部门：污防处

38. 开展细颗粒物（$PM_{2.5}$）、臭氧监测的地级以上城市比例

1）指标属性：定量

2）指标级别：国家

3）评估要求：填表

4）负责部门：监测处

地级以上城市名称	是否开展细颗粒物（$PM_{2.5}$）监测工作	是否开展臭氧监测工作

注：地级以上城市名单详见《关于印发国家地表水、环境空气监测网（地级以上城市）设置方案的通知》（环发〔2012〕42 号）。

39. 加油站、油库和油罐车的油气回收综合治理工程

1）指标属性：定量

2）指标级别：国家

3）评估要求：①填表；②就加油站、油库和油罐车的油气回收综合治理工程情况进行说明（工程个数、工程进展等）。

4）负责部门：发展改革委、污防处

地区	加油站、油库和油罐车的油气回收综合治理工程名称	施工进度 （前期/在建/竣工）

注：加油站、油库和油罐车的油气回收综合治理工程见《重点区域大气污染防治“十二五”规划》要求。

40．加油站油气污染治理，油库和加油站、油罐车全部安装油气回收系统达标运行情况

1）指标属性：定性

2）指标级别：省

3）评估要求：就加油站油气污染治理，油库和加油站、油罐车全部安装油气回收系统达标运行情况进行说明。

4）负责部门：发展改革委、污防处

41．城市声环境功能区划编制或修订情况

1）指标属性：定性

2）指标级别：省

3）评估要求：就城市声环境功能区划编制或修订情况进行说明。

4）负责部门：污防处

42．社会生活、建筑施工和道路交通噪声监管情况

1）指标属性：定性

2）指标级别：省

3）评估要求：就社会生活、建筑施工和道路交通噪声监管情况进行说明。

4）负责部门：污防处

43．城市噪声污染扰民治理情况

1）指标属性：定性

2）指标级别：国家

3）评估要求：就城市噪声污染扰民治理情况进行说明（如投诉案件次数、执法人次、回复率等）。

4）负责部门：监察总队

44．石化行业生产、输送和存储过程挥发性有机污染物排放控制情况

1）指标属性：定性

2）指标级别：国家

3）评估要求：各省（区、市）就石化行业生产、输送和存储过程挥发性有机污染物

排放控制所做的工作进行说明（行政规章、执法工作等）。

4）负责部门：污防处

45. 水性、低毒或低挥发性的有机溶剂推广使用情况

1）指标属性：定性

2）指标级别：国家

3）评估要求：各省（区、市）就石化行业生产、输送和存储过程挥发性有机污染物排放控制和水性、低毒或低挥发性的有机溶剂推广使用所做的工作进行说明（经济鼓励政策、行政规章、具体工作成效等）。

4）负责部门：污防处

46. 精细化工行业有机废气污染治理情况

1）指标属性：定性

2）指标级别：国家

3）评估要求：各省（区、市）就精细化工行业有机废气污染治理所做的工作进行说明（行政规章、执法工作等）。

4）负责部门：污防处

（三）加强核与辐射污染防治（17 个指标）

47. 辐射环境质量监测和核设施流出物监督性监测情况

1）指标属性：定性

2）指标级别：国家

3）评估要求：就辐射环境质量监测和核设施流出物监督性监测情况进行说明。

4）负责部门：辐射处

48. 早期核设施退役和放射性污染治理推进情况

1）指标属性：定性

2）指标级别：国家

3）评估要求：就早期核设施退役和放射性污染治理推进情况进行说明。

4）负责部门：辐射处

49．民用辐射照射装置退役和废源回收工作开展情况

1）指标属性：定性

2）指标级别：国家

3）评估要求：就民用辐射照射装置退役和废源回收工作开展情况进行说明。

4）负责部门：辐射处

50．放射性废物贮存、处理和处置能力建设情况

1）指标属性：定性

2）指标级别：国家

3）评估要求：就放射性废物贮存、处理和处置能力建设情况进行说明。

4）负责部门：辐射处

51．不符合安全要求的铀矿冶设施关停情况

1）指标属性：定性

2）指标级别：国家

3）评估要求：就不符合安全要求的铀矿冶设施关停情况进行说明。

4）负责部门：辐射处

52．辐射安全许可制度落实情况

1）指标属性：定性

2）指标级别：省

3）评估要求：就辐射安全许可制度落实情况进行说明。

4）负责部门：辐射处

53．当年产生的放射性废物和废旧放射源送贮率

1）指标属性：定量

2）指标级别：省

3）评估要求：填表

4）负责部门：辐射处

地区	当年产生的放射性废物和废旧放射源送贮率/%			
	2010 年	2011 年	2012 年	2013 年

54．历史遗留的大型放射源向国家废物库送贮和转移情况

1）指标属性：定性

2）指标级别：省

3）评估要求：就历史遗留的大型放射源向国家废物库送贮和转移情况进行说明。

4）负责部门：辐射处

55．伴生放射性矿产开发污染防治情况

1）指标属性：定性

2）指标级别：省

3）评估要求：就伴生放射性矿产开发污染防治情况进行说明。

4）负责部门：辐射处

56．电磁辐射建设项目规划环境影响评价开展情况

1）指标属性：定性

2）指标级别：省

3）评估要求：就电磁辐射建设项目规划环境影响评价开展情况进行说明。

4）负责部门：辐射处

57．大型无线电发射装置、电气化铁路等电磁辐射项目环境管理实施情况

1）指标属性：定性

2）指标级别：省

3）评估要求：就大型无线电发射装置、电气化铁路等电磁辐射项目环境管理实施情况进行说明。

4）负责部门：辐射处

58．电磁辐射建设项目公众参与、敏感点调查等制度建设情况

1）指标属性：定性

2）指标级别：省

3）评估要求：就电磁辐射建设项目公众参与、敏感点调查等制度建设情况进行说明。

4）负责部门：辐射处

59．国家监管的大型辐照装置的监督管理情况

1）指标属性：定性

2）指标级别：省

3）评估要求：就国家监管的大型辐照装置的监督管理情况进行说明。

4）负责部门：辐射处

60．老、旧辐照装置升级改造、淘汰情况

1）指标属性：定性

2）指标级别：省

3）评估要求：就老、旧辐照装置升级改造、淘汰情况进行说明。

4）负责部门：辐射处

61．开封核能辐照厂辐照设备退役情况

1）指标属性：定性

2）指标级别：省

3）评估要求：就开封核能辐照厂辐照设备退役情况进行说明。

4）负责部门：辐射处

62．全省废旧金属熔炼企业辐射监测管理情况

1）指标属性：定性

2）指标级别：省

3）评估要求：就全省废旧金属熔炼企业辐射监测管理情况进行说明。

4）负责部门：辐射处

63．移动放射源使用审批和备案情况

1）指标属性：定性

2）指标级别：省

3）评估要求：就移动放射源使用审批和备案情况进行说明。

4）负责部门：辐射处

（四）强化固体废物污染防治（29 个指标）

64．综合性危险废物集中处置设施建设情况

1）指标属性：定性

2）指标级别：省

3）评估要求：就综合性危险废物集中处置设施建设情况进行说明。

4）负责部门：规财处、固管中心

65．河南省危险废物集中处置中心和南阳市危险废物集中处置中心安全运营监督管理情况

1）指标属性：定性

2）指标级别：省

3）评估要求：就河南省危险废物集中处置中心和南阳市危险废物集中处置中心安全运营监督管理情况进行说明。

4）负责部门：固管中心

66．全省危险废物处置网络建设情况

1）指标属性：定性

2）指标级别：省

3）评估要求：就全省危险废物处置网络建设情况进行说明。

4）负责部门：固管中心

67．历史堆存铬渣的安全处置工程进展

1）指标属性：定量

2）指标级别：国家/省

3）评估要求：填表

4）负责部门：固管中心

地区	项目名称	是否处置完历史堆存铬渣	处置完历史堆存铬渣数量/万 t

68. 新增铬渣无害化利用处置情况

1）指标属性：定量

2）指标级别：省

3）评估要求：①填表；②就新增铬渣无害化利用处置情况进行说明。

4）负责部门：污防处、规财处

地区	新增铬渣量/t	无害化利用处置铬渣量/t	无害化利用处置铬渣比例/%	无害化利用处置方式

69. 危险废物重点地区、重点类别、重点行业和重点环节执法检查及综合整治开展情况

1）指标属性：定性

2）指标级别：省

3）评估要求：就危险废物重点地区、重点类别、重点行业和重点环节执法检查及综合整治开展情况进行说明。

4）负责部门：固管中心

70. 危险废物产生单位监管重点源清单制定情况

1）指标属性：定性

2）指标级别：国家/省

3）评估要求：①填表；②就危险废物产生单位监管重点源清单制定情况进行说明。

4）负责部门：固管中心

地区	重点监管的危险废物产生单位名称	危险废物名称

71. 危险废物重点产生单位的危险废物规范化管理抽查合格率

1）指标属性：定量

2）指标级别：省

3）评估要求：填表

4）负责部门：固管中心

地区	危险废物重点产生单位的危险废物规范化管理抽查合格率/%

72. 危险废物重点经营单位的危险废物规范化管理抽查合格率

1）指标属性：定量

2）指标级别：省

3）评估要求：填表

4）负责部门：固管中心

地区	危险废物重点经营单位的危险废物规范化管理抽查合格率/%

73.《危险废物和医疗废物处置设施建设规划》内集中处置设施危险废物经营许可证的获取数量

1）指标属性：定量

2）指标级别：国家

3）评估要求：填表

4）负责部门：污防处

	《规划》内		《规划》外	
	处置机构名称	数量	处置机构名称	数量
危险废物经营许可证				
医疗废物经营许可证				

74. 医疗垃圾集中处理设施建设情况

1）指标属性：定量

2）指标级别：省

3）评估要求：①填表；②就“十二五”期间新增医疗垃圾集中处理设施建设情况进行说明。

4）负责部门：固管中心、规财处

地区	新、扩建医疗垃圾集中处理设施名称	投运时间	处理能力/（万 t/d）

75. 医疗废物集中处置设施负荷率

1）指标属性：定量

2）指标级别：省

3）评估要求：填表

4）负责部门：固管中心

地区	医疗废物集中处置设施负荷率/%			
	2010 年	2011 年	2012 年	2013 年

76．郑州、南阳医疗废物全过程管理体系建设试点开展情况

1）指标属性：定性

2）指标级别：省

3）评估要求：就郑州、南阳医疗废物全过程管理体系建设试点开展情况进行说明。

4）负责部门：固管中心

77．农村地区医疗废物收集处置试点工作开展情况

1）指标属性：定性

2）指标级别：省

3）评估要求：就农村地区医疗废物收集处置试点工作开展情况进行说明。

4）负责部门：固管中心

78．大、中型医疗卫生机构医疗废物无害化处置率

1）指标属性：定量

2）指标级别：省

3）评估要求：填表

4）负责部门：固管中心

地区	2013 年大、中型医疗卫生机构医疗废物无害化处置率/%

79．省辖市和县级市医疗废物集中无害化处置率

1）指标属性：定量

2）指标级别：国家/省

3）评估要求：①填表；②就省辖市和县级市医疗废物无害化处置进展情况进行说明。

4）负责部门：固管中心

地区	医疗废物集中无害化处置率/%

80. 疫情突发情况下的医疗废物应急处置机制建设情况

1）指标属性：定性

2）指标级别：省

3）评估要求：就疫情突发情况下的医疗废物应急处置机制建设情况进行说明。

4）负责部门：固管中心

81. 废弃电器电子产品回收网点建设情况

1）指标属性：定性

2）指标级别：省

3）评估要求：就废弃电器电子产品回收网点建设情况进行说明。

4）负责部门：固管中心

82. 废弃电器电子产品拆解处理处置规模

1）指标属性：定量

2）指标级别：省

3）评估要求：填表

4）负责部门：固管中心

地区	废弃电器电子产品拆解处理处置企业	规模/（万 t/a）

83. 全省废弃电器电子产品深度处理规模

1）指标属性：定量

2）指标级别：省

3）评估要求：填表

4）负责部门：固管中心

地区	废弃电器电子产品深度处理企业	规模/（万 t/a）

84. 废弃铅酸蓄电池非法加工利用设施取缔工作进展

1）指标属性：定性

2）指标级别：国家

3）评估要求：就废弃铅酸蓄电池非法加工利用设施取缔工作进展情况进行说明。

4）负责部门：固管中心

85. 工业固体废物综合利用率

1）指标属性：定量

2）指标级别：国家/省

3）评估要求：填表

4）负责部门：发展改革委、总量处

地区	2010 年工业固体废物产生量/万 t	2010 年工业固体废物综合利用量/万 t	2010 年工业固体废物综合利用率/%	2013 年工业固体废物产生量/万 t	2013 年工业固体废物综合利用量/万 t	2013 年工业固体废物综合利用率/%

86. 堆存的赤泥、尾矿渣、铸造废砂等大宗工业固体废物的污染防治情况

1）指标属性：定性

2）指标级别：国家/省

3）评估要求：就堆存的赤泥、尾矿渣、铸造废砂等大宗工业固体废物的产生量及污染防治情况进行说明。

4）负责部门：污防处

87. 进口废物管理情况

1）指标属性：定性

2）指标级别：国家/省

3）评估要求：就限制进口类废物环境管理情况进行说明。

4）负责部门：污防处、固管中心

88. 省辖市和县（市）生活垃圾无害化处理率

1）指标属性：定量

2）指标级别：国家/省

3）评估要求：填表

4）负责部门：住房和城乡建设厅

地区	设市城市名称	2010 年						2013 年					
		清运量/万 t	无害化处理能力/(t/d)	无害化处理量/万 t	卫生填埋/万 t	焚烧/万 t	其他/万 t	清运量/万 t	无害化处理能力/（t/d）	无害化处理量/万 t	卫生填埋/万 t	焚烧/万 t	其他/万 t

89．生活垃圾无害化处理能力

1）指标属性：定量

2）指标级别：省

3）评估要求：填表

4）负责部门：住房和城乡建设厅

地区	2013 生活垃圾无害化处理能力/（万 t/d）

90．县城以上垃圾处理场渗滤液处理设施建设情况

1）指标属性：定量

2）指标级别：省

3）评估要求：调表并对县城以上垃圾处理场渗滤液处理设施建设情况进行说明。

4）负责部门：住房和城乡建设厅

地区	垃圾处理场名称	渗滤液处理设施建设情况

91．所有县具有生活垃圾无害化处理能力

1）指标属性：逻辑判断

2）指标级别：国家

3）评估要求：填表

4）负责部门：住房和城乡建设厅

县名	是否具有生活垃圾无害化处理能力

注 1：县名填写：市辖区、县级市、县。

注 2：具有生活垃圾无害化处理能力不一定要求建生活垃圾处理设施，但要求有生活垃圾收集渠道，并经过相关无害化处理设施（如市辖区共用生活垃圾无害化处理设施的情况）处理。

92．工业生产过程协同处理生活垃圾和污泥试点开展情况

1）指标属性：定性

2）指标级别：国家

3） 评估要求：就工业生产过程协同处理生活垃圾和污泥试点开展情况进行说明。

4）负责部门：发展改革委、污防处

（五）加强重金属污染防治（8 个指标）

93．重点区域重金属污染综合防治规划制定和批复实施情况

1）指标属性：逻辑判断

2）指标级别：省

3）评估要求：就重点区域重金属污染综合防治规划制定和批复实施情况进行说明。

4）负责部门：污防处

重点区域	是否完成重金属污染综合防治规划编制批复	规划编制是否与国家、省规划进行衔接

94．重金属污染环境修复试点工作开展情况

1）指标属性：定性

2）指标级别：省

3）评估要求：就重点区域重金属污染环境修复试点工作开展情况进行说明。

4）负责部门：污防处

95．重点区域重金属污染物排放量削减率

1）指标属性：定量

2）指标级别：国家/省

3）评估要求：重金属污染综合防治规划确定的重点区域对应的市（县）填表，并说明重金属污染物排放量削减情况。

4）负责部门：污防处

重点区域	2007 年排放量/kg					2011 年排放量/kg					2012 年排放量/kg					2013 年排放量/kg				
	铅	汞	镉	铬	砷	铅	汞	镉	铬	砷	铅	汞	镉	铬	砷	铅	汞	镉	铬	砷

96．非重点区域重点重金属污染物排放量不超过 2007 年水平

1）指标属性：定量

2）指标级别：国家

3）评估要求：重金属污染综合防治规划确定的非重点区域对应的市（县）填表，并说明重金属污染物排放量削减情况。

4）负责部门：污防处

地区	2007 年排放量/kg					2011 年排放量/kg					2012 年排放量/kg					2013 年排放量/kg				
	铅	汞	镉	铬	砷	铅	汞	镉	铬	砷	铅	汞	镉	铬	砷	铅	汞	镉	铬	砷

97．有色金属矿（含伴生矿）采选业、有色金属冶炼业、铅蓄电池制造业、皮革及其制品业、化学原料及化学制品制造业等行业淘汰落后产能情况

1）指标属性：定性

2）指标级别：国家/省

3）评估要求：就有色金属矿（含伴生矿）采选业、有色金属冶炼业、铅蓄电池制造业、皮革及其制品业、化学原料及化学制品制造业等行业淘汰落后产能情况进行说明（包括具体企业名单、企业所属行业、企业淘汰产能数量以及建立的制度，出台的政策，发布的相关文件以及采取的具体措施）。

4）负责部门：工信厅、污防处

98．重点防控行业重金属污染物特别排放限值管理开展情况

1）指标属性：定性

2）指标级别：省

3）评估要求：就重点防控行业重金属污染物特别排放限值管理开展情况进行说明。

4）负责部门：污防处

99．是否建立重金属污染物产生、排放台账，强化监督性监测和检查制度

1）指标属性：逻辑判断

2）指标级别：国家

3）评估要求：填表

4）负责部门：污防处

地区	重金属污染物产生、排放台账制度是否建立（是/否）

100．重金属重点区域水和大气环境质量开展监测情况

1）指标属性：定量

2）指标级别：国家

3）评估要求：①本辖区为开展重点区域水和大气环境质量监测制定的规划、计划或监测方案等；②本辖区确定的重点区域水和大气环境质量监测点位情况（提供监测点位名称和区域分布）；③重点区域水和大气环境质量监测结果，区域内主要防控重金属污染物监测达标情况，数据来源以规划年度考核为准。

4）负责部门：监测处、污防处

重点区域水环境主要防控重点重金属污染物指标考核表

重点区域	地市	区县	水监测断面点位名称	监测时间	重金属因子浓度				
					铅	汞	镉	铬	砷

注：填写历年（2010—2013 年）监测断面点位年均浓度。

重点区域大气环境主要防控重点重金属污染物指标考核表

重点区域	地市	区县	大气监测站点名称	监测时间	重金属因子浓度				
					铅	汞	镉	铬	砷

注：填写历年（2010—2013 年）监测断面点位年均浓度。

（六）积极防范环境风险（21 个指标）

101．全面调查重点环境风险源和环境敏感点

1）指标属性：定性

2）指标级别：国家/省

3）评估要求：就辖区内重点环境风险源和环境敏感点的调查工作进行说明。

4）负责部门：污防处、固管中心

102．是否建成环境风险源数据库

1）指标属性：逻辑判断

2）指标级别：国家/省

3）评估要求：①填表；②对以排放重金属、危险废物、持久性有机污染物和生产使用危险化学品的企业为重点建设环境风险源数据库的工作情况进行说明。

4）负责部门：污防处、固管中心

地区	是否建成环境风险源数据库			
	重金属（是/否）	危险废物（是/否）	持久性有机污染物（是/否）	危险化学品（是/否）

103．建设项目环境影响评价审批是否对防范环境风险提出明确要求

1）指标属性：逻辑判断

2）指标级别：国家

3）评估要求：填表

4）负责部门：环评处

地区	建设项目环境影响评价审批是否对防范环境风险提出明确要求（是/否）

104．企业突发环境事件报告与应急处理制度、特征污染物监测报告制度建设情况

1）指标属性：定性

2）指标级别：国家

3）评估要求：就企业突发环境事件报告与应急处理制度、特征污染物监测报告制度建设情况进行说明。

4）负责部门：应急办、监测处

105．重点风险源、重要和敏感区域是否进行定期专项检查

1）指标属性：逻辑判断

2）指标级别：国家

3）评估要求：填表

4）负责部门：应急办、污防处、固管中心、监察总队

地区	重点风险源名称	专项检查队伍名称	检查频率/（人次/a）

106．环境应急救援机制建设与完善情况（含环境应急救援网络建立情况）

1）指标属性：定性

2）指标级别：国家

3）评估要求：就环境应急救援机制建设与完善情况，重点对省级环境应急救援网络建设情况进行说明。

4）负责部门：应急办

107．环境风险源评估制度建设情况

1）指标属性：定性

2）指标级别：省

3）评估要求：就环境风险源评估制度建设情况进行说明。

4）负责部门：污防处、固管中心

108．装置级、厂界级、流域级三级应急防范体系建设情况

1）指标属性：定性

2）指标级别：省

3）评估要求：就装置级、厂界级、流域级三级应急防范体系建设情况进行说明。

4）负责部门：应急办

109．环境应急预案编制、修订、评估、备案和演练情况

1）指标属性：定性

2）指标级别：国家/省

3）评估要求：就环境应急预案编制、修订、评估、备案和演练情况进行说明。

4）负责部门：应急办

110．突发环境事件有效处置情况

1）指标属性：定性

2）指标级别：省

3）评估要求：就加强应急值守和信息报送，建立健全内、外部协作联动工作机制，有效处置突发环境事件情况进行说明。

4）负责部门：应急办

111. 有效防范和妥善应对重大突发环境事件是否作为地方人民政府的重要任务并纳入环境保护目标责任制

1）指标属性：逻辑判断

2）指标级别：国家

3）评估要求：填表

4）负责部门：办公室

地区	有效防范和妥善应对重大突发环境事件是否作为地方人民政府的重要任务并纳入环境保护目标责任制（是/否）	相关规范性文件名称

112. 环境损害赔偿制度完善情况

1）指标属性：定性

2）指标级别：国家/省

3）评估要求：就突发环境事件事后调查和损害评估制度建立完善情况进行说明。

4）负责部门：法规处

113. 化学品环境管理和风险防范管理制度的建立情况

1）指标属性：定性

2）指标级别：国家

3）评估要求：①填表；②就环境管理和风险防范管理制度的建立情况进行说明。

4）负责部门：污防处

地区	是否完善危险化学品环境管理登记制度（是/否）	是否完善新化学物质环境管理登记制度（是/否）	是否制定有毒有害化学品清单（是/否）	是否制定重点环境管理化学品清单（是/否）

114. 省级化学品环境管理能力建设情况

1）指标属性：定性

2）指标级别：国家

3）评估要求：就省级化学品环境管理能力建设情况进行说明。

4）负责部门：污防处

115.“两高一难”物质名单制定和限制淘汰情况

1）指标属性：定性

2）指标级别：国家

3）评估要求：就“两高一难”物质名单制定和限制淘汰情况进行说明。

4）负责部门：污防处

116.全省危险化学品环境风险防控体系建设情况

1）指标属性：定性

2）指标级别：省

3）评估要求：就全省危险化学品环境风险防控体系建设情况进行说明。

4）负责部门：污防处

117.国际环境公约和执行化学品的国家有关禁令履行情况

1）指标属性：定性

2）指标级别：省

3） 评估要求：就国际环境公约和执行化学品的国家有关禁令履行情况进行说明。

4）负责部门：规财处、污防处

118.重点行业二噁英污染防治体系和监管机制建立完善情况

1）指标属性：定性

2）指标级别：国家

3）评估要求：就重点行业（铁矿石烧结、电弧炉炼钢、再生有色金属生产、废弃物焚烧）二噁英污染防治体系和监管机制建立完善情况进行说明。

4）负责部门：污防处

119.炼钢生产、再生有色金属生产和废弃物焚烧三大重点行业二噁英单位产量（处理量）排放强度削减率

1）指标属性：定量

2）指标级别：省

3）评估要求：填表

4）负责部门：污防处

地区	重点行业名称	2010年单位产量（处理量）排放强度/（g/kg）	2013年单位产量（处理量）排放强度/（g/kg）	单位产量（处理量）排放强度削减率/%

注：重点行业包括炼钢生产、再生有色金属生产和废弃物焚烧。

120．废弃物焚烧、铁矿石烧结、电弧炉炼钢和再生有色金属生产四大重点行业二噁英排放达标率

1）指标属性：定量

2）指标级别：省

3）评估要求：填表

4）负责部门：污防处

地区	重点行业	二噁英排放达标率/%

注：重点行业包括废弃物焚烧、铁矿石烧结、电弧炉炼钢和再生有色金属。

121．持久性有机污染物环境管理制度建设情况

1）指标属性：定性

2）指标级别：省

3）评估要求：就持久性有机污染物环境管理制度建设情况进行说明。

4）负责部门：污防处

三、农村与生态环境保护

（一）推进农村环境连片综合整治（共14个指标）

1．实施农村环境综合整治的建制村数量

1）指标属性：定量

2）指标级别：国家/省

3）评估要求：填表

4）负责部门：生态处、规财处

地区	建制村个数	开展综合整治的建制村总个数	已完成农村环境综合整治的建制村个数

注：建制村个数，按2010年数据进行填写。

2．饮用水水源卫生合格率

1）指标属性：定量

2）指标级别：省

3）评估要求：①填表；②就开展农村环境综合整治村庄饮用水水源卫生合格状况进行说明。

4）负责部门：生态处

地区	农村饮用水水源卫生合格率/%

3．解决农村饮水安全问题的人口数量

1）指标属性：定量

2）指标级别：国家

3）评估要求：填表

4）负责部门：水利厅

地区	解决农村饮水安全问题的人口数量/个	解决农村学校饮水安全问题数量/所	受益人口 1 000 人以上集中式饮用水水源地数量/个	受益人口 1 000 人以上集中式饮用水水源地依法划定保护区或保护范围数量/个

4．城乡供水一体化工作进展情况

1）指标属性：定性

2）指标级别：国家/省

3）评估要求：对有条件的地区推行城乡供水一体化的工作情况进行说明。

4）负责部门：发展改革委、水利厅、住房和城乡建设厅

5．采用污水集中处理模式的农村生活污水处理率

1）指标属性：定量

2）指标级别：省

3）评估要求：①填表；②说明开展农村环境综合整治村庄采用污水集中处理模式的农村生活污水处理率。

4）负责部门：生态处

地区	采用污水集中处理模式村庄个数	农村生活污水处理率/%

6．采用污水分散处理模式的农村生活污水处理率

1）指标属性：定量

2）指标级别：省

3）评估要求：①填表；②说明开展农村环境综合整治村庄采用污水分散处理模式的农村生活污水处理率。

4）负责部门：生态处

地区	采用污水分散处理模式村庄个数	农村生活污水处理率/%

7．生活垃圾定点存放清运率

1）指标属性：定量

2）指标级别：省

3）评估要求：①填表；②说明开展农村环境综合整治村庄生活垃圾定点存放清运率。

4）负责部门：生态处

地区	生活垃圾定点存放村庄个数	生活垃圾定点存放清运率/%

8．生活垃圾无害化处理率

1）指标属性：定量

2）指标级别：省

3）评估要求：填表说明开展农村环境综合整治村庄生活垃圾无害化处理率。

4）负责部门：生态处

地区	生活垃圾无害化处理村庄个数	生活垃圾无害化处理率/%

9．生活污水进行处理的建制镇个数

1）指标属性：定量

2）指标级别：国家

3）评估要求：填表

4）负责部门：住房和城乡建设厅

地区	建制镇个数	生活污水进行处理的建制镇个数	建制镇新增污水处理能力（万 m^3/d）	建制镇新增污水处理配套管网规模/km

注 1：建制镇个数，按 2010 年数据进行填写。

注 2：对生活污水的处理包括集中处理和分散处理两种形式。

注 3：“建制镇新增污水处理能力”“建制镇新增污水处理配套管网规模”数据来源于《“十二五”全国城镇污水处理及再生利用设施建设规划》。

10．配套建设生活垃圾收运和处理设施的建制镇个数

1）指标属性：定量

2）指标级别：国家

3）评估要求：填表

4）负责部门：住房和城乡建设厅

地区	建制镇个数	对城镇居民生活垃圾进行收运的建制镇个数	常住人口3万人以上的建制镇新增生活垃圾无害化处理设施能力/（万 t/d）

注：“常住人口 3 万人以上的建制镇新增生活垃圾无害化处理设施能力”数据来源于《“十二五”全国城镇生活垃圾无害化处理设施建设规划》。

11．畜禽养殖废弃物综合利用率

1）指标属性：定量

2）指标级别：省

3）评估要求：填表说明开展农村环境综合整治村庄畜禽养殖废弃物综合利用率。

4）负责部门：生态处

地区	2010 年畜禽养殖废弃物综合利用率/%	2013 年畜禽养殖废弃物综合利用率/%

12．主要农作物测土配方施肥面积比重

1）指标属性：定量

2）指标级别：省

3）评估要求：填表说明全省主要农作物测土配方施肥面积比重。

4）负责部门：农业厅

地区	2010年主要农作物测土配方施肥面积比重/%	2013年主要农作物测土配方施肥面积比重/%

13. 施配方肥比例

1）指标属性：定量

2）指标级别：省

3）评估要求：填表说明全省主要农作物测土配方施肥面积比重。

4）负责部门：农业厅

地区	2010年施配方肥比例/%	2013年施配方肥比例/%

14. 主要农产品中有机、绿色及无公害产品种植面积比重

1）指标属性：定量

2）指标级别：省

3）评估要求：填表说明主要农产品中有机、绿色及无公害产品种植面积比重。

4）负责部门：农业厅

地区	2010年主要农产品中有机、绿色及无公害产品种植面积比重/%	2013年主要农产品中有机、绿色及无公害产品种植面积比重/%

（二）保障生态安全（共21个指标）

15. 创建国家级生态县（市）个数

1）指标属性：定量

2）指标级别：省

3）评估要求：填表

4）负责部门：生态处

地区	2010年创建国家级生态县（市）个数	2013年创建国家级生态县（市）个数

注：2013年数据填写累计的量，即截至2013年年底累计创建国家级生态县（市）个数。

16. 创建省级生态县（市）个数

1）指标属性：定量

2）指标级别：省

3）评估要求：填表

4）负责部门：生态处

地区	2010 年创建省级生态县（市）个数	2013 年创建省级生态县（市）个数

注：2013 年数据填写累计的量，即截至 2013 年年底累计创建省级生态县（市）个数。

17. 创建省级生态乡镇个数

1）指标属性：定量

2）指标级别：省

3）评估要求：填表

4）负责部门：生态处

地区	2010 年创建省级生态乡镇个数	2013 年创建省级生态乡镇个数

注：2013 年数据填写累计的量，即截至 2013 年年底累计创建省级生态乡镇个数。

18. 创建省级生态村个数

1）指标属性：定量

2）指标级别：省

3）评估要求：填表

4）负责部门：生态处

地区	2010 年创建省级生态村个数	2013 年创建省级生态村个数

注：2013 年数据填写累计的量，即截至 2013 年年底累计创建省级生态村个数。

19. 南水北调中线工程源头国家级重要生态功能区的保护与恢复情况

1）指标属性：定性

2）指标级别：国家/省

3）评估要求：就南水北调中线工程源头国家级重要生态功能区的保护与恢复情况进行说明（主要内容包括生态系统结构和功能的连续监测和定期评估工作开展情况、生态保护和修复工程开展情况、污染物排放总量控制、产业准入环境标准）。

4）负责部门：生态处

20．淮河源国家级重要生态功能区的保护与恢复情况

1）指标属性：定性

2）指标级别：国家/省

3）评估要求：就淮河源国家级重要生态功能区的保护与恢复情况进行说明（主要内容包括生态系统结构和功能的连续监测和定期评估工作开展情况、生态保护和修复工程开展情况、污染物排放总量控制、产业准入环境标准）。

4）负责部门：生态处

21．自然保护区基础调查与评估工作开展情况

1）指标属性：定性

2）指标级别：国家/省

3）评估要求：就自然保护区基础调查与评估工作开展情况进行说明。

4）负责部门：生态处

22．自然保护区开发建设的监管情况

1）指标属性：定性

2）指标级别：省

3）评估要求：就自然保护区开发建设的监管情况进行说明。

4）负责部门：生态处

23．自然保护区基础数据库建立情况

1）指标属性：定性

2）指标级别：省

3）评估要求：就自然保护区基础数据库建立情况进行说明。

4）负责部门：生态处

24．自然保护区 GIS 管理系统构建情况

1）指标属性：定性

2）指标级别：省

3）评估要求：就自然保护区GIS管理系统构建情况进行说明。

4）负责部门：生态处

25. 自然保护区规范化建设情况

1）指标属性：定性

2）指标级别：国家/省

3）评估要求：就国家级自然保护区规范化建设的配合工作开展说明（国家级自然保护区名录参见《国务院关于印发全国主体功能区规划的通知》（国发〔2010〕46号））。

4）负责部门：生态处、林业厅、农业厅、国土厅

26. 各级陆地自然保护区面积占陆地国土面积的比重

1）指标属性：定量

2）指标级别：国家

3）评估要求：①填表；②就国家级、省级、地市级、区县级陆地自然保护区面积进行统计。

4）负责部门：生态处

地区	陆地自然保护区名称	级别（省级/地市级/区县级）	保护区面积/hm^2

27. 森林覆盖率

1）指标属性：定量

2）指标级别：省

3）评估要求：填表

4）负责部门：林业厅

地区	2010年森林覆盖率/%	2013年森林覆盖率/%

28. 生物物种资源调查与生物多样性调查工作完成情况

1）指标属性：定性

2）指标级别：国家/省

3）评估要求：①填表；②根据实际调查评估工作提供说明（生物多样性保护优先区域的划分参见《关于印发《中国生物多样性保护战略与行动计划》（2011—2030 年）的通知》（环发〔2010〕106 号）。

4）负责部门：生态处

生物多样性保护优先区域名称	涉及省（区、市）	工作进度（前期/实施/完成）

29．生物多样性监测试点以及生物多样性保护示范区、恢复示范区等建设情况

1）指标属性：定性

2）指标级别：国家

3）评估要求：就生物多样性监测试点以及生物多样性保护示范区、恢复示范区等建设情况进行说明（具体要求《关于印发〈中国生物多样性保护战略与行动计划〉（2011—2030 年）的通知》（环发〔2010〕106 号）。

4）负责部门：生态处

30．国家重点保护物种得到保护的比例

1）指标属性：定量

2）指标级别：国家

3）评估要求：①填表；②就国家重点保护物种的保护情况进行说明。

4）负责部门：林业厅、农业厅、生态处

地区	涉及的国家重点保护物种名称	对应保护区名称

注：国家重点保护物种是指由中国国务院正式批准公布要求保护的物种。它们是《中华人民共和国野生动物保护法》和《中华人民共和国野生植物保护条例》附录的具体管理对象，由主管部门国家林业局和农业部共同主持制定。

31．国家典型生态系统保护工作开展情况

1）指标属性：定性

2）指标级别：国家

3）评估要求：就典型生态系统保护工作开展情况进行说明（具体要求《关于印发〈中国生物多样性保护战略与行动计划〉（2011—2030 年）的通知》（环发〔2010〕106 号）。

4）负责部门：林业厅、生态处

32．矿山等自然资源开发、旅游资源开发的环境监管制度和技术规范的制定、完善情况

1）指标属性：定性

2）指标级别：省

3）评估要求：就矿山等自然资源开发、旅游资源开发的环境监管制度和技术规范的制定、完善情况进行说明。

4）负责部门：生态处

33．水电等资源开发以及公路、铁路、输油（气）管道等建设的生态环境监管工作开展情况

1）指标属性：定性

2）指标级别：国家/省

3）评估要求：就水电等资源开发以及公路、铁路、输油（气）管道等建设的生态环境监管工作开展情况进行说明。

4）负责部门：生态处、环评处

34．生态敏感区域旅游开发项目的环境监管情况

1）指标属性：定性

2）指标级别：国家/省

3）评估要求：就生态敏感区域旅游开发项目的环境监管情况进行说明。

4）负责部门：生态处

35．矿山环境治理和生态恢复保证金制度实施情况

1）指标属性：定性

2）指标级别：国家

3）评估要求：就矿山环境治理和生态恢复保证金制度实施情况（矿山环境治理和生态恢复保证金收缴和使用情况等）进行说明。

4）负责部门：国土厅、生态处

（三）推进土壤环境保护（共 14 个指标）

36. 耕地土壤污染状况调查情况

1）指标属性：定性

2）指标级别：国家/省

3）评估要求：就耕地土壤污染状况调查情况进行说明。

4）负责部门：农业厅、生态处

37. 耕地土壤环境安全性评估和等级划分情况

1）指标属性：定性

2）指标级别：国家/省

3）评估要求：就耕地土壤环境安全性评估和等级划分情况进行说明。

4）负责部门：农业厅、生态处

38. 耕地土壤环境保护区划定情况

1）指标属性：定性

2）指标级别：省

3）评估要求：就耕地土壤环境保护区划定情况进行说明。

4）负责部门：农业厅、生态处

39. 耕地土壤环境质量数据库及信息管理系统建设情况

1）指标属性：定性

2）指标级别：省

3）评估要求：就耕地土壤环境质量数据库及信息管理系统建设情况进行说明。

4）负责部门：农业厅、生态处

40. 耕地土壤环境监管情况

1）指标属性：定性

2）指标级别：省

3）评估要求：就耕地土壤环境监管情况进行说明。

4）负责部门：农业厅、生态处

41. 污灌区及长期或大量施用污泥的土壤环境定期监测开展情况

1）指标属性：定性

2）指标级别：省

3）评估要求：就污灌区及长期或大量施用污泥的土壤环境定期监测开展情况进行说明。

4）负责部门：农业厅、监测处

42. 城市和工矿企业污染场地环境监管工作开展情况

1）指标属性：定性

2）指标级别：国家

3）评估要求：就城市和工矿企业污染场地环境监管工作开展情况进行说明。

4）负责部门：污防处、生态处

43. 是否开展污染场地再利用的环境风险评估

1）指标属性：逻辑判断

2）指标级别：国家

3）评估要求：①填表；②就污染场地再利用的环境风险评估工作开展情况进行说明（评估技术方案、指南、办法等）。

4）负责部门：污防处、生态处

地区	再利用的污染场地名称	是否开展环境风险评估

44. 是否将场地环境风险评估纳入建设项目环境影响评价

1）指标属性：逻辑判断

2）指标级别：国家

3）评估要求：①填表；②就场地环境风险评估纳入建设项目环境影响评价的情况进行说明（评估技术指南、办法等）。

4）负责部门：环评处

地区	建设项目名称	是否开展场地环境风险评估

45．土壤污染治理修复试点开展情况

1）指标属性：定性

2）指标级别：国家/省

3）评估要求：就土壤污染治理修复试点开展情况进行说明。

4）负责部门：污防处

46．土壤环境质量标准、项目用地土壤环境质量评估与备案制度及污染土壤调查、评估和修复制度研究与建立情况

1）指标属性：定性

2）指标级别：国家

3）评估要求：就土壤环境质量标准、项目用地土壤环境质量评估与备案制度及污染土壤调查、评估和修复制度研究与建立情况进行说明。

4）负责部门：污防处

47．污染场地档案和信息管理系统建立情况

1）指标属性：定性

2）指标级别：省

3）评估要求：就污染场地档案和信息管理系统建立情况进行说明。

4）负责部门：生态处、污防处

48．土壤环境强制调查制度建立情况

1）指标属性：定性

2）指标级别：省

3）评估要求：就土壤环境强制调查制度建立情况进行说明。

4）负责部门：生态处

49．中原经济区采煤沉陷区综合治理和矿山生态环境修复工作开展情况

1）指标属性：定性

2）指标级别：国家

3）评估要求：就中原经济区采煤沉陷区综合治理和矿山生态环境修复工作开展情况进行说明。

4）负责部门：国土厅、生态处

四、能力建设

（一）建立完善的环境监测和监督体系（共9个指标）

1．环境监察机构达标情况

1）指标属性：定量

2）指标级别：国家/省

3）评估要求：填表

4）负责部门：监察总队

地市级监察机构装备建设达标率见考核表

地市名称	地市级监管机构装备建设是否达标（是/否）	是否通过省级验收（是/否）

注1：地市级行政单位仅填写：省辖市（地级和省直管试点县）本级，不包括下辖的区县，也不包括各种开发区。

注2：地市级环境监管机构基本设备配置达标要求见《关于印发〈全国环境监察标准化建设标准〉和〈环境监察标准化建设达标验收暂行办法〉的通知》（环发〔2006〕185号），具体装备台套数按照中部二级要求各自进行统计。

县级监察机构装备建设达标率见考核表

县（市）	县级监管机构装备建设是否达标（是/否）	是否通过省级验收（是/否）

注1：县级，仅包括县、（县级）市和县级区，不包括开发区。

注2：县级环境监管站基本设备配置达标要求见《关于印发〈全国环境监察标准化建设标准〉和〈环境监察标准化建设达标验收暂行办法〉的通知》（环发〔2006〕185号），具体设备名录见地市级监管机构装备名录（具体装备台套数按照中部的三级要求分别进行统计）。

2．环境监测机构达标情况

1）指标属性：定量

2）指标级别：国家/省

3）评估要求：填表

4）负责部门：监测处

地市级环境监测站基本设备配置达标率见考核表

地市名称	地市级环境监测站基本设备配置是否达标（是/否）	是否通过标准化验收（是/否）	主要缺配仪器名称

注 1：地市级行政单位仅填写：省辖市（地级和省直管试点县）本级，不包括下辖的区县，也不包括各种开发区。

注 2：市级环境监测站基本设备配置达标要求见《关于印发〈全国环境监测站建设标准〉的通知》（环发〔2007〕56 号）文件和《全国环境监测站建设补充标准》（环办〔2007〕117 号），具体指标按照中部地区二级要求各自进行统计。

注 3：地市级环境监测站标准化建设达标验收，依据《环境监测站标准化建设达标验收办法》要求，根据省级环保厅（局）组织的对辖区内地级市（自治州）环境监测站达标验收结果确定，未开展验收工作的视为未通过验收。

县级环境监测站基本设备配置达标率见考核表

县（市）	县级环境监测站基本设备配置是否达标（是/否）	是否通过验收（是/否）	主要缺配仪器名称

注 1：县级，仅包括县、（县级）市和县级区。

注 2：县级环境监测站标准化建设达标验收，依据《环境监测站标准化建设达标验收办法》要求，根据省级环保厅（局）组织的对辖区内区、县（自治县、县级市）所属环境监测站达标验收结果确定，未开展验收工作的视为未通过验收。

注 3：县级环境监测站基本设备配置达标率要求见《关于印发〈全国环境监测站建设标准〉的通知》（环发〔2007〕56 号）文件和《全国环境监测站建设补充标准》（环办〔2007〕117 号），具体要求如下：（具体指标按照中部地区三级要求各自进行统计）

3．环境监控（信息）机构达标情况

1）指标属性：定量、定性

2）指标级别：国家/省

3）评估要求：①填表；②就省、市、县三级自动监控系统建设情况进行说明。

4）负责部门：监控中心

地市级环境信息机构规范化建设指标见考核表

地市名称	地市级环境信息机构规范化建设是否达标（是/否）	考核验收情况

注 1：地市级行政单位仅填写：省辖市（地级和省直管试点县）本级，不包括下辖的区县，也不包括各种开发区。

注 2：地市级环境信息机构规范化建设要求见《关于全面加强环境信息基础能力规范化建设的意见》（环发〔2010〕87 号），具体装备要求按照二级乙等标准各自进行统计，郑州市按照一级丙等标准要求。

县级环境信息机构规范化建设指标见考核表

县（市）	县级环境信息机构规范化建设是否达标（是/否）	考核验收情况

注 1：县级，仅包括县、（县级）市，不包括开发区。

注 2：县级环境信息机构规范化建设要求见《关于全面加强环境信息基础能力规范化建设的意见》（环发〔2010〕87 号），具体装备要求按照三级乙等标准各自进行统计。

4．环境应急机构达标情况

1）指标属性：定量

2）指标级别：国家/省

3）评估要求：填表

4）负责部门：应急办

地市名称	地市级环境应急能力标准化建设是否达标（是/否）	验收情况

注：按《全国环保部门环境应急能力建设标准》（环发〔2010〕146 号）的有关要求，省级装备台套数按照省级二级标准要求统计，地市级装备台套数按照地市级二级要求各自进行统计。说明应急机构标准化建设及达标情况。

5．核与辐射安全管理机构达标建设情况

1）指标属性：定量

2）指标级别：国家/省

3）评估要求：填表

4）负责部门：辐射处

地市名称	地市级核与辐射安全管理机构标准化建设是否达标（是/否）	验收情况

注 1：省级核与辐射安全管理机构达标情况，按照《关于印发〈全国辐射环境监测与监察机构建设标准〉的通知》（环发〔2007〕82 号）中无核设施省份要求进行统计。

注 2：地市级行政单位仅填写：省辖市（地级和省直管试点县）本级，不包括下辖的区县，也不包括各种开发区。

注 3：地市级核与辐射安全管理机构基本设备配置达标要求见《关于印发〈全国辐射环境监测与监察机构建设标准〉的通知》（环发〔2007〕82 号），具体装备台套数按照地市级要求各自进行统计。

6．固体废物管理机构标准化建设情况

1）指标属性：定量

2）指标级别：省

3）评估要求：填表

4）负责部门：固管中心

地市名称	地市级固体废物管理机构标准化建设是否达标（是/否）	验收情况

注：省级装备台套数按《全国固体废物管理机构能力建设标准》的有关要求，按照省级二级标准要求统计；地市级装备台套数按照《河南省省辖市固体废物管理中心能力建设标准》地市级二级要求各自进行统计。说明固体废物管理机构标准化建设及达标情况。

7．环境宣传教育机构达标情况

1）指标属性：定量

2）指标级别：省

3）评估要求：填表

4）负责部门：宣教中心

地市名称	地市级环保宣教机构规范化建设是否达标（是/否）	验收情况

注 1：省级装备台套数按《全国环保系统环境宣传教育机构规范化建设标准》（环发〔2006〕37 号）的有关要求，按照省级中部地区标准要求统计；省辖市级装备台套数按照《全国环保系统环境宣传教育机构规范化建设标准》（环发〔2006〕37 号）省辖市级中部地区要求各自进行统计。说明环境宣传教育机构标准化建设及达标情况。

8．环境保护机构、移动执法系统、信息平台建设及环保基础能力建设情况

1）指标属性：定性

2）指标级别：省

3）评估要求：①就省、市、县三级环境保护机构、移动执法系统和信息平台建设情况进行说明；②就市、县环保监测和执法基础能力建设项目（业务用房）进展情况进行说明。

4）负责部门：环境保护机构：人事处

移动执法系统：监察总队

信息平台建设：监控中心

环保基础能力建设：厅各直属单位

9. 监测能力、自动监控网络、环境信息基础能力和传输能力建设情况

1）指标属性：定性

2）指标级别：省

3）评估要求：就监测能力、自动监控网络、环境信息基础能力和传输能力建设情况进行说明。

4）负责部门：监测中心、监控中心

（二）建立高效的环境预警应急体系（共4个指标）

10. 省、市、县三级环境应急机构和指挥系统建设情况

1）指标属性：定性

2）指标级别：省

3）评估要求：就省、市、县三级环境应急机构和指挥系统、郑州区域性应急物资储备基地和支援保障基地建设情况进行说明。

4）负责部门：应急办

11. 郑州区域性应急物资储备基地和支援保障基地

1）指标属性：定性

2）指标级别：省

3）评估要求：就郑州区域性应急物资储备基地和支援保障基地建设情况进行说明。

4）负责部门：应急办

12. 豫东、豫西、豫北、豫南四个区域性环境应急监测中心建设情况

1）指标属性：定性

2）指标级别：省

3）评估要求：就豫东、豫西、豫北、豫南四个区域性环境应急监测中心建设情况进行说明。

4）负责部门：监测处

13. 核与辐射应急监测和应急指挥系统建设情况

1）指标属性：定性

2）指标级别：省

3）评估要求：就核与辐射应急监测和应急指挥系统建设情况进行说明。

4）负责部门：辐射处

（三）建立科学的总量核查核算体系（共 5 个指标）

14. 总量减排核查核算体系建设情况

1）指标属性：定性

2）指标级别：省

3）评估要求：就省级污染减排核查核算技术中心建设，工业源、农业源、生活源等产排污系数定量观测点建设情况进行说明。

4）负责部门：总量处

15. 环境统计体系建设情况

1）指标属性：定性

2）指标级别：省

3）评估要求：就污染减排专网支持平台和数据库、数据采集、统计分析和核查体系建设、重点监控企业数据传输系统建设情况进行说明。

4）负责部门：总量处

16. 主要污染物总量减排监测体系建立情况

1）指标属性：定性

2）指标级别：省

3）评估要求：就主要污染物总量减排监测体系建立情况进行说明。

4）负责部门：总量处

17. 省、市级机动车环保监管平台建立情况

1）指标属性：定性

2）指标级别：省

3）评估要求：就省、市级机动车环保监管平台建设情况进行说明。

4）负责部门：总量处

18. 农业源减排监测体系建设情况

1）指标属性：定性

2）指标级别：省

3）评估要求：就农业源减排监测体系建设情况进行说明。

4）负责部门：总量处

（四）建立有力的科技支撑体系（共3个指标）

19. 省级和市级环境保护科研机构能力建设情况

1）指标属性：定性

2）指标级别：省

3）评估要求：就省、市两级环境保护科研机构能力建设情况进行说明。

4）负责部门：科技处

20. 国家和省级环境监测重点实验室、环境容量研究重点实验室建设情况

1）指标属性：定性

2）指标级别：省

3）评估要求：就国家和省级环境监测重点实验室、环境容量研究重点实验室建设情况进行说明。

4）负责部门：科技处、监测中心、环科院

21. 饮用水水源地保护、重金属污染防治、畜禽养殖和农村面源污染防治、生态修复等实验基地和环境工程研究中心建设情况

1）指标属性：定性

2）指标级别：省

3）评估要求：就饮用水水源地保护、重金属污染防治、畜禽养殖和农村面源污染防治、生态修复等实验基地和环境工程研究中心建设情况进行说明。

4）负责部门：科技处、监测中心、环科院

（五）建立完善的人才保障机制（共3个指标）

22. 环境监管人才队伍建设情况

1）指标属性：定性

2）指标级别：省

3）评估要求：就省、市、县三级环境监管人才队伍建设、环境保护专业人才培养引进情况和业务培训能力建设情况进行说明。

4）负责部门：人事处

23．环境保护专业人才培养引进情况

1）指标属性：定性

2）指标级别：省

3）评估要求：就环境保护专业人才培养引进情况进行说明。

4）负责部门：人事处

24．环境保护队伍业务培训能力建设情况

1）指标属性：定性

2）指标级别：省

3）评估要求：就环境保护队伍业务培训能力建设情况进行说明。

4）负责部门：人事处

五、体制机制建设

（一）法规体系建设（共 6 个指标）

1．地方性法规制定实施状况

1）指标属性：逻辑判断

2）指标级别：国家/省

3）评估要求：对制订和实施地方性法规情况进行说明。

4）负责部门：法规处

2．地方性规章修订、制定实施情况

1）指标属性：逻辑判断

2）指标级别：国家/省

3）评估要求：对修订、制订和实施地方性规章的情况进行说明。

4）负责部门：法规处

3. 重点行业河南省污染物排放标准制定实施情况

1）指标属性：逻辑判断

2）指标级别：国家/省

3）评估要求：对制订和实施重点行业河南省污染物排放标准的情况进行说明。

4）负责部门：科技处

4. 重点流域水污染物排放标准制定实施情况

1）指标属性：逻辑判断

2）指标级别：国家/省

3）评估要求：对制订和实施重点流域水污染物排放标准的情况进行说明。

4）负责部门：科技处

5. 环境执法监管工作开展情况

1）指标属性：定性

2）指标级别：国家

3）评估要求：环境执法监管工作开展情况及问题进行说明。

4）负责部门：法规处、监察总队

6. 环境司法实施情况评估

1）指标属性：定性

2）指标级别：国家

3）评估要求：就环境司法工作情况进行说明（如环境保护法庭设立情况）。

4）负责部门：法规处

（二）创新工作机制（共8个指标）

7. 生态文明建设指标体系制定情况

1）指标属性：逻辑判断

2）指标级别：国家

3）评估要求：填表

4）负责部门：办公室

地区	是否制定生态文明建设指标体系	具体颁布的文件名称	颁布时间

8．生态文明建设指标体系（或环保指标体系）纳入地方各级人民政府政绩考核的情况

1）指标属性：定性

2）指标级别：国家/省

3）评估要求：就生态文明建设指标体系纳入地方各级人民政府政绩考核的情况（考核办法、考核比重等）进行说明。

4）负责部门：办公室

9．环境保护问责制和“一票否决”制落实情况

1）指标属性：定性

2）指标级别：国家/省

3）评估要求：就实行环境保护一票否决制的情况进行说明。

4）负责部门：办公室

10．政府及时研究并解决本地区环境保护的重大问题

1）指标属性：定性

2）指标级别：国家/省

3）评估要求：就研究并解决本地区环境保护重大问题的工作情况进行说明（开展本地区环境保护重大问题的调研工作、制订问题解决方案、阶段性实施成果或政府出台相关环保文件）。

4）负责部门：办公室

11．环境保护委员会的职能发挥情况

1）指标属性：定性

2）指标级别：省

3）评估要求：就环保委员会的工作情况进行说明。

4）负责部门：办公室

12．环境保护部门如何履行环境统一监管职能

1）指标属性：定性

2）指标级别：省

3）评估要求：就环境保护部门履行环境统一监管职能的工作情况进行说明。

4）负责部门：办公室

13．环境形势分析预警制度执行情况

1）指标属性：定性

2）指标级别：省

3）评估要求：就环境形势分析预警制度执行情况进行说明。

4）负责部门：环评处、污防处

14．环境监测监控超标数据响应快速反应机制建设情况

1）指标属性：定性

2）指标级别：省

3）评估要求：就环境监测监控超标数据响应快速反应机制建设情况进行说明。

4）负责部门：监测处

（三）完善经济政策（共 17 个指标）

15．环境污染治理投资占当年生产总值的比重

1）指标属性：定量

2）指标级别：国家/省

3）评估要求：说明环境污染治理投资（包括工业污染源污染治理投资、建设项目“三同时”环保投资和城市环境基础设施建设投资）占当年生产总值的比重以及资金来源（包括政府投资、金融机构和社会化专业公司投入、企业自筹三个来源）。

4）负责部门：统计局、总量处

地区	环境污染治理投资占当年生产总值的比重/%			
	2010 年	2011 年	2012 年	2013 年

16．环境保护列入财政年度预算情况

1）指标属性：定性

2）指标级别：省

3）评估要求：对环境保护列入财政年度预算的比例、范围以及额度等情况进行说明。

4）负责部门：财政厅、规财处

（注：国家环境保护列入财政年度预算的的统计口径包括环境保护管理事务、环境监测与监察、污染防治、自然生态保护、污染减排等）。

17．省级环保专项资金设置情况

1）指标属性：定性

2）指标级别：国家/省

3）评估要求：对省级环保专项资金设置、资金下达以及项目开展情况进行说明。

4）负责部门：财政厅、规财处

18．土地出让收益是否用于环境保护

1）指标属性：定性

2）指标级别：省

3）评估要求：就土地出让收益是否用于环境保护、用于哪些项目建设情况进行说明。

4）负责部门：财政厅、规财处

19．符合条件的地方融资平台公司拓宽环保融资渠道的工作开展情况

1）指标属性：定性

2）指标级别：国家/省

3）评估要求：就符合条件的地方融资平台公司拓宽环境保护投融资渠道的工作开展情况进行说明。

4）负责部门：发展改革委

20．排污权有偿取得和使用制度实施情况与排污权交易市场发展情况

1）指标属性：定性

2）指标级别：国家

3）评估要求：对排污权有偿取得和使用制度实施情况与排污权交易市场发展情况进

行说明。

4）负责部门：法规处

21．省级排污权交易中心和地区性碳排放交易中心建设情况

1）指标属性：定性

2）指标级别：省

3）评估要求：对省级排污权交易中心和地区性碳排放交易中心建设情况进行说明。

4）负责部门：发展改革委、总量处

22．排污权交易综合信息平台建设情况

1）指标属性：定性

2）指标级别：省

3）评估要求：对排污权交易综合信息平台建设情况进行说明。

4）负责部门：总量处

23．排污权有偿使用资金专项使用情况

1）指标属性：定性

2）指标级别：省

3）评估要求：对排污权有偿使用资金专项使用情况进行说明。

4）负责部门：规财处

24．重要生态功能区生态补偿机制建设情况

1）指标属性：定性

2）指标级别：国家/省

3）评估要求：对淮河源、南水北调中线源头重要生态功能区生态补偿制度建设情况进行说明。

4）负责部门：财政厅、生态处

25．废水、废气排污费征收标准调整情况

1）指标属性：定性

2）指标级别：国家/省

3）评估要求：对废水、废气排污费征收标准调整情况进行说明。

4）负责部门：发展改革委、规财处、监察总队

26. 污水处理收费标准调整情况（是否满足污水处理设施稳定运行、污泥无害化处置的需求水平）

1）指标属性：定量

2）指标级别：国家/省

3）评估要求：就污水处理收费标准调整情况情况进行说明。

4）负责部门：住房和城乡建设厅、发展改革委

地区	城市污水处理成本/（元/t）	每万吨废水的污泥无害化处置成本折算/（元/万 t）	每吨城市生活废水的污水收费价格/（元/t）

注 1：填写 2013 年数据，如无当年数据，可填写 2012 年数据并给予注明。

注 2：城市污水处理成本包括以下几项：①原材料、燃料和动力费用；②维修费用；③职工工资福利费和基本管理费用；④固定资产折旧。

注 3：城市生活废水的污水收费价格仅包括城市居民生活废水的污水收费价格，不包括经营性用水的污水收费价格。

注 4：如设市城市较大，城市生活污水处理厂较多，各厂成本与收费价格存在差异，可填写成本与收费价格区间。

27. 垃圾处理费政策推进情况

1）指标属性：定性

2）指标级别：国家/省

3）评估要求：①填表；②就辖区内设市城市的垃圾处理费政策推进情况进行说明。

4）负责部门：住房和城乡建设厅、发展改革委

地区	是否制订垃圾处理费政策办法	垃圾处理费征收方式	2013 年垃圾处理收费额/万元	2013 年垃圾处理费用财政补贴额/万元

注：垃圾处理费征收方式：按户（人）或按量（重量或体积）。

28. 燃煤电厂烟气脱硫、脱硝电价政策落实情况

1）指标属性：定性

2）指标级别：国家/省

3）评估要求：对脱硫脱硝电价政策实施情况进行说明（燃煤电厂脱硫脱硝设施监管情况、省级财政脱硫脱硝电价补贴情况等）。

4）负责部门：发展改革委、污防处

29．绿色信贷推行情况

1）指标属性：定性

2）指标级别：国家/省

3）评估要求：就企业环境行为评价制度建设情况、银行绿色评价制度建设情况进行说明。

4）负责部门：法规处

30．绿色证券制度推行情况

1）指标属性：定性

2）指标级别：省

3）评估要求：就绿色证券制度推行情况进行说明。

4）负责部门：法规处

31．环境污染责任保险制度试行状况

1）指标属性：定性

2）指标级别：省

3）评估要求：就环境污染责任保险制度试行状况进行说明。

4）负责部门：法规处

（四）增强科技支撑（共5个指标）

32．环境容量、环境承载力、环境监测等环境科学基础理论研究状况

1）指标属性：定性

2）指标级别：省

3）评估要求：对环境容量、环境承载力、环境监测等环境科学基础理论研究状况进行说明。

4）负责部门：科技处、环科院、监测中心

33．环保高新技术、关键技术和共性技术开发、应用和推广情况

1）指标属性：定性

2）指标级别：省

3）评估要求：对环保高新技术、关键技术和共性技术开发、应用和推广情况进行说明。

4）负责部门：科技处

34．是否成立河南省环境专家咨询委员会

1）指标属性：逻辑判断

2）指标级别：省

3）评估要求：对是否成立河南省环境专家咨询委员会进行说明。

4）负责部门：人事处

35．环境服务业发展状况

1）指标属性：定性

2）指标级别：省

3）评估要求：对环境服务业发展状况进行说明。

4）负责部门：发展改革委

36．我省自主品牌环保产业发展状况

1）指标属性：定性

2）指标级别：省

3）评估要求：对我省自主品牌环保产业发展状况进行说明。

4）负责部门：发展改革委

（五）鼓励全民参与（共 9 个指标）

37．全民环境教育行动计划开展情况

1）指标属性：定性

2）指标级别：国家/省

3）评估要求：就“十二五”期间全民环境教育行动计划开展情况进行说明。

4）负责部门：宣教中心

38．“绿色学校”“绿色社区”“绿色企业”等绿色系列创建活动开展情况

1）指标属性：定性

2）指标级别：国家/省

3）评估要求：就“十二五”期间“绿色学校”“绿色社区”“绿色企业”等绿色创建

活动开展情况进行说明。

4）负责部门：宣教中心

39．环境教育基地建设

1）指标属性：定性

2）指标级别：省

3）评估要求：就“十二五”期间环境教育基地建设情况进行说明。

4）负责部门：宣教中心

40．12369 环保举报热线管理系统建设

1）指标属性：定性

2）指标级别：省

3）评估要求：12369 环保举报热线管理系统建设情况进行说明。

4）负责部门：监察总队

41．新闻发布和重大环境信息披露制度建设情况

1）指标属性：定性

2）指标级别：国家/省

3）评估要求：就城镇环境质量（水、大气）、重点污染源、重点城市饮用水水质、企业环境等信息建设公开制度情况，以及涉及有毒有害物质排放企业的环境信息的强制披露制度的建设情况进行说明。

4）负责部门：办公室、宣教中心

42．环境保护举报制度完善情况（举报人保护、奖励等）

1）指标属性：定性

2）指标级别：国家

3）评估要求：就环境保护举报制度完善情况进行说明（举报人保护、奖励等）。

4）负责部门：监察室

43．“中原环保世纪行”活动

1）指标属性：定性

2）指标级别：省

3）评估要求：就“中原环保世纪行”活动开展情况进行说明。

4）负责部门：宣教中心

44.《消耗臭氧层物质管理条例》河南省实施方案及战略行动计划编制和实施情况

1）指标属性：定性

2）指标级别：省

3）评估要求：就《消耗臭氧层物质管理条例》河南省实施方案及战略行动计划编制和实施情况进行说明。

4）负责部门：规财处

45．国际合作与交流情况

1）指标属性：定性

2）指标级别：省

3）评估要求：就国际合作与交流情况进行说明。

4）负责部门：规财处

六、规划组织实施

（一）规划编制、批复与实施（共 6 个指标）

1．2011—2012 年是否完成省级规划编制、批复以及与国家规划的衔接

1）指标属性：逻辑判断

2）指标级别：国家

3）评估要求：填表，并说明河南省“十二五”环保规划与国家规划的衔接情况。

4）负责部门：规财处

地区	2012 是否完成省级规划编制	2012 年是否完成省级规划编制批复	省级规划编制是否与国家规划进行衔接

2．2011—2012 年是否完成市县级规划编制、批复以及与省级规划的衔接

1）指标属性：逻辑判断

2）指标级别：省

3）评估要求：填表，并说明省辖市、直管县规划与河南省“十二五”环保规划的衔接情况。

4）负责部门：规财处

地区	2012是否完成本级规划编制	2012年是否完成本级规划编制批复	本级规划编制是否与省规划进行衔接

3．规划主要目标责任落实情况

1）指标属性：定性

2）指标级别：国家/省

3）评估要求：就规划主要目标责任落实情况进行说明。

4）负责部门：总量处

4．规划主要任务部门分工部署及其落实情况

1）指标属性：定性

2）指标级别：国家/省

3）评估要求：就规划主要任务部门分工部署及其落实情况进行说明。

4）负责部门：规财处

5．规划实施组织领导机制建设情况

1）指标属性：定性

2）指标级别：国家/省

3）评估要求：提供环保规划实施组织领导机制建设情况。

4）负责部门：规财处

6．规划项目库的建设和应用情况

1）指标属性：定性

2）指标级别：省

3）评估要求：说明规划项目库的建设情况和环保专项资金项目与规划项目库的关系。

4）负责部门：规财处

（二）规划评估考核机制（共 5 个指标）

7．2012 年度省级调度报告完善情况

1）指标属性：定性

2）指标级别：国家/省

3）评估要求：说明 2012 年度省级调度报告完善情况。

4）负责部门：规财处

8．程序规范

1）指标属性：逻辑判断

2）指标级别：国家/省

3）评估要求：说明规划调度、评估的程序。

4）负责部门：规财处

9．内容完整

1）指标属性：逻辑判断

2）指标级别：国家/省

3）评估要求：说明规划调度、评估主要内容的完整性。

4）负责部门：规财处

10．内容准确

1）指标属性：定性

2）指标级别：国家/省

3）评估要求：说明规划调度、评估结果的准确性。

4）负责部门：规财处

11．配合报告核实和现场核查工作

1）指标属性：定性

2）指标级别：国家/省

3）评估要求：就配合报告核实和现场核查工作进行说明。

4）负责部门：规财处

七、规划主要指标

（一）总量减排（共 8 个指标）

1. 化学需氧量排放总量

1）指标属性：定量

2）指标级别：国家/省

3）评估要求：①填表；②就该项污染物主要减排工作开展情况进行说明。

4）负责部门：总量处

地区	2010 年排放量/万 t				2011 年排放量/万 t				2012 年排放量/万 t				2013 年排放量/万 t			
	工业	生活	农业	合计	工业	生活	农业	合计	工业	生活	农业	合计	工业	生活	农业	合计

注 1：各年排放量包括工业、城镇生活、农业源和集中式处理设施排放量。

注 2：2010 年排放量数据，根据 2010 年污染源普查动态更新结果核定情况填写。

2. 化学需氧量削减率

1）指标属性：定量

2）指标级别：国家/省

3）评估要求：①填表；②就该项污染物主要减排工作开展情况进行说明。

4）负责部门：总量处

地区	2011 年削减率/%				2012 年削减率/%				2013 年削减率/%			
	工业	生活	农业	总削减	工业	生活	农业	总削减	工业	生活	农业	总削减

注：每年削减率为较上年同期削减率。

3. 氨氮排放总量

1）指标属性：定量

2）指标级别：国家/省

3）评估要求：①填表；②就该项污染物主要减排工作开展情况进行说明。

4）负责部门：总量处

地区	2010 年排放量/万 t				2011 年排放量/万 t				2012 年排放量/万 t				2013 年排放量/万 t			
	工业	生活	农业	合计	工业	生活	农业	合计	工业	生活	农业	合计	工业	生活	农业	合计

注 1：各年排放量包括工业、城镇生活、农业源和集中式处理设施排放量。

注 2：2010 年排放量数据，根据 2010 年污染源普查动态更新结果核定情况填写。

4．氨氮削减率

1）指标属性：定量

2）指标级别：国家/省

3）评估要求：①填表；②就该项污染物主要减排工作开展情况进行说明。

4）负责部门：总量处

地区	2011 年削减率/%				2012 年削减率/%				2013 年削减率/%			
	工业	生活	农业	总削减	工业	生活	农业	总削减	工业	生活	农业	总削减

注：每年削减率为较上年同期削减率。

5．二氧化硫排放总量

1）指标属性：定量

2）指标级别：国家/省

3）评估要求：①填表；②就该项污染物主要减排工作开展情况进行说明。

4）负责部门：总量处

地区	2010 年排放量/万 t	2011 年排放量/万 t	2012 年排放量/万 t	2013 年排放量/万 t

6．二氧化硫排削减率

1）指标属性：定量

2）指标级别：国家/省

3）评估要求：①填表；②就该项污染物主要减排工作开展情况进行说明。

4）负责部门：总量处

地区	2011 年削减率/%	2012 年削减率/%	2013 年削减率/%

注：每年削减率为较上年同期削减率。

7．氮氧化物排放总量

1）指标属性：定量

2）指标级别：国家/省

3）评估要求：①填表；②就该项污染物主要减排工作开展情况进行说明。

4）负责部门：总量处

地区	2010 年排放量/万 t	2011 年排放量/万 t	2012 年排放量/万 t	2013 年排放量/万 t

8．氮氧化物削减率

1）指标属性：定量

2）指标级别：国家/省

3）评估要求：①填表；②就该项污染物主要减排工作开展情况进行说明。

4）负责部门：总量处

地区	2011 年削减率/%	2012 年削减率/%	2013 年削减率/%

注：每年削减率为较上年同期削减率。

（二）环境质量（共 6 个指标）

9．省控断面劣Ⅴ类水质的比例、省控断面好于Ⅲ类水质的比例

1）指标属性：定量

2）指标级别：省

3）评估要求：①填表；②就省控断面劣Ⅴ类水质的比例、省控断面好于III类水质的比例进行说明；并就该项指标进行扩展性说明（如为改善环境质量所做工作的简要说明、跨界污染问题）。

4）负责部门：监测处

地区	省控断面名称	所在流域	2011 年		2012 年		2013 年	
			水质类别	超标因子	水质类别	超标因子	水质类别	超标因子

注：按照“十二五”时期规定的 21 项因子评价。

10．国控断面劣Ⅴ类水质的比例、国控断面好于Ⅲ类水质的比例

1）指标属性：定量

2）指标级别：省

3）评估要求：①填表；②就国控断面劣Ⅴ类水质的比例、国控断面好于III类水质的比例进行说明；并就该项指标进行扩展性说明（如为改善环境质量所做工作的简要说明、跨界污染问题）。

4）负责部门：监测处

地区	国控断面名称	所在流域	2011 年		2012 年		2013 年	
			水质类别	超标因子	水质类别	超标因子	水质类别	超标因子

注：按照“十二五”时期规定的 21 项因子评价。

11．省辖市集中式饮用水水源地取水水质常规监测因子水质达标率

1）指标属性：定量

2）指标级别：省

3）评估要求：①填表；②就该项指标进行扩展性说明（如为提高常规监测因子水质达标率所做工作的简要说明）。

4）负责部门：监测处

省辖市	集中式饮用水水源地取水水质常规监测因子水质达标率/%

12．省辖城市空气质量好于二级标准天数比例

1）指标属性：定量

2）指标级别：国家/省

3）评估要求：①填表；②就该项指标进行扩展性说明（如为改善环境质量所做工作的简要说明）。

4）负责部门：监测处

省辖市	空气质量好于二级标准天数/d	空气质量好于二级标准天数比例/%

13．环境空气中主要污染物年均值在二级以上的省辖城市比例

1）指标属性：定量

2）指标级别：省

3）评估要求：①填表；②就主要污染物年均值是否在二级以上进行说明。

4）负责部门：监测处

省辖市	2010 年/（$\mu g/m^3$）				2011 年/（$\mu g/m^3$）				2012 年/（$\mu g/m^3$）				2013 年/（$\mu g/m^3$）			
	SO_2	NO_2	PM_{10}	$PM_{2.5}$	SO_2	NO_2	PM_{10}	$PM_{2.5}$	SO_2	NO_2	PM_{10}	$PM_{2.5}$	SO_2	NO_2	PM_{10}	$PM_{2.5}$

注 1：SO_2、NO_2、PM_{10}、$PM_{2.5}$ 栏填写相应年份的年均浓度。

注 2：未开展 $PM_{2.5}$ 监测工作的省辖城市，可不填写“$PM_{2.5}$”一栏。

注 3：主要污染物指二氧化硫和二氧化氮。

14．辐射环境水平

1）指标属性：定量

2）指标级别：省

3）评估要求：①填表；②就辐射环境水平情况进行说明。

4）负责部门：辐射处

地区	电离辐射环境质量	电磁辐射环境质量
	γ辐射空气吸收剂量率/（nGy/h）	辐射综合场强/（$\mu W/cm^2$）

第 16 章 《河南省国民经济和社会发展第十二个五年规划纲要》环保内容自评估报告

根据《河南省发展改革委员会关于组织开展“十二五”规划〈纲要〉实施情况总结评估工作的通知》(豫发改规划〔2015〕650 号),省环境保护厅对《纲要》涉及的环境保护内容及《河南省环境保护“十二五”规划》(以下简称《规划》)主要内容进行了总结评估,现将有关情况报告如下。

16.1 总体进展情况

河南省委、省政府高度重视环境保护工作,把环境保护作为贯彻落实科学发展观、转变经济发展方式、加快中原崛起河南振兴的重要举措,坚持在发展中保护,在保护中发展,大力推进生态文明建设,提出了建设美丽河南的宏伟目标,部署了蓝天工程、碧水工程、乡村清洁工程、生态省建设、城市河流清洁行动等重大任务,为全省上下进一步抓好环境保护工作明确了目标和方向。同时出台了一系列环保法规、标准和加强环境保护的文件,为“十二五”环保规划实施提供了重要保障。

各地区、各部门深入贯彻落实科学发展观和党的十八人精神,以深化污染治理为核心,以加强总量减排为重点,以严格环境执法为抓手,以改善环境质量为目标,集中整治突出环境问题,推动城乡环境基础设施建设,加强生态保护和修复,全力落实规划目标、指标和重点任务,并将环保工作贯穿于促进经济转型、推动绿色发展中。

《规划》实施以来,在经济较快发展的同时,全省环境质量基本保持稳定,减排工作扎实推进,环境监管能力明显增强,自然生态建设和农村环境保护工作取得新的成绩。规划实施总体顺利,《纲要》环保目标达到进度要求,《规划》个别指标和任务完成存在较大的难度和问题。

16.1.1 《规划》目标和指标进展情况

《规划》提出“十二五”期间，全省主要污染物排放总量持续减少，环境质量不断改善，城乡环境保护统筹推进，重要生态功能区环境质量基本保持稳定，环境监管能力得到系统提升，环境安全得到基本保障，为全面推进中原经济区建设提供环境支撑，并从总量减排和环境质量两方面提出了 10 个主要指标。根据最新进展情况评估，10 项指标中除大气环境质量指标外，其余指标均能够完成规划目标要求。

16.1.1.1 总量减排 4 个指标完成情况

2014 年，全省化学需氧量、氨氮、二氧化硫和氮氧化物排放量分别为 131.87 万 t、13.90 万 t、119.82 万 t 和 142.20 万 t，2015 年上半年，全省化学需氧量、氨氮、二氧化硫和氮氧化物排放量分别为 65.66 万 t、6.89 万 t、60.93 万 t 和 66.76 万 t，预计 2015 年全省化学需氧量、氨氮、二氧化硫和氮氧化物排放量分别为 129.23 万 t、13.49 万 t、116.23 万 t 和 135.09 万 t，能够完成规划目标要求。

16.1.1.2 环境质量 6 个指标完成情况

2014 年，全省好于Ⅲ类水质的省控断面比例为 44.6%，劣Ⅴ类水质的省控断面比例为 24.1%，省辖市集中式饮用水水源地取水水质常规监测因子水质达标率 100%，辐射环境水平保持在天然本底涨落水平内，预计 2015 年 4 项指标均能够达到规划目标要求。2014 年，我省省辖城市空气质量好于《环境空气质量标准》（GB 3095—1996）二级标准天数比例为 70.6%，2015 年上半年，我省省辖城市空气质量好于二级标准天数比例为 59.1% [老标准，2015 年全面启动《环境空气质量标准》（GB 3095—2012），为 39.1%]，预计难以完成规划目标要求，详见表 16-1。

表 16-1 河南省环境保护“十二五”规划主要目标情况

指标名称	2010 年基数	2015 年目标	2011 年	2012 年	2013 年	2014 年	2015 年预计	能否完成
化学需氧量排放总量/万 t	148.24	133.5	143.67	139.36	135.42	131.87	129.23	是
氨氮排放总量/万 t	15.57	13.61	15.38	14.98	14.42	13.90	13.49	是
二氧化硫排放总量/万 t	144.03	126.9	137.05	127.59	125.4	119.82	116.23	是
氮氧化物排放总量/万 t	158.97	135.60	166.55	162.59	156.56	142.20	135.09	是
省控断面劣Ⅴ类水质的比例/%	26.5	≤25	28.9	21.7	24.1	24.1	24	是
省控断面好于Ⅲ类水质的比例/%	49.4	≥45	42.2	47.0	45.8	44.6	45	是

指标名称	2010 年基数	2015 年目标	2011 年	2012 年	2013 年	2014 年	2015 年预计	能否完成
省辖市集中式饮用水水源地取水水质常规监测因子水质达标率/%	100	≥98	100	100	99.5	100	100	是
省辖城市空气质量达到二级标准天数比例/%	80	≥80	88.5	89.3	72.8	50.7（新标准）	52.1（新标准）	否
环境空气中主要污染物年均值在二级以上的省辖城市比例/%	88	≥80	83.3	83.3	5.5	0	0	否
辐射环境水平	保持在天然本底涨落水平内							是

16.1.2 主要任务完成情况

16.1.2.1 总量减排进展成效

（1）工程减排进展成效

截至 2015 年 6 月底，全省总量减排目标责任书中应建成污水处理厂 178 座，目前建成 174 座，设计处理能力 677.59 万 t/d，实际处理水量 411.38 万 t/d，负荷率为 60.71%，城市污水处理率 91.84%，县城污水处理率为 83.74%；全省 180 个产业集聚区共规划新建 173 个污水处理厂，其中已建成运行的 88 个，在建的 56 个，未开工建设的 29 个。

截至 2015 年 6 月底，全省已有 267 台 5 795.9 万 kW 燃煤机组全部建成脱硫设施，191 台 5 353.6 万 kW 燃煤机组建成脱硝设施，占总装机容量的 92.6%。40 台钢铁烧结机完成脱硫治理，399 台 10 t/h 及以下燃煤蒸汽锅炉完成拆改任务，45 台 20 t/h 以上燃煤蒸汽锅炉建成脱硫和烟尘治理设施，66 条水泥熟料生产线完成脱硝改造和烟尘治理。

“十二五”前 4 年，我省共推动近 8 000 家畜禽养殖场（小区）建设污染防治配套设施。截至 2014 年年底，我省农业源 COD 和氨氮排放量分别比 2010 年削减 9.92%和 10.60%，分别完成“十二五”农业源减排任务的 99.2%和 81.5%。

2014 年，提请省政府办公厅出台了《河南省淘汰黄标车工作方案》，加强机动车污染防治，指导督促各地淘汰黄标车和老旧车 28.43 万辆。指导 24 个省辖市、省直管县（市）完成车辆安检、环检“两检合一”工作，建立了环保、公安、交通等部门联合执法机制，严格控制无环保标志和冒黑烟车辆上路行驶。推动 4 个省辖市划定实施黄标车限行区域，严格禁止环保检测不合格、冒黑烟、超标车辆上路行驶。在 2013 年年底全省供应国四车用乙醇汽油的基础上，2014 年 7 月 1 日起开始供应使用国Ⅳ车用柴油。

（2）结构减排进展成效

我省加大淘汰落后产能力度，提前一年完成炼铁、炼钢、铁合金、电解铝、铜冶炼、造纸、水泥、柠檬酸、味精、制革、印染、铅酸蓄电池12个行业落后产能淘汰任务。进一步贯彻落实《规划环境影响评价条例》（国务院令　第559号），截至2014年年底，我省开展各类规划环评742个。

（3）管理减排进展成效

实施了主要污染物总量预算管理。将控制排放量、总减排量和许可预支增量纳入年度国民经济和社会发展计划以及环境保护目标；制定了《深入推进总量预算管理改革实施方案》，确定了深化总量预算改革的重点任务和完成时限；出台了《河南省减少污染物排放条例》，开展重点减排项目推进年活动，坚持月调度、季通报、定期督导制度，定期召开总量减排推进会，实施预警约谈、履责约谈和诫勉约谈。定期公布企业排污信息，强化减排措施落实。以5个重金属污染防治重点防控行业和7个产能过剩主要行业为重点，完成464家企业清洁审核工作。

加强环境执法监管，持续强化重点源、建设项目、农村生态项目等日常环境执法监管，开展环保新法新规新标贯彻执行年、环境保护大检查、全省污染源环境执法监管年、全省主要污染物减排专项执法检查、大气污染防治专项执法检查、全省河流涉水污染源排查整治等20余项专项执法检查活动，充分发挥监管减排作用。截至2015年6月底，全省各级环境监察部门累计出动执法人员225.6万人次，立案处罚11 453起，检查企业83.8万家次，查处纠正环境违法行为4.64万起。实施挂牌督办和列入环保黑名单746起。

按照《关于加强燃煤电厂脱硫设施运行的通知》要求，对燃煤电厂烟气脱硫工程实施了限期治理。相继出台了《河南省燃煤电厂脱硫设施运行环境监察现场核查办法（试行）》《关于进一步加强燃煤电厂脱硫设施管理的通知》《关于强化燃煤电厂二氧化硫总量减排工作的通知》《燃煤发电机组脱硫电价及脱硫设施运行管理办法（试行）》《燃煤电厂脱硫设施运行环境管理办法》等一系列文件，紧抓电力行业脱硫设施的日常运行管理，严格按照《河南省燃煤电厂脱硫设施运行管理办法》要求，从严控制脱硫设施检修和故障停运，确保脱硫设施投运率达到90%以上。

16.1.2.2 污染防治进展成效

（1）水环境质量基本保持稳定

2014年，我省省控断面水质好于Ⅲ类的比例为44.6%，省控断面水质劣Ⅴ类的比例为24.1%，省辖市集中式饮用水水源地取水水质常规监测因子水质达标率均大于98%，达到规划目标要求。根据调度情况，截至2015年6月底，我省列入国家重点流域规划的

480 个项目，已完成 249 个，在建 80 个。

实施了《2014 年度全省碧水工程工作计划》《2015 年全省碧水工程实施方案》《河南省辖海河流域水污染综合整治方案（2014—2015 年）》，将碧水工程各项任务详细分解到各地，对水质较差的河流，一河一策地提出水质改善要求，保障完成“十二五”流域水质目标。加快全省的“水十条”即《河南省碧水工程行动计划》的编制工作，目前，《河南省碧水工程行动计划（2015—2020 年）》（初稿）已编制完成，正在征求意见。

不断完善和规范饮用水水源保护工作，完成 113 个城市、148 个县城集中式饮用水水源和南水北调中线工程水源地（丹江口水库）饮用水水源保护区划定工作，已完成全省所有乡镇集中式饮用水水源保护区划分技术审核工作，目前正在组织各地按照审核意见修改；开展了城市、城镇及典型乡镇集中式饮用水水源基础环境状况调查工作，建立了城市集中式饮用水水源环境状况年度评估和规划实施评估工作机制；省辖城市集中式饮用水水源地每年至少开展一次水质全分析监测，在 14 个地表水饮用水水源地建成水质自动监测站；取缔饮用水水源保护区内违法建筑 319 个、关闭排污口 21 个；在饮用水水源保护区设立边界标示，对穿越保护区的重要道路设立交通警示标志。

完成了华北平原河南省地下水污染防治研究工作，全面开展了河南省地下水典型污染源和地下集中式饮用水水源调查和试点区域地下水基础环境状况调查评估。

（2）大气污染防治工作全面启动

实施《河南省蓝天工程行动计划》，明确了全省可吸入颗粒物和细颗粒物的环境质量改善目标和大气环境治理 5 个方面 29 条具体措施；积极推进 $PM_{2.5}$ 监测体系建设，新建、升级改造 99 个大气自动监测系统，各省辖市、省直管县（市）均开展了细颗粒物和臭氧等 6 项因子的监测工作，实现了国家、省、市三级联网；启动了细颗粒物（$PM_{2.5}$）源解析研究工作，定性定量研究分析河南省灰霾污染成因。各地划定高污染燃料禁燃区，淘汰 2217 台 8 176.5 t 燃煤蒸汽锅炉。

充分发挥省大气污染防治联席会议办公室统筹谋划、综合协调作用，不断完善全省大气污染防治工作体系。与各地签订大气污染防治目标责任书，并将城市环境空气质量纳入各地经济社会发展目标考核体系。制定了《河南省蓝天工程行动计划》，印发了《河南省蓝天工程行动计划实施情况考核办法（试行）》，并提请省政府办公厅印发了《河南省蓝天工程行动计划重点工作部门分工方案》，积极推进各部门重点工作落实，初步建立了部门联动机制。

根据建筑施工扬尘治理相关规定，累计查处建筑工地扬尘污染 8 079 项，责令 72 个项目停工整改，积极推行绿色施工和城市道路机械化清扫。集中整治餐饮油烟，排查整治 9 832 家餐饮单位，指导全省 8 531 家安装了油烟净化装置，积极推广使用高效净化型家用吸油烟机。加强有机废气回收利用，新建项目均要求使用水性、低毒或低挥发性的有机溶剂；提请省政府办公厅出台了《河南省油气回收综合治理工作方案》，指导各地加快开展储油库、加油站、油罐车油气回收治理工作；积极推进监测能力建设，开展挥发性有机污染物和有毒废气监测。结合《河南省重金属污染综合防治“十二五”规划》实施，控制含汞、铅等有毒有害废气排放。

（3）逐步规范核与辐射安全管理

全省 4 000 家辐射工作单位已全部取得了辐射安全许可证；大型无线电发射装置已纳入辐射环境安全监管范围；严格执行放射源转让审批和放射源异地使用备案制度；建成河南省辐射环境质量及放射性污染源自动监控系统；全省 206 家废旧金属企业，有 193 家配置了辐射监测仪器；河南省城市放射性废物库已收贮各类废旧放射源 2 702 枚，放射性废物 15 973 kg；开封杞县利民辐照厂辐照设备实现安全退役；开封核能辐照厂废旧放射源已安全送贮，正在开展辐照设施以及厂区清理去污、废水处理和放射性废物的处置工作。

（4）不断增强固体废物安全处置能力

开展了 2013 年度全省危险废物规范化管理督查考核工作，共考核企业 268 家，其中危废产生单位 195 家，危废经营单位 55 家，医疗废物集中处置中心 18 家，全省危废产生单位的规范化管理抽查合格率 72.8%，经营单位的规范化管理抽查合格率 83.6%，并组织开展了危险废物规范化管理后督察；开展了危险废物产生单位暨重点关注区域企业专项检查；更新了全省危险废物监管重点源名单，其中危险废物产生单位 233 家，危险废物经营单位 84 家，被列入监管重点企业名单；完成了省内已发现的历史遗留铬渣无害化处置工作。

截至 2014 年年底，全省建成危险废物集中处置中心 2 座，处理处置能力 8.67 万 t/a，全年累计处置危险废物 5.56 万 t；持有省级危险废物经营许可证单位 63 家，处置利用能力 202.5 万 t/a，全年累计资源化综合利用危险废物 43.245 万 t；建成医疗废物集中处置中心 20 家，建设总规模 4.92 万 t/a，全年累计处置医疗废物 4.41 万 t。医疗废物处置设施负荷率达到 89.63%，大、中型医疗卫生机构医疗废物无害化处置率 100%。

实施工业固废资源化利用工程，一般工业固体废物综合利用率 77.4%。开展全省进口固体废物专项整治工作，共完成 26 家加工利用企业申请固体废物进口许可证初审工作。

（5）积极开展重金属污染防治工作

编制实施了《河南省重金属污染综合防治“十二五”规划》和《实施方案》；制定了

重有色金属冶炼及压延加工、皮革及其制品、化学原料及化学制品制造、重有色金属矿（含伴生矿）采选 4 个行业综合治理技术规范。根据 2014 年度重金属考核结果，我省 7 个重点防控区域重点防控因子重金属排放量与 2007 年相比削减率全部超过 30%的削减目标。

（6）完善环境应急管理和开展化学品风险防控

强化环境风险防控，持续组织开展环境安全隐患排查整治，落实地方政府的环境监管，引导企事业单位履行环境安全主体责任，有效排除环境安全隐患；完成了重点行业企业环境风险及化学品检查，对 1 910 家企业进行了全面调查；组织开展企业突发环境事件风险调查，积极推进全省企业突发环境事件风险评估工作。加强环境应急预案管理和演练，提请省政府出台了《河南省重污染天气应急预案》，修订了《河南省环境保护厅突发环境事件应急预案》；督促、协调省南水北调办和沿线政府做好南水北调中线工程环境专项预案编制工作；组织全省出境断面河流专项应急预案编制工作，提升跨界污染预防和应急应对能力；出台了环境风险源企业突发环境事件应急预案编制、评估、现场监察指南和备案管理办法，指导企业编制环境应急预案，并按程序进行备案；连续五年组织开展环境应急综合实战性演练和观摩活动。扎实推进制度能力建设，出台《河南省环境应急专家管理办法（试行)》，调整、充实了全省环境应急专家库，加强技术支撑队伍建设；将环境风险防范纳入建设项目环评审批，将环境风险防控设施纳入污染防治设施范畴进行管理，积极推进环境应急管理机制、制度、预案、规范、模板等建设；加强业务培训，提升风险管理和应急应对水平；先后与安监、公安消防等部门签订了建立应急联动机制的协议，并在全省推行；积极推动区域流域应急联防联控工作，会同黄河水利委员会与沿黄各省环保、水利部门签署《黄河流域突发水污染事件信息沟通与协作机制框架意见》，与山东、湖北、山西、陕西、河北等周边省份签订了跨省界环境污染纠纷预防处置协议，指导相邻地市和上下游之间的应急联动机制建设。全力应急应对，妥善处置了山西长治苯胺泄漏事件导致红旗渠污染、惠济河放水导致涡河污染、陕西省丹凤县 312 国道二氯乙烷泄漏影响丹江水质、商丘市大沙河氨氮超标、中铝河南分公司赤泥库泄漏等 70 余起突发环境事件和跨界污染，有力地保障了全省环境安全。

开展了全省生产化学品环境情况调查工作，共审核确认企业 1 200 余家。

16.1.2.3　农村与生态环境保护进展成效

（1）农村环保及环境连片综合整治进展成效

连续开展农村环境连片综合整治工作，2010—2014 年河南省对所辖 18 个省辖市及 10 个省直管县（市）的 930 个中央农村环保专项资金项目进行申报，获得 102 200 万元中央农村环境保护专项资金，综合整治了约 2 800 个村庄存在的环境问题，受益人口约 597.73 万人。其中，农村污水、垃圾处理项目 924 个，畜禽养殖污染治理项目 6 个。

（2）土壤环境保护进展成效

土壤环境保护工作逐步推进，在土壤污染状况调查工作基础上，进一步开展农产品产地土壤重金属普查与分级管理、农产品产地土壤重金属污染监测等工作，组织编制了《河南省土壤环境保护和综合治理工作方案（初稿）》。济源市积极开展土壤重金属污染修复工作，已取得阶段性成果；郑州市、平顶山市积极开展污染场地土地使用性质变更后的污染土壤环境调查、风险评估和治理修复工作。

16.1.2.4 能力建设进展成效

建设省环境空气自动监测直管站，完成 18 个省辖市、10 个省直管县（市）39 个省直管环境空气自动监测站点的确定和交接，实行第三方托管运维，同时加强第三方运维的质量监管和技术指导，实现城市环境空气自动监测数据的可比性，确保城市环境空气质量考核结果的真实性。

2011—2014 年，我省共投资 7 577.9 万元用于全省环境监察移动执法系统建设，实现移动执法系统的人员全覆盖、任务全覆盖。采用“省市两级平台、省市县三级应用”模式，实现省、市、县三级联动执法，以及全省环境监察执法的数据信息共享和业务流程贯通，目前借助移动执法系统，使执法人员做到了“三统一”（执法内容统一、标准统一、程序统一），初步实现了工作流程、现场执法、审查审核和档案建设的规范化。

建立了环境监测预警响应机制，出台了《河南省环境监测预警响应规定（试行）》，并在全省范围内实施。正在实施重点省市核与辐射应急监测调度平台及快速响应能力建设项目，包括省级核与辐射应急监测调度平台、快速应急监测系统建设，已完成设备招标采购。

建立主要污染物排放总量减排统计、监测和考核体系，实行火电、钢铁、水泥、造纸、印染等行业和集中式污水处理设施全口径污染物排放量统计。建立了环保、发改、工信、农业、住建、统计、畜牧等部门合作统计数据共享机制。印发《加强“十二五”主要污染物总量减排监测体系建设运行情况考核工作的通知》（豫环文〔2013〕192 号），加强减排监测体系建设，强化监督性监测、重点污染源自行监测及信息发布，注重自动监测数据应用，确保监测数据真正为环境执法、排污收费、总量核算等环境管理决策服务。

开展环境容量、环境承载力、环境监测、河南省大气灰霾污染专项、环境与健康的关系等环境基础科学研究，做好国家重大水专项科技攻关工作。建设环境容量和环境承载力模拟重点实验室以及环境监测重点实验室，加强环境科研基础能力建设，不断提高我省环境科研能力。

制定了《河南省生态环境保护人才发展中长期规划（2011—2020 年）》，制定了《年度全省环保业务培训计划》，选派生态环保党政管理人才到发达国家和地区学习，选派领导干部上挂下派锻炼和到省委党校和省直党校学习培训，做好全厅机关干部网上培训的督导工作。

16.1.2.5 体制机制进展成效

2011—2014 年，河南省不断加强法规体系建设，出台实施了《河南省固体废物污染环境防治条例》《河南省减少污染物排放条例》2 个地方性法规、1 个政府规章和 26 个规范性文件，修订了 1 部政府规章，制定或修订实施了 5 个行业和 6 个流域水污染物排放标准。截至 2014 年年底，河南省共出台环保类地方性法规 4 个，政府规章 7 个，规范性文件 38 个，污染物排放标准 11 个。

落实环境目标责任制，不断完善环保综合决策机制。将可吸入颗粒物和细颗粒物、产业集聚区污水垃圾等指标纳入了省委考核体系，将污染物总量控制、节能减排等主要环保指标分解，纳入各级政府环保责任目标绩效考核，严格执行环境保护行政问责制和“一票否决”制。为推进规划实施，各级地方政府充分发挥环境保护委员会的职能作用，完善环境保护协同工作机制，定期研究解决本地环境保护的重大问题；环境保护部门履行统一监管职能，强化行政执法监督，统一制定环境保护规划并监督实施，统一发布环境监测和环境质量信息。开展环境形势分析，及时研判环境形势防止出现污染事件，继续实施环境形势分析会议制度。创新建立了主要污染物总量指标预算管理制度，促进产业结构调整和发展方式转变。

逐步完善环境经济政策，不断健全环保投入机制。环境保护已列入省年度公共财政预算，落实国家和省级环保资金 84.69 亿元，其中国家 49.26 亿元，省本级 35.43 亿元。省本级财政预算中，创新将土地出让收益用于环境基础设施建设，已落实土地出让金 4 亿元，主要用于城镇污水处理厂的提标改造。积极推进排污权交易，开展排污权交易试点工作，研究制定排污权交易暂行办法。实施水环境生态补偿机制，扣缴生态补偿金 39 073 万元。根据国家的要求，严格落实国家出台的有关脱硝电价、脱硫电价、污水处理收费、垃圾处理收费、重点生态功能区转移支付、森林生态效益补偿以及绿色金融等环境保护政策，并积极出台相关配套政策，大力推动相关政策的具体落实。同时，根据我省的具体情况制定多部地方性法规标准，并创新性地提出一系列极具地方特色的环境保护政策。严格实施上市企业环境保护核查制度，开展企业环境行为信用评价工作。

实施水专项等重大科研项目，“十一五”水专项3个涉豫课题都顺利通过国家验收。完善环保科技创新机制，调动社会科研力量开展环境科研，60多个科研项目参与环境保护科技进步奖评选活动，获奖42项。开展了环保产业调查和环保服务业财务统计工作，完成了全省环保产业1 147家企业整体数据包的审核工作，完成了全省环保服务业财务统计数据汇总上报。积极推动污染治理设施规范运营，加强对设施运营单位年度考核，考核结果在媒体上向社会公布。

积极引导公众全面参与环境保护，举办以“人文精神与生态意识”为主题的嵩山论坛，开展“青年引领未来建设美丽河南”“公众环保体验”“绿色生活你我承诺”等一系列宣传活动，加强《河南省减少污染物排放条例》《河南省水污染防治条例》等环保法律法规宣传，推进“千名青年环境友好使者行动”项目实施。全省共创建省级绿色企业62家、绿色学校371个、绿色社区149个，命名环境教育基地19家。坚持定期新闻发布制度，定期通过各种形式，及时向社会公布重大环境信息，保护群众环境知情权。加强国际环境合作，完成了消耗臭氧层物质淘汰能力建设项目验收工作，开展实施了消耗臭氧层物质淘汰二期、减少汞污染能力建设、斯德哥尔摩公约能力建设、制浆造纸行业二噁英减排项目。

16.2 规划实施面临的主要问题

全面完成《规划》提出的各项目标任务，还存在一些问题，压力仍然较大，主要表现在以下几个方面。

16.2.1 结构性矛盾依然突出，经济发展方式粗放

我省产业结构依然不合理，服务业比重偏低，金融、信息、科技等现代服务业发展不足，高端装备制造、电子信息、生物医药等新兴产业总量较小，资源型工业产业比重仍然较高，产能过剩压力较大，煤炭、电力、有色、钢铁等能源原材料工业占规模以上工业增加值比重达47.0%。经济发展方式比较粗放，万元生产总值能耗、水耗远超过世界平均水平，能源利用效率低于国内平均水平，一些长期积累的资源环境问题尚未从根本上解决。随着我省工业化、城镇化进程的加快和经济总量的不断增加，能源资源消耗和污染物排放还会刚性增加，资源支撑能力和环境承载能力面临严峻挑战。

16.2.2　城镇化进程加快，环境承载力减弱

2010 年我省镇化率为 38.8%，2015 年将达到 48%，已进入城镇化加速发展阶段；180 个产业集聚区和若干工业园区是产业发展的重要载体，却集中布设于城镇周边区域。伴随着城镇化和产业集聚区的快速推进，城镇建成区和建设用地迅速扩张，钢筋水泥面积不断扩大；生活污水、垃圾等废弃物产生量大幅攀升，产商住混杂，噪声污染严重，城市环境污染呈现复合型污染态势；现有污水、垃圾等基础设施处理能力难以满足要求；水资源供需矛盾日益突出，由于大量抽取地下水，造成全省 11 个主要城市地面沉降；机动车保有量持续快速增加，油烟污染严重，雾霾天气成为公众热议话题，大气污染凸显。

16.2.3　能源结构仍以煤炭为主，能源消费总量持续增加

"十二五"以来，全省能源消耗总量平均约以每年 5%的速度递增，煤炭占一次能源消费比重仍在 80%以上，非化石能源占一次能源消费比重仅为 4.2%，以煤炭为主的能源结构尚未得到根本改变，颗粒物、烟尘、二氧化硫、氮氧化物的排放对大气环境造成巨大的压力，城市环境空气质量不容乐观。

16.2.4　可吸入颗粒物不达标，造成全省空气质量达标率低

2014 年 18 个地级以上城市中，主要污染物若只考虑 SO_2 和 NO_2 的情况下，环境空气质量年均值达到二级标准以上的省辖城市有 16 个；但是若考虑可吸入颗粒物，均不达标。由于可吸入颗粒物的影响，全省环境空气质量达标率总体偏低，可吸入颗粒物是目前影响我省城市环境空气质量的主要污染物。

16.2.5　自然资源约束加剧，资源性缺水问题极为严重

我省人口总量大、人均占有资源少，经济发展与资源环境的矛盾突出。能源矿产等资源开发程度较高；土地资源承载力较重，人均耕地面积仅为 0.08 hm^2，不及全国平均水平的 1/4，土地开发程度较高，土地人口承载压力较大，自然资源对经济社会发展的约束日益加剧。水资源缺乏且年际与地域分布不均，人均水资源占有量只相当于全国的 1/5，多数地区地下水供水水源地处于满负荷或超采状态；卫河、贾鲁河、黑泥泉河、涡河、惠济河、包河等河流无自然径流，基本没有生态自净的能力，进一步改善水环境质量，压力较大。

16.2.6 环境容量不足，环境形势严峻

我省长期以来形成的高投入、高消耗、高污染、低效益的粗放型增长方式还没有根本扭转，工业资源型产业比重仍然较高，特别是随着工业化、城镇化进程的加快，环境压力将进一步加大，污染减排和改善环境质量任务非常艰巨。从环境容量上看，我省水环境和大气基本已无容量，支撑发展的环境容量明显不足的问题仍然比较突出。

16.2.7 环境保护投入力度有待进一步加大

近年来，我省在环境保护方面的投入虽有大幅度增加，但 2011—2014 年安排的环保资金主要用于了水污染防治、湖泊生态环境保护、农村环境连片整治、重金属污染防治、省级环保能力建设等，在基层环保机构标准化建设等方面，各级政府还需结合环境保护工作开展的需要，统筹各项资金，进一步加大支持力度。同时，政府、企业、社会多元化环保投融资机制有待完善。

16.3 “十三五”规划建议

16.3.1 对国家规划的建议

（1）加大能源及产业结构调整力度

各国治理环境空气污染的经验表明，实施产业结构调整和使用清洁能源是根本改善大气污染最有效的途径之一。目前，河南省的能源结构中煤炭所占比例过大，高于全国平均水平 10 个百分点，加之河南省煤炭使用绝对量大，使用过程粗放，因此造成严重的煤烟型空气污染。故建议在“十三五”规划中，进一步加大能源结构和产业结构调整力度，大力促进非化石能源发展，大幅降低煤炭使用量，加快淘汰落后产能，发展循环经济。一是建议根据大气环境质量改善目标，合理确定非化石能源占一次能源消费比重、煤炭占一次能源消费比重等指标。二是建议支持河南省核电建设，优化能源结构。三是建议在“西气东输”“疆电入豫”等重大工程上，增加为河南省送气、送电的指标，推进“气化河南”建设。四是建议在政策和资金方面支持河南省发展清洁能源、可再生能源，推动传统能源安全绿色开发和清洁低碳利用。

（2）全面落实主体功能区政府投资政策

《全国主体功能区规划》提出了到 2020 年基本形成主体功能区布局的要求，并提出政府预算内投资中，按主体功能区安排的投资主要用于支持国家重点生态功能区和农产品主产区，特别是中西部国家重点生态功能区和农产品主产区的发展，包括生态修复和环境保护、农业综合生产能力建设、公共服务设施建设、生态移民、促进就业、基础设施建设以及支持适宜产业发展等。按领域安排的投资，要符合各区域的主体功能定位和发展方向，并要逐步加大政府投资用于农业、生态环境保护方面的比例。故建议：一是加大对河南省重点生态功能区和农产品区的支持力度，按领域安排的投资逐步加大用于生态环境保护方面的比例；二是国家在安排中央预算内投资、中央财政转移支付以及其他相关专项资金时，参照西部省份有关政策，加大对河南省生态建设和环境保护的扶持力度，并适当降低中央投资项目的地方投资比例。

（3）支持河南省环境质量改善工程项目

河南是全国重要的农业大省、产粮大省、粮食转化加工大省和畜牧业大省，地跨长江、淮河、海河、黄河四大流域，也是南水北调中线工程水源地和引水渠首所在地、与京津冀大气污染协同治理重要区域。随着粮食生产核心区、中原经济区、郑州航空港经济综合实验区三大国家战略规划和主体功能区规划的实施，我省为保障国家粮食质量、生态安全、南水北调和下游群众水环境质量、全国污染减排大局付出了大量的人力、物力和财力。作为欠发达省份，财政资金非常有限，急需国家大力支持。故建议国家在资金和政策上加大对河南省蓝天工程行动计划、碧水工程行动计划、海河流域生态修复、土壤环境综合治理等工程项目的支持力度，并纳入国家“十三五”规划。

16.3.2　对我省规划的建议

（1）将提高生态文明建设水平放在更加突出的位置

《中共中央　国务院关于加快推进生态文明建设的意见》提出，我国生态文明建设水平仍滞后于经济社会发展，资源约束趋紧，环境污染严重，生态系统退化，发展与人口资源环境之间的矛盾日益突出已成为经济社会可持续发展的重大瓶颈制约。我省与全国整体情况相似，发展与人口资源环境之间的矛盾比较突出，表现在支柱产业对能源资源的依赖程度高，资源利用不够高效，能源结构不尽合理，大气、水、土壤等环境问题突出，自然生态系统退化，全省水环境容量超载，局部区域大气环境容量严重不足，控制新增污染物排放和改善生态环境质量压力很大。故建议在“十三五”规划编制中，贯彻绿色发展理念，将提高生态文明建设水平放在更加突出的位置。

（2）全面促进资源节约循环高效使用

国家到 2020 年，非化石能源占一次能源消费比重达到 15%左右。而我省提出，到 2020 年，非化石能源占一次能源消费比重达到 8%左右，远低于国家平均水平。国家燃煤消费比重预计到 2020 年能够控制在 62%以下（现状约 70%，大气污染行动计划提出到 2017 年降至 65%），而我省煤炭消费比重现状仍在 80%以上，我省提出 2017 年达到 70%。我省资源利用效率相对低下和能源结构不尽合理的状况影响了环境质量改善速度，又在客观上制约了我省经济社会发展，故建议我省非化石能源占一次能源消费比重、燃煤消费比重两项指标按照国家指标设置。

（3）在目标指标方面增加环境质量指标

“十二五”规划设置了四项主要污染物总量控制指标，没有设置环境质量指标，建议以改善环境质量为核心，建立环境质量和排放总量双约束指标体系，突出城市空气质量达标率、可吸入颗粒物年均浓度、细颗粒物年均浓度、水环境功能区水质达标率等直接反应环境质量的指标，建议保留化学需氧量、二氧化硫、氨氮、氮氧化物四项总量控制指标，并根据国家要求增加烟粉尘等总量减排指标。

（4）在规划文本上突出海河流域生态修复工程并体现优化国土空间格局内容

我省重点流域水环境的薄弱环节在海河流域。建议将海河流域生态修复工程在规划文本“加强生态系统建设”部分明确体现。在“十三五”基本思路中，缺少优化国土空间开发格局的内容，建议在规划纲要编制中，体现出主体功能区战略等优化国土空间开发格局的内容。

（5）加大对生态环境工程项目的支持力度

环保工程项目是改善环境质量的抓手，我省环保工程项目一直存在着资金投入不足等问题，建议在“十三五”规划中对生态环境工程项目予以资金倾斜。

第 17 章　《国家环境保护“十二五”规划》河南省终期自评估报告

17.1　《国家规划》实施总体情况

本报告主要依据《国家环境保护“十二五”规划》（以下简称《国家规划》）及其相关规划，按照环境保护部办公厅、国家发展和改革委员会办公厅《关于开展〈国家环境保护“十二五”规划〉终期评估与考核工作的通知》（环办〔2015〕68 号）要求，参照《规划终期自评估报告编制大纲》编制而成。

17.1.1　《国家规划》要求

《国家环境保护“十二五”规划》主要目标：到 2015 年，主要污染物排放总量显著减少；城乡饮用水水源地环境安全得到有效保障，水质大幅提高；重金属污染得到有效控制，持久性有机污染物、危险化学品、危险废物等污染防治成效明显；城镇环境基础设施建设和运行水平得到提升；生态环境恶化趋势得到扭转；核与辐射安全监管能力明显增强，核与辐射安全水平进一步提高；环境监管体系得到健全。

涉及我省的评估指标有 49 项，其中定量指标 22 项（环境质量指标 3 项、总量减排指标 4 项、工程任务指标 15 项），定性指标 27 项（环境风险指标 1 项、工程任务指标 16 项、政策措施指标 10 项），具体要求见表 17-1 和表 17-2。

表 17-1　河南省“十二五”规划终期自评估定量指标要求及完成情况

序号	层次框架	指标名称	国家规划要求	我省规划要求	2015 年实际	是否完成
1	环境质量	地表水国控断面劣Ⅴ类水质的比例/%	＜15	—	8.5	是
2		七大水系国控断面水质好于III类的比例/%	＞60	—	60	是

序号	层次框架	指标名称	国家规划要求	我省规划要求	2015 年实际	是否完成
3	环境质量	市级以上城市空气质量达到二级标准以上的比例/%	80	80	0	否
4	总量减排	化学需氧量排放总量削减任务完成情况/万 t	133.5	133.5	128.72	是
5		氨氮排放总量削减任务完成情况/万 t	13.61	13.61	13.43	是
6		二氧化硫排放总量削减任务完成情况/万 t	126.9	126.9	114.43	是
7		氮氧化物排放总量削减任务完成情况/万 t	135.6	135.6	126.24	是
8	工程任务	城镇污水新增处理能力目标的完成情况/（万 t/d）	190.3	353.3	518	是
9		城镇污水管网新增长度目标的完成情况/km	5 341.3	7 144.7	11 848（2014 年）	是
10		非化石能源占一次能源消费比重目标达成情况/%	11.40	5	5.2	否
11		规模化畜禽养殖场和养殖小区建设固体废物和污染贮存设施的比例/%	50	60	61.52	是
12		单机容量 30 万 kW 以上（含）燃煤机组加装脱硝设施的容量所占比例/%	100	100	100	是
13		2005 年以前注册运营的“黄标车”淘汰比例/%	基本达到 100	100	100	是
14		市级以上城市集中式饮用水水源地水质全分析的比例/%	100	100	100	是
15		陆地自然保护区面积比例/%	不低于 2010 年	不低于 2010 年（4.5）	4.5	是
16		重点区域重金属污染物排放量削减情况/%	15	30	70.2	是
17		医疗废物得到无害化处置的市级以上城市比例/%	基本达到 100	基本达到 100	基本达到 100	是
18		具有生活垃圾无害化处理能力的县的比例/%	100	100	100	是
19		工业固体废物综合利用率/%	72	75	77	是
20		农村环境综合整治的建制村个数/个	2 000	2 000	2 800	是
21		市级以上城市环境监测机构基本达到能力建设标准的比例/%	基本达到 100	100	77.8	否
22		市级以上城市环境保护执法机构基本达到能力建设标准的比例/%	90	100	77.8	否

表 17-2　河南省“十二五”规划终期自评估定性指标表

序号	层次框架	指标名称	落实情况
1	环境风险	特别重大和重大突发环境事件发生次数	发生重大事件 1 次，为豫鲁徒骇河水污染事件，已妥善处置
2	工程任务	落后产能淘汰项目的完成情况	炼铁、炼钢、铁合金、电解铝、铜冶炼、造纸、水泥、柠檬酸、味精、制革、印染、铅酸蓄电池、电力等 17 个行业落后产能淘汰任务已完成
3		水泥钢铁等行业脱硫脱硝设施安装情况	全省全部 40 台 5 075 m^2 钢铁烧结机完成脱硫治理；124 条 31.98 万 t/d 水泥熟料生产线中，有 68 条 28.15 万 t/d 水泥熟料生产线建成脱硫脱硝设施和烟尘提标治理
4		国家第四阶段机动车排放标准实施及相应车用燃油供应情况	在 2013 年年底全省供应国四车用乙醇汽油的基础上，2014 年 7 月 1 日起开始供应使用国四车用柴油
5		市级以上城市集中式饮用水水源地水质全分析开展情况	我省开展市级以上城市集中式饮用水水源地水质全分析的城市比例为 100%
6		重点流域水污染防治工程完成率	480 个国家流域规划项目，已完成 342 个，调试 59 个，在建 52 个，前期 16 个，未启动 11 个，工程完成率 83.5%
7		20 蒸吨（含）以上的燃煤锅炉高效除尘器安装比例	81 台 20 蒸吨以上燃煤锅炉全部进行拆改，新建 20 蒸吨以上燃煤锅炉全部安装高效除尘设备
8		土壤保护制度建设情况	编制了《河南省土壤环境保护和综合治理工作方案（初稿）》；制定了《河南省耕地质量管理办法》《河南省高标准粮田建设标准》
9		土壤环境监管工作开展情况	开展了农产品产地土壤重金属普查与分级管理、农产品产地土壤重金属污染监测等工作
10		污染场地和土壤修复试点示范项目完成情况	郑州新密市、新乡凤泉区、安阳滑县、开封市、三门峡义马市、巩义市等 6 市 7 处铬渣污染场地，共有铬渣 64.292 9 万 t，已全部得到无害化处置。积极推进重金属污染场地环境调查评估和修复工作。济源市土壤重金属污染农田修复试点积极推进
11		生物多样性保护工作进展情况	对生物多样性进行了调查与评价，确定了四个生物多样性优先保护的区域。内乡宝天曼国家级自然保护区开展了生物多样性监测试点工作，并被确定为生物多样性保护和恢复示范区。先后在 7 个生态类型区，建立了不同类型的生态系统定位研究站，初步形成覆盖全省的典型生态系统定位研究网络。编制完成了《河南省生物多样性保护战略与行动计划（2011—2030 年）》，组织开展了“5·22 国际生物多样性日”纪念活动
12		资源开发过程中的生态环境监管情况	严格资源开发项目环评审批，推进矿山地质环境恢复治理保证金制度，全省矿山企业存储保证金 22 亿元，全省“三区两线”历史遗留的矿山地质环境问题恢复治理率已超 50%

序号	层次框架	指标名称	落实情况
13	工程任务	环境风险管理制度完善情况	建立了省级环境应急联动机制。出台了环境应急专家管理、环境风险源企业环境应急预案备案管理等系列制度。开展企业突发环境事件风险信息网上填报和尾矿库环境预案编制等试点工作，完善企业环境风险评估和预案管理机制。加快重污染天气应急预案体系建设，印发了《关于加强重污染天气应急管理工作的指导意见》《关于做好大气污染源清单编制工作的通知》，转发了环境保护部《城市重污染天气应急预案编制指南》
14	工程任务	环境事故处置和损害赔偿恢复机制建设情况	出台了《河南省重污染天气应急预案》，修订了《河南省突发环境事件应急预案》《河南省环境保护厅突发环境事件应急预案》。妥善处置了山西长治苯胺泄漏事件导致红旗渠污染等 70 余起突发环境事件和跨界污染，有力地保障了全省环境安全。积极开展环境损害评估试点工作，在队伍建设、技术规范、工作机制等方面进行了探索
15	工程任务	核与辐射安全管理工作情况	实现了“辐射环境质量控制在天然本底涨落范围内；放射性同位素和射线装置应用单位许可证管理 100%；放射源辐射事故年发生率低于 2 起/万枚；当年产生的放射性废物和废旧放射源送贮率达 100%，完成废旧放射源和放射性废物的阶段性安全转移、处置；电磁辐射环境控制在国家标准之内”的规划目标，全省的核与辐射环境安全基本得到保障
16	工程任务	重金属污染防治重点项目完成率	我省 356 个重点项目，国家认定完成 330 个，项目完成率为 92.7%
17	工程任务	化学品环境风险防控体系完善情况	开展了全省生产化学品环境情况调查工作，编制了《化学品风险防控“十二五”规划 2013—2015 年度实施方案》《河南省汞污染防治工作实施方案》，编制了《河南省钢铁行业、再生有色金属行业、废弃物焚烧等行业二噁英污染物治理技术指导意见》，初步建立了全省环境风险源动态管理数据库和电子监察档案
18	政策措施	环境目标责任制的落实情况	将可吸入颗粒物和细颗粒物、产业集聚区污水垃圾等指标纳入了省委考核体系，将污染物总量控制、节能减排等主要环保指标分解，纳入各级政府环保责任目标绩效考核，严格执行环境保护行政问责制和“一票否决”制
19	政策措施	环境保护法规体系建设情况	出台（含修订）了 3 个地方性法规、2 个政府规章、46 个规范性文件，制定或修订实施了 6 个行业污染物排放标准、6 个流域污染物排放标准
20	政策措施	环境经济政策完善情况	脱硝电价、脱硫电价、除尘电价、污水处理收费、垃圾处理收费、重点生态功能区转移支付、生态补偿等政策得到落实。排污权交易试点工作深入推进，实施水环境生态补偿机制运行良好，共扣缴使用生态补偿金 46 745 万元。开展了企业环境行为信用评价工作。探索建立城市空气质量生态补偿机制

序号	层次框架	指标名称	落实情况
21	政策措施	环境保护纳入综合决策的机制完善情况	完成省定 180 个产业集聚区规划环评和市级工业园区的规划环评审查，积极开展重点行业和区域性规划环评，配合开展中原经济区战略环评，不断深化总量预算管理制度，加强环境舆情监测引导，积极开展环境形势分析
22		环境保护的科技支撑情况	开展环境容量、环境承载力、环境监测科研、环境与健康的关系等环境科学基础研究，建设了环境容量和环境承载力模拟重点实验室以及环境监测重点实验室，实施了水专项、河南省大气灰霾研究等重大科研项目
23		环保产业发展情况	全省环保产业从业单位达到 1 200 多家，从业人员近 14 万人，年收入总额约 1 477 亿元，约占当年全省 GDP 的 4.2%，产业年均增幅在 20%以上，产品种类涵盖了水、大气、噪声、固体废物、环境监测仪器仪表、辐射、环保材料药剂等污染治理领域的所有门类
24		环境保护投入情况	共落实国家和省级环保资金 85.29 亿元，其中国家 49.26 亿元，省本级 36.03 亿元。按 211 节能环保支出决算数计算，全省节能环保支出共计 537.83 亿元。2011—2014 年全省环境污染治理投资共计 924 亿元
25		环境保护执法监管情况	全省各级环境监察部门累计出动执法人员 225.6 万人次，检查企业 82.2 万家（次），立案处罚 38 230 起，查处纠正环境违法行为 4.64 万起。实施挂牌督办和列入环保黑名单 746 起，受理办结群众有效举报 22 954 起
26		环境保护模范城市、生态示范区创建活动开展情况	创建国家级生态县 2 个、省级生态县 6 个，国家级生态乡镇 104 个、省级生态乡镇 695 个，省级生态村 3 147 个
27		环境保护全民参与情况	坚持定期新闻发布，持续开展“蓝天、碧水、乡村清洁”三大工程、污染减排、执法监管和法律法规宣传活动。举办“生态文明”嵩山论坛，加强各级领导干部生态文明和环境保护教育培训，不断提高社会各界环境保护责任意识和法制观念。全省共创建省级绿色企业 62 家、绿色学校 371 个、绿色社区 149 个，命名环境教育基地 19 家

17.1.2　《国家规划》实施总体成效

“十二五”期间，在党中央、国务院的坚强领导下，在环境保护部、国家发展改革委科学指导下，我省坚持把生态环境保护作为贯彻落实科学发展观、转变经济发展方式、加快中原崛起河南振兴的重要举措，从加快推进生态文明建设、实现可持续发展的战略高度，制定实施了美丽河南建设、生态省建设等重大政策措施，实施了蓝天工程、碧水工程、乡村清洁工程等行动计划，有力推动了《国家规划》顺利实施，主要污染物减排目标超额完成，水环境、乡村环境整体有所改善，大气环境质量恶化趋势有效控制，集中式饮用水水质安全得到保障，环境风险防控水平得到进一步提升，自然生态建设取得新成效，为“十三五”环境保护工作奠定了良好基础。

17.1.2.1 主要污染物减排目标超额完成

（1）严格落实减排责任

不断加大工程减排、结构减排、管理减排力度，强化主要污染物排放总量预算管理，实施排污许可制度，加强环境监管执法，有序推进排污权有偿使用和交易试点工作，全面完成了列入国家和我省总量减排目标责任书中的957个重点减排项目顺，截至2015年年底，我省化学需氧量、氨氮、二氧化硫和氮氧化物排放量分别为128.72万t、13.43万t、114.43万t和126.24万t，分别完成“十二五”总量减排目标任务的133%、109.3%、172.7%和140%，全面完成“十二五”总量减排目标任务。

（2）全面推进减排工程

全省电力行业249台5 760.9万kW燃煤机组全部建成脱硫设施，197台5 485.4万kW燃煤机组建成脱硝设施，40台5 285 m^2钢铁烧结机完成脱硫治理；68条28.15万t/d水泥熟料生产线建成脱硝设施和烟尘提标治理。截至2015年年底，全省运营城镇污水处理厂有185座，设计处理能力832万t/d；产业集聚区（工业园区）污水处理厂102座，设计处理能力334.7万t/d；全省污水处理率达到85.54%。

（3）积极推动结构减排

17个淘汰落后产能行业全部超额或如期完成任务，完成675家企业的清洁审核工作。大力推进生物质、风电、光伏、地热等新能源项目建设，逐步减少煤炭消费比重，促进非化石能源占一次能源消费比重提高为5.2%左右。

（4）继续加强管理减排

加强执法监管，全省各级环境监察机构共出动执法人员约225.6万余人次，检查企业82.2万余家（次），查处纠正环境违法行为38 230余起。实施挂牌督办和列入环保黑名单746起，并对一大批环境违法企业实施了取缔关闭、停产治理措施，严厉打击了各类环境违法行为。“12369”环保举报热线共受理群众有效举报22 954起，全部按时办结，有效维护了群众的环境权益。建立健全减排体制机制，制定并实施《河南省减少污染物排放条例》，在全国首创主要污染物排放总量预算管理制度，不断完善排污许可制度，有序推进排污权有偿使用和交易试点工作，实施预警约谈、履责约谈和诫勉约谈等行之有效的管理措施，有力促进了减排项目建设和设施运行。

17.1.2.2　生态环境质量整体有所改善

（1）蓝天工程行动计划全面推进

认真落实国务院《大气污染防治行动计划》，全面实施《河南省蓝天工程行动计划》，持续强化控污、控煤、控尘、控车、控油“五控”措施，层层签订目标责任书，积极出台考核办法，强力推动蓝天工程重点项目全面落实，单机容量 30 万 kW 以上燃煤机组全部加装脱硝设施，2005 年年底前 15.283 4 万辆注册登记的营运黄标车全部淘汰到位，31 台 1 543 万 kW 燃煤机组完成超低排放改造任务，全面推行国四标准车用乙醇汽油和车用柴油，2015 年，全省 18 个省辖市环境空气优良天数比例为 50.2%（183 d），PM_{10}（可吸入颗粒物）年均质量浓度为 135 μg/m^3，$PM_{2.5}$（细颗粒物）年均质量浓度为 80 μg/m^3；全省 10 个直管县环境空气优良天数比例为 64.1%，PM_{10} 年均质量浓度 109 μg/m^3，$PM_{2.5}$ 年均质量浓度为 69 μg/m^3。

（2）水环境质量持续改善

大力实施碧水工程，加强饮用水水源地保护，深入推进重点流域水污染防治，开展城市河流清洁行动，强力推动 767 个流域规划项目得到落实，其中 480 个列入国家流域规划的项目中 342 个顺利完成，项目完成率 83.5%，所有市级以上城市污水处理率均达到国家要求，2015 年，全省 18 个省辖市、10 个省直管县（市）的 94 个地表水责任目标断面水质累计达标率为 82.8%，同比上升 6 个百分点；47 个国控断面中，Ⅲ类以上断面 28 个，占 60%，劣Ⅴ类断面 4 个，占 8.5%，完成国家目标；饮用水水源地取水水质达标率为 100%；省辖市 60 条城市河流化学需氧量、氨氮和总磷浓度分别同比下降 20.47%、25.01%和 50.55%。

（3）生态及土壤环境保护取得积极进展

创建国家级生态县 2 个、省级生态县 6 个，国家级生态乡镇 104 个、省级生态乡镇 695 个，省级生态村 3 147 个。国家级自然保护区的数量增加至 12 个，自然保护区占全省国土面积的比例稳定在 4.5%，生物多样性得到有效保护。开展了农产品产地土壤重金属普查与分级管理、农产品产地土壤重金属污染监测等工作，编制了《河南省土壤环境保护和综合治理工作方案》（初稿），扎实推进污染场地、土壤重金属污染治理与修复试点建设。济源市积极开展土壤重金属污染修复工作，已取得阶段性成果；郑州市、平顶山市积极开展污染场地土地使用性质变更后的污染土壤环境调查、风险评估和治理修复工作。

17.1.2.3 环境风险防控水平得到进一步提升

（1）重金属污染防治目标任务全面完成

编制实施了《河南省重金属污染综合防治“十二五”规划》，制定了 4 个行业综合治理技术规范，截至 2015 年年底，我省重点区域五种重金属污染物排放总量比 2007 年下降 70.2%，达到国家规划目标要求。

（2）核与辐射环境安全得到保障

辐射环境水平保持在天然本底涨落水平内，放射源事故年发生率低于 2 起/万枚。全省 4 258 余家辐射工作单位已全部取得辐射安全许可证；核与辐射自动监控系统建成；河南省城市放射性废物库“十二五”期间收贮各类废旧放射源 1 989 枚、放射性废物 7 246.5 kg；开封杞县利民辐照厂辐照设备实现安全退役。

（3）固体废物安全处置能力进一步提高

完成了省内历史遗留铬渣无害化处置工作。全省共建成危险废物经营许可证单位 89 家（其中 2 座危险废物集中处置中心、20 座医疗废物处置中心和 67 家危险废物经营单位），7 家取得国家基金补贴资质的废弃电器电子产品拆解企业，危险废物处置基本实现全覆盖。工业固体废物利用率 77%，城镇生活垃圾无害化处理率达到 90%以上，均达到规划目标要求。

（4）化学品管理进一步规范

开展了全省生产化学品环境情况调查工作，共审核确认企业 1 200 余家，完成了 5 000 余份报表核查工作，并逐步将化学品纳入环保日常监管。

（5）应急监管体系逐步完善

建立了环境安全隐患排查整治长效机制，完成重点行业企业环境风险及化学品检查，对 1 910 家企业进行了全面调查；持续开展环境安全隐患排查整治活动，全省共检查企业 28 557 家次，查处存在环境问题或隐患 3 218 个，“十二五”期间全省未发生企业违法排污引发的突发环境事件。建立了企业突发环境事件风险评估、预案管理和现场监察等一系列制度。连续 5 年组织开展环境应急实战演练。建立了与周边省份环保部门之间，与安全监管、公安等部门之间，以及上下游环保、水利之间的应急联动工作机制。妥善处置了豫鲁徒骇河水污染、山西长治苯胺泄漏事件导致红旗渠污染、豫皖惠济河水污染等 70 余起突发环境事件和跨界污染。

17.1.2.4 基本公共服务均等化逐步推进

（1）乡村环境面貌持续改善

大力实施乡村清洁工程，开展农业面源污染防治，划定乡村饮用水水源保护区，保障农村饮水安全，完成 2 800 个村庄环境综合整治任务，建成农村生活污水、生活垃圾处理项目 924 个，全省 600 万农村人口直接受益，有效促进全省农村环境面貌持续改善。

（2）环境监管体系逐步完善

自动监控系统建设继续加强，所有省辖市、省直管县（市）实现了 $PM_{2.5}$ 监测，并与环境保护部及省环保厅联网。建立了环境监测预警响应机制，出台并实施了《河南省环境监测预警响应规定（试行）》。建设了环境监察移动执法系统，实现省、市、县三级联动执法。积极推进机构标准化建设工作，省环境监测中心、省环境监察总队、14 个市级以上城市环境监察机构、14 个市级以上城市环境监测站通过标准化验收；86 个县级环境监察机构装备建设、78 个县级环境监测站标准化建设通过验收。

（3）主体功能区政策有效落实

颁布实施了《河南省主体功能区规划》，完成了省级生态保护红线划定方案，编制了河南省环境功能区划方案，推进郑州、南阳、信阳市完成了环境功能区划初稿，积极指导获嘉县多规合一试点，大力推进信阳市、三门峡卢氏县主体功能区试点建设。

17.1.2.5 环境政策措施逐步完善

（1）环境经济政策逐步健全

脱硝电价、脱硫电价、污水处理收费、垃圾处理收费、重点生态功能区转移支付、生态补偿等政策得到落实。排污权交易试点工作深入推进，水环境生态补偿机制运行良好，共扣缴使用生态补偿金 46 745 万元。开展了企业环境行为信用评价工作。探索建立城市空气质量生态补偿机制。

（2）环境目标责任制继续加强

将 $PM_{2.5}$ 和 PM_{10}、产业集聚区污水垃圾等指标纳入了省委、省政府考核体系，将污染物总量控制、节能减排等主要环保指标分解，纳入各级政府环保责任目标绩效考核，严格执行环境保护行政问责制和“一票否决”制。

（3）法规体系建设不断加强

“十二五”期间，出台（含修订）了 3 个地方性法规、2 个政府规章、46 个规范性文件，制定或修订实施了 6 个行业污染物排放标准、6 个流域污染物排放标准。

（4）财政投入机制不断健全

把环境保护列入省年度公共财政预算，共落实国家和省级环保资金 85.29 亿元，其中国家 49.26 亿元，省本级 36.03 亿元。省本级财政预算中，创新将土地出让收益用于环境基础设施建设，落实土地出让金 4 亿元。省财政设立大气污染防治专项资金，2014 年落实 4 亿元，2015 年落实 9 亿元，并争取中央大气资金 5 亿元。通过财政投入引导，全社会不断加大环保投入力度，全省 211 科目共投入 537.83 亿元，2011—2014 年全省污染治理投资 924 亿元。

（5）宣传教育工作持续推进

坚持定期新闻发布，主动公开环境信息，持续开展“蓝天、碧水、乡村清洁”三大工程、污染减排、执法监管和法律法规宣传活动。举办“生态文明”嵩山论坛，加强各级领导干部生态文明和环境保护教育培训，不断提高社会各界环境保护责任意识和法制观念。全省共创建省级绿色企业 62 家、绿色学校 371 个、绿色社区 149 个，命名环境教育基地 19 家。

17.1.3 《国家规划》实施自评结果

根据表 17-1 和表 17-2，在涉及我省的 49 项评估指标（定量指标 22 项、定性指标 27 项）中，18 项定量指标完成规划要求，27 项定性指标得到较好落实。4 项定量指标未完成规划要求，分别是市级以上城市空气质量达到二级标准的比例、非化石能源占一次能源消费比重、市级以上城市环境监测机构达到能力建设标准比例、市级以上城市环境执法机构基本达到能力建设标准比例。按照国家规划考核指标评分办法，我省对《国家规划》考核自打分结果为 87.94 分，属于良好等次。详见表 17-3。

表 17-3 河南省“十二五”规划终期考核指标预打分情况表

序号	层次框架	指标名称	属性	满分值	预打分	备注
1	环境质量及改善	地表水国控断面水环境质量情况	定量	5	3.94	2015 年全省共有地表水国控断面数量 47 个，其中Ⅰ～Ⅲ类断面数量为 28 个，Ⅳ～Ⅴ类断面数量为 15 个，劣Ⅴ类断面数量为 4 个
2		地表水国控断面水环境质量改善情况	定量	7	5.6	2013 年我省共有地表水国控断面数量 47 个，其中Ⅰ～Ⅲ类断面数量为 30 个，Ⅳ～Ⅴ类断面数量为 11 个，劣Ⅴ类断面数量为 6 个。因此，2013 年地表水国控断面水环境质量评分为 3.89 分，地表水国控断面水环境质量改善率为 1.3%，评分值为满分值的 80%
3		城市空气环境质量改善情况	定量	6	0.24	2015 年我省 PM_{10} 年均质量浓度为 135 μg/m^3，与 2014 年基本持平
4		大气环境质量改善工作成效	定量	6	5.73	根据大气考核情况，我省大气改善工作完成率 95.5%

序号	层次框架	指标名称	属性	满分值	预打分	备注
5	总量减排	化学需氧量总量削减任务完成情况	定量	6	6	国家下达我省“十二五”总量减排目标是：到 2015 年年底，全省化学需氧量、氨氮、二氧化硫、氮氧化物排放量分别控制在 133.5 万 t、13.61 万 t、126.9 万 t、135.6 万 t 以内，比 2010 年分别削减 9.9%、12.6%、11.9%、14.7%；重点减排项目按期完成。截至 2015 年年底，我省化学需氧量、氨氮、二氧化硫、氮氧化物排放量分别为 128.72 万 t、13.43 万 t、114.43 万 t、126.24 万 t。国家认定我省四项污染物减排均完成“十二五”目标任务
6		氨氮排放总量削减任务完成情况	定量	6	6	
7		二氧化硫排放总量削减任务完成情况	定量	6	6	
8		氮氧化物排放总量削减任务完成情况	定量	6	6	
9	环境风险	发生特别重大和重大突发环境事件的情况	定量	10	9	我省重大以上环境突发事件 1 起，为 2011 年豫鲁徒骇河水污染事件，已妥善处置。根据减免扣分条件和我省情况，减免范围在 0～2 分，取折中值，预计能减免 1 分
10	工程任务	污水处理率达到 85%的市级以上城市的比例	定量	3	2.82	我省 18 个市级以上城市污水处理率有 1 个未达到 85%以上
11		单机容量 30 万 kW 以上（含）燃煤机组加装脱硝设施的容量所占比例	定量	3	3	我省单机容量 30 万 kW 以上（含）燃煤机组的总装机容量为 4 774 万 kW，全部加装脱硝设施，加装脱硝设施的燃煤机组的装机容量为 4 774 万 kW
12		重点流域水污染防治工程完成率	定量	4	3.34	我省列入《国家规划》的项目 480 个。截至 2015 年年底，已完成项目 342 个，调试 59 个，在建 52 个，前期 16 个，未启动 11 个，工程完成率未 83.5%
13		20 蒸吨（含）以上的燃煤锅炉高效除尘器安装比例	定量	2	2	我省 81 台 20 t 以上燃煤蒸汽锅炉拆改完毕
14		陆地自然保护区面积比例保持情况	定量	3	3	2010 年年底 73.48 万 hm^2，2015 年 75.9 万 hm^2
15		核与辐射安全管理工作情况	定性	6	6	实现了“辐射环境质量控制在天然本底涨落范围内；放射性同位素和射线装置应用单位许可证管理 100%；放射源辐射事故年发生率低于 2 起/万枚；当年产生的放射性废物和废旧放射源送贮率达 100%，完成废旧放射源和放射性废物的阶段性安全转移、处置；电磁辐射环境控制在国家标准之内”的规划目标，全省的核与辐射环境安全基本得到保障

序号	层次框架	指标名称	属性	满分值	预打分	备注
16	工程任务	重金属污染防治重点项目完成率	定量	4	3.71	我省 356 个重点项目，国家认定完成 330 个，项目完成率为 92.7%
17		医疗废物得到无害化处置的市级以上城市比例	定量	2	2	18 个市级以上城市医疗废物均得到无害化处置
18		具有生活垃圾无害化处理能力的县的比例	定量	2	2	所有县均具有生活垃圾无害处处理能力
19		农村环境综合整治任务进展情况	定性	4	3	根据我省实施情况，考虑到国家将各省实施情况分档，预计能得第二档 3 分
20		市级以上城市环境保护执法机构基本达到能力建设标准的比例	定量	2	1.56	我省市级以上城市 18 个，环境保护执法机构基本达到能力建设标准的市级以上城市 14 个，达到能力建设标准的比例为 77.8%。未通过达标验收的地市有平顶山、南阳、漯河、周口
21	政策措施	生态文明建设纳入地方各级人民政府政绩考核的情况	定性	4	4	将生态环境保护纳入了省委、省政府考核体系
22		省级生态补偿机制建立与实施情况	定性	2	2	2010 年《河南省水环境生态补偿暂行办法》（豫政办〔2010〕9 号）；2012 年《关于河南省水环境生态补偿暂行办法的补充通知》（豫环文〔2012〕50 号）；2014 年《关于进一步完善河南省水环境生态补偿暂行办法的通知》（豫政办〔2014〕3 号），执行情况良好，促进了水环境质量改善
23		省级评估是否开展了第三方评估	定性	1	1	我省委托省环境科学研究院作为第三方开展规划评估考核工作
我省自评总分和考核等次					87.94	良好

17.1.4 评估组织安排情况

按照环办〔2015〕68 号文件要求，我省由省环保厅、发展改革委牵头、各有关厅委局配合开展规划终期自评估工作。

省环保厅按照国家评估考核要求，结合我省“十三五”规划编制工作需求，制定了“十二五”规划评估考核资料清单，收集厅内各相关处室单位、省直有关单位“十二五”环境保护资料。

积极引入第三方评估，选定了研究基础和研究能力较强的河南省环境科学研究院作为第三方，开展河南省环境保护“十二五”规划终期评估考核工作。

参照国家终期评估考核技术方案，我省同步开展了《河南省环境保护“十二五”规划》终期评估考核工作。

17.2　主要污染物减排进展评估

17.2.1　主要污染物减排指标完成情况

17.2.1.1　化学需氧量排放总量

（1）国家相关规划要求

《国家规划》要求，到 2015 年年底，我省化学需氧量年排放总量控制在 133.5 万 t 以内，在 2010 年的基础上削减 14.7 万 t，削减率 9.9%。

（2）指标完成情况

2015 年我省化学需氧量排放量为 128.72 万 t，比 2010 年下降 13.17%，完成规划目标任务。

17.2.1.2　氨氮排放总量

（1）国家相关规划要求

《国家规划》要求，到 2015 年年底，我省氨氮年排放总量控制在 13.61 万 t 以内，在 2010 年的基础上削减 1.97 万 t，削减率 12.6%。

（2）指标完成情况

2015 年我省氨氮排放量为 13.43 万 t，比 2010 年下降 13.77%，完成规划目标任务。

17.2.1.3　二氧化硫排放总量

（1）国家相关规划要求

《国家规划》要求，到 2015 年年底，我省二氧化硫年排放总量控制在 126.9 万 t 以内，在 2010 年的基础上削减 17.1 万 t，削减率 11.9%。

（2）指标完成情况

2015 年我省二氧化硫排放量为 114.43 万 t，比 2010 年下降 20.55%，完成规划目标任务。

17.2.1.4　氮氧化物排放总量

（1）国家相关规划要求

《国家规划》要求，到 2015 年年底，我省氮氧化物年排放总量控制在 135.6 万 t 以内，在 2010 年的基础上削减 23.37 万 t，削减率 14.7%。

（2）指标完成情况

2015 年我省氮氧化物排放量为 126.24 万 t，比 2010 年下降 20.59%，完成规划目标任务。

17.2.2 产业结构调整工作成效

17.2.2.1 淘汰落后产能状况

我省提前一年完成“十二五”炼铁、炼钢、铁合金、电解铝、铜冶炼、造纸、水泥、柠檬酸、味精、制革、印染、铅酸蓄电池、电力等 17 个行业落后产能淘汰任务。

17.2.2.2 能源结构调整情况

我省积极改善能源结构，控制能源消费总量。《国家规划》要求，到 2015 年，非化石能源占一次能源消费比重达到 11.4%，我省经济社会发展“十二五”规划要求该指标 2015 年目标值达 5%。2015 年，我省非化石能源占一次能源消费比重达到 5.2%，完成我省规划目标。

17.2.2.3 清洁生产审核状况

我省按照《环境保护部关于深入推进重点企业清洁生产的通知》（环发〔2010〕54 号）要求，以重有色金属矿（含伴生矿）采选业、重有色金属冶炼业、含铅蓄电池业、皮革及其制品业、化学原料及化学制品制造业 5 个重金属污染防治重点防控行业和钢铁、水泥、平板玻璃、煤化工、多晶硅、电解铝、造船等 7 个产能过剩主要行业为清洁生产重点行业，并按时限要求组织开展了清洁生产审核工作，省、市、县三级环保部门共完成了 675 家企业的审核工作。

17.2.2.4 循环经济发展状况

深化循环经济示范试点，积极探索符合省情循环经济模式，提升资源利用效率。洛阳市、新乡市、鹤壁市、长葛市、博爱县列入国家循环经济示范城市（县）创建地区。洛阳市、焦作市列入国家资综合利用“双百工程”示范基地，濮阳经济技术开发区、新乡经济技术开发区、红旗渠经济技术开发区列入国家循环化改造示范园区，长葛大周再生金属回收加工区、洛阳循环经济园区列入国家“城市矿产”示范基地，长葛大周成为长江以北最大的再生资源集散地，年回收利用废旧金属超过 200 万 t。积极开展了国家循环经济试点评估验收，《循环经济试点省建设实施方案》主要目标任务如期完成。

17.2.3 水环境主要污染物削减工作成效

17.2.3.1 重点区域、行业水污染物减排状况

我省是国家重金属污染防治重点省份和重金属污染防治示范省，11 个重点区域均制

定并实施了本区域的重金属污染综合防治“十二五”规划，构建了总量控制体系，对新增重金属排放源进行总量审核。

“十二五”以来，我省积极推进造纸、印染等高耗水行业工艺技术改造、废水深度治理及再生水回用工作，控制化学需氧量和氨氮排放总量。

17.2.3.2　城镇污水处理厂建设状况

为确保重点减排项目的落实，省委、省政府将污水处理厂新改扩建工程等重点减排项目列入“河南省十项重点民生工程”，并明确了责任单位。截至 2015 年年底，全省运营城镇污水处理厂有 185 座，设计处理能力 832 万 t/d；产业集聚区（工业园区）污水处理厂 102 座，设计处理能力 334.7 万 t/d；全省年实际污水处理量达到 26.3 亿 t，污水处理率达到 85.54%。“十二五”期间我省新增污水处理能力 518 万 t/d，新增城镇污泥处理处置规模 32 万 t/a（以干泥计），新增城镇污水再生利用规模 240 万 t/d，总投资约 200 亿元。城市污水处理率 90.99%，县城污水处理率为 83.74%。

17.2.3.3　规模化畜禽养殖污染防治状况

我省共推动近 8 000 家畜禽养殖场（小区）建设污染防治配套设施。截至 2015 年年底，我省农业源 COD 和氨氮排放量分别完成“十二五”农业源减排任务的 128%和 107.5%。

我省已完成畜禽养殖禁养区、限养区划定工作，全省 142 个县（市、区）出台了禁养区、限养区划定文件，并认真组织实施禁养区养殖场搬迁和限养区养殖场标准化改造工作，逐步优化养殖场布局。

环保、农业、畜牧等部门通力合作出台了《关于进一步加强农业和农村节能减排工作的意见》（豫农科教〔2012〕26 号）、《关于进一步加强畜禽排泄物治理工作的指导意见》（豫牧〔2012〕31 号）、《畜禽养殖业污染源总量减排技术指导意见（试行）》（豫环文〔2012〕99 号） 等文件，连续 3 年印发河南省畜禽养殖总量减排实施方案，积极推进畜禽养殖污染治理设施建设。在环保专项资金、畜禽养殖场标准化建设和“菜篮子”畜产品生产扶持资金的使用中，优先安排粪污处理设施建设。我省 61.52%的规模化畜禽养殖场和养殖小区配套建设固体废物和污水贮存处理设施。

17.2.4　大气主要污染物削减工作成效

17.2.4.1　电力行业污染减排状况

截至 2015 年年底，全省在运的 249 台总装机容量 5 760.9 万 kW 的燃煤发电机组全部配套安装了脱硫设施；197 台 5 485.4 万 kW 燃煤机发电组完成脱硝装置改造，占在运燃煤发电机组总装机容量的 95.2%。31 台 1 543 万 kW 燃煤机组完成超低排放改造任务。

17.2.4.2 其他行业污染治理状况

全省 40 台 5 285 m^2 钢铁烧结机全部完成脱硫治理；124 条 31.98 万 t/d 水泥熟料生产线中，有 68 条 28.15 万 t/d 水泥熟料生产线建成脱硫脱硝设施和烟尘提标治理，其中，生产规模在 4 000 t/d 以上的水泥熟料生产线共 50 条（产能 23.75 万 t/d）已全部建成脱硝设施。

17.2.4.3 机动车氮氧化物控制状况

我省实施了机动车排气污染检验和环保标志管理制度，要求对于未取得环保检验标志的机动车，公安机关不予核发机动车安全技术检验合格标志，交通运输行政主管部门不予办理营运机动车定期审验合格手续，在用汽车环保标志发放率逐年提升。

省环保厅、省公安厅联合下发了《关于加强外地转入机动车污染防治管理工作的通知》（豫环文〔2013〕26 号），加强外地转入机动车管理。要求转入我省的外地车辆、18 个省辖市相互转入的车辆，均应达到国家第四阶段及以上机动车污染物排放控制要求，否则公安交管部门一律不予办理转入手续。

出台了《河南省淘汰黄标车工作方案》，加强机动车污染防治，2005 年以前注册运营的“黄标车”15.283 4 万辆全部淘汰。指导 24 个省辖市、省直管县（市）完成车辆安检、环检“两检合一”工作，建立了环保、公安、交通等部门联合执法机制。推动 18 个省辖市划定实施黄标车限行区域，严格禁止环保检测不合格、冒黑烟、超标车辆上路行驶。在 2013 年年底全省供应国Ⅳ车用乙醇汽油的基础上，2014 年 7 月 1 日起开始供应使用国Ⅳ车用柴油。

17.3 突出环境问题解决情况评估

17.3.1 主要环境质量指标完成情况

17.3.1.1 七大水系国控断面水质好于Ⅲ类的比例

（1）国家规划目标

《国家规划》要求，到 2015 年，七大水系国控断面水质好于Ⅲ类的比例大于 60%。

（2）完成情况

2015 年，我省 47 个国控断面中，好于Ⅲ类水质的国控断面 28 个，比例为 60%，完成国家规划目标任务。

17.3.1.2　七大水系国控断面水质劣Ⅴ类的比例

（1）国家规划目标

《国家规划》要求，到 2015 年，七大水系国控断面水质劣Ⅴ类的比例小于 15%。

（2）完成情况

2015 年，我省 47 个国控断面中，劣Ⅴ类水质的国控断面 4 个，比例为 8.5%，完成国家规划目标任务。

17.3.1.3　市级以上城市空气质量达到二级标准以上的比例

（1）国家规划目标

《国家规划》要求市级以上城市空气质量达到《环境空气质量标准》（GB 3095—2012）二级标准以上的比例大于 80%。

（2）完成情况

我省 18 个市级以上城市中，2011—2015 年，空气质量达到二级标准以上的城市个数分别是 15 个、16 个、1 个、0 个和 0 个，所占比例分别为 83.3%、88.9%、5.6%、0 和 0，未完成规划目标任务。

17.3.1.4　市级以上城市集中式饮用水水源地水质全分析开展比例

（1）国家规划目标

《国家规划》要求市级以上城市集中式饮用水水源地要定期开展水质全分析。

（2）完成情况

我省开展市级以上城市集中式饮用水水源地水质全分析的城市比例为 100%。

17.3.1.5　陆地自然保护区面积占国土面积的比重

（1）国家规划目标

《国家规划》要求全国陆地自然保护区面积占国土面积的比重稳定在 15%，要求各省自然保护区面积占国土面积的比重不下降。

（2）完成情况

我省自然保护区面积占国土面积的比重稳定在 4.5%。

17.3.2　水环境质量改善工作的实施成效

17.3.2.1　保护饮用水水源地工作进展

我省积极开展饮用水水源保护区划定工作，完成 113 个城市、148 个县级集中式饮用水水源地保护区划定工作；基本完成 1 209 个集中式饮用水源保护区划分工作，已提交省政府；完成丹江口水库饮用水水源保护区划。

开展了城市、城镇及典型乡镇集中式饮用水水源基础环境状况调查工作，建立了城市集中式饮用水水源环境状况年度评估工作机制，编制完成了《全国饮用水水源地环境保护规划（2008—2020）河南省实施情况评估报告》。

积极推进水源地环境整治，每年都把饮用水水源保护作为保障群众健康环保专项行动的重点内容，对全省城市饮用水水源保护区开展了多轮次的排查整治，对发现的问题，省环保厅及时致函当地政府尽快予以解决，共取缔饮用水水源保护区内违法建筑138 980 m^2、关闭排污口 40 个。开展水源地规范化建设，在集中式饮用水水源地保护区设立边界标示，对穿越保护区的重要道路设立水源保护区交通警示标志。

我省 18 个市级以上城市集中式饮用水水源地每年至少开展一次水质全分析监测；在 14 个日供水量大于 10 万 t 的省辖市城市集中式地表水饮用水水源地建成水质自动监测站，监测生物毒性、总氮、总磷、高锰酸盐指数、氨氮等因子，对水源地水环境质量实施有效监控和预警。制定《河南省饮用水水源地水质自动监控系统管理办法》，并配套管理考核细则，实现饮用水水源地监控基站规范化管理。

17.3.2.2 重点流域水污染防治工作进展

省政府编制实施《河南省流域水污染防治规划（2011—2015 年）》，与各省辖市、省直管试点县（市）政府每年签订《环境保护责任目标书》。按月调度、分析、通报责任目标断面水质达标情况；采取约谈政府领导、挂牌督办、区域限批等措施；对完不成环境质量目标的，实行环保“一票否决”。

以重污染河流治理为抓手，在对贾鲁河、惠济河等 18 个重点小流域实施环境综合整治的基础上，在重点流域开展专项整治。制定实施《河南省辖海河流域水污染综合整治方案（2014—2015 年）》，基本遏制了海河流域水质恶化趋势。开展总磷和城市污水情况基础调查，提出全省地表水总磷污染防治对策。省政府出台实施了《河南省城市河流清洁行动计划》，推动县级以上城市规划区内河道及沿岸环境质量持续改善。许昌、洛阳、鹤壁、长垣等市县形成了以“治水”“调水”“保水”为特色的治理新模式。

17.3.2.3 地下水污染调查评估工作进展

完成了华北平原河南省地下水污染防治研究工作，摸清了地下水污染状况，编制了《华北平原河南省地下水污染防治方案研究报告》；以《全国地下水污染防治规划》为依据，全面开展了河南省地下水典型污染源和地下集中式饮用水水源调查，对试点区域地下水基础环境状况进行了调查评估，建立了“双源”（污染源及地下饮用水水源地）重点调查对象评价数据库，掌握了全省县级以上城镇集中式地下水饮用水水源地和矿山开采区、工业园区、垃圾填埋场、危废处置场、加油站等污染源的位置、运行时间、面积、主要污染物等基本情况。制作“双源”分布图集，编制了《河南省 2012 年、2013 年度试点区域地下水基础环境状况调查评估报告》。完成 2014 年、2015 年“双源”清单的补充和完善；编制完成《2014 年、2015 年河南省地下水基础环境状况调查实施方案》；完成开封市芦花岗垃圾填埋场和新郑天辰危废处置场的典型案例区域地下水现场调查和评估工作，完成《2014 年河南省地下水地下水基础环境状况调查评估》报告和图集编制。

目前正在开展养殖场、高尔夫球场、矿山典型案例和航空港区、南阳油田区域地下水现场调查工作，主要包括环境调查、建井、地下水环境监测等现场工作；已完成 2015 年河南省地下水基础环境状况调查工作，并通过国家评审。

17.3.3　大气污染综合控制工作成效

17.3.3.1　颗粒物污染控制工作进展

实施《河南省蓝天工程行动计划》；发布了《河南省钢铁行业综合治理技术规范》（豫环文〔2011〕46 号）。督促火电、水泥等使用工业锅炉和工业窑炉的企业采用高效除尘技术，烟粉尘排放满足国家排放标准和保障地方区域大气环境质量的排放标准要求。我省新建 20 蒸吨（含）以上的燃煤锅炉均安装了高效除尘器，并积极推动其他中小型燃煤工业锅炉使用低灰分煤或清洁能源。积极推动秸秆综合利用，降低秸秆焚烧污染。根据建筑施工扬尘治理相关规定，累计查处建筑工地扬尘污染 8 079 项，责令 72 个项目停工整改，积极推行绿色施工和城市道路机械化清扫。

17.3.3.2　挥发性有机物和有毒废气控制工作进展

加强有机废气回收利用，新建项目均要求使用水性、低毒或低挥发性的有机溶剂；完成 50 家储油库、3 735 家加油站、2 108 辆油罐车油气回收治理工程。积极推进监测能力建设，开展挥发性有机污染物和有毒废气监测。结合《河南省重金属污染综合防治“十二五”规划》实施，控制含汞、铅等有毒有害废气排放。

17.3.3.3　城市大气污染防治工作进展

积极推进 $PM_{2.5}$ 监测体系建设，新建、升级改造 99 个大气自动监测系统，各省辖市、省直管县（市）均开展了 $PM_{2.5}$ 和臭氧等 6 项因子的监测工作，实现了国家、省、市三级联网，从 2014 年开始向社会公布环境空气质量监测数据；启动了 $PM_{2.5}$ 源解析研究工作，定性定量研究分析河南省灰霾污染成因。集中整治餐饮油烟，排查整治 9 832 家餐饮单位，指导全省 8 531 家安装了油烟净化装置，积极推广使用高效净化型家用吸油烟机。

17.3.4 土壤环境保护工作成效

17.3.4.1 土壤环境监管工作进展

组织编制了《河南省土壤环境保护和综合治理工作方案》（初稿），待国家“土壤环境保护行动计划”颁布并与其对接后，提请省政府批准实施，该方案将为全面开展全省土壤环境管理提供依据。

开展了农产品产地土壤重金属普查与分级管理、农产品产地土壤重金属污染监测等工作，涵盖全省158个县（市、区），耕地1.17亿亩，按照重点监测区每150亩采1个土样，一般农区平均约2 600亩采1个土样，现已累计采集制备土壤样品7.6万个，完成样品检测7.1万份，获有效监测数据45.5万余个，普查任务全部结束。

17.3.4.2 重点地区污染场地和土壤修复工作进展

济源市积极开展土壤重金属污染农田修复试点工作，试点规模约 500 亩，总投资3 276万元，其中中央重金属专项资金1 966万元。采取植物修复技术、原位稳定化技术、异位稳定化修复技术 3 种方法进行工程试点，以达到修复后农田土壤主要重金属含量或生物活性大幅度下降，从而为我省农田重金属污染修复提供技术指导和依据。目前，已完成招标工作。

郑州市积极开展原农药厂、化工厂污染场地土地使用性质变更后的污染土壤环境调查、风险评估和治理修复工作，在污染地块的置换和使用中，督促有关责任单位开展污染风险评估，明确修复和治理的责任主体和技术要求，监督污染场地治理和修复，降低土地再利用特别是改为居住用地对人体健康影响的风险。将场地环境风险评估纳入建设项目环境影响评价，禁止未经评估和无害化治理的污染场地进行土地流转和开发利用。平顶山市按照《土壤环境风险评估技术导则》要求，对原黄金冶炼厂、化肥厂、第三水泥厂污染场地开展了环境风险评估。

17.3.5 生态保护和监管工作成效

17.3.5.1 生态示范建设工作进展

“十二五”期间，我省共创建国家级生态县2个、省级生态县6个，国家级生态乡镇104个、省级生态乡镇695个，省级生态村3 147个，全省有100多个县（市、区）组织开展生态县创建工作。

17.3.5.2 重要生态功能区保护和建设工作进展

在南水北调中线源头重要生态功能区大力开展植树造林，水源区范围内森林覆盖率达到 52.8%。在汇水区域建设省级以上自然保护区 4 个，面积 173 066 hm^2，占丹江口水库汇水区域面积的 27.2%。已建成丹江口水库汇水区域国家级生态示范区 2 个（西峡县、内乡县），对涵养水源、保护水质具有重要作用。对影响水质安全的工业点源、旅游餐饮、库周违规建设等进行了全面整治，集中解决了一批影响库区水质安全的环境问题。

在淮河源重要生态功能区制定了生态功能和生物多样性友好型扶贫开发指导原则及规划，确定了水稻种植、茶叶种植、畜牧、中药种植、野山茶林保护等 11 个农业和林业的示范点，并开展成果推广。对信阳市鸟类多样性、森林生态系统、湿地生态系统、农田生态系统进行了 1 年的监测，掌握了信阳市生态系统基线状况。

17.3.5.3　自然保护区建设和监管工作进展

省政府办公厅印发了《关于做好自然保护区管理工作的通知》（豫政办〔2012〕123 号）和《河南省省级自然保护区范围调整和功能区调整及更改名称管理规定》（豫政办〔2012〕153 号），规范了自然保护区范围和功能区的调整程序，我省是全国首批以省政府名义出台自然保护区管理工作相关文件的省份之一。

我省建立不同级别、不同类型自然保护区 30 处，总面积 759 040.58 hm^2，占全省国土面积 4.5%以上。其中，国家级自然保护区 12 处，面积 436 916 hm^2；省级自然保护区 18 处，面积 322 125 hm^2。

17.3.5.4　生物多样性保护工作进展

根据国家相关要求，开展了全省生态环境十年变化（2000—2010 年）遥感调查与评估，对 18 个省辖市和 108 个县（市）共 2 514 个点位进行地面核查，完成了 20 个样区的生态系统参数地面观测工作，形成了我省生态环境十年变化（2000—2010 年）遥感调查与评估项目成果数据集、《河南省生态环境十年变化（2000—2010 年）遥感调查与评估项目技术报告》《河南省生态环境十年变化（2000—2010 年）遥感调查与评估项目地图集》等一批重要成果，初步摸清了全省生态系统的家底。

我省对生物多样性进行了调查与评价，根据调查结果确定了四个生物多样性优先保护的区域。内乡宝天曼国家级自然保护区开展了生物多样性监测试点工作，并被确定为生物多样性保护和恢复示范区。先后在 7 个生态类型区，建立了不同类型的生态系统定位研究站，初步形成覆盖全省的典型生态系统定位研究网络。编制完成了《河南省生物多样性保护战略与行动计划（2011—2030 年）》，并组织开展了“5·22 国际生物多样性日”纪念活动等。

17.3.5.5　资源开发生态环境监管工作进展

科学引导全省生态旅游发展，指导云台山和尧山大佛、河南驻马店嵖岈山旅游景区、鹤壁淇河生态旅游区、洛阳重渡沟风景区申报国家旅游生态示范区，已通过公示。

推进矿山地质环境恢复治理保证金制度，全省矿山企业存储保证金22亿元，全省“三区两线”历史遗留的矿山地质环境问题恢复治理率已超50%。

17.4 重点领域环境风险防控评估

17.4.1 主要风险防控指标完成情况

17.4.1.1 重点重金属污染物排放量

（1）国家规划目标

《国家规划》要求，到2015年，重点区域内重点重金属污染物排放量比2007年降低15%；非重点区域重点重金属污染物排放量不超过2007年水平。

（2）指标完成情况

截至2015年年底，我省灵宝市、义马市、栾川县、孟州市、济源市、项城市、安阳龙安区7个重点防控区域重点防控因子重金属排放总量比2007年下降70.2%，达到国家目标要求。

17.4.1.2 固体废物安全处置率

（1）国家规划目标

《国家规划》要求，到2015年，基本实现市级以上城市医疗废物得到无害化处置；工业固体废物综合利用率达到72%（我省要求75%）；城市生活垃圾无害化处理率达到80%。

（2）指标完成情况

省辖市和县级市医疗废物集中无害化处置率为100%，全省工业固体废物综合利用率77%，城市生活垃圾无害化处理率93%，完成规划目标任务。

17.4.2 风险全过程管理体系建设成效

17.4.2.1 环境风险调查与评估工作进展

完成重点行业企业环境风险及化学品检查，对1 910家企业进行了全面调查，编制了《河南省重点行业企业环境风险及化学品检查工作报告和技术报告》，印发了《关于开展了全省企业突发环境事件风险评估工作的通知》《关于印发全省企业突发环境事件风险信息调查工作方案的通知》，加大现场督促、指导力度，有序推进企业突发环境事件风险调查、核查工作，全省已完成1 000余家企业信息填报工作。

17.4.2.2 环境风险管理工作进展

持续开展环境安全隐患排查整治。先后组织开展全省环境执法监管年、环境安全百日大检查等一系列环境安全隐患排查整治活动，连续开展涉危险化学品、重金属、饮用水水源地、危险废物等重点领域环境风险专项督查，切实加强重大节假日、汛期以及敏感时期的环境应急管理工作。全省共检查企业 28 557 家次，查处存在环境问题或隐患 3 218 个。

强化企业环境应急预案管理。先后出台了《河南省环境风险源企业环境应急预案编制、评估和现场监察指南（试行）》《河南省企业事业单位突发环境事件应急预案备案管理办法（试行）》，加强对各级各类应急预案编制、管理等工作的指导，积极推进企业环境应急预案评估和备案工作。开展企业突发环境事件风险信息网上填报和尾矿库环境预案编制等试点工作，有序推进企业环境风险评估和预案管理工作。

加强环境应急救援能力建设。出台了《河南省突发环境事件应急管理工作规范（试行）》，加强全省环境应急管理工作的指导。省环保厅先后与省安监局、省公安厅等部门签订了应急联动协议，并在全省推行，充分发挥部门专业优势，加强信息通报，提高反应速度，共同应对突发环境事件。出台了《河南省环境应急专家管理办法（试行）》，不断调整优化环境应急专家库。依托大中型企业，加强环境应急专业化救援队伍建设。组织开展政府、部门、企业等各个层面的环境应急管理培训。持续组织开展环境应急综合演练，提升应急应对能力。

17.4.2.3 环境事故处置和环境损害赔偿恢复机制建设状况

出台了《河南省重污染天气应急预案》，组织修订了《河南省突发环境事件应急预案》《河南省环境保护厅突发环境事件应急预案》；督促、协调省南水北调办和沿线政府做好南水北调中线工程环境专项预案编制工作；组织开展了全省出境断面河流专项应急预案编制工作。妥善处置了豫鲁徒骇河水污染、山西长治苯胺泄漏事件导致红旗渠污染、豫皖惠济河水污染、商丘市大沙河氨氮超标、中铝河南分公司赤泥库泄漏等 70 余起突发环境事件和跨界污染，有力保障了全省环境安全。

17.4.3 核与辐射安全管理工作成效

17.4.3.1 放射性污染防治工作进展

严格执行辐射安全许可制度，全省 4 258 家辐射工作单位已全部取得辐射安全许可证，在用放射源 7 483 枚、射线装置 8 631 台。

每年开展辐射环境风险大排查和辐射安全大检查集中活动，对全省所有放射源、射线装置进行全面检查，特别是对移动用放射源使用单位进行重点检查。各市县对辖区内的辐射工作单位进行经常性检查，对环境风险点进行逐一排查，并对每个风险点和问题的整改分清责任，提出整改要求，消除安全隐患，确保辐射环境安全。

全省煤矿兼并重组后，关停了 160 余家小煤矿，对整合重组后煤矿使用放射源情况开展了全面检查，摸清了放射源的安全状况；对在井下的放射源，确定了具体位置，明确了监控方式和监管措施；对关停煤矿闲置的放射源及时进行了送贮；对因为整合而关闭的煤矿，放射源被封到井下的拿出了具体处置办法。并对停产、倒闭企业的放射源或长期闲置的放射源进行了安全收贮。河南省城市放射性废物库“十二五”期间收贮各类废旧放射源 1 989 枚、放射性废物 7 246.5 kg。

17.4.3.2 电磁辐射污染防治工作进展

大型无线电发射装置已纳入辐射环境安全监管范围，建成河南省辐射环境质量及放射性污染源自动监控系统。开展了全省电磁辐射设备、设施大检查专项行动，进一步对电磁辐射设备（设施）进行摸底排查，对环保手续齐全的电磁辐射设备（设施）按规定发放《电磁辐射环境验收合格证》。对历史遗留的环保手续不齐全的进行集中整改和补办。规范电磁辐射建设项目公众参与、敏感点调查等工作，电磁辐射建设项目严格按照《国家公众参与管理办法》进行公众参与和调查，并按照相关规定制定出台了《电磁辐射建设项目管理等四个细则》，对公众参与进一步进行了细化。

17.4.3.3 重点辐射污染企业监管工作进展

对郑州辐照中心、郑州天宏绿源辐照有限公司、漯河龙祥辐射技术有限公司、郑州宏源生物工程有限公司、河南省科学院同位素研究所有限责任公司 5 家在运行的辐照厂每年进行两次例行检查，并结合实际工作，对放射源装源、返厂进行现场监管。

开封杞县利民辐照厂辐照设备实现安全退役；开封核能辐照厂废旧放射源已安全送贮，正在开展辐照设施以及厂区清理去污、废水处理和放射性废物的处置工作。

按照《放射性同位素与射线装置安全和防护管理办法》要求，开展了全省废旧金属熔炼企业辐射监测专项检查。我省共有 206 家废旧金属熔炼企业，除停产的 13 家企业外，其余 193 家配置了辐射监测仪器。

按照《放射性同位素与射线装置安全和防护条例》（国务院令　第 449 号）的要求，严格坚持放射源转让审批和放射源异地使用备案制度。

17.4.4　重金属污染防治工作成效

17.4.4.1　国家重金属污染防治规划落实情况

我省是国家确定的 14 个重金属污染防治重点省份之一，也是全国 2 个重金属污染防治示范省之一，省政府高度重视重金属污染的综合防治工作，省环保、发改、工信、财政等部门努力配合、互相协作，共同推进《河南省重金属污染综合防治“十二五”规划》实施，制定了分年度实施方案，纳入年度责任目标考核，并提出严于国家规划要求的目标：到 2015 年，城镇集中式地表水饮用水水源地重点重金属污染物指标达标率 100%，重点区域重点重金属污染物排放量比 2007 年降低 15%；非重点区域主要重金属污染物新增排放量实现零增长。落实国家重金属污染综合防治“十二五”规划，加强对 454 家涉重金属重点企业的环境监管监测和环境风险隐患排查。

“十二五”期间，我省 356 个国家规划项目，完成 330 个，经环保部同意取消因关闭淘、长期停产、转产不涉重等原因无法实施项目 12 个，延期实施项目 4 个，项目完成率 92.7%。全省地级以上城市集中式地表水饮用水水源地 15 个点位五项重金属污染物均达到III类及以上标准，47 个国控断面重点重金属污染物含量均满足III类标准限值要求，达标率均为 100%。

17.4.4.2　重点行业和重点区域重金属污染防治工作进展

制定了《河南省重有色金属冶炼及压延加工行业综合治理技术规范》《河南省皮革及其制品行业综合治理技术规范》《河南省化学原料及化学制品制造业综合治理技术规范》和《河南省重有色金属矿（含伴生矿）采选行业综合治理技术规范》等 4 个涉重金属行业综合整治技术规范。对再生铅和蓄电池行业进行了环保核查。

“十二五”以来，严格执行国家、河南省有关产业政策及相关行业调整要求，依法淘汰落后产能，制定和实施重点行业的落后产能淘汰措施，先后关闭淘汰了小金属冶炼、小型皮毛加工、电解铅等 147 家企业或生产线。

实行新增产能与淘汰产能“减量置换”或“等量置换”原则，要求新建涉重项目必须落实重金属排放指标来源，把重金属污染物排放总量指标作为涉重建设项目环评审批的前置条件。2015 年 3 月，省政府颁布实施《深化建设项目环境影响评价审批制度改革实施意见》。截至 2015 年年底，我省重点区域五种重点重金属污染物（铅、汞、镉、铬和类金属砷）排放总量比 2007 年下降 70.2%，水和大气环境质量重金属污染物均满足目标要求。

17.4.4.3 重点污染源综合防治工作进展

科学分配重金属污染防治资金。依照各地年度减排任务，遵循“以资金换取减排效益的原则”，以重金属减排量为基准，对各省辖市分配重金属治理补助资金，推动重金属治理项目按照时间节点完成。

17.4.5 固体废物安全处置工作的实施成效

17.4.5.1 危险废物污染防治工作进展

开展了全省危险废物规范化管理督查考核工作，2014 年全省危废产生单位的规范化管理抽查合格率 81.1%，经营单位的规范化管理抽查合格率 86.2%，并组织开展了危险废物规范化管理后督查；开展了危险废物产生单位暨重点关注区域企业专项检查；更新了全省危险废物监管重点源名单；完成了省内历史遗留铬渣无害化处置工作，共累计无害化处置铬渣 64.292 9 万 t。

全省建成危险废物集中处置中心 2 座，处理处置能力 8.67 万 t/a，“十二五”期间累计处置危险废物 13.04 万 t；持有省级危险废物经营许可证单位 67 家，处置利用能力 187.39 万 t/a，“十二五”期间累计处置危险废物 229.34 万 t。

17.4.5.2 医疗废物污染防治工作进展

我省建成医疗废物集中处置中心 20 家，建设总规模 6.26 万 t/a，“十二五”期间累计处置医疗废物 19.19 万 t。加强对已建成医疗废物集中处置单位的监管，截至 2015 年年底，医疗废物处置设施负荷率达到 75.88%，大、中型医疗卫生机构医疗废物无害化处置率基本达到 100%。

17.4.5.3 废弃电器电子产品无害化处理和资源化回收利用工作进展

全省享受国家基金补贴的废弃电器电子产品拆解处理处置企业有 7 家，拆解处理规模 1 162.4 万台/a，取得危险废物经营许可证的废弃电器电子产品深度处理企业 3 家，深度处理规模达到 31 753 t/a，其中废线路板 16 753 t/a，废塑料 15 000 t/a。

“十二五”期间，全省累计回收废电器 1 280.3 万台，拆解废弃电器电子产品 1 347.88 万台，共申领国家补贴资金约 11 亿元，实现了约 13.9 万 t 废旧金属、废塑料等的资源化利用，还实现了 7.19 万 t 含铅玻璃、废印刷线路板、制冷剂、废矿物油等危险废物的安全处置。

17.4.5.4 工业固体废物污染防治工作进展

以冶金、电力、建材、化工、食品、造纸等行业为重点，围绕大宗工业固废综合利用，实施工业固废资源化利用工程。2015 年我省一般工业固体废物综合利用率为 77%，完成规划目标任务。

17.4.5.5 生活垃圾污染防治工作进展

所有省辖市、县（市）具有垃圾无害化处理能力，全省建成生活垃圾处理设施 125 座，新增处理能力 6 217 t/d。2015 年城市垃圾无害化处理率达到 93%，新增垃圾日处理能力 2 000 t，无害化处理总能力达 3.59 万 t/d。

17.4.5.6 进口固体废物污染防治工作进展

按照《环保部办公厅关于开展进口固体废物专项整治的通知》（环办〔2013〕18 号）要求，认真开展了全省进口固体废物专项整治工作，完成了 26 家加工利用企业申请固体废物进口许可证初审工作。

17.4.6 化学品环境风险防控体系建设成效

17.4.6.1 化学品环境监管工作进展

规范有毒化学品环境管理工作，按照相关规定和要求，做好我省有毒化学品进出口企业的预审和备案工作，严格控制进出口有毒化学品流向，全面防控了有毒化学品在生产、使用、储运、处置过程中的环境风险。

开展了全省生产化学品环境情况调查工作，共审核确认企业 1 200 余家，完成了 5 000 余份报表核查工作，编制完成了工作报告和技术报告。对全省 14 个涉汞排放重点行业进行了更新调查，编制了《河南省汞污染防治工作实施方案》。编制了《河南省钢铁行业、再生有色金属行业、废弃物焚烧等行业二噁英污染物治理技术指导意见》。认真实施持久性有机污染物统计报表制度，开展河南省废弃物焚烧等 10 多个行业 300 余家企业持久性有机污染物现状调查评估工作。确定涉 84 种重点危险化学品企业名单，积极筹备开展涉重点危险化学品环境管理登记工作，初步建立了全省环境风险源动态管理数据库和电子监察档案。要求国家、省重点监控二噁英排放企业开展自行监测，同时积极申请资金对重点监控企业开展监督性监测。

17.4.6.2 化学品风险防控工作进展

结合我省实际，编制了《化学品风险防控“十二五”规划 2013—2015 年度实施方案》，对重点防控目标、具体指标、主要任务、重点工程等提出了具体要求。

开展了针对铅蓄电池企业，铅锌、黄金采选、冶炼企业，皮革皮毛（绒）及其制品企业，其他涉重金属企业和危险化学品生产企业的专项执法行动，有效遏制了涉重金属、危险化学品生产企业突发环境事件高发的态势。

17.5 环境保护基本公共服务评估

17.5.1 环境保护基本公共服务体系主要指标完成情况

17.5.1.1 农村环境综合整治

（1）国家规划目标

《国家规划》要求，到2015年，全国完成6万个建制村的环境综合整治任务。我省要求，完成2 000个村庄的环境连片综合整治。

（2）完成情况

我省已完成2 800个建制村农村综合整治，完成了规划目标任务。

17.5.1.2 市级以上城市环境监测机构基本达到能力建设标准的比例

（1）国家规划目标

《国家规划》要求，到2015年，市级环境监测站基本实现标准化。

（2）完成情况

我省市级环境监测机构共18个，通过标准化验收的有14个，达标率77.8%，未完成规划目标任务。

17.5.1.3 市级以上城市环境保护执法机构基本达到能力建设标准的比例

（1）国家规划目标

《国家规划》要求，到2015年，全国市级环境监察机构装备建设达到90%。

（2）完成情况

我省市级环境监察机构共18个，装备建设通过一级、二级标准化验收的有14家，达标率77.8%，未完成规划目标任务。

17.5.2 环境保护基本公共服务均等化推进情况

17.5.2.1 生态红线划定工作进展

下发了《河南省生态保护红线划定工作方案》，成立了生态保护红线划定专项工作小组和专家咨询组。按照该工作方案，我省的生态保护红线划定工作采取自上而下和自下而上相结合的工作机制，分两个阶段完成。第一阶段是2015年10月前完成省级生态保护红线划定方案，确定我省省级生态保护红线的基本框架，完成省级层面生态保护红线的顶层设计，对下一阶段的工作给出指导性、方向性的建议。第二阶段是完成分县（市）

生态保护红线划定，制定河南省生态保护红线规划，建立河南省生态保护红线信息管理系统与管理制度，所有工作预计 2017 年年底结束。目前，《河南省生态保护红线划定方案》、编制说明和图集，已提交省政府，基本完成了我省生态保护红线划定工作第一阶段的工作任务。

17.5.2.2　国家主体功能区规划落实情况

我省积极推进主体功能区规划编制工作，编制实施了《河南省主体功能区规划》（豫政〔2014〕12 号），按照主体功能区划发展定位和方向，优化国土空间开发，推动有序发展，加快推进形成主体功能布局。

17.5.2.3　国家重点经济区域环境保护工作进展

按照国务院《支持河南省加快建设中原经济区重点工作部门分工方案》（国办函〔2012〕174 号），我省编制完成了《郑州航空港经济综合实验区规划》环境影响篇章，并顺利通过环境保护部的审查；配合环保部做好中原经济区战略环评工作，按照国家整体工作部署，协调我省相关单位与项目承接单位之间的配合，及时与环保部相关单位保持沟通协商，及时反映我省的意见和建议，保障了中原经济区战略环评顺利完成。2015 年 11 月，环保部依据中原经济区战略环评，印发了《关于促进中原经济区产业与环境保护协调发展的指导意见》（环发〔2015〕136 号）。我省正在拟定实施意见。

17.5.3　农村环境保护工作成效

17.5.3.1　农村环境综合整治工作进展

完成 2 800 个村庄环境综合整治任务，建成农村生活污水、生活垃圾处理项目 924 个，全省 600 万农村人口直接受益，有效促进全省农村环境面貌持续改善。

17.5.3.2　保障农村饮用水安全工作进展

截至 2014 年年底，我省共解决 4 700 万农村居民和 666.3 万农村学生、教师饮水安全，农村供水工程受益人口 6 391 万人，农村集中供水率 79%。

17.5.3.3　农村生活污水和垃圾污染防治工作进展

结合农村连片综合整治项目的实施，整治农村生活污水和生活垃圾污染，为拟整治村庄配置垃圾收集转运和污水处理设施。2010—2012 年项目区生活污水产生量 4 049.63 万 t/a，生活污水处理能力可达 2 925.19 万 t/a，处理率约 72%；粪便产生量 12.4 万 t/a，粪便综合利用和处理能力 9.9 万 t/a，处理率约 79.8%；垃圾生产量 286 370.63 t/a，收集处理量包括堆肥 9 077.00 t/a、焚烧 120.00 t/a、填埋 229 000.50 t/a，处理率约 83%。

17.5.3.4 农村面源污染防治工作进展

结合《河南粮食生产核心区建设规划》，我省大力推广测土配方施肥技术，指导鼓励农民使用有机肥、生物农药或高效、低毒、低残留农药，推广病虫草害综合防治、生物防治、精准施肥和缓释、控释化肥等技术。

开展了主要农作物的农田污染物流失系数研究，选择种植制度、种植模式、土壤质地及地形地貌都具有代表性的 7 个县市作为农业面源污染定位监测的监测点，确立淋溶点位 7 个、径流点位 2 个和地膜残留调查点 10 个，规模化畜禽养殖污染排放监测点 1 个，通过对定点监测点位田间管理的日常记录和样品的检测分析，基本推算出全省农业氮肥、磷肥、地膜、畜禽粪便等资源利用率及流失率（或残留率），为掌握各类农业源中主要水污染物排放（流失）的数量、分布和排放去向等情况，分析农业面源污染总量及动态变化奠定了基础。

17.5.4 环境监管体系建设情况

17.5.4.1 污染减排统计、监测、考核体系建设

我省将成立统计业务技术支持机构纳入省减排目标责任书管理，目前已有约 2/3 的省辖市、省直管县（市）环保局成立了此类机构，做到了相关工作统一领导、统一部署，理顺了环境统计工作职能。

建立主要污染物排放总量减排统计、监测和考核体系，实行火电、钢铁、水泥、造纸、印染等行业和集中式污水处理设施全口径污染物排放量统计。建立了多部门合作统计数据共享机制。按照《环保部办公厅关于做好 2015 年主要污染物总量减排监测体系考核工作的通知》（环办〔2015〕35 号）要求，采取了及时安排、加强管理、督促自查、强化核查等多种措施，推动全省总量减排监测体系建设运行工作的开展。2015 年，国家重点监控企业自动监控数据传输有效率 98.65%，国家重点监控企业自行监测公布率达到 82.3%，国家重点监控企业监督性监测公布率达到 99.6%，“三个率”均高于《“十二五”主要污染物总量减排考核办法》的要求（污染源重点监控数据传输有效率 75%；自行监测结果公布率 80%和监督性监测结果公布率 95%），考核结果为优。

17.5.4.2 环境质量监测与评估考核体系建设

（1）环境监测站标准化建设

我省省环境监测中心已通过标准化验收，达到了规划目标。14 个二级环境监测站通过标准化验收，占全省二级环境监测站的比例为 77.8%。78 个三级环境监测站通过标准化验收，占全省三级环境监测站的 72.2%。

（2）环境质量监测网建设

①环境空气自动站建设

我省所有省辖市、省直管县（市）实现了 $PM_{2.5}$ 监测，实现了与环保部及省环保厅的联网。落实商丘、驻马店两市 $PM_{2.5}$ 监测能力建设项目资金 647.382 万元，省直管县（市）$PM_{2.5}$ 监测能力建设项目资金 1 057.64 万元，保证了自动站建设工作的顺利实施。

加快环境质量自动监测站的直管运行工作，2014 年以前，我省 99 个省控空气站的运行管理均由当地环境监测部门负责，2014 年 11 月起，91 个空气站先后上收为省直管站，由第三方运维机构运行管理；剩余 8 个空气站被设为国家直管站，由国家直接运维管理；剩余 52 个空气站由所在省辖市环境监测站自行管理，实现城市环境空气自动监测数据的可比性，确保城市环境空气质量考核结果的真实性。

②地表水自动监测能力建设

我省已有 203 个自动水质自动站（含正在建设的 44 个），基本能够覆盖国家流域规划断面、各省辖市责任目标考核断面、流域生态补偿考核断面、全省出省境断面、入省境断面、重要饮用水水源地，监测因子已经达到 22 种，根据自动站性质的不同，其所能监测的项目也不同，为政府环保责任目标、水环境生态补偿提供更加科学的依据。我省有 67 个省控水站实行托管站负责运行和质控、第三方运维机构负责仪器维护维修的管理模式。

③土壤环境质量监测能力建设

按照环境保护部要求，根据技术规范，在省内布设土壤环境质量监测背景点位、基础点位和特定点位 1 212 个，并组织对全部点位进行现场核查，编写完成了河南省土壤环境质量国控点位布设申请方案，并通过了专家论证后上报环保部。按环保部要求，组织各省辖市开展 2015 年河南省养殖场周边土壤试点监测工作。

17.5.4.3　环境预警与应急体系建设

（1）环境监控体系建设

全省重点监控企业共建设基站 1 712 个，全省 61 家上网电厂和 158 家城镇污水处理厂均建设了工况监控系统，监控数据全面应用于污染减排、总量核定、生态补偿、排污费征收、脱硫脱硝电价核算、环境执法等环境管理与环境决策。

（2）环境应急管理能力建设

经机构编制管理机关批准，省环保厅及郑州、平顶山、安阳、焦作、南阳、商丘等 6 个省辖市，成立了环境应急管理机构并实现了独立运行。我省尚未开展环境应急能力标准化建设达标验收工作。

（3）辐射监测监察能力建设

我省投资 3 136 万元，建设了辐射环境自动监控系统。该系统由辐射环境质量自动监控系统、重点放射源自动监控系统、省放射性废物库在线监控系统三部分组成。系统涵盖 46 个辐射环境质量自动监控站点、4 个通道式辐射监测报警系统、19 个重点放射源应用单位监控和省放射性废物库监控系统，在及时掌握辐射环境质量变化、应对日本福岛核事故及加强辐射监管防范辐射事故中发挥了重要作用。

依托环境保护部 2012 年中央财政主要污染物减排专项资金项目的中央财政补助 363 万元，地方财政配套 242 万元，我省建成了核与辐射应急监测调度平台，初步形成了应急监测能力，目前，该项目已全面建成投入运行。通过项目建设，全面提高了省级辐射应急监测能力，完善了辐射事故处置的信息传输、会商调度和决策支持系统建设。

按照环保部要求，修订了《河南省环境保护厅辐射事故应急预案》，指导部分省辖市、省直管县市环保局修订了辐射事故应急预案。

17.5.4.4 环境监管基本公共服务能力建设

（1）环境监察标准化建设

截至 2015 年年底，我省市级环境监察机构共 18 个，装备建设通过一级、二级标准化验收的有 14 家，达标率 77.8%。

（2）移动执法能力建设

我省共投资 7 577.9 万元用于全省环境监察移动执法系统建设，实现移动执法系统的人员全覆盖、任务全覆盖。采用“省市两级平台、省市县三级应用”模式，实现省、市、县三级联动执法，以及全省环境监察执法的数据信息共享和业务流程贯通，目前借助移动执法系统，使执法人员做到了“三统一”（执法内容统一、标准统一、程序统一），基本实现了移动执法系统的区域全覆盖和人员全覆盖。

17.6 规划政策措施实施评估

17.6.1 落实环境目标责任制的情况

将污染物排放总量控制、节能减排等主要环保指标分解，纳入“十二五”规划和年度国民经济和社会发展计划，对各级政府环保责任目标实施绩效考核，严格执行环境保护行政问责制和“一票否决”制，对环境违法行为严重、造成重特大污染事故或较大社会影响的，严肃处理并实行“一票否决”。省政府与各省辖市、省直管县（市）签订“十二五”目标责任书和年度目标责任书，明确了各省辖市、省直管县（市）的污染减排和年度环保工作任务。为推进规划实施，各级地方政府充分发挥环境保护委员会的职能作用，加强部门协调配合，完善环境保护部门协同工作机制，定期研究解决本地环境保护的重大问题。环境保护部门履行统一监管职能，强化行政执法监督，统一制定环境保护规划并监督实施，统一发布环境监测和环境质量信息。

17.6.2　环境保护纳入综合决策的情况

17.6.2.1　规划环评、战略环评开展情况

深化产业集聚区、工业园区规划环评。完成省定 180 个产业集聚区规划环评和市级工业园区的规划环评审查，强化产业集聚区调整规划环评，督促产业集聚区抓紧完善调整规划环评，指导商务中心区和特色商业区作好规划环境影响篇章编制工作。

推进重点行业规划环评。完成了河南省石油化工产业发展规划环评，并要求开展造纸、制革、印染、冶金、化工以及涉重金属等行业发展规划环评。济源市完成了有色金属行业发展规划环评，郑州市完成了造纸行业“十二五”发展规划环评，焦作市、安阳、周口等地也完成了辖区内制革、印染、铅蓄电池行业发展规划环评。

17.6.2.2　实施主要污染物总量指标预算管理制度

根据我省环境容量、排污总量、环境质量状况，结合“十二五”国民经济与社会发展规划和污染减排目标任务，我省借鉴财政预算管理的概念，对主要污染物排放总量实行预算管理。印发并实施了《河南省主要污染物排放总量预算管理办法（试行）》（豫政办〔2011〕144 号）和《河南省重点污染物排放总量预算管理办法》（豫政〔2014〕94 号）。通过实施总量预算，全省新建项目排污指标得到了较好的控制，高耗能、高污染项目建设得到了有效遏制，新核定的主要污染物排放增量总体低于预期，总量预算管理在促进产业结构调整和发展方式转变方面的调控作用日益显现。

17.6.2.3　加强环境舆情监测引导，积极开展环境形势分析

坚持环境舆情监测报告制度，每日收集上报环境新闻舆情，对重大环境舆情及时报告，定期开展舆情分析，为领导决策提供参考。加强突发环境事件的信息公开和舆论引导，协调省委宣传部对重大环境舆情问题采取了有效的舆论引导措施，及时公布处置情况，避免了负面炒作，确保了环境舆情稳定。

开展环境形势分析，及时研判环境形势，防止出现污染事件。继续实施环境形势分析会议制度，将环境形势和问题通报各地政府并进行督察督办，有效化解了水、大气等环境污染问题，防范了环境污染事件的发生。

17.6.3 环境保护法规体系建设情况

17.6.3.1 出台地方性法规、规章和文件

“十二五”以来，我省出台了《河南省固体废物污染环境防治条例》《河南省减少污染物排放条例》《河南省环境监察办法》《河南省辐射污染防治条例》4 个地方性法规规章；修订了《河南省环境污染防治设施监督管理办法》。出台了《河南省城镇污水处理厂运行监督管理办法》等一系列规范性文件。

17.6.3.2 制定污染物排放标准

“十二五”以来，我省制订实施了《双洎河流域水污染物排放标准》《省辖海河流域水污染物排放标准》《蟒沁河流域水污染物排放标准》《清潩河流域水污染物排放标准》《惠济河流域水污染物排放标准》《贾鲁河流域水污染物排放标准》6 项流域标准和《铅冶炼工业污染物排放标准》《啤酒工业水污染物排放标准》《发酵类制药工业水污染物间接排放标准》《化学合成制药工业水污染物间接排放标准》《工业炉窑大气污染物排放标准》5 项重点行业污染物排放标准；修订实施了《盐业、碱业氯化物排放标准》。

17.6.4 环境经济政策完善情况

17.6.4.1 脱硝电价政策落实情况

2013 年 2 月印发了《河南省燃煤发电机组脱硝电价及脱硝设施运行管理暂行办法》，自 2013 年 1 月 1 日起，燃煤发电机组安装脱硝设施、具备在线监测功能且运行正常的，持国家或省级环保部门出具的验收合格文件，报省发展改革委审核后，执行脱硝电价，脱硝电价标准为 0.008 元/（kW·h），2013 年 9 月提高至 0.01 元/（kW·h）。脱硝设施投运率低于 90%（含）的，不享受脱硝电价。

17.6.4.2 脱硫电价政策落实情况

按照《河南省发展改革委员会关于转发适当调整电价有关问题的通知》（豫发改价管〔2011〕938 号）要求，符合条件的燃煤机组上网电量全部执行了脱硫电价，0.015 元/（kW·h）。按照国家电价政策，脱硫机组脱硫电价款由电力公司每月向发电企业足额支付，未达标运行和停运脱硫设施电量的脱硫电价款次年予以扣减。

17.6.4.3 除尘电价政策落实情况

按照《关于转发燃煤发电机组环保电价及环保设施运行监管办法的通知》（豫发改价管〔2014〕720 号）要求，我省燃煤机组除尘电价按 0.002 元/（kW·h）执行。发电企业要按照规定运行环保设施，并按照程序申报环保电价；电网企业要及时结算环保电价款；

各级价格主管部门、环保部门要按照各自职责，加强对环保电价和环保设施运行情况的监管，督促发电企业提高环保设施运行效率。

17.6.4.4　污水处理收费政策落实情况

我省 2005 年已全面开征污水处理费，各市、县污水处理费征收标准平均为 0.80 元/m^3，其中，城市居民用水为 0.65 元/m^3，特殊行业用水和单位自建供水设施取用地下水为 1.00 元/m^3，其他用水为 0.80 元/m^3。为确保污水处理费征收和规范使用，制定了《河南省城市污水处理费征收使用管理办法》。根据《河南省人民政府关于进一步深化价格改革的意见》，污水处理费标准列入下放管理权限的政府定价项目清单，指导各地根据《国家发展改革委 财政部 住房城乡建设部关于制定和调整污水处理收费标准等有关问题的通知》的要求，逐步调整污水处理收费标准逐步调整到位。2016 年年底前，设市城市污水处理收费标准原则上每吨应调整至居民不低于 0.95 元，非居民不低于 1.4 元；县城、重点建制镇原则上每吨应调整至居民不低于 0.85 元，非居民不低于 1.2 元。

17.6.4.5　垃圾处理收费政策落实情况

“十一五”期间，我省已落实了国家垃圾处理收费的相关政策，省政府先后制订下发了《关于加快全省城市生活垃圾处理设施建设促进生活垃圾处理无害化的意见》（豫政办〔2009〕79 号）等一系列规范性文件。自 2008 年开始，全省所有省辖市、县（市）全面开征了生活垃圾处理费，征收率逐年提高。2015 年全省生活垃圾处理费实际征收 3.13 亿元，平均征收率 96.39%。

17.6.4.6　排污费征收标准调整工作落实情况

按照《关于调整我省排污费征收标准有关问题的通知》（豫发改收费〔2015〕256 号）要求，我省于 2015 年 7 月 1 日开始已全部执行排污费征收新标准，其中，废气排污费征收标准由 0.60 元/污染当量提高到 1.20 元/污染当量，废水排污费征收标准由 0.70 元/污染当量提高到 1.40 元/污染当量。此外，对国控省控废气重点监控企业二氧化硫、氮氧化物、烟尘三项因子实行差别化收费政策。

印发实施了《河南省主要污染物排污权有偿使用和交易管理暂行办法实施细则》，完成了河南省排污权有偿使用和交易软件管理平台软件开发工作，并进行了多次对接，具备上网试运行条件，同时，完成了管理平台硬件招标，为排污权有偿使用和交易软件运行提供技术支撑。

17.6.4.7　实施水环境生态补偿机制

我省从 2010 年开始实施水环境生态补偿机制。省政府印发《河南省水环境生态补偿暂行办法》（豫政办〔2010〕9 号），按照此办法，2011—2015 年共扣缴生态补偿金 46 745

万元。

17.6.4.8 探索城市空气质量生态补偿机制

完成《河南省城市空气质量生态补偿办法》（草稿），并征求了有关地市和省政府部门意见（《河南省城市环境空气质量生态补偿暂行办法》已于 2016 年 7 月 4 日印发）。

17.6.4.9 绿色金融政策落实情况

积极开展绿色金融政策研究，推行绿色信贷和绿色证券制度，印发了《河南省企业环境信用体系建设试点工作实施方案》，制定了《河南省企业环境信用评价管理办法（试行）》《河南省企业环境信用等级评价评分标准》，初步建立了企业环境信用信息管理与评价系统，在省环保厅门户网站设立了“企业环境信用评价”专栏，对 371 家 5A 级企业进行了公示。

17.6.5 加强科技支撑的情况

开展环境容量、环境承载力、环境监测科研、环境与健康的关系等环境科学基础研究，建设环境容量和环境承载力模拟重点实验室以及环境监测重点实验室，加强环境科研基础能力建设。实施水专项等重大科研项目，“十一五”水专项 3 个涉豫课题都顺利通过国家验收。“十二五”水专项共 3 个涉豫课题，其中“贾鲁河流域水质改善综合控制研究与示范”和“淮河流域水生态修复关键技术研究与示范”两个课题于 2012 年年底启动，已完成全部科研和示范工程建设任务，“清淇河流域水环境质量整体提升与功能恢复关键技术集成研究与示范”课题于 2015 年启动，目前正按计划进度实施。淮河项目涉豫课题共突破了 57 项关键技术，累计建成示范工程 36 项，推广应用工程 100 余项，建设河流生态修复示范工程 150 km 以上，支撑贾鲁河水生态质量显著好转，带动了淮河干流国控断面水质持续改善。

17.6.6 环保产业发展情况

开展了环保产业调查和环保服务业财务统计工作，完成了全省环保产业 1 147 家企业整体数据包的审核工作；按照《环境保护部办公厅关于开展环保服务业财务统计工作的通知》（环办函〔2013〕847 号）要求，开展年度环保服务业财务统计工作，每年 3 月底前完上年度全省环保服务业财务统计数据汇总。积极推动污染治理设施规范运营，我省对开展环境污染治理设施运营的单位，加强年度考核，考核结果在媒体上向社会公布。全省环保产业从业单位达到 1 200 多家，从业人员近 14 万人，年收入总额约 1 477 亿元，约占当年全省 GDP 的 4.2%，产业年均增幅在 20%以上。

17.6.7　环境保护投入情况

按照 211 节能环保支出决算数，全省节能环保支出共计 537.83 亿元，其中省本级节能环保支出 20.91 亿元，市级 516.93 亿元，县级（含区）110.82 亿元，见表 17-4。

表 17-4　河南省环境保护（含能力建设）财政投入情况　单位：万元

年份	省级	市级	县级	全省
2011	35 858	358 686	561 480	956 024
2012	22 335	377 863	694 327	1 094 525
2013	32 425	497 320	589 483	1 119 228
2014	50 410	476 211	672 830	1 199 451
2015 年 1—10 月	68 024	440 192	500 903	1 009 119
合计	209 052	5 169 295	1 108 226	5 378 347

2011—2014 年全省环境污染治理投资共计 924 亿元，分别为 140.11 亿元、178.21 亿元、288.10 亿元、317.58 亿元，分别占当年生产总值比重的 0.52%、0.6%、0.9%、0.9%，低于全国平均水平，见表 17-5。

表 17-5　河南省环境污染治理投资　单位：万元

年份	城市环境基础设施建设投资	老工业污染源治理投资	建设项目“三同时”环保投资	合计
2011	737 290	213 728	450 107	1 401 125
2012	1 085 443	148 347	548 345	1 782 135
2013	1 574 313	439 720	866 963	2 880 996
2014	1 728 529	554 592	892 630	3 175 751
合计	5 125 575	1 356 387	2 758 045	9 240 007

共落实国家和省级环保资金 85.29 亿元，其中国家 49.26 亿元，省本级 36.03 亿元。

根据《河南省环境保护”十二五”规划》的要求，我省创新将土地出让收益用于环境基础设施建设，已落实土地出让金 4 亿元，主要用于城镇污水处理厂的提标改造。

省财政设立大气污染防治专项资金，2014 年落实 4 亿元，2015 年落实 9 亿元。

17.6.8　环境保护执法监管情况

“十二五”以来，我省环境监管执法紧紧围绕全省环保中心工作，创新制度、加大力度、强化效能，圆满完成了各项工作任务，连年被环保部评为优秀等次。印发了《关于加强环境监管执法工作的意见》（豫政办〔2015〕108 号），提出了加强我省环境监管执法的 15 条具体措施。创立了“责任网格化、执法模板化、管理分类化、技能专业化、制度系统化”的环境监察执法新模式，颁布实施了《河南省环境监察办法》《河南省环境污染防治设施监督管理办法》（修订）等一系列规章，制定了《河南省环境监察执法规范》，及合成氨等 16 个行业的环境监察技术指南等环境监察执法制度。组织开展了环境执法监管年活动、“整治违法排污企业保障群众健康环保专项行动”、环保新法新规新标贯彻执行年活动、环保大检查活动等大型环境监管执法活动，组织全省环境监察执法人员连续开展了大气专项执法检查、水环境专项执法检查、产业集聚区（工业园区）及建设项目专项执法检查等 30 多次专项执法检查活动。全省各级环境监察机构共出动执法人员约 225.6 万余人次，检查企业 82.2 万余家（次），查处纠正环境违法行为 38 230 余起。实施挂牌督办和列入环保黑名单 746 起，并对一大批环境违法企业实施了取缔关闭、停产治理措施，严厉打击了各类环境违法行为。12369 环保举报热线共受理群众有效举报 22 954 起，全部按时办结，有效维护了群众的环境权益。

完善环境行政执法和刑事司法联动工作机制，省环保厅与省公安厅联合下发了《关于切实加强环境行政执法和刑事司法衔接工作的通知》《关于印发挂牌督办重大环境污染犯罪案件暂行规定的通知》，建立了“3+3”联动工作机制。

17.6.9 环境保护全民参与情况

构建宣教大格局。省环保厅、省委宣传部、省文明办、省教育厅、团省委、省妇联六部门联合下发了《河南省环境宣传教育行动纲要（2011—2015 年）》，每年联合制定实施方案，细化分解任务，形成了多部门共同推进宣传教育的工作局面。

创新推进环境宣传教育。坚持定期新闻发布，主动公开环境信息，持续开展“蓝天、碧水、乡村清洁”三大工程、污染减排、执法监管和法律法规宣传活动。举办了“生态文明”嵩山论坛，开展了“青年引领未来建设美丽河南”“公众环保体验”“环境大接访”及绿色企业、绿色学校、绿色社区创建等多种形式的宣传活动，从不同层面提高社会公众环境意识。加强各级领导干部生态文明和环境保护教育培训，持续开展全省中小学校环境教育优秀教案和课件评选、环保新闻发言人和宣教骨干培训、县（区）环保局长岗位培训、企业环境管理人员法制培训、青年环境友好使者培训、中小学（幼儿园）环境教育师资培训，不断提高社会各界环境保护责任意识和法制观念。推进环境文化建设，编辑出版了《图解“两高”司法解释》《图解新环保法》等一批反映生态文明和环境保护法律法规的专题片、宣传画册等宣传品，向社会免费发放，积极引导公众理性参与环境保护。

17.7 《国家规划》实施存在问题与考评建议

17.7.1 《国家规划》实施存在的问题

《国家规划》提出的 22 个定量指标中地级以上城市空气质量达到《环境空气质量标准》（GB 3095—2012）二级标准以上的比例、非化石能源占一次能源消费比重目标达成情况、市级以上城市环境监测机构基本达到能力建设标准的比例、市级以上城市环境保护执法机构基本达到能力建设标准的比例等指标没有完成《国家规划》要求。具体如下：

（1）我省城市环境空气质量主要污染物为可吸入颗粒物，18 个地级以上城市中，空气质量好于二级标准的城市 0，比例为 0，远未达到规划目标。

（2）非化石能源占一次能源消费比重较低。受自然条件和产业结构水平的限制，目前能源消费仍主要依赖化石能源，并以煤炭为主导，目前我省能源消费总量不断增加，以煤炭为主要能源，非化石能源占一次能源消费比重为 5.2%左右，虽达到我省经济社会发展“十二五”规划要求（5%），但距国家规划要求（11.4%）尚有一定距离。

（3）近年来，我省在环境保护方面的投入虽有大幅度增加，但环保资金主要用于水污染防治、湖泊生态环境保护、农村环境连片整治、重金属污染防治、省级环保能力建设等，在基层环保机构标准化建设等方面，各级政府还需结合环境保护工作开展的需要，统筹各项资金，进一步加大支持力度。同时，政府、企业、社会多元化环保投融资机制有待完善。

17.7.2 《国家规划》评估与考核的建议

关于“十三五”生态环境规划中期评估的时间节点，建议为 2016 年 1 月 1 日至 2018 年 6 月 30 日，这样既能和“十三五”经济社会发展规划时间节点一致，同时也能体现规划中期的含义。

关于“十三五”生态环境规划评估考核与专项规划评估考核的关系，由于气、水、土等重点专项规划实行年度考核与五年规划考核，与总规基本一致；而非重点专项规划评估考核与总规不一致，建议总规评估考核直接采用重点专项规划评估考核结果，同时布置总规评估考核时，一同布置非重点专项规划评估考核工作。

关于“十三五”生态环境规划评估考核内容。鉴于规划内容涉及部门越来越多，建议出台“十三五”生态环境规划后，尽快出台任务分工和评估考核方案，确保规划任务得到较好落实。

第18章 《河南省环境保护“十二五”规划》终期评估考核结果

根据《环保部办公厅 发改委办公厅关于开展〈国家环境保护“十二五”规划〉终期评估与考核工作的通知》（环办〔2015〕68号）和《河南省人民政府关于印发河南省环境保护“十二五”规划的通知》（豫政〔2011〕96号），按照省政府要求，受环保厅委托我院开展了《河南省环境保护“十二五”规划》（以下简称《规划》）终期评估考核工作。

18.1 规划实施情况

根据《关于开展河南省环境保护“十二五”规划终期评估与考核工作的通知》（豫环文〔2016〕52号），各省辖市、省直管县（市）认真开展了“十二五”规划实施情况终期自评工作，形成了本市县规划终期自评报告上报我厅。

“十二五”期间，在党中央、国务院的坚强领导下，在环境保护部、国家发展改革委的科学指导下，我省坚持把生态环境保护作为贯彻落实科学发展观、转变经济发展方式、加快中原崛起河南振兴的重要举措，从加快推进生态文明建设、实现可持续发展的战略高度，制定实施了美丽河南建设、生态省建设等重大政策措施，实施了蓝天工程、碧水工程、乡村清洁工程等行动计划，有力推动了《规划》顺利实施，主要污染物减排目标任务超额完成，水环境、乡村环境整体有所改善，大气环境质量恶化趋势得到有效控制，集中式饮用水水质安全得到保障，环境风险防控水平得到进一步提升，自然生态建设取得新成效，为“十三五”环境保护工作奠定了良好基础。

我省将污染物排放总量控制、节能减排等主要环保指标分解，纳入“十二五”规划和年度国民经济和社会发展计划，对各级政府环保责任目标实施绩效考核，严格执行环境保护行政问责制和“一票否决”制，对环境违法行为严重、造成重特大污染事故或较大社会影响的，严肃处理并实行“一票否决”。省政府与各省辖市、省直管县（市）签订了“十二五”目标责任书和年度目标责任书，明确了各省辖市、省直管县（市）的污染减排和年度环保工作任务。为推进规划实施，各级政府充分发挥本级环境保护委员会的职能作用，加强部门协调配合，完善环保部门协同工作机制，定期研究解决本地环境保护的重大问题。环保部门履行统一监管职能，强化行政执法监督，统一制定环境保护规划并监督实施，统一发布环境监测和环境质量信息。

18.2　综合考评结果

结合工作实际，以及对各市县自评报告进一步审查和综合考评，最终考核结果如下。

18.2.1　省辖市考评结果

18 个省辖市考评结果为优秀的为开封市、洛阳市、安阳市、鹤壁市、濮阳市、三门峡市、南阳市、驻马店市、济源市；良好的为平顶山市、新乡市、焦作市、许昌市、信阳市、周口市。合格的为郑州市、漯河市、商丘市。详见表 18-1。

表 18-1　省辖市考评结果

序号	省辖市	评分	排名	考核档次
1	郑州市	79.61	17	合格
2	开封市	90.03	9	优秀
3	洛阳市	90.05	8	优秀
4	平顶山市	80.85	16	良好
5	安阳市	91.77	3	优秀
6	鹤壁市	90.17	6	优秀
7	新乡市	83.70	15	良好
8	焦作市	87.22	12	良好
9	濮阳市	90.15	7	优秀
10	许昌市	89.81	10	良好
11	漯河市	77.04	18	合格
12	三门峡市	91.51	4	优秀
13	南阳市	90.52	5	优秀
14	商丘市	86.28	14	合格
15	信阳市	89.39	11	良好
16	周口市	86.60	13	良好
17	驻马店市	93.06	2	优秀
18	济源市	93.41	1	优秀

18.2.2 省直管县（市）考评结果

10 个省直管县（市）考评结果为优秀的为兰考县、滑县、长垣县、邓州市、永城市、固始县、鹿邑县、新蔡县；良好的为巩义市、汝州市。详见表 18-2。

表 18-2 省直管县（市）考评结果

序号	省直管县（市）	评分	排名	考核档次
1	巩义市	89.14	9	良好
2	兰考县	91.8	8	优秀
3	汝州市	86.56	10	良好
4	滑县	95.74	2	优秀
5	长垣县	97.4	1	优秀
6	邓州市	93.85	4	优秀
7	永城市	92.67	6	优秀
8	固始县	92	7	优秀
9	鹿邑县	93.43	5	优秀
10	新蔡县	94.93	3	优秀

18.3 各市县规划实施存在的问题

根据《关于开展河南省环境保护“十二五”规划终期评估与考核工作的通知》（豫环文〔2016〕52 号）“附件 2 考核指标评分方法”要求，本次考核涉及 22 项指标。

从考核结果看，扣分较多项主要集中在空气环境质量改善情况这一项指标，部分地市存在地表水省控断面水环境质量情况、地表水省控断面水环境质量改善情况、大气环境质量改善工作成效、重金属污染防治重点项目完成情况、县级以上城市环境监测队伍基本达到能力建设标准的情况、县级以上城市环境保护执法队伍基本达到能力建设标准的情况等指标扣分的情况。

（1）空气环境质量改善情况指标扣分较多

该项指标是以环保厅审核的《河南省蓝天工程行动计划》（豫政〔2014〕32 号）2015 年度考核结果和 2015 年地级以上城市大气监测数据为依据，对各省辖市、省直管县（市）大气环境质量改善情况进行考核评分。

（2）基层环保机构标准化建设薄弱

近年来，我省在环境保护方面的投入虽有大幅度增加，但环保资金主要用于了水污染防治、湖泊生态环境保护、农村环境连片整治、重金属污染防治、省级环保能力建设等，在基层环保机构标准化建设等方面，各级政府还需结合环境保护工作开展的需要，统筹各项资金，进一步加大支持力度。同时，政府、企业、社会多元化环保投融资机制有待完善。

（3）地表水省控断面水环境质量情况扣分说明

按照地表水省控断面水环境质量情况这项指标的核算方法，只有断面水质全部在III类以上的为满分，所以会存在部分地市该项指标扣分的情况。

附录 《河南省环境保护“十二五”规划》终期评估考核技术方案

《河南省环境保护“十二五”规划》（豫政〔2011〕96号，以下简称《规划》）要求，“在2013年年底和2015年年底，分别对规划实施情况进行中期评估和终期考核，评估和考核结果向省政府报告，对社会公布，并作为考核各级政府工作政绩的重要内容”。为落实《规划》要求，省环境保护厅拟对各省辖市、省直管县（市）实施《规划》情况开展终期评估考核工作。

一、评估考核目的

（1）落实完善《规划》调度、评估、考核机制，准确把握各地《规划》实施情况以及在环境保护方面的工作成效。

（2）落实环境保护目标责任制，将《规划》考核结果作为考核地方人民政府政绩的重要内容。

二、评估考核对象

终期考核的对象为各省辖市、省直管县（市）人民政府。

三、评估考核时间节点

评估考核的起始时间节点一般设为2011年1月1日，如有特殊情况视具体内容予以调整（如监测网络调整、细颗粒物城市开展监测等情况）；截止时间为2015年12月31日。

四、评估考核内容

《国家环境保护“十二五”规划》《河南省环境保护“十二五”规划》和国家及我省相关专项环保规划的实施情况。

（一）目标指标

（1）总量减排目标；

（2）环境质量目标。

（二）重点任务和主要工程

（1）总量减排；
（2）污染防治；
（3）农村和生态环境保护；
（4）能力建设；
（5）体制机制。

五、评估考核方式

在地方自评的基础上，采用报告审查和综合考评相结合的方式开展。

地方自评：各省辖市、省直管县（市）按照《规划》实施评估报告编制大纲（附 1）的要求，编制本行政区《规划》实施评估报告，并按照考核指标评分办法（附 2）进行考核自查评分。

报告审查：结合《河南省“十二五”主要污染物排放总量控制规划》《河南省流域水污染防治规划（2011—2015 年）》《河南省核与辐射环境保护“十二五”规划》《河南省废弃电器电子产品处理发展规划（2011—2015 年）》《河南省重金属污染综合防治“十二五”规划》《河南省持久性有机污染物“十二五”污染防治规划》《河南省环境监测“十二五”规划》《河南省环境保护“十二五”政策法规标准建设规划》《河南省环境监管能力建设“十二五”规划》等重点环保规划考核与评估结果，并查阅环境信访、重大环境事件、主要领导批示落实情况等，对各省辖市、省直管县（市）《规划》实施评估报告和考核指标数据的真实性、一致性、准确性进行审核，依据《规划》考核指标评分办法对各省辖市、省直管县（市）《规划》实施情况进行初步评分。

综合考评：结合报告审查及日常工作情况，对各省辖市、省直管县（市）人民政府《规划》实施情况进行综合评分，形成《河南省环境保护“十二五”规划终期考核报告》，上报省政府。

六、考核评分

《规划》考核分值以百分制为基础，按照考核分值和相关约束性指标完成情况，《规划》考核结果分为优秀、良好、合格和不合格四档进行公布。

综合分值在 90 分以上（含 90 分）为优秀，75 分以上 90 分以下（含 75 分）为良好，60 分以上 75 分以下（含 60 分）为合格，60 分以下为不合格。四项主要污染物排放总量控制指标为“十二五”约束性指标，一项及以上污染物排放总量控制指标未完成的，考核结果不合格。

另外，环境质量现状较差且“十二五”期间环境质量存在明显恶化趋势的，即附2考核指标表中两项质量改善指标——省控断面水环境质量改善情况和省辖城市空气环境质量改善情况，任意一个考核指标恶化程度超过20%，考核结果不得评为良好以上（含良好）。

七、进度安排

（1）准备阶段（2016年2月）

拟定并印发《〈河南省环境保护“十二五”规划〉终期考核技术方案》。

（2）各地自评阶段（2016年3—5月上旬）

各地环保局2016年5月15日前完成规划终期自评估工作，并形成《规划》实施终期自评估报告，报送省环保厅。

（3）省级综合考评阶段（2016年5月下旬—6月）

省环保厅会同有关部门开展报告审查和综合考评，形成《规划》终期考核报告，上报省政府，并抄送省委组织部，同时向社会公布。

八、工作要求

请认真开展《规划》终期评估考核工作，对本市（县）规划实施情况进行全面评估总结，并根据考核指标评分方法进行自打分，形成本市（县）《规划》终期自评报告，于5月15日前报送省环保厅，一式两份，电子版发送至hnjhc2006@163.com。

附 1　××市（县）《规划》实施自评估报告编制大纲

第一章　规划实施总体情况

1. 《规划》对本市（县）的具体要求
2. 本市（县）组织实施《规划》的情况及成效
3. 《规划》终期考核工作本市（县）组织安排情况

第二章　主要污染物减排完成情况评估

1. 主要污染物排放总量指标（参见附 2）完成情况及数据来源
2. 工程减排任务的实施成效（参见《规划》文本要求，逐一说明本市（县）实施情况及主要成效，下同）
3. 结构减排任务的实施成效
4. 管理减排任务的实施成效
5. 总量减排工作的经验与问题

第三章　环境质量改善与污染防治完成情况评估

1. 主要环境质量指标（参见附 2）改善情况及数据来源
2. 水污染防治任务的实施成效
3. 大气污染防治任务的实施成效
4. 核与辐射污染防治任务的实施成效
5. 固体废物污染防治任务的实施成效
6. 重金属污染防治任务的实施成效
7. 环境风险防范任务的实施成效
8. 污染防治工作的经验与问题

第四章　农村与生态环境保护完成情况评估

1. 农村与生态环境保护指标（参见附 2）完成情况及数据来源
2. 农村环境连片综合整治任务的实施成效
3. 保障生态安全任务的实施成效
4. 土壤环境保护任务的实施成效
5. 农村与生态环境保护工作的经验与问题

第五章　能力建设完成情况评估

1．能力建设指标（参见附 2）完成情况及数据来源

2．环境监测和监督体系建设任务的实施成效

3．环境预警应急体系建设任务的实施成效

4．总量核查核算体系建设任务的实施成效

5．人才保障体系建设任务的实施成效

6．能力建设工作的经验与问题

第六章　体制机制完成情况评估

1．体制机制指标（参见附 2）完成情况及数据来源

2．健全法律法规任务的实施成效

3．创新工作机制任务的实施成效

4．完善经济政策任务的实施成效

5．增强科技支撑任务的实施成效

6．鼓励全民参与任务的实施成效

7．体制机制工作的经验与问题

第七章　省级环境保护五年规划评估与考核的意见与建议

1．对省级环境保护五年规划评估与考核工作的意见建议

2．对“十三五”生态环保规划编制和评估考核工作的建议

附 2　考核指标评分方法

表　考核指标（22 个指标，100 分）

序号	层次框架	指标名称	属性	满分值
1	环境质量及改善	地表水省控断面水环境质量情况	定量	5
2		地表水省控断面水环境质量改善情况	定量	7
3		空气环境质量改善情况	定量	6
4		大气环境质量改善工作成效	定量	6
5	总量减排	化学需氧量排放总量削减任务完成情况	定量	6
6		氨氮排放总量削减任务完成情况	定量	6
7		二氧化硫排放总量削减任务完成情况	定量	6
8		氮氧化物排放总量削减任务完成情况	定量	6
9	污染防治	在用集中式饮用水水源地取水水质常规监测因子水质达标情况	定量	4
10		污水处理率达到规划目标要求的县级以上城市比例	定量	3
11		流域水污染防治工程完成情况	定量	4
12		核与辐射安全管理工作情况	定性	6
13		医疗废物得到无害化处置情况	定量	2
14		具有生活垃圾无害化处理能力的县的比例	定量	2
15		重金属污染防治重点项目完成情况	定量	4
16		发生特别重大和重大突发环境事件的情况	定量	10
17	农村与生态环境保护	农村环境综合整治任务进展情况	定性	4
18		陆地自然保护区面积比例保持情况	定量	3
19	能力建设	县级以上城市环境保护执法队伍基本达到能力建设标准的情况	定量	2
20		县级以上城市环境监测队伍基本达到能力建设标准的情况	定量	2
21	体制机制	生态文明建设纳入地方各级人民政府政绩考核的情况	定性	4
22		生态补偿机制建立与实施情况	定性	2

1．指标评分方法说明

（1）地表水省控断面水环境质量情况

数据来源：主要经环境保护厅审核的 2015 年各省辖市、省直管县（市）地表水省控断面监测的年度结果为依据，对各地的环境质量情况进行考核评分。

评分方法：各地按照本行政区内地表水省控断面水环境质量情况进行评分，具体评分公式为：满分值×{[2015 年Ⅲ类以上水质的地表水省控断面个数×10+2015 年劣于Ⅲ类（不含Ⅲ类）但低于Ⅴ类（含Ⅴ类）以上水质的地表水省控断面个数×6]/地表水省控断面总个数×10}。

其中，对于地表水省控断面常年断流的（一年均无监测数据），如非跨省界断面（上游或邻岸），则不参与评分；对于地表水省控断面季节性断流的，按已有监测数据；对于存在邻省（区、市）地表水省控断面影响的（如邻省（区、市）无来水或来水水质较差等情况），根据实际情况可不参与评分。以下同。

（2）地表水省控断面水环境质量改善情况

数据来源：主要以经环保厅审核的 2013 年和 2015 年各省辖市、省直管县（市）地表水省控断面监测的年度结果为依据，对各地的环境质量改善情况进行考核评分。

评分方法：①对于 2015 年地表水省控断面水质好于Ⅲ类（含Ⅲ类）的比例大于 60%（含 60%）且劣Ⅴ类的比例不高于 15%的，评分为满分值；②对于不满足上述条件的市，地表水省控断面水环境质量改善率=[（2015 年地表水省控断面水环境质量评分−2013 年地表水省控断面水环境质量评分）/2013 年地表水省控断面水环境质量评分]×100%。

2013 年地表水省控断面水环境质量评分计算方法同（1）地表水省控断面水环境质量情况计算方法。省控断面水环境质量改善率大于 5%（含 5%）的，评分为满分值；省控断面水环境质量改善率大于 0%（含 0%）但小于 5%的，评分为满分值×80%；省控断面水环境质量改善率大于−5%（含−5%）但小于 0%的，评分为满分值×70%；省控断面水环境质量改善率大于−20%（含−20%）但小于−5%的，评分为满分值×40%；省控断面水环境质量改善率小于−20%的，评分为 0。

（3）空气环境质量改善情况

数据来源：主要以环保厅审核的《河南省蓝天工程行动计划》（豫政〔2014〕32 号）2015 年度考核结果和 2015 年地级以上城市大气监测数据为依据，对各省辖市、省直管县（市）大气环境质量改善情况进行考核评分。

评分方法：①对于 2015 年省辖市、省直管县（市）空气质量好于Ⅱ级标准天数比例大于或等于 80%，评分为满分；②对于不满足上述条件的地方，以《河南省蓝天工程行动计划实施情况考核办法（试行）》为依据，对 2015 年考核结果中的空气质量改善目标得分情况进行评分，具体评分公式为：满分值×空气质量改善目标得分/100。

（4）大气环境质量改善工作成效

数据来源：主要以经环保厅审核的《河南省蓝天工程行动计划》（豫政〔2014〕32号）2015 年度考核结果为依据，对各省辖市、省直管县（市）蓝天工程重点任务完成情况进行考核评分。

评分方法：以环保厅《河南省蓝天工程行动计划实施情况考核办法（试行）》为标准，以 2015 年考核结果中的蓝天工程重点任务得分情况进行评分，具体评分公式为：满分值×蓝天工程重点任务考核得分/100。

（5）化学需氧量排放总量削减任务完成情况

数据来源：经环境保护厅和有关部门核定的各地化学需氧量排放总量的削减量，对各地完成总量削减任务的情况进行考核评分。

评分方法：2015 年某地化学需氧量排放量在目标责任书规定的总量控制目标范围内的，认定该项指标合格，得满分；超过总量控制目标范围的，认定该项指标不合格，得 0 分。

（6）氨氮排放总量削减任务完成情况

数据来源：经环境保护厅和有关部门核定的各地氨氮排放总量的削减量，对各地完成总量削减任务的情况进行考核评分。

评分方法：2015 年某地氨氮排放量在目标责任书规定的总量控制目标范围内的，认定该项指标合格，得满分；超过总量控制目标范围的，认定该项指标不合格，得 0 分。

（7）二氧化硫排放总量削减任务完成情况

数据来源：经环境保护厅和有关部门核定的各地二氧化硫排放总量的削减量，对各地完成总量削减任务的情况进行考核评分。

评分方法：2015 年某地二氧化硫排放量在目标责任书规定的总量控制目标范围内的，认定该项指标合格，得满分；超过总量控制目标范围的，认定该项指标不合格，得 0 分。

（8）氮氧化物排放总量削减任务完成情况

数据来源：经环境保护厅和有关部门核定的各地氮氧化物排放总量的削减量，对各地完成总量削减任务的情况进行考核评分。

评分方法：2015 年某地氮氧化物排放量在目标责任书规定的总量控制目标范围内的，认定该项指标合格，得满分；超过总量控制目标范围的，认定该项指标不合格，得 0 分。

（9）在用集中式饮用水水源地取水水质常规监测因子水质达标情况

数据来源：主要以 2015 年环保厅审核的各省辖市、省直管县（市）在用的集中式饮用水水源地取水水质常规监测因子水质监测数据为依据，对各地集中式饮用水水源地取水水质常规监测因子水质达标情况进行考核评分。

评分方法：对于 2015 年各省辖市、省直管县（市）在用的集中式饮用水水源地取水水质常规监测因子水质达标率大于等于 98%的，评分为满分；小于 98%的，记为 0 分。

（10）污水处理率达到规划目标要求的县级以上城市的比例

数据来源：根据《河南省“十二五”城镇污水处理及再生利用设施建设规划》（豫政办〔2013〕17 号）要求，主要以经发展改革委、住房和城乡建设厅、环境保护厅审核认定的 2015 年县级以上城市的城镇污水处理率为依据对各地（市、县）的城镇污水处理情况进行考核评分。

评分方法：某地区县级以上城市的个数记为 S，污水处理率达到规划目标要求的县级以上城市的个数记为 N，评分方法为：满分值×N/S。

（11）流域水污染防治工程完成情况

数据来源：《河南省流域水污染防治规划（2011—2015 年）》（豫环文〔2012〕204 号）及相关专项规划涉及项目。

评分方法：依据《河南省流域水污染防治规划实施情况考核办法》（豫政办〔2012〕174 号），对本行政区工程项目完成情况给予评分。评分公式为：流域水污染防治工程完成率×满分值。

流域水污染防治工程完成率=（流域水污染防治工程已建成个数+0.75×流域水污染防治工程调试个数+0.5×流域水污染防治工程在建个数+0.25×流域水污染防治工程前期个数）/流域水污染防治工程总个数。

（12）核与辐射安全管理工作情况

考核内容：依据《河南省环境保护“十二五”规划》（豫政〔2011〕96 号）“四、污染防治——（三）加强核与辐射污染防治”一节、《河南省核与辐射环境保护“十二五”规划》（豫政〔2012〕87 号）要求，对本区域核与辐射安全管理工作情况进行考核评分。

评分方法：根据各地自评估报告及审核情况，进行分档评分，分为五档，第一档 6 分，第二档 5 分，第三档 4 分，第四档 2 分，第五档 0 分。

（13）医疗废物得到无害化处置情况

考核内容：根据《河南省环境保护“十二五”规划》（豫政〔2011〕96 号）“四、污染防治——（四）强化固体废物污染防治——完善医疗废物收集运输处置管理体系”一节要求进行考核评分。

评分方法：根据各地自评估报告及审核情况，进行分档评分，分为五档，第一档 2 分，第二档 1.5 分，第三档 1 分，第四档 0.5 分，第五档 0 分。

（14）具有生活垃圾无害化处理能力的县的比例

数据来源：根据《河南省人民政府关于进一步加强城镇基础设施建设管理工作的实施意见》（豫政〔2014〕72 号）要求，以发展改革委、住房和城乡建设厅、环境保护厅审核认定的生活垃圾无害化处理数据为依据进行考核评分。

评分方法：某地县级行政区域（市辖区、县级市、县）的个数记为 S，生活垃圾得到无害化处理的县级行政区域的个数记为 N，评分方法为：满分值×N/S。

（15）重金属污染防治重点项目完成情况

数据来源：依据《河南省重金属污染综合防治“十二五”规划》（豫政〔2011〕71 号）和《河南省重金属污染防治工作实施方案》（豫政办〔2010〕26 号）的要求进行考核评分。

评分方法：根据《河南省重金属污染防治工作实施方案》（豫政办〔2010〕26 号），对本区域重金属污染防治重点项目完成情况给予评分。评分公式为：重金属污染防治重点项目完成率×满分值。

重金属污染防治重点项目完成率=(0.7×国家规划重金属污染防治重点项目已建成个数+0.3×省规划重金属污染防治重点项目已建成个数）/重金属污染防治重点项目总个数。

（16）发生特别重大和重大突发环境事件的情况

数据来源：主要以环保厅审核认定的，发生在 2011 年 1 月 1 日至 2015 年 12 月 31 日 5 年间的特别重大和重大突发环境事件为依据（注：对因地震等自然灾害引发的突发环境事件，不在统计范围内），对各省辖市的环境风险防控情况进行考核评分。

评分方法：①未发生特别重大和重大突发环境事件的，评分为满分；②发生了特别重大和重大突发环境事件的，发生 1 次特别重大突发环境事件的，扣 5 分；发生 1 次特别重大突发环境事件的，扣 2 分，扣完为止，不倒扣分（即扣完满分值后不再扣分）；③省辖市环保部门提出申请，经环保厅审核同意后，视情况减免扣分。其中：按规定报告事件信息减免 0.4 分；科学准确开展应急监测减免 0.4 分；应急处置减轻了实际环境影响和社会影响减免 0.4 分；及时信息公开减免 0.4 分；责任追究准确到位减免 0.4 分；按规定开展损害评估工作减免 0.4 分，1 起事件扣分减免完为止。

（17）农村环境综合整治任务进展情况

考核内容：《河南省环境保护“十二五”规划》（豫政〔2011〕96 号）“五、农村与生态环境保护——（一）大力推进农村环境连片综合整治”一节。

评分方法：按照各地保障农村饮用水安全情况、农村生活污染治理情况、畜禽养殖业污染治理情况、控制农村面源污染情况，进行分档评分，分为五档，第一档 4 分，第二档 3 分，第三档 2 分，第四档 1 分，第五档 0 分。

（18）陆地自然保护区面积比例保持情况

数据来源：主要以经环境保护厅审核的 2010 年和 2015 年各地的陆地自然保护区面积比例保持的情况进行考核评分。

评分方法：①2015 年陆地自然保护区面积不小于 2010 年陆地自然保护区面积的，评分为满分；②2015 年陆地自然保护区面积小于 2010 年陆地自然保护区面积的，评分公式为：[1+（2015 年陆地自然保护区面积−2010 年陆地自然保护区面积）/2010 年陆地自然保护区面积]×满分值。

（19）县级以上城市环境保护执法队伍基本达到能力建设标准的情况

数据来源：依据《河南省环境监管能力建设“十二五”规划》（豫环文〔2013〕193 号）要求，以环境保护厅审核认定的达标情况进行考核评分。

评分方法：某地县级以上城市的个数记为 S，环境保护执法队伍基本达到能力建设标准的县级城市的个数记为 N，评分方法为：N/S×满分值。

（20）县级以上城市环境监测队伍基本达到能力建设标准的情况

数据来源：依据《河南省环境监管能力建设“十二五”规划》（豫环文〔2013〕193 号）要求，以环境保护厅审核认定的达标情况进行考核评分。

评分方法：某地县级以上城市的个数记为 S，环境监测队伍基本达到能力建设标准的县级城市的个数记为 N，评分方法为：N/S×满分值。

（21）生态文明建设纳入地方各级人民政府政绩考核的情况

考核内容：《河南省环境保护“十二五”规划》（豫政〔2011〕96 号）“七、体制机制——（二）创新工作机制——落实环境目标责任制”一节。

评分方法：按照各地生态文明相关指标体系纳入地方各级政府政绩考核的情况、对未完成环保目标任务或对发生重特大突发环境事件负有责任的地方政府约谈并追究有关领导责任的情况进行分档评分，分为五档，第一档 4 分，第二档 3 分，第三档 2 分，第四档 1 分，第五档 0 分。

（22）生态补偿机制建立与实施情况

评分方法：根据各地生态补偿机制相关研究进展、条例颁布以及生态补偿实践工作开展情况进行分档评分，分为五档，第一档 2 分，第二档 1.5 分，第三档 1 分，第四档 0.5 分，第五档 0 分。